Rapid Assessment Program
Programa de Evaluación Rápida

Evaluación rápida de la biodiversidad y aspectos sociales de los ecosistemas acuáticos del delta del río Orinoco y golfo de Paria, Venezuela

Rapid assessment of the biodiversity and social aspects of the aquatic ecosystems of the Orinoco Delta and the Gulf of Paria, Venezuela

Editores/Editors
Carlos A. Lasso, Leeanne E. Alonso, Ana Liz Flores y Greg Love

T0086872

RAP
Bulletin *of* Biological Assessment

Boletín RAP *de* Evaluación Biológica

37

Conservación Internacional – Venezuela (CI – Venezuela)

Conservación Internacional (CI)

Conoco Venezuela, C.A.

Fundación La Salle de Ciencias Naturales

Ecology and Environment (E&E)

Instituto de Zoología Tropical, Universidad Central de Venezuela

The *RAP Bulletin of Biological Assessment* is published by:
Conservation International
Center for Applied Biodiversity Science
Department of Conservation Biology
1919 M St. NW, Suite 600
Washington, DC 20036
USA

202-912-1000 telephone
202-912-0773 fax
www.conservation.org
www.biodiversityscience.org

Editors: Carlos A. Lasso, Leeanne E. Alonso, Ana Liz Flores y Greg Love
Design/production: Kim Meek
Map: Mark Denil
Cover Photos: [top] Oscar Lasso-Alcalá; [center] Oscar Lasso-Alcalá; [bottom] Leeanne E. Alonso

RAP Bulletin of Biological Assessment Series Editors:
Terrestrial and AquaRAP: Leeanne E. Alonso and Jennifer McCullough
Marine RAP: Sheila A. McKenna

Publicación:
Lasso, C. A., L. E. Alonso, A. L. Flores, y G. Love. 2004. Evaluación rápida de la biodiversidad y aspectos sociales de los ecosistemas
acuáticos del delta del río Orinoco y golfo de Paria, Venezuela. Boletín RAP de Evaluación Biológica 37. Conservation International.
Washington DC, USA.

Citation:
Lasso, C. A., L. E. Alonso, A. L. Flores, and G. Love. 2004. Rapid assessment of the biodiversity and social aspects of the aquatic
ecosystems of the Orinoco Delta and the Gulf of Paria, Venezuela. RAP Bulletin of Biological Assessment 37. Conservation International.
Washington DC, USA.

Funding for the AquaRAP survey, the threats and opportunities workshop, and this publication was generously provided by Conoco
Venezuela, C.A.

Tabla de contenidos/
Table of Contents/

Rapid assessment of the biodiversity and social aspects of the
aquatic ecosystems of the Orinoco Delta and the Gulf of Paria, Venezuela

3

Prefacio

CONOCOPHILLIPS Y CONSERVACIÓN INTERNACIONAL EN EL GOLFO DE PARIA

Vivimos en un mundo donde existen hechos cada vez más grande de los valores sociales, económicos, ambientales, los cuales tienen que ser considerados cuando se decide cómo se aprovechan los recursos naturales. Para asegurar que este aprovechamiento no comprometa esta multiplicidad de valores, se da la necesidad urgente de encontrar mejores mecanismos de diálogo y cooperación entre los aprovechadores del recurso y los actores claves. Fue con ese espíritu – promoviendo el diálogo y la cooperación – que ConocoPhillips (COP) y sus socios Eni Venezuela, OPIC, PDVSA-CVP; iniciaron con Conservación Internacional (CI) actividades conjuntas en el campo de gas y petróleo, conocido como Corocoro, ubicado en el golfo de Paria (GdP), Venezuela.

El campo fue descubierto por COP en 1999 y declarado comercial en el 2002. Previo al desarrollo del campo para producción, COP quería asegurarse que el proyecto pudiera contribuir con el desarrollo sustentable de las comunidades de la zona y la protección de los ecosistemas locales. Como parte del esfuerzo de COP para obtener información sobre el área, la empresa contactó a CI en julio de 2002 con el fin de determinar cuáles aspectos potenciales de la conservación de la biodiversidad pudiera encarar la empresa en Cororoco.

Conservación Internacional informó a COP los resultados de un estudio científico reciente sobre la vida marina en el Caribe (publicado en abril de 2003), liderado por el Center for Applied Biodiversity Science (CABS) de CI. El estudio de CABS demostraba que el área de Cororoco estaba ubicada en una de las dos regiones más importantes para las especies marinas en el Caribe. Además, el trabajo completado por COP demostró la dependencia de las comunidades locales de la pesquería, como actividad económica importante de la región. Estos dos estudios convencieron tanto a COP como a CI sobre el hecho de que cualquier desarrollo petrolero en el área tendría que incluir dentro de sus planes de manejo la protección de la base de los recursos locales, particularmente los inventarios de camarones y peces.

Desde aquellas reuniones iniciales, mucho se ha logrado. La siguiente Evaluación Ecológica Acuática Rápida (AquaRAP) realizada por CI, Fundación La Salle a través de su Museo de Historia Natural La Salle y la Estación de Investigaciones Marinas de Margarita, el Laboratorio de Crustáceos del Instituto de Zoología Tropical de la Universidad Central de Venezuela, y la Colección Ornitológica Phelps, concluyó en diciembre de 2003 y confirmó la importancia de la biodiversidad de la región que está siendo explorada con fines de explotación de petróleo y gas.

Durante el 2003, en el marco de dos Talleres sobre Oportunidades y Amenazas facilitados por CI, al cual asistieron 25 participantes representando a ConocoPhillips, Ecology & Environment, Fundación La Salle, Universidad de Oriente, el Laboratorio de Crustáceos del Instituto, de Zoología Tropical de la Universidad Central de Venezuela, Colección Ornitológica Phelps, PNUD, -MARN y personal del GEF Delta (un proyecto del Global Environmental Facility ejecutado por el Ministerio del Ambiente y los Recursos Naturales y el Programa de las Naciones Unidas para el Desarrollo), se identificaron las amenazas para la biodiversidad de la región, así como también las oportunidades para la conservación. Estas actividades conforman la base de un Plan de Acción Inicial para la Biodiversidad (Initial Biodiversity Action Plan,

Rapid assessment of the biodiversity and social aspects of the aquatic ecosystems of the Orinoco Delta and the Gulf of Paria, Venezuela

5

IBAP), que es encabezado por COP y sus socios en el Golfo de Paria, y los resultados del mismo están incluidos dentro de este reporte.

Las recomendaciones clave a partir del IBAP incluyen el apoyo para un mejor manejo de los recursos con la participación de las comunidades locales, específicamente las relacionadas con mejores prácticas pesqueras y el incremento de los esfuerzos en materia de planificación regional por parte de las comunidades, gobiernos regional y local, la industria, los multilaterales y las ONG. Los próximos pasos de COP y CI están relacionados con la puesta en práctica del IBAP que involucrará el trabajo con actores clave locales (incluyendo las comunidades y otros grupos de interés) y buscará involucrar a otras empresas que están trabajando en la región en el logro de estos objetivos.

Tanto COP y sus socios como CI esperan que los resultados del AquaRAP y los talleres no sólo promuevan el manejo de los recursos y los esfuerzos de conservación en la concesión Corocoro, sino que abarque otras áreas del golfo de Paria y la amplia región del delta del Orinoco. Así, el IBAP no sería un producto final sino el punto de partida para la generación de conocimientos, interés y apoyo para la promoción del desarrollo y conservación regional a través de un gran diálogo y cooperación entre todos los actores clave involucrados.

Fernando Rodriguez   ConocoPhillips-Venezuela
Franklin Rojas   Conservation International-Venezuela

Participantes y autores

AQUARAP

Juan Carlos Capelo (Bentos)
Fundación La Salle de Ciencias Naturales (FLASA)
Estación de Investigaciones Marinas de Margarita (EDIMAR)
Apartado 144, Porlamar, Estado Nueva Esparta, Venezuela
Correo electrónico: jcapelo@edimar.org

José Vicente García (Bentos)
Universidad Central de Venezuela (UCV)
Instituto de Zoología Tropical (IZT)
Apartado 47058, Caracas 1041-A, Venezuela
Correo electrónico: jvgarcia@strix.ciens.ucv.ve

Guido Pereira (Crustáceos)
Universidad Central de Venezuela (UCV)
Instituto de Zoología Tropical (IZT)
Apartado 47058, Caracas 1041-A, Venezuela
Correo electrónico: gpereira@strix.ciens.ucv.ve

José Tomás González (Apoyo logístico)
Ecology and Environment, S. A. (E & E)
Av. Francisco de Miranda, Centro Empresarial Parque del Este,
Piso 12, La Carlota, Caracas, Venezuela
Correo electrónico: ecology@ven.net

Carlos Andrés Lasso A. (Ictiología / Lider del Equipo
AquaRAP)
Fundación La Salle de Ciencias Naturales (FLASA)
Dirección Nacional de Investigación
Museo de Historia Natural - Sección Ictiología
Apartado 1930, Caracas 1010-A, Venezuela
Correo electrónico: carlos.lasso@fundacionlasalle.org.ve

Oscar Miguel Lasso-Alcalá (Ictiología)
Fundación La Salle de Ciencias Naturales (FLASA)
Museo de Historia Natural - Sección Ictiología
Apartado 1930, Caracas 1010-A, Venezuela
Correo electrónico: oscar.lasso@fundacionlasalle.org.ve

Michael Smith (Ictiología)
Conservation International (CI)
Center for Applied Biodiversity Science
1919 M Street, N. W., Suite 600
Washington, DC 20036
Correo electrónico: m.smith@conservation.org

PARTICIPANTES LOCALES

Motoristas: **Jesús Silva** (Tigre), **Melanio Liendro**
Marinero: **Esteban Vizcaíno** (Waracobo)

AUTORES ADICIONALES

Leeanne E. Alonso (Monitoreo)
Conservation International (CI)
Center for Applied Biodiversity Science
1919 M Street, N. W., Suite 600
Washington, DC 20036
Correo electrónico: l.alonso@conservation.org

Giuseppe Colonnello (Aspectos Físicos y Vegetación)
Fundación La Salle de Ciencias Naturales (FLASA)
Museo de Historia Natural - Sección Ictiología
Apartado 1930, Caracas 1010-A, Venezuela
Correo electrónico: giuseppe.colonnello@fundacionlasalle.org.ve

José A. Monente (Impacto Ambiental)
Fundación La Salle de Ciencias Naturales (FLASA)
Dirección Nacional de Investigación
Apartado 1930, Caracas 1010-A, Venezuela
Correo electrónico: jose.monente@fundacionlasalle.org.ve

Evaluación rápida de la biodiversidad y aspectos sociales de los
ecosistemas acuáticos del delta del río Orinoco y golfo de Paria, Venezuela

7

Josefa Celsa Señaris (Herpetofauna)
Fundación La Salle de Ciencias Naturales (FLASA)
Museo de Historia Natural – Sección Herpetología
Apartado 1930, Caracas 1010-A, Venezuela
Correo electrónico: josefa.senaris@fundacionlasalle.org.ve

Miguel Lentino (Avifauna)
Colección Ornitologica Phelps
Edificio Gran Sabana, Piso 3
Boulevard de Sabana Grande
Caracas 1050
Venezuela
Correo electrónico: mlentino@reacciun.ve

Carlos Pombo (Ictiología)
Fundación La Salle de Ciencias Naturales (FLASA)
Museo de Historia Natural – Sección Ictiología
Apartado 1930, Caracas 1010-A, Venezuela
Correo electrónico: carlshark@hotmail.com

TALLER DE AMENAZAS Y OPORTUNIDADES

ConocoPhillips - Venezuela

Fernando Rodríguez
ConocoPhillips - Venezuela
Calle La Guairita, Edif. Los Frailes
Chuao, Caracas 1060 A, Venezuela
Correo electrónico: fernando.d.rodriguez@conocophillips.com

Irene Petkoff
ConocoPhillips - Venezuela
Calle La Guairita, Edif. Los Frailes
Chuao, Caracas 1060 A, Venezuela
Correo electrónico: irene.petkoff@conocophillips.com

Francis Rivera
ConocoPhillips - Venezuela
Calle La Guairita, Edif. Los Frailes
Chuao, Caracas 1060 A, Venezuela
Correo electrónico: francis.c.rivera@conocophillips.com

Manuel Prado
ConocoPhillips - Venezuela
Calle La Guairita, Edif. Los Frailes
Chuao, Caracas 1060 A, Venezuela
Correo electrónico: manuel.a.prado@conocophillips.com

Elba Contreras
ConocoPhillips - Venezuela
Calle La Guairita, Edif. Los Frailes
Chuao, Caracas 1060 A, Venezuela
Correo electrónico: elba.m.contreras@conocophillips.com

Conservation International - Venezuela

Franklin Rojas -Suárez
Conservation International - Venezuela
Ave. San Juan Bosco, Edif. San Juan, Piso 8, Oficina 8-A
Altamira, Caracas, Venezuela
Correo electrónico: f.rojas@conservation.org

Ana Liz Flores
Conservation International - Venezuela
Ave. San Juan Bosco, Edif. San Juan, Piso 8, Oficina 8-A
Altamira, Caracas, Venezuela
Correo electrónico: a.flores@conservation.org

Alejandra Ochoa
Conservation International - Venezuela
Ave. San Juan Bosco, Edif. San Juan, Piso 8, Oficina 8-A
Altamira, Caracas, Venezuela
Correo electrónico: a.ochoa@conservation.org

Romina Acevedo
Conservation International - Venezuela
Ave. San Juan Bosco, Edif. San Juan, Piso 8, Oficina 8-A
Altamira, Caracas, Venezuela
Correo electrónico: dolphinrag@yahoo.com

Greg Love
Conservation International
Center for Environmental Leadership in Business
1919 M Street, N. W., Suite 600, Washington, DC 20036
Correo electrónico: g.love@celb.org

Ecology and Environment, S. A. (E & E)

Arnoldo Gabaldón
Ecology and Environment, S. A. (E & E)
Av. Francisco de Miranda, Centro Empresarial Parque del Este,
Piso 12, La Carlota, Caracas, Venezuela

Aníbal Rosales
Ecology and Environment, S. A. (E & E)
Av. Francisco de Miranda, Centro Empresarial Parque del Este,
Piso 12, La Carlota, Caracas, Venezuela
Correo electrónico: rosalesa@cantv.net

Agnieszka Rawa
Ecology and Environment, S. A. (E & E)
Av. Francisco de Miranda, Centro Empresarial Parque del Este,
Piso 12, La Carlota, Caracas, Venezuela
Correo electrónico: arawa@ene.com

José Tomás González
Ecology and Environment, S. A. (E & E)
Vea la lista de AquaRAP que esta arriba

Vanesa Cartaya
Ecology and Environment, S. A. (E & E)
Av. Francisco de Miranda, Centro Empresarial Parque del Este,
Piso 12, La Carlota, Caracas, Venezuela
Correo electrónico: vccies@telcel.net.ve

Fundación La Salle de Ciencias Naturales (FLASA)

Oscar Lasso
Fundación La Salle de Ciencias Naturales (FLASA)
Vea la lista de AquaRAP que esta arriba

Carlos Lasso
Fundación La Salle de Ciencias Naturales (FLASA)
Vea la lista de AquaRAP que esta arriba

Juan Carlos Capelo
Fundación La Salle de Ciencias Naturales (FLASA)
Estación de Investigaciones Marinas de Margarita (EDIMAR)
Vea la lista de AquaRAP que esta arriba

Otras Institutiones

José Alió
Universidad de Oriente (UDO)
Correo electrónico: josealio@hotmail.com

Wiliam Feragotto
Benthos
Correo electrónico: benthos@telcel.net.ve

José Vicente García
Universidad Central de Venezuela (UCV)
Instituto de Zoología Tropical (IZT)
Vea la lista de AquaRAP que esta arriba

Miguel Lentino
Coleción Ornitológica Phelps, COP
Vea la lista de AquaRAP que esta arriba

Phecda Márquez
GEF – MARN
Proyecto Reserva de Biosfera, Delta del Orinoco
Centro Simon Bolivar, Torre Sur, Piso 6
El Silencio, Caracas
Venezuela
Correo electrónico: phecda@cantv.net

Guido Pereira
Universidad Central de Venezuela (UCV)
Instituto de Zoología Tropical (IZT)
Vea la lista de AquaRAP que esta arriba

Evaluación rápida de la biodiversidad y aspectos sociales de los
ecosistemas acuáticos del delta del río Orinoco y golfo de Paria, Venezuela

9

Perfiles organizacionales

Conservación Internacional –Venezuela (CI-Venezuela)
CI-Venezuela fue fundada en el año 2000 para conservar la biodiversidad en el *hotspot* de los Andes Tropicales y para demostrar que las sociedades humanas son capaces de vivir en armonía con la naturaleza. La experiencia de CI indica que el éxito en materia de conservación sucede en el marco del desarrollo sostenible que incluye a las comunidades locales ejecutando actividades creativas y alternas, construye la capacidad local para el uso apropiado y la conservación de los recursos naturales, avanza en términos de educación ambiental y busca evitar el uso destructivo de la tierra, la contaminación del agua y la pérdida de la diversidad biológica. Trabajamos a través de alianzas estratégicas con socios institucionales y sociales para desarrollar las actividades de conservación, basados en criterios técnicos y científicos que respetan la diversidad cultural, el desarrollo de la creatividad local, la evaluación de los daños al habitat, la identificación de amenazas y la creación de fuentes de ingresos alternativas.

Conservation International -Venezuela
Ave. San Juan Bosco
Edif. San Juan, Piso 8
Oficina 8-A
Altamira, Caracas
Venezuela
Tel. 011-58-212-266-7434
Fax. 011-58-212-266-7434

Conservación Internacional (CI)
CI es una organización internacional, sin fines de lucro, basada en Washington, DC, USA, cuya misión es conservar la diversidad biológica y los procesos ecológicos que soportan la vida en el planeta. CI emplea una estrategia de "conservación ecosistémica" que busca integrar la conservación biológica con el desarrollo económico de las poblaciones locales. Las actividades de CI se focalizan en el desarrollo del conocimiento científico, practicando un manejo basado en el ecosistema, estimulando el desarrollo basado en la conservación, y asistiendo en el diseño de políticas.

Conservation International-DC
1919 M Street, NW, Suite 600
Washington, DC 20036 USA
(tel) 202 912-1000
(fax) 202 912-0773

Fundación La Salle de Ciencias Naturales
La Fundación La Salle es una institución venezolana de carácter privado, dedicada a la educación técnica y al el estudio del ambiente y sus recursos naturales renovables, habiendo hecho, desde su fundación en 1957, un gran número de trabajos científicos en la mayor parte del país, que incluyen, tanto los ambientes marinos, como los marino-costeros, terrestres y fluviales. Para la ejecución de estos trabajos, la Fundación La Salle cuenta un equipo de más de 100 investigadores, tecnicos, y asistentes de investigación distribuidos en seis Centros de Investigación: Estación Hidrobiológica de Guayana; Estación de Investigaciones Agropecuarias; Instituto Caribe de Antropología y Sociología; Museo de Historia Natural La Salle; Estación Andina de Investigaciones Ecológicas y Estación de Investigaciones Marinas de Margarita. Estos Centros se dedican esencialmente a la ecología en ambientes terrestres y acuáticos, la biodiversidad, ciencias agropecuarias, suelos, sedimentología, limnología, biología marina, oceanografía, antropología, y sociología.

Fundación La Salle de Ciencias Naturales
Edf. Fundación La Salle
Av. Boyacá, sector Maripérez
Caracas, Venezuela
Tel. +58 (0) 212 782 85 22 / 83 55 / 81 55
Fax.+58(0)2127937493
info@fundacionlasalle.org.ve

ConocoPhillips

ConocoPhillips es una empresa de energía integrada respaldada por más de 200 años de experiencia combinada, y con una rica historia de descubrimientos y logros de vanguardia que la hacen una de las empresas líderes en su ramo en el mundo. ConocoPhillips está presente en Venezuela desde 1995, a raíz de la firma con Petróleos de Venezuela, S.A. del acuerdo de Asociación Estratégica para la ejecución de Petrozuata. Asimismo, desde 1997 es socio con 40% de participación en el Proyecto Hamaca operado por Petrolera Ameriven. A ConocoPhillips le fue asignado el bloque Golfo de Paria Oeste bajo el contrato de exploración a riesgo y ganancias compartidas con el estado venezolano durante la primera ronda de exploración de la apertura petrolera en 1996. Recientemente, ConocoPhillips y sus socios se asociaron a Inelectra en el bloque Golfo de Paria Este, donde ConocoPhillips también fue designada como operadora. ConocoPhillips (40%) participa junto con ChevronTexaco (60%) en el bloque 2 de la Plataforma Deltana para el desarrollo de las reservas de gas natural.

ConocoPhillips, Venezuela
Calle La Guairita, Edif. Los Frailes
Chuao
Caracas 1060 A
Venezuela

Ecology and Environment (E&E)

Ecology and Environment (E & E) es una gran firma de consultoría en materia de ambiente e ingeniería, fundada en 1970. E & E provee los servicios de manejo, diseño, ingeniería, evaluación e IT desde 27 oficinas en USA y subsidiarias y filiales alrededor del mundo, empleando 1.000 especialistas en 75 disciplinas diferentes vinculadas a las ciencias físicas, biológicas, sociales y de salud. El equipo de E & E ha trabajado cercanamente con sus clientes, completando exitosamente alrededor de 25.000 proyectos. Sus servicios incluyen apoyo para planificación ambiental y manejo de programas, acatamiento ambiental, restauración ambiental, prevención de la contaminación y soporte ex-post en materia ocupacionales y ambiental.

Ecology and Enviroment, SA
Av. Francisco de Miranda
Centro Empresarial Parque del Este
Piso 12, La Carlota
Caracas, Venezuela

Instituto de Zoología Tropical, Universidad Central de Venezuela

El Instituto de Zoología Tropical (IZT) es un instituto de investigación de la Facultad de Ciencias de la Universidad Central de Venezuela (UCV). Dentro de las vastas disciplinas de Zoología y Ecología, el IZT enfatiza la educación y la investigación en sistemática zoológica, parasitología, ecología teórica y aplicada, estudios ambientales y conservación. El Instituto de Zoología Tropical es el responsable del Museo de Biología de la Universidad Central de Venezuela, mismo que contiene algunas de las colecciones zoológicas más valiosas del mundo. Entre las colecciones más notables se encuentra la colección de peces de agua dulce, una de las más grandes en Latinoamérica, así como la colección de mamíferos que es la más completa en Venezuela. El Instituto de Zoología Tropical también incluye el Acuario "Agustín Codazzi", en el cual, a través de sus exhibiciones y programas educacionales, se disemina conocimiento al público acerca de los peces venezolanos y la conservación ambiental. El Instituto de Zoología Tropical publica la revista científica *Acta Biologica Venezuelica*, fundada en 1951.

Instituto de Zoología Tropical
Universidad Central de Venezuela
Apto 47058
Caracas, 1041-A
VENEZUELA
Web. http://strix.ciens.ucv.ve/~instzool

Agradecimientos

Conservación Internacional Venezuela y los miembros de la expedición del AquaRap del Golfo de Paria y del Orinoco Delta agradecen a ConocoPhillips-Venezuela por el apoyo que la compañía brindó en hacer que la expedición y el trabajo posterior sean un éxito. Sin el apoyo logístico y financiamiento de ConocoPhilips-Venezuela, estos estudios y reporte no hubieran sido posible.

Los integrantes de la expedición AquaRAP 2002 al delta del Orinoco y golfo de Paria, desean expresar su agradecimiento a la Presidencia y Vicepresidencia Ejecutiva de Fundación La Salle de Ciencias Naturales, al Museo de Historia Natural, Estación de Investigaciones Marinas de Margarita y al Instituto de Zoología Tropical de la Universidad Central de Venezuela, por su colaboración y apoyo logístico.

Un agradecimiento especial merece el Ing. José Tomás González (Ecology & Environment) por el excelente apoyo logístico de campo, en especial durante la semana del 1 al 10 de diciembre, período en el cual Venezuela atravesaba momentos muy difíciles y se requería de decisiones rápidas y acertadas. El Instituto Nacional de la Pesca y Acuacultura (INAPESCA) otorgó los permisos necesarios para realizar el trabajo de campo y la recolección de muestras.

Durante el trabajo de campo y nuestra estadía en Pedernales, el personal científico contó con el apoyo y guía de Jesús Silva, Melanio Liendro y Esteban Vizcaíno. Así mismo agradecemos la hospitalidad del Sr. Martín Centeno (Hotel Mar y Mangle), Alcaldía de Pedernales y la colaboración del Sr. Freddy Navarro (chupa jobo) en lo relativo a la logística de las pescas de arrastre. La compañía Yuri - Air llevó a cabo con puntualidad todos los desplazamientos aéreos.

Queremos agradecer la valiosa colaboración del Profesor Rafael Martínez E. (UCV) por su asistencia en la identificación de los moluscos bivalvos y gastrópodos de agua dulce. Igualmente a la Profesora Yusbelly Díaz (USB) por la identificación de las especies de anfípodos y tanaidáceos.

Cecilia Ayala, Werner Wilbert, y Tirso elaboraron el resumen en Warao.

Miguel Lentino expresa su agradecimiento a José Tomás Gonzalez, David Ascanio, Irving Carreno, Mike Braun, y Robin Restall por su ayuda en el trabajo de campo. Parte del los estudios de herpetofauna realizados en el golfo de Paria fueron financiados por British Petroleum. Josefa C. Señaris agradece al personal del Museo de Historia Natural La Salle, su asistencia en el campo en 1996 y 1997.

El personal de Conservación Internacional - Venezuela hizo todo lo posible para que el AquaRAP se realizara sin contratiempos, muy especialmente Analiz Flores. María G. Von Buren, Alejandra Ochoa y Franklin Rojas agilizaron todos los procedimientos del caso.

Así mismo, queremos agradecer a todos los participantes de los dos "Talleres de Amenazas y Oportunidades para la Biodiversidad Acuática / Marina en el Golfo de Paria", realizados en Caracas en el 2003, todos sus comentarios y contribuciones al informe, especialmente a Agnieszka Rawa.

Por último, los participantes del AquaRAP desean agradecer a Leeanne Alonso (CI - DC) todo su entusiasmo y confianza en la realización del AquaRAP 2002 al golfo de Paria y delta del Orinoco.

Reporte en breve

EVALUACIÓN RÁPIDA DE LA BIODIVERSIDAD Y ASPECTOS SOCIALES DE LOS ECOSISTEMAS ACUÁTICOS DEL DELTA DEL ORINOCO Y DEL GOLFO DE PARIA, VENEZUELA

Fechas de Estudios
Estudio de AquaRAP: 1-10 diciembre, 2002
Taller de Amenazas y Oportunidades: 9-10 abril, 2003

Descripción de la Localidad
Desde el punto de vista hidrográfico, reconocemos en el área de estudio dos grandes cuencas, la cuenca del golfo de Paria y el propio delta del Orinoco, que forma parte de la inmensa cuenca del río Orinoco. La cuenca del golfo de Paria está situada entre la península de Paria y el delta del Orinoco, en la región nororiental de Venezuela (9º 00′N - 10º 43′N y 61º 53′W - 64º 30′W). El delta del Orinoco tiene una superficie de unos 40.200 km², de los cuales el propio abanico deltaico ocupa 18.810 km². El delta incluye numerosos caños o brazos, que dividen al área en islas.

Dado que existen fuertes limitaciones en el drenaje de las aguas, existe una aparente similitud de las unidades geomorfológicas que lo conforman. Así encontramos planicies cenagosas, cubetas o depresiones adosadas a los diques marginales, albardones y complejos de orilla, caños colmatados, marismas e islas de estuarios que bordean los principales ejes de drenaje o caños.

En el área se encuentran varios asentamientos humanos indígenas (Warao) y criollos que dependen principalmente de la pesca. Diversas compañías petroleras han estado operando en el golfo de Paria y se planea más exploración.

El estudio de AquaRAP se enfocó en aguas de poca profundidad de dos áreas localizadas dentro del golfo de Paria y el delta del Orinoco. La delimitación del Área 1 (zona norte) incluyó la región entre el río Guanipa y el caño Venado (canal) en la cuenca del golfo de Paria, y la delimitación del Área 2 (zona sur) cubrió la región entre la boca del río Bagre y la boca del caño Pedernales en la cuenca del delta del Orinoco (ver Mapa). Ocho sitios de muestreo fueron designados, uno en el Área 1 y siete en el Área 2.

La Evaluación de las Amenazas y Oportunidades Socioeconómicas se enfocó en toda la extensión del golfo de Paria y en porciones del delta del Orinoco adyacentes al golfo.

Razones para las Evaluaciones de AquaRAP y Socioeconómicas
Los ecosistemas estuarinos del golfo de Paria y delta del Orinoco representan una reserva potencial de recursos naturales de vital importancia, tanto para los habitantes tradicionales (indígenas Warao) como para los pobladores establecidos más recientemente (pescadores, comerciantes criollos, ganadería extensiva, y compañías petroleras). Dichos ecosistemas constituyen una zona de contacto entre dos biotas acuáticas extremadamente ricas, la biota marina del sur del Mar Caribe y Océano Atlántico y la biota dulceacuícola del río Orinoco.

Los objetivos de los dos estudios fueron 1) complementar los estudios científicos previos de la región documentando la diversidad peces e invertebrados en aguas someras, 2) identificar

Evaluación rápida de la biodiversidad y aspectos sociales de los
ecosistemas acuáticos del delta del río Orinoco y golfo de Paria, Venezuela

13

amenazas para la biodiversidad acuática de la región y
3) hacer recomendaciones apropiadas con respecto a oportunidades para la conservación en el golfo de Paria y en el área del delta del Orinoco.

Resultados Principales del Estudio de AquaRAP

El equipo de AquaRAP encontró una diversidad alta de los invertebrados bénticos (96 especies en total), particularmente en el Área 2 (delta del Orinoco) en donde fueron encontradas 92 especies. Entre los invertebrados, los crustáceos decápodos Crustacea: Decapoda, 30 especies) y los moluscos (17 especies) fueron los más diversos. En el Área 1 (golfo de Paria), el equipo documentó 34 especies de las cuales los crustáceos decápodos fueron nuevamente los más diversos (17 especies). Otros grupos de invertebrados bénticos registrados incluyeron Anphipoda, Isopoda, Thoracica, Cirripedia, Tanaidacea, Misidacea, Anelida:Polychaeta (gusanos poliquetos), Hemiptera (chinches verdaderas), Diptera (moscas) y Odonata (libélulas).

Un total de 106 especies de peces fueron documentadas, con 104 especies encontradas en el Área 2 y cuarenta y ocho (48) especies de peces registradas en el Área 1. La composición de la comunidad de peces en esta época del año (aguas bajas, estación de sequía) fue básicamente estuarina-marina. Solamente se encontraron 19 especies de peces de agua dulce. Los peces Perciformes (roncadores, bonitos o jureles, lisas, meros, cíclidos, etc.) fueron muy diversos (39 especies), seguidos de los peces gato marino-estuarinos (Familia Ariidae) con 18 especies.

Número de especies registradas durante el estudio del AquaRAP
Peces: 106 especies
Crustáceos: 58 especies
  Decápodos: 30 especies
  Anfípodos: 12 especies
  Cumáceos: 1 especie
  Isópodos: 10 especies
  Tanaidáceos: 2 especies
  Cirrípedos: 3 especies
Insectos acuáticos: 10 especies
  Odonatos: 2 especies
  Tricópteros: 1 especie
  Coleópteros: 1 especie
  Hemípteros: 4 especies
  Lepidópteros: 1 especie
  Dípteros: 1 especie
Moluscos: 17 especies
  Bivalvos: 5 especies
  Gastrópodos: 12 especies
Anélidos: al menos 2 especies
Cnidarios: 5 especies
Algas: 3 especies

Nuevos registros para el delta del Orinoco y el golfo de Paria
Peces: 26 especies en el delta del Orinoco; 15 especies en el golfo de Paria
Crustáceos decápodos: 8 especies
Resto del bentos (microcrustáceos, moluscos, etc.): al menos 15 especies

Nuevos registros para Venezuela
Peces: 2 especies
Crustáceos decápodos: 5 especies
Resto del bentos (microcrustáceos, moluscos, etc.): 5 especies

Nuevas especies para la ciencia
Peces: 2 especies
Crustáceos decápodos: 5 especies
Resto del bentos (microcrustáceos, moluscos, etc.): al menos 2 especies

Especies introducidas (exóticas)
Peces: 3 especies
Crustáceos decápodos: 1 especie
Moluscos bivalvos: 2 especies

Resultados Principales del Taller de Amenazas y Oportunidades

La Evaluación de las Amenazas y Oportunidades Socioeconómicas conducida con varios participantes regionales, identificó varias amenazas claves para la biodiversidad del golfo de Paria y el delta del Orinoco. Éstas incluyen:

1) Uso de barcos de pesca rastreadores (para camarones y peces)

2) Falta de regulaciones en la colecta de peces y camarones comerciales

3) Rastreo de canales por barcos e incremento de la sedimentación

4) Contaminación debida a actividades río arriba

5) Impactos potenciales de operaciones petroleras

6) Deforestación dentro de los manglares

7) Regulación en flujo del caño Mánamo

8) Eutrofización de la cuenca del río Guanipa

9) Descarga no regulada de aguas de desecho provenientes de asentamientos humanos

10) Presencia de infraestructura petrolera abandonada

11) Introducción de especies exóticas/invasivas

12) Colección ilegal de peces y otros organismos de vida silvestre para el comercio de mascotas

Las oportunidades identificadas para la conservación de la región incluyeron:

1) Existencia de un marco de referencia legal que promueva la conservación de la biodiversidad y actividades de uso sustentable (Constitución Venezolana, Plan Nacional de Acción y Estrategia para la Biodiversidad);

2) Acuerdos interinstitucionales con agencias gubernamentales;

3) Presencia de centros calificados de investigación científica;

4) Interés internacional reciente en el golfo de Paria y la zona adyacente del delta del Orinoco (incluyendo la identificación de la región como un área protegida de alta biodiversidad de Conservación Internacional [Conservation internacional, CI], un estudio reciente que identifica a la región como una de las dos regiones más importantes del Caribe para la vida marina, así como el proyecto de la Reserva de la Biosfera del Orinoco de UNDP-GEF-MARN);

5) Incremento en la presencia de compañías petroleras (el grupo notó que mientras que el incremento en la presencia de compañías es una amenaza potencial para la conservación, existen también oportunidades para utilizar la expertia y los recursos de este sector en combinación con otros participantes regionales para desarrollar e implementar mejorías en las actividades de conservación y manejo de recursos en el golfo de Paria);

6) Presencia de comunidades indígenas: Mientras que insuficiencias institucionales y altas tasas de pobreza afectan a muchas comunidades indígenas en el golfo de Paria, los participantes del taller también sintieron que su dependencia en los recursos naturales presenta oportunidades para promover mejor manejo y conservación;

7) Confluencia de intereses (sector privado, organizaciones no gubernamentales, comunidades y grupos multilaterales) que permiten más atención y recursos dedicados a la conservación;

8) Creación de zonas de "no-captura" para incrementar las reservas de peces y camarones locales;

9) Diseño de mejores estrategias para controlar las tasas de crecimiento de la población regional;

10) Nuevos derechos constitucionales otorgados a los pueblos indígenas.

RECOMENDACIONES PARA LA CONSERVACIÓN

Con base en los resultados de los estudios de AquaRAP y de las amenazas y oportunidades, se han identificado las siguientes recomendaciones necesarias para asegurar la conservación de la biodiversidad marina a largo plazo en el golfo de Paria. Para recomendaciones más específicas ver la sección de este reporte Resumen Ejecutivo del estudio de AquaRAP.

1) Que se genere, se haga pública y disponible la información sobre biodiversidad, ecosistemas y actividades socioeconómicas en el golfo de Paria, así como que se completen los datos con estudios adicionales cuando sea necesario.

2) Que se desarrollen protocolos comunes para el monitoreo de la biodiversidad en el golfo de Paria para determinar la situación de las especies amenazadas, de las especies importantes comercialmente y de las especies exóticas.

3) Que se mejoren las prácticas de conservación de especies importantes, tanto comerciales como amenazadas, y que se promueva el desarrollo sustentable en pesquerías locales e industriales en la región del golfo de Paria.

4) Que las compañías petroleras hagan contribuciones positivas al desarrollo sustentable socioeconómico y a la conservación de la biodiversidad en el golfo de Paria mediante la implementación de mejores prácticas operativas y el apoyo a un mejor manejo de los recursos.

5) Que se implemente un plan regional que conserve los recursos biológicos y al mismo tiempo promueva actividades que contribuyan al desarrollo sustentable de las comunidades del golfo de Paria.

6) Que las comunidades participen en procesos de conservación de la biodiversidad en el golfo de Paria.

Resumen ejecutivo

GOLFO DE PARIA Y DELTA DEL ORINOCO

El golfo de Paria (GdP), localizado en la parte nororiental de Venezuela, se considera parte del Mar Caribe Oriental. Hacia el norte, oeste y sur, el GdP está rodeado por la costa venezolana, incluyendo la Península de Paria, las Planicies Deltáicas del Estado Monagas y la parte norte del delta del Orinoco (ver Mapa 1). El GdP junto con el adyacente delta del Orinoco son dos de las regiones tropicales más productivas, proporcionando hábitats importantes para la reproducción de muchas especies de invertebrados y peces (Smith et al., 2003).

El delta del Orinoco tiene una superficie de unos 40.200 km², de los cuales el propio abanico deltaíco ocupa 18.810 km² (PDVSA, 1993). El delta incluye numerosos caños o brazos, que dividen al área en islas. Dado que existen fuertes limitaciones en el drenaje de las aguas, existe una aparente similitud de las unidades geomorfológicas que lo conforman. Así encontramos planicies cenagosas, cubetas o depresiones adosadas a los diques marginales, albardones y complejos de orilla, caños colmatados, marismas e islas de estuarios que bordean los principales ejes de drenaje o caños.

El primer brazo o caño que divide al Orinoco (caño Mánamo), aparece 150 km tierra adentro en la población de Barrancas. Dado que está controlado por un dique, apenas descarga un 1% del total, mientras que los caños Macareo y Boca Grande, aportan 13% y 86%, respectivamente del total (Ponte et al., 1999). El flujo de agua dulce muestra una estacionalidad muy marcada, con una época lluviosa que se extiende desde abril hasta octubre, con el pico de aguas altas en julio-agosto. La estación seca se extiende desde noviembre a finales de marzo o principios de abril, con el mínimo de aguas bajas entre los meses de febrero a mayo.

El régimen de mareas es semi-diurno y su amplitud varía entre 1 y 2 m, haciendo sentir sus efectos hasta unos 200 km de la costa. Además, las fuertes corrientes de marea permiten que la influencia de las aguas marinas penetre por los caños hasta unos 60-80 km de la costa (Cervigón, 1985). En todo el delta del Orinoco, dependiendo del período del año, existe una alternancia en el tipo de aguas (blancas, claras y negras, *sensu* Sioli 1964), documentada por Ponte (1997).

El clima en el delta inferior, incluyendo la región del AquaRAP 2002, muestra precipitaciones anuales altas, entre 2.000 y 2.800 mm, y una corta estación seca de diciembre a febrero (Huber, 1995). La temperatura media es de aproximadamente 25,5ºC. El delta medio y superior presentan un clima caracterizado por una marcada estación seca de hasta cuatro meses (diciembre a marzo) y precipitaciones entre 1.500 y 2.00 mm anuales. La temperatura media puede alcanzar los 25,8ºC.

Biodiversidad

El delta del Orinoco y el GdP constituyen una de las regiones más ricas en biodiversidad acuática y terrestre, tanto a nivel regional como global. Hay más de 200 especies de moluscos, unas 50 especies de crustáceos y numerosas especies de invertebrados (Pereira et al., este volumen), la mayoría de ellos desconocidos para la ciencia. Respecto a los peces, probablemente hay alrededor de 400 especies o más (Lasso el al., este volumen). Toda esta biodiversidad es el resultado de la presencia de faunas cuya ecología depende de ambientes cambiantes en el tiempo y en el espacio.

La existencia de aguas dulces, marinas y salobres, le confieren a esta región características muy particulares desde el punto de vista ecológico, que se reflejan en diferentes adaptaciones y en una dinámica comunitaria excepcional. Además, la productividad de estas áreas, que constituyen criaderos y refugios naturales para muchas especies, determina la existencia de pesquerías artesanales y de subsistencia de gran importancia para la población local, tanto indígena como criolla. Así, muchos de los beneficios derivados del uso de esta biodiversidad, son exportados a otras regiones del país e incluso a países vecinos como Trinidad y Guyana.

La existencia de manglares es crítica para la productividad de la región, pues estos desempeñan un papel importante en el mantenimiento de los ecosistemas acuáticos marinos, dulces y salobres del GdP. Muchas de las grandes áreas de manglares de la región están en una condición casi prístina y el Programa de las Naciones Unidas para el Desarrollo (UNDP) actualmente trabaja con el Ministerio del Ambiente y de los Recursos Naturales (MARN) en la implementación del proyecto de Reserva de Biosfera Orinoco, así como en la creación de una base de datos para el delta del Orinoco.

En el área de este estudio, hasta donde llega la influencia de las aguas salobres, la vegetación ribereña de los caños está dominada por cinco especies de manglar: mangle negro (*Avicennia germinans*), mangle rojo (*Rhizophora racemosa, Rhizophora harrisonii* y *Rhizophora mangle*) y mangle blanco (*Laguncularia racemosa*), que en conjunto determinan la existencia de 18 unidades de vegetación (ver Ecology & Environment, 2002).

El delta del Orinoco y el GdP son muy ricos en vertebrados terrestres. Hay cerca de 50 especies de anfibios, y probablemente unas 100 especies de reptiles (Senaris, este volumen)., Las aves son también un grupo muy diverso con más de 300 especies en toda la región (Salcedo *en prensa*). Por último, hay 129 especies de mamíferos (Linares y Rivas, *en prensa*).

El delta del Orinoco y el GdP representan una región de alta biodiversidad y albergan muchas especies amenazadas en otras regiones del continente. No hay, como es característico de los deltas o tierras bajas, un nivel elevado de endemismo en la fauna de vertebrados. Sin embargo, todas las características expuestas anteriormente son suficientes para prestar una atención especial a esta región.

RESUMEN GENERAL DEL ESTUDIO AQUARAP

Antecedentes

ConocoPhillips Venezuela y sus socios están actualmente desarrollando el campo petrolero Corocoro en la parte suroriental del GdP, aguas afuera del pueblo de Pedernales. Descubierto en 1998, ConocoPhillips espera extraer de él 55.000 barriles de petróleo al día para el año 2005.

Integrado a la estrategia de ConocoPhillips para el desarrollo del campo petrolero Corocoro está su intención de ayudar a promover el desarrollo sustentable en las comunidades cercanas a la infraestructura de producción, particularmente en las comunidades indígenas Warao. Estas comunidades dependen de inventarios locales de peces y camarones para su estabilidad económica, por ello el mejoramiento en el manejo de los recursos es crítico para asegurar tanto el desarrollo socioeconómico sostenible como la conservación de la biodiversidad en la región del GdP.

La información sobre biodiversidad recolectada por el Centro de Ciencias de la Biodiversidad Aplicada (CABS) de Conservación Internacional (CI) y compartida con ConocoPhillips mostró que el delta del Orinoco y el adyacente GdP tienen una riqueza de especies particularmente altos (Smith et al., 2003). Debido a que Conophillips está comprometida a asegurar que sus operaciones en el GdP tengan impactos positivos sobre comunidades y ecosistemas locales, la compañía decidió formalizar un acuerdo con el Programa de Evaluación Rápida del CABS y del Centro para el Liderazgo Ambiental en Negocios (CELB) de CI para evaluar la biodiversidad de las áreas cercanas a aquellas de influencia de ConocoPhillips, así como las amenazas potenciales y las oportunidades para la conservación en el GdP. Estas actividades sirvieron de base para que CI desarrollara un Plan de Acción Inicial para la Biodiversidad (IBAP) con ConocoPhillips y sus socios regionales.

El Programa AquaRAP

El Programa de Evaluaciones Rápidas, conocido por las siglas RAP y desarrollado por Conservation International (CI), fue creado en 1990 con el objeto de disponer rápidamente, de información biológica necesaria para acelerar acciones de conservación y protección de la biodiversidad. Grupos pequeños de investigadores, tanto internacionales como locales, con especialidad en biología marina, aguas dulces y biología terrestre, desarrollan en un área determinada por un período de tiempo (3 a 4 semanas), trabajo de campo, con el objeto de evaluar dicha diversidad. Estos equipos proveen de recomendaciones para la conservación, basadas en el conocimiento de la diversidad biológica del área, el nivel de endemismo, la unicidad de los ecosistemas y el riesgo de extinción de algunas especies, tanto a escala nacional como global. Los científicos analizan esta información en conjunto con los datos sociales, medioambientales y otros tipos de información apropiada, con el objeto de aportar recomendaciones realistas y prácticas para las instituciones, gestores y personas responsables en la toma de decisiones.

Dentro del RAP, el AquaRAP (Programa de Evaluaciones Rápidas de Ecosistemas Acuáticos) se creó en asociación con el Field Museum (Chicago, USA), como un programa multinacional y multidisciplinario, dirigido a identificar prioridades para la conservación y oportunidades de manejo sostenible de los ecosistemas dulceacuícolas en Latinoamérica.

Los resultados del RAP han servido como soporte científico para el establecimiento de parques nacionales en

Bolivia, Perú y Brazil, dotando de información biológica de línea base en ecosistemas tropicales pobremente explorados. También ha identificado las amenazas y propuesto recomendaciones para la conservación de los ambientes dulceacuícolas y estuarinos. Los resultados de las prospecciones del RAP están disponibles de manera prácticamente inmediata, para todas aquellas partes interesadas en la planificación de la conservación.

Objectivos del Estudio AquaRAP

Entre el 1 y 10 de diciembre de 2002, CI y Fundación La Salle condujeron un estudio rápido de biodiversidad acuática (AquaRAP), en porciones del GdP y el delta del Orinoco para recolectar información sobre biodiversidad que guíe el desarrollo de las actividades de conservación en la región. El estudio AquaRap fue diseñado para complementar seis estudios de línea base que ya estaban en progreso y cubrían aspectos socioeconómicos y geoquímicos del área, así como estudios de plantas y aves migratorias (Ecology & Environment, 2002).

El estudio AquaRap se centró en la evaluación de la diversidad de peces, crustáceos e invertebrados bénticos en aguas someras de dos áreas focales dentro del GdP y el delta del Orinoco. El Area Focal 1 (zona norte), incluyó la región entre el Río Guanipa y el Caño Venado en la cuenca del GdP; y el Area Focal 2 (zona sur) abarcó la región entre la boca del Río Bagre y la boca del Caño Pedernales en la cuenca del Delta del Orinoco (ver Mapa 1). Fueron establecidos ocho sitios de muestreo, uno en el Area Focal 1 (Río Guanipa-Caño Venado) y siete en el Area Focal 2, a saber: Caño Pedernales, Isla Cotorra - Boca de Pedernales, Caño Mánamo – Güinamorena, Caño Manamito, Boca de Bagre, Playa rocosa de Pedernales, e Isla Capure.

Los resultados del estudio AquaRap serán utilizados para un mejor entendimiento y una más apropiada formulación de recomendaciones relativas a las oportunidades para la conservación en el área del GdP, consistentes con los alcances de otros estudios que están siendo llevados a cabo. Basados sobre las listas de especies y las especies y áreas prioritarias determinadas por el estudio AquaRap, CI y los especialistas acuáticos colaboradores estarán en la capacidad de desarrollar una serie de métodos para el monitoreo a largo plazo de los componentes clave para la biodiversidad acuática.

RESUMEN DE LOS RESULTADOS DEL ESTUDIO AQUARAP

Resultados relativos a las consideraciones para la conservación

Heterogeneidad y unicidad de hábitat
La unicidad de los sistemas acuáticos del GdP y delta de Orinoco es alta. Existe una elevada heterogeneidad en los tipos de agua, tanto de acuerdo a su nivel de salinidad como en relación a otros parámetros fisicoquímicos (pH, transparencia, etc.), que condiciona la existencia de una biota particular.

En zonas de humedales dominadas por mangles, las raíces del manglar proveen así mismo un hábitat importante para los invertebrados, especialmente a las formas sésiles. Una playa rocosa (gigas) al norte de Pedernales, es única en el área y tiene una elevada diversidad de invertebrados, posiblemente relacionada con la existencia de estas rocas, lo que amerita una atención especial. También, son el único hábitat de dos especies de peces muy interesantes, tanto del punto de vista biogeográfico como ecológico y fisiológico. Dos playas arenosas, una en Isla Cotorra (Punta Bernal) y otra cerca de Pedernales, también son raras en el área. Las playas arenosas y fangosas y las pozas intermareales, proveen de hábitat especializados para ciertas especies de peces.

Nivel actual de amenaza
La sección del GdP y delta del Orinoco estudiada durante el AquaRAP 2002 (región comprendida entre el río Guanipa al noroeste y boca de Pedernales al noreste), constituye un área relativamente intervenida, en comparación con otras áreas del bajo y medio Orinoco. El grado de intervención deriva fundamentalmente de la pesca de arrastre camaronera. Esta actividad es la que tiene mayor incidencia negativa sobre la biota acuática, especialmente la bentónica. El delta también puede verse afectado potencialmente por cualquier tipo de impacto humano en el resto de la cuenca. Estos incluyen por ejemplo la minería, deforestación, contaminación, incremento en la sedimentación y todas las actividades relacionadas con las grandes industrias y desarrollos metalúrgicos. Al actuar el delta como un sumidero o receptor, todas esas actividades pueden afectar el ecosistema deltaico.

Oportunidades para la conservación
El relativo desarrollo del delta del Orinoco, debido fundamentalmente a la ausencia de vías terrestres de comunicación entre otros factores, genera numerosas situaciones y oportunidades para la conservación, en las cuales no existen usos rivales alternativos o son muy difíciles de desarrollar. Una potencial Reserva de la Biosfera -bajo los criterios de la UNESCO- podría crearse en Mariusa.

Otros significados biológicos (procesos ecológicos)
Todo el delta es imprescindible para la reproducción de numerosas especies acuáticas migratorias de peces y crustáceos, tanto las provenientes del agua dulce (resto de la cuenca) como las provenientes del lado oceánico. Constituye además un área de refugio y alimentación para todas las formas larvarias y juveniles de los organismos antes mencionados. Los regímenes de las mareas y la dinámica hidrológica del resto del área de las cuencas (Orinoco y GdP), son los factores reguladores de la biota acuática. Muchas aves utilizan esta área como una zona de descanso durante su migración.

Endemismos
Como es usual en el caso de los deltas costeras de grandes ríos, el nivel de endemismo de las especies de peces es bajo.

La playa rocosa de Pedernales pudiera haber alguna especie nueva de crustáceo, probablemente asociada con los requerimientos específicos y particulares del área, además de su aislamiento condicionado por este tipo de hábitat. Respecto al bentos, se requiere más tiempo para procesar las muestras y emitir algún tipo de conclusión.

Productividad

El delta del Orinoco es muy productivo en comparación con otros ecosistemas acuáticos de Suramérica. El fitoplancton del golfo y delta del Orinoco es abundante, diverso y productivo. Esto se puede afirmar a pesar que las mediciones han sido muy pocas y discontinuas en el tiempo, sobre todo si consideramos que es una comunidad muy variable en el tiempo y en el espacio. Los estudios conocidos están basados en inventarios de especies (Margalef, 1965), mediciones de biomasa (Moiges y Bonilla 1985; Bonilla et. al., 1993; datos de archivos de Fundación La Salle) y él análisis de las imágenes de satélite (Müller-Karger y Varela, 1990).

Las condiciones nutritivas y sus características físicas y de circulación, son los factores más importantes del fitoplancton de la región, que presenta una composición propia y diferente a las aguas contiguas del Mar Caribe y del Océano Atlántico. El fitoplancton es abundante, con frecuentes máximos de 10 mg de clorofila por m³ de agua. Su distribución vertical indica siempre la presencia de un plancton superficial que ocupa los diez primeros metros de la columna de agua, con un promedio de 100 cel/ml. Además el fitoplancton es muy heterogéneo, encontrándose en manchas o enjambres cuya evolución y movimiento no se conoce en detalle.

La producción primaria es muy elevada, como es característico de ambientes estuarinos. Evidentemente la influencia de los ríos es muy importante y rige todo el ecosistema estuarino y marino del golfo. La producción promedio registrada es de 1300 mg carbono/m²/día, pero los máximos alcanzan 2900 mg c/m²/día, aunque esta producción no es continua ni en el espacio ni el tiempo, pues la dinámica en la región muestra ciertos limitantes a la producción. Entre estos limitantes encontramos a la turbidez del agua por los sedimentos en suspensión que filtran la luz a los pocos metros de profundidad, la turbulencia en el periodo de lluvias y también el viento en ciertas ocasiones.

Diversidad

La biodiversidad ictiológica del área estudiada es moderadamente rica en relación al resto de la cuenca del Orinoco, pero muy diversa en relación a otros ambientes estuarinos de Venezuela, Suramérica y de toda la región tropical en general. El bentos (a excepción de los crustáceos) es relativamente pobre en términos de riqueza específica, tanto si consideramos el resto de la cuenca del Orinoco como las áreas costeras adyacentes. Los crustáceos por el contrario, son muy diversos en relación a toda la cuenca y áreas costeras cercanas. La mayoría de las especies muestran una amplia tolerancia a la baja salinidad, lo que determina que el componente estua-

rino sea el mejor representado, seguido por el marino y por último por el dulceacuícola.

Significado humano

Todo el delta del Orinoco y GdP tienen un alto significado humano, tanto para las poblaciones indígenas ancestrales (Warao) como para los pobladores más recientes. Igualmente, representa un área muy rica en recursos naturales renovables y no renovables (básicamente petróleo), por lo que está expuesta a actuales y futuras amenazas. Los caños del delta del Orinoco y todos los recursos asociados a estos, representan la base de la cultura y subsistencia de los Warao. Más del 78% de la población Warao actual vive en condiciones tradicionales en el delta medio-inferior, siendo el pescado la principal fuente de proteínas de origen animal (Ponte, 1997). En años recientes, los criollos han empezado a beneficiarse de la explotación de estos recursos pesqueros y cada vez, estos beneficios pasan a otros miembros de la sociedad venezolana.

Los Warao son muy dependientes de estos recursos y pocos de ellos han podido adaptarse exitosamente a la explotación de recursos o actividades no tradicionales. Por estas razones, es imprescindible mantener en un estado equilibrado, los "stocks" de las poblaciones de peces, de tal forma que su explotación sea sostenible en el tiempo.

Estado prístino

Áreas muy extensas de bosque de manglar se mantienen en condiciones casi prístinas. La fauna acuática sin embargo, ha experimentado una modificación significativa debido a su explotación, especialmente en áreas sujetas a la pesca de arrastre camaronero, tales como Pedernales y boca del caño Mánamo, entre otras. Las comunidades acuáticas más afectadas en el delta, son las del caño Macareo, donde existe pesca de arrastre desde hace más de 20 años, con los consecuentes efectos sobre la fauna béntica. El cierre del caño Mánamo por un dique, ha causado los cambios ecológicos más severos en el área.

Habilidad para generalizar

La experiencia adquirida así como los conocimientos obtenidos, son aplicables o pueden extrapolarse s a otras áreas del delta del Orinoco así como a otros deltas más pequeños en la América Tropical que tengan condiciones fisiográficas y ecológicas similares. Tambien, otros pueden usar los metodos de colecta y de evaluación para hacer recomendaciones de la conservación para otras regiones.

Nivel de conocimiento

La ictiofauna, pesquerías y la fauna de crustáceos del delta son bien conocidas en comparación con la parte alta de la cuenca. Sin embargo, los invertebrados bénticos, a excepción de algunos moluscos, apenas son conocidos.

Evaluación rápida de la biodiversidad y aspectos sociales de los ecosistemas acuáticos del delta del río Orinoco y golfo de Paria, Venezuela

19

Contexto regional

De acuerdo a los mapas de distribución de 1,172 especies de peces e invertebrados de la Región Centro-Occidental del Océano Atlántico (incluyendo el golfo de México y el mar Caribe; Smith et al. 2003), la plataforma continental del norte de Suramérica, incluyendo al golfo de Paria, es una de las dos áreas más importantes para la biodiversidad y endemismo marinos en la región, inferior solamente a los estrechos de Florida (sur de Florida, este de Bahamas, y norte de Cuba; ver Mapa 2). Al menos 212 especies (o 21%) de los peces son asociadas con las plataformas continentales, con una composición diferente de especies entre las dos áreas (estrechos de Florida y el norte de Sudamérica), probablemente debido a la separación biogeográfica histórica (Smith et al. 2003). Los resultados del estudio AquaRAP apoyan estos datos, aunque a una escala más limitada: los mapas de distribución de especies están basados en "bloques" con un área de 3000 km^2 (0.5º del lado, ver Mapa 2), y el área del estudio AquaRAP era menor del tamaño de un solo "bloque" (Map 1). Sin embargo, el estudio AquaRAP documentó una alta diversidad de peces marinos-estuarinos y crustáceos, que apoyan las conclusiones que el golfo de Paria y delta del Orinoco son importantes para la conservación de biodiversidad.

Smith et al. (2003) también indican que la plataforma continental del norte de Suramérica es una de las dos áreas más productivas de la región, y que Venezuela es el segundo país en importancia para la pesca comercial, con 272-391 mil toneladas por año entre 1996-2000. El golfo de Paria es un área importante para la pesca comercial y local. Muchas especies documentadas durante el estudio AquaRAP son de interés económico tanto para el área como para el país, con especies como el camarón amarillo (*Litopenaeus schmitti*) y algunas especies de peces: bagres marino-estuarinos (familia Ariidae, 18 especies recordadas), rayas marinas (Dasyatidae), jureles (Carangidae), y curvinatas (Sciaenidae).

Resumen de los Resultados del AquaRAP por Grupo Taxonómico

Bentos

Se evaluó la composición y la abundancia relativa de las especies bentónicas de la zona incluida en la expedición AquaRAP. Los principales macrohábitat estudiados fueron los cauces principales de los caños; cauces secundarios y canales de escorrentía; playas arenosas, fangosas y de gigas o rocas; raíces de mangle; troncos sumergidos; fondos de hojarasca y plataformas petroleras no funcionales (ver Mapa 1). La comunidad de macroinvertebrados bentónicos está compuesta por crustáceos anfípodos, cumáceos, isópodos, tanaidáceos y cirrípedos, insectos acuáticos, moluscos gastrópodos y bivalvos, anélidos poliquetos y cnidarios para un total de 62 especies registradas. Además de esto, se registraron tres especies de macroalgas. Se determinó la presencia de dos especies de moluscos bivalvos exóticos (*Musculista senhousia* y *Corbicula fluvialitis*), en poblaciones naturales establecidas con gran abundancia. Se reportan por primera vez para Venezuela las siguientes especies: *Leptocheirus rhizo-*

phorae, Gammarus tigrinus, Gitanopsis petulans, Synidotea sp. y *Musculista senhousa*.

Se encontró una gran homogeneidad en la distribución de la fauna bentónica. Sin embargo, las localidades caño Pedernales, boca del caño Pedernales, caño Mánamo y caño Manamito presentan la mayor riqueza y diversidad de especies, por lo cual estas zonas deberían tener prioridad en planes y programas de conservación en el área. Las principales amenazas a la fauna bentónica en la zona del GdP y delta del Orinoco son el cambio en la descarga anual de agua dulce del caño Mánamo, las intervenciones asociadas a la explotación petrolera y la descarga de agua de lastre de los barcos, la cual aumenta el potencial de introducción de especies exóticas.

Crustáceos decápodos

Se determinaron 30 especies de crustáceos decápodos, incluidas en 12 familias y 22 géneros y distribuidas en los siguientes hábitat: cauce principal y cauces aledaños, con fondos blandos fangosos y de hojarasca, manglares, particularmente las zonas de las raíces y el suelo asociado y finalmente, una playa rocosa en los alrededores de la población de Pedernales (Mapa 1). Las especies más abundantes fueron el camarón amarillo (*Litopenaeus schmitti*) y el camarón tití (*Xiphopenaeus kroyeri*), en las localidades más costeras y *Macrobrachium amazonicum* hacia la zona más dulceacuícola. En la zona de manglar, varias especies de Grapsidae (géneros *Aratus*, *Armases* y *Sesarma*) y Ocypodidae (*Uca*) fueron abundantes. Las localidades de caño Manamito y río Guanipa-caño Venado fueron las más diversas y la localidad playa rocosa de caño Pedernales presentó características únicas. Finalmente, boca de Bagre es importante por la abundancia de la especie comercial *L. schmitti*. De forma preliminar podemos afirmar que las comunidades bénticas comparten dos hábitat generalizados, los fondos blandos-fangosos y de hojarasca y el hábitat del manglar, particularmente las zonas de las raíces y el suelo asociado.

Peces

La ictiofauna recolectada estuvo representada por 106 especies. El área focal 2 (delta del Orinoco, 7 localidades) con más de 100 especies y el área focal 1 (GdP, 2 localidades) con 48 especies. La composición de las comunidades de peces en este período del año (aguas bajas / estación seca) fue básicamente marino-estuarina, con apenas unas 19 especies dulceacuícolas (18% del total). Los grupos de peces más diversificados fueron los Perciformes (curvinas, jureles, lisas, meros, viejas, etc.) con 39 especies, seguidos por los bagres marino-estuarinos (familia Ariidae) con 18 especies.

Todo el GdP y delta del Orinoco representa una de las regiones más productivas del trópico y constituye un área imprescindible para la reproducción, alimentación y crecimiento de diversas especies de peces, la mayoría de ellas de interés económico, como por ejemplo las rayas marinas, bagres estuarinos, jureles, robalos y curvinatas, entre otros. La fauna explotada puede ser residente permanente en el estuario o provenir del lado oceánico y de las aguas dulces de la parte media y baja de las cuencas consideradas. De las 106 especies colectadas durante el AquaRAP, 26 son nuevos registros para el delta del Orinoco de acuerdo al listado más reciente, lo que eleva la riqueza ictiológica del delta del Orinoco a 352 especies. Igualmente, al menos 15 especies son nuevas para la cuenca del GdP, lo que determina una riqueza global para esa cuenca cercana a las 200 especies.

En el área prospectada encontramos más de un tercio de la diversidad íctica de la cuenca del río Orinoco. Más del 80% de la población indígena (warao) y criolla dependen de la pesca.

Resultados de estudios adicionales

Reptiles y anfibios
Se reconocen 44 especies de anfibios y 91 reptiles, cifras que representan, en conjunto, el 22% de la herpetofauna del país. Cada macroambiente del delta del Orinoco y GdP presentan una composición y riqueza de especies particular, sin embargo la mayor diversidad se encuentra en ambientes no inundables y/o de inundación temporal en comparación con aquellos inundados permanentemente. La herpetofauna del GdP y el delta del Orinoco está formada por un conjunto de taxones con diferentes patrones de distribución donde dominan aquellos con distribuciones amazónico-guayanesas, seguidos por especies de amplia distribución. Dada la importante diversidad de anfibios y reptiles, su interés desde el punto de vista biogeográfico, así como la presencia de especies en situaciones críticas de conservación, se sugiere prestar especial atención a estos humedales con el fin de establecer medidas de conservación apropiadas.

Aves
Estudios realizados durante el año 2002 en la región comprendida entre isla Capure y caño Pedernales, incrementaron el número de especies conocidas para el GDP y bajo delta del Orinoco a 202 especies, lo que representa un incremento del 38%. Dichos estudios permitieron extender hasta el delta del Orinoco, la distribución conocida de 11 especies, e incorporar esta área como una zona importante de descanso y alimentación en la ruta migratoria de los playeros (familias Charadriidae y Scolopacidae). Mediante la técnica de censos visuales y capturas / recapturas con redes en dos asociaciones diferentes de manglar, encontramos que las comunidades de aves que habitan en el manglar donde domina *Avicennia* spp. frente a uno donde domina *Rhyzophora* spp., presentaron 29 y 46 especies, respectivamente. Al comparar la composición de las especies de aves entre estos dos ecosistemas de manglar, observamos que sólo comparten 14 especies entre ellos, lo que representa una similitud de 48%. Estas diferencias pueden deberse en parte, a que existe una clara diferencia en la estructura del bosque de manglar (estructura física, diámetro y separación entre troncos, penetración de luz, etc.), dependiendo de quien domine, *Avicennia* spp. o *Rhyzophora* spp.

RECOMENDACIONES DEL ESTUDIO AQUARAP PARA LA CONSERVACIÓN E INVESTIGACIÓN

Recomendaciones para la Conservación

- Si bien es conocido que las empresas del sector petrolero tienen programas ambientales, todos los actores involucrados deben estandarizar los criterios para monitorear e investigar los efectos de las actividades relacionadas con la explotación del petróleo. Este plan debería considerar metodologías de seguridad ambiental, transporte de petróleo, construcciones y manejo de desechos.

- Continuar el monitoreo y regulación de la pesca de arrastre camaronera. Esto incluiría una reducción gradual del tamaño de la flota camaronera nacional y de la proveniente de Trinidad, lo que requiere la revisión de los convenios o acuerdos pesqueros acordados con esta nación caribeña. Las pesquerías deben de ser monitoreadas continuamente y actualizar continuamente las normativas o regulaciones de acuerdo a los estudios pesqueros, a fin de garantizar el aprovechamiento sostenible de los recursos.

- Declarar otras vedas espaciales. La existencia en los fondos de los caños y ciertas playas, de troncos, palos caídos, etc., impide la utilización de los aparejos de pesca de arrastre, actuando estas áreas como "refugio" para muchas especies. Sin embargo esto no es garantía suficiente para la conservación ni del recurso camaronero ni del íctico. Si bien la pesca de arrastre se realiza en ciertos caladeros del delta cuyos fondos son limpios, se requiere establecer áreas protegidas (veda espacial) durante un período del año determinado en función de la biología de las principales especies afectadas (veda temporal).

- Áreas importantes identificadas durante el AquaRAP que deben ser monitoreados o protegidas incluyen:

  1. Áreas con alta diversidad de todos los grupos (invertebrados, crustáceos decápodos, y peces)
     a. Caño Manamito

  2. Áreas importantes para peces
     a. Boca Pedernales-Isla Cotorra (57 spp.)
     b. Caño Manamito (55 spp.)
     c. Boca de Bagre (50 spp.)
     d. Río Guanipa- Caño Venado (48 spp.)
     e. Caño Pedernales (46 spp.)
     f. Caño Mánamo-Guinamorena (41 spp.)
     g. Playa rocosa de Pedernales (especies únicas)
     h. Playa arenosa de Isla Cotorra (Punta Bernal; especies únicas)
     i. Playa arenosa de Pedernales (especies únicas)

  3. Áreas importantes para invertebrados bénticos
     a. Caño Pedernales

Evaluación rápida de la biodiversidad y aspectos sociales de los ecosistemas acuáticos del delta del río Orinoco y golfo de Paria, Venezuela

21

    b.   Caño Mánamo
    c.   Caño Manamito
    d.   Raices del manglar

4.   Áreas importantes para crustáceos decápodos
    a.   Caño Manamito (alta diversidad)
    b.   Río Guanipa- Caño Venado (alta diversidad)
    c.   Playa rocosa de Pedernales (especies únicas)
    d.   Boca de Bagre (especies de camarones comerciales)

- Implementar el uso de métodos de pesca alternativos que no sean tan perjudiciales para la biota acuática. Por ejemplo redes de enmalle, nasas, etc. Este proceso debería ser monitoreado por biólogos pesqueros expertos en el tema, que acompañen dichos proyectos con una educación ambiental adecuada y programas de reconversión paulatina. Aparentemente existen experiencias similares exitosas en Brasil.

- Muy pocas especies del GdP y delta del Orinoco han sido señalas en las listas con algún tipo de protección especial, como la Lista Roja de la IUCN, Protocolo para Áreas Especiales y Vida Silvestre (SPAW) o la Convención Internacional sobre el Trafico en Especies Amenazadas (CITES). Esto es simplemente un artefacto que refleja el hecho que muy pocas especies de la región han sido evaluadas de acuerdo a los criterios de dichas listas. Nuestros datos preliminares indican que algún tipo de protección especial en el área debería aplicarse a ciertas especies como el pez sapo (*Batrachoides surinamensis*), a las rayas marinas (familia Dasyatidae), en particular a *Dasyatis guttata, Dasyatis geijskesi, Himantura schmardae* y *Gimnura* spp. Una recomendación inmediata es realizar un rápido esfuerzo para evaluar el estatus de las especies marinas y estuarinas de la región.

- A pesar de que el AquaRAP GdP y delta del Orinoco cumplió las, sus expectativas en cuanto a los resultados esperados y el conocimiento adquirido, se requiere realizar un mayor esfuerzo de muestreo en los ambientes exclusivamente dulceacuícolas en el interior de las islas deltaicas. Dichos ambientes, si bien presentan una fauna relativamente pobre son muy interesantes desde el punto de vista ecológico y evolutivo das sus especializaciones.

- Dos grandes bloques del GdP y delta del Orinoco permanecen sin evaluar. Nos referimos a los ríos y estuarios de la cuenca del GdP al norte (Río San Juan, Caño Ajíes, etc.) y los caños al sur del delta, desde Macareo hasta el Río Grande. En estas dos áreas sería de gran interés la realización de dos nuevos programas AquaRAP.

BIBLIOGRAFÍA

Bonilla, J., W. Senior, J.Bugden, O. Zafiriou y R. Jones. 1993. Seasonal distributions of nutrients and primary productivity on the eastern continental self of Venezuela as influenced by the Orinoco River. J. Geophys. Res. 98 (C2): 2245-2257.

Cervigón, F. 1985. La ictiofauna de las aguas estuarinas del delta del río Orinoco en la costa atlántica occidental, Caribe. *En:* Yañez-Arancibia, A. (ed.). Fish Community Ecology in Estuaries and Coastal Lagoons: Towards an Ecosystem Integration. UNAM Press, Mexico. Pp. 56-78.

Ecology & Environment (E & E). 2002. Estudio de impacto ambiental. Proyecto de desarrollo Corocoro. Fase I. mapa de vegetación. Escala 1:50.000.

Ecology & Environment. 2002. Estudio del Impacto ambiental del Proyecto Corocoro en el Estado Delta Amacuro. Proyecto para CONOCO. Caracas.

Huber, O. 1995. Geographical and physical features. *En:* J. Steyermark, P. Berry y B. Holst (eds.). Flora of the Venezuelan Guayana. Vol. 1. Introduction. Timber Press, Oregon. Pp. 1-51.

Linares, O. y B. Rivas. En prensa. Mamíferos de la bioregion deltaíca de Venezuela. Memoria Fundación La Salle de Ciencias Naturales.

Margalef, R. 1965. Composición y distribución del fitoplancton en el ecosistema pelágico del NE de Venezuela. Mem. Soc. Cien. Nat. La Salle 25: 139-206.

Moiges, A. y J. Bonilla. 1985. La productividad primaria del fitoplancton e hidrografía del Golfo de Paria, Venezuela, durante la estación de lluvias. Bol. Inst. Oceanogr. Venezuela. Univ. Oriente. 27 (1-2): 105-116.

Müller-Karger, F. y R.Varela. 1990. Influjo del río Orinoco en el Mar Caribe: observaciones con el CZCS desde el espacio. Mem. Soc. Cienc. Nat. La Salle 49-50 (131-134): 361-390.

Ponte, V. 1997. Evaluación de las actividades pesqueras de la etnia Warao en el Delta del Río Orinoco, Venezuela. Acta Biol. Venez., 17 (1): 41-56.

Ponte, V., A. Machado-Allison y C. Lasso. 1999. La ictiofauna del Delta del Río Orinoco, Venezuela: una aproximación a su diversidad. Acta Biol. Venez. 19 (3): 25-46.

PDVSA (Petróleos de Venezuela). 1993. Imagen Atlas de Venezuela. Una visión espacial. Ed. Arte, Caracas.

Salcedo, M. En prensa. Inventario preliminar de las aves del Estado delta Amacuro, Venezuela: hábitat y distribución. Memoria Fundación La Salle de Ciencias Naturales.

Sioli, H. 1964. General features of the limnology of Amazonia. Verh. Internat. Verin. Limnol. 15: 1053-1058.

Smith, M.L., K.E. Carpenter y R.W. Waller. 2003. Introduction to the oceanography, geology, biogeography, and fisheries of the tropical and subtropical Western Central Atlantic. *En:* K.E. Carpenter (ed.). FAO Species Identification Guide for Fishery Purposes. The Living Marine Resources of the Western Central Atlantic. Volume 1. Introduction, Molluscs, Crustaceans, Hagfishes, Sharks, Batoid Fishes and Chimaeras. FAO, Roma. Pp. 1-23.

Resumen didáctico en warao

Naminamotuma joriwani naruai golfo de Paria yata arai Delta Amacuro a jobaji yata diciembre eku. Yatu naruai joida mirimanamo arai manamo eku. Yatu naruai naba mikitane, jobaji mikitane arai inarao arai honiarao mikitane. Naruai a noko manamo mikitane. Yatu naruai naba Guanipa arai naba Venado mikitane. Atai tatukamo naruai naba Bagre akojo arai tatukamo naba Pedernales akojo yata.

Yatu miai jomakaba erawitu nabaekuya. Yatu miai jomakaba warao urabakaya yorikabana daisa daisa tane. Je erawitu miai, here erawitu miai, guarura erawitu miai atai guacuco erawitu miai. Miai warao isaka arai moreku yorikabana.

Golfo de Paria eku jomakaba orikabana miai. Jomakaba warao isaka arai moabasi momatana urabakaya miai yorikabana daisa daisatane. He mojoreku arai moabasi daisa daisa tane miai. Atai miai mo mukomoko araí kabaroida mokomoko. Jomakaba erawitu ha. Miai jomakaba orikabana centoisaka arai moabasi momatana manamo. Miai jomakaba orikabana centoisaka naburukori. Miai jomakaba orikabana warao manamo arai moabasi momatana dianamo golfo de Paria eku. Inawaja eku nabaida a jomakaba yaruai naba ekuya. Diciembre eku naminamotuma joasa a jomakaba erawitu miai. Oriaba a jomakaba yajoto miai. Meguarida, nabaida a jomakaba dabai (naji), **maramara, moroguaimo, guesi,** miai. Tamatumawitu a jomakaba eraja mía. Atai mokobokate eraja miai.

Golfo de Paria arai Delta Amacuro a jobaji araí tatumasaba yakerawitu tatuka aubamo. Tatuka najoroya, idaya arai diabaraya. Tatuka a jobaji jomakaba erawitu ha. Tamatika a jomakaba yabaya kotai joriaba nauya oriaba araisa joasa. Wirinoko a jomakabakate mia Delta Amacuro a jobaji eku ha. Warao kokotuka sabuka araisa jotarao kokotuka sabuka ubaya yabakomo.

Dauta ina yakerawitu. Dauta ina a jobajai jomakaba abakoina jobaji imoniya. Atai sanuka asidaja: 1. Yabakitani kokotuka imoniya, 2. Barokoida jobaji awaritu wirinoko eku, 3. ubaji atoi ore jobaji emonia arai hanoko pedernales ajobaji jokoya jo monia, 4) erisani wabia, 5) dauta daukuabaya, 6) naba manamo mukoronaí, 7) jotaraotuma bitaisanamo, 8) inarao daisa diatamo konakomoni delta ajobaji arai. Inarao tai delta a jobaji arao isiku yorikabana daisa daisatane orikubakitane.

- Naminamotuma obonoya Delta Amacuro yorokitane. Oko tai mitane nonakitane ha:
- Oko mikitane ha yabamu jowaiakotai.
- Atai yabakitane yaba daisa junu saba.
- Dibutaira abakitane ha. jaba isia jomakaba juno.
- Yorokitane ha. Tai jomakaba equida sabuka kuare. Tai hue araisa jomakaba naniobo.
- Yaota daisa nojobukitane ha. Barokoida tai nabatuma imonia.
- Nebu jauta ajokonamu jobaji atoi anisamo jaoromiaro.
- Waraotuma kate miaro. warakitane mimiaro yarokitane deje yakakitane.
- Tai naminakitane ha katukane tanai inarao isia jomakaba isia daunarao isia tai naba mokoronai tai isia.
- Naminakitane ha. Tai ajiarao isia katukane wirinoko ajo isia jo emonia ekutai.

Evaluación rápida de la biodiversidad y aspectos sociales de los
ecosistemas acuáticos del delta del río Orinoco y golfo de Paria, Venezuela

23

Evaluación de amenazas y oportunidades

Ana Liz Flores, Alejandra Ochoa, y Greg Love

RESUMEN Y OBJETIVOS

Para determinar las amenazas y oportunidades para la conservación de la biodiversidad en el golfo de Paria, Conservación Internacional ejecutó un proceso de dos pasos. Primero, se compiló información que ya existía sobre la región para formar las bases para un taller que se efectuaría con los actores clave regionales. Este estudio inicial incluía:

- Entrevistas con representantes de: a) Tribunal Supremo de Justicia sobre la Ley de Reordenamiento Territorial; b) Ministerio de Ambiente y de los Recursos Naturales (MARN) para discutir el proyecto de Reserva de Biosfera del Orinoco que este organismo adelanta con UNDP y sobre la base de datos del delta del Orinoco, y; c) El Gobierno del Estado Delta Amacuro acerca de la Ley Especial para el Desarrollo Integrado del delta del Orinoco.

- Revisiones del material bibliográfico del MARN sobre el golfo de Paria y de los resultados de otros talleres para la región.

- Reuniones y consultas acerca del Estudio de Impacto Ambiental para el Proyecto Corocoro, Fase I del delta del Orinoco, así como la Evaluación Ambiental Específica realizada por Ecology & Environment, empresa que ayudó a coordinar el taller.

Después del estudio inicial de la información existente, CI facilitó y participó, en abril de 2003, en el Taller de Amenazas y Oportunidades para el golfo de Paria, el cual duró dos días y contribuyó a determinar cuales son las acciones necesarias que deben ser tomadas para alcanzar una conservación en la región que sea efectiva a largo plazo. Dentro de los objetivos específicos se incluyeron:

- Presentación de los resultados del estudio de biodiversidad acuática (AquaRap) de CI para el área del proyecto de ConocoPhillips en el golfo de Paria.

- Identificación y jerarquización de la biodiversidad en el golfo de Paria.

- Identificación de los principales actores clave de la región.

- Identificación y jerarquización de amenazas y oportunidades para la conservación de la biodiversidad acuática en el golfo de Paria.

- Proposición de líneas y programas de acción para protección de la biodiversidad acuática dentro del contexto socioeconómico del golfo de Paria.

Fueron invitados veinticinco (25) participantes al taller, incluyendo representantes de ConocoPhillips Venezuela S.A., Conservación Internacional Venezuela, Ecology & Environment,

S.A. y GEF-MARN, Universidad de Oriente, Fundación La Salle y Universidad Central de Venezuela. Los representantes fueron invitados sobre la base de su experticia y experiencia en disciplinas científicas y sociales relevantes y experiencia en el golfo de Paria. Tanto en el estudio inicial como en el taller se le prestó particular atención a la dinámica socioeconómica de la región y cómo el desarrollo las prácticas de desarrollo sustentable pueden contribuir al mejoramiento de la calidad de vida y una efectiva conservación de la biodiversidad.

RESUMEN DE LAS AMENAZAS ACTUALES Y POTENCIAL A LA BIODIVERSIDAD

Los resultados del estudio AquaRap y el taller de amenazas y oportunidades produjeron una lista de amenazas actuales y potenciales a la biodiversidad en el golfo de Paria y regiones adyacentes. En orden de prioridad, las amenazas incluyeron:

Uso de redes de arrastre
La principal amenaza actual del delta del Orinoco y probablemente del resto del golfo de Paria, la constituye la pesca camaronera con redes de arrastre y portalones, también conocida como "chica". Esta actividad que viene desarrollándose en la región desde 1993, ha ocasionado una marcada disminución en la abundancia de numerosas especies de peces y macro-invertebrados. Peces que anteriormente eran muy abundantes y dominantes en la fauna acuática como las rayas (familia Dasyatidae) y el pez sapo (*Batrachoides surinamensis*), registran actualmente niveles muy bajos de abundancia (Novoa 2000; resultados del AquaRAP 2002 este volumen). De acuerdo al primer autor, se estimó una disminución importante (63%) de la biomasa total respecto a los estimados obtenidos antes de existir la pesca de arrastre de camarón. Por ejemplo, en 1981 en una hora de arrastre se capturaban en promedio 58,8 kg mientras que en 1998 se obtuvieron solamente 21,7 kg (Novoa 2000). Estos cambios ocurrieron también a nivel cualitativo en la composición de la biomasa. En 1981, del total capturado, un 35% lo constituían los bagres marinos (familia Ariidae), el 16% las rayas (Dasyatidae), 15% las curvinas (Sciaenidae) y el 21% los camarones. Por el contrarío, en 1998, el 30% de la biomasa total fue de camarones , el 26% de bagres marinos y el 6% de rayas. Todos estos datos indican la importancia de los resultados obtenidos durante el AquaRAP 2002 al Golfo de Paria, a fin de comparar las estadísticas y evaluar tendencias.

Falta de aplicación de las leyes en la extracción de especies comerciales
En Pedernales existe un "centro" donde se reciben todas las capturas artesanales tanto de peces como de la pesca de arrastre del camarón. Esta última actividad, aparentemente está monopolizada por el propietario de dicho centro quien es dueño de la mayoría de las embarcaciones, motores y redes de arrastre del área. Subcontrata a los pescadores criollos e indígenas y controla todo el mercado.

De acuerdo a consultas realizadas a los pobladores locales, no existe tampoco ningún tipo de regulación ni control de los cangrejos comprados por los trinitarios, lo que ha resultado en una sobre-explotación del cangrejo rojo (*Ulcides cordatus*) y el cangrejo azul (*Cardisoma guanumi*). Así mismo, no hay ningún tipo de control de la captura y venta ilegal por parte de los Warao a los trinitarios; de los delfines de río o toninas (*Innia geoffrensis*) y el caimán de anteojos o baba (*Caiman crocodilus*). La extracción ilegal de la fauna silvestre, incluye también otros grupos de vertebrados, especialmente las aves.

Dragado y aumento en la sedimentación
La modificación de los fondos de los caños y barras, no sólo ocurre por la pesca de arrastre, sino que es incrementada por el dragado para la navegación. Estos cambios afectan a todas las comunidades bénticas, que empiezan con una "simplificación" en la estructura de las comunidades y terminan con la extinción local. Todas las actividades que traigan consigo la remoción de fondos son negativas para los organismos bénticos.

Contaminación de actividades aguas arriba
Las actividades aguas arriba tales como agricultura y urbanización de áreas para vivienda están causando un incremento en la cantidad de desechos físicos y químicos que están siendo descargados en el delta del Orinoco. Niveles elevados de químicos y material particulado prodrían alterar la composición química y física del agua filtrada a través de la región deltaica e impactar negativamente ecosistemas y especies clave.

Impactos potenciales de las operaciones petroleras
La exploración y producción petrolera han ocurrido en la región del delta por décadas. Sin embargo estas actividades se han acelerado en los últimos años debido a que el gobierno ha entrado en un proceso de compartir la producción, mediante acuerdos con empresas petroleras. Esto ha resultado en un incremento de la actividad que continuará en el futuro previsible. Mientras que la presencia de empresas petroleras multinacionales pudieran beneficiar a la región de varias maneras mediante el incremento del empleo, reversión de impuestos y experticia técnica, también existen riesgos potenciales. Entre ellos se encuentran los incrementos en niveles de contaminación (derrames, descargas a bajo nivel), crecimiento en el tráfico e impactos indirectos tales como un repunte en la inmigración y la introducción de especies exóticas, procesos que ocurren frecuentemente cuando existe desarrollo de hidrocarburos. Dados estos impactos potenciales y la gran dependencia de las comunidades en la pesca para su bienestar, es imperativo que los desarrollos petroleros en el golfo de Paria se adhieran a estándares de clase mundial en el diseño e implementación de sus operaciones.

Los derrames en el área ocurren con cierta frecuencia a juzgar por las encuestas realizadas a los pobladores locales. Sin embargo, el impacto al igual que el caso anterior, es relativamente bajo (de 1 a 10 ha). Un factor muy curioso que merece la pena investigar y ahondar más en él, es el hecho de la existencia de afloramientos naturales de petróleo en el área de Pedernales desde mucho tiempo. En el área de Pedernales donde este fenómeno tiene lugar (playa rocosa o de gigas), existe una comunidad muy diversa de crustáceos adaptadas a estas condiciones aparentemente naturales. Estos ambientes rocosos también han sido colonizados por una especie de pez exótico (*Omobranchus punctatus*), que se ha adaptado a vivir entre las rocas y estos afloramientos naturales.

Deforestación de manglares

Aunque mucho de los bosques de manglar del golfo de Paria mantienen un estado prístino o casi prístino, el crecimiento mantenido de la población de las comunidades locales continuará ejerciendo presión sobre estos hábitat en el futuro previsible. Como estos hábitats son básicos tanto para especies acuáticas como terrestres, su conservación es importante no sólo para la biodiversidad sino para las comunidades locales, particularmente indígenas que dependen de los productos de este ecosistema.

Los bosques de manglar del delta del Orinoco representan una reserva forestal de potencial considerable. Los indígenas han utilizado tradicionalmente el manglar para la construcción de sus viviendas y en la actualidad es explotado con fines comerciales. Sus productos derivados son muy variados (varas, durmientes, pilotes, atracaderos, quillas para botes etc.). Además de su importancia para los Warao, sus raíces representan un hábitat imprescindible para los juveniles de peces y numerosos adultos de moluscos y crustáceos, especialmente las formas sésiles.

Probablemente existan en las estadísticas del Ministerio del Ambiente y los Recursos Naturales (MARN), datos sobre la extracción de madera de mangles en el delta del Orinoco. Las experiencias en el golfo de Paria (río San Juan) en la Reserva Forestal de Guarapiche, durante la década de los ochenta han sido decepcionantes (ver Pannier y Fraíno 1989). El impacto de esta actividad sobre los manglares a nivel mundial es el más alto de acuerdo a los criterios antes señalados por la UICN, de 10.000 a 500.000 ha.

Regulación del flujo del Caño Mánamo

Las consecuencias de la construcción del dique que regula o controla el caudal del caño Mánamo, se han manifestado de manera inmediata desde su establecimiento y posteriormente de manera más gradual. Las primeras que llamaron la atención fueron aquellas que afectaron a las personas, indígenas principalmente y a los cultivos, que no resultaron favorecidos por las medidas. Además se han producido cambios en el régimen hidrológico que han derivado en la colmatación de caños, erosión y formación de islas. Asociado a la alteración del régimen hidrológico, los componentes bióticos se han visto afectados pues han ocurrido cambios en la composición de suelos, aguas y por tanto de la fauna asociada. Es imperativo reevaluar el volumen de agua que se permite pasar desde el río Orinoco al caño Mánamo, y desde él al resto de la mitad norte del delta.

La regulación del Mánamo no puede ser considerada como una amenaza "latente" en el sentido estricto de la palabra, ya que esta alteración del medio, tanto acuático como terrestre, lleva casi 35 años influyendo sobre la biota del delta. Fue construido en 1966 en la población de Tucupita con el objeto de regular el flujo de agua y así controlar las inundaciones y poder recuperar las tierras para la agricultura, además de aumentar el volumen de agua que transporta el Orinoco en su canal principal y así favorecer la navegación de gran calado. Los impactos sociales fueron en muchos casos muy negativos, sobre todo a las comunidades indígenas (ver Escalante 1993 para una discusión más completa). Desconocemos si existe algún tipo de estudio publicado con cierta actualidad sobre el efecto del cierre del dique en las comunidades acuáticas animales, pero debido a la descomposición de las aguas en las cercanías de la estructura del dique al momento del cierre, ocurrieron grandes mortandades de peces (Monente y Colonnello 2004).

Si bien la ictiofauna estuarina del Mánamo ha sido bien estudiada por Cervigón (1982, 1985), no hay trabajos previos a la construcción del dique por lo que no podemos evaluar adecuadamente el impacto. No obstante, es obvio que al limitar el flujo de agua dulce a los niveles actuales, hay una mayor penetración de la cuña salina aguas arriba y por tanto una mayor dispersión de peces marinos o adaptados a las aguas salobres. Esta recolonización comenzó casi de manera inmediata al cierre, pues este ocurrió precisamente en el momento en el que la cuña salina se encontraba más adentrada como correspondía al final de la estación seca y en lugar de retroceder hacia el mar, empujada por la crecida del río, siguió avanzando hacia el sur llegando a las inmediaciones de la Isla Manamito (Monente y Colonnello 2004). En el caso de los invertebrados bénticos, especialmente crustáceos decápodos, sería de esperar un incremento en la riqueza de especies, ya que estas nuevas condiciones permitirían la colonización de nuevos ambientes por parte de crustáceos marinos que tienen una mayor diversificación del lado oceánico (Pereira *obs. pers.*).

El efecto del cierre sobre la vegetación acuática ha sido documentado por Colonnello (1998), quien señala como efecto más evidente el incremento de la tasa de expansión del manglar, especialmente del mangle rojo (*Rhizophora mangle*) de 1 ha/año antes de la regulación a 6-7 ha/año luego del cierre del cauce y el cambio en la distribución de las especies halófitas en las orillas del caño.

Eutroficación de la cuenca del Río Guanipa

Existe eutroficación en la cuenca norte del río Guanipa (ríos Guarapiche, Amana y Punceres), que obviamente tiene consecuencias indirectas en la parte baja de la cuenca, en la boca del Guanipa y golfo de Paria. Existe un proyecto de recuperación de la cuenca aparentemente todavía no implementado. No se ha evaluado sus incidencias en el golfo de Paria. Se requiere realizar análisis de contaminantes como metales pesados, coliformes fecales y su relación con la fauna acuática y efectos sobre la población humana.

Descarga no regulada de aguas servidas provenientes de áreas pobladas

Esta amenaza es especialmente importante en áreas densamente pobladas o con una concentración elevada de personas sin condiciones sanitarias adecuadas. Esta situación es evidente en la población de Pedernales, donde las consecuencias sobre la salud de los pobladores, especialmente los indígenas en condiciones de pobreza extrema, son mortales. Hasta la fecha de la expedición AquaRAP 2002, no existía en Pedernales ninguna planta de tratamiento de aguas aunque si se veían en marcha obras de alcantarillado. Las aguas contaminadas son descargadas directamente al muelle del caño y probablemente afecten a la playa rocosa de Pedernales, localidad esta muy importante dado que se encontraron en ellas especies únicas, no presentes en otras partes del delta y golfo de Paria.

Presencia de infraestructura petrolera abandonada

El Golfo de Paria tiene una historia de exploración y producción petrolera. El legado de esa historia ha resultado en una gran cantidad de infraestructura de producción abandonada a lo largo y ancho de la región. Muchas de estas estructuras fueron desmanteladas de forma inapropiada, con poco o ningún esfuerzo en una limpieza que asegurara que no se contaminarían al final de su vida productiva. El resultado es una gran cantidad de infraestructura abandonada descargando desechos a niveles bajos, muchos en áreas de importancia para la biodiversidad y para la pesca comercial.

Aunque no existen evidencias comprobadas del efecto de la construcción de plataformas petroleras (aparentemente el dragado para tales construcciones no es muy importante), el muestreo de los fondos adyacentes a las plataformas abandonadas frente a Pedernales durante el AquaRAP 2002, reveló la inexistencia de invertebrados bénticos, lo que indica que la recuperación de estas áreas impactadas debe ser muy lenta. No obstante, se requieren muestreos adicionales en otras áreas para respaldar aún más dicha afirmación.

Introducción de especies exóticas e invasivas

El AquaRap de 2002 identificó la presencia de tres especies exóticas de peces y posiblemente de cinco especies exóticas de invertebrados en el golfo de Paria. Aun se desconoce qué impacto, si es que existe, tienen estas especies sobre las comerciales o sobre otras nativas. No obstante, con el incremento del tránsito marítimo resultante de las operaciones petroleras, existe un gran riesgo de que nuevas especies estén siendo introducidas en el golfo de Paria. Algunas de esta especies podrían causar impactos negativos en ecosistemas y posiblemente en especies comercialmente importantes.

FACTORES SOCIOECONÓMICOS QUE CONDUCEN Y EXACERBAN AMENAZAS

Combinando la intensidad de estas amenazas a la biodiversidad se encuentran los indicadores socioeconómicos detectados en el golfo de Paria. Durante el taller de abril, un número de factores socioeconómicos que conducen y exacerban los impactos sobre la biodiversidad fueron identificados y discutidos. En la opinión de los participantes del taller, lis siguientes criterios socioeconómicos tienen que ser tomados en cuenta si se pretende alcanzar una efectiva conservación de la biodiversidad en el golfo de Paria a largo plazo:

- Persistente falta de aplicación de leyes y regulaciones en materia pesquera.

- Debilidad institucional entre los gobiernos locales y regionales, asi como de grupos comunitarios, particularmente entre las comunidades indígenas Warao. Más aun, el grupo del taller notó la ausencia de capital social en las comunidades, lo cual se refleja en su imposibilidad para organizarse y trabajar juntos de manera cooperativa para afrontar problemas y retos comunes.

- Pobreza extrema y falta de empleo, otra vez particularmente entre las comunidades Warao, las cuales tienen los índices socioeconómicos más bajos de Venezuela.

- Tasa de crecimiento de la población acelerada, tanto por altas tasas de fertilidad como altas tasas de inmigración dentro de la región.

- Preocupación de sobre cómo serán implementadas la Ley de Demarcación y Garantía de Hábitat de los Pueblos Indígenas y la Ley Especial de Desarrollo Integral del Delta del Orinoco. Especialmente, existe la preocupación de que en la actualidad las comunidades indígenas podrían carecer de la capacidad necesaria para manejar las tierras que le sean provistas por estas leyes.

Obviar el tratamiento de los mencionados criterios socioeconómicos podría resultar en un continuo manejo insustentable de los recursos y posiblemente en una acelerada pérdida de hábitats y especies. Es por ello que los participantes del taller concluyeron que cualquier esfuerzo exitoso para la conservación de la biodiversidad a largo plazo en el golfo de Paria tendrá que ser hecho a través de la promoción del desarrollo sustentable y el mejor manejo de los recursos por parte de las comunidades locales.

Ver la sección del **Plan de Acción Inicial para la Biodiversidad para el Golfo de Paria, Venezuela (IBAP)** que se encuentra en este informe para conocer las acciones sugeridas al momento de tratar las amenazas a la biodiversidad en el golfo de Paria y el delta del Orinoco.

REFERENCIAS

Cervigón, F. 1982. La ictiofauna estuarina del Caño Mánamo y áreas adyacentes. *En:* Novoa, D. (comp.). Los recursos pesqueros del río Orinoco y su explotación.

Evaluación rápida de la biodiversidad y aspectos sociales de los ecosistemas acuáticos del delta del río Orinoco y golfo de Paria, Venezuela

27

Corporación Venezolana de Guayana. Caracas, Ed. Arte. Pp. 205-260.

Colonnello, G. 1998. El impacto ambiental causado por el represamiento del caño Mánamo: cambios en la vegetación riparina un caso de estudio. *En*: López, J.L., Y. Saavedra y M. Dubois (eds.). El Río Orinoco Aprovechamiento Sustentable. Instituto de Mecánica de Fluidos, Universidad Central de Venezuela. Caracas. Pp. 36-54.

Escalante, B. 1993. La intervención del Caño Mánamo vista por los deltanos. *En*: J. A. Monente y E. Vásquez (editores). 1993. Limnología y aportes a la etnoecología del delta del Orinoco. Caracas. Estudio financiado por Fundacite Guayana.

Monente, J.A. y G. Colonnello. 2004. Consecuencias ambientales de la intervención del delta del Orinoco. Boletín RAP de Evaluación Biológica #37. Conservation International. Washington, D.C.

Novoa, D. 2000. Evaluación del efecto causado por la pesca de arrastre sobre la fauna íctica en la desembocadura del Caño Mánamo Delta del Orinoco, Venezuela. Acta Ecológica del Museo Marino de Margarita. 2: 43-62.

Pannier, F. y R. Fraino de Pannier. 1989. Manglares de Venezuela. Cuadernos Lagoven. Caracas.

Plan de acción inicial de biodiversidad para el golfo de Paria, Venezuela

RESUMEN DEL PLAN DE ACCIÓN INICIAL DE BIODIVERSIDAD

Este Plan de Acción Inicial de Biodiversidad está basado en los datos colectados en el estudio de la biología de agua dulce y marina llevado a cabo en diciembre del 2002 por el Programa de Evaluación Rápida (Rapid Assesment Program, RAP) de Conservación Internacional (Conservation International, CI), así como en el Taller de Amenazas y Oportunidades de abril del 2003. Los objetivos de este Plan de Acción son 1) identificar las metas necesarias a lograr para promover un mejoramiento del manejo de los recursos y conservación de la diversidad en el golfo de Paria y 2) catalizar los esfuerzos de conservación en esta región con un grupo amplio de participantes interesados incluyendo gobiernos locales y regionales, comunidades, organizaciones no gubernamentales, organizaciones internacionales multilaterales y el sector privado, particularmente compañías de petróleo y pesquerías.

El Contexto Regional

El golfo de Paria se localiza en el noreste de Venezuela y se considera parte del área este del mar del Caribe. Al norte, oeste y sur, el golfo de Paria está delineado por la costa venezolana incluyendo la península de Paria, las planicies deltoides del estado Monangas y la parte norte del delta del Orinoco. Tanto el golfo de Paria, enfoque central de este Plan de Acción, como la región adyacente del delta del Orinoco, se consideran dos de las regiones más productivas de los trópicos ya que proveen habitats importantes para la reproducción de numerosas especies de peces e invertebrados (Smith et al., 2003).

La presencia de extensas áreas cubiertas por manglares es fundamental para la productividad de la región, ya que los manglares juegan un papel primordial en el mantenimiento de los ecosistemas marinos, de aguas dulces y salobres del golfo de Paria. Muchas de las extensas regiones cubiertas por manglares se encuentran en condiciones casi prístinas, por lo que el Programa de Desarrollo de las Naciones Unidas (*United Nations Development Program, UNDP*) se encuentra actualmente trabajando con el Ministerio del Ambiente y de Recursos Naturales (MARN) en la implementación de un proyecto para la Reserva de la Biosfera del Orinoco, así como en la creación de una base de datos para el delta del río Orinoco.

A pesar de la buena condición en la que se encuentran los manglares en general y del proyecto conjunto entre el Programa de Desarrollo de las Naciones Unidas y el Ministerio del Ambiente y de Recursos Naturales, la región aún enfrenta numerosas amenazas, especialmente en lo concerniente a los recursos marinos, de agua dulce y salobre. Entre estas amenazas en particular se encuentran: prácticas de pesca no sustentables (barcos de pesca rastreadores, cumplimiento inadecuado o ausencia de regulaciones efectivas); impactos potenciales de operaciones petroleras presentes y futuras; contaminación por las comunidades locales (aguas residuales no tratadas, desechos, etc.); y modificaciones deficientes de las vías fluviales locales y regionales, incluyendo la represa del río Mánamo y el rastreo de canales en los manglares con propósitos de navegación.

Evaluación rápida de la biodiversidad y aspectos sociales de los ecosistemas acuáticos del delta del río Orinoco y golfo de Paria, Venezuela

29

Los habitats de los manglares enfrentan amenazas adicionales debidas a la deforestación y a la extracción descontrolada de su flora y fauna. Los impactos acuáticos y terrestres se generan y/o exacerban hasta cierto grado debido: a la grave pobreza en la que viven la mayoría de las comunidades de la región, especialmente los indígenas; a su dependencia en la extracción de recursos locales; y a la falta generalizada de conciencia de cómo sus actividades no son sustentables a largo plazo. En algunas comunidades como la del pueblo de Pedernales, más del 80% de la población depende, en mayor o menor grado, de la productividad de las zonas locales pesqueras como una fuente para generar ingresos. Al mismo tiempo, los pescadores de Pedernales no están concientes de que sus prácticas pesqueras están contribuyendo al agotamiento de los recursos de los que ellos dependen.

Conservación a largo plazo en el golfo de Paria

La evaluación de AquaRAP realizada en diciembre del 2002 que cubrió solamente una pequeña porción localizada en la parte sur del golfo de Paria, identificó aproximadamente un tercio de la diversidad total de los peces conocidos para toda la región del delta del Orinoco. Muchas de las especies encontradas en la región, tales como camarones y peces, son de gran importancia económica para las comunidades locales. Debido a la dependencia en la extracción de estos recursos naturales, especialmente de recursos marinos, de agua dulce y salobre, el objetivo principal para la conservación del golfo de Paria a largo plazo debe ser el manejo efectivo de los recursos que asegure el desarrollo socioeconómico sustentable y la protección de los ecosistemas de los cuales dependerá dicho desarrollo. A pesar de que el golfo de Paria fue el foco principal del estudio de AquaRAP y del Taller de Amenazas y Oportunidades, su proximidad y la conexión natural con la extensión del delta del Orinoco indican que cualquier plan efectivo de manejo de recursos a largo plazo debe incluir a ambas regiones.

Para lograr este objetivo será importante desarrollar e implementar procesos de planeación locales y regionales para determinar cómo preservar los recursos del golfo de Paria considerando las actividades económicas ya existentes en el contexto de toda la extensión del delta del Orinoco. Entidades gubernamentales locales, regionales y nacionales deben ser responsables en última instancia, tanto para convocar cualquier proceso de planeación como para hacer cumplir dichos planes. Sin embargo, los responsables regionales principales, especialmente aquellos que cuentan con recursos y experiencia (compañías de petróleo, UNDP, universidades y organizaciones no gubernamentales), pueden contribuir a este proceso proveyendo su experticia y los recursos necesarios para lograr las metas a largo plazo.

Metas importantes de conservación y propuestas para lograrlas

Un paso importante hacia la conservación efectiva de la biodiversidad a largo plazo en el golfo de Paria es el establecimiento de un plan de conservación con metas y resultados proyectados en áreas críticas. Con base en los resultados del

estudio de AquaRAP, en el Taller de Amenazas y Oportunidades y en estudios previos de la región (incluyendo pesquerías, información socioeconómica y otros datos pertinentes de la Evaluación del Impacto Ambiental (*Environmental Impact Assessment, EIA*), Conservación Internacional (*CI*) y sus colaboradores regionales han identificado seis posibles metas de conservación y han desarrollado varias propuestas para lograr cada una:

1) **Que se genere, se haga pública y disponible la información sobre biodiversidad, ecosistemas y actividades socioeconómicas en el golfo de Paria, así como que se completen los datos con estudios adicionales cuando sea necesario.**

    *   Publicar y diseminar ampliamente, en Venezuela e internacionalmente, el estudio del golfo de Paria realizado en 2002 por AquaRAP y los resultados del Taller de Amenazas y Oportunidades para compartir datos científicos valiosos, integrarlos en una base de datos regional de biodiversidad y así generar interés adicional de organizaciones con más recursos para que contribuyan a la preservación de los recursos naturales del golfo de Paria.

    *   Actualizar la base de datos del golfo de Paria del MARN y ponerla a la disposición del GEF Delta (aportes de COP, EE, CI, FLASA, UDO, INIA, UCV, INAPESCA y otros).

    *   Elaborar documentos de divulgación acerca de los esfuerzos que se han hecho sobre la biodiversidad en el golfo de Paria.

    *   Elaborar un librito en dos idiomas (warao y español) para las comunidades del golfo de Paria sobre la importancia de la biodiversidad.

    *   Llevar a cabo Programas Rápidos de Evaluación (RAP) adicionales o completar los siguientes estudios relacionados:

    *   Estudio del área entre el río Guanipa y el canal de caño Ajies y entre boca Grande y el sur del delta (Macareo al río Grande);

    *   Evaluación del área de estudio de AquaRAP del 2002 durante la estación de lluvias (estación de aguas altas);

    *   Selección de zonas costeras marinas;

    *   Programas Rápidos de Evaluación (RAP) de aguas profundas o estudios similares conducidos en zonas primordiales de pesca para crear una base de información de la distribución de especies y determinar

las áreas de importancia para la zonas de captura y las de "no captura";

- Programas Rápidos de Evaluación (RAP) terrestres en áreas selectas, incluyendo manglares tanto del golfo de Paria como de toda la extensión del delta del Orinoco.

  Se debe considerar la formación de convenios con grupos participantes regionales para llevar a cabo los estudios antes mencionados. De la misma manera que se han manejado los resultados actuales de los Programas Rápidos de Evaluación (*RAP*), cualquier estudio futuro debe ser integrado en una base de datos regional accesible al público y utilizada para promover el mejoramiento de la planeación regional y del manejo de recursos en el golfo de Paria.

2) **Que se desarrollen protocolos comunes para el monitoreo de la biodiversidad en el golfo de Paria para determinar el estado de las especies amenazadas, de las especies importantes comercialmente y de las especies exóticas.**

- Establecer acuerdos de colaboración entre organizaciones no gubernamentales, agencias gubernamentales, el sector de comercio privado e instituciones locales de investigación para desarrollar protocolos de monitoreo a largo plazo e implementar programas de monitoreo. Se debe poner énfasis particularmente en las especies amenazadas, en las especies de importancia económica, en las especies exóticas y en la calidad del agua, del aire y de los sedimentos en los cuales coinciden poblaciones humanas, zonas pesqueras y operaciones petroleras. Para monitorear la calidad del agua se deben incluir grupos "indicadores" de invertebrados.

- Desarrollar un sistema regional para compilar, actualizar y analizar los datos colectados en los esfuerzos de monitoreo, para evaluar el estado de la biodiversidad en el golfo de Paria y para hacer recomendaciones para un mejor manejo de recursos. Los indicadores de biodiversidad del sistema deben ser relevantes tanto para el manejo de recursos locales como para facilitar esfuerzos internacionales en la evaluación del estado de la biodiversidad en el golfo de Paria.

- Desarrollar recursos en las comunidades locales que permitan implementar protocolos de monitoreo a través de la educación, de la toma de conciencia y del entrenamiento.

3) **Que se mejoren las prácticas de conservación de especies importantes, tanto comerciales como amenazadas, y que se promueva el desarrollo sustentable en pesquerías locales e industriales en la región del golfo de Paria.**

- Los resultados de los estudios pesqueros de Aqua RAP y los estudios de aguas profundas y otras fuentes de datos, identifican el estado de las especies amenazadas y/o especies de peces, invertebrados y plantas colectadas en el golfo de Paria y señalan acciones para promover su protección. El estudio del 2002 de AquaRAP indica que se debe considerar tomar medidas adicionales de protección lo más pronto posible para el pez sapo (Batrachoides surinamensis) y ciertas rayas (familia Dasyatidae, en particular Dasyatis guttata, Dasyattis geijskesi, Himantura schmardae y Gimnura micrura).

- Promover la toma de conciencia local acerca de las relaciones entre la disponibilidad de recursos y las prácticas de colecta y explotación de éstos, con énfasis particular en ayudar a los pescadores locales a comprender cómo las prácticas utilizadas actualmente han contribuido y continuarán contribuyendo a la reducción futura en la captura de peces.

- Implementar planes de desarrollo sustentable entre comunidades importantes del golfo de Paria con base en los estudios previos socioeconómicos y de biodiversidad. Dichos planes deben incluir medidas necesarias para incrementar la productividad y la capacidad de sustentar los recursos de la base local y regional, con especial atención al desarrollo de prácticas pesqueras más sustentables y la promoción de alternativas no pesqueras como el turismo. Se deben considerar acuerdos de conservación basados en incentivos que compensen el costo de oportunidad de adoptar nuevas prácticas proveyendo estímulos económicos que reduzcan la pobreza y mejoren el bienestar social a través de actividades que generen ingresos. Estudios específicos incluirían:

- Evaluación de las Prácticas Actuales y las Posibles Alternativas de Pesca: El uso de prácticas destructivas de pesca, particularmente barcos de rastreo, está causando claramente una pérdida primaria de diversidad de peces e invertebrados y reduciendo la productividad de las pesquerías locales en la región. A su vez esta situación impacta a la biodiversidad y a la capacidad a largo plazo de las comunidades de generar ingresos. Se debe considerar un análisis de las alternativas actuales y potenciales de la práctica de pesca por barcos de rastreo enfocándose en lo siguiente:
  - Regulaciones sobre la medida de las mallas en las redes de rastreo;

- Incorporación de nuevas tecnologías, especialmente en relación a barcos de rastreo;
- Clausura de ciertos canales para prácticas de rastreo, cerrando algunos canales a diferentes tiempos en un sistema de rotación;
- Alternativas para reducir el número de barcos operando en áreas claves para el comercio y/o de importancia para la biodiversidad;

- Estudio de la Viabilidad Económica para Adoptar Nuevas Prácticas y Actividades Económicas: Un estudio sobre la viabilidad económica de adoptar prácticas pesqueras alternativas determinaría qué prácticas serían más propensas a ser adoptadas por las comunidades de pescadores locales y bajo qué circunstancias (acceso a crédito, mejor entrenamiento, etc.). El costo de oportunidad de adoptar prácticas más sustentables, incluyendo la creación de zonas de "no captura" e involucrándose en actividades económicas no pesqueras como el turismo, deben ser componentes centrales del estudio. De interés particular debe ser la idea de zonas de "no captura" en las proximidades en donde se desarrollan actividades petroleras con el fin de ayudar a reducir riesgos potenciales de pescadores acercándose demasiado a actividades de operación y enredando redes en la infraestructura y/o provocando colisiones con embarcaciones, también resultando potencialmente en áreas que contribuyan al abastecimiento de las reservas de peces. Se debe otorgar consideración adicional al desarrollo de métodos de producción de acuacultura, tales como el cultivo sustentable de camarones y las experiencias de otras pesquerías que han adoptado prácticas alternativas y las lecciones que han aprendido. El objetivo final de cualquier plan debe ser el incremento a largo plazo de los ingresos de las comunidades locales que dependen de la pesca como una actividad económica central;

- Entrenamiento y Asistencia Técnica: Con base en el estudio de viabilidad de prácticas pesqueras alternativas, se deben hacer recomendaciones del entrenamiento y la asistencia técnica que serán necesarios para adoptar dichas prácticas. Se deben considerar las condiciones de crédito para adquirir nuevo equipo, recursos para el entrenamiento y creación de la infraestructura para el monitoreo comunitario de peces locales y reservas de camarones. Además de mejorar las prácticas, se deben hacer esfuerzos para ganar acceso a los mercados locales, nacionales e internacionales, incluyendo la posibilidad de promover normas de compra sustentables o la certificación de reservas de peces como sustentables para crear productos con valor adicional. Las prácticas pesqueras sustentables para todo el golfo de Paria deben ser el objetivo principal de cualquier programa.

Sin embargo los proyectos pilotos en comunidades claves deben ser implementados primero, aumentando proyectos progresivamente a mayores escalas conforme se aprenden lecciones acerca de las prácticas que hayan comprobado ser exitosas.

- Evaluar la propuesta de INAPESCA y sus planes de acción en la zona para integrar esfuerzos.

4) **Que las compañías petroleras hagan contribuciones positivas al desarrollo sustentable socioeconómico y a la conservación de la biodiversidad en el golfo de Paria mediante la implementación de mejores prácticas operativas y el apoyo a un mejor manejo de los recursos.**

- Adaptar la Iniciativa de Biodiversidad y Energía (EIB, ver www.TheEBI.org) en el golfo de Paria con las diversas compañías presentes en la región y reportar el progreso al EIB sobre la aplicación de las pautas a seguir.

- Crear un grupo de trabajo interdisciplinario de biodiversidad que desarrolle un plan de trabajo con el fin de mejorar las prácticas específicas de la conservación de la biodiversidad y su integración con el proyecto petrolero.

- Integrar las consideraciones de biodiversidad junto con EIAs y sistemas de manejo ambiental para minimizar el impacto de las operaciones sobre los ecosistemas regionales. Se sugiere que las evaluaciones del impacto potencial sobre la biodiversidad y sobre especies de importancia comercial incluyan lo siguiente:

- Localización de pozos e instalaciones anexas en relación a zonas pesqueras, reservas de peces, áreas de reproducción y flujos migratorios de especies económicamente importantes y/o especies amenazadas y habitats vulnerables: Se deben determinar las áreas pesqueras y habitats de importancia y ubicar las instalaciones de producción y rutas planeadas de transporte con el fin de evitar estas áreas en la medida de lo posible. Asimismo se debe incluir en el análisis información de localidades en donde las actividades petroleras puedan tener un impacto positivo en las reservas de peces al reducir la actividad pesquera.

- Derrames de petróleo y substancias químicas: A pesar de que son raros, los derrames de aceite y otras substancias químicas a menudo tienen efectos devastadores a corto plazo en las pesquerías locales y la biodiversidad. Dada la extrema pobreza de las comunidades locales y su dependencia en la pesca, un derrame accidental de aceite o substancias químicas puede impactar gravemente la economía local. Para prevenir los derrames se deben usar buque tanques de doble caparazón para el transporte de petróleo y se deben aplicar los estándares internacionales más elevados a los oleoductos e instalaciones anexas.

Para minimizar el impacto de los derrames, se deben desarrollar planes de contingencia en conjunción con comunidades locales para que se establezca un acuerdo de cómo reportar los derrames y qué acciones se deben tomar cuando ocurra un derrame, incluyendo medidas de compensación para cualquier pérdida de ingreso de las actividades impactadas económicamente como la pesca. Mientras que los químicos dispersantes se pueden considerar para derrames en mar abierto, no deben ser utilizados para limpiar derrames dentro de áreas de manglares. La eliminación mecánica o alternativas que no involucren el uso de químicos dispersantes deben ser considerados dependiendo del tipo de derrame. Asimismo se deben considerar acciones especificas para el tratamiento y limpieza de vida silvestre afectada por el derrame como aves acuáticas;

- Hidrocarburos ligeros y otras substancias químicas en la columna de agua: Mientras que los derrames constituyen una preocupación constante en las instalaciones de producción de hidrocarburos, generalmente se conocen grandes impactos debidos a la exposición a químicos de bajo nivel a largo plazo, principalmente contaminación por aceite. Los cambios en la composición de la columna de agua pueden afectar la composición y el desarrollo de ciertas especies. A su vez, esto puede tener un efecto potencial en la cadena alimenticia y en especies de importancia comercial y/o amenazadas. Se deben establecer estudios de referencia sobre especies importantes, incluyendo grupos indicadores de invertebrados, y monitorearlos durante la extensión del proyecto para saber si los niveles elevados de hidrocarburos y substancias químicas relacionadas a las operaciones petroleras están impactando los ecosistemas. Cualquier estudio de referencia y esfuerzo de monitoreo debe tomar en cuenta los niveles naturalmente elevados de muchos hidrocarburos debido a la presencia de filtros naturales en el golfo de Paria;

- Aguas extraídas durante la producción: Las prácticas aceptadas en la industria recomiendan que las aguas extraídas durante la producción se reinyecten o que sean tratadas antes de su descarga para remover los hidrocarburos, metales pesados, sales, etc. Como en el caso de los hidrocarburos y los niveles químicos, se debe considerar evaluar el impacto que las aguas extraídas durante la producción pueden tener en la composición de especies de importancia comercial o de biodiversidad y se deben tomar medidas apropiadas de prevención y mejoría;

- Lodos y fluidos de perforación: Los lodos y fluidos de perforación deben ser usados y reciclados de la mejor manera posible y debe considerarse su inclusión en pozos con el fin de descartarlos, evitando así su descarga directa por la borda. Si ésta última opción es seleccionada para su desecho, se debe prestar atención especial al impacto potencial que estas descargas tendrán sobre la biodiversidad con importancia comercial y/o amenazada, particularmente las especies bénticas;

- Quemando gas al aire libre (mechero del gas): Quemando gases al aire libre presentan riesgos para los ecosistemas locales debido a cambios en la calidad del aire y en residuos que se acumulan en la superficie de aguas contiguas. Esta prática debe solo utilizarse para propósitos de seguridad, con gases que se reinyectan o a los que se les da otros usos. La posibilidad de proveer a las comunidades locales con una fuente potencial de energía debe valorarse como un medio de promover el desarrollo económico y disminuir la presión en la deforestación de los manglares locales por la extracción de madera para combustible;

- Especies exóticas: El estudio del 2002 de Aqua-RAP identificó la presencia en el golfo de Paria de tres especies exóticas de peces y posiblemente de cinco especies de invertebrados. Hasta el momento se desconoce cual es el impacto que estas especies están teniendo en la biodiversidad local. Sin embargo, dada la importancia de la pesca para la economía regional, se debe prestar atención especial para proteger a las especies comerciales importantes de los posibles efectos negativos de las especies invasoras (Patin, 1999).

- La ocurrencia más frecuente de apoyo y transporte de embarcaciones para operaciones petroleras en el golfo de Paria podría potencialmente introducir especies exóticas con impactos negativos sobre especies de importancia comercial y/o especies amenazadas. Para salvaguardarse de esta situación las compañías de petróleo en el golfo de Paria deben comprometerse a llevar a cabo planes de prevención de especies exóticas con énfasis particular en el tratamiento adecuado de agua de lastre a menudo el medio por el cual especies exóticas son introducidas en áreas nuevas. Se debe prestar atención especial en el establecimiento de un sistema de monitoreo de especies exóticas para evaluar la presencia actual

Evaluación rápida de la biodiversidad y aspectos sociales de los
ecosistemas acuáticos del delta del río Orinoco y golfo de Paria, Venezuela

33

de especies y su posible impacto, así como detectar la introducción de nuevas especies en el golfo de Paria;

- Problemas de agua de lastre: A pesar de que el tratamiento de agua de lastre puede prevenir la introducción de especies exóticas, el tratamiento inadecuado de éstas puede contribuir a la contaminación de cuerpos de agua locales. Se deben considerar evaluaciones del impacto de la contaminación de agua de lastre en habitats locales y tomar medidas para tratarlas apropiadamente antes de ser desechadas;

- Monitoreo comunitario: Se debe tomar en cuenta el desarrollo de programas basados en las comunidades para evaluar y monitorear los impactos potenciales de las operaciones petroleras. Este tipo de programas debe ser implementado a largo plazo promoviendo la creación de recursos locales para comprender y monitorear el uso y la conservación de los recursos naturales. El monitoreo comunitario debe suministrar, a las compañías y a los participantes interesados como investigadores, los datos necesarios para detectar cambios en los indicadores ambientales y permitir a las comunidades participar en las operaciones de las compañías, incorporándolas en el proceso. Un beneficio agregado de este tipo de programa sería la creación de oportunidades adicionales de empleos locales.

- Promover el desarrollo socioeconómico sustentable y la conservación de recursos a través de las compañías petroleras que pueden catalizar, apoyar y participar en los esfuerzos de planeación de la región en conjunto con el gobierno, las comunidades, las universidades, las organizaciones no gubernamentales y otros grupos del sector privado.

- Identificar y llevar a cabo, por medio de las compañías petroleras que operan en el golfo de Paria, las oportunidades para beneficiar la conservación de biodiversidad (mejor manejo de recursos, contribuciones hacia áreas protegidas, etc.)

- Evaluar la posibilidad de crear un centro de biodiversidad en la zona donde comunidades locales puedan recibir entrenamiento y otro apoyo en la conservación de la biodiversidad.

5) **Que se implemente un plan regional que conserve los recursos biológicos y al mismo tiempo promueva actividades que contribuyan al desarrollo sustentable de las comunidades del golfo de Paria.**

- Revisar e identificar las carencias de las leyes y regulaciones existentes relacionadas con el manejo de recursos en el golfo de Paria, con énfasis en las pesquerías y en la efectividad de su cumplimiento.

- Desarrollar e implementar un plan regional con los participantes interesados más importantes en el golfo de Paria (gobierno, comunidades, universidades, organizaciones no gubernamentales y otros participantes del sector privado) para mejorar la zonificación del golfo de Paria y fortalecer la capacidad en la conservación y el manejo de los recursos.

- Establecer una red regional de planeación para compartir datos y coordinar actividades socioeconómicas y de conservación en el golfo de Paria.

- Identificar zonas inactivas en la región (como plataformas abandonadas) y crear convenios para resolver cada caso en particular.

6) **Que las comunidades participen en procesos de conservación de la biodiversidad en el golfo de Paria.**

- Presentar los resultados del 2002 AquaRAP a las comunidades locales.

- Llevar a las escuelas la información obtenida de los estudios realizados.

- Propiciar la formación de comités que se dediquen al desarrollo e implementación de un planes locales para el mejor manejo de recursos y conservación de biodiversidad.

- Elaborar un planes de trabajo para el desarrollo en la zona.

- Explorar proyectos de usos sustentables de recursos de la biodiversidad con comunidades locales.

BIBLIOGRAFÍA

Patin, S. 1999. Environmental Impact of the Offshore Oil and Gas Industry. EcoMonitor Publishing, East Northport, New York, p. 58.

Smith, M. L., K. E. Carpenter y R. W. Waller. 2003. Introduction to the oceanography, geology, biogeography, and fisheries of the tropical and subtropical Western Central Atlantic. *En:* K.E. Carpenter (ed.). FAO Species Identification Guide for Fishery Purposes. The Living Marine Resources of the Western Central Atlantic. Volume 1. Introduction, Molluscs, Crustaceans, Hagfishes, Sharks, Batoid Fishes and Chimaeras. FAO, Roma. Pp. 1-23.

Diccionario geográfico

AQUA RAP AL GOLFO DE PARIA Y DELTA DEL RÍO ORINOCO, DICIEMBRE DE 2002.

De acuerdo a su disposición oeste - este en el abanico deltaico y la cuenca hidrográfica correspondiente, reconocemos dos grandes áreas focales. La primera, Área Focal 1: Sector río Guanipa - caño Venado, que corresponde a la cuenca del golfo de Paria y la segunda, Área Focal 2: Sector boca Bagre - boca de Pedernales, perteneciente a la cuenca del rió Orinoco. El acceso a los diferentes puntos de muestreo de estas dos áreas fue en dos embarcaciones (peñeros) con motor fuera de borda, desde la población de Pedernales, localidad que se utilizó como base de operaciones de todo el trabajo de campo.

Área Focal 1: Sector río Guanipa - caño Venado
Se encuentra ubicada entre el caño Venado y la isla Venado (10°01'34"N - 62°26'15"W) y la desembocadura del río Guanipa (10°01'34"N - 62°26'15"W).

En esta área encontramos más de diez unidades diferentes de vegetación, con predominio en isla Venado del bosque alto denso de manglar compuesto por *Avicennia germinans*, *Rhizophora harrisoni*, *Rhizophora racemosa* y *Rhizophora mangle*.

El río Guanipa pertenece, desde el punto de vista hidrográfico, a la cuenca del golfo de Paria. En este río se realizaron colecciones de bentos, crustáceos y peces en siete tipos de hábitat: 1) cauce principal del río Guanipa, 2) playas fangosas marginales en boca Guanipa, 3) pozas intermareales en boca Guanipa, 4) troncos sumergidos, 5) raíces de mangle, 6) fondos con hojarasca y 7) canal de desagüe de marea. El río Guanipa puede considerarse como un caño deltano típico, con fondos fangosos, ocasionalmente arenosos con abundantes palos sumergidos, especialmente hacia su boca; profundidad variable (1 a 5,9 m), salinidad entre 0 ‰ (parte más alta) y 6 ‰ (hacia la boca), transparencia (12 a 17 cm); pH entre 5,3 y 6,9, con los valores más ácidos río arriba; temperatura entre 25 y 26 °C. Las pozas intermareales están dentro de la comunidad indígena Warao allí establecida (margen izquierda del río). Son poco profundas (unos 30 cm) y permanecen aisladas del cauce principal por varias horas; su apariencia es turbia, con temperatura entre 27 y 30 °C y salinidad del orden de 4 ‰.

El caño Venado está delimitado por el margen continental del golfo de Paria y la isla del mismo nombre, con una mayor influencia marina. Sus aguas son blancas, con una profundidad de 1,6 a 3,8 m; salinidad más elevada que el río Guanipa (9 a 13 ‰); transparencia entre 16 y 18 cm; pH entre 7,4 y 8,1 y temperaturas alrededor de los 26 °C. En las zonas de manglar del caño Venado durante la marea baja se forman pequeños charcos de unos dos o tres centímetros de profundidad, entre las raíces del mangle cuando el agua se retira. Su salinidad ronda alrededor de 9 ppm, la temperatura fue de 25 °C, con un pH de 7,5. Las dos localidades de esta área focal, fueron muestreadas el 5 de diciembre de 2002.

Área Focal 2: Sector boca Bagre - boca de Pedernales
Se encuentra ubicada en la zona comprendida entre la desembocadura del caño Pedernales e isla Cotorra (10°01'34"N - 62°13'08"W) y la desembocadura del caño Mánamo en la localidad conocida como Boca de Bagre (09°54'03"N - 62°21'28"W), hasta aguas arriba del

Evaluación rápida de la biodiversidad y aspectos sociales de los ecosistemas acuáticos del delta del río Orinoco y golfo de Paria, Venezuela

35

mismo caño, en la localidad de Güinamorena (09°42'22"N - 62°21'59"W).

Corresponde a las siguientes localidades del AquaRAP: caño Pedernales (Localidad 1), boca de Pedernales - isla Cotorra (Localidad 2), caño Mánamo - Güinamorena (Localidad 3), caño Manamito (Localidad 5), boca de Bagre (Localidad 6), playa de Pedernales (Localidad 7) e isla Capure (Localidad 8). A pesar de su mayor extensión, en comparación con el Área Focal 1, es una región biológicamente mejor conocida. Estas localidades fueron estudiadas entre el 2 al 4 y el 6 y 7 de diciembre de 2002.

En los cinco geoambientes que observamos en esta sección del delta del Orinoco, reconocemos las 18 unidades de vegetación presentes en toda el área de estudio. Hasta donde llega la influencia de las aguas salobres, la vegetación ribereña de los caños está dominada por cinco especies de manglar: mangle negro (*Avicennia germinans*), mangle rojo (*Rhizophora racemosa, Rhizophora harrisonii* y *Rhizophora mangle*) y mangle blanco (*Laguncularia racemosa*).

Esta sección del AquaRAP pertenece, desde el punto de vista hidrográfico, a la cuenca del Orinoco. Se realizaron colecciones de organismos acuáticos los siguientes tipos de hábitat: 1) cauce principal de los caños, 2) playas arenosas, 3) caños intermareales en los manglares, 4) troncos sumergidos, 5) raíces de mangle, 6) fondos con hojarasca y 7) canal de desagüe de aguas domésticas. Los fondos de los caños fueron en su mayoría fangosos, ocasionalmente arenosos con abundantes palos sumergidos, especialmente hacia su boca; profundidad variable (0,5 a 7 m), salinidad entre 0 ‰ (parte más alta de los caños) y 20 ‰ (hacia la boca), transparencia (13 a 35 cm); pH entre 4,2 y 8,1, con los valores más ácidos río arriba; temperatura entre 25 y 29 ºC. Las aguas fueron blancas y/o negras, dependiendo de la zona de muestreo, con áreas donde ocurría la mezcla de estas.

Capítulo 1

Las planicies deltaicas del río Orinoco y golfo de Paria: aspectos físicos y vegetación

Giuseppe Colonnello

RESUMEN

La planicies deltaicas del río Orinoco y golfo de Paria constituyen, en su conjunto, uno de los mayores humedales de Suramérica y uno de los ecosistemas mejor conservados del mundo. Por su aislamiento y particulares condiciones ambientales, han permanecido olvidadas del desarrollo industrial y científico del país hasta hace pocas décadas. La región se ha dividido en cuatro grandes áreas continentales: 1) La planicie cenagosa costera nor-oriental; 2) La planicie cenagosa deltaica; 3) El delta del Orinoco; 4) La planicie deltaica situada al sur del Río Grande. Estas áreas comparten características tales como una fisiografía esencialmente plana, suelos hidromórficos con mal drenaje y una pluviosidad relativamente alta. Adicionalmente se reconoce una quinta área que corresponde a la zona intermareal del golfo de Paria y delta del Orinoco la cual recibe los sedimentos tanto del río Orinoco como del río Amazonas a través de la corriente litoral de Guayana. Las principales geoformas halladas en las planicies son los albardones constituidos por materiales gruesos, arenas y las cubetas formadas por arcillas, limos y materiales organogénicos. La mayor parte de las planicies deltaicas del río Orinoco y golfo de Paria están ocupadas por extensos humedales en los que dominan comunidades de plantas acuáticas que, en general, son leñosas en las posiciones más elevadas y herbáceas en las zonas de depresiones. Las precipitaciones determinan junto con los desbordes de los ríos y la influencia mareal, la extensión, profundidad y duración de la inundación del terreno. La físico-química de las aguas en los humedales varía con el ciclo hidrológico anual, por lo que en un mismo ambiente se puede observar la sucesión de diferentes tipos de aguas (claras, negras y blancas). Las planicies deltaicas, cursos de agua libre, ciénagas, estuarios, herbazales y manglares se encuentran entre los ecosistemas más valiosos por los servicios ambientales que prestan. Sin embargo estos ambientes están sujetos a daños graves en su estructura y funcionamiento por la construcción de obras tales como represas y canalizaciones.

INTRODUCCIÓN

Las planicies deltaicas del delta del Orinoco y golfo de Paria ocupan aproximadamente 2.763.000 ha (MARNR 1979) y constituyen en su conjunto, uno de los mayores humedales de Suramérica y uno de los ecosistemas mejor conservados del mundo. El aislamiento y la inaptitud de las tierras para el desarrollo agrícola han impedido la explotación del área, por lo que la mayor parte de la diversidad biológica de sus comunidades permanece inalterada (Vásquez y Wilbert 1992, Warne et al. 2002).

Los humedales de esta región se forman principalmente por la confluencia de una serie de factores como son llanuras aluviales deprimidas, grandes aportes fluviales, particularmente de la cuenca del río Orinoco, y la influencia marina que se expresa tanto por la constitución de los materiales que subyacen en el área como por la acción de las mareas. Todos estos factores, en conjunto, definen la físico-química de los sustratos y los ecosistemas que en ellos se desarrollan.

Evaluación rápida de la biodiversidad y aspectos sociales de los ecosistemas acuáticos del delta del río Orinoco y golfo de Paria, Venezuela

37

La población humana del delta del Orinoco y golfo de Paria reúne a los aborígenes Warao que fueron los primeros colonizadores de la región entre 7.000 y 9.000 años A.C. (Wilbert 1996), y los grupos de criollos que migraron al área en el siglo XVIII, en su mayoría desde la isla de Margarita (Venezuela), en el mar Caribe (Salazar-Quijada 1990). En el delta los criollos fundaron poblaciones tales como Pedernales, Capure, Curiapo, La Horqueta y Tucupita. Por otra parte las poblaciones de Waraos se ubicaron, mayormente en el delta inferior, y en varias regiones de la planicie deltaica, Guaraunos, Guanoco, etc. Los criollos practicaron la agricultura, cultivando café y arroz entre otros rubros mientras que los indios Warao mantenían una economía de subsistencia basada en la pesca y en la explotación sostenida de las comunidades de palma moriche (*Mauritia flexuosa*) llamadas "morichales", y de la palma "temiche" (*Manikaria saccifera*) llamados "temichales" (Wilbert 1994–1996).

A pesar de esta ocupación por Waraos y criollos desde tiempos antiguos, la planicie deltaica ha permanecido relativamente inhabitada, y para 1992 mantenía una escasa población de unos 7 hab/km² (Rodríguez-Altamiranda 1999), que se concentra en el Departamento Tucupita del Estado Delta Amacuro. La región ha quedado relegada del desarrollo industrial y la investigación científica hasta hace pocas décadas. Si bien a comienzos del siglo XX existieron extracciones, relativamente importantes para su época, de petróleo en la zona de Pedernales y Tucupita (Galavís y Louder 1972), minas de hierro en Manoa, Serranía de Imataca y extracción de asfalto en el lago de Guanoco (Fundación Polar 1997), estas actividades decayeron con el descubrimiento de yacimientos de más fácil explotación en otras regiones del adyacente Estado Bolívar, y en el Estado Zulia en el occidente del país. Otras pequeñas industrias que se han mantenido con cierta irregularidad, han sido las extracciones de maderas como cedro, mora, zapatero, zazafrás, cachicamo y apamate, en los aserraderos de Güiniquina; varas de mangle (*Rhizophora mangle*) en las áreas costeras; y enlatadoras de palmito (*Euterpe oleraceae*) en el delta medio e inferior (Salazar-Quijada 1990). En la desembocadura del río San Juan se intentó, así mismo, una explotación de mangles que también fue paralizada.

Igualmente desde el punto de vista científico el primer cuerpo de informes se genera a partir de 1967 con los trabajos de van Andel (1967), Delascio (1975), Danielo (1976) MARNR (1979) y más actualmente, C.V.G.-Tecmín (1991) y Colonnello (1995), entre otros. Las primeras expediciones organizadas las realizó la Sociedad de Ciencias Naturales La Salle en los años cincuenta, dando particular énfasis a los aspectos antropológicos. En los últimos años resaltan los estudios realizados como consecuencia de la reapertura petrolera en la zona (Geohidra Consultores 1998, Infrawing y Asociados 1998, Natura S.A. 1998, FUNINDES USB 1999).

El objetivo de este trabajo es presentar una visión amplia del conocimiento que se tiene hasta el presente de los aspectos físicos y bióticos (vegetación) de la planicie deltaica.

FISIOGRAFÍA GENERAL DE LAS PLANICIES DELTAICAS

En general la región del delta del río Orinoco y golfo de Paria constituyen planicies de inundación fluvio-marina cuyos sedimentos han sido transportados por los ríos, principalmente el Orinoco y, en menor grado, por los ríos Guarapiche y Guanipa además de los cauces que drenan los llanos altos de la "Formación Mesa". Por otra parte están los sedimentos de origen fluvial, en parte del río Amazonas y del Orinoco mismo, que son depositados por las corrientes marinas en las costas del delta. Estos sedimentos se mezclaron con material orgánico local, depositado sobre arcillas marinas, ricas en sulfatos que datan del período Holocénico (van Andel 1967, MARNR 1982). Debido a la subsidencia a la que está sujeta la región los sedimentos han formado gruesas capas que en el delta medio alcanzan los 70 m de profundidad, y 20 m en el delta inferior (Infrawing y Asociados 1997).

Rodríguez-Altamiranda (1999) y PDVSA (1992) consideran todo este territorio como perteneciente a una sola unidad que denominan "Plataformas deltaicas y de Paria" y el "Sistema deltaico", respectivamente. Comprende, en ambos casos, desde las costas de la Península de Paria al norte hasta el piedemonte de la Serranía de Imataca al sur, con terrenos planos y pendientes que en general no sobrepasan el 2%. El primero de estos autores, incluye además el golfo de Paria y las áreas intermareales de la desembocadura de los principales distributarios del delta.

Siguiendo a estos autores (MARNR 1979, PDVSA 1992, Rodríguez-Altamiranda 1999) en la planicie deltaica se han distinguido cinco sectores (Fig. 1.1):

1) La planicie cenagosa costera nor-oriental, que abarca desde la costa del golfo de Paria hasta el río San Juan, que ocupa una superficie estimada de 508.886 ha.

2) La planicie cenagosa deltaica correspondiente al estuario del río Guanipa, y los tramos finales de los ríos Tigre, Morichal Largo y Uracoa, que ocupan aproximadamente 222.425 ha.

3) El delta del Orinoco, dividido en delta superior, medio e inferior, ocupando cerca de 1.032.367 ha.

4) La planicie deltaica situada al sur del Río Grande con cerca de 1.000.000 ha.

5) La zona intermareal del golfo de Paria y delta del Orinoco.

La planicie cenagosa nor-oriental

La cuenca que nutre el extremo norte de la planicie deltaica está drenada por cauces de recorrido corto que nacen en las estribaciones de la serranía de la Paloma de la cordillera de la Costa Oriental. Esta serranía está constituida por calizas y tiene una vegetación densa y alta, por lo que la infiltración es mayor que la escorrentía, lo que determina que en este sector predomine la infiltración profunda de las aguas. En conse-

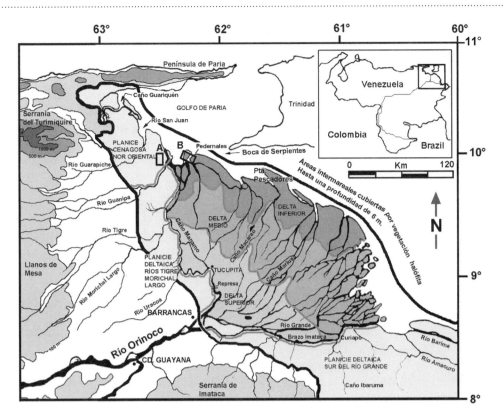

Fig.1.1. Sectorización de la planicie deltaica nor-oriental. río Orinoco y golfo de Paria. Fisiografía e hidrografía circundante.

cuencia estos cursos tienen poco caudal y una escasa carga de sedimentos, por lo que su contribución en el desarrollo de esta porción de la planicie cenagosa es marginal. Los ríos principales aportan sus aguas a los caños de marea Ajíes, Guariquén, Turuepano y La Laguna. El caño Guariquén es el mayor de ellos, con aproximadamente 50 km de largo y una anchura media de 2 km. Sus orillas están rodeadas de marismas, formas litorales mayores, representadas por terrenos bajos y pantanosos, y cubetas de marea que son formas litorales menores.

El otro cauce importante de este sector es el río San Juan cuya cuenca hidrográfica abarca aproximadamente 75.000 ha. El San Juan drena la serranía de La Paloma, mientras que el río Guarapiche, su principal tributario, drena las estribaciones septentrionales de la cordillera de la Costa Oriental. El río San Juan, al igual que el caño Guariquen, funciona como un caño de marea, debido a la fuerte influencia marina en la mayor parte de su cauce, donde las mareas tienen una amplitud de 2,5 m en la desembocadura y 4,9 m en la ciudad de Caripito a 110 km aguas arriba (Ruiz 1996). Esta marcada oscilación producida por un complejo efecto de resonancia entre el prima de marea entrante y saliente, permite la navegación de buques de gran calado por el caño. Las mareas en el Golfo de Paria incrementan su amplitud en relación con el litoral caribeño y se magnifican en la desembocadura de los ríos (Herrera et al. 1981).

En el "talweg" del río San Juan la sedimentación tiene un carácter esencialmente estuarino (materiales proveniente del mar), y su curso bajo y medio está constituido por meandros fosilizados por manglares que contribuyen a la retención de los sedimentos sobre una llanura de marea y de acumulación. Las formas más comunes son marismas y cubetas de marea. En las marismas se han diferenciado dos formas principales: el "slikke" sometidas a inundaciones diarias por las mareas y el "shorre" solo inundable con las mareas vivas y crecientes excepcionales. Las cubetas de marea por su parte son depresiones aisladas permanentemente inundadas por las mareas vivas y precitaciones (Ruiz 1996).

La planicie cenagosa deltaica

Mas al sur encontramos los ríos Guanipa, Tigre, Morichal largo y Uracoa. Estos cauces drenan las altiplanicies de las formaciones aluviales de los llanos altos de la "Formación Mesa" al este del Estado Monagas. Cuando estos ríos finalizan su recorrido dentro de la altiplanicie pierden, de una manera gradual, su fisiografía de valle y forman amplias planicies aluviales. Estas planicies se transforman gradualmente, a su vez, en ciénagas conforme los aportes fluviales van perdiendo importancia y son dominados por la acción de la mareas (MARNR 1979). El río más importante es el Guanipa, que a partir de su confluencia con el Amana, forma amplias áreas inundadas de agua dulce, mientras que

Evaluación rápida de la biodiversidad y aspectos sociales de los
ecosistemas acuáticos del delta del río Orinoco y golfo de Paria, Venezuela

39

adyacente a su desembocadura en el caño Mánamo, forman extensas marismas.

Los ríos Tigre y su afluente el Morichal Largo, son ligeramente diferentes pues en sus tramos terminales, en lugar de marismas existen zonas de rebalse de carácter aluvial. La característica principal de estos cursos es la larga inundación de sus márgenes y en el caso del Morichal Largo y el Uracoa, la formación de una franja de vegetación de comunidades de palmas (morichales) que acompañan el cauce (MARNR 1979). Estos ríos desembocan en el curso medio del caño Mánamo.

El abanico deltaico del delta del Orinoco

Desde el punto de vista hidrológico la cuenca del río Orinoco tiene una superficie de cerca de 1,1 millones de km², de los cuales dos tercios se hallan en Venezuela y el restante en Colombia. Las fuentes del Orinoco están localizadas en el sur-oeste de Venezuela en el Escudo Guayanés. Los principales tributarios del Orinoco son el Caroní, Caura, Ventuari y Parguaza que drenan la orilla sur del Escudo de la Guayana Venezolana, mientras que por la parte norte y este entran el Guaviare, Vichada, Tomo, Meta (desde Colombia), Cinaruco, Capanaparo, Arauca y Apure (desde Venezuela) que drenan la cordillera de Los Andes y los Llanos de Colombia y Venezuela (Colonnello 1990). Todos estos afluentes le proporcionan al río Orinoco un caudal medio de 36.000 m³s⁻¹ y un aporte de 150 millones de toneladas de sedimentos al año que se distribuyen, a través de su delta, un inmenso territorio de cerca de 40.000 km². La fisiografía del delta se trata extensivamente, más adelante.

La planicie deltaica al sur del río Grande

Al sur del Río Grande, el principal distributario del río Orinoco, los cauces recorren dos tipos de fisiografía. Las altiplanicies de la serranía de Imataca, entre 100 y 500 m de altitud, y las planicies aluviales en contacto con el Río Grande. El paisaje colinoso pasa a ser una llanura que se transforma en una amplio humedal al rebalsarse las aguas de estos cauces con la propia crecida y desborde del Río Grande. De oeste a este, conforme el curso del Río Grande y Brazo Imataca del delta se alejan de las estribaciones de la serranía de Imataca, la planicie de desborde se va ampliando y los cauces recorren mayores extensiones por terrenos planos, pasando de ser pequeños ríos de pocas decenas de metros en verano, como es el caso del río Acoimo, a caños de varios centenares de metros como el caño Ibaruma frente a la población de Curiapo (Colonnello 1995). Estos cauces transportan pocos sedimentos ya que discurren sobre substratos muy meteorizados y densamente vegetados. El mayor aporte sedimentario proviene del Río Grande.

La zona intermareal del golfo de Paria y delta del Orinoco

El fondo del golfo de Paria y las costas del delta están constituidos por los sedimentos, limos y arcillas, acarreados por el río Orinoco y los aportados por el río Amazonas por medio de la corriente litoral de Guayana. El río Orinoco contribuye anualmente con un promedio de 125 millones de toneladas de sedimentos (Meade et al. 1983, Pérez Hernández y López 1998), la mitad de los cuales (0,75 x 10⁸ toneladas) son retenidos dentro de la planicie deltaica. Otra parte se mezcla con el aporte del río Amazonas que cada año contribuye con aproximadamente 1 x 10⁸ toneladas (Warne et al. 2002). Cuando estos sedimentos en suspensión se depositan (arcillas y limos) contribuyen a moldear las formas litorales más usuales que son promontorios de fango ("mudcapes" según Warne et al. 2002) alargados en dirección nor-oeste, siguiendo la línea de la costa y que se colonizan rápidamente con manglares. Los promontorios de fango, como el de Punta Pescadores que está compuesto de arcillas y limos y en menor grado por arena, pueden tener hasta 30 km de largo y 10 km de ancho (Fig. 1.2). Por otra parte están los bancos de arena, ubicados principalmente en la desembocadura del Río Grande y caños Araguao, Macareo y Mánamo en el delta del Orinoco, y la barra de Maturín en la desembocadura del caño San Juan al norte de la planicie deltaica. Los bancos o barras de arena se forman por la desaceleración del flujo en la boca de los estuarios. Estas últimas formas deposicionales, algunas de ellas temporales, pueden fosilizarse debido a la colonización por parte de especies de macrófitas halófitas, como *Crenea marítima* o por mangles, *Rhizophora spp.* ó *Avicennia germinans*. En los estuarios y en el tramo terminal del cauce de los ríos se encuentran dos ambientes, uno de agua dulce superficial y otro de agua salada sub-superficial. Durante la época de estío, esta estratificación se traslada río arriba a lo largo del cauce debido a la intrusión de una cuña salina, convirtiendo a una parte del mismo en un estuario.

FISIOGRAFÍA DEL DELTA DEL ORINOCO

Del total de la superficie ocupada por la planicie deltaica, el 65% corresponden al delta del Orinoco (Fig.1.1). Este sector de la planicie deltaica es el que ha concentrado la mayor proporción de estudios por su complejidad e importancia a nivel regional y mundial.

Puede dividirse, de acuerdo a su geomorfología y distribución de los sedimentos, en tres áreas (MARNR 1979, Canales 1985, Warne et al. 2002):

1) El delta superior, entre 7 y 2,5 m s.n.m. Esta área consiste en una acumulación de sedimentos fluviales donde se diferencian acumulaciones libres (diques ó albardones, napas de desborde, explayamientos de salida y complejos de bancos) y acumulaciones por decantación (cubetas de decantación y de desbordamiento). Son características las islas formadas por la extensa red de caños bordeadas de albardones altos con suelos arenosos y fangosos (arcillas y limos) y depresiones con suelos fangosos y orgánicos. La inundación se restringe a las depresiones y es estacional, de corta duración y debida al desborde de

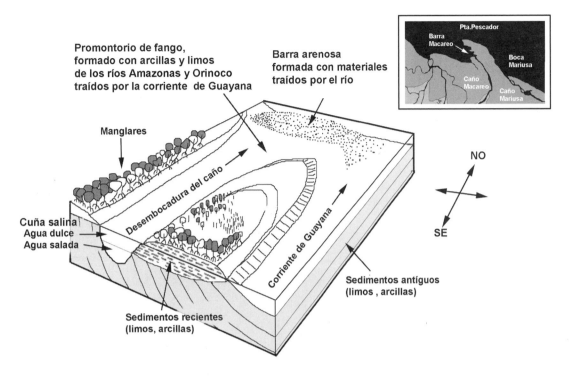

Fig.1.2. Esquema de un sector de la costa del delta del río Orinoco. Aspectos geomorfológicos y físicos.

los ríos y la precipitación. El drenaje varía de medio en las partes altas a pobre en el centro de las islas.

2) El delta medio, entre 2,5 y 1 m snm. Esta porción comprende amplias áreas llanas del abanico deltaico donde las geoformas más usuales son las planicies cenagosas, marismas e islas de estuario. La pendiente general es menor del 1% y el drenaje es pobre a muy pobre. La inundación de los terrenos dura entre 6 y 9 meses y en ella influyen mayormente el desborde de los ríos, las precipitaciones y las mareas.

3) El delta inferior, entre 1 y -1 m s.n.m. Comprende la franja costera que está permanentemente inundada debido mayormente al represamiento de los ríos por las mareas. A las formas descritas en el delta medio se suman los cordones litorales, paralelos a la costa. La influencia de las mareas es muy fuerte particularmente durante la estación de sequía en que la oscilación diaria es notoria aún en la población de Barrancas a 250 km de la costa. Todo el delta se comporta entonces como un gran estuario. Esta situación se revierte durante la estación lluviosa cuando la magnitud de la descarga de los ríos cambia el régimen a netamente fluvial.

Algunos autores (Warne et al. 2002) consideran una segunda división en el sentido norte-sur, según los factores que dominan los procesos físicos y bióticos.

1) Sector sur entre el Río Grande y el caño Araguao dominado por los ríos y mareas. Aquí la red de tributarios (Río Grande, Merejina, Araguaimujo, Sacupana, y Araguao) es muy densa y a través de ellos se descarga más del 80% de las aguas del Orinoco.

2) Sector al norte del caño Araguao, que está regido por las precipitaciones y las mareas y que comprende terrenos planos sin tributarios funcionales y con pocas interconexiones con el sector sur. Los mayores cauces en esta zona son el caño Macareo que descarga el 11% de las aguas del Orinoco y el Mánamo, actualmente regulado, con apenas el 0,5%.

Por su parte White et al. (2002), en una sectorización del área nor-oeste del delta, consideran los siguientes geo-ambientes:

• Ambientes costeros con influencia marina del delta inferior, que contiene áreas topográficamente altas y bajas con cuerpos de agua estancada, permanentemente inundados con substratos orgánicos.

• Ambientes transicionales bajo influencia fluvio-marina (delta inferior) topográficamente altos y bajos, permanentemente inundados con substratos orgánicos.

• Complejos de islas y canales distributarios bajo influencia marina del delta inferior (isla Mánamo) con substratos

Evaluación rápida de la biodiversidad y aspectos sociales de los
ecosistemas acuáticos del delta del río Orinoco y golfo de Paria, Venezuela

41

fangosos, arenosos u orgánicos con inundación estacional o temporal.

- Cuencas inundables entre los principales distributarios del delta superior fisonómicamente altos y bajos, estacionalmente inundables con substratos fangosos y orgánicos.

- Sistemas de canales distributarios, albardones topográficamente altos con suelos arenosos y fangosos.

Estas divisiones son útiles para localizar los principales tipos de suelos, regímenes hidrológicos y comunidades vegetales. Sin embargo, la escasez de mediciones topográficas no permite definir los límites con precisión.

En un análisis fisiográfico a una escala mayor, cada área de la planicie deltaica constituye una isla, rodeada por caños o por el mar y que pueden ser muy grandes como la isla Turuepano, en el extremo septentrional, o la isla Manamito en el abanico deltaico (Fig.1.3). En general estas islas tienen una forma característica, con sus bordes más elevados por lo que las zonas centrales son deprimidas. Esto es notorio en las imágenes de satélite y radar en las que se observa una vegetación alta y leñosa en los albardones mientras que en las cubetas es baja y herbácea (PDVSA 1992).

La diferencia de altitud entre los albardones y las cubetas es en el caso del delta superior de aproximadamente 120 cm (van der Voorde 1962). Esta diferencia disminuye conforme decrece la capacidad de carga de los ríos (MARNR 1979), como por ejemplo en un gradiente como el que existe entre el delta superior y el inferior. El proceso de formación pasa por la diferenciación de la textura de los sedimentos transportados al ingresar las aguas a las islas durante las crecientes anuales en que los ríos tienen mayor velocidad y capacidad de transporte. Los más pesados, las arenas, se depositan en los albardones incrementando su altura, mientras que las partículas mas livianas de limo y arcilla, son depositadas más lejos en las depresiones (van der Voorde 1962).

LOS SUELOS DE LAS PLANICIES DELTAICAS

Los suelos son predominantemente hidromórficos y, aún cuando hay una gran heterogeneidad a nivel local, están dominados por pocos grupos. En general los suelos son pesados, pobremente drenados, ácidos y con baja fertilidad (COPLANARH 1979).

En la planicie cenagosa costera nororiental y en la planicie cenagosa deltaica predominan Tropofibrist profundos, Tropohemist, Sulfaquents y Sulfihemists.

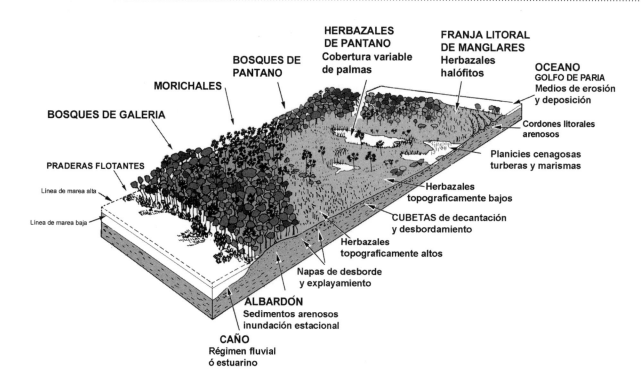

Fig.1.3. Perfil típico de una isla de la planicie deltaica. Principales aspectos fisiográficos, incluyendo diques y depresiones, tipos de suelos (tomados de la Isla Macareo en el delta del Orinoco según van der Voorde 1962); vegetación dominante.

En el delta superior son Fluvaquents, Sulfaquents, Dystropepts, Tropaquents e Hydraquents con predominio de arenas finas, limos y arcillas. En el delta medio e inferior dominan los tipos orgánicos Tropofibrist, Tropohemists, Suffaquents, Sulfihemist e Hydraquents. Igualmente el sector al sur del Río Grande está dominado por los grupos Tropofibrist y Tropohemists profundos.

En buena parte de estas planicies deltaicas, y en particular donde la influencia fluvial es débil o no existe, afloran los materiales predominantes en el subsuelo. Son arcillas marinas, que varían, localmente, en cuanto a sus características químicas y mineralógicas. Las diferencias vienen dadas fundamentalmente por los contenidos de pirita (FeS$_2$) y por la predominancia de determinados tipos de arcillas (clorita y glauconita). Esta combinación determina una alta potencialidad para generar suelos sulfato ácidos potenciales (Sulfaquents) ó actuales (Sulfaquepts) que ocurren al airearse los suelos, dando como resultado la aparición de un pH muy bajo (3,5 o menor) (MARNR 1979).

Un análisis detallado de los suelos a lo largo de un gradiente de profundidad desde el albardón hasta la cubeta de decantación en la isla Macareo del delta superior, muestra que los albardones generalmente no anegables están compuestos de arenas limosas muy finas en la superficie y arenas finas con capas moteadas en profundidad (van der Voorde 1962). En la parte más profunda del transecto la profundidad de la lámina de agua es mayor y los suelos son inmaduros, arcillosos, con abundante materia orgánica poco descompuesta tanto en superficie como en profundidad. Este patrón se repite a lo largo de todo el territorio condicionando la vegetación boscosa y herbácea.

van der Voorde (1962) describe detalladamente el proceso de deposición de los materiales arenosos y arcillosos cuando las aguas se desbordan e ingresan al interior de las islas. La remoción de materiales depositados en años anteriores y redepositados en otra parte crearía un mosaico de diferentes clases texturales en diferentes sectores. Este fenómeno podría explicar la distribución heterogénea de las comunidades de plantas donde no son evidentes otros gradientes ambientales.

La acidez del suelo varía también, incrementándose desde los albardones a las cubetas de acumulación. En los albardones el pH fue de 5,2 y 5,3. Hacia el centro de las depresiones la acidez se incrementó a valores de 4,0 y 4,2 (van der Voorde-1962). Los pocos datos conocidos en el delta medio e inferior (localidades de Jarina y Pepeina), indican valores similares al delta superior. Los sedimentos en las depresiones tienes un pH de 5 a 6 en la superficie y menores de 5 en profundidad (Delta Centro Operating Company 1999).

CLIMA DE LAS PLANICIES DELTAICAS

La planicie deltaica tiene un clima tropical caracterizado por una baja variabilidad de la temperatura durante todo el año, lo que se suma a la homogeneidad de la topografía que no muestra accidentes topográficos relevantes. El período de máxima precipitación coincide con el movimiento de la Zona de Convergencia Intertropical a lo largo de Venezuela, lo que magnifica las precipitaciones en el delta (MARNR 1979).

De acuerdo con CVG-Tecmín (1991) y Huber (1995), la franja costera al sur del río San Juan hasta las planicies deltaicas de los ríos Barima y Amacuro, presenta un clima Ombrófilo Macrotérmico caracterizado por una corta estación seca, de diciembre a febrero, pero sin déficit hídrico (Fig. 1.4). Las precipitaciones oscilan entre 2.000 y 2.800 mm, particularmente en la línea costera. La temperatura media es de aproximadamente 25,5 ° C. Esta área está fuertemente influida por los vientos cargados de humedad provenientes del Atlántico Norte.

La franja costera de la planicie cenagosa costera nororiental presenta, sin embargo, valores menores que se incrementan desde la costa, en isla Antica (1.500 mm), hasta el interior en el puerto de Caripito (1.800 mm) (MARNR 1979). Este gradiente posiblemente se deba a un fenómeno de "sombra de lluvia" producido por la serranía de Paria en el Estado Sucre al norte (Fig. 1.4).

Por su parte la región correspondiente al delta medio y superior al sur, hasta el sector norte en la península de Paria, presentan un clima Tropófilo Macrotérmico (Fig. 1.4). La precipitación varía entre 1.500 y 2.000 mm, con una marcada estación seca de hasta cuatro meses, de diciembre a marzo. Existe un corto período de déficit hídrico en los suelos. La temperatura media puede alcanzar los 25,8 °C. Los vientos contribuyen significativamente a las pérdidas evaporativas, especialmente en la estación seca. Las precipitaciones, si bien relativamente abundantes en toda la región, pueden ser muy fluctuantes. Ya bien de un año al otro o de una localidad a la otra.

Los vientos dominantes en la región tienen dirección noreste. La intensidad varía entre la estación seca y la lluviosa. Los valores promedio en toda la planicie deltaica oscilan entre 8,4 km h^{-1}(2,3 m/s) en abril, y 5,6 km h^{-1} en julio. Valores medios medidos a 65 cm del suelo en el delta superior (Tucupita) y en el delta inferior (Pedernales), muestran un patrón similar (Tabla 1.1) (Geohidra Consultores 1998).

En la planicie deltaica al sur del río San Juan (Fig.1.1), la precipitación es el factor climático más importante, ya que la temporada lluviosa precede en dos meses los pulsos de inundación de los grandes ríos, en particular el Orinoco, lo que contribuye al llenado de las cubetas y áreas deprimidas a lo largo de toda la región, dando inicio al ciclo hidrológico anual (Colonnello 2001).

La Tabla 1.2 muestra el balance hídrico del delta superior, como ejemplo de toda la planicie deltaica, basado en la temperatura y precipitación para el período 1968–1983. La evapotranspiración es generalmente menor que la precipitación, particularmente durante los meses de junio hasta agosto y de noviembre y diciembre. Hacia los bordes de la planicie deltaica los valores pueden invertirse como en el caso de San José de Buja en que la evaporación total (1.380 mm, es mayor que la precipitación (1.325 mm). Igualmente

Evaluación rápida de la biodiversidad y aspectos sociales de los
ecosistemas acuáticos del delta del río Orinoco y golfo de Paria, Venezuela

43

el sector de Uracoa presenta un período de seis a siete meses con déficit hídrico (MARNR 1979).

LA VEGETACIÓN DE LAS PLANICIES DELTAICAS

La vegetación natural constituye una respuesta a las condiciones del medio, sobre todo a las características climáticas, tipo de suelo y drenaje. Las planicies deltaicas, de acuerdo a las condiciones climáticas, piso altitudinal y latitud, están ubicada en la zona tropical y están incluidas en dos provincias bien definidas, la sub-húmeda y la húmeda.

Los ambientes más relevantes en las planicies deltaicas, por las mismas condiciones de anegabilidad e impermeabilidad de los suelos, constituyen humedales con diferentes comunidades en los que predominan especies capaces de sobrevivir largos períodos con una parte de sus raíces, e incluso tallos y follaje sumergidos ó en suelos sobresaturados. En las planicies deltaicas, Rodríguez-Altamiranda (1999), identifica un total de 17 humedales naturales relevantes que incluyen los siguientes tipos: marinos, estuarinos, palustres y riberinos, y que abarcan en conjunto una superficie estimada de 419.500 ha.

Los humedales más extensos son:

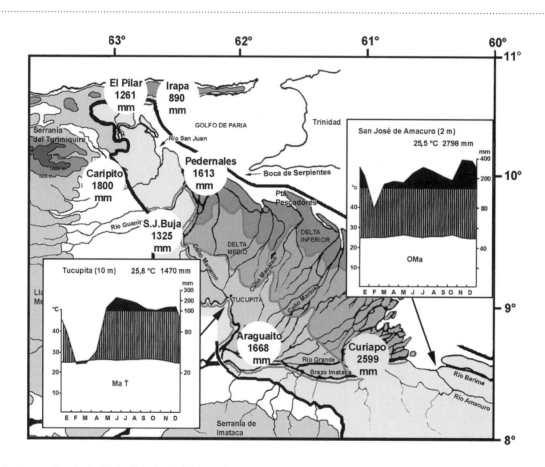

Fig.1.4. Precipitación para diferentes localidades de la planicie deltaica y climadiagramas para Tucupita (delta superior) y Güiniquina (delta inferior) (adaptado de MARNR 1979 y Huber 1995).

Tabla 1.1. Variación estacional de la velocidad media del viento, medida a 65 cm del suelo (valores en km h-1) (Geohidra Consultores, 1998).

	Ene.	Feb.	Mar.	Abr.	May.	Jun.	Jul.	Ago.	Sep.	Oct.	Nov.	Dic.
Tucupita	1,6	2,2	2,3	2,1	2,1	1,7	1,5	1,2	1,3	1,3	1,4	1,2
Pedernales	1,9	2	1,7	2,6	2,3	2,2	1,6	1,2	1,1	1,2	1,1	1,3

1) Planicies inundadas del río Barima y Amacuro con 120.000 ha; los sectores de San Francisco de Guayo en el delta medio, con 80.000 ha, y el caño Mánamo, con 52.000 ha. Incluyen manglares litorales y estuarinos y áreas intermareales cubierta por vegetación halófita, lagunas costeras, cursos de agua corriente, cuerpos de agua estuarinos, bosques de pantano con palmares.

2) Río San Juan y caños Guariquen, Ajíes y La Laguna, con unas 600 ha de manglares litorales y estuarinos; herbazales inundados en pantanos y turberas, influenciados por las mareas; lagunas costeras y cuerpos de aguas estuarinos y bahías y golfetes con áreas intermareales cubiertas de vegetación halófita.

3) Caños Macareo, Tucupita y Araguao, con 4.500, 2.200 y 1.200 ha respectivamente. Incluye además de los humedales ya citados, una gran proporción de bosques y herbazales de pantano.

4) Los cursos de los ríos Morichal largo (50 ha), Tigre y Uracoa, que mantienen una comunidad de palmas (morichales) asociadas a los cursos de agua.

Las comunidades de la planicie cenagosa costera nororiental y de la planicie cenagosa deltaica pueden ser agrupadas en formaciones herbáceas y leñosas, generalmente con mal drenaje y alta saturación hídrica (MARNR 1982, Huber y Alarcón 1988). Las herbáceas se forman sobre suelos aluviales y turberas de considerable espesor, usualmente ubicadas en las depresiones o cubetas. Dominan por una parte herbazales de pantano con especies flotantes, hidrofitos tales como *Eichhornia crassipes* y *Salvinia auriculata* e hidrófitos arraigados como *Montrichardia arborescens* y *Heliconia psittacorum*. Existen, así mismo, herbazales de turbera en los que son característicos los helechos *Bechnum serrulatum* y *Acrostichium aureum* y ciperáceas como *Cyperus articulatus* y *Scleria* spp.

Las formaciones leñosas están constituidas por bosques y palmares de pantano (bosques ombrofilos y palmares de pantano según Huber y Alarcón 1988) y por comunidades de manglares. Los bosques y palmares se ubican principalmente entre los ríos San Juan, Guanipa y Tigre y presentan uno a dos estratos de no más de 20–25 m de altura. Las especies que dominan son *Pterocarpus officinalis*, *Virola surinamensis* y *Symphonia globulifera*.

Los manglares (manglares costeros según Huber y Alarcón 1988) se distribuyen a lo largo de los cauces terminales de los ríos y caños de marea, en particular en los ríos San Juan y Guanipa, los caños Guariquen, Ajíes, caño Francés y a lo largo de la costa sur de la península de Paria. Constituyen una formación de altura media, 20–25 m formada por las especies de mangle *Rhizophora mangle*, *Avicennia nitida*, *Avicennia germinans*, *Laguncularia racemosa* y en el estrato bajo, por el helecho arbustivo *Acrostichium aureum*.

Como ejemplo de uno de estos humedales, Colonnello (*en prensa*) describe una serie de comunidades herbáceas situadas cerca de la desembocadura del río Guanipa (Fig. 1.5). Estas comunidades se establecen a lo largo de un gradiente topográfico o de profundidad de la lámina de agua, situados entre

Tabla 1.2. Balance hídrico para el delta superior (adaptado de MARNR 1988).

MES	Temperatura °C	Precip. (P)mm	Evaporacion (E)mm	Evapotransp. (ETP)mm	Diferencia (P-PET)mm	Exceso mm	Déficit mm
Abr.	26,2	63	63	44	19	19	0
May.	26,3	122,4	122,4	85,15	37,25	37,25	0
Jun.	25,7	212,4	107,8	75,06	137,34	137,34	0
Jul.	26	186,3	113,4	78,9	107,4	107,4	0
Ago.	26,4	153,9	126,7	88,16	65,74	65,74	0
Sep.	26,7	111,6	135,8	99,46	12,14	12,14	0
Oct.	26,6	93,6	134,4	93,49	0,11	0,11	0
Nov.	25,9	121,5	111,3	77,49	44,01	44,01	0
Dic.	25	122,4	103,6	72,15	50,25	50,25	0
Ene.	24,8	78,3	114,8	79,91	-1,61	0	-1,61
Feb.	25,5	40,5	68	47,48	-7,2	0	-7,2
Mar.	25,5	44,1	44,1	30,92	13,18	13,8	0
Total		1350	1245,3	872,2			

Evaluación rápida de la biodiversidad y aspectos sociales de los
ecosistemas acuáticos del delta del río Orinoco y golfo de Paria, Venezuela

45

una cubeta ocupada por una laguna y una micro elevación, un antiguo albardón de orilla. En el extremo más bajo del gradiente se halla una laguna formada por agua de lluvia que, por su profundidad (5 m), no presentó especies arraigadas. La profundidad de las orillas es en promedio 1 m y presentaron las siguientes especies flotantes: *Limnobium laevigatum* y *Lemna perpusilla*. Las especies emergentes *Ludwigia octovalvis*, *Ludwigia affinis*, *Oxicarium cubensis* y *Cyperus* sp., se desarrollan sobre materia orgánica y vegetal parcialmente descompuesta que permanece flotando anclada a plantas de *Typha dominguensis*. Bordeando la laguna se desarrollan herbazales muy densos de *T. dominguensis*, con sólo pocos individuos de *L. octovalvis*. Alejándose de las orillas aparece otra comunidad prácticamente monoespecífica de *Lagenocarpus guianensis*, que alcanza un desarrollo considerable, hasta 2,5 m de altura. A continuación se forma una comunidad de 1 a 1,5 m de altura en aguas de 0,6 m de profundo en promedio, formada de las emergentes *Paspalum* cf. *morichalensis*, *Eleocharis mutata* y *Fuirena robusta*, acompañadas de *Eleocharis geniculata* y *Cyperus odoratus*, además de las especies flotantes *Nymphaea connardii* y *Nymphaea rudgeana*. Por último, en el extremo superior del gradiente se encuentra una comunidad arbustiva que precede al bosque de pantano y que está formada por las herbáceas emergentes *F. umbellata*, *Montrichardia arborescens* y la trepadora *Mikania congesta*, además de arbustos de *Clusia* spp. (Clusiaceae) y otras especies. La diversidad específica de estas comunidades es muy baja en relación a otros herbazales de la región, debido a las características de aparente oligotrofia (aguas de origen mayormente pluvial) con una baja tasa de recambio y aportes de nutrientes alóctonos y posible influencia salina.

LA VEGETACIÓN DEL DELTA

La vegetación del delta, sigue el patrón general mostrado en la Figura 1.6. Estos perfiles, realizados en base a un mapa de vegetación (Delta Centro Operating Company 1996), muestran comunidades herbáceas y relictos de bosques semideciduos en el delta superior, bosques dominados por palmas en el delta medio y bosques siempreverdes y comunidades de palmas en el delta inferior.

El delta superior está cubierto predominantemente por una mezcla de bosques decíduos y siempreverdes de densidad media y altura moderada (20–25 m), gran parte del cual ha sido intervenido y convertido en herbazales para uso pecuario (CVG-Tecmín 1991, Huber 1995). Esta vegetación había sido clasificada como "bosque tropófilo siempreverde" por Beard (1955) y como "bosques del delta superior" por Danielo (1976). La vegetación estacionalmente inundada de las depresiones fue llamada "swamp with floating plants" por Beard (1955).

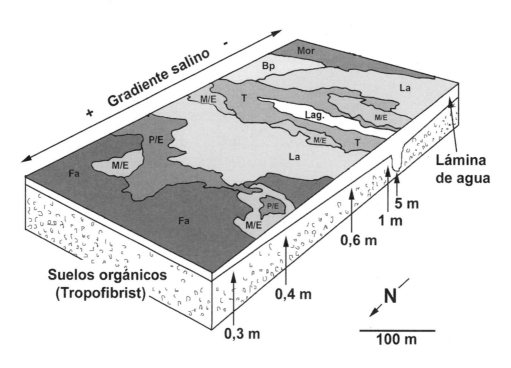

Fig.1.5. Distribución de las comunidades a lo largo del gradiente de profundidad en el herbazal del río Guanipa. M/E=comunidad dominada por *Montrichardia arborescens* y *Eleocharis mutata*; P/E=comunidad dominada por *Paspalum* cf. *morichalensis* y *E. mutata*; La= comunidad dominada por *Lagenocarpus guianensis*; T=comunidad dominada por *Typha dominguensis*; Fa=comunidad arbustiva dominada por *Fuirena umbellata*; Mor: morichal; Bp: bosque de pantano; Lag=laguna. La escala es válida para el primer plano de la imagen.

El delta medio comprende, mayormente, bosques bajos a medios estacionalmente inundados y comunidades de palmas (morichales). Las depresiones, estacional o permanentemente inundadas, pueden contener herbazales inarbolados (Huber 1995).

El delta inferior está dominado por un bosque siempreverde permanentemente inundado, que fue definido como "lower delta swamp forest" (Danielo 1976) y como "bosques de ciénaga" por Veillón (1977). Extensas áreas están cubiertas por herbazales compuestos por ciperáceas y gramíneas, que fueron denominadas "marshes with floating plants" y "marshes with

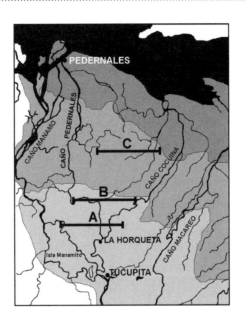

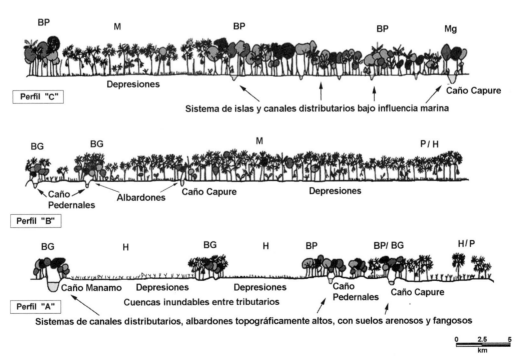

Fig.1.6. Perfiles de vegetación del delta superior y medio (Adaptado de Colonnello 2001). BP= bosque de pantano; M= morichal; Mg= manglar; BG= bosque de galería; H= herbazal, P= palmar.

Evaluación rápida de la biodiversidad y aspectos sociales de los
ecosistemas acuáticos del delta del río Orinoco y golfo de Paria, Venezuela

47

giant herbaceous plants" (Beard 1955). Por último la franja costera está compuesta por diferentes especies de manglares (Pannier, 1979, Huber y Alarcón 1988, CVG-Tecmín 1991, Huber 1995).

COMUNIDADES VEGETALES DEL DELTA

La Tabla 1.3 muestra la distribución de las comunidades de plantas de un área de 14.900 km^2 (1.490.000 ha desde la posición 8° 58′ N, hasta el océano), que representa cerca del 67% del territorio aluvial. Aproximadamente la mitad de esta área (a partir de 61° 50' E, hasta la costa) tiene un clima tropófilo macrotérmico y la otra un clima ombrófilo macrotérmico. Las comunidades en las que predominan los bosques ocupan el 51% y abarcan seis diferentes tipos (no mostrados en la Tabla 1.3). Los bosque inundados de porte medio del delta inferior ocupan el 31%, mientras que los manglares el 8%, principalmente en la franja costera.

La vegetación herbácea ocupa el 48%, e incluye una amplia variedad de tipos en los que las comunidades herbáceas se asocian tanto a árboles aislados como a bosques de pantano y palmares. La comunidades dominantes son los herbazales con bosque de pantano densos y de medio desarrollo del delta inferior. Los herbazales con árboles aislados y bosquetes y los herbazales con comunidades de palmas (morichales) que ocupan un 20%, en el delta medio. Finalmente los herbazales con agrupaciones de árboles, en el delta superior, resultado del drenaje de las tierras como consecuencia del cierre del caño Mánamo.

Tabla 1.3. Comunidades herbáceas y leñosas del sector nor-oeste del delta del Orinoco (CVG-Tecmín, 1991).

Formación	Tipo comunidad	Área (ha)	%
Leñosas	Bosques de pantano	444.429	31,5
	Manglares costeros	111.130	7,9
	Bosques varios	168.956	12
Sub-total		724.515	
Herbaceas	Herbazales con árboles y parches de bosque	97.774	6.9
	Herbazales con bosque	67.493	5
	Herbazales con árboles y bosque	54.186	4
	Herbazales con árboles y palmares (morichales)	282.479	20
	Bosques intervenidos	168.722	12
Sub-total		670.654	
	Cuerpos de agua	9.522	0.6
Total		2.799.860	100

Las áreas de herbazales con relictos de bosques por efecto de intervención antrópica ocupan una parte importante, el 12%, en el delta superior, cuya distribución coincide con la distribución de las comunidades humanas. Otros grandes deltas en el mundo, intensivamente habitados y desarrollados, han perdido igualmente su cobertura vegetal original y han sido convertidos a sabanas con relictos de comunidades leñosas (Moffat y Lindén 1995). Esta distribución coincide con el patrón general presentado en la Figura 1.6.

ESPECIES DOMINANTES

En el delta superior y medio, la flora está constituida por especies de agua dulce, algunas de la cuales como *Ceiba pentandra* (Bombacaceae) son poco tolerantes a la inundación y sólo crecen en los albardones. Las especies dominantes en los bosques son *Ocotea* sp. (Lauraceae), *Mora excelsa* (Caesalpinaceae), *Erythrina* sp. (Fabaceae), *Tabebuia capitata* (Bignoniaceae), *Spondias mombin* (Anacardiaceae), *Triplaris surinamensis* (Polygalaceae), *Gustavia augusta* (Lecythidaceae) y *Licania densiflora* (Chrysobalanaceae) (CVG-Tecmín 1991, Huber 1995).

En el delta medio las especies más comunes son *Symphonia globulifera* (Clusiaceae), *Virola surinamensis* (Myristicaceae), *Carapa guianensis* (Meliaceae), *Pterocarpus officinalis* (Fabaceae), *Mora excelsa* (Caesalpinaceae) y *Pachira aquatica* (Bombacaceae). Además dominan palmas tales como *Mauritia flexuosa, Euterpe oleraceae, Manicaria saccifera* y *Bactris* sp. (Arecaceae) (CVG-Tecmín 1991, Huber 1995).

En el delta inferior sólo pocas especies están ampliamente distribuidas, entre ellas *Pterocarpus officinalis, Symphonia globulifera, Euterpe oleraceae, Tabebuia insignis* y *T. fluviatilis.*

Las especies tolerantes a la salinidad están distribuidas a lo largo de los ambientes estuarinos en la franja costera y tierra adentro donde la influencia mareal es fuerte. Las comunidades de mangle cubren aproximadamente 460.000 ha a lo largo de la costa del delta (Pannier y Fraino de Pannier 1989). En la Figura 1.7 se muestra una de estas comunidades en la isla Cotorra en la desembocadura del caño Mánamo, las cuales no exceden 25 m de altura y están compuestas de pocas especies: *Rhizophora mangle, Rhizophora racemosa, Rhyzophora harrisonii, Avicennia germinans, Avicennia schaueriana* y *Laguncularia racemosa* (Huber 1995, Ecology and Environment 2002). Estas y otras especies halófitas están extendiendo su distribución tierra adentro siguiendo la creciente salinización creada por el represamiento de caño Mánamo (Colonnello y Medina 1998).

Las comunidades flotantes a lo largo de los ríos incluye especies como *Eichhornia crassipes, Echinochloa polystachya, Paspalum fasciculatum* y *Paspalum repens* (ver Fig. 1.3). También son comunes especies de poáceas tales como *Leersia hexandra* y *Sacciolepis striata*, y de ciperáceas tales como *Oxicarium cubensis* y *Eleocharis* spp. Estas especies (Apéndice 3) son dominantes en la vegetación de los grandes ríos y en herbazales anegados tropicales (Junk 1970, Neiff 1986).

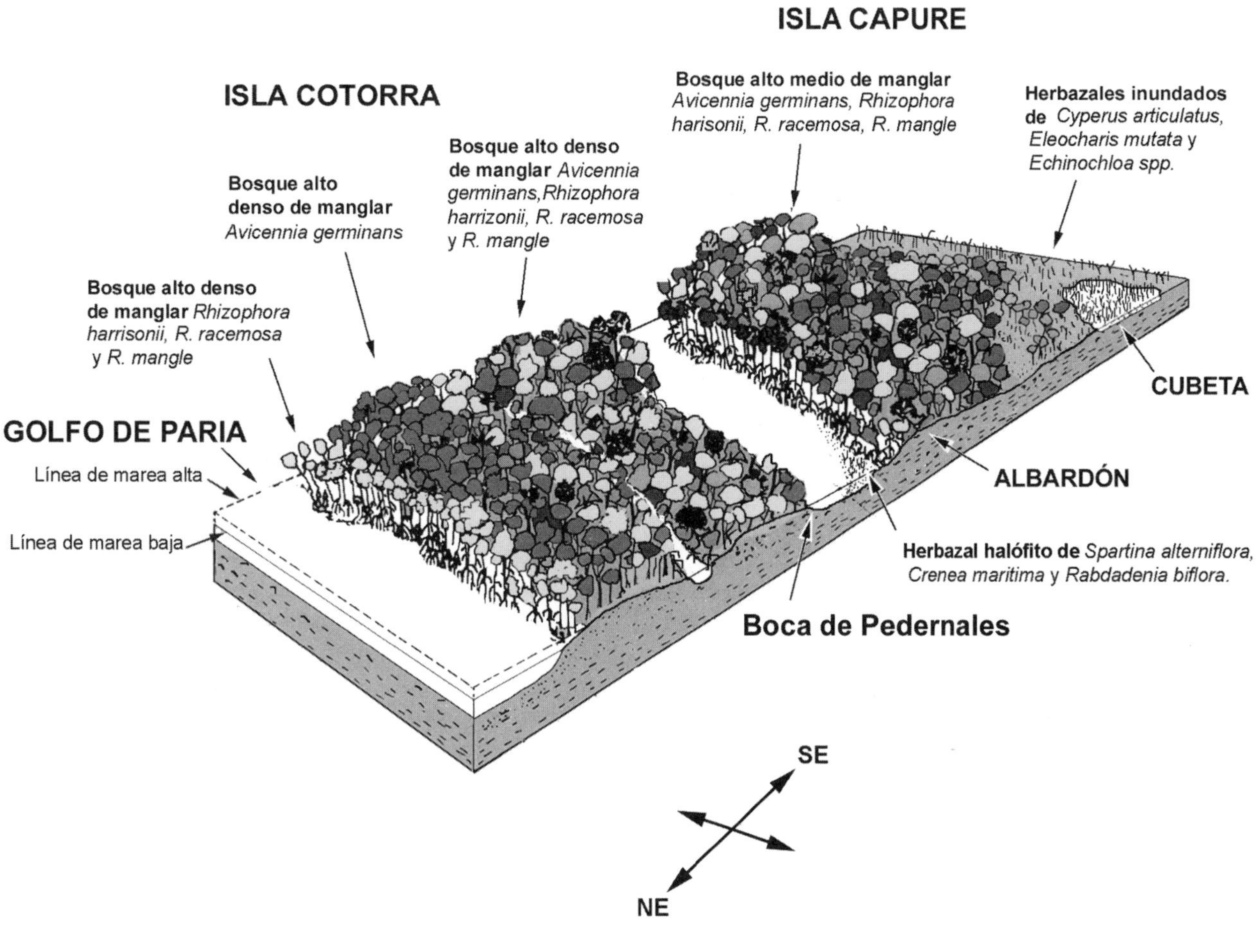

Las planicies deltaicas del río Orinoco y
golfo de Paria: aspectos físicos y vegetación

ISLA CAPURE

ISLA COTORRA

Bosque alto medio de manglar *Avicennia germinans, Rhizophora harisonii, R. racemosa, R. mangle*

Herbazales inundados de *Cyperus articulatus, Eleocharis mutata* y *Echinochloa spp.*

Bosque alto denso de manglar *Avicennia germinans,Rhizophora harrizonii, R. racemosa* y *R. mangle*

Bosque alto denso de manglar *Avicennia germinans*

Bosque alto denso de manglar *Rhizophora harrisonii, R. racemosa* y *R. mangle*

CUBETA

GOLFO DE PARIA

Línea de marea alta

Línea de marea baja

ALBARDÓN

Herbazal halófito de *Spartina alterniflora, Crenea maritima* y *Rabdadenia biflora.*

Boca de Pedernales

SE

NE

Fig.1.7. Esquema de la isla Cotorra e isla Capure en la desembocadura del caño Mánamo, mostrando la vegetación halófita (composición florística tomada de Colonnello 2001 y Ecology & Environment 2002).

FUNCIONAMIENTO ECOLÓGICO

Por las características de los ecosistemas presentes en las planicies deltaicas el agua y el ciclo hidrológico, en general, son el hilo conductor de los procesos ecológicos. La entrada de agua a los humedales, su fuente y volumen, pueden modificar las propiedades de los cuerpos de agua, tales como la disponibilidad de nutrientes, el grado de anoxia, la salinidad del suelo, las propiedades de los sedimentos y el pH de los sedimentos (Mitsch y Gosselink 2000).

La Figura 1.8 es una representación esquemática de la serie de procesos hidrodinámicos a los cuales están sometidos los humedales de la planicie deltaica, particularmente cuerpos de agua temporales. Los componentes involucrados, precipitación, evapotranspiración, escorrentía superficial y sub-superficial son los componentes típicos del balance de agua de cualquier humedal incluyendo ciénagas y herbazales costeros (Mitsch y Gosselink 2000). En un modelo para sectores no inundables y de mejor drenaje, pueden incluirse la percolación y los aportes subterráneos, que no tienen efecto sin

embargo, en terrenos deprimidos permanentemente inundados. En particular en las planicies cenagosas cercanas al mar la acción de las mareas se magnifica durante los períodos de sequía bloqueando el flujo superficial y creando gradientes salinos entre otros efectos. El balance hídrico, AV, podría entonces expresarse por la siguiente formula:

$AV = Pn \pm S \pm G - ET$

Pn = Precipitación neta

S = Flujo de entrada (+) o salida (-) por escorrentía superficial

G= Flujo de entrada de agua (+) por elevación del nivel freático o salida (-) por percolación.

ET = Evapotranspiración

A partir de estudios realizados por Lewis Jr. et al. (2000) en los humedales de la planicie de inundación del Orinoco, un ciclo hidrológico típico puede ser descrito como sigue (Fig. 1.8). Hacia el final del período de sequía las aguas presentes en los herbazales alcanzan su nivel mínimo e inclusive, algunos de ellos, llegan a secarse. A medida que las lluvias

Biodiversity and social aspects of the aquatic ecosystems
of the Orinoco Delta and the Gulf of Paria, Venezuela

49

locales comienzan, adelantándose a la elevación del nivel de los ríos, las depresiones se llenan debido a la baja permeabilidad de los substratos. En las lagunas y herbazales, las aguas superficiales contienen un alto nivel de materia orgánica autóctona a la que se suma la aportada por la escorrentía

superficial a través de la hojarasca y restos vegetales (Hamilton y Lewis Jr. 1987), y a menudo se originan aguas negras, ácidas, oligotróficas y anóxicas.

Cuando el nivel de los principales ríos alcanzan su máximo entre julio y agosto, las aguas cargadas con sedimentos entran a los humedales por medio de pequeños cauces de drenaje o por encima de los albardones ó diques (Fig. 1.8). En los humedales predominan, entonces, aguas blancas, neutras a básicas y con altos niveles de nutrientes, similares a los hallados en las aguas del Orinoco (Lewis Jr. y Saunders 1990).

Al cesar la entrada de agua proveniente de los ríos, comienza la fase de desecación y aislamiento que se acentúa al terminar el período lluvioso. Conforme avanza la época de sequía, el proceso de sedimentación de partículas orgánicas y minerales, además de la disminución de los nitratos, incremento del fitoplancton y disminución del oxígeno disuelto (Hamilton y Lewis Jr. 1987), cambia las aguas nuevamente a aguas claras o negras. Al evaporarse las aguas, se incrementa la concentración de sedimentos y eventualmente se resuspenden por lo que las aguas se enturbian. Con ello aumenta la temperatura y los niveles de oxígeno disuelto se reducen al mínimo, entre otros cambios significativos.

Un ejemplo claro de tales transformaciones de la físicoquímica de las aguas es el estudio de cinco lagunas en el plano de inundación del Orinoco (Hamilton y Lewis Jr. 1990, Lewis Jr. et al. 2000). Las concentraciones de los principales iones, al igual que el pH, se muestran en la Tabla 1.4. En esta tabla se evidencian dos fases contrastantes, una de aislamiento (el período de sequía en el que predominan procesos de evaporación y salida de aguas) y una de acumulación (el período de lluvias en el que predominan procesos como aportes externos por precipitación, escorrentía etc). La concentración de los nutrientes varía sustancialmente debido a la estacionalidad de estos ambientes, en particular los sólidos totales suspendidos es de un orden de magnitud mayor durante la fase de aislamiento que durante la de inundación.

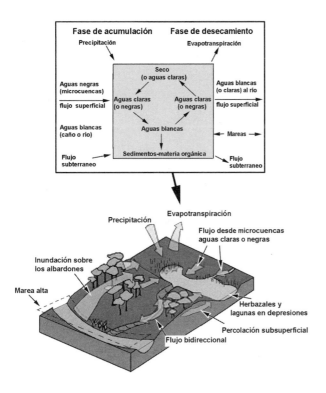

Fig.1.8. Representación esquemática de la serie de procesos hidrodinámicos a los cuales están sometidos los humedales de la planicie deltaica, particularmente cuerpos de agua temporales y herbazales.

Tabla 1.4. Variables físico-químicas contrastantes para el Lago Tineo en la planicie de inundación del Orinoco. PTS: Fósforo total suspendido (adaptado de Hamilton y Lewis Jr. 1990).

Fase:	Aislamiento			Inundación		
	Abril-Mayo			Julio-Noviembre		
Períodos:	Abr.-84	Abr.-85	Abr.-88	Jul.-84	Jul.-86	Jul.-88
Ca^2+ (mg l^{-1})	2,45	2,52	1,52	3	2,77	2,75
Mg^2+ (mg l^{-1})	0,81	0,92	0,5	0,73	0,83	0,8
Na + (mg l^{-1})	3,47	3,56	1,76	1,18	1,09	1,35
K+ (mg l^{-1})	1,03	1,59	1,33	0,77	0,91	0,1
Cl- (mg l^{-1})	4,62	2,82	2,21	0,69	0,49	1,02
pH	6,7	7,2	5,7	6,6	6,3	6,6
Conductivity µS cm^{-1}	37,9	33	27,3	29,1	26,7	28,5
PTS (mg l^{-1})		36	49	17	19	

Debido a los drásticos cambios hidrológicos mencionados en la sección anterior, la composición florística cambia
ostensiblemente. En algunos de los herbazales del delta
del Orinoco, como por ejemplo en los que el nivel de la
lámina de agua oscila marcadamente, las especies helófitas
emergentes como *Panicum grande* y *Ludwigia leptocarpa,*
pueden mantener su abundancia y cobertura; sin embargo,
las especies de hojas flotantes como *Hydrocleys nymphoides*
y *Nymphaea rudgeana,* o flotantes libres como *Lemna* spp.,
Spirodela spp., o *Salvinia* spp., pueden sufrir cambios importantes de cobertura o incluso desaparecer. Eventualmente
reaparecerán con las nuevas lluvias cuando las semillas,
dejadas en el sedimento, germinen. Así mismo el llenado de
las cubetas o depresiones no siempre reproduce comunidades
iguales, como ha sido reportado para localidades en el delta
del Orinoco (Colonnello 1995). Por ejemplo se ha citado
el caso de un sector de la Laguna Ataguía dominado por la
especie *Leersia hexandra* durante la creciente del año 1994,
que pasó a una dominancia casi absoluta por parte de *Neptunia oleracea* en la creciente de 1995. Este fenómeno se repite
en los humedales sujetos a ciclos estacionales de inundación
como en el bajo llano de Venezuela (Rial 2000) o las lagunas
del sistema del río Metica en la Orinoquía Colombiana
(Galvis et al. 1989).

En las planicies deltaicas cercanas a la costa, además de
la inundación, la salinidad adquiere gran importancia en la
definición de la composición de especies así como la productividad de las comunidades (Medina 1995). Durante la marea
alta el humedal se inunda con agua cuya salinidad es mayor
en las cercanías del mar, impidiendo el crecimiento de las
plantas no halófitas. Durante este período la profundidad de
la inundación es mayor por lo que se alcanzan los mínimos
niveles de potencial de oxido-reducción, por consumo del
oxígeno del suelo, y se favorece la reducción de los sulfatos a
H_2S. Por otra parte, durante el período de marea baja, predomina el flujo de agua dulce del río (o las lluvias) con el consiguiente aporte de sedimentos y nutrientes. La marea baja
favorece la oxidación de los compuestos producidos durante
el período de total anoxia en el suelo. En las comunidades no
halófitas de estos humedales costeros, conforme se incrementa
el suministro de agua dulce, se incrementa la fotosíntesis y la
productividad y se reduce la eficiencia del uso del agua. Por
su parte la disponibilidad de nutrientes se reduce hacia la
costa donde predomina la influencia de las mareas, ya que las
aguas marinas son pobres en nutrientes minerales. Entre las
comunidades halófitas, sin embargo, los manglares tienen una
alta productividad, mayor que los herbazales.

La Figura 1.9 representa una zonación típica de estos
ambientes estuarinos, en la que las comunidades de agua
dulce, bosques tropófilos a ombrófilos y herbazales, se sepa-
ran claramente de las halófitas como los manglares costeros
y estuarinos. Algunas comunidades pueden contener una
composición mixta de especies halófitas y no halófitas en
ambientes transicionales como las riberas de los ríos estuarinos en los que la salinidad está incrementándose tierra
adentro (Colonnello y Medina 1998).

CONSIDERACIONES FINALES Y RECOMENDACIONES PARA LA CONSERVACIÓN

Las planicies deltaicas abarcan un importante territorio que
permanece inalterado principalmente por la dificultad que
representa explotar tanto agrícola como industrialmente
un terreno inundable. Esta región incluye una gran diversidad de comunidades acuáticas, tanto de agua dulce como
estuarinas, y es el hábitat para una alta diversidad de aves
(Lentino y Colvée 1998), peces (Ponte et al. 1999), mamíferos (Rivas 1998) y anfibios y reptiles (Señaris, capítulo 6
de este volumen). Las planicies deltaicas abarcan, total o
parcialmente, 15 áreas que han sido decretadas bajo Régimen
de Administración Especial, incluyendo parques nacionales
como "Mariusa" y "Turuepano" con 265.000 y 72.600 ha,
respectivamente; reservas de biosfera como la del "Delta
del Orinoco" con 1.125.000 ha y reservas forestales como
"Guarapiche" con 370.000 ha, entre otras (Rodríguez-Altamiranda 1999).-

Los humedales de las planicies deltaicas poseen un
gran importancia económica y tienen múltiples funciones
ambientales (Elster et. al. 1999). Cambios a gran escala
tienen severas consecuencias para la biodiversidad, el clima
local y regional, la hidrología y el transporte de sedimentos
hacia la desembocadura de los ríos y los medios marinos
adyacentes (Junk 1995).

Estos ambientes han probado, en efecto, ser muy sensibles
a intervenciones antrópicas como ha sido el represamiento
del caño Mánamo, ocurrido en los años 60. Esta obra que
afectó cerca de un tercio del delta, ha producido alteraciones
notables tanto en la composición y en funcionamiento ecológico de las comunidades vegetales (Colonnello 1998), así
como en las poblaciones humanas (García Castro y Heinen
1999). Una evaluación de ese impacto se presenta en otro
capítulo de este mismo volumen (Monente y Colonnello,
capítulo 7 de este volúmen).

El desarrollo de estas áreas debe tener en cuenta la fragili-
dad de los ambientes tropicales, intervenciones a gran escala
como la apertura del dosel del bosque y la remoción de las
capas superficiales de los suelos, que por ejemplo, pueden
traer graves problemas de acidificación y cambios drásticos
de la cubierta vegetal y hasta desertificación (MARNR
1979, Colonnello 2001). Afectaciones a pequeña escala son
sin embargo más fáciles de recuperar, como es el caso de
las trochas producidas en los humedales anegados por los
aerobotes durante la exploración petrolera que, en algunos meses, fueron recolonizadas por las plantas. La misma
explotación de las palmas manaca y temiche, pueden ser
sustentables si se realiza el corte en la forma correcta, ya que
estas plantas crecen en macollas. Las varas de mangle son,
así mismo, un recurso explotable con la debida planificación, aprovechando la gran productividad de esta especie en
las áreas costeras y estuarinas.

El manejo futuro de las planicies deltaicas debe estar
precedido de estudios de línea de base e impacto ambiental,

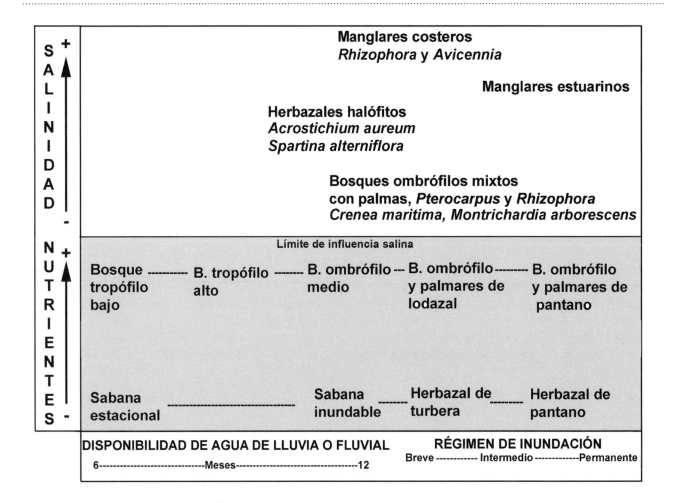

Fig.1.9. Representación esquemática de las relaciones entre las comunidades dominantes de la planicie deltaica y la inundación, salinidad y nutrientes (adaptado de Medina 1995).

de forma de minimizar los efectos negativos sobre estos ambientes. En tal sentido se pueden citar entre otros el caso del reciente intento de reactivación de la explotación petrolera en el delta medio e inferior (Geohidra Consultores 1998, Infrawing y Asociados 1998, Natura SA 1998, FUNINDES USB 1999); la paralización del proyecto de canalización de isla Tórtola en el ápice del delta (IRNR (USB) -Ecology and Environment 1999); y los estudios que se están llevando a cabo dentro de las áreas de la "Reserva de Biosfera Delta del Orinoco" y "Parque Nacional Mariusa", emprendidos por el PNUD (Programa de las Naciones Unidas para el Desarrollo) y la Oficina Nacional de Diversidad Biológica de Venezuela (Ministerio del Ambiente y Recursos Naturales).

REFERENCIAS

Beard, J.S. 1955. The description of Tropical American vegetation types. Ecology. 36: 89–100.

Canales, H. 1985. La cobertura vegetal y el potencial forestal del T.F.D.A. (Sector Norte del Río Orinoco). M.A.R.N.R. División del Ambiente. Sección de Vegetación. Caracas.

Colonnello, G. 1990. Physiographic and ecological elements of the Orinoco River basin and its floodplain. Interciencia. 15(6):479–485.

Colonnello, G. 1995. La vegetación acuática del delta del río Orinoco (Venezuela). Composición florística y aspectos ecológicos (I). Mem. Soc. Cienc. Nat. La Salle. 144:3–34.

Colonnello, G. 1998. El impacto ambiental causado por el represamiento del caño Mánamo: cambios en la vegetación riparina un caso de estudio. *In*: López, J.L., Y. Saavedra y M. Dubois (eds.). El Río Orinoco Aprovechamiento Sustentable. Instituto de Mecánica de Fluidos, Universidad Central de Venezuela. Caracas. Pp. 36–54.

Colonnello, G. 2001. The environmental impact of flow regulation in a tropical Delta. The case of the Mánamo distributary in the Orinoco River (Venezuela). Doctoral Thesis. Loughborough University.

Colonnello, G. (*en prensa*). Los herbazales del delta del río Orinoco y su ambiente. I. El área intervenida Subprograma XVII, CYTED.

Colonnello, G. y E. Medina. 1998. Vegetation changes induced by dam construction in a tropical estuary: the case of the Mánamo river, Orinoco Delta (Venezuela). Plant Ecology. 139 (2):145–154.

COPLANARH (Comisión del Plan Nacional de Aprovechamiento de los Recursos Hidráulicos). 1979. Inventario Nacional de Tierras. Delta del Orinoco y Golfo de Paria. Serie de informes científicos, Zona 2/1C/21. Maracay.

CVG-Tecmín (Corporación Venezolana de Guayana-Técnica minera). 1991. Vegetación. Informe de avance NC-20-11 y 12. Clima, Geología, Geomorfología y Vegetación. CVG Técnica Minera C.A. Gerencia de Proyectos Especiales. Proyecto de inventario de los Recursos Naturales de la Región Guayana, Ciudad Bolívar.

Danielo, A. 1976. Vegetation et sols dans delta de l'Orénoque. Annals de Géographie. 471:555–578.

Delascio, F. 1975. Aspectos biológicos del Delta del Orinoco. Instituto Nacional de Parques, Dirección de Investigaciones Biológicas, División de Vegetación, Caracas.

Delta Centro Operating Company. 1996. Evaluación ambiental para el proyecto Delta Centro 3D–1996. Mapa de Vegetación.

Delta Centro Operating Company. 1999. Plan de supervisión ambiental. Proyecto de perforación exploratoria Bloque Delta Centro. Pozo Jarina. Technical Report, Caracas.

Ecology and Environment. 2002. Estudio de Impacto Ambiental, Proyecto Corocoro, Fase I. Mapa de Vegetación. 1:50.000. Ecology and Environment. Caracas.

Elster, C., J. Polania, y O. Casas-Monroy. 1999. Restoration of the Magdalena River delta, Colombia. Vida Silvestre Neotropical. 7(1):23–30.

Fundación Polar. 1997. Diccionario de Historia de Venezuela. Fundación Polar. Caracas. 291 Pp.

FUNINDES USB. 1999. Caracterización del funcionamiento hidrológico fluvial del Delta del Orinoco. Desarrollo armónico de Oriente DAO. PDVSA, Caracas.

Galavís, J.A. y L.W. Louder. 1972. Estudios de Geología y Geofísica en el Territorio Federal Delta Amacuro y la plataforma continental del Orinoco. Posibilidades petrolíferas. Boletín de Geología. Publicación especial N° 6. Pp. 125–135.

Galvis, G., J. I. Mojica y F. Rodríguez. 1989. Estudio ecológico de una laguna de desborde del Rio Metica. FONDO FEN Colombia. Universidad Nacional de Colombia, Bogotá.

García-Castro, A. A. y H. D. Heinen. 1999. Planificando el desastre ecológico: Los indígenas Warao y el impacto del cierre del caño Mánamo (Delta del Orinoco, Venezuela). Antropológica. 91:31–56.

Geohidra Consultores. 1998. Estudio de Impacto ambiental, proyecto perforación exploratoria. Área Prioridad Este, Bloque Punta Pescador. AMOCO, Caracas.

Hamilton, S. K. y W. M. Lewis Jr. 1987. Causes of seasonality in the chemistry of a lake on the Orinoco river floodplain, Venezuela. Limnology and Oceanography, 32(6):1277–1290.

Hamilton, S. K. y W. M. Lewis Jr. 1990. Basin morphology in relation to chemical and ecological characteristics of lakes on the Orinoco River floodplain, Venezuela. Archiv für Hydrobiologie. 119(4):393–425.

Herrera, L. E., G. A. Febres, y R. A. Avila. 1981. Las mareas en aguas venezolanas y su amplificación en la región del Delta del Orinoco. Acta Científica Venezolana, 32: 299–306.

Huber, O. 1995. Venezuelan Guayana, vegetation map. 1: 2.000.000. CVG-Edelca- Missouri Botanical Garden.

Huber, O. y C. Alarcón. 1988. Mapa de la vegetación de Venezuela. 1:2.000,000. Caracas. MARNR, The Nature Conservancy.

Infrawing y Asociados. 1997. Estudio de factibilidad de cinco locaciones. Delta Centro Operating Company. Caracas.

Infrawing y Asociados. 1998. Estudio de impacto ambiental, proyecto de perforación exploratoria. Bloque Delta Centro, fase 1. Delta Centro Operating Company, Caracas.

IRNR (USB) - Ecology and Environment. 1999. Estudio de factibilidad ambiental del proyecto cierre del Caño Tórtola. Informe Técnico, Caracas.

Junk, W. 1970. Investigations on the ecology and production-biology of the "floating meadows" (*Paspalo-Echinochloetum*) on the Middle Amazon. Amazoniana. II(4): 449–495.

Junk, W. 1995. Human impacts on neotropical wetlands: Historical evidence, actual status, and perspectives. Scientia Güaianae. 5:299–311.

Lentino, M. y J. Colvée. 1998. Estado Delta Amacuro-Venezuela: Lista de Aves. Sociedad Conservacionista Audubon de Venezuela, Caracas.

Lewis Jr., M. W. y J. F. Saunders III. 1990. Chemistry and element transport by the Orinoco main stem and lower tributaries. *In*: Weibezahn, F. H., H. Alvarez, y W. M. Lewis Jr., (eds.). El Río Orinoco como ecosistema / The Orinoco River as an ecosystem. Fondo Editorial Acta Científica Venezolana, Caracas. Pp. 211–239.

Lewis Jr, W. M, S. K. Hamilton, M. A. Lasi, M. Rodriguez y J. Saunders III. 2000. Ecological determinism on the Orinoco Floodplain. BioScience. 8:681–692.

MARNR (Ministerio del Ambiente y de los Recursos Naturales Renovables). 1979. Inventario nacional de tierras región oriental Delta del Orinoco-golfo de Paria. Dirección General Sectorial de Información e Investigación del Ambiente. Serie Informes Científicos-Zona_ 2/1C/21, Maracay.

MARNR (Ministerio del Ambiente y de los Recursos Naturales Renovables). 1982. Estudio preliminar de ordenación del Territorio Federal Delta Amacuro. Parte I, Inventario Analítico. Serie Informes Técnicos, Zona 12/IT/174. Caracas.

Evaluación rápida de la biodiversidad y aspectos sociales de los
ecosistemas acuáticos del delta del río Orinoco y golfo de Paria, Venezuela

53

MARNR (Ministerio del Ambiente y de los Recursos Naturales Renovables). 1988. Estudio agroclimatológico del territorio Federal Delta Amacuro. Caracas.

Meade, R. H., C. F. Nordin, D. Pérez-Hernández, A. Mejia, y J. M. Pérez Godoy. 1983. Sediment and water discharge in the Río Orinoco, Venezuela and Colombia. Proceedings of the second international symposium on river sedimentation. Water Resources and Electric Power Press, Beijing. Pp. 1134–1144.

Medina, E. 1995. Evaluación ecológica y manejo ambiental de la región sur-este de Maturín, Edo. Monagas. Fundiate. Caracas.

Mitsch, W. J. y J. G. Gosselink. 2000. Wetlands. John Wiley & Sons, Inc. New York.

Moffat, D. y O. Lindén. 1995. Perception and reality: Assessing priorities for sustainable development in the Niger River Delta. Ambio, 24(7–8): 527–538.

Natura S. A. 1998. Expansión del campo petrolero Pedernales. Evaluación ambiental específica. British Petroleum, Caracas.

Neiff, J. J. 1986. Aquatic plants of the Paraná system. *En*: Davies, B.R. y K.F. Walker, (eds.). The ecology of river systems. Dr. W. Junk Publishers, Dordrecht. Pp. 557–571.

Pannier, F. 1979. Mangroves impacted by human-induced disturbances: A case study of the Orinoco Delta Mangrove Ecosystem. Environmental Management. 3:205–216.

Pannier, F. y R. Fraino de Pannier. 1989. Manglares de Venezuela. Cuadernos Lagoven. Caracas.

PDVSA (Petróleos de Venezuela S.A.). 1992. Imagen de Venezuela. Una visión espacial. Instituto de Ingeniería. Caracas.

Pérez Hernández, D. y J. L. López. 1998. Algunos aspectos relevantes de la hidrología del Río Orinoco. *En*: López, J. L., Y. Saavedra,. y M. Dubois (eds.). El Río Orinoco aprovechamiento sustentable. Instituto de Mecánica de Fluidos, Facultad de Ingeniería. Universidad Central de Venezuela. Caracas. Pp. 88–98.

Ponte, A. A. Machado-Allison y C. Lasso. 1999. La ictiofauna del Delta Río Orinoco, Venezuela: una aproximación a su diversidad. Acta Científica Venezolana. 19(3): 35–46.

Rial, A. 2000. Aspectos cualitativos de la zonación y estratificación de comunidades de plantas acuáticas en un humedal de los Llanos de Venezuela. Memoria de la Fundación La Salle. 153:69–85.

Rivas, B. A. 1998. Notas sobre los mamíferos de la planicie Amacuro (Estado Delta Amacuro). Memoria de la Soc. de Cienc. Nat. La Salle. 149:43–59.

Rodríguez-Altamiranda, R. (Comp.). 1999. Conservación de humedales en Venezuela: Inventario, diagnóstico ambiental y estrategia. Comité Venezolano de la IUCN. Caracas.

Ruiz, J. C. 1996. Evolución geomorfológica del río San Juan e incidencide los procesos sedimentarios actiales sobre las operaciones navales del puerto de Caripito (Edo. Monagas y Edo. Sucre). Trabajo especial de grado. Facultad de Humanidades y Educación, Escuela de Geografía. Universidad Central de Venezuela.

Salazar-Quijada, A. 1990. Toponimia del Delta del Río Orinoco. Universidad Central de Venezuela, Caracas.

van Andel, T.H. 1967. The Orinoco Delta. Journal of Sedimentary Petrology. 37: 297–310.

van der Voorde, J. 1962. Soil conditions of the Isla Macareo, Orinoco Delta. Medelingen Stichting Bodemkartering. 12:6–24.

Vásquez, E. y W. Wilbert. 1992. The Orinoco: Physical, Biological and Cultural Diversity of a Major Tropical Alluvial River. *In*: Calow, P. y G. Petts. The Rivers Handbook, hydrological and ecological principles. Blackwell Scientific Publications. London. Pp. 48–471.

Veillón, J. P. 1977. Los bosques del Territorio Federal Delta Amacuro. Venezuela. Su masa forestal, su crecimiento y su aprovechamiento. ULA-FCF. Mérida.

Warne, A. G., R. H. Meade, W. A. White, E. H. Guevara, J. Gibeaut, R. C. Smyth, A. Aslan, y T. Tremblay. 2002. regional controls on geomorphology, hydrology, and ecosystem integrity in the Orinoco Delta, Venezuela. Geomorphology. 44(3–4):273–307.

White, W. A., A. G. Warne, E. H. Guevara, A. Aslan, A. Tremblay, y J. A. Raney. 2002. Geo-environments of the northwest Orinoco Delta, Venezuela. Interciencia. 27 (10):521–528.

Wilbert, J. 1996. Mindfull of famine. Religious Climatology of the Warao Indians. Harvard University, Center for the Study of World Religions, Cambridge. Pp. 3–22.

Wilbert, W. 1994–1996. *Manicaria saccifera* and the Warao in the Orinoco Delta. Antropológica. 81:-51–66.

Capítulo 2

Diversidad de macroinbertebrados bentónicos del golfo de Paria y delta del Orinoco

Juan Carlos Capelo, José Vicente García y Guido Pereira

RESUMEN

Como parte de la expedición AquaRAP al golfo de Paria y delta del Orinoco, se evaluó la composición y la abundancia relativa de las especies bentónicas de la zona. Los principales macro-hábitats están representados por los canales principales de los caños; canales secundarios y de escorrentía; playas arenosas, fangosas y de gigas; raíces de mangle; troncos sumergidos; fondos de hojarasca y plataformas petroleras no funcionales. La comunidad de macroinvertebrados bentónicos está compuesta por crustáceos anfípodos, cumáceos, isópodos, tanaidáceos y cirrípedos, insectos acuáticos, moluscos gastrópodos y bivalvos, anélidos poliquetos y cnidarios para un total de 62 especies registradas. Además de esto, se registraron cuatro especies de macroalgas. Se determinó la presencia de dos especies de moluscos bivalvos exóticos (*Musculista senhousia* y *Corbicula fluvialitis*), en poblaciones naturales establecidas con gran abundancia. Se encontró una gran homogeneidad en la distribución de la fauna bentónica. Sin embargo, las localidades caño Pedernales, boca del caño Pedernales, caño Mánamo y caño Manamito presentan la mayor riqueza y diversidad de especies, por lo cual estas zonas deberían tener prioridad en planes y programas de conservación en el área. Las especies *Leptocheirus rhizophorae, Gammarus tigrinus, Gitanopsis petulans, Synidotea* sp., *Ampelisciphotis podophtalma* y *Musculista senhousia* se reportan por primera vez para Venezuela. Las principales amenazas a la fauna bentónica en la zona del golfo de Paria y delta del Orinoco son: un cambio en la descarga anual de agua dulce del caño Mánamo, las intervenciones asociadas a la pesca de arrastre y la descarga de agua de lastre de los barcos, la cual aumenta el potencial de introducción de especies exóticas.

INTRODUCCIÓN

El estudio de las comunidades bentónicas constituye un aspecto muy importante en lo relativo al conocimiento de la trama trófica de los ambientes estuarinos, ya que nos permite conocer indirectamente las potencialidades productivas de una determinada región. Generalmente, los estuarios constituyen zonas de cría de importantes especies de peces y crustáceos explotados comercialmente (Kennish 1986). En muchos casos, la biomasa de los organismos bentónicos puede llegar a limitar la cantidad de los recursos pesqueros. Además, el estudio de estas comunidades nos permite inferir acerca del grado de perturbación que presentan los ecosistemas en los cuales éstas habitan.

La zona del golfo de Paria y delta del río Orinoco constituye una gran extensión estuarina de gran importancia para la pesca en Venezuela, la cual recientemente se ha convertido en un centro de desarrollo de actividades petroleras. Sin embargo, esta región ha recibido muy poca atención en lo relacionado al estudio de su biota. Menor aún, ha sido el interés por el estudio de las comunidades bentónicas a pesar de su importancia ecológica.

Hasta los momentos en esta región de los ríos San Juan, caño La Brea, caño Guanaco, Cumaquita, El Rincón, Punta Piedras, Patao, Cariaquito, Salineta, Soro, Guanaquita, Pedernales y Punta Pescador, se ha registrado cerca de 300 especies, siendo los taxa mayormente

Evaluación rápida de la biodiversidad y aspectos sociales de los
ecosistemas acuáticos del delta del río Orinoco y golfo de Paria, Venezuela

55

representados los moluscos con 200 especies, crustáceos con 22 especies, anélidos con 11 especies, celenterados con seis especies, algas y equinodermos con cuatro especies y una especie de sipuncúlido, entre los más representativos.

La fauna de camarones y cangrejos ha sido estudiada en varios trabajos (Rathbun 1930, Davant 1966, Rodríguez 1980). En el caso de los moluscos, los estudios más importantes son los de Guppy (1877,1895), Mansfield (1925), Altena (1965a, 1965b, 1966, 1968, 1971a, 1971b, 1975), Ginés (1972) y Princz (1977). Weisbord (1962, 1964a, 1964b) y Jung (1969) estudiaron la distribución de los micromoluscos en el Mioceno. Finalmente, Capelo y Buitrago (1998) citan para la región, un significativo número de especies de moluscos recientes. Los crustáceos de pequeño tamaño como los peracáridos (Isopoda, Amphipoda, Tanaidacea) y los insectos acuáticos, hasta ahora no habían sido estudiados en esta zona. Debido a esto, el objetivo del presente trabajo fue realizar un inventario de las especies que conforman las comunidades bentónicas en la zona del golfo de Paria y delta del Orinoco y evaluar de forma preliminar, la abundancia y la distribución de los componentes más importantes, con la finalidad de establecer criterios para el manejo y la conservación de esta zona.

MATERIAL Y MÉTODOS

Los muestreos se realizaron con la ayuda de embarcaciones tipo peñero, propulsadas con motores fuera de borda. Se incluyeron las siguientes localidades:

Localidad 1.   Caño Pedernales
Localidad 2.   Isla Cotorra - Boca Caño Pedernales
Localidad 3.   Caño Mánamo-Guinamorena
Localidad 4.   Río Guanipa - Caño Venado
Localidad 5.   Cano Manamito
Localidad 6.   Boca de Bagre
Localidad 7.   Playa rocosa de Pedernales
Localidad 8.   Isla Capure (canal de desagüe de aguas negras).

Los ambientes muestreados en cada una de las localidades incluyeron tanto la zona intermareal (raíces de *Rizophora* spp., playas arenosas y playas con gigas), como la zona litoral (caños, plataformas y troncos sumergidos). Adicionalmente, se evaluó la fauna acompañante de las prospecciones del equipo de ictiología. En el caso de las especies asociadas a las raíces de mangle, los organismos fueron colectados mediante el raspado y seccionamiento de algunas raíces. En las playas de gigas, se realizaron colectas manuales con la ayuda de espátulas y redes de mano durante los períodos de marea baja. También se efectuaron tres muestreos con un nucleador de PVC con área de 0,078 m², hasta una profundidad de 30 cm, en diferentes sectores de cada área de estudio.

Las muestras fueron separadas en el mismo lugar con la ayuda de un tamiz con 1 mm de abertura de poro. Para los ambientes muestreados en la zonas de los caños y plataformas, se realizaron dragados o arrastres según la profundidad y el tipo de fondo, mediante una draga tipo trineo modelo "Elster", una draga "Hydrobios" y una malla triangular de 60 cm de abertura de boca. La duración de los arrastres varió entre 5 y 10 minutos. En el caso de la fauna acompañante de los muestreos realizados por el equipo de ictiología, se extrajeron los organismos acompañantes de los peces, principalmente representados por crustáceos. En algunos casos la red de arrastre removía troncos sumergidos, los cuales fueron minuciosamente examinados para extraer organismos asociados a galerías o irregularidades.

En todos los casos, el material colectado fue narcotizado en hielo por cuatro horas y luego preservado en alcohol etílico al 70% en el caso de los microcrustáceos, o en una solución de formalina al 10% para el resto de los taxa. La identificación de invertebrados se realizó con la ayuda de microscopios ópticos y estereoscópicos, claves convencionales y trabajos específicos (Shoemaker 1933, Stephensen 1933, Barnard 1969, Gosner 1971, Bousfield 1973, Abbot 1974, Bácescu y Gutu 1975, Rios 1975, McKinney 1978, Sieg y Winn 1978, Karaman 1980, Ortiz y Lalana 1980, Ledoyer 1986, Karaman 1987, Kensley y Schotte 1989, Barnard y Karaman 1991, Kensley y Schotte 1994). Para las algas, se utilizaron los trabajos de Joly (1967), Richardson (1975) y Lemus (1979, 1984).

Finalmente se conservan colecciones de referencia de las especies determinadas en los Museos de Biología de la Universidad Central de Venezuela (MBUCV) y Oceanológico "Hno. Benigno Román" (MOBR) de La Fundación La Salle.

RESULTADOS

La comunidad de macroinvertebrados bentónicos de la zona del golfo de Paria y delta del Orinoco está compuesta de crustáceos anfípodos, cumáceos, isópodos, tanaidáceos y cirripedos, insectos acuáticos, moluscos gastrópodos y bivalvos, anélidos poliquetos y cnidarios para un total de 62 especies registradas (Apéndice 4). También se registraron cuatro especies de macroalgas clorofitas y rodofitas de los géneros *Caloglossa*, *Catenella* y *Bostrychia*. Los principales macrohábitats estuvieron representados por canales principales, secundarios y de escorrentía de los caños, playas arenosas, fangosas y de gigas, raíces de mangle, troncos sumergidos, fondos de hojarasca y plataformas petroleras no funcionales. En general el sistema presenta una gran homogeneidad y repetitividad de hábitat, en los cuales la salinidad varia de 0 hasta 15% y la conductividad entre 0,05 y 19 mS/cm. En el Apéndice 5, se muestra la descripción de las localidades y estaciones de muestreo, incluyendo los valores de riqueza específica.

Los crustáceos peracáridos se encuentran representados por anfípodos gammarídeos de 12 géneros distribuidos en siete familias, isópodos de siete géneros en seis familias, una especie de cumáceo de la familia Diastylidae, una especie de tanaidáceo (*Discapseudes surinamensis*) de la familia Parapseudidae y una especie no determinada de la familia Tanaidae. Los crustáceos cirripedios están representados por dos especies de la familia Balanidae y una especie no determinada de la familia Chtamalidae.

Los insectos acuáticos están representados por especies de odonatos de dos familias, tricópteros de la familia Hydropsichidae, coleópteros de la familia Dytiscidae, hemípteros de dos familias, una especie de diptero Chironomidae y una de lepidóptero de la familia Noctuidae no identificadas. Los moluscos están representados por cinco especies de bivalvos y 12 especies de gastrópodos. Los anélidos están representados por especies no determinadas de dos familias: Nereidae y Capitelidae.

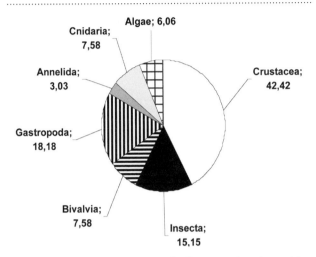

Figura 2.1. Porcentaje del total de géneros y familias encontrados en la zona del golfo de Paria y delta del Orinoco.

Finalmente, fueron encontrados cnidarios de dos especies de Anthozoa y tres especies de Scyphozoa. Una lista completa de los taxa identificados se muestra en el Apéndice 4.

En orden de importancia en cuanto al número de especies, tenemos que los crustáceos peracáridos representan el 42% de la biota registrada, seguidos por los moluscos gastrópodos con un 18%, los insectos acuáticos con 15% y los moluscos bivalvos con 8% (Fig. 2.1). El resto de los grupos tales como los anélidos, cnidarios y las algas presentan menor importancia, pero en el caso de los anélidos, esto se debe a que no se identificaron hasta niveles inferiores a familia; lo cual aumentaría el número de especies registradas.

En cuanto a la distribución y abundancia, tenemos para el caso de los crustáceos peracáridos, que la especie *Discapseudes surinamensis* fue la mayormente distribuida, encontrándose en siete de las ocho localidades muestreadas. En orden de importancia le siguen: *Quadrivisio lutz* en seis localidades y *Parhyale inyacka* y *Anopsilana jonesi* en 4 localidades. La especie de cirrípedo mayormente distribuida fue *Balanus venustus*, encontrándose en cinco localidades. En el caso de los moluscos, la especie con mayor distribución resultó se *Thais trinitatensis*, encontrada en seis localidades, seguida por *Neritina reclivata* en cinco localidades y *Musculista sehuosia* y *Pomacea* sp. en cuatro localidades. Los anélidos de la familia Nereidae se encontraron distribuidos en siete de las ocho localidades; mientras que las algas de los géneros *Caloglossa* y *Catenella* se encontraron en 4 localidades.

En la Figura 2.2 se muestran las abundancias relativas de los crustáceos peracáridos obtenida mediante dragado con la red triangular. *Discapseudes surinamensis* y *Grandidierella bon-*

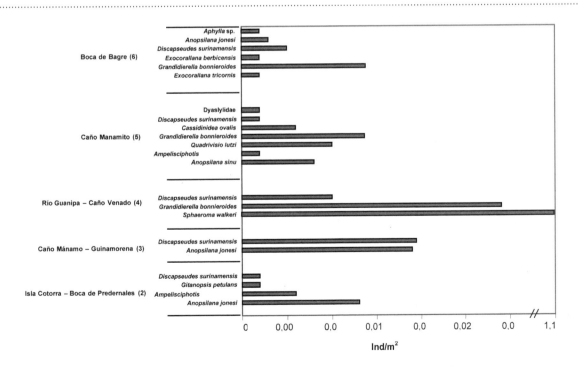

Figura 2.2. Abundancia relativa (densidad) de los crustáceos peracáridos obtenida mediante dragado con la red triangular en los muestreos durante la expedición al golfo de Paria y delta del Orinoco, Venezuela.

nieroides fueron las especies más abundantes en la mayoría de las localidades. En la localidad 4 (Río Guanipa - Caño Venado), encontramos particularmente abundante a la especie *Sphaeroma walkeri*, debido principalmente a que esta especie habita en forma gregaria galerías de troncos sumergidos que fueron obtenidos durante el dragado. En el caso de los moluscos, la especies más abundantes fueron *Musculista senhousia*, *Neritina reclivata* y *Thais trinitatensis* (Fig. 2.3).

DISCUSIÓN

Las especies *Leptocheirus rhizophorae*, *Gammarus tigrinus*, *Gitanopsis petulans*, *Synidotea* sp., *Ampelisciphotis podophthalma*, y *Musculista senhousia* se reportan por primera vez para Venezuela. Aunque los moluscos habían sido anteriormente estudiados en la zona, es importante señalar que la especie con mayor abundancia (*M. senhousia*) no había sido reportada anteriormente en el país.

Tanto *M. senhousia*, como *Corbicula fluvialitis*, la cual ha sido reportada previamente en el Río San Juan (Martínez, 1987), son especies originarias de Asia e introducidas muy probablemente a través del agua de lastre de los grandes barcos que transitan en la zona de Pedernales. Estas especies han sido consideradas plagas en otros países (Martínez 1987, Slack-Smith y Brearley 1987, Crooks 1996).

La fauna de crustáceos peracáridos hasta ahora no había sido estudiada en la zona, por lo cual la presente lista constituye un primer avance hacia el conocimiento del grupo

en esta región. En general, encontramos una alta riqueza y diversidad de especies bentónicas; a pesar de ser ésta una región estuarina. Esto se debe principalmente a que confluyen especies típicamente marinas como: *Gitanopsis petulans*, *Ampelisciphotis podophthalma*, *Eriopisa incisa*, *Exocorallana tricornis*, *Ligia baudiniana*, *Metharpinia floridana*, *Halobates* sp., *Synidotea* sp., y la especie de cumáceo de la familia Diastylidae; especies estuarinas como: *Grandidierella bonnieroides*, *Gammarus tigrinus*, *Cassidinidea ovalis*, *Anopsilana jonesi* y *A. sinu* y especies típicas de agua dulce como: *Corbicula fluvialitis*, *Pomacea* sp., *Anopsilana browni*, *Exocorallana berbicensis* y las especies de insectos acuáticos.

Las comunidades bentónicas de la zona del golfo de Paria y delta del Orinoco se presentan asociadas a ambientes muy homogéneos y con una alta repetitividad, lo que nos permite una gran oportunidad para la conservación del área; ya que las zonas no perturbadas podrían servir como reservorio o refugio para otras regiones con impacto ambiental.

Aunque existe una gran homogeneidad en la distribución de la fauna bentónica, las localidades caño Pedernales, boca del caño Pedernales, caño Mánamo y caño Manamito presentan la mayor riqueza (Fig. 2.4) y diversidad de especies (Apéndice 4); por lo cual estas zonas deberían tener prioridad en planes y programas de conservación en el área. Las principales amenazas para la diversidad de especies bentónicas de esta zona son cambios en el ciclo de descarga de las aguas dulces en el caño Mánamo, con lo cual cambiaría drásticamente la salinidad del agua y en consecuencia generaría un desplazamiento de las especies marinas, la introducción de especies exóticas del agua de lastre de los barcos que transitan por esta región, y las perturbaciones asociadas a la pesca de arrastre.

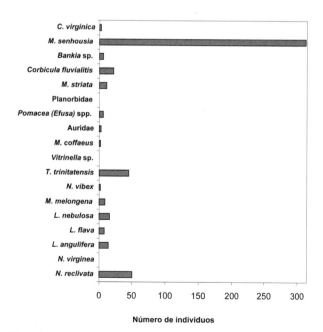

Figura 2.3. Abundancia relativa de las especies de moluscos colectados durante la expedición al golfo de Paria y delta del Orinoco, Venezuela.

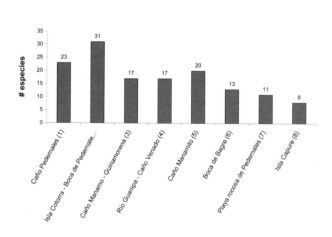

Figura 2.4. Distribución de la riqueza de especies de organismos bentónicos en las localidades muestreadas durante la expedición al golfo de Paria y delta del Orinoco, Venezuela.

CONCLUSIONES Y RECOMENDACIONES

- La zona del golfo de Paria y delta del Orinoco constituye una zona de cría de muchas especies comerciales de peces y crustáceos, los cuales consumen en su mayoría especies bentónicas, esto hace de gran importancia la implementación de programas de conservación que incluyan a estas comunidades de insectos, crustáceos peracáridos, moluscos y gusanos.

- Esta zona presenta una alta diversidad de especies bentónicas a pesar de ser una región estuarina. Esta diversidad es producto de la confluencia de especies marinas, estuarinas y dulceacuícolas.

- Los ambientes muestreados, así como las comunidades bentónicas presentan una gran homogeneidad, lo cual proporciona una gran oportunidad para la conservación. Muchas zonas no perturbadas pueden servir como fuente para la recolonización de algunas zonas que hayan sufrido alguna perturbación.

- Las principales amenazas a la fauna bentónica en la zona del golfo de Paria y delta del Orinoco son: un cambio en la descarga anual de agua dulce del Caño Mánamo, lo cual cambiaría los niveles de salinidad con un consiguiente cambio drástico de las comunidades bentónicas, las intervenciones asociadas a la pesca de arrastre, lo cual aumenta la extracción no controlada de especies y la descarga de agua de lastre de los barcos, la cual aumenta el potencial de introducción de especies exóticas.

AGRADECIMIENTOS

Queremos agradecer la valiosa colaboración del Profesor Rafael Martínez E. (UCV) por su asistencia en la identificación de los moluscos bivalvos y gastrópodos de agua dulce. Igualmente a la Profesora Yusbelly Díaz (USB) por la identificación de las especies de anfípodos y tanaidáceos.

REFERENCIAS

Abbot, R. T. 1974. American Seashells. 2da Ed. Van Nostrand Reinhold Co. New York.

Altena, C. 1965 a. The marine mollusca of Suriname (Dutch Guiana), Holocene and Recent. Part I. General Introduction. Zool. Verh., 101: 3–49.

Altena, C. 1965 b. Mollusca from the Boring "Alliance-28" in Suriname (Dutch Guiana). Part II. Geol. & Nijnb., 48: 75–86.

Altena, C. 1966. Vitrinellidae (Marine Mollusca Gastropoda) from Holocene deposits in Suriname. Zool. Meded., 41: 233–241.

Altena, C. 1968. The Holocene and Recent marine bivalve Mollusca of Suriname. Stud. Faun. Suriname, 10: 153–179.

Altena, C. 1971 a. On six species of marine Mollusca from Suriname, four of which are new. Zool. Meded., 45: 75–86.

Altena, C. 1971 b. The marine Mollusca of Suriname (Dutch Guiana). Part II. Bivalvia and Scaphopoda. Zool. Verh., 119: 1–100.

Altena, C. 1975. The marine Mollusca of Suriname (Dutch Guiana). Bull. Amer. Malacol. Union, 1: 45–46.

Barnard, J. L. 1969. The families and genera of marine gammaridean Amphipoda. U. S. Nat. Mus. Bull., 271: 1–535.

Barnard, J. L. y G. S. Karaman. 1991. The families and genera of marine gammaridean Amphipoda (except marine gammaroids). Part 1. Rec. Australian Mus., 13: 1–417.

Bácescu, M. y M. Gutu. 1975. A new genus (*Discapseudes* n.g.) and three new species of Apseudidae (Crustacea, Tanaidacea) from the Northeastern Coast of South America. Zool. Meded., 49: 95–113.

Bousfield, E. L. 1973. Shallow-water gammaridean amphipoda of New England. Comstock Publishing Associates. Cornell University Press. Ithaca - London.

Capelo, J. y J. Buitrago. 1998. Distribución geográfica de los moluscos marinos en el Oriente de Venezuela. Mem. Soc. Cien. Nat. La Salle, 150: 109–160.

Crooks J. A., 1996. The population ecology of an exotic mussel *Musculista senhousia*, in a Southern California Bay. Estuaries, 19: 42–50.

Davant, P. 1966. Clave para la identificación de los camarones marinos y de río con importancia económica en el Oriente de Venezuela. Cuadernos Oceanográficos Nº 1. Instituto Oceanográfico de Venezuela, Universidad de Oriente.

Ginés, H. 1972. Carta Pesquera de Venezuela. Fundación La Salle. Monografía Nº 16. Caracas.

Gosner, K. 1971. Guide to identifications of marine and estuarine invertebrates. John Wiley & Sons. New York.

Guppy, R. G. L. 1877. First sketch of a marine invertebrate fauna of Gulf of Paria and its neighbourhood. Part I. Molluska. Proc. Scient. Ass. Trinidad, 2: 134–157.

Guppy, R. G. L. 1895. The Molluska of the Gulf of Paria. Proc. Victoria Inst. Trinidad, 2: 116–152.

Joly, A. B. 1967. Géneros de algas marinas da Costa Atlántica Latino-Americana. Universidade de São Paulo. Brasil.

Jung, P. 1969. Miocene and pliocene mollusk from Trinidad. Bull. Amer. Paleont., 55: 293–657.

Karaman, G. S. 1980. Revision of the genus *Gitanopsis* Sars 1895, with description of new genera *Afrogitanopsis* and *Rostrogitanopsis* n. gen. (fam. Amphilochidae). Contributions to the knowledge of the Amphipoda. Poljoprivreda I Sumarstro, 26: 43–69.

Evaluación rápida de la biodiversidad y aspectos sociales de los ecosistemas acuáticos del delta del río Orinoco y golfo de Paria, Venezuela

59

Karaman, G. S. 1987. A new species of the genus *Melita* Leach (Fam. Melitidae) from Bermuda and Fiji Islands. Bull. Mus. Hist. Nat. Belgrado, 42: 19–35.

Kennish, M. J. 1986. Ecology of estuaries. Vol I. Physical and chemical aspects. CRC Press, Boca Ratón, Florida.

Kensley, B. y M. Schotte. 1989. Guide to marine isopod crustaceans of the Caribbean. Smithsonian Institution Press, Washington D.C.

Kensley, B. y M. Schotte. 1994. Marine isopods from the Lesser Antilles and Colombia (Crustacea, Peracarida). Proc. Biol. Soc. Was., 107: 482–510.

Ledoyer, M. 1986. Faune mobile des herbiers de phanéro-games marines (Halodule et Thalassia) de la Laguna de Terminos (Mexique, Campeche). II. Les gammariens (Crustacea). Anls. Inst. Cienc. Mar. Limnol. Univ. Nac. Autón. México, 13: 171–200.

Lemus, A. 1979. Las algas marinas del Golfo de Paria, Venezuela I, Chlorophyta y Phaeophyta. Bol. Inst. Oceanog. Univ. Oriente, 18: 17–36.

Lemus, A. 1984. Las algas marinas del Golfo de Paria, Venezuela II, Rhodophyta. Bol. Inst. Oceanog. Univ. Oriente, 23: 55–112.

McKinney, L. D. 1978. Amphilochidae (Crustacea: Amphipoda) from the western Gulf of Mexico and Caribbean Sea. Gulf. Res. Rep., 6: 137–143.

Mansfield, W. C. 1925. Miocene gastropods and scaphopods from Trinidad British West Indies. Proc. U. S. Nat. Mus., 66:1–65.

Martínez, R. 1987. *Corbicula manilensis* molusco introducido en Venezuela. Acta Cient. Venez., 38: 384–385.

Princz, D. 1977. Notas sobre algunos micromoluscos de la plataforma de Guayana. Mem. Soc. Cienc. Nat. La Salle, 37: 283–292.

Ortíz, M. y R. Lalana. 1980. Un nuevo anfípodo del género *Leptocheirus* (Amphipoda, Gammaridea) de aguas cubanas. Rev. Invest. Mar., 1:58–73.

Rathbun, M. 1930. The cancroid crabs of America of the families Euryalidae, Portunidae, Atelecyclidae, Crancridae and Xanthiidae. Bull. U. S. Nat. Mus., 152: 230–609.

Richardson, W. D. 1975. The marine algae of Trinidad, West Indies. Bull. Brit. Mus. Nat. Hist., 5: 1–143.

Rios, E. C. 1975. Brazilian marine mollusks. Iconography. Universidade do Rio Grande, Centro do Ciencias do Mar, Río Grande. Brasil.

Rodríguez, G. 1980. Crustáceos Decápodos de Venezuela. Instituto Venezolano de Investigaciones Científicas, Caracas.

Shoemaker, C.R. 1933. Amphipoda from Florida and the West Indies. Amer. Mus. Novitates., 598.

Sieg, J. y Winn, R. 1978. Key to suborders and families of Tanaidacea (Crustacea). Proc. Biol. Soc. Was., 91: 840–846.

Slack-Smith S. M. y A. Brearley. 1987. *Musculista senhousia* (Benson, 1842), a mussel recently introduced into the Swan estuary, Western Australia. (Mollusca, Mytilidae). Rec. West. Aust. Mus., 13: 225–230.

Stephensen, K. 1933. Amphipoda from the marine salines of Bonaire and Curaçao. (Zoologische Ergebnisse einer Reise nach Bonaire, Curaçao und Aruba im Jahre 1930). Zool. Jahrb. (Syst.), 64: 437–446.

Weisbord, E. N. 1962. Late cenozoic gastropods from Northern Venezuela. Bull. Amer. Paleontol., 42: 7–672.

Weisbord, E. N. 1964 a. Late cenozoic pelecypods from Northern Venezuela. Bull Amer. Paleontol., 45: 5–564.

Weisbord, E. N. 1964 b. Late cenozoic scaphopods and serpulid polychaetes from Northern Venezuela. Bull. Amer. Paleontol., 47: 111–200.

Capitulo 3

Crustáceos decápodos del bajo delta del río Orinoco: Biodiversidad y estructura comunitaria

*Guido Pereira, José Vicente García y
Juan C. Capelo*

RESUMEN

La fauna de crustáceos decápodos (camarones, hermitaños y cangrejos) del bajo delta entre boca de Guanipa y Pedernales en el golfo de Paria, es estudiada utilizando la metodología AquaRAP. Se determinaron 30 especies de crustáceos decápodos incluidas en 12 familias y 23 géneros, 5 especies son muy probablemente nuevas para la ciencia y 9 representan nuevos registros para la zona. Los habitats principales son: canal principal y cauces aledaños, con fondos blandos fangosos y de hojarasca; manglares, particularmente las zonas de las raíces y el suelo asociado y finalmente, una playa rocosa en los alrededores de la población de Pedernales. Las especies más abundantes fueron *Litopenaeus schmitti* y *Xiphopenaeus kroyeri*, en las localidades más costeras y *Macrobrachium amazonicum* hacia la zona más dulceacuícola. En la zona de manglar, varias especies de Grapsidae (géneros *Aratus*, *Armases* y *Sesarma*) y Ocypodidae (*Uca*) fueron abundantes. Las localidades de caño Manamito y río Guanipa-CañoVenado fueron las más diversas y la localidad playa rocosa de Pedernales presentó características únicas. Finalmente, boca de Bagre es importante por la abundancia de la especie comercial *L. schmitti*. De forma preliminar podemos afirmar que las comunidades bénticas comparten dos hábitat generalizados, los fondos blandos-fangosos y de hojarasca y el hábitat del manglar, particularmente las zonas de las raíces y el suelo asociado.

INTRODUCCIÓN

El delta del Orinoco es una amplia extensión de bosques, básicamente de manglar, entrecruzada por cauces de agua dulce y salobre llamados caños, que se extienden en un área de 40.200 km², de los cuales el propio abanico deltaíco ocupa 18.810 km² (PDVSA 1993). La vegetación ribereña de los caños está dominada por cinco especies de manglar: mangle negro (*Avicennia germinans*), mangle rojo (*Rhizophora racemosa*, *R. harrisonii* y *R. mangle*) y mangle blanco (*Laguncularia racemosa*), que en conjunto determinan la existencia de 18 unidades de vegetación (Ecology & Environment 2002). Tomando en cuenta la altura sobre el nivel del mar y la influencia de las mareas, se considera la división del delta en tres regiones: alto, medio y bajo (Canales 1985). Este estudio se ubica en una zona del delta inferior (entre 1 y -1 m s.n.m). Se considera a esta zona como un gran vivero natural o área de reproducción, alimentación y crecimiento de muchas especies dulceacuícolas, marinas y estuarinas, gran parte de ellas de interés comercial (Novoa 1982). Los crustáceos decápodos son un grupo importante de organismos, al que pertenecen especies de gran importancia comercial como los camarones, cangrejos y langostas, razón por la cual este grupo se encuentra entre los más estudiados a nivel regional y mundial. En Venezuela, Davant (1966) cita y describe algunas de las especies de camarones (Palaemonidae y Penaeidae) de importancia comercial para el Oriente del país. Posteriormente, Rodríguez publica en 1980 una monografía sobre los crustáceos decápodos de Venezuela, donde menciona varias especies de camarones y cangrejos para el delta del Orinoco. En 1982 Novoa publica un libro acerca de los recursos pesqueros del Orinoco, donde además

Evaluación rápida de la biodiversidad y aspectos sociales de los
ecosistemas acuáticos del delta del río Orinoco y golfo de Paria, Venezuela

61

de realizar un análisis de las pesquerías, cita las principales especies de camarones peneidos, entre las cuales destaca a las especies *Litopenaeus schmitti*, *Xiphopenaeus kroyeri* (Penaeidae) y *Macrobrachium amazonicum* (Palemonidae), como las más importantes. Finalmente menciona que la especie *Macrobrachium carcinus* (Palaemonidae) es consumida localmente. En los últimos 15 años y como consecuencia del auge petrolífero y gasífero en la zona, se desarrollaron varios estudios de inventarios de especies en la zona. Dicha información es de difícil acceso, sin embargo el primer autor (GP) participó en un estudio ambiental (1992), en la zona del caño Buja realizando un inventario de los crustáceos decápodos de la zona. Posteriormente se realizó un inventario de los crustáceos de la península de Paria (López y Pereira 1994) y otro de las zonas alta y media del delta (López y Pereira 1996). En 1997 se registró la presencia de la especie exótica *Macrobrachium rosenbergii*, introducida por accidente en los primeros años 90 (Pereira et al. 1996; 2000). Recientemente, Montoya (2003) publica un trabajo sobre las especies de crustáceos decápodos asociados a las raíces de la bora (*Eichhornia* spp.). En la actualidad el primer autor desarrolla un proyecto de investigación (FONACIT N° 96001763), en el cual se estudia la distribución actual de *M. rosenbergii* en el delta y golfo de Paria, realizándose además un inventario de crustáceos decápodos dulceacuícolas. En vista de la importancia biológica y geográfica de esta zona del país y su posible desarrollo como zona petrolífera, es muy importante la realización de estudios como el presente, que orienten a las entidades oficiales en la toma de decisiones tendientes a la conservación de la biodiversidad acuática.

MATERIAL Y MÉTODOS

El área de estudio comprende la zona del bajo delta cubriendo dos grandes cuencas, la cuenca del golfo de Paria y el delta del Orinoco. La cuenca del golfo de Paria está situada entre la península de Paria y el delta del Orinoco, en la región nororiental de Venezuela (9° 00′N-10° 43′N y 61° 53′W - 64° 30′W). Tiene una extensión aproximada de 21.000 km², lo que representa un poco más del 2% del país (Lasso y Meri 2003). De toda la cuenca, la parte baja del río Guanipa es la sección muestreada en este estudio. Se consideraron dos áreas focales: área focal 1 (zona norte), que incluye el sector comprendido entre la boca del río Guanipa y el caño Venado (cuenca del golfo de Paria) y el área focal 2 (zona sur), sector entre la boca de Bagre y la boca del caño Pedernales (cuenca del Orinoco) (Mapa 1).

La metodología propuesta para el estudio de las comunidades bentónicas se implementó con el propósito de conocer la abundancia, diversidad y los patrones de distribución de las especies que allí habitan. Para la consecución de estos objetivos se efectuaron muestreos en las ocho localidades señaladas en el área de estudio, en embarcaciones tipo peñeros, propulsados con motores fuera de borda. Los ambientes y hábitat muestreados fueron los siguientes:

1. Zona intermareal (raíces de mangle, playas arenosas y playas con gigas o rocas);

2. Zona sublitoral (caños y plataformas);

3. Zona sublitoral (fauna acompañante de las muestras ictiológicas provenientes de la pesca de arrastre en caños).

Las técnicas de colección para los macro-crustáceos (camarones, cangrejos, ermitaños y relacionados) fueron las siguientes: 1) Captura manual, la cual se realizó colectando por períodos de 1h. 2) redes de mano, chinchorro playero y red de arrastre. Finalmente, capturas nocturnas ocasionales en lugares que así lo permitieron. Las redes de arrastre empleadas fueron del tipo trineo, modelo "Elster", una draga "Hydrobios" y una malla triangular de 60 cm de abertura de boca. La duración de los arrastres varió entre 5 y 10 minutos. En el caso de la fauna acompañante en los muestreos realizados por el equipo de ictiología, se extrajeron los organismos acompañantes de los peces. En algunos casos la red de arrastre removía troncos sumergidos, los cuales fueron minuciosamente examinados para extraer organismos asociados a galerías o irregularidades.

En todos los casos, el material colectado fue narcotizado en hielo por cuatro horas y luego preservado en alcohol etílico al 70% o en una solución de formalina al 10%. Se registraron las coordenadas al inicio y al final de cada arrastre. En el laboratorio el material fue separado, identificado hasta género o especie empleando la literatura pertinente (Abele, 1992; Chace, 1972; Chace and Hobbs, 1969; Melo, 1996, 1999; Holthuis, 1952; Pereira, 1983; Rodríguez, 1980; Willians, 1984, 1993) catalogado y almacenado en la colección de crustáceos del Museo de Biología de la Universidad Central de Venezuela (MBUCV) y en el Museo de Historia Natural La Salle (MHNLS).

Los resultados del número de especies (Riqueza) e individuos, fueron utilizados para inferir acerca de la estructura comunitaria y parámetros de diversidad alfa, empleando los índices de Margalef y Shannon por ser ampliamente utilizados en la literatura y gozar de amplia aceptación entre los ecólogos (Ludwig y Reynolds 1988; Russell, 1996) además se utilizo el índice de uniformidad o equitabilidad (H/H_{max}) el cual representa otro componente de la diversidad biológica (Pielou, 1969; Smith and Wilson, 1996). Finalmente se comparan las comunidades en las diferentes zonas de muestreo empleando un análisis de agrupamiento jerárquico lo cual permite visualizar y comparar la semejanza entre las comunidades de crustáceos decápodos por localidad. Los parámetros físicoquímicos medidos en cada una de las estaciones fueron la profundidad, tipo de fondo, pH, salinidad y conductividad. Para los análisis de agrupamiento se promediaron los valores de los parámetros fisicoquímicos por localidad.

RESULTADOS

La descripción de las localidades y estaciones de muestreo de los crustáceos decápodos, así como la riqueza específica, se muestra en el Apéndice 5.

En la Tabla 3.1 se muestra el listado sistemático de las especies colectadas.

Se colectó un total de 30 especies de crustáceos decápodos, repartidos en 23 géneros y 12 familias lo cual es un reflejo de la búsqueda intensa durante siete días. Sin embargo, la curva acumulativa de especies demuestra que aún no se alcanza la saturación y se mantiene en fase de crecimiento en la medida que pasan los días de colecta (Fig. 3.1). Es interesante notar que dos especies de camarones muy comunes en el delta (*Macrobrachium carcinus* y *M. surinamicum*), no aparecieron en esta expedición. Es bien sabido que estas especies migran a la largo del río con fines reproductivos (Pereira 1983, Pereira y Pereira 1982), de manera que los adultos se encuentran cerca de la desembocadura de los ríos en las épocas de desove y río arriba en otras épocas. Probablemente esta sea la causa de que no se colectaran dichas especies durante el periodo de muestreo.

La abundancia relativa de todas las especies se observa en la Figura 3.2. Las especies más abundantes fueron los camarones *L. schmitti*, *M. amazonicum* y *X. kroyeri* con 29, 23 y 10% de dominancia respectivamente. Siguen algunas especies de cangrejos como *Callinectes bocourti* (5%), *Leptodius floridanus* (5%), *Pachygrapsus* sp.1 (5%) y *Uca rapax* (4%). El resto de las especies están representadas por valores que oscilan entre tres y menos del 1%. Es preciso mencionar que la abundancia de las especies *Ucides cordatus* y *Cardisoma guanhumi* fue subestimada, ya que estas especies se encuentran en las zonas más altas del bosque de manglar, lugar de difícil acceso. No obstante, fueron detectadas visualmente con frecuencia. De todas estas especies, un buen número

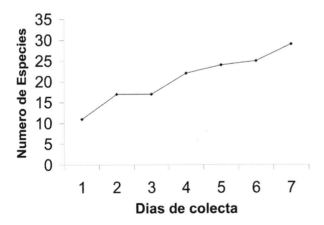

Figura 3.1. Curva acumulativa de especies por días de colección.

Tabla 3.1. Listado sistemático de las especies de crustáceos decápodos .

Superclase Crustacea
Clase Malacostraca
Orden Decapada
Seccion Natantia
Familia Alpheidae
Alpheus sp. 1
Alpheus sp. 2
Familia Sergestidae
Acetes americanus
Acetes paraguayensis
Familia Peneidae
Litopenaeus scmitti
Xiphppenaeus kroyeri
Familia Palaemonidae
Macrobrachium amazonicum
Macrobrachium rosenbergii
Macrobrachium jeslkii
Nematopalaemon schmitti
Palaemonetes sp. 1
Seccion Anomura
Familia Paguridae
Clibanarius vittatus
Familia Thallasinidae
Upogebia sp. 1
Familia Porcellanidae
Petrolisthes armatus
Seccion Brachyura
Familia Ocypodidade
Ocypode quadrata
Ucides cordatus
Uca rapax
Uca vocator
Familia Gecarcinidae
Cardisoma guanhumi
Familia Grapsidae
Aratus pisonii
Armases sp. 1
Sesarma cf. *rectum*
Sesarma curacaoensis
Metasesarma rubripes
Pachygrapsus sp. 1
Familia Portunidae
Callinectes bocourti
Familia Xanthidae
Euryrhium limosum
Panopeus occidentales
Panopeus americanus
Leptodius floridanus

Evaluación rápida de la biodiversidad y aspectos sociales de los
ecosistemas acuáticos del delta del río Orinoco y golfo de Paria, Venezuela

63

de ellas no habían sido reportadas previamente en la zona o representan nuevas especies para la ciencia (Pereira en preparación): *Alpheus*, dos nuevos registros o nuevas especies; *Upogebia* sp.1, nuevo registro o nueva especie; *Palaemonetes* sp.1, nuevo registro o nueva especie; *Panopeus americanus*, nuevo registro en el área; *Armases* sp.1, nuevo registro o nueva especie; *Sesarma* cf. *rectum*, nuevo registro o nueva especie; *Metasesarma rubripes*, nuevo registro para el delta del Orinoco y por último, *Petrolisthes armatus*, nuevo registro en la zona.

ESTRUCTURA COMUNITARIA

Localidad 1-Caño Pedernales
Se colectaron 11 especies y 104 individuos (Tabla 3.2); la composición relativa de la comunidad se observa en la Figura 3.3. Las especies de camarones *M. amazonicum*, *L. schmitti* y *X. kroyeri* fueron las más abundantes y compartieron aproximadamente el 15% de la abundancia, otros camarones tal y como *Nematopalaemon schmitti* representó un 13% y *Alpheus* sp.1 un 12%. Finalmente los cangrejos *Leptodius floridanus* representó un 4% y *Callinectes bocourti* el 2%. Todas estas especies se encuentran principalmente en el canal principal del caño. En las raíces de mangle se encontraron varias especies de cangrejos de las cuales solo *Armases* sp.1 presentó relativa importancia con un 12%.

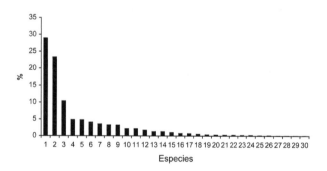

Figura 3.2. Abundancia relativa (%) de las especies de crustáceos decápodos capturados en la expedición AquaRAP.

Especies: 1. *Litopenaeus schmitti*, **2.** *Macrobachium amazonicum*, **3.** *Xiphopenaeus kroyeri*, **4.** *Callinectes bocourti*, **5.** *Leptodius floridanus*, **6.** *Pachygrapsus* sp., **7.** *Uca rapax*, **8.** *Petrolisthes armatus*, **9.** *Panopeus occidentales*, **10.** *Alpheus* sp.1, **11.** *Armases* sp.1, **12.** *Aratus pissoni*, **13.** *Acetes americanus*, **14.** *Sesarma* cf. *rectum*, **15.** *Alpheus* sp.2, **16.** *Palaemonetes* sp.1, **17.** *Nematopalaemon schmitti*, **18.** *Upogebia* sp., **19.** *Eurytium limosum*, **20.** *Acetes paraguayensis*, **21.** *Cardisoma guanhumi*, **22.** *Paguridae* sp.1, **23.** *Ocypode quadrata*, **24.** *Sesarma curacaoensis*, **25.** *Panopeus americanus*, **26.** *Uca vocator*, **27.** *Macro-bachium jelskii*, **28.** *Macrobrachium rosenbergii*, **29.** *Metasesarma rubripes*, **30.** *Ucides cordatus*.

Con respecto a la estructura comunitaria, en la Tabla 3.3 se registran los índices de diversidad de Margalef y Shannon y otros indicadores comunitarios comúnmente empleados (Ludwig y Reynolds 1988). La riqueza expresada como el número de especies fue 11, la diversidad (H'= 2.14) y la Uniformidad (E = 0,896).

Localidad 2: Isla Cotorra - Boca de Pedernales
Se colectaron 11 especies y 243 individuos. La especie más abundante fue el camarón *Litopenaeus schmitti* (Tabla 3.2).

Tabla 3.2. Número de individuos de cada especie por localidades.

Epecies	Localidades						
	1	2	3	4	5	6	7
Acetes americanus	0	10	10	0	5	0	0
Acetes paraguayensis	0	0	0	0	6	0	0
Alpheus sp. 1	12	0	0	9	22	0	0
Alpheus sp. 2	0	0	0	0	0	0	20
Aratus pissoni	11	12	2	2	5	0	2
Callinectes bocourti	2	22	6	5	17	41	3
Cardisoma guanhumi	0	0	0	5	0	0	0
Eurytium limosum	0	2	0	5	0	0	0
Leptodius floridanus	4	0	0	91	0	0	0
Litopenaeus schmitti	17	146	70	153	109	906	3
Macrobachium amazonicum	15	21	285	25	47	69	0
Macrobachium jelskii	0	0	0	1	0	0	0
Macrobrachium rosenbergii	0	0	0	0	0	1	0
Metasesarma rubripes	1	0	0	0	0	0	0
Nematopalaemon schmitti	13	0	0	1	0	0	0
Pachygrapsus sp. 1	0	0	0	0	0	0	81
Ocypode quadrata	0	0	0	0	4	0	0
Clnabarius vittatus	0	5	0	0	0	0	0
Palaemonetes sp. 1	0	1	0	14	0	0	0
Panopeus americanus	0	0	0	0	1	0	1
Panopeus occidentalis	0	0	0	0	0	0	64
Petrolisthes arrmatus	0	0	0	0	0	0	65
Armases sp. 1	12	0	20	7	4	0	0
Sesarma rectum	1	0	3	15	6	0	0
Sesarma curacaoensis	0	0	0	0	3	0	0
Uca rapax	0	2	12	33	14	0	10
Uca vocator	0	2	0	0	0	0	0
Ucides cordatus	0	0	0	1	0	0	0
Upogebia sp.	0	0	0	0	0	0	11
Xiphopenaeus kroyeri	16	20	19	108	42	0	0

Localidad: 1. caño Pedernales. **2.** isla Cotorra -boca Pedernales. **3.** caño Mánamo-Güina-morena. **4.** río Guanipa – caño Venado. **5.** caño Manamito. **6.** boca de Bagre. **7.** playa rocosa en Pedernales.

La composición relativa de la comunidad se puede observar en la Figura 3.4, donde *L. schmitti* representó el 60% de los individuos capturados, siguiendo con un 9% las especies *M. amazonicum, X. kroyeri* y *C. bocourti*. El resto de las especies se encuentran en una proporción mucho menor. De manera que esta comunidad se presenta un poco más heterogénea (Tabla 3.3) siendo la riqueza 11, el índice de diversidad H'=1,44 y la uniformidad E=0.601. En estos valores influye mucho la representación desproporcionada de *L. schmitti*.

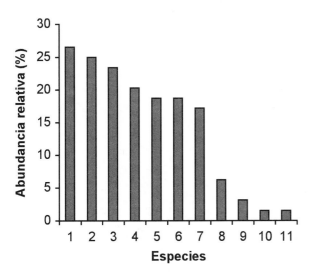

Figura 3.3. Frecuencia relativa de las especies colectadas en la localidad caño Pedernales.

Especies: 1. *Litopenaeus schmitti,* **2.** *Xiphopenaeus kroyeri,* **3.** *Macro- bachium amazonicum,* **4.** *Nematopalaemon schmitti,* **5.** *Alpheus* sp. 1, **6.** *Armases* sp. 1, **7.** *Aratus pissonii,* **8.** *Leptodius floridanus,* **9.** *Callinectes bocourti,* **10.** *Metasesarma rubripes,* **11.** *Sesarma* cf. *rectum.*

Tabla 3.3. Número de especies, y estimadores de diversidad (Margalef y Shannon) y uniformidad (E) por localidades.

Indicadores Comunitarios	Localidades						
	1	2	3	4	5	6	7
Riqueza de especies	11	11	9	17	14	4	10
Margalef	2.15	1.82	1.32	2.59	2.29	0.43	1.61
Shannon (H')	2.14	1.44	1.15	1.92	1.95	0.42	1.67
Uniformidad (E)	0.89	0.60	0.52	0.67	0.73	0.30	0.72

Especies: 1. Caño Pedernales. **2.** Isla Cotorra -boca Pedernales. **3.** Caño Mánamo-Güinamorena. **4.** Río Guanipa – caño Venado. **5.** Caño Manamito. **6.** Boca de Bagre **7.** Playa rocosa en Pedernales.

Localidad 3: Caño Mánamo – Guinamorena

Se colectaron nueve especies y 427 individuos. La especie más abundante fue el camarón *M. amazonicum*, seguida de *L. schmitti* (Tabla 3.2). La composición relativa de la comunidad (Fig. 3.5) fue muy desproporcionada puesto que *M. amazonicum* representó el 68% de las capturas y *L. schmitti* un 16%, el resto de las especies representan valores del 4% ó menos. La riqueza de especies fue nueve, el índice de diversidad H'=1,15 y la uniformidad E=0,526, lo cual refleja la abundancia desproporcionada de *M. amazonicum* (Tabla 3.3).

Localidad 4. Río Guanipa - Caño Venado

Se colectaron 476 individuos de 17 especies (Tabla 3.2), siendo las más abundantes los camarones *L. schmitti* y *X. kroyeri*. En esta localidad aparece un número elevado de la especie de cangrejo *L. floridanus*. La representación de las especies es poco uniforme, como se puede ver en la Figura 3.6. El resto de las especies son relativamente poco comunes con porcentajes relativos menores del 2%. Con respecto a la estructura comunitaria (Tabla 3.3), la riqueza es la mayor de todas las localidades, 17 especies, la diversidad H'=1,9 y uniformidad E=0,679.

Localidad 5. Caño Manamito

Se colectaron 285 individuos de 14 especies (Tabla 3.2), siendo las más abundante *L. schmitti, M. amazonicum* y *X. kroyeri*. La gráfica de frecuencia relativa (Figura 3.7) muestra que *L. schmitti* representa un 39% seguido de

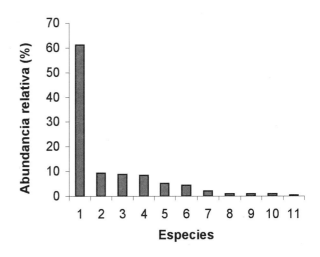

Figura 3.4. Frecuencia relativa de las especies colectadas en la localidad boca de Pedernales- Isla Cotorra.

Especies: 1. *Litopenaeus schmitti,* **2.** *Callinectes bocourti,* **3.** *Macrobachium amazonicum,* **4.** *Xiphopenaeus kroyeri,* **5.** *Aratus pissoni,* **6.** *Acetes americanus,* **7.** *Clinabarius vittatus,* **8.** *Eurytium limosum,* **9.** *Uca rapax,* **10.** *Uca vocator,* **11.** *Palaemonetes* sp. 1.

Evaluación rápida de la biodiversidad y aspectos sociales de los ecosistemas acuáticos del delta del río Orinoco y golfo de Paria, Venezuela

65

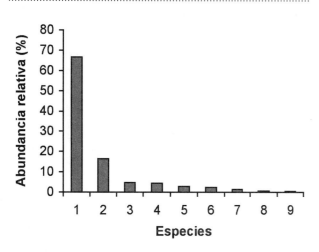

Figura 3.5. Frecuencia relativa de las especies colectadas en la localidad caño Mánamo-Güinamorena.

Especies: 1. *Macrobachium amazonicum*, **2.** *Litopenaeus schmitti*, **3.** *Armases* sp. 1, **4.** *Xiphopenaeus kroyeri*, **5.** *Uca rapax*, **6.** *Acetes americanus*, **7.** *Callinectes bocourti*, **8.** *Sesarma* cf. *rectum*, **9.** *Aratus pissoni*.

M. amazonicum con un 16% y *X. kroyeri* con 15%, luego una especie aun no identificada de *Alpheus* sp. 1 con 8% y los cangrejos *C. bocourti* con 6% y *U. rapax* con 5%. El resto de las especies se encuentran entre valores de 2 y menos del 1%. El índice de Shannon (H')=1,95 (Tabla 3.2), la uniformidad E=0,74, lo cual refleja una comunidad más heterogénea y más uniformemente representada.

Localidad 6. Boca de Bagre
En esta localidad se colectaron tan solo cuatro especies (Tabla 3.2), entre las cuales se encuentra un ejemplar hembra de la especie exótica *M. rosenbergii*, introducida en el delta en los años 1990 (Pereira et al. 2001). El 89% de los individuos colectados corresponden al camarón *L. schmitti* (Figura 3.8). Estos individuos fueron capturados en su mayoría con la red de arrastre del equipo de ictiología en la zona más externa de boca de Bagre. En dicha zona, obviamente se encontraba un gran banco de esta especie lo cual explica la gran cantidad de ejemplares colectados y la presencia de otros pescadores de arrastre en la zona. Tambien en esta localidad se colectó el mayor número del cangrejo *C. bocourti*, quien es un depredador natural de *L. schmitti*. Los índices de diversidad de Shannon y Margalef corresponden a valores de 0,4222 y 0,433, respectivamente (Tabla 3.3), la uniformidad corresponde a 0,304 reflejando la composición simple de esta comunidad. Esta localidad representa una zona típica donde los pescadores artesanales realizan la pesquería del camarón blanco empleando la red de arrastre camaronera.

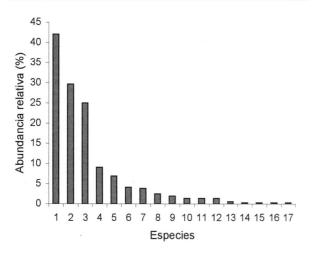

Figura 3.6. Frecuencia relativa de las especies colectadas en la localidad río Guanipa – caño Venado.

Especies: 1. *Litopenaeus schmitti*, **2.** *Xiphopenaeus kroyeri*, **3.** *Leptodius floridanus*, **4.** *Uca rapax*, **5.** *Macrobachium amazonicum*, **6.** *Sesarma* cf. *rectum*, **7.** *Palaemonetes* sp. 1, **8.** *Alpheus* sp. 1, **9.** *Armases* sp. 1, **10.** *Callinectes bocourti*, **11.** *Cardisoma guanhumi*, **12.** *Eurytium limosum*, **13.** *Aratus pissoni*, **14.** *Macrobachium jelskii*, **15.** *Nematopalaemon schmitti*, **16.** *Sesarma curacaoensis*, **17.** *Ucides cordatus*.

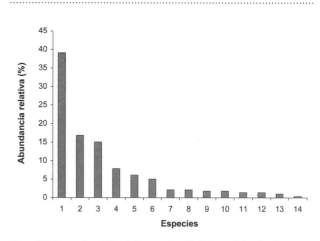

Figura 3.7. Frecuencia relativa de las especies colectadas en la localidad Manamito.

Especies: 1. *Litopenaeus schmitti*, **2.** *Macrobachium amazonicum*, **3.** *Xiphopenaeus kroyeri*, **4.** *Alpheus*, sp. 1, **5.** *Callinectes bocourt*, **6.** *Uca rapax*, **7.** *Acetes paraguayensis*, **8.** *Sesarma rectum*, **9.** *Acetes americanus*, **10.** *Aratus pissoni*, **11.** *Ocypode quadrata*, **12.** *Armases* sp. 1, **13.** *Sesarma curacaoensis*, **14.** *Panopeus americanus*.

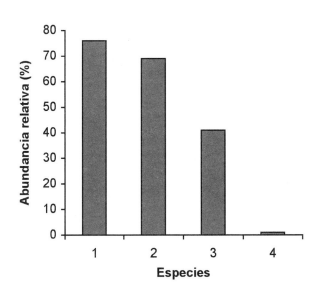

Figura 3.8. Frecuencia relativa de las especies colectadas en la localidad boca de Bagre.

Especies: 1. *Litopenaeus schmitti*, **2.** *Macrobachium amazonicum*, **3.** *Callinectes bocourti*, **4.** *Macrobrachium rosenbergii*.

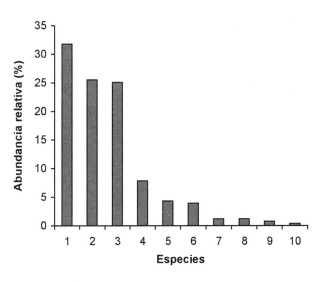

Figura 3.9. Frecuencia relativa de las especies colectadas en la localidad playa rocosa de Pedernales.

Especies: 1. *Pachygrapsus* sp. 1, **2.** *Petrolisthes armatus*, **3.** *Panopeus occidentalis*, **4.** *Alpheus* sp. 2, **5.** *Upogebia* sp., **6.** *Uca rapax*, **7.** *Callinectes bocourti*, **8.** *Litopenaeus schmitti*, **9.** *Aratus pissoni*, **10.** *Panopeus americanus*.

Localidad 7: Playa rocosa (gigas) de Pedernales

Esta localidad es única en la zona puesto que no existen zonas rocosas en muchos kilómetros alrededor. La comunidad de decápodos consiste de diez especies y está dominada por varias especies de cangrejos y un porcelánido de forma cangrejoide (Tabla 3.2). Tres especies: *Pachygrapsus* sp.1, *Petrolisthes armatus* y *Panopeus occidentalis* conformaron el 81% (Figura 3.9) de los individuos colectados y son sumamente abundantes entre las piedras del lugar. Con relativa frecuencia se encontró la especie *Alpheus* sp. 2 (8%) viviendo en madrigueras tubulares de hasta unos 30 cm de longitud. Siempre encontramos esta especie (emparejada macho y hembra ovígera) y en aparente asociación con el pez *Omobranchus punctatus*, Bleniidae (Lasso-Alcalá *com. pers.*). También en madrigueras cilíndricas más compactas y sinuosas apareció con cierta frecuencia la especie *Upogebia* sp. Vale la pena mencionar que muchas de estas madrigueras mostraban cierta cantidad de petróleo que naturalmente emana en la zona y que aparentemente no causa ninguna alteración a las especies que habitan esta localidad.

Los índices comunitarios mostraron valores relativamente altos (Tabla 3.3) a pesar del área tan pequeña de esta localidad, diez especies, H'=1,6; índice de Margalef 1,673 y uniformidad E=0,726.

DISCUSIÓN

Los descriptores comunitarios dan información sobre el número de especies presentes en la comunidad (riqueza), la naturaleza de la presencia de cada especie en la comunidad bajo estudio, el índice de diversidad se puede interpretar como la probabilidad si colecto 2 individuos al azar que sean de la misma especie, mientras que la uniformidad es una medida de la proporción relativa en que están representadas todas las especies de la comunidad (Pielou, 1969). La figura 3.10 muestra todos los valores de riqueza, diversidad y uniformidad. Señala que la localidad río Guanipa – caño Venado posee los mayores valores seguida muy de cerca por caño Manamito. Sin embargo, caño Manamito posee una uniformidad levemente mayor. Por otra parte, los menores valores corresponden a boca de Bagre. La uniformidad, a pesar de mostrar en general una tendencia similar al resto de los índices aunque más atenuada, señala que los valores más altos de diversidad y uniformidad corresponden a las localidades playa rocosa de Pedernales y caño Pedernales. Finalmente, el análisis de agrupación emplea los valores de presencia y frecuencia para establecer la similitud entre las localidades y agruparlas en un esquema jerárquico (Figura 3.11), las localidades más similares entre si son boca Pedernales-Isla Cotorra con Boca de Bagre, seguido de caño Manamito, río Guanipa-caño Venado, caño Pedernales y caño Mánamo-Güinamorena, todas ellas separadas pero en niveles muy cercanos de similaridad (entre 99 y 80) por lo cual se podrían considerar como en un solo ¨cluster¨. Sin embargo, la localidad playa rocosa de Pedernales aparece en un nivel bastante diferenciado de las otras localidades. Esto tiene mucho sentido pues tanto las características del hábitat como la composición específica de esta localidad es muy particular.

Los crustáceos son un grupo predominantemente marino, tan solo un fracción de ellos son dulceacuícolas y todavía un número mucho menor terrestres; en esta expedición tuvimos oportunidad de muestrear tanto ambientes de agua dulce, como ambientes estuarino. Muchas de las especies muestreadas inician su ciclo de vida como larvas en las zonas de mayor influencia marina y luego cuando adultos invaden los estuarios, ríos y zonas de manglares, esto explica la mayor diversidad y riqueza de estas comunidades comparada con inventarios de RAP previos en Sur América, Matto Grosso,

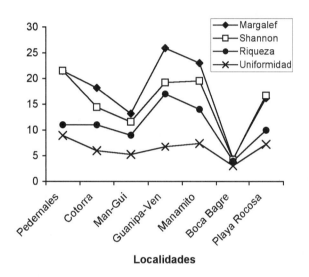

Figura 3.10. Comparación entre las localidades y los respectivos índices comunitarios. (Indices de diversidad x 10 para compensar la escala).

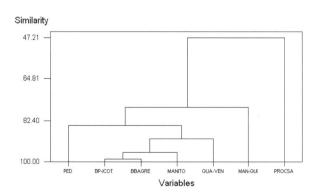

Figura 3.11. Análisis de agrupamiento jerárquico (cluster) de todas las localidades.

Brasil con 10 especies reportadas (Magalhaes, 2000) y Caura, Venezuela tambíen con 10 especies reportadas (Magalhaes y Pereira, 2003).

CONCLUSIONES Y RECOMENDACIONES PARA LA CONSERVACIÓN

1. Con base en los resultados presentados y tomando en cuenta que existe poca intervención con respecto a desarrollos de centros poblados o industriales, se proponen las localidades caño Manamito y río Guanipa-caño Venado como las más importantes para el desarrollo de actividades de conservación de hábitat y biodiversidad para los crustáceos decápodos.

2. La localidad playa rocosa de pedernales representa un hábitat con características únicas tanto ambientales como biológicas y mantiene una reserva genética importante que se debe conservar. Sin embargo, debido a la cercanía del pueblo de Pedernales, población que se encuentra en franco desarrollo, esta localidad está seriamente amenazada.

3. Se debe mantener bajo observación permanente La localidad playa rocosa de Pedernales y buscar de alguna manera paliativos por su inminente intervención o destrucción. Por ejemplo, debemos investigar más en los alrededores con la esperanza de encontrar hábitat similares que estando más alejados del centro poblado, permitan implantar medidas de conservación.

4. Se debe delimitar y mapear mejor el área ocupada por la comunidad de crustáceos decápodos de la localidad playa rocosa de Pedernales y comenzar investigaciones sobre la biología poblacional y reproductiva de las especies presentes.

5. La localidad boca de Bagre a pesar de poseer la menor diversidad, es muy importante en la economía de la región. Este hábitat es el lecho en el cual se encuentra una gran población de *L. schmitti*, el cual es el recurso pesquero principal de la región (Novoa 2000). Aún cuando nuestro estudio fue puntual, evidenció que dicho hábitat puede ser ocupado exitosamente por esa especie, de ahí la importancia de mantener este lugar bajo vigilancia y de evitar posibles alteraciones de su lecho o cauce, tales como dragados o explotaciones petrolíferas.

REFERENCIAS

Abele, l. G. 1992. A review of the grapsid crab genus *Sesarma* (Crustacea:Decapoda:Grapsidae) in America, with the description of a new genus. Smithsonian Contribution to Zoology, 527: iii+60 pp.

Canales, H. 1985. La cobertura vegetal y el potencial forestal del T.F.D.A. (Sector norte del río Orinoco). M.A.R.N.R. División del Ambiente. Sección de Vegetación. Informe Técnico. Caracas.

Chace, F. A., Jr.. 1972. The shrimps of the Smithsonian-Bredin Caribbean expeditions with a summary of the West Indies shallow water species (Crustacea: Decapoda: Natantia). Smithsonian Contributions to Zoology 98: x + 179 p.

Chace, F. A. Jr., and H. Hobbs, Jr. 1969. The fresh water and terrestrial Decapod crustaceans of the West Indies with special reference to Dominica. United States National Museum Bulletin 292: 1–258.

Davant, P.1966. Clave para la identificación de los camarones marinos y de río con importancia económica en el Oriente de Venezuela. Cuadernos Oceanográficos Universidad de Oriente. 1: 1–57.

Ecology & Environment (E & E). 2002. Estudio de impacto ambiental. Proyecto de Desarrollo Corocoro. Fase 1. Mapa de Vegetación. Escala 1: 50.000.

Holthuis, L. B. 1952. A general revision of the family Palaemonidae (Crustacea, Decapoda, Natantia) of the Americas. II The subfamily Palaemonidae. Allan Hancock Foundation Occasional Paper 12:1–396.

Lande, R. 1996. Statistics and partitioning of species diversity, and similarity among multiple communities. Oikos 76: 5–13.

Lasso, C. A. y J. Meri. 2003. Estudio de las comunidades de peces en herbazales y bosques inundables del bajo río Guanipa, cuenca del golfo de Paria, Venezuela. Mem. Fund. La Salle Cienc. Nat. 155: 75–90.

López, B. y G. Pereira. 1994. Contribución al conocimiento de los crustáceos y moluscos de la península de Paria/ Parte I: Crustacea: Decapoda. Mem. Soc. Cienc. Nat. La Salle 141: 51–75.

López, B. y G. Pereira. 1996. Inventario de los crustáceos decápodos de las zonas alta y media del delta del río Orinoco, Venezuela. Acta Biol.Venez. 16 (3): 45–64.

Ludwig, J. A. y J. F. Reynolds. 1988. Statistical Ecology. New York, Wiley & Sons.

Magalhaes, C. 2000. Caracterizac o da comunidade de crustáceos decápodos do Pantanal, Mato Grosso do Sul, Brasil. *En:* Chernoff, B., Alonso, L.E., Montambault, J. R. and Lourival, R. (eds), A Biological Assessment of the Aquatic Ecosystems of the Pantanal, Mato Grosso do Sul, Brasil. RAP Bulletin of Biological Assessment 18. Conservation International, Washington, D.C. pp. 56–62.

Magalhaes, C., y G. Pereira. 2003. Inventario de los crustáceos decápodos de la cuenca del río Caura, Venezuela. En: Chernoff, B., A. Machado-Allison, K. Riseng, and J. R. Montambault (eds.). Una evaluación rápida de los ecosistemas acuáticos de la cuenca del río Caura, Estado Bolivar, Venezuela. Boletín RAP de Evaluación Biológica 28. Conservation International, Washington, D.C.

Melo, G. Schmidt de. 1996. Manual de identificação dos Brachyura (caranguejos e siris) do litoral brasileiro. FAPESP, 604 pp.

Melo, G. Schmidt de. 1999. Manual de identificação dos Crustacea Decapada do litoral brasileiro: Anomura, Thalassinidea, Palinuridae, Astacidae. FAPESP, 551 pp.

Montoya, J. V. 2003. Freshwater shrimps of the genus *Macrobrachium* associated with roots of *Eichhornia crassipes* (water hyacinth) in the Orinoco Delta (Venezuela). Caribbean Journal of Science. 39: 155–159.

Novoa, D. (Comp.). 1982. Los recursos pesqueros del Río Orinoco y su explotación. Corporación Venezolana de Guayana. Ed. Arte. Caracas.

Novoa, D. 2000. La pesca en el golfo de Paria y delta del Orinoco costero. Conoco Venezuela. Ed. Arte. Caracas.

Pereira, G. 1983. Los camarones del género *Macrobrachium* de Venezuela. Taxonomía y distribución. Trabajo de Ascenso no publicado, Escuela de Biología, Facultad de Ciencias, Universidad Central de Venezuela, Caracas.

Pereira G. y M. E. de Pereira. 1982. El camarón gigante de nuestros ríos. *Natura* 72: 22–24.

Pereira, G., J. Monente, H. Egáñez. 1996. Primer reporte de una población silvestre, reproductiva de *Macrobrachium rosenbergii* (De Man) (Crustacea, Decapoda,Palaemonidae) en Venezuela. Acta Biológica Venezuelíca, 16: 93–95.

Pereira, G., J. Monente, H. Egáñez, y J. V. García. 2001. Introducción de *Macrobrachium rosenbergii* (De Man) (Crustacea, Decapoda, Palaemonidae) en Venezuela. *En*: Ojasti, J., González-Jiménez, E., Szeplaki, E., y García-Román, L. (eds.). Informe sobre las especies exóticas en Venezuela. MARNR. Oficina Nacional de Diversidad Biológica. Pp. 200–203.

PDVSA (Petróleos de Venezuela). 1993. Imagen Atlas de Venezuela. Una visión espacial. Ed. Arte. Caracas.

Rodriguez, G. 1980. Crustáceos decápodos de Venezuela. Instituto Venezolano de Investigaciones Científicas, Centro de Ecología. Caracas.

Smith, B. y B. Wilson. 1996. A consumer´s guide to evenness indices. Oikos 76: 70–82.

Williams, A. B. 1984. Shrimps, Lobsters and Crabs of the Atlantic coast of eastern United States, Maine to Florida. Smithsonian Institution Press. Washington D.C., 550 pp.

Williams, A. B. 1993. Mud shrimps, Upogebiidae, from the Western Atlantic (Crustacea: Decapoda: Thalassinidea). Smithsonian Contribution to Zoology 544: 1–77.

Evaluación rápida de la biodiversidad y aspectos sociales de los
ecosistemas acuáticos del delta del río Orinoco y golfo de Paria, Venezuela

69

Capítulo 4

Ictiofauna de las aguas estuarinas del delta del río Orinoco (Caños Pedernales, Mánamo, Manamito) y golfo de Paria (río Guanipa): Diversidad, distribución, amenazas y criterios para su conservación

Carlos A. Lasso, Oscar M. Lasso-Alcalá, Carlos Pombo y Michael Smith

RESUMEN

Durante los días 1 al 10 de diciembre del 2002 se realizó una evaluación rápida de los ecosistemas acuáticos y peces del golfo de Paria y delta del Río Orinoco (Venezuela). Se consideraron dos áreas focales: Área Focal 1 (zona norte), que incluyó el sector comprendido entre la boca del río Guanipa y el caño Venado (cuenca del golfo de Paria) y el área focal 2 (zona sur), entre la boca de Bagre y la boca del caño Pedernales (cuenca del Orinoco).

La ictiofauna estuvo representada por 106 especies, siendo el área focal 2 (delta del Orinoco) la más rica (más de 100 spp.), ya que se colectó en siete localidades. En el área focal 1 (golfo de Paria) se identificaron 48 especies, provenientes de dos localidades. La composición de las comunidades de peces en este período del año (aguas bajas / estación seca) fue básicamente marino-estuarina, con apenas unas 19 especies dulceacuícolas (18% del total). Los grupos de peces más diversificados fueron los Perciformes (curvinas, jureles, lisas, meros, viejas, etc.) con 39 especies, seguidos por los bagres marino-estuarinos (familia Ariidae) con 18 especies. De las 106 especies colectadas durante el AquaRAP, 26 son nuevos registros para el delta del Orinoco, lo que eleva la riqueza ictiológica del Delta a 352 especies. Igualmente, al menos 15 especies son nuevas para la cuenca del golfo de Paria, lo que determina una riqueza global para esa cuenca cercana a las 200 especies. *Butis koilamotodon* (Eleotridae) y *Gobiosoma bosc* (Gobiidae), representan el primer registro para el Atlántico Centro Occidental y la costa septentrional de Suramérica, respectivamente. Constituyen dos nuevos registros para la ictiofauna de Venezuela. Estas dos especies junto con *Omobranchus punctatus* (Bleniidae), pueden considerarse como introducidas en Venezuela.

El pez sapo (*Batrachoides surinamensis*), las rayas marinas (familia Dasyatidae), en particular *Dasyatis guttata, Dasyatis geijskesi, Himantura schmardae* y *Gimnura* spp., junto con los bagres valentones o laulaos (*Brachyplatystoma* spp.), son las especies más amenazadas en la región a causa de la pesca de arrastre.

Todo el golfo de Paria y delta del Orinoco representan una de las regiones más productivas del trópico y constituyen un área imprescindible para la reproducción, alimentación y crecimiento de diversas especies de peces, la mayoría de ellas de interés económico. La fauna explotada puede ser residente permanente en el estuario o provenir del lado oceánico y de las aguas dulces de la parte media y baja de las cuencas consideradas. En el área prospectada encontramos más de un tercio de la diversidad íctica de la cuenca del río Orinoco. Más del 80% de la población indígena (warao) y criolla dependen de la pesca.

Aunque todavía encontramos áreas extensas de manglar en condiciones prácticamente prístinas, existen varias amenazas entre las que destacamos la pesca camaronera de arrastre como la más importante. Otras amenazas en orden de prioridad son las siguientes: 1) Falta de control en la extracción comercial de peces y cangrejos, 2) dragado del fondo de los caños para la navegación, 3) perturbaciones por derrames petroleros y contaminación puntual de origen doméstico, 4) extracción ilegal (contrabando) de fauna silvestre, 5) deforestación del manglar, 6) cierre del caño Mánamo, 7) actividades antrópicas degradantes en la parte media y baja de la cuenca del Orinoco y por último, 8) introducción de especies.

Varias son las recomendaciones que se proponen para la conservación de la ictiofauna, a raíz de la información obtenida durante el programa AquaRAP:

1) Regulación estricta y monitoreo constante de la pesca de arrastre camaronera.

2) Revisión de la legislación pesquera vigente y convenios internacionales en la pesca de arrastre.

3) Promover el uso de métodos de pesca alternativos a la pesca de arrastre.

4) Declarar vedas especiales y temporales a la pesca de arrastre.

5) Proteger las especies ícticas amenazadas (p.e. *Batrachoides surinamensis*, rayas de la familia Dasyatidae).

6) Evaluar la distribución actual de las especies introducidas y su impacto sobre el ecosistema y las especies autóctonas.

7) Por último, con el objeto de tener un mayor conocimiento de la biodiversidad ictiológica de la región con miras a su conservación y aprovechamiento sostenible, se recomienda la realización de dos programas AquaRAP u otros inventarios adicionales, uno al norte del golfo de Paria y otra al sur del delta del Orinoco.

INTRODUCCIÓN

Los ecosistemas estuarinos del golfo de Paria y delta del Orinoco representan una reserva potencial de recursos naturales de vital importancia, tanto para los habitantes tradicionales (indígenas warao) como para los pobladores establecidos más recientemente (pescadores, comerciantes criollos y compañías petroleras). Dichos ecosistemas constituyen una zona de contacto entre dos biotas acuáticas sumamente ricas, la biota marina del sur del Mar Caribe y la biota dulceacuícola del río Orinoco.

De acuerdo a los mapas de distribución de especies de la guía FAO de los recursos marinos de la región (Carpenter 2003), la plataforma continental del norte de Suramérica, incluyendo al golfo de Paria, es una de los dos áreas más importantes para la biodiversidad marina en la Región Centro-Occidental del Océano Atlántico. El análisis de los datos de distribución de la FAO usando sistemas de información geográfica (GIS), muestran que el golfo de Paria es un área de endemismo dentro de la cuenca Caribe (Smith et al. 2003). Dicha zona es también una de las áreas con mayor riqueza en el Caribe de moluscos, crustáceos y peces marinos.

Respecto a la biodiversidad, el río Orinoco se sitúa como uno de los sistemas dulceacuícolas más ricos del mundo. La cuenca del Orinoco alberga entre 850 y 1000 especies de peces

conocidas (Lasso et al. en prensa, Taphorn et al. 1997), lo que representa casi el 10% de la ictiofauna dulceacuícola del mundo. Para la ictiofauna de la cuenca del golfo de Paria, se han reportado unas 183 especies (Lasso et al. en preparación).

El delta del Orinoco es una amplia extensión de bosques, básicamente de manglar, aunque encontramos también otras formaciones boscosas, morichales y sabanas, en condiciones prácticamente inalteradas y divididas en islas y cientos de caños y brazos. El delta es el hogar de la población Warao, quien tradicional y ancestralmente, ha utilizado esta región para su subsistencia. Los caños sirven como vías de desplazamiento, áreas para la construcción de viviendas tradicionales a lo largo de sus bancos e incluso como sumideros de residuos de diferente origen. El golfo de Paria y muy especialmente el delta del Orinoco, representan un gran vivero o área de reproducción, alimentación y crecimiento de muchas especies dulceacuícolas, marinas y estuarinas, gran parte de ellas de interés comercial.

Tanto el golfo como el delta del Orinoco, a pesar de ser dos de los ambientes de mayor importancia para las pesquerías y más recientemente, un centro de desarrollo de las actividades petroleras en la región oriental de Venezuela, han recibido poca atención en lo relativo al estudio de su biota marino costera en general. Con excepción de algunos trabajos de estudios de línea base llevados a cabo por consultoras e informes técnicos obtenidos de pescas exploratorias, muy poca información ha sido publicada al respecto.

La biodiversidad ictiológica de agua dulce del golfo de Paria y del delta del Orinoco es conocida solamente de manera preliminar. Por ejemplo, las primeras expediciones organizadas exclusivamente con el objeto de recolectar peces, fueron realizadas a finales de la década de 1970 y resultaron en la documentación de unas 250 especies, en base a un informe no publicado de Lundberg et al. (1979). No obstante, ya en la década de 1950, la Sociedad de Ciencias Naturales La Salle, había realizado expediciones pioneras a la región. Fernández-Yépez (1967) publicó la primera lista de especies conocida del delta del Orinoco. Posteriormente, como resultado de las pescas exploratorias realizadas por la Corporación Venezolana de Guayana (CVG) durante más de diez años en el área, se publican varios artículos sobre las especies comerciales (ver Novoa 1982). Ponte y Lasso (1994) citan 97 especies para el caño Winikina y más recientemente, Ponte et al. (1999) presentan un inventario en base a la bibliografía y colectas realizadas entre 1978–1998, que resultó en el registró de 326 especies para el delta del Orinoco. De estas, el 68% resultó ser dulceacuícola, 20% netamente estuarina y un 12% fueron especies marinas, que penetran temporalmente estos ambientes. Los trabajos de biodiversidad y ecología más actualizados sobre la ictiofauna dulceacuícola del área , corresponden a Lasso et al. (en prensa), referente al Bloque Delta Centro (caños Cocuina y Pedernales) y Lasso y Meri (2001) sobre los herbazales y bosques inundables del bajo río Guanipa. De la ictiofauna conocida para la cuenca del golfo de Paria (183 sp.), apenas

55 son estuarinas, lo que evidencia todavía un gran desconocimiento (Lasso en prep.).

El conocimiento de la biodiversidad marina del golfo de Paria se basa fundamentalmente en los datos de distribución general de las especies, más que en registros de localidades específicas. Los primeros reportes para la zona, corresponden a las prospecciones exploratorias realizadas por Fundación La Salle de Ciencias Naturales (FLASA) en el delta del Orinoco, incluyendo el golfo de Paria y las Guayanas (Ginés y Cervigón 1967). Estas investigaciones fueron detalladas posteriormente en la "Carta Pesquera de Venezuela" (Ginés et al. 1972), donde se muestran los resultados de las pescas exploratorias realizadas en las plataformas marinas y estuarios desde la boca del río San Juan en la cuenca del golfo de Paria, hasta el Esequibo, pasando por las bocas del caño Mánamo, Pedernales, Macareo, Mariusa y Río Grande. También como resultado de las pescas realizadas por la CVG en el delta del Orinoco, se publican los trabajos quizás de mayor importancia para la región sobre biodiversidad, ecología y biología (Cervigón 1982, 1985; Novoa y Cervigón 1986; Novoa et al.1982) y pesquerías (Novoa 1982; Ramos et al. 1982).

Gran parte de la información taxonómica de las especies marinas y estuarinas del golfo de Paria y delta del Orinoco pueden consultarse en Cervigón (1991, 1993, 1994 y 1996) y Cervigón y Alcalá (1999). Para la identificación de las especies marinas y estuarinas de interés comercial (tanto peces como invertebrados), es imprescindible consultar a Cervigón et al. (1992). Dos trabajos recientes son de consulta obligada para tener una percepción más real de la problemática y distribución de los recursos pesqueros de la región. Estos son los de Novoa (2000 a), sobre la pesca en el golfo de Paria y delta del Orinoco costero, y el otro sobre el efecto de la pesca de arrastre camaronera en la fauna íctica del caño Mánamo (Novoa 2000 b). Carpenter (2003) presenta una serie de mapas ilustrativos sobre la distribución de los peces e incluso algunos invertebrados marinos en la Región Centro-Occidental del Océano Atlántico.

Los objetivos del presente reporte fueron los siguientes: 1) publicar los resultados del AquaRAP 2002 al golfo de Paria y delta del Orinoco, en términos de la biodiversidad ictiológica; 2) conocer la distribución y comparar la riqueza de especies en las distintas localidades del área de estudio; 3) reconocer los diferentes hábitat y la repartición de las especies de peces, en función del grado de eurihalinidad; 4) determinar las amenazas a la ictiofauna de la región; 5) establecer los criterios y recomendaciones para la conservación de la ictiofauna y ambientes acuáticos.

El presente capítulo aborda de manera general la diversidad ictiológica, el siguiente capítulo (Capítulo 5) estudia de manera particular diferentes aspectos ecológicos de la ictiofauna bentónica y por último, en el Capítulo 8, se hace una evaluación comparativa con información estadística previa, del efecto de la pesca camaronera de arrastre en las comunidades de peces.

MATERIAL Y MÉTODOS

Área

Desde el punto de vista hidrográfico, reconocemos en el área de estudio dos grandes cuencas, la cuenca del golfo de Paria (área focal 1) y el propio delta del Orinoco (área focal 2), que forma parte de la inmensa cuenca del río Orinoco.

La cuenca del golfo de Paria está situada entre la península de Paria y el delta del Orinoco, en la región nororiental de Venezuela (9º 00′ N–10º 43′ N y 61º 53′ O – 64º 30′ O). Tiene una extensión aproximada de 21.000 km², lo que representa un poco más del 2% del país (Mago 1970). De toda la cuenca, el río Guanipa (47 km longitud), es el único incluido en el área de interés del AquaRAP 2002.

El delta del Orinoco tiene una superficie de unos 40.200 km², de los cuales el propio abanico deltaíco ocupa 18.810 km² (PDVSA 1993). El flujo de agua dulce muestra una estacionalidad muy marcada, con una época lluviosa que se extiende desde abril hasta octubre, con el pico de aguas altas en julio-agosto. La estación seca se extiende desde noviembre a finales de marzo o principios de abril, con el mínimo de aguas bajas entre los meses de febrero a mayo. El régimen de mareas es semi-diurno y su amplitud varía entre 1 y 2 m, haciendo sentir sus efectos hasta unos 200 km de la costa. Además, las fuertes corrientes de marea permiten que la influencia de las aguas marinas penetre por los caños hasta unos 60 – 80 km de la costa (Cervigón 1985). En todo el delta del Orinoco, dependiendo del período del año, existe una alternancia en el tipo de aguas (blancas, claras y negras, *sensu* Sioli 1964), documentada por Ponte (1997).

Canales (1985) propone una clasificación tomando en cuenta la altura sobre el nivel del mar y la influencia de las mareas en tres regiones: alta (delta superior), media (delta medio) y baja (delta inferior). El radio de acción del AquaRAP 2002 estuvo concentrado básicamente en el delta inferior. Este se desarrolla entre 1 y –1 m s.n.m. y está permanentemente anegado en las áreas más bajas por efecto de las crecientes anuales de los ríos y la influencia de las mareas citada anteriormente.

Otras características más detalladas del área de estudio, pueden consultarse en Colonnello (Capítulo 1).

LÍMITES DEL ÁREA DE ESTUDIO CONSIDERADOS EN EL AQUARAP GOLFO DE PARIA Y DELTA DEL ORINOCO 2002

Ya hemos mencionado al principio que el área estudiada se encuentra enmarcada en dos grandes cuencas, la del golfo de Paria y la cuenca del Orinoco. También hemos indicado como el delta ha sido dividido de acuerdo a su fisiografía en seis sectores y en tres grandes secciones de acuerdo a la altura sobre el nivel del mar y la influencia de las mareas. De acuerdo a esta última clasificación, el AquaRAP se desarrolló básicamente en el delta inferior. Sin embargo, coincidimos con Cervigón (1985) en señalar que el "límite ecológico" correspondería al límite de influencia de las aguas salobres aguas adentro del delta. De la misma manera, de acuerdo a este autor, el límite sobre el mar sería el de las barras arenosas o fangosas que se forman a corta distancia de la costa frente a la desembocadura de los caños.

Se establecieron las siguientes ocho localidades para estudiar los peces y que coinciden con los estudios de bentos y crustáceos:

1) Caño Pedernales

2) Isla Cotorra - boca de Pedernales

3) Caño Mánamo - Güinamorena

4) Río Guanipa - caño Venado

5) Caño Manamito

6) Boca de Bagre

7) Playa rocosa de Pedernales

8) Isla Capure

Salvo la localidad número cuatro que pertenece a la cuenca del golfo de Paria (Mago 1970 *sensu stricto*), el resto pertenecen a la cuenca del Orinoco.

ESTACIONES DE MUESTREO

Se establecieron un total de 62 estaciones de muestreo correspondientes a las ocho localidades estudiadas. De estas, 11 estaciones correspondieron al área focal 1 y las 51 estaciones restantes al área focal 2. En el Apéndice 2, se listan las localidades y estaciones de muestreo georeferenciadas. En el Mapa 1 se representa la ubicación geográfica de las estaciones de muestreo para el grupo de peces.

Trabajo de campo
Limnología general
Si bien la expedición AquaRAP no tenía previsto en su diseño muestral, un estudio limnológico detallado, se registraron algunos parámetros físico-químicos de importancia para la biota acuática. Estos fueron:

• Profundidad

• Tipo de fondo (fangoso, arenoso, con o sin hojarasca y palos, presencia de rocas, etc)

• Transparencia (Disco de Sechii)

• Salinidad (Refractómetro Vista Modelo A366ATC)

• pH (pH metro portátil pHep 1 Hanna)

De todos estos, el más importante, ya que condiciona la distribución de las especies, fue la salinidad. Dado la influencia de las mareas y la salinidad sobre la biota, siempre se anotó la hora en la cual se registraban los parámetros y se colectaban las muestras zoológicas.

Pescas
Las muestras de peces provinieron fundamentalmente de las pescas exploratorias realizadas con red de arrastre en cada localidad. Sin embargo, también se incluyó en el estudio de biodiversidad, las capturas realizadas por los pescadores artesanales mediante el uso de redes de ahorque o enmalle y también se evaluaron puntualmente algunos desembarques comerciales que llegaban a Pedernales.

En la pesca de arrastre se empleó una red tipo camaronero de origen trinitario descrita previamente por Novoa (2000 a). Las capturas fueron procesadas en parte en el campo. Cinco personas pesaban y contaban todos los individuos posibles, especialmente los de mayor tamaño. Estos últimos fueron identificados y devueltos al agua, para evitar el sacrificio innecesario.

En las playas arenosas de Isla Cotorra se hicieron cinco lances diurnos y cinco lances nocturnos con una red de playa o chinchorro de 17 x 1 m (5 mm entrenudo). En las lagunas internas, canales de desagüe y charcos, se emplearon redes de mano (diámetro del aro variable, 1 a 5 mm entrenudo). También se contó con la colaboración de los indígenas quienes colectaron manualmente y con sistemas tradicionales de pesca algunas de las especies inventariadas.

Los peces medianos y pequeños fueron fijados en una solución de formaldehído al 10% y separados de acuerdo a la localidad y arte de pesca. Se hizo, en la mayoría de los casos, un registró fotográfico de la especie. Una colección de referencia se depositó en la Sección de Ictiología del Museo de Historia Natural La Salle (MHNLS), Caracas, Venezuela.

Trabajo de laboratorio
Para la identificación de los peces se utilizaron fundamentalmente los trabajos de Cervigón (1982, 1985, 1991, 1993, 1994, 1996), Cervigón y Alcalá (1999) y Cervigón et al. (1992).

En aquellos casos necesarios se estimó la abundancia relativa de las especies a partir de las capturas por unidad de esfuerzo (CPUE). Del mismo modo se calculó la densidad y biomasa relativa. Para el calculo de la dominancia comunitaria se siguió a Goulding et al. (1988). La diversidad de especies se estimó mediante el índice de Shanon (H′), la riqueza (R1) mediante el índice de Margalef y la equidad (J) según Pielou (1969) (Magurran 1988):

$$H′ = - \ p_i \log p_i$$
$$R1 = (S - 1) / \ln N$$
$$J = H′ / \log S$$
$$\text{donde } p_i = n_i / N$$

n_i: número de individuos de la especie i,
N: número total de individuos en la muestra
S: número de especies

Evaluación rápida de la biodiversidad y aspectos sociales de los ecosistemas acuáticos del delta del río Orinoco y golfo de Paria, Venezuela

73

La similitud ictiológica entre localidades y hábitat, se calculó mediante el coeficiente de similaridad de Simpson ($RN2 = 100(s) / N2$; donde s: número de especies compartidas entre ambas localidades o hábitat, y N2: número de especies de la localidad o hábitat con la menor riqueza.

RESULTADOS Y DISCUSIÓN

Caracterización físico-biótica de las localidades
En la Tabla 4.1 se resumen las características físico-bióticas generales de las ocho localidades estudiadas.

Efectividad del muestreo
En el apartado metodológico se describen los sistemas de pesca utilizados en el AquaRAP 2002. Cada uno de estos se

Tabla 4.1. Caracterización físico-biótica de las localidades muestreadas durante la expedición AquaRAP al golfo de Paria y delta del Orinoco, Venezuela. Valores de los parámetros físico-químicos expresados como intérvalo (entre paréntesis) y en promedio. Se excluye Isla Capure (localidad 8), donde no se tomaron parámetros físico-químicos de una laguna y los canales de desagüe de aguas contaminadas por uso doméstico.

Localidades y hábitats	Profundidad (m)	Salinidad (%o)	Transparencia (cm)	pH	Temperatura °C	Tipo de fondo	Tipo de agua	Materia orgánica sumergida
1) Caño Pedernales:								
Cauce principal	(1 - 3,7) 2,35	(0 - 16) 8	20	(6,2 - 7,8) 7	(26 - 28) 27	Fango-arenoso	Blancas	Troncos
2) Isla Cotorra - Boca de Pedernales:								
Caños y Barras	(1,3 - 2,3) 1,8	(5 - 11) 8,9	18	(7,1 - 8,1) 7,6	(27 - 29) 28	Fango-arenoso	Blancas	Hojarasca y troncos
Playa arenosa	1,5	15	26	7,4	27,7	Arenoso	Blancas	-
Laguna interna	0,5	20	Total	7	25	Fangoso	Claras	Hojarasca
3) Caño Mánamo:								
Cauce principal	(1 - 1,4) 1,2	(6 - 11) 8,5	17	(6,9 - 7,1) 7	28	Fangoso	Blancas	Hojarasca
Guinamorena:								
Cauce principal	(1,4 - 3,3) 2,35	0	35	(4,2 - 5,5) 4,85	(27 - 28) 27,5	Fangoso	Blancas	Hojarasca
4) Río Guanipa:								
Cauce principal y playas fangosas	(1 - 5,9) 3,45	(0 - 6) 3	(12 - 17) 14,5	(5,3 - 6,9) 6,1	(25 - 26) 25,5	Fango-arenoso	Blancas	Troncos
Pozas intermareales	0,3	4	10	-	(27 - 30) 28,5	Fangoso	Claras	-
Caño Venado:								
Cauce principal	(1,6 - 3,8) 2,25	(9 - 13) 11	(16 - 18) 17	(7,4 - 8,1) 7,75	26	Fangoso	Blancas	Hojarasca
Charcos internareales	0,03	9	-	7,5	25	Fangoso	Blancas	-
5) Caño Manamito:								
Cauce principal	(1,1 - 2,9) 1,95	(0 - 5) 2,5	29		(26 - 27) 26,5	Fangoso	Blancas	Hojarasca
6) Boca de Bagre:								
Cauce principal	(1 - 5,7) 3,35	(0 - 4) 2	27	(6,4 - 7,4) 6,9	(27 - 28) 27,5	Fango-arenoso	Blancas	Hojarasca
7) Playa rocosa de Pedernales:	(0 - 0,30) 0,15	8	-	7,4	28	Fango-arenoso	Blancas	-

emplearon diferencialmente de acuerdo a los requerimientos de cada tipo de hábitat en particular. El objetivo fue siempre obtener la mayor representación de especies en todos los hábitat existentes y en la menor cantidad de tiempo, a fin de tener un área muestral lo más amplia posible. Sin embargo, a primera vista el uso constante del sistema de pesca de arrastre parecería que condicionara el empleo de otros métodos de pesca. A este respecto es importante señalar lo siguiente:

1) La gran mayoría de las especies de la ictiofauna del delta del Orinoco y golfo de Paria, son de hábitos fundamentalmente bentónicos, luego el método de pesca debe ser capaz de muestrear o "barrer" efectivamente los fondos marinos y el de los caños y ríos, de ahí la aplicación del sistema de pesca de arrastre en todas las localidades.

2) Los estudios realizados previamente en la zona desde 1980 hasta el 2000 (ver por ejemplo Novoa 1982; Novoa 2000 a, b; Novoa y Cervigón 1986; Novoa et al. 1982), emplearon siempre la red de arrastre camaronera. El empleo del mismo método de pesca utilizado por dichos autores, nos permite comparar tanto los valores de diversidad y riqueza como los de abundancia de especies en el tiempo. Esto tiene la ventaja que nos permite detectar cambios en la composición y en la estructura de las comunidades, una herramienta indispensable para recomendar medidas para la conservación.

3) La efectividad de este método ha sido demostrada por Novoa (2000 b). Según este autor, de las 73 especies de peces y macro-invertebrados registradas en la desembocadura del caño Mánamo, 60 de ellas (más del 80%) fueron capturadas con las redes de arrastre, mientras que sólo cinco especies se capturaron con redes de ahorque (gill net) y ocho más aparecieron en los desembarques comerciales. Durante el AquaRAP no fue necesario emplear redes de ahorque, ya que los juveniles de las especies que son capturadas con este sistema, fueron colectados con la red de arrastre, luego las especies pudieron ser contabilizadas. Adicionalmente examinamos las capturas comerciales de los pescadores artesanales que provenían del empleo de las redes de ahorque.

4) Nosotros empleamos este método (pesca de arrastre), no sólo en los fondos de los caños y las barras, sino también en las playas arenosas y fangosas a diferentes profundidades, luego eso nos permitió capturar diversas especies tanto litorales como pelágicas y además en diferentes niveles de la columna de agua.

5) También hay que destacar, que el esfuerzo de pesca (horas de pesca de arrastre efectivas) invertido en el AquaRAP durante una semana (más de 8 horas), fue equivalente o superior al invertido por Novoa (2000 b) como base de información para un mes de trabajo.

6) Por último, es importante señalar que el uso de la red de arrastre y redes de ahorque, fueron complementados con otros artes de pesca (redes de mano, redes de playa), dirigidos a ciertas especies y hábitat particulares.

En la Figura 4.1 se muestra la curva acumulada de especies durante el muestreo. La tendencia de dicha curva es hacia una estabilización al final del muestreo (día 8). Sin embargo, es oportuno señalar que el repunte correspondiente a los dos últimos días se debe a la adición de nuevas especies provenientes de dos localidades (loc. 7 = día 7, playa rocosa Pedernales y loc. 8 = día 8, Isla Capure), en las cuales las particularidades del hábitat (distintas a las de las localidades 1 a 6), condicionaron la aparición de especies diferentes.

Riqueza de especies y distribución
Se identificaron 106 especies agrupadas en 13 órdenes y 40 familias. La lista de especies y su distribución se muestran el Apéndice 6. El orden con la mayor representación específica fue Perciformes (39 especies), seguido por Siluriformes (18 sp.) y Clupeiformes (16 sp.). El resto de los órdenes tienen diez o menos especies (Figura 4.2). Las familias más diversas fueron Sciaenidae (16 sp.) y Engraulidae (13 sp.). El resto de las familias apenas tienen de una a seis especies (Figura 4.3).

De las 106 especies colectadas durante el AquaRAP, 26 son nuevos registros para el delta del Orinoco de acuerdo al listado más reciente (Ponte et al. 1999), lo que eleva la riqueza ictiológica del delta del Orinoco a 352 especies. Igualmente, al menos 15 especies son nuevas para la cuenca del golfo de Paria según el listado de Lasso et al. (en prep.), lo que determina una riqueza global para esa cuenca cercana a las 200 especies.

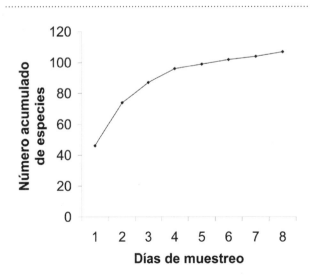

Figura 4.1. Curva acumulada de especies de peces colectados durante la expedición AquaRAP.

Evaluación rápida de la biodiversidad y aspectos sociales de los ecosistemas acuáticos del delta del río Orinoco y golfo de Paria, Venezuela

75

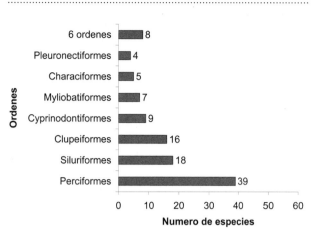

Figura 4.2. Número de especies de peces por ordenes colectados durante la expedición AquaRAP.

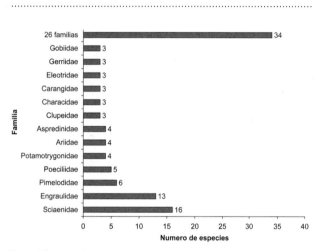

Figura 4.3. Número de especies por familias colectados durante la expedición AquaRAP.

La parte baja del río Guanipa y el caño Venado, no había sido prospectados previamente, de ahí la importancia de este AquaRAP. Ponte et al. (1999) listaron las especies presentes en 23 caños y/o regiones del delta del Orinoco, incluyendo a los caños Manamito, Mánamo y Pedernales. Al comparar los resultados de este AquaRAP con dicho listado, pudimos observar que se adicionaron varias especies nuevas para estos caños. Por ejemplo, para el Caño Pedernales sólo se conocían 97 especies y con el AquaRAP se encontraron 40 especies más para este sistema, lo que significa un incremento en el conocimiento de su riqueza de más del 40%. En el caño Manamito apenas se habían listado 19 especies en trabajos anteriores y nosotros colectamos 51 especies nuevas para este sistema, lo que representa un incremento de más del 250%. Para el caño Mánamo adicionamos 26 especies, lo que eleva la cifra a 132 especies (incremento casi del 25%).

En la Tabla 4.2 se listan el número de especies reportadas para los caños y ríos de delta del Orinoco y golfo de Paria. Si bien nos dan una idea aproximada acerca de la riqueza de especies de cada uno de esos sistemas, es evidente la desproporción que hay en cuanto al conocimiento de cada uno de ellos. Por ejemplo, para el caño Buja (delta del Orinoco) apenas se han citado dos especies, mientras que para el San Juan (golfo de Paria), se reconocen 168 especies. Esto simplemente está determinado por la ausencia de prospecciones ictiológicas en mucho de ellos. Los cinco sistemas más conocidos son, en orden decreciente, los siguientes: caño San Juan (168 sp.), caño Pedernales (137 sp.), caño Mánamo (132 sp.), caño Macareo (115 sp.) y caño Winikina (99 sp.) (Figura 4.4).

Adicionalmente dos especies, *Butis koilamotodon* (Eleotridae) y *Gobiosoma bosc* (Gobiidae), representan el primer registro para el Atlántico Centro Occidental y la costa septentrional de Suramérica, respectivamente. Constituyen también dos nuevos registros para la ictiofauna de Venezuela. Estas dos especies junto con *Omobranchus punctatus* (Bleniidae), pueden considerarse como introducidas en Venezuela.

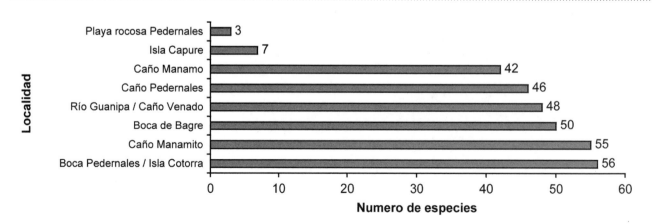

Figura 4.4. Número de especies por localidades colectadas durante la expedición AquaRAP.

Los resultados del presente trabajo, confirman los patrones de alta diversidad señalados por Smith et al. (2003), para la región del "Western Central Atlantic (WCA)" y en particular para la plataforma continental del norte de Sudamérica.

RESULTADOS POR ÁREAS FOCALES

Localidad 1 - caño Pedernales
Se identificaron 46 especies: Myliobatiformes (4 sp.), Elopiformes (1 sp), Clupeiformes (6 sp.), Characiformes (2 sp.), Siluriformes (12 sp.), Cyprinodontiformes (2 sp.), Perciformes (14 sp.), Pleuronectiformes (3 sp.), Tetraodontiformes (1 sp.) y Batrachoidiformes (1 sp). La ictiofauna está dominada por grupos marinos, entre los que destacan los Perciformes y Siluriformes. Algunos elementos dulceacuícolas están presentes en la parte más alta del caño: *Raphiodon vulpinus*, *Piaractus brachypomus*, *Aphanotorulus watwata*, *Brachyplatystoma* sp., *Pimelodus altissimus* y *Pimelodus* cf. *blochi*. Las especies citadas a continuación sólo fueron colectadas en esta localidad: *Dasyatis guttata*, *Elops saurus*, *Raphiodon vulpinus*, *Pimelodus altissimus* y *Gobiosoma bosc*.

Localidad 2 - isla Cotorra - boca de Pedernales
En esta localidad se muestrearon cuatro ambientes o tipos diferentes de hábitat: 1–2) caños deltanos y barra (boca de

Tabla 4.2. Número de especies de peces reportadas en diferentes caños y ríos del delta del Orinoco y golfo de Paria. Incluye también las especies exclusivamente dulceacuícolas. Los sistemas están listados en sentido oeste - este.

Caños, ríos o sistemas	Cuenca	Número de especies	Referencia
Caño Buja	Orinoco	2	Ponte et al. (1999)
Caño Manamito	Orinoco	79	Ponte et al. (1999) Este estudio
Caño Mánamo	Orinoco	132	Ponte et al. (1999) Este estudio
Caño Pedernales	Orinoco	137	Ponte et al. (1999) Este estudio
Caño Cocuina	Orinoco	45	Ponte et al. (1999) Lasso et al. (1999)
Caño Macareo	Orinoco	115	Ponte et al. (1999)
Río Grande	Orinoco	79	Ponte et al. (1999)
Caño Winikina	Orinoco	99	Ponte et al. (1999)
Caño Aragüao	Orinoco	47	Ponte et al. (1999)
Caño Aragüabisi	Orinoco	32	Ponte et al. (1999)
Caño Aragüaito	Orinoco	40	Ponte et al. (1999)
Caño Paloma	Orinoco	12	Ponte et al. (1999)
Caño Guayo	Orinoco	8	Ponte et al. (1999)
Caño Merejina	Orinoco	11	Ponte et al. (1999)
Boca Grande (río Orinoco)	Orinoco	29	Ponte et al. (1999)
Caño Sacoroco	Orinoco	64	Ponte et al. (1999)
Caño Acoima	Orinoco	75	Ponte et al. (1999)
Caño Piacoa	Orinoco	12	Ponte et al. (1999)
Caño Ibaruma	Orinoco	72	Ponte et al. (1999)
Brazo Imataca (río Orinoco)	Orinoco	31	Ponte et al. (1999)
Caño Amacuro	Orinoco	4	Ponte et al. (1999)
Caño Arature	Orinoco	22	Ponte et al. (199v)
Ríos Vertiente Sur	Golfo de Paria	19	Lasso et al. (2003b)
Caños Ajíes y Guariquén	Golfo de Paria	31	Lasso et al. (2003b)
Río San Juan	Golfo de Paria	168	Lasso et al. (2003b)
Río Guanipa	Golfo de Paria	59	Lasso y Meri (2001) Lasso et al. (2003b)

Evaluación rápida de la biodiversidad y aspectos sociales de los ecosistemas acuáticos del delta del río Orinoco y golfo de Paria, Venezuela

77

Pedernales - boca caño Cotorra), 3) playa arenosa (isla Cotorra) y 4) *laguna interna* (isla Cotorra). En el cauce principal de los caños y zona de barras se hicieron nueve arrastres; en la playa arenosa se realizaron diez lances con la red de playa (cinco diurnos y cinco nocturnos).

1–2) *Caños y barras*: Se identificaron 36 especies.

3) *Playa arenosa*: Fue muestreada durante el día (10:00 horas) y la noche (20:30 horas). Se identificaron 24 especies, con marcadas diferencias en la composición y abundancia de la ictiofauna en ambos períodos. Durante el día se colectaron 24 especies (H′= 2,42) y en la noche tan sólo 12 especies

Tabla 4.3. Abundancia relativa de las especies,% y biomasa absoluta (g), en la localidad 2: playa de isla Cotorra - boca de Pedernales.

Especies	Día%	(g)	Noche%	(g)
Rhinosardinia sp. (juvenil)	0,3	(1)		
Anchoviella lepidontostole			8,9	(6)
Lycengraulis grossidens	27	(68)		
Cathorops spixii	0,3	(2)	5,3	(76)
Arius herzbergii	5,3	(22)	3,6	(79)
Hypostomus watwata	0,3	(489)		
Anableps anableps	12	(174)	23	(472)
Anableps microlepis	2,6	(35)		
Hyporhamphus roberti			1,8	(2)
Caranx hippos	7,6	(37)	1,8	(19)
Oligoplites saurus	1,5	(12)		
Chaetodipterus faber	1,1	(17)		
Eugerres sp. (juvenil)	0,8	(1)	3,6	(19)
Diapterus rhombeus	2,6	(22)		
Genyatremus luteus	11	(97)		
Pomadasys crocro	0,3	(57)		
Mugil incilis			43	(886)
Polydactylus virginicus	0,3	(4)		
Cynoscion sp. (juvenil)	0,3	(1)		
Micropogonias furnieri	7,2	(171)		
Plagioscion squamosissimus			3,6	(1)
Stellifer naso	7,2	(92)	1,8	(3)
Epinephelus itajara	0,3	(807)		
Citharichthys spilopterus	4,2	(16)		
Achirus achirus	2,6	(271)	1,8	(21)
Colomesus psittacus	3,4	(86)		
Sphoeroides testudineus	0,8	(12)		
Batrachoides surinamensis	0,3	(121)	1,8	(1006)
Número de especies		**24**		**12**
Totales	**100**	**(2615)**	**100**	**(2554)**

(H′ = 1,67) (Tablas 4.3 y 4.4). *Lycengraulis grossidens* fue la especie más abundante durante el día y *Mugil incilis* durante la noche. La segunda especie más abundante tanto en el día como en la noche, fue *Anableps anableps* (Tabla 4.3). Esto se tradujo en una densidad y biomasa de 1 pez / m² (40 g / m²) en el día y 0,01 peces / m² en la noche (39 g / m²) (Tabla 4.5). Las dos especies que aportaron la mayor biomasa absoluta fueron especies muy poco abundantes pero de gran tamaño, *Epinephelus itajara* (día) y *Batrachoides surinamensis* (noche). En promedio, la biomasa relativa fue prácticamente similar en ambos períodos (39 – 40 g / m² noche y día, respectivamente). En este ambiente se colectó la única especie de Hemirramphidae (*Hyporhamphus roberti*) presente en el área de estudio.

Lasso et al. (en prensa), encontraron en dos playas del caño Pedernales sometidas a la influencia de aguas exclusivamente dulces, 23 especies, ninguna de ellas en común con la playa de isla Cotorra – boca Pedernales. La densidad fue similar a la obtenida durante el día (1 pez/ m²) pero la biomasa fue muy superior (93 a 144 g / m²).

4) *Laguna interna*: Se identificaron cuatro especies de pequeño tamaño (*Poecilia* spp., *Rivulus ocellatus* y *Mugil* sp. - juveniles).

Tabla 4.4. Valores de los índices de diversidad de Shannon (H′), diversidad máxima (H′ max), equitabilidad (J), índice de riqueza de Margalef (R1), número de especies (S), índice de dominancia comunitaria (IDC) y especies dominantes en la localidad 2: playa de isla Cotorra - boca de Pedernales.

ÍNDICES	Día	Noche
H′	2,42	**1,67**
H′ max	2,99	2,16
J	0,77	0,71
R1	4,12	2,73
S	24	12
IDC	39	66
Especies	*1) Lycengraulis grossidens*	*1) Mugil incilis*
dominantes	*2) Anableps anableps*	*2) Anableps anableps*

Tabla 4.5. Densidad y biomasa íctica relativa por unidad de área en la localidad 2: playa de isla Cotorra - boca de Perdernales.

	Densidad (peces / m²)	Biomasa (g / m²)
Día	1	40
Noche	0,01	39

Ictiofauna de las aguas estuarinas del delta del río Orinoco (Caños
Pedernales, Mánamo, Manamito) y golfo de Paria (río Guanipa):
Diversidad, distribución, amenazas y criterios para su conservación

En total para los cuatro tipos de hábitat se identificaron 57 especies: Myliobatiformes (5 sp.), Clupeiformes (8 sp.), Siluriformes (8 sp.), Cyprinodontiformes (6 sp.), Beloniformes (1 sp), Perciformes (23 sp.), Pleuronectiformes (3 sp.), Tetraodontiformes (2 sp.) y Batrachoidiformes (1 sp). Dominan los Perciformes y bagres marinos.

Las especies únicas de esta localidad fueron: *Gymnura micrura*, *Potamotrygon* sp. 4, *Aspredinichthys filamentosus*, *Rivulus ocellatus*, *Hyporhamphus roberti*, *Caranx* sp., *Chaetodipterus faber*, *Pomadasys croco* y *Polydactylus virginicus*.

Localidad 3 - caño Mánamo - Güinamorena
La población indígena de Güinamorena y el caño del mismo nombre en su confluencia con el caño Mánamo, representan el área de muestreo del AquaRAP situada en la región más continental del delta, y por tanto más sometida a la influencia de las aguas dulces.

Las especies dulceacuícolas indicadoras de este tipo de ambiente fueron *Pristobrycon calmoni, *Triportheus angulatus, *Auchenipterus ambyacus, Loricaria* sp., *Brachyplatystoma vaillantii, Hypophthalmus marginatus, *Pimelodina flavipinnis, Pimelodus blochii, *Sternarchorhamphus muelleri, Plagioscion squamosissimus, Plagioscion auratus* y *Pachypops fourcroi.* Las especies señaladas con asterisco se colectaron únicamente en este ambiente.

Hacia la región más continental del caño Mánamo las aguas son más salobres (6 a 11 ‰), la composición de la ictiofauna cambia y se observa una fauna típicamente marino-estuarina compuesta por unas 15 especies, donde predominan los bagres marinos y curvinas de mar.

En conjunto se identificaron 41 especies para esta localidad: Myliobatiformes (2 sp.), Clupeiformes (10 sp.), Characiformes (2 sp.), Gymnotiformes (1 sp), Siluriformes (12 sp.), Perciformes (8 sp.), Pleuronectiformes (3 sp.), Tetraodontiformes (2 sp.) y Batrachoidiformes (1 sp).

Otras especies únicas de esta localidad fueron: *Anchoviella* sp. y *Anchoviella manamensis.*

Localidad 4 - río Guanipa - caño Venado
El río Guanipa pertenece, desde el punto de vista hidrográfico, a la cuenca del golfo de Paria (el resto de las localidades y estaciones muestreadas corresponde a la cuenca del Orinoco). En este río se reconocieron los siguientes tipos de hábitat: 1) cauce principal del río Guanipa, 2) playas fangosas marginales en boca Guanipa y 3) pozas intermareales en boca Guanipa.

El caño Venado está delimitado por el margen continental del golfo de Paria y la Isla del mismo nombre, con una mayor influencia marina. Se hicieron tres arrastres. En este caño tuvimos la oportunidad de revisar algunas de las capturas de los pescadores artesanales.

En el cauce principal del río Guanipa se colectaron cerca de 25 especies, en las playas fangosas una sola especie exclusiva de este tipo de ambiente (*Gobionellus brussonnetii*) y en las pozas intermareales cinco especies, entre las cuales destaca una guavina (*Guavina guavina*), que vive dentro de las

cuevas del cangrejo azul (*Cardisoma guanhumi*). En el caño Venado (incluyendo la zona intermareal y las capturas de los pescadores) se identificaron unas 24 especies.

En conjunto para esta localidad se identificaron 48 especies: Myliobatiformes (3 sp.), Elopiformes (1 sp), Clupeiformes (3 sp.), Characiformes (2 sp.), Siluriformes (10 sp.), Cyprinodontiformes (7 sp.), Perciformes (19 sp.), Pleuronectiformes (1 sp.), Tetraodontiformes (1 sp.) y Batrachoidiformes (1 sp). Predominan los Perciformes marino-estuarinos, aunque hacia la boca hay una gran abundancia de rayas dulceacuícolas.

Las especies únicas de esta localidad fueron: *Megalops atlanticus, Anchoa lamprotaenia, Poecilia* sp. (mancha), *Guavina guavina, Gobioides brussonnetti, Gobionellus oceanicus* y *Stellifer magoi.*

Localidad 5 - caño Manamito
Se hicieron nueve arrastres entre la boca y caño arriba. También se muestreó en una pequeña laguna interior de unos 15 cm de profundidad y salinidad de 6 ‰ (ver Apéndice 8).

En esta laguna interior se colectó a *Poecilia* cf. *picta* y se observó a *Anableps* spp. En el cauce del caño Manamito se identificaron (incluyendo la laguna) 55 especies: Myliobatiformes (2 sp.), Clupeiformes (8 sp.); Characiformes (1 sp.); Siluriformes (12 sp.); Cyprinodontiformes (6 sp.); Perciformes (20 sp.); Pleuronectiformes (3 sp.); Tetraodontiformes (2 sp.) y Batrachoidiformes (1 sp). La ictiofauna es básicamente estuarino-marina, dominada por Perciformes y con algunos elementos dulceacuícolas en las zonas de salinidad cercana a 0 ‰: *Brachyplatystoma* sp., *Aphanotorulus watwata, Pimelodus* cf. *blochi, Curimata* sp. y *Plagioscion squamosissimus. Diapterus* sp. (juveniles), se colectó únicamente en esta localidad.

Localidad 6 - boca de Bagre
Se hicieron nueve arrastres entre la boca, caño arriba y también hacia fuera de las barras.

Fueron identificadas 50 especies: Myliobatiformes (2 sp.), Clupeiformes (10 sp.); Siluriformes (13 sp.); Cyprinodontiformes (2 sp.); Perciformes (19 sp.); Pleuronectiformes (3 sp.) y Tetraodontiformes (1 sp). La ictiofauna es básicamente estuarino-marina, con predominio de bagres y Perciformes. Pocos elementos dulceacuícolas en zonas sin salinidad: *Hypophthalmus marginatus, Brachyplatystoma vaillantii* y *Aphanotorulus watwata.*

Las especies exclusivas de esta localidad fueron: *Anchoa hepsetus, Anchovia surinamensis* y *Eleotris* sp.

Localidad 7 - playa rocosa de Pedernales
La presencia de rocas (gigas), piedras de pedernal, resto de antiguas construcciones, viviendas, naufragios, etc. y afloramientos naturales de petróleo, le confieren a esta localidad un tipo de hábitat único para las especies allí presentes. Las recolecciones se hicieron en la zona intermareal, en la orilla y debajo de las piedras.

Evaluación rápida de la biodiversidad y aspectos sociales de los
ecosistemas acuáticos del delta del río Orinoco y golfo de Paria, Venezuela

79

Se identificaron tres especies: Anguilliformes (1 sp) y Perciformes (2 sp.). Destaca la presencia del blénido *Omobranchus punctactus* (Pisces, Blenniidae), especie originaria del Océano Indico e introducida en el Atlántico. Para Venezuela se conocía únicamente de Güiria en 1961 (Cervigón, 1966) y no había sido redescubierta hasta el presente AquaRAP. Otro dato muy interesante es que vivía entre las piedras y los afloramientos naturales de petróleo en Pedernales, por lo que su descubrimiento es de gran importancia no sólo biogeográfica sino fisiológica y ecológica. La otra especie exclusiva de este ambiente fue *Myrophis* cf. *punctatus*.

Localidad 8 - Isla Capure

En esta localidad se muestrearon varios puntos entre el embarcadero y el aeropuerto, correspondientes a canales de drenaje o desagüe de las aguas negras contaminadas de origen doméstico (casas, comercios, cochineras). A pesar de la contaminación, se encontraron siete especies, tres de ellas del género *Poecilia*.

También se muestreo una laguna de origen natural, pero aparentemente no contaminada, donde se identificaron tres especies, una colectada únicamente en este tipo de ambiente (*Cichlasoma taenia* - Perciformes - Cichlidae).

Entre las siete especies identificadas, *Poecilia reticulata*, *Rivulus* sp., *Polycentrus schomburgki* y *Cichlasoma taenia*, se encontraron solamente en estos ambientes.

En el Apéndice 8 se resumen las características así como la riqueza específica para cada una de las estaciones de muestreo del grupo de ictiología.

Comparación entre localidades, hábitat e influencia de la salinidad en la distribución de las especies

Del apartado anterior puede resumirse que las localidades con mayor riqueza específica fueron, en orden decreciente, las siguientes: Boca Pedernales – Isla Cotorra (57 sp.), caño Manamito (55 sp.), boca de Bagre (50 sp.), río Guanipa – caño Venado (48 sp.), caño Pedernales (46 sp.), caño Mánamo-Güinamorena (41 sp.). Por último, restan la playa rocosa de Pedernales y los ambientes lénticos del interior de la Isla Capure, con tres y siete especies respectivamente (Figura 4.4).

Cuando sometemos la matriz de distribución de especies por localidad (Apéndice 6) a un análisis de similitud, observamos una gran similaridad entre seis de las ocho localidades. Salvo el caso de la playa rocosa de Pedernales que no compartió ninguna especie con el resto, excepto con la isla Capure (1 sp), la mayoría de las localidades compartieron un número importante de especies (Tabla 4.6). De las 28 combinaciones posibles, en seis casos la similitud si fue significativa, es decir, superior al 66,6% de similitud, valor por encima del cual podemos hablar de un mismo grupo faunístico o lo que es lo mismo, las faunas no se diferencian entre sí (Sánchez y López 1988). Este es el caso del caño Pedernales vs. caño Manamito y boca de Bagre; boca Pedernales – isla Cotorra vs. río Guanipa, caño Manamito y boca de Bagre; río Guanipa vs. caño Manamito y finalmente caño Manamito vs. boca de Bagre. En el resto de las com-

binaciones entre localidades, las similitudes también fueron muy altas (Tabla 4.7). La cercanía geográfica, el mismo tipo de ambientes y el intercambio continuo de especies son, en parte, la razón de dicha similitud. La diferencia entre la playa rocosa de Pedernales y el resto de las localidades, estriba en las características ecológicas particulares descritas anteriormente y por ende de su ictiofauna.

Ahora bien, si realizamos este mismo análisis agrupando a las localidades por tipo de hábitat observamos algo muy interesante. En primer lugar una similitud total entre las lagunas internas dulceacuícolas y los canales de desagüe de la isla Capure, hecho de esperar dado el intercambio fauna de ambos ambientes en la época de lluvias cuando se interconectan. En segundo lugar evidenciamos una relación muy estrecha entre el hábitat del fondo del cauce de los caños y ríos y las playas areno-fangosas contiguas (RN2 = 75,9%), es decir, que ambas faunas son similares. El contacto de ambos hábitat y la poca diferencia de la profundidad entre ellos – hay un suave gradiente topológico - , probablemente no permite la existencia de una fauna bentónica especializada. En otras áreas de la cuenca del Orinoco donde si existe una diferencia marcada en la profundidad del fondo del cauce y las playas marginales (bordes topológicos), si existe una segregación o diferencia marcada entre las comunidades de peces, encontrado especies adaptadas a las playas y especies exclusivas del fondo del cauce principal (Lasso et al. 1999).

En las Tablas 4.8 y 4.9 se indican el número de especies compartidas y la similitud entre los diferentes tipos de hábitat.

La lista de especies, distribución por hábitat, así como su clasificación de acuerdo al grado de eurihalinidad (Cervigón 1985), se muestran en el Apéndice 7.

Casi la totalidad de las especies viven en el fondo del cauce de los caños y playas areno-fangosas (especies bénticas). Hay pocas especies realmente de aguas abiertas (pelágicas) o adaptadas a vivir en la zona intermareal y pequeños cuerpos de agua interiores. Los hábitat con mayor riqueza de especies fueron en orden decreciente: Fondo del cauce (82 sp.), playas areno-fangosas (29 sp.), pozos y caños intermareales (13 sp.), lagunas internas dulceacuícolas (8 sp.), canales de desagüe domésticos (5 sp.) y playa rocosa (3 sp.) (Tabla 4.7, Apéndice 7).

La ictiofauna de esta área del delta del Orinoco y golfo de Paria en este período del año (diciembre), es básicamente marino-estuarina con unas pocas especies dulceacuícolas (aproximadamente 19 sp.), que representan casi el 18% del total de las comunidades. El área de estudio del AquaRAP 2002 estuvo circunscrita al delta inferior, fuertemente influenciada por las aguas marinas y salobres, lo que condiciona la existencia de una ictiofauna principalmente adaptada a estos niveles de salinidad. La mayoría de las especies (61 sp.) fueron especies adaptadas a las aguas salobres y marinas con una salinidad de 5 a 20 ‰ y 30 a 36 ‰, respectivamente, lo que en conjunto representan el 57% de la comunidad íctica. Unas 18 especies se encontraron tanto en aguas dulces (0 ‰ salinidad) como en aguas salobres, es

Ictiofauna de las aguas estuarinas del delta del río Orinoco (Caños
Pedernales, Mánamo, Manamito) y golfo de Paria (río Guanipa):
Diversidad, distribución, amenazas y criterios para su conservación

Tabla 4.6. Número de especies de peces compartidas entre las localidades de muestreo del AquaRAP (diciembre 2002), en el golfo de Paria y delta del río Orinoco.

	1 Caño Pedrenales	2 Boca de Pedernales Isla Cotorra	3 Caño Mánamo	4 Río Guanipa Caño Venado	5 Caño Manamito	6 Boca de Bagre	7 Playa rocosa de Pedernales	8 Isla Capure
1		29	24	29	33	34	0	0
2			20	31	39	35	0	4
3				23	27	22	0	0
4					35	28	0	2
5						45	0	3
6							0	0
7								1

Tabla 4.7. Valores del índice de similitud de Simpson (%), entre las localidades de muestreo del AquaRAP. Valores superiores al 66% indican el mismo grupo faunístico.

	1 Caño Pedernales	2 Boca de Pedernales Isla Cotorra	3 Caño Mánamo	4 Río Guanipa Caño Venado	5 Caño Manamito	6 Boca de Bagre	7 Playa rocosa de Pedernales	8 Isla Capure
1		63	57	63	71.7	73.9	0	0
2			47.6	67.4	84.8	76.1	0	57.1
3				54.8	64.3	52.4	0	0
4					71.4	57.1	0	28.6
5						90	0	42.9
6							0	0
7								33.3

Tabla 4.8. Número de especies de peces compartidas entre los diferentes tipos de hábitat durante la expedición AquaRAP. S: número total de especies por hábitat.

	1 Fondo del cauce	2 Playas fango-arenosas	3 Pozos y caños inter- mareales	4 Lagunas internas dulceacuícolas	5 Canales de desagüe domésticos	6 Playa rocosa
1	-	22	4	0	0	0
2	-	-	1	1	1	0
3	-	-	-	2	2	0
4	-	-	-	-	5	1
5	-	-	-	-	-	0
S	82	29	13	8	5	3

Evaluación rápida de la biodiversidad y aspectos sociales de los
ecosistemas acuáticos del delta del río Orinoco y golfo de Paria, Venezuela

81

Tabla 4.9. Valores del índice de similitud de Simpson (%) entre los diferentes tipos de hábitats durante la expedición AquaRAP.

	1 Fondo del cauce	2 Playas fango-arenosas	3 Pozos y caños intermareales	4 Lagunas internas dulceacuícolas	5 Canales de desagüe domésticos	6 Playa rocosa
1	-	72,9	30,8	0	0	0
2	-	-	7,7	12,5	20	0
3	-	-	-	25	40	0
4	-	-	-	-	100	33,3
5	-	-	-	-	-	0

decir, un 17%. Ocho especies (7,5%) fueron las del mayor nivel de eurihalinidad, encontrándose tanto en aguas dulces, como salobres o marinas. Tan sólo se registró una especie exclusivamente marina. Estudios previos en el todo el delta del Orinoco indican la presencia de 71 especies adaptadas a las aguas salobres o estuarinas y 31 especies exclusivamente marinas (Ponte et al. 1999).

Amenazas

La principal amenaza para la ictiofauna, la constituye la pesca camaronera con redes de arrastre con portalones, también conocida como "chica". Esta actividad que viene desarrollándose en la región desde 1993, ha ocasionado una marcada disminución en la abundancia de numerosas especies de peces y macro-invertebrados. Peces que anteriormente eran muy abundantes y dominantes en la fauna acuática como las rayas (familia Dasyatidae) y el pez sapo (*Batrachoides surinamensis*), registran actualmente niveles muy bajos de abundancia (Novoa 2000 b; resultados del AquaRAP 2002). De acuerdo al primer autor, se estimó una disminución importante (63%) de la biomasa total respecto a los estimados obtenidos antes de existir la pesca de arrastre de camarón. Por ejemplo, en 1981 en una hora de arrastre se capturaban en promedio 58,8 kg mientras que en 1998 se obtuvieron solamente 21,7 kg (Novoa 200 b). Estos cambios ocurrieron también a nivel cualitativo en la composición de la biomasa. En 1981, del total capturado, un 35% lo constituían los bagres marinos (familia Ariidae), el 16% las rayas (Dasyatidae), 15% las curvinas (Sciaenidae) y el 21% los camarones. Por el contrarío, en 1998, el 30% de la biomasa total fue de camarones , el 26% de bagres marinos y el 6% de rayas. Todos estos datos indican la importancia de los resultados obtenidos durante el AquaRAP 2002 al Golfo de Paria, a fin de comparar las estadísticas y evaluar tendencias.

En el Capítulo 5 se muestra una discusión más detallada de esta amenaza sobre la ictiofauna béntica.

CONCLUSIONES GENERALES PARA LA CONSERVACIÓN

• La biodiversidad ictiológica del área estudiada es moderadamente rica en relación al resto de la cuenca del Orinoco, pero muy diversa en relación a otros ambientes estuarinos de Venezuela, Suramérica y de toda la región tropical en general.

• La unicidad de los sistemas acuáticos es alta, tal como lo demuestra la presencia de numerosas especies compartidas y la similitud entre las localidades.

• La mayoría de las especies muestran una amplia tolerancia a la salinidad, lo que determina que el componente estuarino sea el mejor representado, seguido por el marino y por último por el dulceacuícola.

• Los regímenes de las mareas y la dinámica hidrológica del resto del área de las cuencas (Orinoco y golfo de Paria), son los factores reguladores de la ictiofauna.

• El área estuarina prospectada durante el AquaRAP, puede considerarse ahora como una región relativamente bien conocida. Sin embargo, muy poco se conoce del resto del ecosistema dulceacuícola y de la región estuarina al sur de boca Pedernales (región comprendida entre Pedernales y río Grande). En el caso de la región estuarina del golfo de Paria (desde boca Guanipa hasta el caño Ajíes en el extremo interior de la península de Paria), el desconocimiento de la biota es casi total, por lo que se recomiendan evaluaciones futuras tipo AquaRAP.

RECOMENDACIONES PARA LA CONSERVACIÓN

• Continuar el monitoreo y regulación de la pesca de arrastre camaronera durante todo el año 2003. Esto incluiría una reducción gradual del tamaño de la flota camaronera nacional y de la proveniente de Trinidad, lo que requiere la revisión de los convenios o acuerdos pesqueros acordados con esta nación caribeña. Las

Ictiofauna de las aguas estuarinas del delta del río Orinoco (Caños
Pedernales, Mánamo, Manamito) y golfo de Paria (río Guanipa):
Diversidad, distribución, amenazas y criterios para su conservación

pesquerías deben de ser monitoreadas continuamente y
actualizar continuamente las normativas o regulaciones
de acuerdo a los estudios pesqueros, a fin de garantizar
el aprovechamiento sostenible de los recursos.

- Declarar otras vedas espaciales. La existencia en los
fondos de los caños y ciertas playas, de troncos, palos
caídos, etc., impide la utilización de los aparejos de
pesca de arrastre, actuando estas áreas como "refugio"
para muchas especies. Sin embargo esto no es garantía
suficiente para la conservación ni del recurso camaronero ni del íctico. Si bien la pesca de arrastre se realiza
en ciertos caladeros del delta cuyos fondos son limpios,
se requiere establecer áreas protegidas (veda espacial)
durante un período del año determinado en función
de la biología de las principales especies afectadas (veda
temporal).

- Implementar el uso de métodos de pesca alternativos
que no sean tan perjudiciales para la biota acuática. Por
ejemplo redes de enmalle, nasas, etc. Este proceso debería ser monitoreado por biólogos pesqueros expertos en
el tema, que acompañen dichos proyectos con una educación ambiental adecuada y programas de reconversión
paulatina. Aparentemente existen experiencias similares
exitosas en Brasil.

- Muy pocas especies del golfo de Paria y delta del
Orinoco han sido señalas en las listas con algún tipo de
protección especial, como la Lista Roja de la IUCN,
Protocolo para Áreas Especiales y Vida Silvestre (SPAW)
o la Convención Internacional sobre el Trafico en
Especies Amenazadas (CITES). Esto es simplemente un
artefacto que refleja el hecho que muy pocas especies de
la región han sido evaluadas de acuerdo a los criterios
de dichas listas. Nuestros datos preliminares indican
que algún tipo de protección especial en el área debería
aplicarse a ciertas especies como el pez sapo (*Batrachoides surinamensis*), a las rayas marinas (familia Dasyatidae), en particular a *Dasyatis guttata*, *Dasyatis geijskesi*,
Himantura schmardae y *Gimnura* spp. Una recomendación inmediata es realizar un rápido esfuerzo para
evaluar el estatus de las especies marinas y estuarinas de
la región.

- A pesar de que el AquaRAP golfo de Paria y delta del
Orinoco, cumplió sus expectativas en cuanto a los resultados esperados y el conocimiento adquirido, se requiere
realizar un mayor esfuerzo de muestreo en los ambientes
exclusivamente dulceacuícolas en el interior de las islas
deltaicas. Dichos ambientes, si bien presentan una fauna
relativamente pobre tal como lo ha demostrado Lasso y
Meri (2001) y Lasso et al. (en prensa), para el río Guanipa y delta medio respectivamente, son muy interesantes desde el punto de vista ecológico y evolutivo das sus
especializaciones.

BIBLIOGRAFÍA

Canales, H. 1985. La cobertura vegetal y el potencial
forestal del T.F.D.A. (Sector norte del Río Orinoco).
M.A.R.N.R. División del Ambiente. Sección de vegetación.

Carpenter, K.E. (eds.). 2003. FAO Species Identification
Guide for Fishery Purposes. The Living Marine Resources of the Western Central Atlantic. FAO, Roma.

Cervigón, F. 1982. La ictiofauna estuarina del Caño
Mánamo y áreas adyacentes. *En:* Novoa, D. (comp.).
Los recursos pesqueros del río Orinoco y su explotación.
Corporación Venezolana de Guayana. Caracas, Ed. Arte.
Pp. 205–260.

Cervigón, F. 1985. La ictiofauna de las aguas estuarinas del
delta del río Orinoco en la costa atlántica occidental,
Caribe. *En:* Yañez-Arancibia, A. (ed.). Fish Community
Ecology in Estuaries and Coastal Lagoons: Towards
an Ecosystem Integration. UNAM Press, Mexico. Pp.
56–78.

Cervigón, F. 1991. Los peces marinos de Venezuela. Vol.
1. Segunda edición, Fundación Científica Los Roques.
Caracas.

Cervigón, F. 1993. Los peces marinos de Venezuela. Vol.
2. Segunda edición, Fundación Científica Los Roques.
Caracas.

Cervigón, F.1994. Los peces marinos de Venezuela. Vol. 3.
Segunda edición, Caracas.

Cervigón, F.1996. Los peces marinos de Venezuela. Vol. 4.
Segunda edición, Caracas.

Cervigón, F. y A. Alcalá. 1999. Los peces marinos de Venezuela. Vol. 5. Fundación Museo del Mar. Caracas.

Cervigón, F., R. Cipriani, W. Fischer, L. Garibaldi, M.
Hendrickx, A. J. Lemus, R. Márquez, J. M. Poutiers, G.
Robaina y B. Rodriguez. 1992. Guía de campo de las
especies comerciales marinas de aguas salobres de la costa
septentrional de Sur América. Fichas FAO de identificación de especies para los fines de pesca. FAO, Roma.

Fernández-Yépez, A. 1967. Análisis ictiológico del Complejo
Hidrográfico (10) "Delta del Orinoco". Cuenca El Pilar.
Primera entrega. Ministerio Agricultura y Cría, Estación
de Investigaciones Piscícolas, Caracas.

Ginés, H. y F. Cervigón. 1967. Exploración pesquera en las
costas de Guayana y Surinam. Mem. Soc. Cienc. Nat. La
Salle, 28 (79): 1–96.

Ginés, Hno., C. Angell, M. Méndez, G. Rodríguez, G.
Febres, R. Gómez, J. Rubio, G. Pastor y J. Otaola. 1972.
Carta pesquera de Venezuela. 1. Áreas del nororiente
y Guayana. Fundación La Salle de Ciencias Naturales.
Monografía 16. Caracas.

Goulding, M., M. Leal Carvalho y E. Ferreira. 1988. Rich
Life in Poor Water: Amazonian Diversity and Foodchain
Ecology as Seen Trough Fish Communities. SPB Acade-
mic Publishing, The Hague.

Lasso, C., A. Rial, O. Lasso-Alcalá. 1999. Composición y
variabilidad espacio-temporal de las comunidades de

Evaluación rápida de la biodiversidad y aspectos sociales de los
ecosistemas acuáticos del delta del río Orinoco y golfo de Paria, Venezuela

83

peces en ambientes inundables de los Llanos de Venezuela. Acta Biol.. Venez., 19 (2): 1–28.

Lasso, C. y J. Meri. 2001. Estructura comunitaria de la ictiofauna en herbazales y bosques inundables del bajo río Guanipa, cuenca del Golfo de Paria, Venezuela. Mem. Fund. La Salle Cienc. Nat. 155: 73–90.

Lasso, C., D. Lew, D. Taphorn, O. Lasso-Alcalá, F. Provenzano, C. DoNacimiento y A. Machado-Allison (en prensa). Biodiversidad ictiológica continental de Venezuela. Parte I. Lista actualizada de especies y distribución por cuencas. Mem. Fund. La Salle Cienc. Nat.

Lasso, C., F. Provenzano, O. Lasso-Alcalá y A. Marcano (en preparación). Composición y aspectos zoogeográficos de la ictiofauna dulceacuícola y estuarina del Golfo de Paria, Venezuela.

Lasso, C., J. Meri y O. Lasso-Alcalá (en prensa). Composición, aspectos ecológicos y uso del recurso íctico en el Bloque Delta Centro, Delta del Orinoco, Venezuela. Mem. Fund. La Salle Cienc. Nat.

Lundberg, J., J. Baskin y F. Mago. 1979. A preliminary report on the first cooperative U.S.-Venezuelan ichthyological expedition to the Orinoco River. Mimeografiado.

Mago, F. 1970. Lista de los peces de Venezuela, incluyendo un estudio preliminar sobre la ictiogeografía del país de Agricultura y Cría, Oficina Nacional de Pesca, Artegrafía, Caracas.

Magurran, A. 1988. Diversidad Ecológica y su Medición. Ed. Vechá, Barcelona.

Novoa, D. (Comp.). 1982. Los recursos pesqueros del Río Orinoco y su explotación. Corporación Venezolana de Guayana. Ed. Arte, Caracas.

Novoa, D. 2000 a. La pesca en el Golfo de Paria y Delta del Orinoco costero. CONOCO Venezuela. Ed. Arte. Caracas.

Novoa, D. 2000 b. Evaluación del efecto causado por el efecto de la pesca de arrastre costera sobre la fauna íctica en la desembocadura del Caño Mánamo (Delta del Orinoco, Venezuela). Acta Ecol. Mus. Mar. Margarita 2: 43–62.

Novoa, D., F. Cervigón y F. Ramos. 1982. Catálogo de los recursos pesqueros del Delta del Orinoco. En: D. Novoa (comp.). Los recursos pesqueros del Río Orinoco y su explotación. Corporación Venezolana de Guayana. Ed. Arte, Caracas. Pp. 263–323.

Novoa, D. y F. Cervigón. 1986. Resultados de los muestreos de fondo en el área estuarina del Delta del Orinoco. En: IOC/FAO Workshop on recruitment in tropical coastal demersal communities. IOC Workshop report 44. Abril 1986. Ciudad del Carmen, México.

PDVSA (Petróleos de Venezuela). 1993. Imagen Atlas de Venezuela. Una visión espacial. Ed. Arte, Caracas.

Pielou, E. C. 1969. An Introduction to Mathemathical Ecology. Wiley. New York

Ponte, V. 1997. Evaluación de las actividades pesqueras de la etnia Warao en el Delta del Río Orinoco, Venezuela. Acta Biol. Venez. 17 (1): 41–56.

Ponte, V. y C. Lasso. 1994. Ictiofauna del Caño Winikina, Delta del Orinoco. Aspectos de la ecología de las especies y comunidades asociadas a diferentes hábitat. En: Sociedad Venezolana de Ecología (Ed.) Segundo Congreso Venezolano de Ecología. 1994, Guanare, Venezuela.

Ponte, V., A. Machado-Allison y C. Lasso. 1999. La ictiofauna del Delta del Río Orinoco, Venezuela: una aproximación a su diversidad. Acta Biol. Venez. 19 (3): 25–46.

Ramos, F., D. Novoa e I. Itriago. 1982. Resultados de los programas de pesca exploratoria realizados en el Delta del Orinoco. En: D. Novoa (comp.). Los recursos pesqueros del Río Orinoco y su explotación. Corporación Venezolana de Guayana. Ed. Arte, Caracas. Pp. 162–192.

Sánchez, O. y G. López. 1988. A theoretical análisis of some indices of similarity as applied to biogeography. Folia Entomol. Mexicana 75: 119–145.

Sioli, H. 1964. General features of the limnology of Amazonia. Verh. Internat. Verin. Limnol. 15: 1053–1058.

Smith, M.L., K.E. Carpenter y R.W. Waller. 2003. Introduction to the oceanography, geology, biogeography, and fisheries of the tropical and subtropical Western Central Atlantic. In: K.E. Carpenter (ed.). FAO Species Identification Guide for Fishery Purposes. The Living Marine Resources of the Western Central Atlantic. Volume 1. Introduction, Molluscs, Crustaceans, Hagfishes, Sharks, Batoid Fishes and Chimaeras. FAO, Roma. Pp. 1–23.

Taphorn, D., R. Royero, A. Machado-Allison y F. Mago. 1997. Lista actualizada de los peces de agua dulce de Venezuela. En: E. La Marca (ed.). Vertebrados actuales y fósiles de Venezuela. Serie Catálogo Zoológico de Venezuela. Vol. 1. Museo de Ciencia y Tecnología de Mérida. Pp. 55–100.

Capítulo 5

Composición, abundancia y biomasa de la ictiofauna béntica del golfo de Paria y delta del Orinoco

Carlos A. Lasso, Oscar M. Lasso-Alcalá, Carlos Pombo y Michael Smith

RESUMEN

Se estudió la composición, abundancia, biomasa y densidad de la ictiofauna asociada a los fondos de los caños y ríos del delta del Orinoco y golfo de Paria. También se evaluó de manera preliminar el impacto de la pesca de arrastre camaronera en la zona sobre los peces bénticos. El muestreo se realizó en seis localidades: Caño Pedernales, boca de Pedernales-isla Cotorra, caño Mánamo, caño Manamito, boca de Bagre y río Guanipa-caño Venado, mediante el empleo de una red de arrastre camaronera. Se identificaron 81 especies correspondientes a 56 géneros, 27 familias y diez órdenes . Entre estos últimos, los Perciformes fueron el grupo con mayor número de especies (27 sp.), seguido de los Siluriformes (18 sp.) y Clupeiformes (16 sp.). El resto de los órdenes tienen de siete a una especie. Las dos familias con la mayor riqueza específica fueron Sciaenidae (15 sp.) y Engraulidae (13 sp.). Los valores de los índices ecológicos (diversidad y equidad) estuvieron dentro del intervalo característico de estuarios tropicales. Las curvinatas (Sciaenidae) y los bagres (Ariidae), fueron los grupos más abundantes. Los órdenes Myliobatiformes, Siluriformes y Perciformes aportaron la mayor biomasa. La densidad y biomasa de peces fueron en promedio 364 ind./ha y 10,9 Kg/ha, respectivamente. Al considerar la frecuencia, abundancia y biomasa en conjunto, las especies más importantes fueron en orden decreciente *Cathorops spixii, Stellifer naso, Stellifer stellifer* y *Achirus achirus.* Al menos seis especies mostraron tasas de disminución en sus capturas, como consecuencia del efecto de la pesca de arrastre. Finalmente se discuten las amenazas a la ictiofauna béntica y se proponen medidas para su conservación.

INTRODUCCIÓN

La ictiofauna béntica del delta del Orinoco ha sido estudiada por varios autores que han utilizado las redes de arrastre camaroneras como medios para las pescas experimentales (Ramos et al.1982, Cervigón 1982, 1985, Novoa y Cervigón 1982, 1986, Novoa 1982, Novoa et al. 1986, Cervigón y Novoa 1988, Novoa 2000 a, b). Esto ha permitido un buen conocimiento no sólo de la biodiversidad, sino de diferentes aspectos biológicos, ecológicos y pesqueros de la ictiofauna en estudio.

El empleo en el presente trabajo, del método de pesca utilizado por los autores anteriores, no es casual. Su utilización nos permite comparar los valores de riqueza de especies, abundancia, biomasa y rendimiento pesquero a lo largo del tiempo, y emitir conclusiones idóneas dado que la metodología de muestreo está estandarizada. La principal ventaja de replicar este sistema de pesca, es detectar posibles cambios en la estructura de las comunidades de peces en sentido temporal y espacial, además de algo muy importante y práctico: evidenciar disminuciones o declinaciones en las capturas de ciertas especies y por ende alertar sobre su posible desaparición o extinción local. Este hecho, junto con los señalados anteriormente, determinaron los objetivos fundamentales de este trabajo: 1) conocer la composición de especies de peces bénticos, 2) cuantificar la abundancia, densidad y biomasa íctica (rendimiento pesquero) y por último,

Evaluación rápida de la biodiversidad y aspectos sociales de los ecosistemas acuáticos del delta del río Orinoco y golfo de Paria, Venezuela

85

3) evaluar con base a la información obtenida anteriormente, el efecto de la pesca de arrastre camaronera sobre las comunidades de peces del delta del Orinoco.

MATERIAL Y MÉTODOS

El muestreo se realizó en seis localidades: 1) Caño Pedernales; 2) boca de Pedernales-isla Cotorra; 3) caño Mánamo; 4) caño Manamito; 5) boca de Bagre; todas ellas pertenecientes a la cuenca del río Orinoco y por último, 6) río Guanipa-caño Venado, perteneciente a la cuenca del golfo de Paria.

En la pesca de arrastre se empleó una red tipo camaronero de origen trinitario descrita previamente por Novoa (2000 a). En nuestro caso particular este aparejo consistía en una red de unos 11 m de largo; 7,70 m en la su parte más ancha (boca), que se va cerrando hacia el copo. La abertura de malla o entrenudo varía de 2 cm en la parte más ancha a 1,5 cm en el copo. Esta red va unida a un par de portalones de madera reforzados con hierro, de 1 m de largo y 72 cm de alto.

Cada operación de pesca (arrastre o lance) duraba 10 minutos a velocidad constante (promedio 3,3 km/h). En cada arrastre se anotaban las coordenadas iniciales y finales, fecha, hora, estado de la marea, profundidad, transparencia, salinidad, temperatura, pH y tipo de fondo. En total se hicieron 54 arrastres o lances (9 horas efectivas de pesca de arrastre). Las capturas fueron procesadas en parte en el campo. Cinco personas pesaban y contaban todos los individuos posibles, especialmente los de mayor tamaño. Estos últimos fueron identificados y devueltos al agua, para evitar el sacrificio innecesario.

Se cuantificaron el número de individuos capturados y calculó la abundancia relativa (%) de las especies a partir de las capturas por unidad de esfuerzo (CPUE), en cada una de las localidades estudiadas. Así mismo, se estimó el peso absoluto y biomasa relativa (%). La biomasa y densidad íctica se expresó en términos de kg/ha e ind./ha, respectivamente. La diversidad ecológica se calculó mediante el índice de Shanon (H′) y la equidad (J) como el inverso de H′ (Magurran 1988). Estos índices fueron también utilizados para conocer la diversidad y equidad en peso. Para el calculo del índice de dominancia comunitaria se siguió a Goulding et al. (1988). La expresión matemática de sus fórmulas de indicaron en el Capítulo 4.

La importancia relativa de las especies en toda la comunidad fue evaluada mediante un índice de valoración de importancia (IVI), diseñado para tal fin: IVI = FR + AR + BR; donde FR es la frecuencia relativa de aparición de la especie, AR es la abundancia relativa y BR, la biomasa relativa. Dado que el resultado de la ecuación es la sumatoria de valores porcentuales, el IVI varía entre 1 – 300%. La similitud de la ictiofauna bentónica se evaluó mediante un análisis de similitud (cluster), con el método de distancias euclídeas (UPGMA), programa MVSP versión 3.1. Para explorar las relaciones entre las variables ambientales y la estructura comunitaria, se empleó el coeficiente de correlación producto-momento de Pearson (Sokal y Rohlf 1984).

RESULTADOS Y DISCUSIÓN

Composición de especies

Se identificaron 81 especies de peces correspondientes a 56 géneros, 27 familias y 10 órdenes (Tabla 5.1). Entre estos últimos, los Perciformes fueron el grupo dominante (27 sp.), seguido de los Siluriformes (18 sp.) y Clupeiformes (16 sp.). El resto de los órdenes tienen de siete a una especie (Tabla 5.2). Las dos familias con la mayor riqueza específica fueron Sciaenidae (15 sp.) y Engraulidae (13 sp.). La riqueza de especies observada es superior a la reportada por Novoa y Cervigón (1986) y Novoa (2000 b), quienes señalaron algo más de 60 especies. Nosotros atribuimos esta diferencia, no a una perdida o disminución en la riqueza de especies del delta por efecto de la pesca de arrastre camaronera, sino al hecho de haber pescado en épocas diferentes y a que en el presente trabajo el estudio taxonómico fue más detallado dados los objetivos del AquaRAP se identificaron todas las especies así no fueran de interés exclusivamente pesquero.

Tabla 5.1. Lista de las especies de peces bénticos de los caños y ríos del delta del Orinoco y golfo de Paria.

MYLIOBATIFORMES
Dasyatidae
Dasyatis guttata
Himantura schmardae
Gymnuridae
Gymnura micrura
Potamotrygonidae
Potamotrygon orbignyi
Potamotrygon sp. (delta)
Potamotrygon sp. 3 (dorada)
Potamotrygon sp. 4
ELOPIFORMES
Elopidae
Elops saurus
CLUPEIFORMES
Clupeidae
Odontognathus mucronatus
Pellona flavipinnis
Rhinosardinia sp. (juvenil)

Tabla 5.1., *continuado*

Tabla 5.1., *continuado*

Engraulidae

  Anchoa hepsetus

  Anchoa lamprotaenia

  Anchoa spinifer

  Anchovia surinamensis

  Anchovia clupeoides

  Anchoviella brevirostris

  Anchoviella guianensis

  Anchoviella lepidontostole

  Anchoviella manamensis

  Anchoviella sp. (juvenil)

  Lycengraulis batessi

  Lycengraulis grossidens

  Pterengraulis atherinoides

CHARACIFORMES

Characidae

  Piaractus brachypomus

  Pristobrycon calmoni

  Triportheus angulatus

Curimatidae

  Curimata cyprinoides

Cynodontidae

  Rhaphiodon vulpinus

GYMNOTIFORMES

Apteronotidae

  Sternarchorhamphus muelleri

SILURIFORMES

Ariidae

  Cathorops spixii

  Arius rugispinnis

  Arius herzbergii

  Bagre bagre

Aspredinidae

  Aspredo aspredo

  Aspredinichthys filamentosus

  Aspredinichthys tibicen

  Platystacus cotylephorus

Auchenipteridae

  Auchenipterus ambyacus

  Pseudoauchenipterus nodosus

Loricaridae

  Hypostomus watwata

  Loricaria(gr) *cataphracta*

Pimelodidae

  Brachyplatystoma vaillantii

  Brachyplatystoma filamentosum

  Hypophthalmus marginatus

  Pimelodina flavipinnis

  Pimelodus altissimus

  Pimelodus blochii

PERCIFORMES

Carangidae

  Caranx hippos

  Caranx sp. (juvenil)

  Oligoplites saurus

Centropomidae

  Centropomus pectinatus

Eleotridae

  Butis koilomatodon

Gerriidae

  Eugerres sp. 1 (juvenil)

  Diapterus rhombeus

  Diapterus sp. (juvenil)

Gobiidae

  Gobiosoma bosc

Haemulidae

  Genyatremus luteus

Mugilidae

  Mugil incilis

  Mugil sp. (juvenil)

Sciaenidae

  Bairdiella ronchus

  Cynoscion aocupa

  Cynoscion leiarchus

Evaluación rápida de la biodiversidad y aspectos sociales de los
ecosistemas acuáticos del delta del río Orinoco y golfo de Paria, Venezuela

87

Tabla 5.1., *continuado*

Cynoscion sp. (juvenil)	
Larimus breviceps	
Macrodon ancylodon	
Micropogonias furnieri	
Pachypops fourcroi	
Plagioscion auratus	
Plagioscion squamosissimus	
Stellifer stellifer	
Stellifer rastrifer	
Stellifer microps	
Stellifer naso	
Stellifer magoi	

PLEURONECTIFORMES

Paralichthyidae

Citharichthys spilopterus

Soleidae

Achirus achirus

Apionichthys dumerili

TETRAODONTIFORMES

Tetraodontidae

Colomesus psittacus

Sphoeroides testudineus

BATRACHOIDIFORMES

Batrachoididae

Batrachoides surinamensis

Tabla 5.2. Número de familias, géneros y especies de peces bénticos por órden.

Órdenes	# Familias	# Géneros	# Especies	(%)
MYLIOBATIFORMES	3	4	7	8,64
ELOPIFORMES	1	1	1	1,23
CLUPEIFORMES	2	8	16	19,75
CHARACIFORMES	3	5	5	6,17
GYMNOTIFORMES	1	1	1	1,23
SILURIFORMES	5	14	18	22,22
PERCIFORMES	8	17	27	33,33
PLEURONECTIFORMES	2	3	3	3,70
TETRAODONTIFORMES	1	2	2	2,47
BATRACHOIDIFORMES	1	1	1	1,23

Las curvas de frecuencia acumulada de especies en función del muestreo indican que en la mayoría de los casos la curva tiende a estabilizarse a partir del séptimo arrastre (Figura 5.1). A partir de este momento, la diferencia entre el número de especies de un arrastre a otro, se reduce al mínimo. En algunos casos (río Guanipa-caño Venado y boca de Bagre), la curva se estabiliza por completo. Sin embargo, en isla Cotorra y boca de Pedernales, la tendencia ascendente se mantiene, un indicativo de la necesidad de realizar arrastres adicionales, al menos en esa localidad. A pesar de estas diferencias, el método de la pesca de arrastre es muy efectivo y probablemente nos permitió capturar más del 80% de la comunidad bentónica (Novoa 200 b, ver Capítulo 4).

La riqueza de la ictiofauna béntica varió de 30 especies (río Guanipa-caño Venado) a 45 especies (caño Pedernales) (Tabla 5.3). Caño Pedernales, caño Manamito y boca de

Bagre tuvieron prácticamente la misma riqueza (45, 44 y 43 especies, respectivamente). Por otro lado, el otro grupo de localidades con una riqueza menor fueron el caño Mánamo, boca de Pedernales- isla Cotorra y río Guanipa-caño Venado (37, 34 y 30 especies, respectivamente). De acuerdo a la composición de las especies exclusivamente bénticas, podemos reconocer dos grandes grupos: uno compuesto por las localidades situadas más al este (caños Mánamo y Pedernales) y otro correspondiente a las localidades del oeste (río Guanipa-isla Venado, boca de Bagre y Manamito). Un tercer grupo, intermedio entre los anteriores, corresponde a la localidad más al norte o aguas afuera (boca de Pedernales-isla Cotorra). El dendograma de similitud se muestra en la Figura 5.2.

Diversidad ecológica, abundancia, riqueza de especies y dominancia comunitaria

La diversidad en términos ecológicos (H′) calculada para cada uno de los arrastres en las seis localidades, varió entre 0,69 y 2,64 (x=1,578; DE=0,438), aunque en una ocasión la diversidad fue cero pues se colectó una sola especie en un arrastre. La equidad mostró un patrón parecido, con valores de mínima equidad (0,29) a máxima equidad (1) (x=0,664; DE=0,438) (Figura 5.3). La riqueza (número de especies), varió de una a 24 especies por arrastre, con una x=12 y DE=4,728 (Figura 5.4). Estos valores están dentro del intervalo común en estuarios tropicales (Yáñez-Arancibia et al. 1985). El índice de dominancia comunitaria en los arrastres individuales (IDC) varió de 30 a 100% (máxima dominancia), con una x=64,8 y DE=17,6 (Figura 5. 4). A pesar de que hay una tendencia de que algunas especies prevalezcan en los muestreos, especialmente las curvinatas (Sciaenidae) y los bagres (Ariidae), no podemos hablar de una dominancia marcada, pues en conjunto (al considerar todos los arrastres) tan sólo en un caso, una especie (*Stellifer stellifer* en boca de

Tabla 5.3. Número de individuos y abundancia relativa (%) de cada una de las especies en las localidades muestreadas: 1) caño Pedernales; 2) boca de Pedernales - isla Cotorra; 3) caño Mánamo; 4) río Guanipa - caño Venado; 5) caño Manamito; 6) boca de Bagre.

Taxa	Localidades											
	1		2		3		4		5		6	
Dasyatis guttata	1	(0,08)										
Himantura schmardae			1	(0,18)								
Gymnura micrura			2	(0,35)								
Potamotrygon orbignyi	3	(0,24)	3	(0,53)			47	(3,33)	5	(0,29)	16	(0,71)
Potamotrygon sp. (delta)	5	(0,41)	3	(0,53)	4	(0,46)	37	(2,62)	23	(1,32)	54	(2,39)
Potamotrygon sp. 3 (dorada)	1	(0,08)	1	(0,18)								
Potamotrygon sp. 4			2	(0,35)								
Elops saurus	1	(0,08)										
Odontognathus mucronatus	1	(0,08)	4	(0,71)	7	(0,80)			6	(0,34)	7	(0,31)
Pellona flavipinnis	6	(0,49)	2	(0,35)	88	(10,05)			11	(0,63)	39	(1,73)
Rhinosardinia sp. (juvenil)			1	(0,18)							1	(0,04)
Anchoa hepsetus											1	(0,04)
Anchoa lamprotaenia							1	(0,07)				
Anchoa spinifer			2	(0,35)	4	(0,46)						
Anchovia surinamensis											119	(5,28)
Anchovia clupeoides			2	(0,35)					2	(0,11)	1	(0,04)
Anchoviella brevirostris	1	(0,08)			2	(0,23)					5	(0,22)
Anchoviella guianensis					1	(0,11)			1	(0,06)	49	(2,17)
Anchoviella lepidontostole	4	(0,33)			69	(7,88)	2	(0,14)	11	(0,63)		
Anchoviella manamensis					1	(0,11)						
Anchoviella sp. (juvenil)					2	(0,23)			1	(0,06)		
Lycengraulis batessi	1	(0,08)			26	(2,97)			1	(0,06)	8	(0,35)
Lycengraulis grossidens					1	(0,11)						
Pterengraulis atherinoides	7	(0,57)	3	(0,53)			2	(0,14)	1	(0,06)	1	(0,04)
Piaractus brachypomus	1	(0,08)										
Pristobrycon calmoni					37	(4,22)						
Triportheus angulatus					3	(0,34)						
Curimata cyprinoides							4	(0,28)	2	(0,11)		
Rhaphiodon vulpinus	4	(0,33)										
Sternarchorhamphus muelleri					1	(0,11)						
Cathorops spixii	145	(11,79)	107	(18,97)	29	(3,31)	81	(5,74)	37	(2,12)	154	(6,83)
Arius rugispinnis	147	(11,25)	7	(1,24)			24	(1,70)	11	(0,63)	2	(0,09)
Arius herzbergii	3	(0,24)					1	(0,07)	14	(0,80)	7	(0,31)
Bagre bagre	2	(0,16)			3	(0,34)						
Aspredo aspredo	15	(1,22)			6	(0,68)	38	2,69	320	(18,32)	7	(0,31)
Aspredinichthys filamentosus			3	(0,53)								
Aspredinichthys tibicen	3	(0,24)			4	(0,46)	1	(0,07)	17	(0,97)	1	(0,04)
Platystacus cotylephorus					2	(0,23)	27	(1,91)	12	(0,69)	2	(0,09)
Auchenipterus ambyacus					1	(0,11)						
Pseudoauchenipterus nodosus	69	(5,61)	147	(26,06)	156	(17,81)	17	(1,20)	11	(0,63)	17	(0,75)
Hypostomus watwata	8	(0,65)							1	(0,06)	2	(0,09)
Loricaria(gr) cataphracta					10	(1,14)					1	(0,04)
Brachyplatystoma vaillantii	18	(1,46)			11	(1,26)	3	(0,21)	4	(0,23)	1	(0,04)
Brachyplatystoma filamentosum									2	(0,11)		

Evaluación rápida de la biodiversidad y aspectos sociales de los
ecosistemas acuáticos del delta del río Orinoco y golfo de Paria, Venezuela

89

Tabla 5.3., *continuado*

Taxa	Localidades											
	1		**2**		**3**		**4**		**5**		**6**	
Hypophthalmus marginatus			1	(0,18)	41	(4,68)	11	(0,78)	1	(0,06)	42	(1,86)
Pimelodina flavipinnis	2	(0,16)			28	(3,20)						
Pimelodus altissimus	1	(0,08)										
Pimelodus blochii	3	(0,24)			2	(0,23)	11	(0,78)	5	(0,29)	1	(0,04)
Caranx hippos											6	(0,27)
Caranx sp. (juvenil)									2	(0,11)		
Oligoplites saurus											1	(0,04)
Centropomus pectinatus	29	(2,36)	87	(15,43)			2	(0,14)	15	(0,86)	7	(0,31)
Butis koilomatodon	1	(0,08)					1	(0,07)				
Eugerres sp. 1 (juvenil)	2	(0,16)										
Diapterus rhombeus									9	(0,52)		
Diapterus sp. (juvenil)									1	(0,06)		
Gobiosoma bosc	1	(0,08)										
Genyatremus luteus							2	(0,14)	6	(0,34)	32	(1,42)
Mugil incilis			3	(0,53)					1	(0,06)	1	(0,04)
Mugil sp. (juvenil)			1	(0,18)								
Bairdiella ronchus	21	(1,71)	2	(0,35)			22	(1,56)	14	(0,80)	2	(0,09)
Cynoscion aocupa	9	(0,73)	6	(1,06)	1	(0,11)	6	(0,43)	17	(0,97)	35	(1,55)
Cynoscion leiarchus									2	(0,11)	13	(0,58)
Cynoscion sp. (juvenil)							1	(0,07)				
Larimus breviceps	1	(0,08)										
Macrodon ancylodon	5	(0,41)	1	(0,18)							2	(0,09)
Micropogonias furnieri			15	(2,66)					1	(0,06)	2	(0,09)
Pachypops fourcroi	1	(0,08)			48	(5,48)						
Plagioscion auratus					10	(1,14)			3	(0,17)		
Plagioscion squamosissimus	6	(0,49)	1	(0,18)	83	(9,47)	8	(0,57)	37	(2,12)	47	(2,08)
Stellifer stellifer	349	(28,37)	20	(3,55)	116	(13,24)	460	(32,60)	496	(28,39)	958	(42,48)
Stellifer rastrifer	39	(3,17)	6	(1,06)	4	(0,46)	33	(2,34)	109	(6,24)	9	(0,40)
Stellifer microps	2	(0,16)					457	(32,39)	115	(6,58)	206	(9,14)
Stellifer naso	261	(21,22)	47	(8,33)	47	(5,37)	80	(5,67)	332	(19,00)	357	(15,83)
Stellifer magoi							3	(0,21)				
Citharichthys spilopterus	2	(0,16)	3	(0,53)					2	(0,11)	1	(0,04)
Achirus achirus	39	(3,17)	65	(11,52)	23	(2,63)	35	(2,48)	53	(3,03)	35	(1,55)
Apionichthys dumerili	2	(0,16)	2	(0,35)					11	(0,63)	1	(0,04)
Colomesus psittacus	4	(0,33)	5	(0,89)	2	(0,23)	4	(0,28)	14	(0,80)	2	(0,09)
Sphoeroides testudineus	2	(0,16)	2	(0,35)	1	(0,11)			8	(0,46)		
Batrachoides surinamensis	2	(0,16)	7	(1,34)	2	(0,23)						

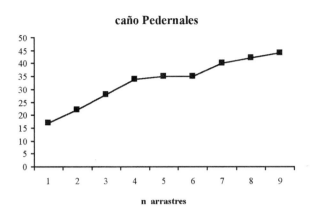

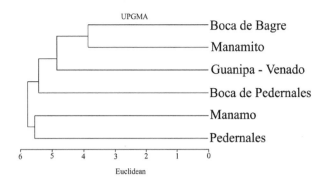

Figura 5.2. Análisis de similitud (cluster) entre la localidades estudiadas de acuerdo a la composición de la ictiofauna béntica. Basado en el método de distancias euclídeas (UPGMA).

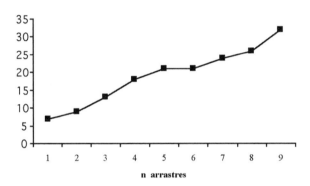

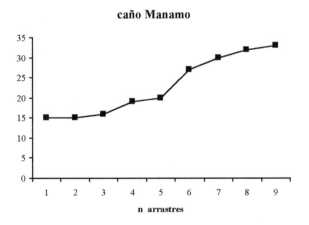

Figura 5.1. Frecuencia acumulada de especies (Fa) en función del número de arrastres (n).

Bagre), superó el 40% de abundancia relativa, valor considerado como indicador de una verdadera dominancia comunitaria (Goulding et al. 1988). Se observó una correlación negativa entre el IDC y la riqueza de especies (S): r = - 0,51 ; p<0,05 (Figura 5.4).

Dos órdenes de peces fueron los grupos dominantes de la comunidad íctica bentónica. Los Perciformes fueron el orden más abundante en cinco de las seis localidades estudiadas. Sólo fue superado por los Siluriformes en boca de Pedernales-isla Cotorra. Este último orden fue el segundo grupo dominante en las otras localidades. El resto de los órdenes mostraron valores muy bajos, destacando solamente los Clupeiformes en caño Mánamo y boca de Bagre (Figura 5.5). A nivel específico dos especies de la familia Sciaenidae fueron las más abundantes en la mayoría de los casos (Tabla 5.3). *Stellifer stellifer* y *Stellifer naso*, fueron las dos especies dominantes en los caños Pedernales, Manamito y boca de Bagre. En río Guanipa-caño Venado, la primera especie fue *S. stellifer* y la segunda *Stellifer microps*. En caño Mánamo dominó nuevamente *S. stellifer* y en segundo término un bagre auqueniptérido (*Pseudoauchenipterus nodosus*). Esta última especie, junto con otro bagre de la familia Ariidae (*Cathorops spixii*), fueron las especies más importantes en boca de Pedernales-isla Cotorra.

Biomasa y densidad

Al considerar la captura total por localidad, observamos que los tres órdenes con mayor biomasa fueron: Myliobatiformes, Siluriformes y Perciformes. El orden Myliobatiformes (rayas), a pesar de su baja abundancia -salvo el caso particular de las rayas dulceacuícolas (familia Potamotrygonidae) en el río Guanipa, donde fueron muy abundantes-, constituyeron la mayor biomasa en boca de Pedernales-isla Cotorra, río Guanipa-caño Venado y boca de Bagre. Los peces del orden Siluriformes -bagres marinos, fundamentalmente de la familia Ariidae-, representaron la mayor biomasa en los caños Pedernales, Mánamo y Manamito. El tercer orden

Evaluación rápida de la biodiversidad y aspectos sociales de los
ecosistemas acuáticos del delta del río Orinoco y golfo de Paria, Venezuela

91

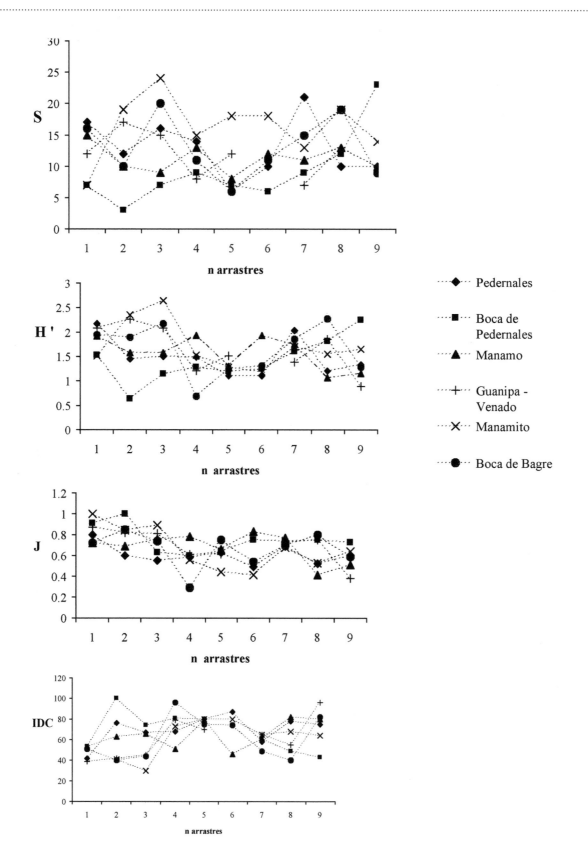

Figura 5.3. Variación de los parámetros comunitarios de diversidad de Shannon (H'), equitabilidad (J), riqueza de especies (S) e índice de dominancia comunitaria (IDC) en los caños y ríos muestreados.

que aportó una fracción significativa de biomasa fueron los Perciformes (Figura 5.6).

La densidad de peces, expresada como número de individuos por hectárea, se muestra en la Figura 5.7. En los arrastres capturamos desde 3 peces/arrastre hasta 1324 peces/arrastre, luego las variaciones entre los 54 arrastres fue muy alta. El mínimo valor fue 7,30 y el máximo 1816

ind./ha (x=364 ind./ha). Esto equivale a menos de un pez por metro cuadrado. Cuando expresamos estos valores en términos de biomasa absoluta, observamos que los valores van desde menos de un kilogramo por arrastre hasta 23 kg/arrastre, lo que equivale a valores cercanos a 56 Kg/ha (x=10,9 Kg/ha) (Figura 5.8). Todas estos valores de densidad y biomasa entran también dentro del intervalo de lo conocido para estuarios tropicales (Yáñez-Arancibia et al. 1985). Ahora bien, no todas las especies contribuyen de igual manera a la biomasa total. La Figura 5.9 ilustra la variación en la diversidad de peso (H′p), expresada esta última como una función del aporte de cada una de las especies en particular. La aplicación de este índice de diversidad al peso bruto, ha sido ampliamente utilizado en estudios de ambientes estuarinos a nivel mundial (ver Yáñez-Arancibia 1985). El patrón fue parecido al mostrado por la diversidad (H′especies), variando desde casi cero (todo el peso lo aporta una sola especie), hasta 2,39 (x=1,622; DE=0,47). Esto se observa más claramente en el gráfico de equidad, donde los valores varían de 0,41 a casos de máxima equidad (Jp=1). A pesar de que unas pocas especies fueron las que aportaron la mayor biomasa al considerar todos los arrastres y localidades, el aporte en peso estuvo repartido más o menos equitativa-

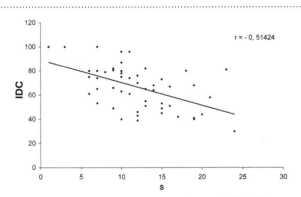

Figura 5.4. Relación entre el índice de Dominancia Comunitaria (IDC) y la riqueza de especies (S).

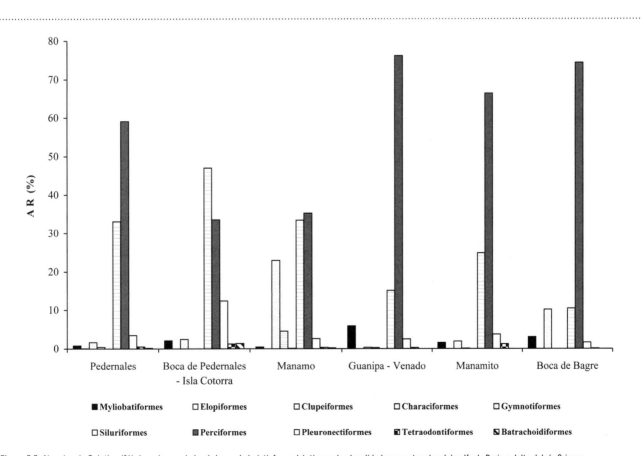

Figura 5.5. Abundancia Relativa (%) de cada uno de los órdenes de la ictiofauna béntica en las localidades muestreadas del golfo de Paria y delta del río Orinoco.

Evaluación rápida de la biodiversidad y aspectos sociales de los
ecosistemas acuáticos del delta del río Orinoco y golfo de Paria, Venezuela

93

mente entre todas las especies (x=0,66; DE=0,24) (Figura 5.10).

Las especies que contribuyeron con la mayor biomasa no fueron las más abundantes (Tabla 5.4). A continuación enumeramos en orden decreciente las dos especies que aportaron más peso en cada una de las localidades estudiadas: Caño Pedernales (*Cathorops spixii, Arius rugispinnis*); boca de Pedernales – isla Cotorra (*Potamotrygon orbignyi, Batrachoides surinamensis*); caño Mánamo (*Potamotrygon* sp. "delta", *Pseudoauchenipterus nodosus*); río Guanipa – caño Venado (*Potamotrygon orbignyi, Potamotrygon* sp. "delta"); caño Manamito (*Aspredo aspredo, Colomesus psittacus*) y finalmente, boca de Bagre (*Potamotrygon* sp. "delta", *Achirus achirus*).

Una herramienta muy útil que nos permite evaluar la importancia de las especies en el ecosistema acuático, consiste en integrar de manera global, la abundancia, biomasa y frecuencia relativas de cada una de ellas en un solo índice de valoración de importancia (IVI). De esta forma, obtuvimos el orden mostrado en la Figura 5.11, para las catorce especies más importantes (IVI > 25%). *Cathorops spixii* y *Stellifer naso*, fueron las dos especies más importantes, con valores superiores y/o cercanos al 100%, respectivamente. Le siguen *Stellifer stellifer* y *Achirus achirus* con valores alrededor del 80%. Luego hay un grupo de cuatro especies con un IVI alrededor del 60% y así sucesivamente.

Relación entre los parámetros comunitarios y las variables físico-químicas

De manera exploratoria, para tratar de evaluar las posibles interrelaciones entre la estructura de la comunidad y las variables ambientales, se hicieron correlaciones entre la riqueza de especies (S), diversidad ecológica (H´), densidad y biomasa íctica, contra la salinidad y profundidad, factores reguladores de las comunidades ícticas en ambientes estuarinos. Sólo se observaron correlaciones negativas significativas (p< 0,05) entre la profundidad y la riqueza de especies (r = - 0,48) y diversidad ecológica (r = - 0,54). Esto indica que los valores más altos de riqueza y diversidad, deberían esperarse a menores profundidades, en especial hasta los tres metros de profundidad (Figuras 5.12 y 5.13).

Efecto de la pesca de arrastre camaronera sobre la comunidad íctica

Con el objeto de evaluar el impacto de la pesca camaronera de arrastre, comparamos nuestros datos obtenidos en el 2002, con los datos reportados para la misma zona en 1981 y 1998 por Novoa (1982, 2000 b). En la Tabla 5.5 se muestran las capturas de las diez especies más abundantes, tomando como referencia las especies más importantes o abundantes según datos de Novoa (2000 b). Las capturas o datos de este último autor fueron estandarizadas a kg/h, para una mejor comparación. En ambos años predominan el bagre cuinche (*Cathorops spixii*) y el lenguado (*Achirus achirus*), aunque solamente la primera especie experimentó una declinación en su captura (4 a 2,9 kg/h). Cinco especies más

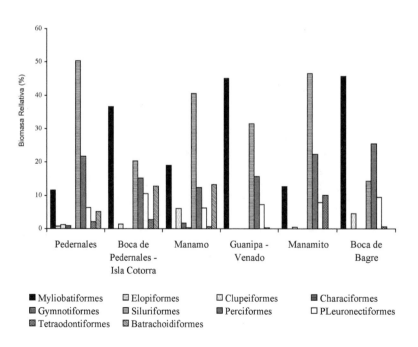

Figura 5.6. Biomasa Relativa (%) de cada uno de los órdenes de la ictiofauna béntica en las localidades muestreadas del Golfo de Paria y Delta del río Orinoco.

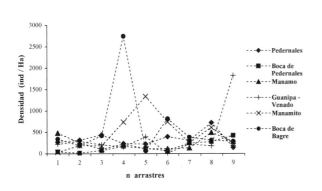

Figura 5.7. Densidad de peces bénticos expresada como individuos por Ha.

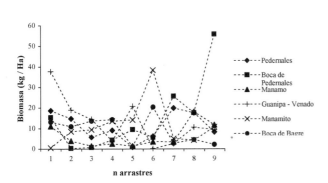

Figura 5.8. Biomasa de peces bénticos expresada como kg / Ha.

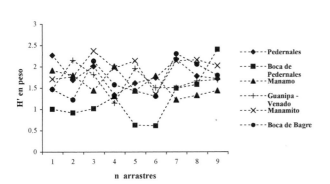

Figura 5.9. Variación en la diversidad de peso (H' peso) aportado por todos los peces en cada uno de los caños y ríos muestreados.

mostraron disminuciones importantes en sus capturas (*Dasyatis guttata*, *Hexanematicthys couma*, *Macrodon ancylodon*, *Stellifer microps*, *Colomesus psittacus* y *Sphoeroides testudineus*). Solamente dos especies (*Arius rugispinnis* y *Achirus achirus*) experimentaron un incremento. *Trichiurus lepturus* no fue colectada durante diciembre 2002.

Como indicamos anteriormente, las diferencias obtenidas en la riqueza de especies entre 1981, 1998 y 2002, no son tan claras como para hablar de la desaparición o extinción local de una especie en particular, pero si es muy grave la declinación en la abundancia de algunas especies. En la Tabla 5.6 se resumen los resultados de las pescas de arrastre para algunos grupos de peces entre 1981, 1998 y 2002. Durante

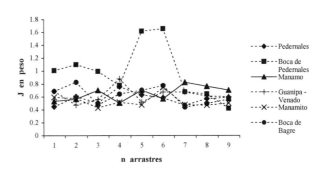

Figura 5.10. Variación en la Equitabilidad de peso (H' peso) aportado por todos los peces en cada uno de los caños y ríos muestreados.

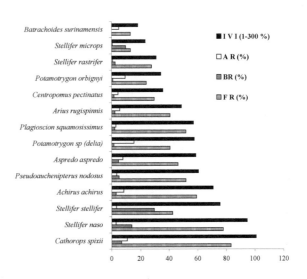

Figura 5.11. Índice de valoración de importancia (IVI), calculado para las 14 especies más importantes, capturadas en las localidades del golfo de Paria y delta del Orinoco, durante la expedición AquaRAP. BR: Biomasa relativa (%); AR: Abundancia relativa (%); FR: Frecuencia relativa (%).

Evaluación rápida de la biodiversidad y aspectos sociales de los
ecosistemas acuáticos del delta del río Orinoco y golfo de Paria, Venezuela

95

Tabla 5.4. Peso absoluto (g) y biomasa relativa (%) de cada una de las especies en las localidades muestreadas: 1) caño Pedernales; 2) boca de Pedernales - isla Cotorra; 3) caño Mánamo; 4) río Guanipa - caño Venado; 5) caño Manamito; 6) boca de Bagre.

Taxa	Localidades											
	1		2		3		4		5		6	
Dasyatis guttata	1600	(3,904)										
Himantura schmardae			4000	(7,280)								
Gymnura micrura			5100	(9,279)								
Potamotrygon orbignyi	960	(2,342)	8000	(14,556)			11607	(24,094)	850	(2,002)	1226	(3,648)
Potamotrygon sp. (delta)	1591	(3,882)	1863	(3,390)	4359	(19,043)	10134	(21,036)	4933	(11,617)	14146	(42,090)
Potamotrygon sp. 3 (dorada)	605	(1,476)	200	(0,364)								
Potamotrygon sp. 4			970	(1,765)								
Elops saurus	326	(0,795)										
Odontognathus mucronatus	2	(0,005)	4	(0,007)	12	(0,052)			14	(0,033)	11	(0,033)
Pellona flavipinnis	93	(0,227)	15	(0,027)	874	(3,818)			70	(0,165)	256	(0,762)
Rhinosardinia sp. (juvenil)			1	(0,002)							5	(0,015)
Anchoa hepsetus											5	(0,015)
Anchoa lamprotaenia							2	(0,004)				
Anchoa spinifer			67	(0,122)	78	(0,341)						
Anchovia surinamensis											779	(2,318)
Anchovia clupeoides			24	(0,044)					15	(0,035)	28	(0,083)
Anchoviella brevirostris	1	(0,002)			3	(0,013)					8	(0,024)
Anchoviella guianensis	8	(0,020)			2	(0,009)			1	(0,002)	116	(0,345)
Anchoviella lepidontostole					119	(0,520)	5	(0,010)	22	(0,052)		
Anchoviella manamensis					1	(0,004)						
Anchoviella sp. (juvenil)					1	(0,004)			1	(0,002)		
Lycengraulis batessi	17	(0,041)			278	(1,215)			11	(0,026)	287	(0,854)
Lycengraulis grossidens	404	(0,986)			3	(0,013)						
Pterengraulis atherinoides			69	(0,126)			27	(0,056)	39	(0,092)	13	(0,039)
Piaractus brachypomus	64	(0,156)										
Pristobrycon calmoni					331	(1,446)						
Triportheus angulatus					58	(0,253)						
Curimata cyprinoides							25	(0,052)	12	(0,028)		
Rhaphiodon vulpinus	297	(0,725)										
Sternarchorhamphus muelleri					78	(0,241)						
Cathorops spixii	7737	(18,877)	6943	(12,632)	2375	(10,376)	5066	(10,516)	1904	(4,484)	1919	(5,710)
Arius rugispinnis	5752	(14,034)	1050	(1,910)			5097	(10,580)	1627	(3,831)	47	(0,140)
Arius herzbergii	256	(0,625)					292	(0,606)	826	(1,945)	355	(1,056)
Bagre bagre	5	(0,012)			147	(0,642)						
Aspredo aspredo	1010	(2,464)			90	(0,393)	2577	(5,349)	14661	(34,526)	254	(0,756)
Aspredinichthys filamentosus			107	(0,195)								
Aspredinichthys tibicen	43	(0,105)			15	(0,066)	4	(0,008)	163	(0,384)	10	(0,030)
Platystacus cotylephorus					19	(0,083)	179	(0,372)	373	(0,878)	21	(0,062)
Auchenipterus ambyacus					19	(0,083)						
Pseudoauchenipterus nodosus	1510	(3,684)	2398	(4,363)	3533	(15,435)	369	(0,766)	351	(0,827)	370	(1,101)
Hypostomus watwata	3210	(7,832)							146	(0,344)	606	(1,803)
Loricaria (gr) *cataphracta*					266	(1,162)					21	(0,062)
Brachyplatystoma vaillantii	1062	(2,591)			1118	(4,884)	298	(0,619)	775	(1,825)	43	(0,128)

Tabla 5.4.,

Taxa	Localidades											
	1		2		3		4		5		6	
Brachyplatystoma filamentosum									52	(0,122)		
Hypophthalmus marginatus			157	(0,286)	1235	(5,395)	108	(0,224)	9	(0,021)	1135	(3,377)
Pimelodina flavipinnis	27	(0,066)			458	(2,001)						
Pimelodus altissimus												
Pimelodus blochii	13	(0,032)			15	(0,066)	1200	(2,491)	179	(0,422)	13	(0,039)
Caranx hippos									4	(0,009)	26	(0,077)
Caranx sp. (juvenil)									1	(0,002)		
Oligoplites saurus											4	(0,012)
Centropomus pectinatus	2792	(6,812)	6112	(11,120)			83	(0,172)	1326	(3,123)	380	(1,131)
Butis koilomatodon	4	(0,010)					5	(0,010)				
Eugerres sp. 1 (juvenil)	1	(0,002)										
Diapterus rhombeus									52	(0,122)		
Diapterus sp. (juvenil)									1	(0,002)		
Gobiosoma bosc	2	(0,005)										
Genyatremus luteus							4	(0,008)	38	(0,089)	54	(0,161)
Mugil incilis			148	(0,269)					324	(0,763)	47	(0,140)
Mugil sp. (juvenil)			1	(0,002)								
Bairdiella ronchus	1175	(2,867)	300	(0,546)			2759	(5,727)	550	(1,295)	56	(0,167)
Cynoscion aocupa	287	(0,700)	596	(1,084)	2	(0,009)	677	(1,405)	348	(0,820)	309	(0,919)
Cynoscion leiarchus									51	(0,120)	665	(1,979)
Cynoscion sp. (juvenil)							1	(0,002)				
Larimus breviceps	50	(0,122)										
Macrodon ancylodon	25	(0,061)	29	(0,053)							6	(0,018)
Micropogonias furnieri			111	(0,202)					7	(0,016)	38	(0,113)
Pachypops fourcroi	11	(0,027)			418	(1,826)						
Plagioscion auratus					59	(0,258)			43	(0,101)		
Plagioscion squamosissimus	181	(0,442)	50	(0,091)	1022	(4,465)	1148	(2,383)	3022	(7,117)	1970	(5,862)
Stellifer stellifer	1706	(4,162)	172	(0,313)	855	(3,735)	1300	(2,699)	1230	(2,897)	2769	(8,239)
Stellifer rastrifer	461	(1,125)	103	(0,187)	53	(0,232)	395	(0,820)	921	(2,196)	125	(0,372)
Stellifer microps	11	(0,027)					489	(1,015)	255	(0,601)	682	(2,029)
Stellifer naso	2174	(5,304)	729	(1,326)	424	(1,852)	717	(1,488)	1738	(4,093)	1436	(4,273)
Stellifer magoi							9	(0,019)				
Citharichthys spilopterus	17	(0,041)	11	(0,020)					5	(0,012)	4	(0,012)
Achirus achirus	2545	(6,209)	5820	(10,589)	1414	(6,177)	3478	(7,220)	3703	(8,720)	3161	(9,405)
Apionichthys dumerili	6	(0,015)	10	(0,018)					56	(0,132)	9	(0,027)
Colomesus psittacus	139	(0,339)	267	(0,486)	96	(0,419)	119	(0,247)	1313	(9,092)	194	(0,577)
Sphoeroides testudineus	700	(1,708)	704	(1,281)	29	(0,127)			443	(1,043)		
Batrachoides surinamensis	2106	(5,138)	7031	(12,792)	3050	(13,325)						

Evaluación rápida de la biodiversidad y aspectos sociales de los
ecosistemas acuáticos del delta del río Orinoco y golfo de Paria, Venezuela

97

1981 se capturaban en promedio durante una hora de arrastre 33,4 kg / h y en 1998 cerca de 20 kg / h). Esta tendencia bajó a 14,1 kg / h en el 2002. Al considerar este grupo de especies indicadoras en conjunto, observamos que persiste la tasa de disminución en las capturas de muchas de ellas. De los siete grupos considerados, en cuatro de ellos (Dasyatidae, Ariidae, Tetraodontidae y Clupeidae-Engraulidae) la tendencia es hacia una disminución progresiva y es especialmente grave en los bagres (Ariidae) y tamborines (Tetraodontidae), que bajaron de 12,5 a 4,6 kg/h y 1,5 a 0,4 kg/h, respectivamente. En el caso de la curvinatas (Sciaenidae) y peces sapo (Batrachoididae), hay un ligero incremento en el 2002 respecto a 1998, pero en ninguno de los casos llegan a la mitad de lo que se capturaba en 1981. Únicamente los lenguados (Soleidae) mantienen una tendencia estable (Tabla 5.6). En las Figuras 5.14 y 5.15 se muestran más claramente los cambios registrados en la abundancia de estos grupos de especies indicadoras así como la disminución en la biomasa total.

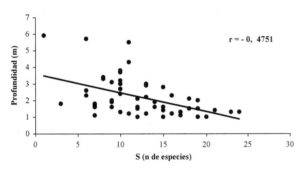

Figura 5.12. Relación entre la profundidad y la riqueza (S) de especies en las localidades muestreadas duarante la expedición AquaRAP al golfo de Paria y delta del Orinoco, Venezuela.

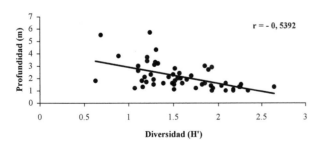

Figura 5.13. Relación entre la profundidad y la diversidad (H') de especies en las localidades muestreadas duarante la expedición AquaRAP al golfo de Paria y delta del Orinoco, Venezuela.

Amenazas de la pesca de arrastre

Son bien conocidos los efectos negativos de la pesca de arrastre. Entre estos destacan la alteración del fondo tanto de los caños como del ambiente propiamente marino, con la consecuente disminución de los hábitat disponibles (reducción de la heterogeneidad ambiental) y la reducción de la biodiversidad. La pesca de arrastre produce la eliminación progresiva de los depredadores y la uniformidad de los fondos marinos al alterar o cambiar su estructura geomorfológica original, lo cual favorece a los camarones y peces de pequeño tamaño (no juveniles de especies más grandes), que son eslabones inferiores de la cadena trófica y pasan a ser los grupos más importantes de la comunidad bentónica de estos estuarios (Novoa 2000 b). La fauna acompañante en la pesca del camarón (broza o "dead discard") incluye los juveniles de numerosas especies de peces comerciales (más de 20 sp.), que después son capturadas en su estadio adulto en el lado oceánico por la flota industrial de arrastre (Novoa op. cit). En la Tabla 5.7 se listan aquellas especies cuyas fases juveniles se ven afectadas por la pesca de arrastre. Al menos 64 especies están seriamente amenazadas. De estas, 46 especies pueden pasar parte del desarrollo -estadio juvenil y/o adulto- en las barras y desembocaduras de los caños y ríos (ambientes estuarinos o salobres), como por ejemplo todos los potamotrigónidos y clupeiformes, por citar algunos, pero al menos 25 especies completan su ciclo de vida adulto en el lado oceánico (ambientes exclusivamente marinos), como ocurre en la mayoría de los Perciformes, especialmente los esciénidos (curvinas). También muchas de las especies que residen en los estuarios, pueden pasar también ambos ciclos de su vida en aguas dulces (8 sp.), pero algunas son más comunes en los ambientes dulceacuícolas durante su estadio adulto (p.e.: *Pellona flavipinnis, Brachyplatystoma* spp., *Plagioscion auratus,* etc.).

Tabla 5.5. Captura comparativa de las diez especies más abundantes en el caño Mánamo y áeras adyacentes en 1998 y 2002. Los datos de 1998 fueron estandarizados de Novoa (2000a), 2002 (este estudio).

Especies	1998 kg / h	2002 kg / h
Dasyatis guttata	0,9	0,2
Cathorops spixii	4	2,9
Arius rugispinnis	0,7	1,5
Hexanematichthys couma (= *Arius herzbergi*)	0,7	0,2
Macrodon ancylodon	0,3	0 (aprox,)
Stellifer microps	0,7	0,06
Trichiurus lepturus	0,4	0
Achirus achirus	1,7	2,2
Colomesus psittacus	1	0,2
Sphoeroides testudineus	0,5	0,2

Tabla 5.6. Comparación de la composición porcentual y abundancia (kg / h) de las principales familias de peces capturadas en 1981, 1998 y 2002 en el caño Mánamo y áreas adyacentes. Fuente: 1981 (Novoa 1982), 1998 (Novoa 2000 a), y 2002 (este trabajo).

Familias	1981		1998		2002	
	%	kg / h	%	kg / h	%	kg / h
Dasyatidae (rayas)	28,14	9,4	7,04	1,4	8,51	1,2
Ariidae (bagres marinos)	29,64	9,9	62,85	12,5	32,62	4,6
Sciaenidae (curvinas)	25,45	8,5	11,06	2,2	27,66	3,9
Soleidae (lenguados)	5,99	2	8,55	1,7	15,60	2,2
Batrachoididae (sapos)	8,98	3	0,45	0,09	9,93	1,4
Tetraodontidae (tamborines)	0,30	0,1	7,54	1,5	2,84	0,4
Engraulidae + Clupeidae (sardinas)	1,50	0,5	2,51	0,5	2,84	0,4
TOTAL	100,00	33,4	100,00	19,89	100,00	14,1

Tabla 5.7. Lista de las especies de peces comerciales de las que se colectaron juveniles en los muestreos del AquaRAP - diciembre de 2002, incluyendo el hábitat de residencia de adultos (A) y juveniles (J), según Cervigón (1985).

TAXA	HABITAT		
	Aguas arriba (dulces)	desembocaduras (barras)	mar (lado oceánico)
MYLIOBATIFORMES			
Potamotrygonidae			
Potamotrygon orbignyi	J - A	J - A	
Potamotrygon sp. (delta)		J - A	
Potamotrygon sp. 3 (dorada)		J - A	
Potamotrygon sp. 4		J - A	
CLUPEIFORMES			
Clupeidae			
Odontognathus mucronatus		J - A	
Pellona flavipinnis	A	J - A	
Rhinosardinia sp. (juvenil)		J - A	
Engraulidae			
Anchoa hepsetus		J - A	
Anchoa lamprotaenia		J - A	A
Anchoa spinifer	J - A	J - A	A
Anchovia surinamensis	A	J - A	
Anchovia clupeoides	A	J - A	
Anchoviella brevirostris	J - A	J - A	A
Anchoviella guianensis	A	J - A	
Anchoviella lepidontostole		J - A	A
Anchoviella manamensis	A	J - A	
Anchoviella sp. (juvenil)		J - A	
Lycengraulis batessi	A	J - A	
Lycengraulis grossidens	J - A	J - A	A
Pterengraulis atherinoides		J - A	

Evaluación rápida de la biodiversidad y aspectos sociales de los
ecosistemas acuáticos del delta del río Orinoco y golfo de Paria, Venezuela

99

Tabla 5.7.

TAXA	HABITAT		
	Aguas arriba (dulces)	desembocaduras (barras)	mar (lado oceánico)
Piaractus brachypomus	J - A	J	
Cynodontidae			
Rhaphiodon vulpinus	J - A	J	
SILURIFORMES			
Ariidae			
Cathorops spixii		J - A	A
Arius rugispinnis		J - A	
Arius herzbergii		J - A	A
Bagre bagre		J - A	A
Loricariidae			
Hypostomus watwata	J - A	J - A	
Pimelodidae			
Brachyplatystoma vaillantii	A	J	
Brachyplatystoma filamentosum	A	J	
Hypophthalmus marginatus	A	J	
Pimelodina flavipinnis	A	J	
Pimelodus altissimus	A	J	
Pimelodus blochii	J - A	J - A	
PERCIFORMES			
Carangidae			
Caranx hippos		J	A
Caranx sp. (juvenil)		J	
Oligoplites saurus		J	A
Centropomidae			
Centropomus pectinatus		J - A	A
Ephippidae			
Chaetodipterus faber		J	A
Gerriidae			
Eugerres sp. 1 (juvenil)		J	A
Diapterus rhombeus		J	A
Diapterus sp. (juvenil)		J	A
Haemulidae			
Genyatremus luteus		J - A	
Pomadasys crocro		J	A
Mugilidae			
Mugil incilis		J - A	
Mugil sp. (juvenil)		J - A	
Sciaenidae			
Bairdiella ronchus		J - A	
Cynoscion acoupa		J - A	A
Cynoscion leiarchus		J - A	A
Cynoscion sp. (juvenil)		J - A	A

Tabla 5.7.

TAXA	HABITAT		
	Aguas arriba (dulces)	desembocaduras (barras)	mar (lado oceánico)
Larimus breviceps		J - A	A
Macrodon ancylodon		J - A	A
Micropogonias furnieri	J	J - A	A
Pachypops fourcroi		J - A	
Plagioscion auratus	A	J - A	
Plagioscion squamosissimus	A	J - A	
Stellifer stellifer		J - A	
Stellifer rastrifer		J - A	
Stellifer microps		J - A	
Stellifer naso		J - A	
Stellifer magoi		J - A	
Stellifer sp. (juvenil)		J	A
Serranidae			
Epinephelus itajara		J	A
PLEURONECTIFORMES			
Soleidae			
Achirus achirus		J - A	
BATRACHOIDIFORMES			
Batrachoididae			
Batrachoides surinamensis		J - A	

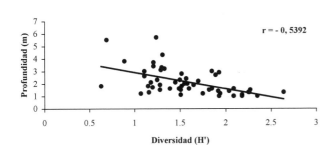

Figura 5.13. Relación entre la profundidad y la diversidad (H') de especies en las localidades muestreadas duarante la expedición AquaRAP al golfo de Paria y delta del Orinoco, Venezuela.

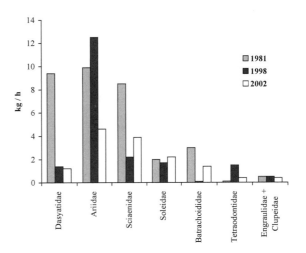

Figura 5.14. Cambios registrados en la abundancia de las principales familias de peces en la desembocadura del caño Mánamo y áreas adyacentes entre 1981, 1989 y 2002. Fuente: 1981 (Novoa 1982), 1998 Novoa (2000 a), 2002 (este trabajo).

Evaluación rápida de la biodiversidad y aspectos sociales de los
ecosistemas acuáticos del delta del río Orinoco y golfo de Paria, Venezuela

101

Esta pesca extractiva, no sólo afecta las especies marino-estuarinas sino las dulceacuícolas también. El caso más alarmante está representado por los bagres pimelódidos del género *Brachyplatystoma* (laulaos, valentones). Dos de las especies de este género (*B. vaillanti* y *B. filamentosum*), son capturados en estadio juvenil mediante la pesca de arrastre en el Delta. Estas dos especies de bagres -que alcanzan la mayor talla entre los bagres de agua dulce-, son de gran importancia en las pesquerías artesanales del medio y alto Orinoco, y sus capturas en estas áreas empiezan a declinar. Si además de la sobre-pesca de los adultos en estas áreas, sumamos el impacto sobre los juveniles en el Delta, podemos hacernos una idea del futuro de ambas especies. Es importante señalar que los adultos de estas especies se reproducen río arriba y a medida que transcurre la deriva de los huevos y larvas, estas van desarrollándose gradualmente hasta llegar al tamaño juvenil en el Delta.

Afortunadamente, está actividad ha sido regulada muy recientemente por el Instituto Nacional de la Pesca y Acuacultura (Resolución Nº 004) del 12 de junio 2002 (ver Gaceta de la Republica Bolivariana de Venezuela del miércoles 26 de junio de 2002). Los artículos más importantes señalan lo siguiente: 1) Establecer un período de veda del 1 de octubre al 30 de noviembre 2002 (Artículo 1); 2) reducir la flota pesquera que utiliza este arte de pesca a 22 embarcaciones, que ejercerán faenas de trabajo por días intermedios durante el período permitido en el año 2002, en las áreas de Pedernales, isla Cotorra, Las Isletas y en los alrededores de la desembocadura del caño Mánamo.

Por último, las recomendaciones para la conservación de la ictiofauna béntica pueden resumirse en tres aspectos fundamentales: 1) Monitorear la pesca de arrastre y continuar con su regulación; 2) declarar vedas temporales y espaciales y finalmente, 3) implementar métodos de pesca alternativos a la pesca de arrastre que no sean tan perjudiciales para la biota acuática. Una discusión más detallada sobre estos aspectos, se muestra en el Capítulo 4.

BIBLIOGRAFÍA

Cervigón, F. 1982. La ictiofauna estuarina del Caño Mánamo y áreas adyacentes. *En:* Novoa, D. (comp.). Los recursos pesqueros del río Orinoco y su explotación. Corporación Venezolana de Guayana. Caracas, Ed. Arte. Pp. 205-260.

Cervigón, F. 1985. La ictiofauna de las aguas estuarinas del delta del río Orinoco en la costa atlántica occidental, Caribe. *En:* Yañez-Arancibia, A. (ed.). Fish Community Ecology in Estuaries and Coastal Lagoons: Towards an Ecosystem Integration. UNAM Press, Mexico. Pp. 56-78.

Goulding, M., M. Leal Carvalho y E. Ferreira. 1988. Rich Life in Poor Water: Amazonian Diversity and Foodchain Ecology as Seen Trough Fish Communities. SPB Academic Publishing, The Hague.

Magurran, A. 1988. Diversidad Ecológica y su Medición. Ed. Vechá, Barcelona.

Novoa, D. (Comp.). 1982. Los recursos pesqueros del Río Orinoco y su explotación. Corporación Venezolana de Guayana. Ed. Arte, Caracas.

Novoa, D. 2000 a. La pesca en el Golfo de Paria y Delta del Orinoco costero. CONOCO Venezuela. Ed. Arte. Caracas.

Novoa, D. 2000 b. Evaluación del efecto causado por el efecto de la pesca de arrastre costera sobre la fauna íctica en la desembocadura del Caño Mánamo (Delta del Orinoco, Venezuela). Acta Ecol. Mus. Mar. Margarita, 2: 43-62.

Novoa, D., F. Cervigón y F. Ramos. 1982. Catálogo de los recursos pesqueros del Delta del Orinoco. *En:* D. Novoa (comp.). Los recursos pesqueros del Río Orinoco y su explotación. Corporación Venezolana de Guayana. Ed. Arte, Caracas. Pp. 263-323.

Novoa, D. y F. Cervigón. 1986. Resultados de los muestreos de fondo en el área estuarina del Delta del Orinoco. *En:* IOC/FAO Workshop on recruitment in tropical coastal demersal communities. IOC Workshop report 44. Abril 1986. Ciudad del Carmen, México.

Ramos, F., D. Novoa e I. Itriago. 1982. Resultados de los programas de pesca exploratoria realizados en el Delta del Orinoco. *En:* D. Novoa (comp.). Los recursos pesqueros del Río Orinoco y su explotación. Corporación Venezolana de Guayana. Ed. Arte, Caracas. Pp. 162-192.

Sokal, R. R. y F. J. Rohlf. 1984. Introducción a la bioestadística. Editorial Reverté, Barcelona.

Yánez-Arancibia, A. (ed.). 1985. Ecología de comunidades de peces en estuarios y lagunas costeras. Hacia una integración de ecosistemas. Universidad Nacional Autónoma de México. México.

Yánez-Arancibia, A., A. L. Lara-Dominguez y H. Álvarez-Guillén.1985. Fish community ecology and dynamics in estuarine inlets. *En:* Yánez-Arancibia, A. (ed.). Ecología de comunidades de peces en estuarios y lagunas costeras. Hacia una integración de ecosistemas. Universidad Nacional Autónoma de México. México. Pp. 127-168.

Capitulo 6

Herpetofauna del golfo de Paria y delta del Orinoco, Venezuela

J. Celsa Señaris

RESUMEN

Con base en revisiones de bibliografía y colecciones de museos, así como exploraciones de campo, se presenta un análisis taxonómico, ecológico y biogeográfico de la fauna de anfibios y reptiles del golfo de Paria y delta del río Orinoco, noreste de Venezuela. Se reconocen 44 especies de anfibios y 91 reptiles, cifras que representan, en conjunto, el 22% de la herpetofauna del país. Cada macroambiente presenta una composición y riqueza de especies particular, sin embargo la mayor diversidad se encuentra en ambientes no inundables y/o de inundación temporal en comparación con aquellos inundados permanentemente. La herpetofauna del golfo de París y el delta del Orinoco está formada por un conjunto de taxones con diferentes patrones de distribución donde dominan aquellos con distribuciones amazónico-guayanesas, seguidos por especies de amplia distribución. Dada la importante diversidad de anfibios y reptiles, su interés desde el punto de vista biogeográfico, así como la presencia de especies en situaciones críticas de conservación, se sugiere prestar especial atención a estos humedales con el fin de establecer medidas de conservación apropiadas.

INTRODUCCIÓN

Los anfibios y reptiles representan uno de los componentes más significativos de muchos ecosistemas tropicales, especialmente en humedales y bosques, donde pueden alcanzan elevadas densidades poblacionales y/o biomasas que exceden las de otros grupos de vertebrados (Vitt et al. 1990). En este sentido representan importantes depredadores y reguladores de la fauna de artrópodos y a la vez constituyen las presas básicas de aves, mamíferos y peces. Además de esta posición central en la cadena alimenticia y su eficiencia en el flujo de energía y nutrientes, los anfibios y reptiles son funcionalmente importantes como indicadores biológicos de la calidad ambiental, debido a su gran especificidad de hábitat y sus limitadas capacidades de dispersión.

En Venezuela, y hasta hace una década atrás, la herpetofauna del delta del río Orinoco y las planicies inundables adyacentes del golfo de París, era prácticamente desconocida. Sin embargo, la apertura petrolera nacional en esta región, y sus consecuentes estudios de línea base y evaluaciones ambientales, generaron un importante incremento en el conocimiento de su biota. A pesar de ello, gran parte de esta información se encuentra en informes técnicos de uso restringido y solo recientemente están siendo publicados los primeros trabajos que dan cuenta de las exploraciones y ofrecen información sobre la diversidad de anfibios y reptiles de esta zona de Venezuela. Señaris y Ayarzagüena (en prensa) y Molina et al. (en prensa) presentan una recopilación general sobre el conocimiento de los anfibios y reptiles del delta del río Orinoco, sin embargo el golfo de París permanece aún sin un tratamiento similar.

En este último sentido este trabajo tiene como objetivo ofrecer un resumen de la información existente sobre la herpetofauna del delta del Orinoco y, a su vez, ampliar la cobertura geográfica haciendo especial énfasis en las planicies inundables y áreas adyacentes del golfo de Paria en los vecinos estados Monagas y Sucre en el noreste de Venezuela.

Evaluación rápida de la biodiversidad y aspectos sociales de los ecosistemas acuáticos del delta del río Orinoco y golfo de Paria, Venezuela

103

MATERIAL Y MÉTODOS

Área de estudio

El área de estudio abarca el Estado Delta Amacuro y las planicies inundables –permanente o temporalmente – de los ríos San Juan y Guanipa del golfo de Paria en los estados Monagas y Sucre al noreste de Venezuela (Figura 6.1). La caracterización física general, al igual que la vegetación existente en el área de estudio, se encuentran descritas en Colonnello (Capítulo 1).

En este trabajo se incluyen datos no publicados de dos evaluaciones ecológicas llevadas a cabo por la autora en la Reserva Forestal de Guarapiche en el golfo de Paría, Estado Monagas. La primera de estas exploraciones corresponde a la localidad 1 denominada "Sector Guanipa" a 24,2 km O de la población de Capure (9°57′7,8′′N - 62°13′47,8′′O; 0 m s.n.m.) en el límite sureste de la Reserva Forestal de Guarapiche. La segunda (localidad 2) corresponde a Cachipo o Abatuco (9°56′13′′N-63°01′02′′O; 10-15 m s.n.m.) en las cercanías del poblado de igual nombre, en la parte noroeste de la Reserva Forestal en el golfo de Paria.

En general la localidad 1 -"Sector Guanipa" (Figura 6.2) se caracteriza por una inundación permanente, donde se desarrollan comunidades herbáceas y leñosas, reconociéndose cinco unidades o tipos de hábitat en función de sus características físicas y bióticas (Colonnello 1997a, Lasso y Meri 2003), a saber:

- Laguna: Cuerpo de agua abierto con una profundidad de aproximadamente 3 m, transparencia de 25 cm, temperatura entre 27 °C - 29 °C, pH 6,2 y anoxia total en el fondo. Se identificaron ocho especies de plantas de

las cuales las más abundantes son *Tipha dominguensis* y *Limnobium laevigatum*.

- Herbazal: Herbazal inundado con una profundidad entre 30-50 cm, transparencia casi total, pH 6,2 y temperatura del agua de 30ºC. Las especies vegetales dominantes son el rábano de agua (*Montrichardia arborescens*), casupo (*Heliconia psittacorum*), cortadera (*Cyperus giganteus*) y los helechos *Acrostichium aureum* y *Blechnum serrulatum*.

- Herbazal arbolado: En el herbazal arbolado además de las especies vegetales presentes en el ambiente anterior, aparece la palma moriche (*Mauritia flexuosa*), el sangrito (*Pterocarpus officinalis*), la trepadora (*Mikania congesta*) y el bucare de agua (*Eritrina glauca*). La profundidad oscila alrededor de 1,5 m, con una temperatura del agua de 27 ºC y una transparencia de 20 cm.

- Morichal: Este ambiente está dominado por la palma moriche, además de la palma manaca (*Euterpe oleracea*),

Figura 6.2. Vistas generales de la laguna (superior) y herbazal inundado (inferior) en la localidad Sector Guanipa, golfo de Paria, Estado Monagas, Venezuela.

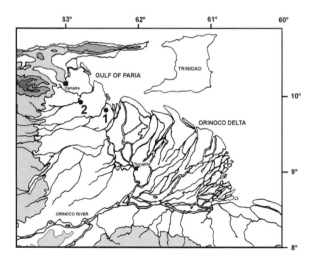

Figura 6.1. Mapa general del golfo de Paria y delta del río Orinoco, Venezuela. 1: localidad Sector Guanipa, Estado Monagas y 2: localidad Sector Cachipo, Estado Monagas.

el arepito (*Macrolobium* sp), el yagrumo (*Cecropia* sp) y el rábano de agua, en una matriz de vegetación herbácea. La profundidad máxima es de 0,5 m.

- Bosque de pantano: Este ambiente presenta una profundidad promedio de 1 m, con una transparencia total y una temperatura del agua entre 25 y 26 ºC, al igual que el morichal. Las especies dominantes, además del moriche, fueron el cuajo (*Virola surinamensis*), el bucare de agua, el sangrito y el peramancillo (*Symphonia globulifera*).

Por su parte en la localidad 2 de "Cachipo" se realizaron muestreos en bosques, bosques de galería y en el curso principal de los ríos Cachipo, Punceres, Guarapiche y en el morichal La Piedritas en la vía Cachipo-Los Pinos. En general y de acuerdo a Colonnello (1997b), en esta área se encuentran tres tipos de bosque cuyo factor determinante es la longitud del período de inundación. Así se reconocen:

- Bosque de inundación corta: Se caracterizan por el encharcamiento de lluvias locales sobre terrenos relativamente elevados; bosques altos (25 m de altura con emergentes de hasta 35 m), semideciduos y con dominancia de la rosa de montaña (*Brownea macrophila*) y el suipo (*Trichilia verrucosa*).

- Bosques de inundación estacional: Esta formación está caracterizada por una inundación prolongada por varios meses producto de las lluvias y desbordamiento de los ríos locales. Son bosques altos y decíduos, cuya especie dominante es el apamate (*Tabebuia rosae*).

- Bosques de inundación permanente: Ubicados en posiciones deprimidas, son bosques ombrófilos y palmares de lodazal en los cuales domina el peramancillo (*Symphonia globulifera*), el bucare (*Eritrina* sp) y las palmas *Mauritia flexuosa* y *Euterpe oleracea*.

Para este trabajo se realizó una extensa revisión bibliográfica que incluyó publicaciones científicas e informes técnicos, así como la revisión de las principales colecciones herpetológicas nacionales (MHNLS: Museo de Historia Natural La Salle, Caracas; EBRG: Estación Biológica Rancho Grande, Maracay y MBUCV: Museo de Biología de la Universidad Central de Venezuela). Adicionalmente se incluyen los datos de las dos expediciones de colección a la Reserva Forestal de Guarapiche en el Estado Monagas (ver área de estudio) cuya metodología de campo de detalla posteriormente.

Entre las principales referencias utilizadas para la elaboración de este trabajo están los tratados generales sobre anuros de Venezuela de Rivero (1961), La Marca (1992) y Barrio (1999) y para los reptiles, las revisiones generales sobre ofidios de Roze (1966, 1996), Lancini (1986), Lancini y Kornacker (1989), para tortugas de Pritchard y Trebbau (1984) y Medem (1983) para los cocodrilos. Referencias de especial interés por considerar particularmente la herpetofauna del área de estudio

y/o localidades dentro de ella son los trabajos de Beebe (1944a,b, 1945, 1946), Gónzalez-Sponga y Gans (1971), Williams (1974), Gorzula y Arocha-Piñango (1977), Bisbal (1992), Rivas (1997), Gorzula y Señaris (1999), Rivas y La Marca (2001), Señaris (2001), Señaris y Ayarzagüena (2001, en prensa), Señaris y Barrio (2002), Rivas y Molina (2003) y Molina et al. (en prensa).

En cuanto a las exploraciones de campo, estas fueron llevadas a cabo entre los días 29 de noviembre al 16 de diciembre de 1996 a la localidad 1 "Sector Guanipa" y entre 29 de abril y 12 de mayo de 1997 a la localidad 2 de "Cachipo", fechas que, en ambos casos, corresponden a la época de sequía. En cada una de estas localidades se realizaron muestreos diarios, diurnos y nocturnos, en transectas establecidas o al azar (Jaeger 1994), las cuales pretendieron abarcar los principales ambientes o micro ambientes encontrados en cada una de ellas, como selección de hábitats potenciales en muestreos de tiempo corto (Scott 1994). Así mismo durante dichas caminatas se realizaron estimaciones de abundancias específicas tanto por conteo de ejemplares observados y/o capturados o por transectas "auditivas" en el caso de anuros en reproducción activa (Zimmerman 1994).

A cada ejemplar colectado se le asignó un número de campo, bajo el cual se registraron las observaciones taxonómicas y ecológicas pertinentes. Posteriormente fueron sacrificados, fijados en formol al 10% y preservados en alcohol etílico al 70%. Actualmente están depositados en la colección de Herpetología del Museo de Historia Natural La Salle (MHNLS).

RESULTADOS

Composición taxonómica y riqueza de especies
Se reconocen 44 especies de anfibios y 91 reptiles para el delta del río Orinoco y golfo de Paria (Apéndice 9), cifras que representan aproximadamente el 16% y 28% del total de especies registradas para Venezuela.

En la clase Amphibia están representados el orden Anura (sapos y ranas) con 43 especies, mientras que el orden Gymnophiona solo cuenta con un representante, el cecílido *Potomotyphlus kaupii*. No está presente en el área de estudio el orden Caudata cuyos taxa en Venezuela se restringen exclusivamente a la región Andina y parte de la cordillera de la Costa. En el orden Anura las familias Hylidae, con 20 especies, y Leptodactylidae, con 10, aportan el mayor número de especies, seguidas por las familias Bufonidae (4 spp.), Dendrobatidae (3 spp.), Centrolenidae (2 spp.) y, por último, las familias Microhylidae, Pipidae, Pseudidae y Ranidae con una especie cada una (Figura 6.3). Los géneros más diversos son *Hyla* –ranas arborícolas con nueve especies - y los leptodactílidos terrestres *Leptodactylus* –7 spp.-, mientras que el resto están representados por cuatro o menos especies.

En cuanto a la clase Reptilia se tienen registros del orden Crocodylia (con dos especies de la familia Alligatoridae y otras tantas de la familia Crocodylidae), orden Testudines (con tres tortugas marinas, una terrestre y ocho dulceacuícolas) y orden Squamata con tres representantes del suborden Amphisbaenia (culebras de dos cabezas del género *Amphisbaena*) y 22 especies del suborden Sauria (lagartijas y gecos) y 50 del suborden Serpentes (culebras).

De forma más detallada, en el suborden Sauria las familias Teiidae y Gekkonidae son las más diversas en número de especies – con seis cada una–, seguidas de las familias Polychrotidae y Tropiduridae -con tres especies cada una-, Gymnophthalmidae con dos especies y, finalmente, las

familias Iguanidae y Scincidae con un representante cada una (Figura 6.4).

Dentro del suborden Serpentes, destaca ampliamente en riqueza de especies la familia Colubridae –con 35 especies pertenecientes a 24 géneros-, seguida por la familia Boidae, con cinco especies y las culebras venenosas de la familia Viperidae con cuatro. Las serpientes corales de la familia Elapidae y las culebritas cieguitas de la familia Typhlopidae están representadas por dos especies cada una, mientras que las familias Aniliidae y Leptotyphlopidae cuentan con una especie respectivamente (Figura 6.5).

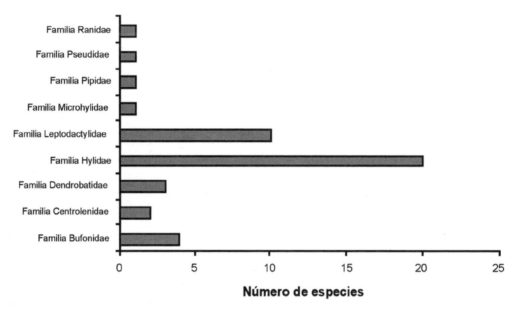

Figura 6.3. Número de anuros por familia registrados en el golfo de Paria y delta del Orinoco,Venezuela.

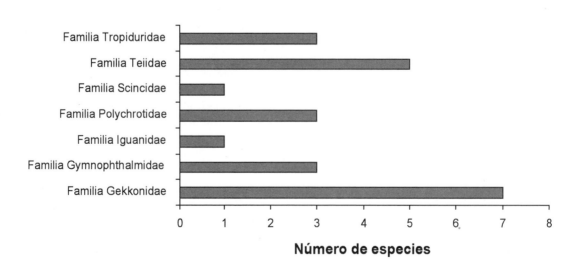

Figura 6.4. Número de reptiles por familia del suborden Sauria registrados en el golfo de Paria y delta del Orinoco, Venezuela.

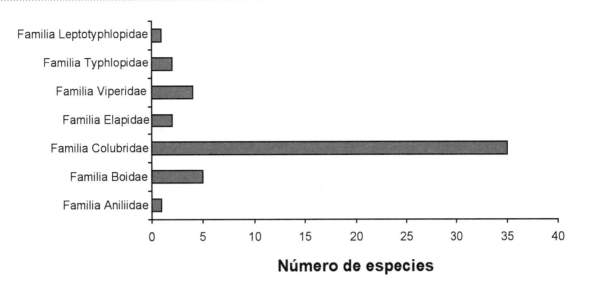

Figura 6.5. Número de reptiles por familia del suborden Serpentes registrados en el golfo de Paria y delta del Orinoco, Venezuela.

Un análisis más detallado de la riqueza y composición de especies de anfibios y reptiles del área de estudio muestra ciertas diferencias que caben señalar. Para el delta del río Orinoco se tienen registros de 39 anfibios, mientras que para el golfo de Paría solo ha sido confirmada la presencia de 25 (Apéndice 9). Entre los taxa de anfibios registrados solo para el delta del Orinoco se encuentran las tres especies de la familia Dendrobatidae, dos bufónidos, un centrolénido, seis hílidos y tres leptodactílidos. Por su parte, tres leptodactílidos y dos hílidos solo han sido encontrados en el golfo de Paria. En cuanto a la clase Reptilia 76 especies cuentan con registros para el golfo de Paria (de estos 26 solo han sido mencionados para Caripito, Estado Monagas), mientras que 69 están presentes en el abanico deltaico.

Aspectos ecológicos y comunitarios

Cada ambiente y/o unidad de vegetación del delta del Orinoco presenta una riqueza y composición particular de especies. En general, los bosques de galería (asentados sobre los albardones de los ríos y caños) reúnen la mayor riqueza de anfibios y la segunda de reptiles. En los bosques de pantano se registra la mayor riqueza de reptiles, sin embargo, son relativamente pobres en registros de anfibios. Los herbazales y morichales ocupan los puestos intermedios en riqueza de anfibios y reptiles, igualados a las praderas flotantes en el caso de los anuros. Los cuerpos de agua – ríos, caños, lagunas- aparecen como los hábitat menos diversos, ya que solo cuentan con especies de hábitos exclusivamente acuáticos (babas, caimanes, mayoría de tortugas, entre los más resaltantes, Figura 6.6).

En el golfo de Paria se repite un patrón semejante al descrito anteriormente para el triángulo del delta del Orinoco, donde la mayor riqueza de especies aparecen en ambientes más elevados – no inundables y/o de inundación temporal- en comparación con hábitat permanentemente inundados.

De forma más detallada, en la localidad "Sector Guanipa", área totalmente inundada en el sector sureste golfo de Paría (Figura 6.1, localidad 1), se registraron siete especies de anfibios y 13 reptiles con una distribución o repartición particular en cada uno de los ambientes explorados. En la Tabla 6.1 y Figuras 6.7 y 6.8 se detallan la distribución espacial de los anfibios y reptiles en esta localidad, observándose la mayor riqueza de especies en el ecotono herbazal-bosque (con 8 spp.), seguido por el bosque de pantano y herbazal arbolado con siete especies cada uno, herbazal de *Scleria* sp. con 6 spp. y, finalmente, los herbazales de *Eleocharis* sp. y *Typha* sp. con cuatro y tres taxa respectivamente. La mayoría de las especies, tanto anfibios como reptiles, fueron observados exclusivamente en uno o dos ambientes en particular, y solo tres especies (las ranas *Hyla geographica*, *Leptodactylus pallidirostris* y la baba *Caiman crocodylus*), ocuparon cuatro o más de los ambientes explorados (Tabla 6.1), aunque sus abundancias relativas fueron diferentes en cada uno de ellos.

En términos generales para la localidad 1 "Sector Guanipa" las ranas *Hyla geographica* (con densidades entre 0,075-0,013 ind/m^2), *Hyla microcephala*, *Leptodactylus pallidirostris* y *Pseudis paradoxa* (con densidades de 0,027 ind/m^2 en el herbazal de *Eleocharis*) fueron las especies más abundantes, seguidas de *Scinax rostratum* y *Sphaenorhynchus lacteus*. Por su parte la baba *Caiman crocodylus* -con una densidad de 0,017 ind/m^2 para la laguna y 0,027 ind/m^2 para el herbazal de *Eleocharis*-, fue el reptil numéricamente dominante en el área de estudio. Le sigue en importancia de número de observaciones y/o capturas los lagartos *Mabuya mabouya* y *Kentropix calcarata*.

Hyla geographica, *H. microcephala* y *Pseudis paradoxa* fueron los únicos anuros encontrados en reproducción activa

Evaluación rápida de la biodiversidad y aspectos sociales de los
ecosistemas acuáticos del delta del río Orinoco y golfo de Paria, Venezuela

107

(cantos, renacuajos y juveniles). En la laguna se observó gran cantidad de "escuelas" de renacuajos de *H. geographica* (con 428-445 renacuajos cada "escuela") así como juveniles de esta especie. En cuanto a los reptiles, fueron observados nidos de *Caiman crocodylus* en el ecotono entre el herbazal y el bosque inundable, elaborados en la base de palmas moriches con material vegetal de las adyacencias; en estos mismos lugares fueron observados juveniles de babas (aproximadamente de 20-25 cm de longitud total).

Para la localidad 2 de "Cachipo" (Figura 6.1, localidad 2) se registraron 13 especies de anfibios y 22 reptiles, los cuales se encuentran listados en la Tabla 6.2. A diferencia de la localidad anterior, las áreas exploradas en Cachipo son bastante homogéneas y no se detectaron patrones de distribución tan particulares, salvo en ambientes mayores, como cuerpos de agua y áreas intervenidas. Como se detalla en la Tabla 6.2 el ambiente más diverso, tanto en anfibios como reptiles, fue el bosque, seguido por los bosques de galería, áreas intervenidas y finalmente, los cuerpos de agua.

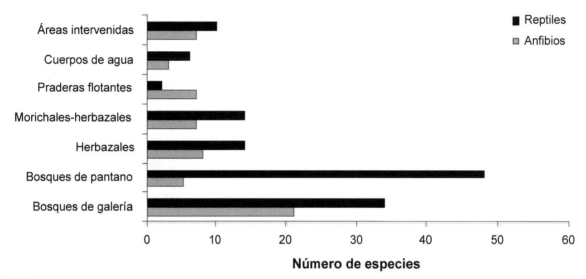

Figura 6.6. Número de especies de anfibios y reptiles registrados en diferentes macroambientes en el delta del río Orinoco, Venezuela.

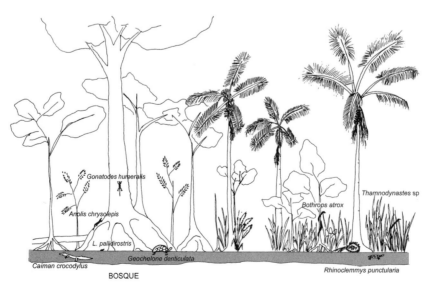

Figura 6.7. Dibujo esquemático del bosque inundable y morichal mostrando los microhábitat donde fueron observados los anfibios y reptiles en el Sector Guanipa, golfo de Paria, Venezuela.

DISCUSIÓN

Las especies de anfibios y reptiles registrados en el golfo de Paria y delta del Orinoco presentan diferentes patrones de distribución geográfica. Pocos taxa son exclusivos o endémicos de esta zona del país y, hasta el momento, solo dos especies han sido registradas exclusivamente en ella: la rana de cristal *Hyalinobatrachium mondolfii* de las planicies inundables del río Guarapiche y delta del Orinoco (Señaris y Ayarzagüena 2001) y el lagartijo *Anolis deltae* del bajo delta (Williams 1974). Otras especies, principalmente de reptiles, poseen una distribución algo mayor que abarca el área de

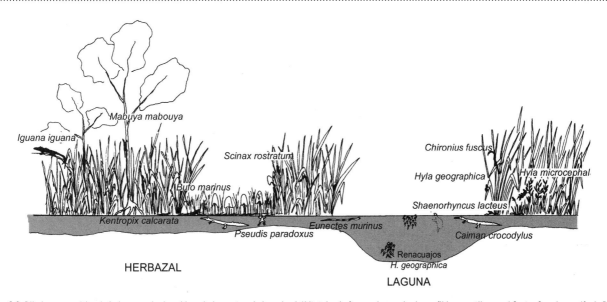

Figura 6.8. Dibujo esquemático de la laguna y herbazal inundado mostrando los microhábitat donde fueron observados los anfibios y reptiles en el Sector Guanipa, golfo de Paria, Venezuela.

Tabla 6.1. Distribución de los anfibios y reptiles encontrados en la localidad "Sector Guanipa", Estado Monagas, en las diferentes unidades de vegetación (29 noviembre-16 diciembre de 1996).

Especie	Laguna	Herbazal de *Typha*	Herbazal de *Scleria*	Herbazal de *Eleocharis*	Herbazal arbolado	Ecotono	Bosque de pantano
Amphibia							
Bufo marinus			X				
Hyla geographica		X	X			X	X
Hyla microcephala				X			
Scinax rostratus		X	X				
Sphaenorhynchus lacteus		X			X		
Leptodactylus pallidirostris				X	X	X	X
Pseudis paradoxa				X			
Reptilia							
Caiman crocodylus	X	X	X	X	X	X	X
Geochelone denticulata							X
Rhinoclemys punctularia						X	
Podocnemis unifilis	X						
Gonatodes humeralis							X
Iguana iguana					X		
Anolis chysolepis							X
Kentropix calcarata					X	X	
Mabuya mabouya					X	X	
Eunectes murinus	X						
Chironius fuscus			X		X		
Thamnodynastes sp			X		X		
Bothrops atrox					X		X

Evaluación rápida de la biodiversidad y aspectos sociales de los ecosistemas acuáticos del delta del río Orinoco y golfo de Paria, Venezuela

109

estudio y zonas adyacentes, entre las cuales cabe señalar a *Amphisbaena gracilis* asociada a las planicies de desborde del medio y bajo Orinoco hasta el delta medio (Señaris 2001) y *Thamnodynastes* sp. de las planicies inundables costeras desde el golfo de Paria hasta Guyana y Trinidad (Boos 2001). Por su parte *Mastigodryas amarali* está restringida al noreste del país (estados Sucre y Nueva Esparta) extendiéndose hasta la porción norte del golfo de Paria, mientras que el sapo *Leptodactylus labyrinthicus* presenta una distribución disyunta entre el Estado Sucre en Venezuela y Brasil (Péfaur y Sierra 1995).

De los 44 anfibios registrados en el golfo de Paria y delta del Orinoco, dominan las especies con distribución ama-

zónico-guayanesa, las cuales representan el 34,1% de la anurofauna, seguidos por las especies de amplia distribución -10 spp., 22,7%-. Siete especies de anfibios (15,9%) habitan principalmente en los Llanos, mientras que cuatro taxa están compartidos con la Amazonía y otros tres solo con la región Guayana. Si se suman las especies con distribución amazónica y/o guayanesa estas representan el 50% de los taxa registrados, los cuales presentan su límite de distribución más septentrional en el área de estudio.

En cuanto a los reptiles y dejando de lado las especies con distribución restringida mencionadas anteriormente así como las tres especies de tortugas marinas, el 34,1% de las especies registradas poseen una amplia distribución en el

Tabla 6.2. Anfibios y reptiles encontrados en la localidad "Cachipo", Estado Monagas, en los diferentes hábitat explorados (29 abril-12 mayo de 1997).

Especie	Bosque	Bosque de galeria	Areas intervenidas	Cuerpos de agua
Amphibia				
Bufo marinus	X	X	X	
Hyla boans		X		
Hyla crepitans	X			
Hyla geographica		X		
Osteocephalus cabrerai	X	X		
Phrynohyas venulosa	X		X	
Scinax rostratus	X			
Scinax ruber	X			
Leptodactylus bolivianus		X	X	
Leptodactylus fuscus			X	
Leptodactylus knudseni	X			
Leptodactylus pallidirostris	X	X	X	
Elachistocleis ovalis			X	
Reptilia				
Caiman crocodylus				X
Paleosuchus palpebrosus				X
Kinosternon scorpioides				X
Geochelone denticulata	X			
Gonatodes humeralis	X	X		
Thecadactylus rapicauda	X			
Iguana iguana		X		
Anolis nitens chrysolepis	X	X	X	
Mabuya mabouya	X			
Ameiva ameiva			X	
Tupinambis teguixin	X			
Tropidurus plica	X			
Uranoscodon superciliosus	X			
Boa constrictor		X		
Chironius fuscus	X			
Leptodeira annulata	X			
Liophis reginae	X			
Ninia atrata	X			
Oxybelis aeneus	X			
Oxyrhopus petola	X			
Pseudoboa neuwiedii	X			
Bothrops atrox	X	X	X	
TOTAL	24	11	9	3

país. Por otra parte 26 especies (28,6%) se distribuyen por la Amazonía y Guayana, seguidas en importancia numérica por taxa llanero-costeros (7,7%), guayaneses (6,6%) y aquellos restringidos a la cuenca del río Orinoco (5,5%). Cierran la lista cuatro especies de distribución costera (norte del país), tres que habitan en la Amazonía-Guayana-Llanos y, finalmente, dos especies solo registrados para la región Amazónica. Las contribuciones de taxa con distribución amazónica y/o guayanesa, en conjunto, suman el 38% de la fauna de reptiles, porcentaje superior al del resto de los patrones de distribución, pero cercano a la contribución de especies de amplia distribución.

Medem (1983) señaló explícitamente la ausencia de registros del caimán de la Costa (*Crocodylus acutus*) entre la península de Paria y el delta del Orinoco, sin embargo su presencia en Puerto Yagüaraparo y río San Juan antes de los años 60, apuntan como muy probable que su límite de distribución en el pasado llegara hasta el delta del Orinoco.

Desde el punto de vista biogeográfico el área del golfo de Paria y delta del Orinoco ha sido tratado en algunos casos como una región particular o, por el contrario, considerada como una extensión de la región Guayana. Rivero (1961, 1964), basado en escasos registros, señaló al delta del Orinoco y las planicies inundables del Estado Monagas como "Delta Región", criterio que fue seguido por Barrio (1999) quien la extendió desde la serranía de Lema (Estado Bolívar) hasta el sureste del Estado Sucre. Por su parte Roze (1966), basado en los patrones de distribución de los ofidios, caracterizó dentro de la Subregión meridional a la "Formación Monaguesa", como una cuña que abarca gran parte del Estado Monagas y extremo sureste del Estado Sucre, además de las tierras más elevadas del delta del Orinoco hasta Guyana. Este mismo autor definió a la "Formación Deltana" como las tierras inundables del delta del Orinoco, destacando, sin embargo, lo escaso de los registros.

Por su parte Gorzula y Señaris (1999), basados en las distribuciones de anfibios y reptiles, incluyen en la Región Guayana venezolana al delta del Orinoco y a las planicies inundables costeras de los estados Monagas y Sucre. Señaris y Ayarzagüena (en prensa) y Molina et al. (en prensa) reafirman esta consideración para el delta del Orinoco, aunque destacan que esta zona pudiera ser considerada, así mismo, como una área de mezcla y/o conexión entre biotas de regiones adyacentes.

Los resultados obtenidos en este trabajo muestran que la herpetofauna de las planicies inundables del golfo de Paria y el delta del Orinoco, es un conjunto de taxa con diferentes patrones de distribución geográfica donde predominan numéricamente aquellos con distribuciones amazónico-guayanesas, seguidos por especies de amplia distribución. Igualmente se destaca el bajo número de elementos endémicos, razón por la cual no ha sido considerada como una unidad biogeográfica particular, sino por el contrario como una extensión de la región Guayana con una significativa contribución de especies amazónicas. Resulta igualmente importante observar que, en general, buena parte de los

taxa considerados como amazónicos-guayaneses presentan una distribución en forma de arco, que si bien pueden estar ausentes en las tierras medias y altas de la región Guayana, se extienden hacia el norte a través de Guyana hasta sur del Estado Sucre, pasando por el delta del Orinoco y las tierras inundables de Monagas. Entre las especies que presentan este tipo de distribución (extendida hasta la península de Paria) están: los anfibios *Hyla boans, H. geographica, H. multifasciata, Sphaenorhynchus lacteus, Osteocephalus cabrerai, Leptodactylus knudseni, Pipa pipa,* y los reptiles *Leposoma percarinatum, Tropidurus umbra, Uranoscodon superciliosa, Chironius scurrulus, Erythrolamprus aesculapii, Liophis cobella, Philodryas viridissimus, Pseudoboa coronata, Pseutes poecilonotus, Siphlophis compressus* y *Rhinoclemmys punctularia.* Es posible que exista una asociación entre estos patrones de distribución y los tipos de vegetación y/o macroambientes. Como ejemplo de ello Avila-Pires (1995) señaló que existe un conjunto de lagartos de vegetación abierta que exhibe este patrón de distribución en arco que abarca las Guayanas a lo largo de los márgenes de la Región Amazónica.

A pesar del importante incremento en el conocimiento de la herpetofauna de los humedales del nororiente de Venezuela, se considera que sus inventarios son aún incompletos y por ende, cualquier consideración biogeográfica debe ser entendida como preliminar. Sin embargo, la existencia confirmada de cerca del 22% de la herpetofauna de Venezuela en el delta del Orinoco y planicies inundables asociadas – con un área de aproximadamente 45.300 km^2 - la señalan como un área con una alta concentración de especies. Tomando en consideración exclusivamente a los anfibios encontramos una relación entre el número de especies y el área considerada de 971,30 especies/10^6km^2, cifra que excede los cálculos ofrecidos por Duellman (1999) para diferentes regiones naturales de Suramérica, salvo las tierras altas de la Región Guayana.

En el delta del Orinoco y golfo de Paria habitan, temporal o estacionalmente, especies de particular importancia en términos de conservación, y que están incluidas en diferentes categorías según la UICN (1994) y el Libro Rojo a nivel nacional (Rodríguez y Rojas-Suárez 1999). Entre estas especies se encuentran la tortuga arrau (*Podocnemis expansa*), la tortuga carey (*Eretmochelys imbricata*), la tortuga blanca (*Chelonia mydas*), la tortuga guaraguá (*Lepidochelys olivacea*), el caimán del Orinoco (*Crocodylus intermedius*), el caimán de la Costa (*Crocodylus acutus*), la baba (*Caiman crocodylus*), la iguana (*Iguana iguana*), el mato de agua (*Tupinambis tequixin*), la tragavenado (*Boa constrictor*) y la anaconda (*Eunectes murinus*).

La población criolla e indígena del delta del Orinoco incluye en sus actividades de subsistencia la utilización de algunas especies de reptiles, aún cuando esta práctica no ha sido suficientemente documentada y aparentemente se trate de ítems alimenticios secundarios. Heinen et al. (1995) comentan sobre expediciones estacionales de los waraos para la captura de iguanas (*Iguana iguana*) y durante la época de sequía, la búsqueda de tortugas terrestres o morrocoyes (*Geochelone denticulata*). Estos mismos autores señalan que algunos grupos waraos en contacto cercano con criollos o centros misioneros cazan babas y cocodrilos, que luego son vendidos. Reafirmando esta última observación Gorzula y Señaris (1999) mencionan que en 1988 en la población de Tucupita, capital del Estado Delta Amacuro, eran vendidas "empanadas" de baba y, adicionalmente, se vendían filetes de esta especie diciendo que se trataba del bagre laulau (*Brachy-platystoma vaillanti*). Personalmente, en varios poblados del delta del Orinoco, he constatado consumo y/o venta de las tortugas *Rhinoclemmys punctualaria, Geochelone denticulata* y *Podocnemis unifilis*, de la baba *Caiman crocodylus* y los lagartos *Tupinambis teguixin* e *Iguana iguana,* práctica que en algunos casos es habitual y representa una actividad importante en la alimentación o fuente de ingresos de los indígenas warao.

Tomando en cuenta la importante diversidad de anfibios y reptiles, su interés desde el punto de vista biogeográfico, así como la presencia de especies en situaciones especiales de conservación y/o uso, resulta importante realizar estudios exhaustivos en el delta del río Orinoco y planicies inundables adyacentes en los estados Monagas y Sucre (golfo de Paria), con el fin de conocer y caracterizar apropiadamente estos humedales, así como proponer medidas concretas para su conservación.

CONCLUSIONES Y RECOMENDACIONES PARA LA CONSERVACIÓN

La zona nororiental de Venezuela que abarca el delta del Orinoco y golfo de Paria en Venezuela ha sido escasamente explorada en términos de su herpetofauna, sin embargo aparece como un área de importancia en términos de diversidad de anfibios y reptiles, ya que han sido registrados alrededor del 22% de la herpetofauna reportada para el país. Así mismo en esta zona habitan un conjunto de especies de reptiles de importancia económica y de consumo, además de taxa claves para la conservación entre los que resaltan tres especies de tortugas marinas, una de agua dulce y otra terrestre y tres cocodrílidos. En particular se recomienda las siguientes acciones:

- Intensificar los muestreos de herpetofauna en diferentes localidades del delta del Orinoco y golfo de Paría, especialmente en las zonas del delta medio, Reserva de Biosfera Delta del Orinoco, estibaciones de la serranía de Imataca al sureste del río Grande y Parque Nacional Turuepano.

- Evaluar las poblaciones de reptiles de especial importancia en términos de conservación y elaborar planes concretos para su conservación.

- Evaluar las actividades de utilización de especies de anfibios y reptiles por parte de la población criollo e indígena.

REFERENCIAS

Avila-Pires, T. C. S. 1995. Lizards of Brazilian Amazonia (Reptilia: Squamata). Zool. Verh. 299: 1-706.

Barrio, C. 1999. Sistemática y biogeografía de los anfibios (Amphibia) de Venezuela. Acta Biol. Venez. 18(2): 1-93.

Beebe, W. 1944a. Field notes on the lizards of Kartabo, British Guiana and Caripito, Venezuela. Part I. Gekkonidae. Zoologica. 29(14): 145-160.

Beebe, W. 1944b. Field notes on the lizards of Kartabo, British Guiana and Caripito, Venezuela. Part 2. Iguanidae. Zoologica. 29(14): 195-216.

Beebe, W. 1945. Field notes on the lizards of Kartabo, British Guiana and Caripito, Venezuela. Part 3. Teiidae, Amphisbaenidae and Scincidae. Zoologica. 30(2): 7-31.

Beebe, W. 1946. Field notes on the snakes of Kartabo, British Guiana and Caripito, Venezuela. Zoologica. 31(1): 11-52.

Bisbal, F. 1992. Estudio de la fauna silvestre y acuática del pantano oriental, Estado Monagas y Sucre, Venezuela. Informe Técnico Convenio MARNR-Lagoven, Caracas, Venezuela.

Boos, H. E. 2001. The snakes of Trinidad and Tobago. Texas A&M University Press, College Station.

Colonnello, G. 1997a. Vegetación. *En*: Caracterización de la vegetación y la fauna asociada a los humedales de la Reserva Forestal de Guarapiche, Estado Monagas. Evaluación Sector Guanipa (29 noviembre – 16 diciembre 1996). Informe Técnico preparado por Fundación La Salle para British Petroleum, Caracas, Venezuela. Pp. 4-28.

Colonnello, G. 1997b. Vegetación. *En*: Caracterización de la vegetación y la fauna asociada a los humedales de la Reserva Forestal de Guarapiche, Estado Monagas. Evaluación Sector Cachipo (Abatuco) (29 abril – 12 mayo 1997). Informe Técnico preparado por Fundación La Salle para British Petroleum, Caracas, Venezuela. Pp. 3-33.

Duellman, W. E. 1999. Distribution patterns of amphibians in South America. *En*: W. E. Duellman (ed.). Patterns of distribution of amphibians. A global perspective. The Johns Hopkins University Press. Maryland. Pp. 255-328.

Gónzalez-Sponga, M. y C. Gans. 1971. *Amphisbaena gracilis* Strauch rediscovered (Amphisbaenia: Reptilia). Copeia. 1971(4): 589-595.

Gorzula, S. y L. Arocha-Piñango. 1977. Amphibians and Reptiles collected in the Orinoco Delta. British J. Herpetology. 5: 687.

Gorzula, S. y J. C. Señaris. 1999 ("1998"). Contribution to the herpetofauna of the Venezuelan Guayana. Part I. A Data Base. Scientia Guaianae. 8: xviii+270+32 pp.

Heinen, H. D., J. San José, H. Caballero y R. Montes. 1995. Subsistence activities of the warao indians and antropogenic changes in the Orinoco Delta vegetation. *En*: H. D. Heinen, J. San José y H. Cabellero (eds). Naturaleza y Ecología Humana en el Neotropico. Scientia Guaianae 5. Pp. 312-334.

Jaeger, R. G. 1994. Transect sampling. *En*: Heyer, W.R., Donnelly, M. A., McDiarmid, R. W., Hayerk L. C. y Foster M. S. (eds). Measuring and monitoring Biological Diversity. Standard Methods for Amphibians. Smithsonian Institution Press, Washington. Pp. 103-107.

La Marca, E. 1992. Catálogo taxonómico, biogeográfico y bibliográfico de las ranas de Venezuela. Cuadernos de Geografía, Universidad de Los Andes. 9: 1-197.

Lancini, A. R. 1986. Serpientes de Venezuela. Editorial Armitano, Caracas. 262 pp.

Lancini V., A. R. y Kornacker, P. M. 1989. Die Schlangen von Venezuela. Verlag Armitano Edit. C.A. Caracas.

Lasso, C. y V. Ponte. 1997. Ictiofauna. *En*: Caracterización de la vegetación y la fauna asociada a los humedales de la Reserva Forestal de Guarapiche, Estado Monagas. Evaluación Sector Cachipo (Abatuco) (29 abril – 12 mayo 1997). Informe Técnico preparado por Fundación La Salle para British Petroleum, Caracas, Venezuela. Pp. 34-62.

Lasso, C. y J. Meri. 2003 ("2001"). Estructura comunitaria de la ictiofauna en herbazales y bosques inundables del bajo río Guanipa, cuenca del Golfo de Paria, Venezuela. Mem. Fund. La Salle Cien. Nat. 155 : 75-90.

Medem, F. 1983. Los crocodylia de Sur America. Vol. II. Universidad Nacional de Colombia y Fondo Colombiano de Investigaciones Científicas y Proyectos Especiales (Colciencias). Bogotá, Colombia.

Molina, C., J. C. Señaris y G. Rivas. (En prensa). Los reptiles del Delta del Orinoco: Diversidad, ecología y biogeografía. Mem. Fund. La Salle Cien. Nat.

Pefaur, J. y N. M. Sierra. 1995. Status of *Leptodactylus labyrinthicus* (Calf frog, Rana Ternero) in Venezuela. Herp. Review. 26 (3): 124-127.

Pritchard, P.C.H. y Trebbau, P. 1984. The turtles of Venezuela. Contributions to Herpetology, 2. Society for the Study of Amphibians and Reptiles.

Rivas, G. 1997. Herpetofauna del Estado Sucre, Venezuela: lista preliminar de reptiles. Mem. Soc. Cien. Nat. La Salle 147: 67-80.

Rivas, G. y E. La Marca. 2001. Geographic distribution. *Pseudoboa coronata*. Herp. Review. 32(2) : 124.

Rivas, G. y C. Molina. 2003. New records of Reptiles from the Orinoco Delta, Delta Amacuro State, Venezuela. Herp. Review. 34(2): 171-173.

Rivero, J. 1961. Salientia of Venezuela. Bull. Mus. Comp. Zool., Harvard. 126(1): 1-207.

Rivero, J. 1964. The Distribution of Venezuelan frogs VI. The Llanos and delta region. Carib. J. Sci. 4: 491-495.

Rodriguez, J. P. y F. Rojas-Suarez. 1999. Libro Rojo de la Fauna Venezolana. Segunda Edición. PROVITA, Caracas.

Roze, J. 1966. La taxonomía y zoogeografía de los Ofidios en Venezuela. Universidad Central de Venezuela, Ediciones de la Biblioteca, Caracas.

Roze, J. 1996. Coral snakes of the Americas: biology, identification, and venoms. Krieger Publishing Company, Florida.

Scott, N. J. 1994. Complete Species Inventories. *En:* Heyer, W.R., Donnelly, M. A., McDiarmid, R. W., Hayerk L. C. y Foster M. S. (eds.). Measuring and Monitoring Biological Diversity. Standard Methods for Amphibians. Smithsonian Institution Press, Washington. Pp. 78-84.

Señaris, J. C. 2001. Aportes al conocimiento taxonómico y ecológico de *Amphisbaena gracilis* Strauch 1881 (Squamata: Amphisbaenidae) en Venezuela. Mem. Fund. La Salle de Cien. Nat. 152: 115-120.

Señaris, J. C. y J. Ayarzagüena. 2001. Una nueva especie de rana de cristal del género *Hyalinobatrachium* (Anura: Centrolenidae) del Delta del río Orinoco, Venezuela. Rev. Biol. Trop. 49(3): 1007-1017.

Señaris, J. C. y J. Ayarzagüena. (en prensa). Contribución al conocimiento de la anurofauna del Delta del Orinoco, Venezuela: Diversidad, Ecología y Biogeografía. Mem. Fund. La Salle de Cien. Nat.

Señaris, J. C. y C. Barrio. 2002. Geographic Distribution. *Hyla calcarata*. Herpet. Review. 33(1): 61

UICN. 1994. Categorías de Las Listas Rojas de la UICN. Documento final. UICN, Gland.

Vitt, L. J., J. P. Caldwell, H. M. Wilbur y D. C. Smith. 1990. Amphibians as harbingers of decay. Bioscience. 40: 418.

Williams, E. E. 1974. South American *Anolis*: three new species related to *Anolis nigrolineatus* and *A. dissimilis*. Breviora. 422: 1-15.

Zimmerman, B. L. 1994. Audio strip transects. *En:* Heyer, W.R., Donnelly, M. A., McDiarmid, R. W., Hayerk L. C. y Foster M. S. (eds). Measuring and monitoring Biological Diversity. Standard Methods for Amphibians. Smithsonian Institution Press, Washington. Pp. 92-97.

Evaluación rápida de la biodiversidad y aspectos sociales de los ecosistemas acuáticos del delta del río Orinoco y golfo de Paria, Venezuela

113

Capítulo 7

Consecuencias ambientales de la intervención del delta del Orinoco

José A. Monente y Giuseppe Colonnello

RESUMEN

Los humedales que conforman la casi totalidad de la región marino costera del oriente de Venezuela permanecen todavía con un grado de intervención pequeña, por lo que puede decirse que se encuentran en condición casi prístina. Aunque durante todo el siglo veinte ocurrieron diversas alteraciones en el delta, éstas fueron en general, significativamente poco importantes. La principal intervención que ha afectado el área se refiere al control impuesto a uno de sus distribuidores principales, el caño Mánamo, con el objeto de desecar las tierras con fines agrícolas, lo que afectó cerca de un tercio del delta. El dragado casi permanente a que son sometidas ciertas secciones del Río Grande para facilitar la navegación de grandes buques hasta Ciudad Guayana, también está generando impactos importantes en el resto de la región.

Las consecuencias de la construcción del muro que controla el caudal del caño se han ido manifestando poco a poco, aunque las primeras que llamaron la atención fueron aquellas que afectaron a las personas, indígenas principalmente y a los cultivos, que no resultaron favorecidos por las medidas. Además se han producido cambios en el régimen hidrológico que han derivado en la colmatación de caños, erosión y formación de islas. Asociado a la alteración del régimen hidrológico, los componentes bióticos se han visto afectados pues han ocurrido cambios en la composición de suelos y aguas.

No son éstas las únicas intervenciones que han ocurrido en el delta del Orinoco ya que en la actualidad se están planificando y ejecutando numerosas actividades, algunas a gran escala, como la petrolera, maderera y turística, que han tenido diverso grado de éxito.

Se propone, con carácter de urgencia, la elaboración de un plan general de manejo que garantice como mínimo, la permanencia de estos ecosistemas en condiciones similares a las actuales.

Para ello se hace necesario reevaluar el volumen de agua que se permite pasar desde el río Orinoco al caño Mánamo, y desde él al resto de la mitad norte del delta. También es necesario evaluar la continua acción de dragado en el río principal.

La participación de las comunidades criolla y warao que habitan en el delta junto a los investigadores y a los promotores de desarrollo para la zona, es fundamental para que los proyectos sean exitosos y garanticen además, la permanencia de este valioso ecosistema para las generaciones futuras.

INTODUCCIÓN

A lo largo de la historia los seres humanos han sentido una especial atracción hacia los espacios acuáticos. De hecho, grandes civilizaciones de la antigüedad nacieron y crecieron sobre este tipo de ecosistemas y todas ellas los modificaron tratando de aprovechar sus ventajas comparativas y las facilidades de comunicación y producción de bienes que representaban. Las comunidades humanas que florecieron cercanas a humedales y cauces fluviales intervinieron estos ambientes para convertirlos en "productivos" (principalmente de productos agropecuarios) y habitables, pues parecían malsanos y poco aprovechados. Desgraciadamente lo que consiguieron fue arruinar no sólo su entorno sino que la misma civilización que habían construido se desvaneció en la misma proporción en que dañaron el entorno, dejando apenas vestigios de su grandeza. En una publicación de principios del siglo XIX, Glynn (1838) cita "He logrado obtener no sólo dos cortes de pasto donde sólo se obtenía uno anteriormente, también he tenido el placer de ver cómo abundantes cosechas de trigo reemplazaban a las cortadoras y a las espadañas. De este modo la máquina de vapor permite la conversión de pantanos y ciénagas que exhalan malaria, enfermedad y muerte, en fértiles campos de maíz y prados verdes". Todavía se escucha la opinión que prevaleció en el pasado sobre estos ambientes: se deben mejorar. La tendencia a "sanearlos" fue, por ello, práctica común a lo largo de la historia y sigue viva todavía en la mente de algunos planificadores.

Lamentable error ya que estos ecosistemas dan cobijo a buena parte de la biodiversidad del planeta (Sparks 1995). Algunos países han redescubierto su importancia e intentan corregir los errores del pasado. Para ello, están devolviendo a los humedales aquellas funciones que algunas culturas antiguas comprendieron y respetaron desde hace miles de años. Asentados sobre ellos, lograron desarrollar una cultura rica y variada, pero tan respetuosa del ambiente que ha permitido que llegaran hasta nosotros en estado casi prístino. Una de estas etnias es la warao, asentada en el delta del Orinoco desde hace casi diez mil años, cuyo modo de comprender y manejar el ambiente es un ejemplo vivo de lo que algunos ecologistas han descubierto recientemente.

Tres son las posiciones que se observan frente a estos ecosistemas. Cada una de ellas responde a una concepción ideológica diferente de la naturaleza y el desarrollo y sobre todo, del uso de los recursos en el tiempo. Estas son:

1. La de los planificadores y expertos desarrollistas para los que la visión y los beneficios económicos a muy corto plazo justifican cualquier tipo de intervención, relegando a segundo plano los aspectos a largo plazo y muy especialmente, los ambientales y los sociales.

2. La de los conservacionistas a ultranza que proclaman que algunos ecosistemas no debieran tocarse bajo ninguna circunstancia.

3. La de aquellos que aspiran a mantener el equilibrio entre desarrollo y conservación. Con ello ofrecen soluciones concretas a los problemas específicos y vitales de la población actual sin afectar las posibilidades de las futuras.

La primera y segunda posturas, aunque frecuentes, son poco prácticas. La primera por lo perniciosa que ha resultado a corto, mediano y largo plazo. La segunda es ya inviable ya que la intervención en numerosos humedales se halla en expansión desde hace muchos años. En otros casos, aunque

los efectos negativos sean evidentes, regresar a la situación original generalmente no es posible por razones tanto sociales como ambientales. La tercera postura, es una mezcla de utopía, romanticismo y justa valoración de los ecosistemas.

Esta última alternativa, aunque la mas compleja, es la única que puede tener éxito a largo plazo. Esta postura exige objetividad frente a la realidad actual, grandes esfuerzos de investigación y sobretodo, de humildad para aceptar que hemos cometido graves errores. Al mismo tiempo, es necesario reconocer que los indígenas supieron manejar mejor que nosotros los recursos naturales y que en consecuencia, su participación en la solución es imprescindible si deseamos tener éxito.

Las intervenciones en el delta del Orinoco durante los últimos cuarenta años tienen aspectos positivos y negativos. Sin desconocer los primeros, los segundos son más abundantes y es imperativo realizar una revisión crítica y tomar las decisiones que sean necesarias para emprender las acciones adecuadas (Monente 1997).

Los humedales son, sin duda alguna, los principales ecosistemas de las planicies deltaicas del extremo oriental de Venezuela (Colonnello, este volumen), con un valor ambiental al que todavía no le hemos otorgado su justo reconocimiento. Tienen una importancia especial adicional dada la dependencia de los recursos naturales que muestran las numerosas comunidades humanas (indígenas y criollos) que las habitan. Las presiones sociales y ambientales ejercidas sobre los grupos humanos—particularmente sobre los waraos—producidas por los desarrollos industrial y agropecuario a que han sido sometidos estos humedales en los últimos cincuenta años, son muy fuertes. De hecho, amplias zonas confrontan problemas serios de acidificación y salinización de suelos y aguas. A pesar de ello, en líneas generales, las planicies deltaicas, el delta del Orinoco y los pantanos de Monagas y Sucre todavía se mantienen inalterados en gran medida.

Las nuevas intervenciones pueden ser o bien el detonante que determine el comienzo de un deterioro masivo, o el punto de partida de un manejo racional de estos ecosistemas que garanticen su supervivencia. Este es un imperativo en términos de conservación, no sólo para salvaguardar la biodiversidad y sus valores tradicionales para la fauna y flora, sino también como elemento clave para promover acciones de desarrollo a largo plazo (Maltby et al. 1992).

Las acciones encaminadas a llevar a la práctica el manejo del delta con visión a largo plazo deben estar basadas en principios conservacionistas y legislaciones novedosas. La tarea es complicada, especialmente ante la escasa experiencia que se tiene en la conservación de estos ecosistemas y en la necesidad de dar permanencia a la cultura ancestral warao. El objetivo de este trabajo es describir los cambios observados en la cuenca del caño Mánamo como consecuencia del represamiento de este cauce.

INTERVENCIONES

Durante la primera mitad del siglo XX, las intervenciones sobre el delta fueron leves pero continuadas. Se trataba de actividades agrícolas, la mayor parte de subsistencia y de ganadería incipiente. En menor grado de actividades industriales muy poco tecnificadas, como el aprovechamiento forestal, o muy localizadas, como la industria petrolera. Aunque aumentaron en los años siguientes, estas intervenciones se podrían calificar de baja intensidad y poco impacto ya que afectaban áreas relativamente pequeñas. Es en la segunda mitad del siglo pasado y especialmente desde la década de los sesenta cuando las intervenciones se intensifican y las áreas afectadas son significativamente importantes. Destaca por sobre todas, aunque no es la única, el cierre del caño Mánamo, obra cuya finalidad, según se proclamó, era generar tierras secas para dedicarlas a la agricultura (CVG 1967). Adicionalmente, la obra tenía un segundo objetivo, aumentar el volumen de agua que transporta el río Orinoco por su canal principal de modo que los grandes buques que accederían a Ciudad Guayana—polo industrial en formación—no tuvieran problemas de navegación.

EL CIERRE DEL CAÑO MÁNAMO

En los años cincuenta se concibió un gran proyecto de desarrollo industrial que, aunque abarcaba la mayor parte de las zonas ubicadas al sur del Orinoco y vastas áreas del extremo oriental de Venezuela, tenía su centro físico en un nuevo núcleo urbano al que se llamó Ciudad Guayana. Después de varios intentos fallidos por encontrar tierras agrícolas cercanas, se señaló al delta como el lugar llamado a ser foco de riqueza agropecuaria, suplidor seguro de alimento al naciente proyecto industrial, debido a que estaba bien ubicado y dotado de cuantiosos recursos naturales y excelentes vías de comunicación fluvial. El inconveniente principal eran las inundaciones anuales derivadas de las crecidas del río Orinoco por lo cual si se lograba controlarlas, se podría incorporar esta región al proceso de desarrollo nacional "orientando y promoviendo el cultivo de estas tierras que han de ser el granero de Guayana y fuente de aprovisionamiento para toda la parte suroriental del país" (CVG 1968, citado en Escalante 1993).

El proyecto contemplaba controlar los caños Mánamo y Macareo. (Fig. 7.1) y dividía el territorio deltano en secciones. La primera abarcaba el caño Mánamo, siendo el caño Macareo el límite oriental. La segunda comprendía la cuña deltaica situada entre el caño Macareo y el Río Grande. La tercera sección correspondía a la zona que no sería afectada, la parte del delta del Orinoco que delimitan el caño Araguao y el canal principal del río Orinoco (CVG 1968).

La Isla Guara situada en la margen izquierda del Mánamo frente a Tucupita, se convirtió en zona de experimentación de cultivos cuyos resultados serían exportables a otras islas y áreas recuperadas. Adicionalmente, se establecieron y mejora-

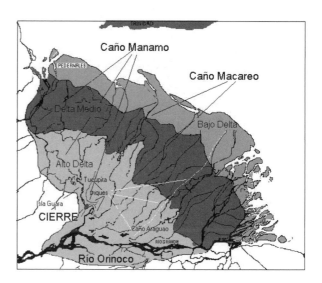

Figura 7.1. Delta del Orinoco. Principales caños: Diques construidos y proyectados.

ron las comunicaciones terrestres del delta con el país, así como algunos servicios básicos.

Se planificó el trabajo para ejecutarlo por etapas, siendo la primera la interrupción del caño Mánamo que se inició a principios de 1966. El 14 de abril de ese mismo año el caño estaba cerrado y para julio se había terminado el resto de las obras. A partir de ese momento no pasó agua de un lado a otro del dique, lo que ocasionó la descomposición de las aguas causando serios problemas de salud a la población asentada al norte del cierre. Se continuaron los trabajos sobre los diques marginales para proteger de los desbordes del Macareo y otros caños, a las poblaciones principales de la sección norte del delta.

Año y medio más tarde se inauguró la estructura actual que permite el paso del agua hacia el norte. Aunque era un pequeño volumen comparado con el anterior, corrigió alguno de los problemas iniciales. En forma paralela, se realizaron pruebas piloto en isla Guara sobre el comportamiento de algunos cultivos. La segunda etapa del plan que consistía en controlar el caño Macareo, nunca se ejecutó.

CONSECUENCIAS

Las consecuencias de esta intervención no se hicieron esperar pues los 174 km de terraplenes diseñados para proteger 900.000 ha de terreno de las inundaciones (de ellas 300.000 eran aprovechables en distinto grado para la agricultura y la ganadería), provocaron reacciones inmediatas sobre la población.

Al mismo tiempo que se ejecutaron estas obras, se alteraron los mecanismos que mantenían el ecosistema deltano en equilibrio dinámico. Se había roto el balance del que dependía la calidad del agua, el transporte de sedimentos y la vida misma de la mitad norte del delta. Algunos impactos fueron inmediatos, otros tardaron un poco en aparecer. Entre los primeros, los que afectaron más directamente a la población tuvieron evidentemente, más temprana y mayor difusión.

La manifestación más inmediata fue la descomposición de las aguas del Mánamo entre Tucupita y las cercanías de la nueva estructura, lo que se tradujo en enfermedad y muerte de numerosos pobladores de las orillas del Mánamo y de la propia ciudad, pues ahí era donde se concentraba la mayor parte de la población. En forma casi paralela, se inició la salinización de la sección norte del caño y con ella otra consecuencia mucho menos publicitada, pero no menos grave: las migraciones de indígenas buscando agua dulce obligados a reubicarse en áreas desconocidas para ellos, cuando no como mendigos en Tucupita. Además, ocurrieron mortandades de peces y otros animales, mientras nuevas formas de vida (plantas y animales) iban colonizando el espacio salinizado, especialmente los manglares y las especies asociadas a ellos. En los dos primeros años después del cierre (1966 y 1967) el efecto de la salinización fue más notorio, ya que aquel coincidió con el momento en que la cuña salina se encontraba en su posición más meridional, como correspondía al final de la estación seca. La cuña salina en lugar de retroceder hacia el mar, empujada por la crecida estacional del río como era lo habitual antes del control del flujo, siguió avanzando hacia el sur llegando a las inmediaciones de Tucupita.

Es difícil resumir los efectos de esta obra de ingeniería sobre el caño Mánamo y la mitad del delta. Lo que sí queda claro es que al realizar un balance entre mejoras y daños, estos últimos son mayores con creces. La finalidad de cerrar el caño Mánamo para mejorar y aumentar los cultivos, funcionó al principio, luego fue todo lo contrario. Las estadísticas emitidas a través de los organismos competentes muestran el descenso de la producción agrícola en la zona intervenida y en el delta en general (Tabla 7.1). En estos últimos años se está observando el crecimiento de rubros como plátano, maíz y yuca; esta última para la fabricación de cerveza, aunque esta recuperación no ha ocurrido en las zonas desecadas.

La contaminación de las lagunas y caños con la consiguiente muerte y disminución de la fauna acuática y el envenenamiento de las aguas, son algunos de los efectos más notorios. Por otro lado, las migraciones forzadas de indígenas y criollos, la disminución y pérdida del comercio y la desaparición de poblaciones comenzaron en forma inmediata. Todo ello sin comentar acerca del daño ecológico global el cual no ha sido totalmente evaluado. Aún hoy con cada nueva investigación se consiguen nuevos impactos.

La apertura del mecanismo de control que permitió de nuevo el paso de agua, remedió alguno de estos problemas iniciales. Otros como la colmatación de caños y la invasión de la cuña salina aguas arriba permanecen todavía, y se están agravando con el tiempo, amenazando con desestabilizar el ecosistema deltaico. Estas son dos de las consecuencias más notorias y evidentes al recorrer el sector norte del delta.

Existe otra consecuencia no tan fácil de observar como las anteriores, pues su manifestación es a largo plazo y se relaciona con el transporte de sedimentos. La desaparición de las crecidas del Orinoco ha producido un efecto desestabilizador sobre los sedimentos más recientes, tanto en el cauce de los caños como en los albardones. El flujo y reflujo de las mareas, sin las concentraciones de sedimentos que aportaba el río, producen un efecto de socavación en los caños, así como en los albardones que protegen las islas, generándose en ellos canales que comunican la laguna interior con el caño principal haciéndola más salada.

El sistema actual del caño Mánamo y de los caños menores, no sólo ha quedado desconectado de la fuente de agua dulce y sedimentos que lo originó, sino que ha pasado a depender de los efectos de borde de las mareas del delta. El proceso estuarino de entrada y salida de agua por los efectos de los desniveles de las mareas ejerce un gran impacto en la problemática de la deposición y erosión de los sedimentos. En consecuencia, cualquier acción de dragado de canales, corte de cauces, construcción de muelles, disposición de materiales de dragado o de cortes y, en general, de cualquier intervención fluvial de la zona puede magnificar aún más el tremendo impacto causado por el cierre del Mánamo (Monente 1997)

La profundización y ampliación de las secciones del caño en unas zonas, o el proceso inverso en otras, y la aparición o crecimiento de islas, son dos de los efectos que se evidencian luego del cierre. Hay ejemplos de estos efectos en la sedimentación del caño Pedernales, en el cierre de algunos caños y, posiblemente, en el ensanchamiento y profundización de otros.

Tabla 7.1. Superficie dedicada a la agricultura en Ha.

Rubro	1961[1]	1971[1]	1984–1985[1]	1992[2]	1997[3]
Arroz	3183	878	702	403	377
Maíz	6732	3736	2432	302	1667
Yuca	360	265	444	120	1495
Ocumo	214	86	252		325

Fuentes: 1: OCEI, 1986 ; 2: Ministerio de Agricultura y Cría, 1992; 3: Instituto Nacional de Estadística, 2002

EVOLUCIÓN DEL RÉGIMEN HIDROLÓGICO

Las consecuencias de la construcción de la represa, que se manifestaron en los hechos ya mencionados, son el reflejo de los cambios dramáticos observados en el régimen hidrológico del caño Mánamo, cuyo patrón de inundación estacional se vio suprimido. Antes de la regulación, el porcentaje de descarga media del Mánamo y el Macareo era de 10 y 6% respectivamente, del total del Orinoco (TAMS 1956). Por su

Evaluación rápida de la biodiversidad y aspectos sociales de los
ecosistemas acuáticos del delta del río Orinoco y golfo de Paria, Venezuela

117

parte la compañía Wallingford Hydraulic Research Station, encargada del modelo hidráulico de la represa, empleó los siguientes valores: Mánamo 11,4% y Macareo 7,9% (Wallingford 1969).

Sin embargo hoy en día, el Mánamo descarga a través de sus compuertas sólo el 0,5%, aproximadamente 200 $m^3 s^{-1}$, mientras que el caño Macareo ha incrementado su volumen al 11%. Los otros distribuitarios del caudal del río Orinoco (particularmente el Río Grande) incrementaron de 84 a 88%, para acomodar el exceso de flujo, debido a las restricciones naturales del canal del Macareo (Tabla 7.2) (Funindes-USB 1999).

La Figura 7.2 muestra los caños Mánamo y Macareo en el sitio en que el Mánamo se separa del Brazo Macareo. Antes de la construcción de la represa el cauce del Mánamo, actualmente muy reducido por la sedimentación, era aproximadamente 1.000 metros más ancho que el del caño Macareo (250 m). El incremento de volumen del Macareo es posible gracias a los altos albardones que conforman su cauce y al incremento de la velocidad del agua. Sin embargo en años de precipitaciones excepcionales el Macareo, pasa por encima de sus diques, inundando los terrenos circundantes y afectando los cultivos y las casas de los pobladores.

La regulación del Mánamo trajo como resultado la transformación de un sistema fluvial en un sistema estuarino, gobernado por las mareas diarias.

La Tabla 7.3 muestra el balance hídrico aproximado para el caño Mánamo. Hoy en día la mayor parte de las aguas entrantes al caño Mánamo y a su sub-cuenca suceden a través de las compuertas de control de la presa. Otros aportes los proporcionan los tributarios de la orilla oeste del caño Mánamo, el río Morichal Largo, Tigre y Uracoa que suman aproximadamente 100 $m^3 s^{-1}$ (Buroz y Guevara 1976, Funindes-USB 1999) y por las precipitaciones regionales. El balance total es ligeramente positivo $7,0 \times 10^7$ m^3 año^{-1}.

Los números son correctos. Lo que no es correcto es la cita. No corresponde a Colonnello en este volumen, sino a Colonnello (2001).

Los principales cambios en la hidrología de los mayores cursos de agua de la cuenca del Mánamo antes y después del represamiento, se muestran en la Figura 7.3. Las flechas indican la dirección del flujo de agua. Antes de la regulación (Fig. 7.3.a), el Mánamo descargaba un promedio de 3.600 $m^3 s^{-1}$ en su cuenca. Durante la época seca, la descarga se considera insignificante en comparación con el efecto de las mareas. Esto incluye el caño Pedernales y el Cocuina así

Tabla 7.2. Descarga de los distribuitarios río Grande, Mánamo y Macareo (según Funindes-USB 1999).

% de descarga

	Pre-Regulation	Post Regulation
Río Grande	84	88
Mánamo	10	0.5
Macareo	6	11

Figura 7.2. Caños Mánamo y Macareo en el sitio en que el Mánamo se separa del brazo Macareo.

Tabla 7.3. Balance hídrico estimado para el caño Mánamo luego de la regulación. Basado en los datos de precipitación y evapotranspiración presentados por Colonnello (2001).

	Entrada de agua	Razón entrada de agua/ volúmen residente	Salida de agua	Razón salida de agua/ volumen residente
	10^9 m³ año^{-1}	10^9 m³ año^{-1}	10^9 m³ año^{-1}	10^9 m³ año^{-1}
Canal principal	6,3	3,3/1	6,3	3,3/1
Tributarios externos	3,2	1,9/1	3,2	1,9/1
Precipitación	0,2	0.1/1		
Evapotranspiración			0,1	0,1/1
Volumen residente	1,6		1,6	
Totales	11,3		11,2	

como el curso principal del Mánamo. Aquellos dos cauces son importantes pues proveían agua de buena calidad para consumo humano y para irrigación de los cultivos del alto delta y de los albardones del delta medio. Mantenían además las comunidades de agua dulce de las orillas del caño y la tabla de agua del interior de las islas (flechas negras en Fig. 7.3 a).

Como resultado de la regulación (Fig. 7.3 b), cerca del 95% de la descarga del caño Mánamo fluye hacia el caño Macareo y los otros distributarios cuyas descargas han aumentado a un promedio de 35.000 m^{3}s^{-1}. Unos 31.680 m^{3}s^{-1} fluyen por el Río Grande (Funindes-USB 1999).

Las descargas mostradas en la figura 7.3 b (flechas grises), son originadas principalmente por las mareas, y en menor grado por las precipitaciones locales, por lo que fluyen en ambas direcciones, aguas arriba y aguas abajo. Las principales conexiones entre el caño Mánamo y su cuenca, los caños Tucupita, Cocuina y Capure se cegaron por la eliminación del flujo estacional. La influencia de las mareas previamente restringida a una franja de unos 20 km en la costa, se ha extendido tierra adentro a lo largo de los cauces. Previamente la proporción de agua dulce y salina dependía de las descargas estacionales mientras que actualmente depende de las mareas y en menor grado de las precipitaciones. Esta proporción muestra un incremento desde el centro de la cuenca, 1: 11 en el pueblo de La Horqueta, hasta 1:17, en Pedernales en la costa del golfo de Paria (Delta Centro Operating Company 1998). La misma conexión entre el caño Cocuina y el Pedernales en el poblado de La Horqueta se encuentra prácticamente obstruida por restos vegetales y sedimentos.

El régimen mareal es ahora la influencia dominante a lo largo del año. La única influencia positiva de agua dulce es a través de la escorrentía desde el interior de las islas hacia los caños, cuando la precipitación anual excede a las pérdidas por evapotranspiración que han sido estimadas en 0,07 x 10^9 m^{3}s^{-1}. Una escorrentía positiva se consigue cuando la precipitación excede los 1.500 a 1.800 mm al año.

Impactos

En las páginas anteriores se adelantaban algunos de los impactos observados, principalmente aquellos que afectaron a las poblaciones humanas que vivían en las cercanías del caño. Presentamos a continuación otros impactos, relacionados éstos tanto con los cambios en la geomorfología de los

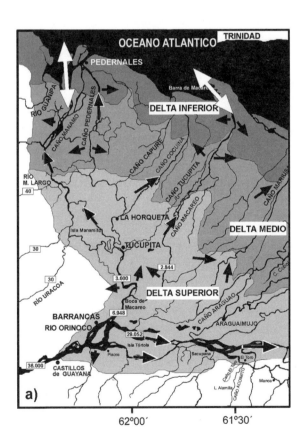

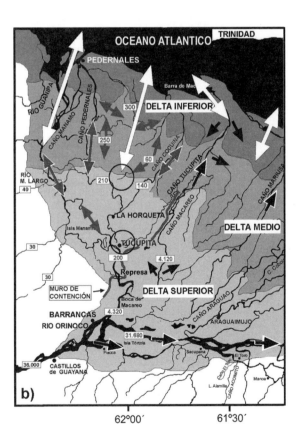

Figura 7.3. Principales cambios hidráulicos producidos por el represamiento. a) pre-regulación, b) post-regulación. Nótese la discontinuidad del flujo en los caños Cocuina, Tucupita y Capure.

Evaluación rápida de la biodiversidad y aspectos sociales de los
ecosistemas acuáticos del delta del río Orinoco y golfo de Paria, Venezuela

119

caños o en la formación de islas como con los experimentados por las comunidades bióticas.

Cambios en la geomorfología

A manera de ejemplo, y como adelanto de lo que estimamos ser un estudio prioritario y, además, de gran impacto presentamos algunos mapas que muestran los cambios observados en la evolución del caño Mánamo en los últimos cincuenta años.

Presentamos los cambios observados en la desembocadura del caño Mánamo donde la formación de islas tiene un ritmo acelerado, fácilmente observable en muy cortos lapsos de tiempo. Toda esta sección se caracteriza por tener extensas superficies que quedan expuestas con las mareas bajas, debido a la disminución sustancial en el aporte de agua dulce derivada de la construcción del dique. Esto ha creado un hábitat adecuado para la colonización de manglares, cuya comunidad adquiere importancia preponderante y se convierte en el factor principal para el poblamiento de nuevas áreas emergidas, aun con las mareas más altas, la lenta formación de islas nuevas y la consolidación de las existentes.

La Figura 7.4 muestra la evolución de la zona en cincuenta años. Aunque parece predominar el proceso de formación de nuevas áreas emergidas, se observan en varias partes costas en retroceso, manifestado por la erosión de islas preexistentes y la presencia de gran cantidad de árboles de mangle que se han desplomado y de otros muchos seriamente afectados.

Impactos bióticos

Los mayores impactos bióticos de la regulación ocurrieron a lo largo de las orillas y bancos de los principales cauces de la sub-cuenca del caño Mánamo: Tucupita, Cocuina, Pedernales, Capure y el Mánamo mismo y en el interior de las islas

formadas por estos cauces. Como consecuencia, las comunidades de plantas acuáticas, incluyendo los árboles y palmas, que también se consideran acuáticos, fueron afectados. La diversidad de las especies se redujo por la sustitución de plantas adaptadas a condiciones de inundación por pocas especies adaptadas a las nuevas condiciones ambientales (sequedad, acidez y salinidad) imperantes. Los procesos sucesionales iniciados como consecuencia de los nuevos patrones hidrológicos, promocionaron la evolución de comunidades y suelos.

La reducción del flujo, la erosión y la sedimentación permitieron la aparición de islas en el delta superior (ver Figura 1.1 en Colonnello, este volumen), que se colonizaron con plantas acuáticas en las orillas, mientras que las partes más elevadas se convirtieron en matorrales y bosques de más de 15 m de altura.

En el delta superior, el cambio de las orillas y las corrientes prevalecientes causaron la desaparición de ciertas especies como *Echinochloa polystachya* y *Eichhornia azurea* y la colonización de otras como *Montrichardia arborescens* (Colonnello 1996).

En el delta medio e inferior, al igual que lo ocurrido en la desembocadura del caño, la extensión del régimen estuarino aguas arriba, generó el incremento de la salinidad en el los suelos de las orillas, permitiendo la colonización de manglares (Colonnello y Medina 1998).

Adicionalmente los suelos se afectaron por las obras de drenaje que se llevaron a cabo en el superior, para drenar el exceso de precipitaciones, principalmente en las islas del apex del delta, Guara, Cocuina y Manamito. En efecto Isla Guara fue totalmente drenada (23.000 ha), por medio de una extensa red de canales. Isla Cocuina fue drenada en un 44% (8.600 ha) y Manamito, solamente en un 8% (1.700 ha). Esto porque posiblemente ya eran patentes los efectos negativos de esta práctica (CVG 1970).

Como resultado del drenaje indiscriminado de los suelos, aparecieron soluciones ácidas a partir del sulfuro contenido en las arcillas marinas infrayacentes (Dost 1971), lo que ocasionó la formación de suelos sulfato ácidos. La acidificación de muchos de estos suelos llegó a niveles de pH de 2,5 (COPLANARH 1979).

Con el empobrecimiento de las tierras, los ricos pastos naturales *Paspalum fasciculatum* e *Hymenachne* spp., fueron sustituidos por especies poco palatables tales como *Cyperus giganteus*, *Eleocharis mutata* y *Eleocharis diffusus* (CVG 1970).

En la Tabla 7.4 se resumen los efectos de la regulación del caño Mánamo en las diferentes zonas del delta.

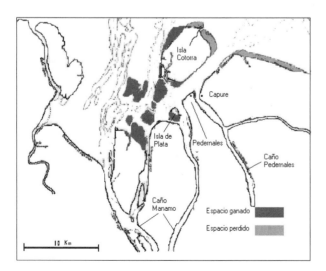

Figura 7.4. Evolución del extremo norte de caño Mánamo durante los últimos cincuenta años.

Otras intervenciones

Hemos destacado los cambios experimentados y los impactos observados en la mitad norte del delta vinculados con

Tabla 7.4. Efectos diferenciales de la regulación del caño Mánamo en las secciones superior, media e inferior del delta del Orinoco.

Delta superior	Delta medio	Delta inferior
Suelos: Cambio de propiedades físicas y químicas. **Vegetación:** Cambios en la composición, cobertura y diversidad. **Productividad agrícola:** Diversificación e incremento de prácticas agrícolas fallidas. **Población:** Migraciones de waraos y cambios en los patrones de subsistencia.	**Vegetación:** Cambio de distribución de manglares herbazales y bosques de pantano; alteraciones en la composición de especies. **Calidad de agua:** Cambios químicos (pH, conductividad, salinidad, sólidos transportados y físicos, periodicidad, velocidad transparencia). **Cambios geomorfológicos:** Erosión y sedimentación, cambios de los cauces. **Población:** Deterioro de los medios de subsistencia de las poblaciones indígenas.	**Vegetación:** Cambios de distribución de manglares, herbazales y bosques de pantano. Cambio en la composición de las especies. **Cambios geomorfológicos:** Aparición de nuevas islas. **Población:** Cambios en los patrones de subsistencia.

la construcción del dique que controla el caudal del caño Mánamo.

Al sur del dique también se experimentaron importantes impactos pues, como parte de la obra general, se clausuraron algunos caños menores como el Macareito o el Coporito afectando a las poblaciones allí asentadas, alguna de ellas florecientes centros de comercio e intercambio de productos. Después de casi cuarenta años son notorios otros efectos que a largo plazo se han producido en el Brazo Macareo, tramo de unos treinta kilómetros que se encuentra entre el cierre y el canal principal del río Orinoco (ver Fig. 7.5) El efecto de represamiento que ejerce el dique ha generado la deposición de sedimentos de modo que las barras y las islas han crecido en forma tan sorprendente que la navegación experimenta, durante la época de sequía, serias dificultades. A este efecto se une, en el nacimiento de Brazo Macareo, el ocasionado por los sedimentos removidos por el dragado del Río Grande que constituye la segunda gran intervención del delta del Orinoco.

El dragado continuo a que es sometido el canal de navegación, de casi 200 millas de longitud, que une Ciudad Guayana y el océano Atlántico, unido a la abundante navegación de embarcaciones mayores y menores que se observa en esa misma zona, está generando resuspensión y deposición incontrolada de sedimentos. Las olas que generan tanto los grandes buques que navegan por el canal de navegación, como por las lanchas rápidas que lo hacen cerca de las orillas, se manifiesta en la acelerada erosión de las riberas y la de los albardones de las islas ya consolidadas. Estos sedimentos se redistribuyen y contribuyen a la formación de islas y barras en la boca de numerosos caños, afectando en forma importante a la navegación. Aunque sea un impacto no muy publicitado se trata de una intervención importante no sólo por su intensidad cuanto por su permanencia en el tiempo. El inicio del Brazo Macareo, conocido en la zona como Boca Grande, y la Boca de Macareo son claros exponentes de lo anterior.

La formación del delta a partir de los sólidos suspendidos del río Orinoco nos lleva a la tercera gran intervención, menos clara aunque altamente peligrosa pues envenena aguas

y suelos. Sánchez (1990), señala que cerca de las ciudades y las instalaciones de la industria siderúrgica ocurre un enriquecimiento en las aguas y sólidos suspendidos de metales tales como Cr, Cu y Ni y que esos metales se encuentran formando parte de los minerales que conforman los sólidos suspendidos o bien absorbidos a la materia orgánica que transportan el Orinoco. A conclusión similar habían llegado Marcucci y Romero (1975) puesto que encontraron que los sedimentos finos eran los de más alto contenido de Al, K, Fe, Zn, Rb y Ni. En consecuencia, el delta formado con los sólidos que trasporta el río está recibiendo contaminantes a una velocidad mucho mayor de la que los puede procesar.

La evolución natural de ese tipo de ecosistemas en formación es hacia su consolidación. A medida que pasan los siglos el cauce de los caños queda mejor perfilado, las tierras se van desecando y se forman algunas lagunas temporales en la época de lluvias que terminan desapareciendo y sólo con ocasión de crecidas excepcionales podrían ocurrir algunas alteraciones en su fisonomía. Es decir, en el tiempo, deberíamos esperar que para todo el delta se generalice la fisiografía

Febrero de 1965

Mayo de 1985

Figura 7.5. Cambios observados en la conexión del brazo Macareo con el río Orinoco.

Evaluación rápida de la biodiversidad y aspectos sociales de los
ecosistemas acuáticos del delta del río Orinoco y golfo de Paria, Venezuela

121

parecida a la observada en la actualidad en el alto delta. Alcanzar esta madurez en forma natural representó millares de años a lo largo de los cuales el ecosistema (componentes bióticos y abióticos) evolucionó armónicamente. Las intervenciones mencionadas las naturales acrecentadas por la actividad humana sin control y las atribuibles exclusivamente a los seres humanos, están acelerando los procesos, lo que dificulta al ecosistema adaptarse a las nuevas condiciones físicas con la consecuente degradación del ecosistema.

Un caso concreto

Las consecuencias para la fauna y la flora de las intervenciones en el delta han sido poco estudiadas. Además, se hace difícil comprenderlas y compararlas pues conocemos con muy poco detalle cómo era el delta en el pasado. Por ello para terminar este capítulo nos referiremos a un caso concreto: la pesca del camarón en las barras y especialmente en la barra de Pedernales. La salinización del caño Mánamo ha traído como consecuencia que especies que soportan mejor las aguas salobres y saladas prosperen frente a las que no tienen esa habilidad. Esta sustitución de especies ya documentada para comunidades vegetales de orilla (Colonnello y Medina 1998), es la respuesta natural del ecosistema, sobre cuyos beneficios es probable que existan opiniones encontradas. El camarón *Litopenaeus schmitti* ha sido una de las especies favorecidas pues se adapta muy bien a las aguas con características parecidas a las que se han originado en las barras. Su abundancia ha hecho nacer una actividad de extracción intensa en alguna de esas barras especialmente en la de Pedernales.

El problema radica en que el arte empleado captura y mata junto a los camarones, juveniles de otras especies y particularmente de peces. Estudios realizados en la zona (Novoa 2000), señalan la importante disminución en las capturas y tamaños de algunas especies y lo atribuye a esa actividad. Como consecuencia, desde el Instituto Nacional de Pesca de Venezuela se está prohibiendo el uso de ese arte de pesca con la esperanza de que se recupere el recurso piscícola. La medida parece correcta y creemos que ayudará en la solución del problema. Aunque su eficacia se verá en los próximos años, representa un avance pues se adopta una medida administrativa como consecuencia de una investigación. Ahora bien, completando la reflexión, ¿estamos seguros de que ese tipo concreto de pesca es el único responsable de esa disminución en las capturas cuando, como hemos visto, llevamos cuarenta años de fuerte intervención y, además, no se dispone de un estudio integral multidisciplinario e integral del caño Mánamo?. Sin duda alguna los cambios ambientales ocurridos en el caño han sido importantes. Unos derivados de las actividades industriales y otros de la reducción drástica del flujo de agua dulce que ha hecho que el agua salada permanezca todo el año en su extremo norte. También ha cambiado la calidad del agua pues además de haberlo convertido en caño de marea con muy poca renovación de agua, le llegan residuos domésticos, agroquímicos e industriales desde los estados vecinos Monagas, Anzoátegui y del mismo Delta

Amacuro. Incluso se ha aumentado el esfuerzo de pesca aplicado en la barra.

Esta reflexión es particularmente oportuna ya que cada día son más abundantes las propuestas encaminadas a "desarrollarla" o "conservarla", la mayor parte de ellas olvidando que el delta del Orinoco es un ecosistema demasiado complejo y demasiado desconocido. Para que las medidas que se propongan orientadas a su conservación, e incluso a su recuperación de los espacios alterados, sean eficaces deben estar basadas en la mayor cantidad de información posible, sólo así tendrán éxito a largo plazo.

CONCLUSIÓN Y RECOMENDACIONES PARA LA CONSERVACIÓN

Se ha planteado en los últimos años la conveniencia de abrir este caño a la navegación, mediante un sistema especial de esclusas (Sardi 1998). Sin embargo, hasta ahora son pocos los ejemplos de intervenciones activas destinadas a remediar los daños ocasionados en humedales tropicales, que presentan al final balances positivos. Basta leer las Actas de la Tercera Conferencia Internacional sobre Humedales (IUCN 1992), donde se evalúan algunas de las ocurridas en América, África o Asia.

Las razones de estos fracasos pueden ser varias. La ausencia de conocimientos suficientes sobre el funcionamiento de estos ecosistemas, el desconocimiento de los mecanismos de manejo tradicional aplicado por los pobladores originales y la visión que tienen los diferentes actores interesados en el proceso de "modernizar" a las comunidades que viven en ellos, así como los métodos a seguir y la velocidad a que deben hacerlo. Además, los planes de recuperación están confusamente mezclados con los de aprovechamiento. Frecuentemente se confunden ambos planteamientos. Recuperar es mucho más que preservar o conservar tal como lo plantea el conservacionismo tradicional. En la recuperación es esencial reparar físicamente el recurso mismo. Para ello, además de detener los abusos, es necesario reponer los componentes originales que faltan (Berger 1991). Está cobrando fuerza la posición de que la solución a este dilema se encuentra, en el caso concreto del delta del Orinoco, en permitir que el flujo de agua se parezca lo más posible a como era originalmente. Aunque estamos conscientes de que el ecosistema no regresará a su estado original, pues remover un dique después de unos años no es una acción simplemente opuesta a la de la construcción, será lo más parecido posible. Sin embargo, no es realista asumir que la remoción del dique significa que rápida y fácilmente el ecosistema regresa a la condición previa a la construcción o que va revertir las nuevas formas de vida que se establecieron como consecuencia de ella, (Stanley y Doyle 2003).

Por otro lado, los planes de desarrollo que busquen realizar y optimizar el aprovechamiento de los recursos naturales renovables, sólo podrán ser exitosos si la tecnología moderna aplicada es amigable con el ambiente y con las formas tradicionales de manejo de los humedales. Se expondrían al fracaso si más bien lo que buscan es transformar desde afuera la sociedad aplicando metodologías, aunque hayan sido exitosas en otros ambientes. Los habitantes del delta del Orinoco conocen muy bien su ambiente y sus potencialidades ya que tienen viviendo ahí decenas de siglos. Lo que necesitan esas sociedades no es que se les enseñe a sobrevivir en él. Lo que necesitan es que se controlen las intervenciones que atentan principalmente contra la calidad del agua y su flujo natural ya que se afecta la disponibilidad de recursos en las zonas donde crecieron (Chabwela 1992). La incorporación de tecnología moderna, amigable con el ambiente y adaptada en forma conjunta, es el mejor complemento.

REFERENCIAS

Berger, J. J. 1991. La naturaleza herida. Iniciativas para recuperar la tierra. Grupo Editor Latinoamericano S. R. L. Buenos Aires.

Buroz, C. E. y Guevara, B. J. 1976. Prevención de crecidas en el delta del río Orinoco y sus efectos ambientales: El Proyecto Caño Mánamo, Venezuela. *En*: ONU-CEPAL (editores). Agua, desarrollo y medio ambiente en América Latina. pp 277–302.

Chabwela, H. W. 1992. The exploitation of wetland resources by traditional communities in the Kafue Flats and Bangweulu Basin. *En:* E. Maltby, P.J. Dugan y J. C. Lefeuvre (eds.). Conservation and development: The sustainable Use of Wetland Resources. Proceeding of the third International Conference. Rennes, France. IUCN.

COPLANARH (Comisión del plan nacional de aprovechamiento de los recursos hidráulicos) 1979. Inventario Nacional de Tierras. Delta del Orinoco y Golfo de Paria. Serie de informes científicos, Zona 2/1C/21. Maracay.

Colonnello, G. 1996. Aquatic vegetation of the Orinoco River Delta (Venezuela). An Overview. Hidrobiología. 340: 109–113.

Colonnello, G. 2001. The environmental impact of flow regulation in a tropical Delta. The case of the Mánamo distributary in the Orinoco River (Venezuela). Unpublished Ph. D. thesis. Loughborough University.

Colonnello, G. y Medina, E. 1998. Vegetation changes induced by dam construction in a tropical estuary: the case of the Mánamo river, Orinoco Delta (Venezuela). Plant Ecology. 139 (2): 145–154.

CVG (Corporación Venezolana de Guayana). 1967. Memoria Anual. Ciudad Guayana.

CVG (Corporación Venezolana de Guayana). 1968. Memoria Anual. Ciudad Guayana.

CVG (Corporación Venezolana de Guayana). 1970. Diagnóstico ganadero en la zona de influencia del delta del Orinoco. Editorial Etapa, Caracas.

Delta Centro Operating Company. 1998. Estudio de impacto ambiental. Proyecto de perforación exploratoria Bloque Delta Centro, Fase 1. Technical Report, Caracas.

Dost, H. 1971. Orinoco Delta. Cat-clay investigations, Main results of 1970–1971. C.V.G.-I.R.I. Tucupita.

Escalante, B. 1993. La intervención del Caño Mánamo vista por los deltanos. *En*: J. A. Monente y E. Vásquez (editores). 1993. Limnología y aportes a la etnoecología del delta del Orinoco. Caracas. Estudio financiado por Fundacite Guayana.

Funindes-USB 1999. Caracterización del funcionamiento hidrológico fluvial del delta del Orinoco. Desarrollo armónico de Oriente DAO. PDVSA, Caracas.

Glynn, H. 1838. Draining land by steam power. Trans. Soc. of Arts. 2: 3–24 Instituto Nacional de Estadística. 2002. Censo Agrícola, Año 1997, Delta Amacuro, Caracas.

IUCN. 1992. Conservation and development: The sustainable Use of Wetland Resources. *En*: E. Maltby, P.J. Dugan y J. C. Lefeuvre (editores). Proceeding of the third International Conference. Rennes, France.

Marcucci, E. y Romero H. 1975. Distribución de elementos en sedimentos de fondo del río Orinoco; influencia de la granulometría y del transporte. Informe DPI-DI-PO-75/2.

Maltby E. 1992. Peatlands-dilemmas of use and conservation. *En*: E. Maltby, P.J. Dugan y J. C. Lefeuvre (editores). IUCN, 1992 Conservation and development: The sustainable Use of Wetland Resources. Proceeding of the third International Conference. Rennes, France.

Ministerio de Agricultura y Cría. 1992. Memoria y Cuenta Anual a la Presidencia de la República. Caracas.

Monente, J. A. 1997. Limnología y Calidad de Agua, delta del Orinoco. Proyecto warao. Convenio FLASA – CVP. Preparado para la Corporación Venezolana de Petróleo.

Novoa, D. 2000. Evaluación del efecto causado por la pesca de arrastre sobre la fauna íctica en la desembocadura del Caño Mánamo Delta del Orinoco, Venezuela. Acta Ecológica del Museo Marino de Margarita. 2: 43–62.

Sánchez, J. C. 1990. La calidad de las aguas del río Orinoco. *En*: Weibezahn F. H., Alvarez H., Lewis W.H. Jr. (editores). El Orinoco como ecosistema. Caracas.

Sardi, V. 1998. Conveniencia de abrir nuevamente la navegación por el Caño Mánamo. En: José Luis López, Iván Saavedra y Mario Dubois (editores). El río Orinoco: Aprovechamiento sustentable. Instituto de Mecánica de Fluidos. Facultad de Ingeniería. UCV. Caracas.

Sparks, R. E. 1995. Need for Ecosystems Management of large river and their Floodplains. BioScience. 45 (3): 168–182.

Stanley, E. H. y , M. W. Doyle. 2003. Trading off: the ecological effects of dam removal. Ecol. Environ. 1 (1): 15–22.

TAMS (Tippets-Abbott-McCarthy-Stratton Engineers & Architects). 1956. Informe sobre el canal navegable

Evaluación rápida de la biodiversidad y aspectos sociales de los
ecosistemas acuáticos del delta del río Orinoco y golfo de Paria, Venezuela

123

propuesto de Puerto Ordaz al mar en el río Orinoco. Informe al gobierno de Venezuela.

Wallingford. 1969. Orinoco Delta, Venezuela. Second report of hydraulic model investigation on some effects of closing the Caño Mánamo and Caño Macareo distributaries. Hydraulic Research Station, Wallingford.

Capítulo 8

Ornitofauna de Capure y Pedernales, delta del Orinoco, Venezuela

Miguel Lentino

RESUMEN

Para la región de Pedernales – Capure se registraron 202 especies lo que representa un incremento del 38% del número de especies conocidas para la zona. Este estudio permitió extender hasta el delta del Orinoco la distribución conocida de 11 especies, e incorporar esta área como una zona importante de descanso y alimentación en la ruta migratoria de los playeros (Scolopacidae) y otras aves acuáticas.

Al comparar nuestros resultados obtenidos mediante censos visuales y utilización de redes en dos comunidades diferentes de manglar, encontramos que las comunidades de aves que habitan en el manglar donde domina *Avicennia* spp. frente a uno donde domina *Rhyzophora* spp., presentaron 29 y 46 especies respectivamente. Al comparar la composición de las especies de aves entre estos dos manglares, encontramos que sólo comparten 14 especies entre ellos, lo que representa una similitud de 48%. Estas disimilitudes pueden deberse en parte, a que existe una clara diferencia en la estructura del bosque de manglar, dependiendo de quien domine, *Avicennia* o *Rhyzophora*, lo que se traduce en una entrada de luz diferencial ya que el bosque semiadulto de *Avicennia* por ser menos alto y tener árboles de menor diámetro, permite un mayor ingreso de luz hasta el sustrato, en comparación al bosque de *Rhyzophora*.

INTRODUCCIÓN

La región del delta del Orinoco es un área bastante compleja a nivel de comunidades vegetales y por ende a nivel de las comunidades de aves que las utilizan como área de alimentación, de descanso o de reproducción. Para esta zona se han señalado unas 365 especies de aves de las cuales 85 (26,6%), son aves acuáticas (Lentino y Colvée 1998).

La región pantanosa del delta del Orinoco no es un área rica en endemismos, como otras regiones del país. La única especie endémica es el telegrafista punteado (*Picumnus nigropunctatus*) la cual, junto a otras nueve subespecies, constituyen el patrimonio biológico de endemicidad de la región. Tanto *Picumnus nigropunctatus* como las otras subespecies están restringidas a las áreas de manglares, bosques de pantanos y herbazales que conforman el delta del Orinoco y el estuario el río San Juan.

La información conocida de las aves de la región caño Pedernales – isla Capure, proviene de una expedición realizada en el año 1966 por la Colección Ornitológica Phelps, donde se identificaron 123 especies (Lentino y Bruni 1994). Observaciones posteriores realizadas por Dan Porter en 1999 (com. pers.), incrementaron el número en 21 especies y recientemente en una visita realizada durante el mes de mayo del 2002, se pudieron agregar 13 especies más (Ecology & Environment 2002). Estos listados han contribuido a conocer mejor la riqueza de especies, aunque no sobre su abundancia relativa, ciclos biológicos o uso del hábitat a escala temporal debido a que estos parámetros no eran regularmente tomados. Recientemente se ha hecho un esfuerzo en este sentido através de proyectos realizados en áreas cercanas (Lentino 1997, 1998).

Evaluación rápida de la biodiversidad y aspectos sociales de los
ecosistemas acuáticos del delta del río Orinoco y golfo de Paria, Venezuela

125

Uno de los objetivos más importante al realizar este proyecto, fue tener una idea clara de la importancia de las aves migratorias en el delta del Orinoco. Antes de la realización de este estudio se habían registrado solo 31 especies de aves migratorias, cifra irrisoria cuando se compara con áreas mejor conocidas como Trinidad con 121 especies (Ffrench 1966) o el Parque Nacional Península de Paria con 41 especies (Sharpe 1997). A pesar de contar con una relativa buena base de datos, ConocoPhillips Venezuela consideró que era pertinente para los fines de conservación y manejo del área de influencia del "Proyecto de Desarrollo Corocoro", incrementar el conocimiento que se poseía sobre las aves de la región para poder establecer así una línea base de información que fuera confiable y actualizada.

MATERIAL Y MÉTODOS

Área de estudio

Debido a que el área de influencia del Proyecto de Desarrollo Corocoro de ConocoPhillips Venezuela es de unas 50.600 ha y a pesar de que la ubicación estimada de los pozos es en mar abierto, estos van a estar lo bastante cerca de la costa como para poder afectar a las comunidades terrestres (Ecology & Environment 2002). Se decidió escoger a la isla Cotorra como el área piloto de muestreo debido a su cercanía al área de producción de ConocoPhillips Venezuela y porque el sector de la isla denominado Punta Bernal, es el área de mayor importancia biológica de la zona según indico el estudio de impacto ambiental (Ecology & Environment 2002). El estudio se centró principalmente en la isla Cotorra, la cual está ubicada a unos 2 km al NE de las poblaciones Capure y Pedernales. La isla Cotorra es una isla de aproximadamente100 hectáreas dividida por un canal interno y un apéndice en la punta nor-este llamada Punta Bernal. Esta isla está constituida básicamente por bosques de manglares y una franja de vegetación halófila en el sector de Punta Bernal, además de poseer una de las pocas playas arenosas de todo el delta del Orinoco. Las coordenadas de Punta Bernal son: 10º 02' 47,70" N y 62º 14' 20,31"º. En isla Cotorra y parte de las islas Pedernales y Capure se identificaron los siguientes hábitat de importancia para las aves: hábitat litorales (mar abierto), playa, marisma-lodazal, herbazal y laguna, cocotales, hábitat secundarios y manglar (*Avicennia germinans* y *Rhyzophora mangle*).

Para la captura de las aves se utilizaron redes de nylon de 12 x 2,7 m con diámetros de malla de 1 1/4" y 1 1/2". En la Tabla 8.1 se presenta un resumen del esfuerzo de captura en cada uno de los hábitat considerados en este estudio, en los cuales se realizaron capturas. El número de horas de trabajo en cada uno de estos hábitat fue variable debido al número diferente de redes utilizadas en cada sitio y a que el acceso a algunos puntos de muestreo estuvo supeditado a los ciclos de marea. Por ejemplo, las capturas en la playa arenosa de Punta Bernal solo se realizaron cuando subía la marea y lo playeros

empezaban a concentrarse en dicho lugar. Cuando la marea bajaba, prácticamente no había playeros en Punta Bernal.

A las aves capturadas se les registró el peso, indicios de acumulación de grasa, patrón de muda, estado reproductivo y medidas del ala, así como alguna otra característica que pudiera ser de interés biológico o taxonómico, información que se utilizó para alimentar una base de datos sobre las aves de la zona. Las especies migratorias capturadas provenientes de Norteamérica, se anillaron con anillos del Fish & Wildlife Service y se liberaron inmediatamente después de tomar los datos pertinentes. Las especies residentes no fueron anilladas y solo se tomaron los datos biométricos. Las observaciones visuales fueron realizadas con binoculares Swarovski 10 x 50 WB. Se hicieron registros auditivos y grabaciones mediante un grabador Sony profesional 500 DEV con un micrófono Senheiser.

En el mes de septiembre se hicieron los recorridos para definir los sitios de trabajo y dar inicio a las actividades de muestreo. Se escogieron dos áreas en Punta Bernal. La primera fue un gradiente de manglares de *Conocarpus* sp., *Avicennia germinans* y *Rhyzophora mangle*, con un frente arenoso de playa y vegetación halófila corresponde a un bloque de manglar joven de unos 8 - 10 m de altura y de unos 7-8 años. En el análisis de manglar nos referiremos siempre como el área de "*Avicennia*". En este lugar se colocaron diez redes dentro del manglar y tres en la vegetación halófila.

Otro punto de muestreo fue la playa arenosa y la marisma presente en Punta Bernal, lugar en donde se concentraban los playeros. Aquí se instalaron dos redes. La otra área de muestreo fue en la isla Cotorra, en un manglar adulto de unos 40-50 m de altura constituido básicamente por *Rhyzophora mangle* con algunos elementos muy adultos de *Avicennia germinans*. Este manglar tiene una edad aproximada de 35-45 años, considerando una tasa estimada de crecimiento de un metro por año. Esta área será tratada posteriormente como el manglar de "*Rhizophora*". En este manglar se colocaron siete redes.

Las actividades de campo se realizaron entre los días 13 al 21 de septiembre, 12 al 18 de octubre y finalmente entre el 16 al 23 de noviembre del 2002, lo que representó 21 días

Tabla 8.1 Esfuerzo de captura de aves en islas Cotorra y Capure en el período septiembre - noviembre de 2002.

Hábitat	Red (m)	horas abiertas	horas/ red	no. de capturas	no. aves / hora red
Avicennia	360	71	710	101	0.1
Rhizophora	168	27	125	19	0.2
Vegetación Halófila	84	71	167	32	0.2
Playa	72	35	70	157	2.2
Herbazal	108	10	90	40	0.6
Total	**792**	**214**	**1162**	**349**	**0.3**

de trabajo de campo. Diariamente, antes del amanecer se iba a Punta Bernal y se abrían las redes tanto en el manglar como en la playa para la captura de las aves y su posterior identificación y anillado. Además, se recorría la playa para identificación de aves marinas y playeras así como el manglar para la identificación de aves terrestres y acuáticas.

Además se realizaron censos en la marisma al sur de isla Cotorra a la salida del caño del medio en donde existe una plataforma petrolera abandonada. También se hicieron censos en los cocotales, herbazales, lagunas y ambientes secundarios o de transición con clara influencia de actividades antrópicas en las islas de Capure y Pedernales. Así como visitas cortas regulares a isla Remediadora para registrar el dormidero de loros (Fig. 8.1). También se hicieron recorridos al atardecer para ubicar los dormideros de vencejo coliblanco (*Chaetura brachyura*) y de otras aves acuáticas como las corocora roja (*Eudocimus ruber*). Todas estas actividades se realizaron durante los tres meses que duró el muestreo.

RESULTADOS

Riqueza

Uno de los resultados más importantes de este estudio fue el de establecer una línea base confiable sobre la riqueza de aves en la zona. El esfuerzo de muestreo nos permitió aumentar la base de datos de especies registradas en la zona de un número inicial de 125 especies a 202 especies, lo que representa un incremento del 38%. Por otro lado es conveniente recalcar que para obtener buenos resultados en estos ambientes, es necesario un gran esfuerzo de trabajo, ya que los manglares son hábitat que sostienen densidades poblacionales relativamente bajas y eso se refleja en la baja tasa de captura de aves (Tabla 8.1).

Con los resultados de este estudio encontramos que la curva de acumulación de especies ya comienza a alcanzar el máximo, y esto nos indica que las especies comunes y características de los hábitat estudiados ya han sido detec-

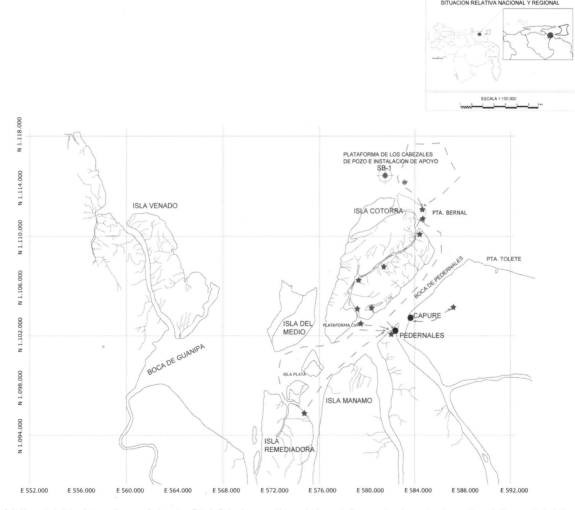

Figura 8.1. Mapa de la islas Cotorra, Capure y Pedernales, Estado Delta Amacuro, Venezuela. Las estrellas muestran los puntos de muestreo y la línea punteada los recorridos realizados entre septiembre y noviembre 2002.

Evaluación rápida de la biodiversidad y aspectos sociales de los
ecosistemas acuáticos del delta del río Orinoco y golfo de Paria, Venezuela

127

tadas y que cualquier nueva adición que engrosaría la lista, provendría de las especies raras o vagantes que puedan pasar en un momento dado por la región (Figura 8.2). Ante este resultado se puede formular la siguiente pregunta: ¿Dentro del contexto de la riqueza de aves del delta del Orinoco, que relevancia tiene este número de especies conocidas para la región del Proyecto Corocoro?.

Cuando analizamos comparativamente el número de especies registradas durante este estudio para la región de Capure, en referencia al conocimiento que se tiene de otras áreas, encontramos que un 53,6% de las aves del delta y un 55,3% de las aves de Trinidad (cuando se excluyen las especies de aves de la selva nublada), están representadas en el área de estudio. Esto determina que sea la localidad mejor conocida de todo el delta del Orinoco (Figura 8.3), las diferencias van desde un 23% en Punta Pescadores hasta un 52% en Araguaimujo.

Otro aspecto que es importante resaltar, es la contribución del presente trabajo a la ampliación de la diversidad de especies para el delta del Orinoco. Este estudio nos permitió anexar 11 especies a la lista general de aves del delta, y 33 para la región de Capure- Pedernales - isla Cotorra, lo cual es clave para entender las rutas migratorias, las vías de dispersión y los patrones de distribución de las aves de la región y sus vínculos otras regiones biogeográficas del país y de Suramérica (Apéndice 10 y 11). Muchas de las especies señaladas como nuevas para el Delta o para Capure son aves comunes que tienen una amplia distribución en todo el país. Aún así, el conocimiento que tenemos sobre las aves del delta del Orinoco todavía es bastante fraccionado (Lentino 1999).

De las diez especies que presentan algún grado de endemismo en el delta de Orinoco solo seis de ellas se encuentran en el área de Capure e isla Cotorra. En general estas poblaciones endémicas son de amplia distribución en el delta del Orinoco, la mayoría de ellas están presentes al menos en dos tipos de hábitat. De estás seis especies, solo dos están restringidas únicamente a los manglares (Lentino 1999). Estas especies endémicas son abundantes y fáciles de observar, aunque son consideradas formas con distribución restringida debido a que habitan en un área menor a los 50.000 km^2 (Statterfield et al. 1998).

Riqueza por hábitat

En el área bajo estudio los hábitat mas complejos y diversos fueron los hábitat secundarios, en los cuales hay una gran diversidad florística, están constituidos por una mezcla heterogénea de especies árboreas relictos del bosque original, plantas cultivadas y herbazales, y por lo tanto son los que sustentan la mayor diversidad de especies, seguidos por las comunidades de manglar. Los hábitat que son mas homogéneos en su composición florística y por tanto menos diversos en la disponibilidad de alimentos, tienden a ser menos ricos en especies de aves (Figura 8.4).

Cuando se compara la composición del total de especies de aves entre cada uno de los hábitat estudiados mediante un análisis de similaridad, se evidencia la poca correspondencia que existe entre ellos. Los resultados presentados en la Tabla 8.2 nos muestra que los hábitat más vinculados entre si son las playas con las marismas y lodazales con un 47% de similaridad, mientras que para el resto de los hábitat los valores obtenidos son menores al 20%.

Los hábitat naturales presentes en la región son esencialmente acuáticos, con dominancia de especies de aves acuáticas, mientras que en los hábitat con clara influencia humana como los cocotales y ambientes secundarios han sido colonizados por especies terrestres, como se demuestra al establecer una correlación (r^2= 0,15) entre el número de especies acuáticas respecto al número de especies terrestres (Figura 8.5). Encontramos que en las zonas relativamente secas como los cocotales, existen por lo menos 25 veces más especies de aves terrestres que acuáticas. Esta diferencia es menos marcada en el manglar donde la relación es casi 2:1 mientras que en el herbazal es 1:1.

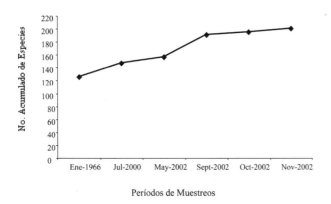

Figura 8.2 Curva de acumulación de especies de Aves para la Región de Capure - I. Cotorra.

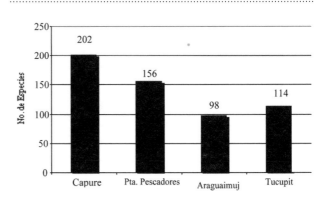

Figura 8.3 Comparación en el número de especies de aves para algunas localidades del delta del Orinoco.

La estructura trófica de las comunidades de aves son bastante sencillas, con solo tres niveles tróficos. La dieta de las aves que habitan en las playas y en el manglar están basadas esencialmente en invertebrados y en algunos casos en vertebrados. En el herbazal, la comunidad empieza a ser más compleja, aparecen las especies granívoras y hay una mayor diversidad de aves que se alimentan de pequeños verte-

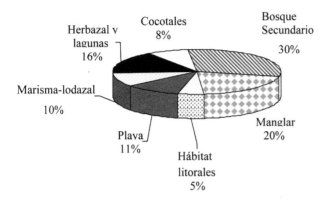

Figura 8.4 Composición de especies por hábitat, para cada uno de los hábitat considerados para la zona de Capure e isla Cotorra.

brados. En los bosques hay una mayor riqueza de gremios tróficos, las especies frugívoras y omnívoras ocupan ya un lugar importante dentro de la comunidad. En cambio, las aves acuáticas están consumen principalmente invertebrados y peces (Tabla 8.3).

Las especies migratorias constituyen un elemento importante dentro de las comunidades de aves tropicales y por lo general este aspecto ha sido poco estudiado y mucho menos comprendido. La presencia de migratorios en el área fue otro aspecto considerado en este estudio, lo que nos permitió recabar información sobre las diferentes especies migratorias tanto terrestres como acuáticas, así como incrementar el número de especies conocidas, pasando de un número inicial de 18 especies a 36, un incremento del 100% (Figura 8.6). En el Apéndice 10 se listan las 36 especies migratorias identificadas en este estudio.

Manglar

Los manglares son los ambientes naturales que sustentan la mayor diversidad de especies. Para el delta del Orinoco se han registrado 96 especies que utilizan los manglares como área de alimentación y/o descanso o dormidero, mientras que para Trinidad se han registrado 94 especies (Ffrench 1966). Para el área de estudio hemos registrado 61 especies lo que representa un 63,5% del total de especies presentes en el delta.

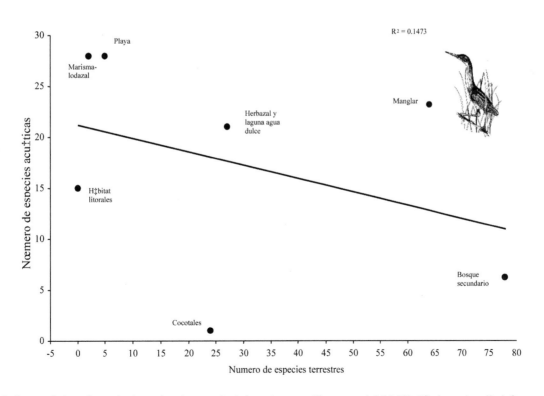

Figura 8.5. Relación entre el número de especies de aves terrestres respecto al número de aves acuáticas para cada hábitat identificado para la región de Capure e isla Cotorra.

Tabla 8.2 Indice de similaridad de Jaccard entre los hábitat para todas las especies de aves registradas en las islas Cotorra y Capure.

	Hábitat litorales	Playa	Marisma-lodazal	Herbazal y laguna agua dulce	Cocotales	Bosque secundario	Manglar
Hábitat litorales	-	0.15	0.00	0.00	0.00	0.00	0.06
Playa		-	0.47	0.07	0.05	0.04	0.14
Marisma-Lodazal			-	0.13	0.04	0.16	0.14
Herbazal y Laguna agua dulce				-	0.07	0.16	0.14
Cocotales					-	0.20	0.15
Bosque secundario						-	0.20
No. de especies	15	33	30	48	25	91	61

Tabla 8.3 Riqueza de especies de aves para los diversos gremios tróficos, aves registradas en las islas Cotorra y Capure entre Septiembre-Noviembre 2002.

Gremio Trófico	Habitat						
	Hábitat litorales	Playa	Marisma-Lodazal	Herbazal y laguna agua dulce	Cocotales	Bosque secundario	Manglar
Piscívoros	15	6	-	1	-	1	6
Vertebrados	-	1	-		-	-	1
Vertebrados + Invertebrados	-	3	7	13	4	6	8
Carroñeros	-	2	2	3	2	3	2
Invertebrados	-	20	21	20	10	51	40
Omnívoros	-	-	-	5	4	12	1
Folívoros	-	-	-	1	-		-
Frugívoros	-	-	-	5	2	9	1*
Nectarívoros	-	-	-		1	9	1
Total	15	32	30	48	25	91	61

Tipo de dieta: Carroñeros: Carroña de vertebrados e invertebrados. Folívoros: Hojas y yemas. Frugívoros: Frutas y/o semillas. Invertebrados: Artrópodos y moluscos. Nectarívoros: Néctar e insectos. Omnívoros: Invertebrados y frutas y/o semillas. Piscívoros: Peces. Vertebrados + Invertebrados: Vertebrados, artrópodos y moluscos.

* Una sola especie considerada y no se alimenta en los manglares.

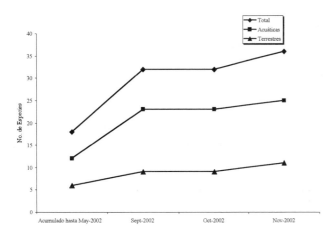

Figura 8.6. Incremento en el número de especies de aves migratorias para la región de Capure e isla Cotorra.

Tabla 8.4. Indice de Similaridad de Jaccard entre los diferentes manglares para todas las especies de aves registradas en la isla Cotorra y en la isla Cocuina.

Hábitat	isla Cotorra		isla Cocuina
	Rhyzophora	Avicennia semi-adulto	Manglar de Avicennia adulto
Manglares de isla Cotorra	0.75	0.48	0.47
Rhyzophora	-	0.23	0.53
Avicennia semiadulto	-	-	0.22
Avicennia adulto		-	-
No. de especies registradas	46	29	67

Cuando se habla de comunidades de aves asociadas a los manglares por lo general no se hace ninguna diferencia si el manglar es adulto o medianamente joven, porque se supone que la composición debería ser más o menos igual. En el presente estudio se tuvo la oportunidad de poder comparar dos comunidades de manglar de diferentes edades y composición florística en isla Cotorra, un área dominada por *Avicennia germinans* y la otra por *Rhyzophora mangle*.

Al comparar los resultados obtenidos mediante los censos visuales y la utilización de redes realizados en estas dos comunidades diferentes de manglar, encontramos que las comunidades de aves que habitan en el manglar semiadulto de *Avicennia* y en el adulto de *Rhyzophora,* presentaron 29 y 46 especies respectivamente. Esto no es de extrañar, ya que se supone que un manglar joven esta menos estructurado que un manglar adulto y por lo tanto debería tener un menor número de especies. Pero lo interesante es, que al comparar la composición de las especies de aves entre estos dos manglares, encontramos que solo comparten 14 especies, es decir, en el manglar joven hay 13 especies que no están presentes en el adulto y en el adulto hay 32 especies que no están presentes en el joven. Cuando comparamos con manglares

adultos de *Avicennia* en el área de caño Cocuina vemos que las diferencias se mantienen (Tabla 8.4).

Si consideramos solo las especies de aves terrestres que habitan dentro del manglar, excluyendo las aves acuáticas, los cazadores aéreos como golondrinas, vencejos, aguaitacaminos y algunas rapaces, el número de especies de aves para cada uno de los hábitat es bastante semejante y existe una mayor similaridad entre las comunidades. Aún así se mantienen diferencias importantes entre el manglar joven de *Avicennia* respecto a los manglares adultos de *Avicennia* o *Rhyzophora* (Tabla 8.5).

Estas diferencias se pueden deber en parte, a que existe una clara diferencia en la estructura del bosque de manglar sea este dominado por *Avicennia* o por *Rhyzophora.* La cantidad de luz que ingresa al mismo es diferente, ya que el bosque semiadulto de *Avicennia* por ser menos alto hay un mayor ingreso de luz hasta el suelo. Además de la estructura física del bosque y la distribución espacial de las plantas, el bosque de *Avicennia* presentaba árboles de menor diámetro que estan menos distanciados unos de otros que los del bosque de *Rhyzophora* (Tabla 8.6).

En el interior de los bosque de *Avicennia* y *Rhyzophora* se registraron ocho especies de aves migratorias: candelita migratoria (*Setophaga ruticilla*), reinita de charcos (*Seiurus noveboracensis)*, cuclillo pico amarillo (*Coccyzus americanus*) y el julián chiví de ojos rojos (*Vireo olivaceus*). Entre el grupo de especies acuáticas registramos el playero coleador (*Actitis macularia)*, playerito occidental (*Calidris mauri*) y el playerito semipalmeado (*Calidris pusilla*). También registramos el atrapamosca de Swainson (*Myiarchus swainsoni*), especie migratoria de Suramérica capturada en el mes de noviembre lo que nos indica que era el momento en que estaba regresando a sus áreas reproductivas.

Las especies migratorias terrestres capturadas dentro de los manglares no presentaron acumulación de grasa, lo que es indicativo de que habían llegado a la zona hace algún tiempo y ya habían establecido sus territorios de invierno. La reinita de charcos fue la especie con la mayor captura y recaptura de ejemplares. Las recapturas se incrementaron hacía el final del periodo de muestreo, porque que esta especie es territorial durante la temporada de invernada (Tabla 8.7).

Existen otras dos especies migratorias de Norteamérica que utilizan los manglares como área de descanso son: el halcón

Tabla 8.5. Indice de Similaridad de Jacaard entre los diferentes manglares para todas las especies terrestres de aves registradas en la isla Cotorra y en la isla Cocuina.

Hábitats	isla Cotorra		isla Cocuina
	Rhyzophora	Avicennia semi-adulto	Manglar de Avicennia adulto
Manglares de I. Cotorra	0.64	0.61	0.59
Rhyzophora	-	0.24	0.67
Avicennia semiadulto		-	0.29
Avicennia adulto		-	-
No. de especies registradas	21	20	29

Tabla 8.6. Densidad de los manglares en dos parcelas estudiadas en isla Cotorra en noviembre del 2002.

Parcela	No. total de plantas	Plantas con diámetro ≤ 5 cm		Plantas con diámetro ≥ 5 cm		Distancia promedio entre las plantas (cm)
		No. de plantas	Diámetro promedio	No. de plantas	Diámetro promedio	
Avicennia	37	7	3.2	30	17.5	63.8
Rhizophora	63	23	3.5	40	29.1	105.0

Evaluación rápida de la biodiversidad y aspectos sociales de los ecosistemas acuáticos del delta del río Orinoco y golfo de Paria, Venezuela

131

Tabla 8.7. Captura de especies migratorias terrestres en los manglares de isla Cotorra.

Nombre común	Nombre científico	Sep.-02		Oct.-02		Nov.-02	
		Total[1]	Recapt[2].	Total	Recapt	Total	Recapt
Halcón peregrino	*Falco peregrinus*					1	
Cuclillo pico amarillo	*Coccyzus americanus*					1	
Reinita de charcos	*Seiurus noveboracensis*	5	1	24	3	22	9
Candelita migratoria	*Setophaga ruticilla*	2		3		2	
Julián chiví ojirrojo	*Vireo olivaceus*	2		1			

[1] Total: Total de ejemplares observados y capturados para anillar
[2] Recapt.: Recaptura en cada período de los ejemplares anillados.

peregrino (*Falco peregrinus*) y el águila pescadora (*Pandion haliaetus*), el halcón peregrino no es una especie muy abundante pero es frecuente en el área, el águila pescadora si es una especie común y en un trayecto de 2 km dentro en el canal interior de la Isla Cotorra se registró un máximo de siete ejemplares en el mes de noviembre. Estudios recientes sobre rutas migratorias mediante el uso de posicionamiento satelital han demostrado que el delta del Orinoco es una de las principales áreas de invernada de las águilas pescadoras en Venezuela (Henny 2003).

La dieta de las especies que habitan en los manglares está basada esencialmente en los invertebrados. La única especie frugívora registrada en este hábitat es el loro guaro (*Amazona amazonica*) que solo utiliza los manglares para pernoctar, alimentandose en los bosques de pantanos cercanos. Las especies omnívoras como el gonzalito (*Icterus nigrogularis*) utilizan el ecotono entre *Avicennia* y la playa. Otras especies insectívoras como el hormiguero copetón (*Sakesphorus canadensis*), el trepador subesube (*Xiphorynchus picus*) y el güitío de agua (*Certhiaxis cinnamomea*) parecen ser de los primeros colonizadores en las comunidades jóvenes de manglar. El güitío de agua es una especie común en los herbazales y cuerpos de agua dulce de Venezuela, pero en esta ocasión es la se registra en manglares, comportamiento que si ha sido observado en Surinam (Haverschmidt y Mees 1994). Estos resultados nos permiten indicar que las especies de aves insectívoras que mantienen territorios en áreas de mangle relativamente consolidado como es el caso de *Rizophora*, se dispersan hacia las áreas recientemente colonizadas por *Avicennia*. Las comunidades de aves localizadas en *Rhizophora*, siguen el patrón de actividad de los insectos, siendo ubicadas mayormente en el dosel del bosque durante el amanecer y bajando al sotobosque durante el mediodía.

Playas y marismas
Las playas y marismas son los hábitat que sufrieron los mayores cambios paisajísticos en la zona durante el período de estudio. La dinámica de las corrientes y las mareas afectan

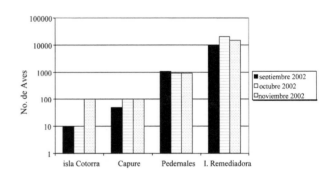

Figura 8.7. Censos de loro guaro (Amazona amazonica) en el área de Capure, en que se evidencia la importancia del dormidero de la isla Remediadora.

severamente estos ambientes. Las playas en todas estas islas son pequeñas y se estan formando y destruyendo continuamente. Las marismas son rápidamente colonizadas por el mangle negro, y con la subida de las mareas la mayoría de los sitios quedan anegados. Ante está situación los playeros están en contínua búsqueda de lugares en donde alimentarse y/o descansar. Aún así, estos hábitat son los que sustentan la mayor diversidad de especies acuáticas con 32 y 30 especies respectivamente. A su vez, son las que presentan la mayor diversidad de especies migratorias, con 20 y 17 especies respectivamente, lo que viene a representar un 62,5% y 56,6%.

La mayoría de los chorlos y playeros son migratorios de Norteamérica. Su llegada a Suramérica no es constante sino por oleadas, algunas de especies presentan números altos durante un mes determinado y luego caen al siguiente. Los resultados del presente trabajo nos llevan a concluir que para la zona las especies migratorias presentan alguno de los siguientes tres patrones de migración.

Figura 8.8. Rutas más importantes de vuelo del loro guaro *(Amazona amazonica)* en las islas Cotorra, Capure y Pedernales. El círculo muestra la ubicación del dormidero en isla Remediadora.

1) **Especies que presentan una abundancia elevada a comienzo de la temporada de migración boreal.** Algunas especies de playeros fueron muy abundantes a mediados de septiembre (que fue el mes de inicio del estudio), lo que nos indica que estas especies comenzaron a migrar a finales de agosto, alcanzando su máximo número en septiembre para luego caer en los sucesivos meses. Tal es el caso del playero acollarado (*Charadrius semipalmatus*), tigüi-tigüe grande (*Tringa melanoleuca*) y playerito occidental (*Calidris mauri*). Otras especies se recuperan a final de la temporada como ocurre con el tigui-tigue chico (*Tringa flavipes*), playero aliblanco (*Catoptrophorus semipalmatus*) y playerito semipalmeado (*Calidris pusilla*). Esto nos indica que estas especies están migrando en oleadas hacia sus cuarteles de invierno en Surinam o Brasil y que las playas y marismas de isla Cotorra están proveyendo el suficiente alimento para que estas aves puedan continuar en su periplo hacía el sur del continente, esto se evidencia por el registro del continuo aumento de peso de los playeros entre septiembre y noviembre.

2) **Especies que presentan una abundancia elevada a mediados de la temporada de migración boreal.** Otras especies presentan altos números a mediados de temporada, lo que es indicativo de que estas especies empiezan a migrar de Norteamérica un poco más tarde, entre ellas tenemos al playero de rabadilla blanca (*Calidris fuscicollis*) y a la becasina migratoria (*Limnodromus griseus*).

3) **Especies que presentan una abundancia elevada a finales de la temporada de migración boreal.** Finalmente, otras especies presentan un claro y marcado retraso en su comportamiento migratorio, como es el caso del playero pecho rufo (*Calidris canutus*) que empieza a llegar a partir de noviembre. Esta especie es conocida en el país solo por unas pocas localidades en el occidente del país, por lo cual el registro de estas aves en el delta ayuda a entender mejor la ruta migratoria de esta especie debido a que ha sido registrada en grandes números en Surinam (Morrison y Ross 1989).

Evaluación rápida de la biodiversidad y aspectos sociales de los
ecosistemas acuáticos del delta del río Orinoco y golfo de Paria, Venezuela

133

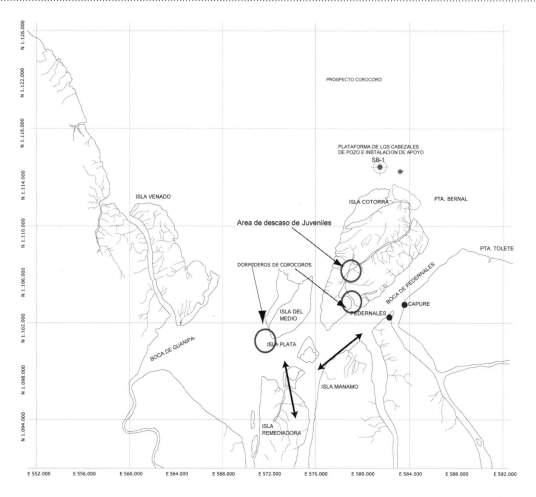

Figura 8.9. Mapa en el que se muestran las rutas de desplazamiento del corocoro rojo *(Eudocimus ruber)*, así como los puntos de concentración en el área bajo estudio.

Estos resultados preliminares demuestran que el área es más importante para los playeros que lo señalado previamente por Morrison y Ross (1989), quienes prácticamente no registraron ningún playero en la zona. En este momento vale la pena resaltar el registro de la becasa de mar *(Limosa haemastica)*. Este es un playero muy poco conocido en Venezuela, del cual solo existen tres localidades conocidas para el país. En la zona era posible ubicarlo todos los días y en octubre llegamos a identificar hasta seis individuos en un día.

Otro aspecto interesante es el comportamiento y el uso del hábitat de estas aves. Por ejemplo, el playero coleador *(Actitis macularia)* se observó durante el día en pocos números dentro del manglar y estaba ausente en las playas y marismas, pero al atardecer y comienzo de la noche esta especie se volvía muy activa siendo entonces muy conspicua acercandose en grandes números cuando baja la marea a las marismas para alimentarse. Los playeritos semipalmeado y occidental *(Calidris semipalmatus* y *C. mauri)*, son comensales habituales de las marismas durante el día pero al subir la marea durante la noche, se concentran en cientos de individuos en los manglares.

Al igual que en el manglar, la dieta de las especies que habitan en las playas y marismas esta basada esencialmente en los invertebrados y en peces (Tabla 8.3).

Hábitat litorales y pelágicos

Para este hábitat se registraron 15 especies de aves marinas, mientras que para Trinidad se han registrado 41 especies, esto se debe a que la mayoría de estas aves son pelágicas y se acercan poco a las costas continentales.

Todas estas aves marinas se alimentan de peces (Tabla 8.3) y por lo general son bastante abundantes localmente solo registramos dos especies como raras en la zona, la cotúa olivácea *(Phalacrocorax olivaceus)* una especie muy común en el resto de país, pero que presenta un comportamiento migratorio de corta distancia entre las área de muda y las áreas reproductivas; y el salteador parásito *(Stercorarius parasiticus)* que es una especie pelágica vagante que sigue a las gaviotas y tirras. La otra especie pelágica que aún no ha sido registrada en isla Cotorra es la golondrina de mar *(Oceanodroma leucorhoa)*, y que con seguridad debe de estar presente en la zona debido a que hay registros en la boca del río San Juán y en Curiapo.

Otros hábitat

Este estudio incluyó información adicional de otras hábitat, como los herbazales y las áreas con alta influencia humana como los cocotales y ambientes secundarios. Como hemos visto de los análisis de similitud los hábitat secundarios tienen poca correlación con los ambientes costeros (Tabla 8.2) y además son más diversos que la mayoría de los hábitat costeros, debido a la gran complejidad de vegetación que los constituyen.

Uso de estructuras artificiales por parte de las aves

Al subir la marea e inundarse las marismas muchos de los playeros y otras aves acuáticas como pelicanos y gaviotas, se concentran en los restos de la plataforma petrolera abandonada, para descansar, acicalarse las plumas y esperar a que vuelva a bajar la marea para volver a alimentarse en las marismas. En esta plataforma fue el lugar en que se registró el mayor número de becasina migratoria (*Limnodromus griseus*), llegándose a contar más de 90 aves. Los pelicanos y otras aves marinas utilizan regularmente las estructuras de los pozos abandonados y sellados, que estan ubicados mar afuera. Es conocido que las plataformas petroleras pueden servir de descanso para las aves en sus rutas migratorias (Rogers 2002) y nuestros resultados avalan este punto. Estas estructuras también son utilizadas por aves terrestres como golondrinas, halcones y otras aves. Por ejemplo, el vencejo coliblanco (*Chaetura brachyura*) emplaza sus colonias dentro de los tubos de anclaje cercanos a las plataformas.

CONCLUSIONES Y RECOMENDACIONES PARA LA CONSERVACIÓN

Esta área es importante para la onservación de varias especies coloniales como el loro guaro (*Amazona amazonica*) y la corocora roja (*Eudocimus ruber*) (Figuras 8.7, 8.8. y 8.9). El loro guaro es una especie muy común y es frecuente observar las bandadas de loros volando sobre Pedernales y Capure al amanecer y al atardecer, aunque solo se registraron dormideros en la isla Cotorra y en la isla Remediadora. Los números estimados de las aves durante estos tres meses de muestreo se presentan en la Figura 8.7. El dormidero ubicado en la isla Remediadora es realmente importante para la zona debido a que las aves que pernoctan en el mismo, provenían de varias direcciones. Este dormidero es compartido con centenares de paloma montañera (*Columba cayennensis*) y decenas de individuos de conoto negro (*Psarocolius decumanus*).

La corocora roja o sidra, es otra especie importante para la zona. Siempre registramos en el Caño del Medio de isla Cotorra entre 100-150 individuos jóvenes y muy pocos adultos. Estos últimos, estaban siempre en la planicie cenagosa al sur de la isla, pero al caer la tarde las aves abandonaban el caño y se dirigían hacía la planicie reuniéndose con los adultos en el dormidero que se encuentra en la boca del caño del Medio. Este dormidero alberga unas 500 aves, hecho observado durante los tres meses que duró el estudio. Por otro lado registramos un segundo dormidero de mayor tamaño, ubicado en isla del Medio que probablemente alcanza las 20.000 aves. La corocora es una especie indicativa para la región debido a su alto número y a que casi toda la población de la especie se encuentra en Venezuela (Lentino y Brunni 1994).

En cuanto a las especies de cacería, el ave más importante lo constituye el pato real (*Cairina moschata*), ave que puede alcanzar los 5-6 kg. de peso, por lo que es muy codiciada por los cazadores. Los patos que observamos eran bastante ariscos, lo que denota que han sufrido bastante persecución por parte de los lugareños. De hecho, en los 25 días que duró este proyecto registramos la captura de siete individuos. El delta del Orinoco probablemente sea una de las poca áreas del país en que las poblaciones de este animal son de verdadera importancia y desafortunadamente está sufriendo una fuerte presión de cacería.

Al ser esta investigación la primera que se realiza exhaustivamente en el delta del Orinoco durante la época de migración de las aves de Norteamérica, hemos obtenido resultados muy alentadores sobre la importancia del Delta para las aves migratorias, así como información sobre el uso de los hábitat.

Los resultados de este proyecto muestran que el área comprendida entre isla Venado, isla Cotorra, isla Pedernales e isla Capure, es más importante para las especies migratorias de lo que se había supuesto inicialmente, siendo una parada obligada para cientos de playeros y otras aves acuáticas en su vuelo migratorio hacía el sur del continente.

Sería recomendable el mantener una programa de monitoreo regular en el área para detectar si ocurren cambios poblacionales mientras dure la etapa de construcción de la plataforma de perforación que ConocoPhillips Venezuela estima construir a partir del 2003-04.

Otro aspecto importante es el tratar de ir incorporando a la población local en los aspectos de conservación de las aves. Un programa regular de anillado en la zona en el que intervengan los jovenes de Pedernales y Capure y se establezca un sistema de premiación o de estímulo de acuerdo a su desempeño, puede ser un buen aliciente en este sentido.

BIBLIOGRAFÍA

Ecology & Environment. 2002. Estudio del Impacto ambiental del Proyecto Corocoro en el Estado Delta Amacuro. Proyecto para CONOCO. Caracas.

French, R.P. 1966. The utilization of mangroves by birds in Trinidad. Ibis 108:423-424.

Haverschmidt, F. & G.F. Mees 1994. Birds of Surinam. Vaco. Paramaribo.

Henny, C. 2003. Highway to the tropics: Tracking raptors via satellite. Web site: www.raptor.cvm.umn.edu.

Lentino R., M. y A. R. Bruni. 1994. Humedales costeros de Venezuela: Situación ambiental. Soc. Conserv. Audubon de Vzla. Caracas.

Lentino R., M. y J. Colvée. 1998. Lista de las Aves del Estado Delta Amacuro. Soc. Conserv. Audubon de Vzla. Caracas.

Lentino R., M. 1997. Estudio de las aves en la región comprendida entre el Caño La Brea y La Barra de Maturín, Edo. Sucre, durante Abril-Mayo 1997. Informe preparado para Ecology & Environment y Lagoven. Caracas.

Lentino R., M. 1998. Informe de las Aves de la región de Punta Pescadores (Bloque de Amoco), Delta Amacuro. Informe preparado para Geohidra y Amoco. Caracas.

Lentino R., M. 1999. Informe sobre el aprovechamiento sustentable de las aves en el estado Delta Amacuro. Informe preparado para Ecology & Environment y Proyecto GEF. Caracas.

Lentino R., M. 2002. Informe sobre las aves en el área de influencia del Proyecto Corocoro. *En:* Estudio del Impacto ambiental del Proyecto Corocoro en el Estado Delta Amacuro. Informe preparado para Ecology & Environment. Proyecto para CONOCO. Caracas.

Morrison, R. I. G. and R. K. Ross. 1989. Atlas of Nearctic shorebirds on the coast of South America, Vol. 1: 1-128; Vol. 2: 129-325. Canadian Wildlife Service, Ottawa, Canada.

Rogers, R. M. 2002. Birds on Wing. A Study of Interactions Between Migrating Birds and Oil and Gas Structures off the Louisiana coast. Minerals Management Service.

Sharpe, C. 1997. Lista de las Aves del Parque Nacional Paria, Estado Sucre. Soc. Conserv. Audubon de Vzla. Caracas.

Statterfield, A., M.J. Cosby, A.J. Long and D.C. Wege. 1998. Endemic bird areas of the world. Priorities for biodiversity conservation. Birdlife Conservation series no. 7. Cambridge.

Capítulo 9

Sugerencias para el desarrollo de un plan estándar de monitoreo para la biodiversidad de aguas de poca profundidad en el golfo de Paria, Venezuela

Leeanne E. Alonso

ETAPAS PARA LA IMPLEMENTACIÓN A LARGO PLAZO DEL PROGRAMA BIOFÍSICO DE MONITOREO

Etapa 1. Identificar y describir los objetivos específicos del monitoreo

Los objetivos específicos del programa biofísico de monitoreo deben definirse y desarrollarse claramente antes del inicio del monitoreo. Puede haber más de un objetivo que podría llevarse a cabo en sitios diferentes. ¿Se enfocará este plan de monitoreo en los efectos de las operaciones petroleras y se dirigirá hacia las localidades que puedan ser afectadas? ¿O el monitoreo servirá como punto de referencia para notar los efectos y cambios futuros en la región?

Etapa 2. Identificar los sitios potenciales a ser monitoreados

Basado en los objetivos identificados en la Etapa 1, se debe utilizar información de percepción remota (imágenes de satélite, fotografía aérea) y mapas para identificar los sitios potenciales a ser monitoreados en la región.

Etapa 3. Evaluar la información biológica y física disponible para la región

Se han realizado estudios científicos en la mayoría de las áreas. Esta información debe ser recopilada antes de que cualquier estudio nuevo sea iniciado. Los datos se reunirán de todas las fuentes de información disponibles, incluyendo expertos científicos e instituciones. La información deberá ser compilada en una base de datos central y estándar. Antes de que el programa de monitoreo sea implementado, se deberá establecer una base de referencia firme con los datos de los parámetros seleccionados para el monitoreo (ver Etapa 6).

Etapa 4. Evaluar la biodiversidad

Si no hay suficiente información biológica disponible para el área, será necesario realizar más estudios sobre biodiversidad con el fin de desarrollar una base de referencia completa acerca de la diversidad, abundancia y distribución de especies en la región, así como de parámetros cualitativos actualizados de cobertura de tierra/agua.

Etapa 5. Identificar y establecer los recursos locales para la evaluación y el monitoreo biológicos

El monitoreo biológico a largo plazo requerirá el uso de los recursos disponibles científicos locales para llevar a cabo el plan de monitoreo durante el transcurso de muchos años. Si estos recursos no existen en la región se requerirá de una inversión sensata para crear dichos recursos y llevar a cabo el programa de monitoreo entre los científicos de los países participantes y las entidades locales. Conservación Internacional y su Programa Rapida de Evaluación Biológica (RAP) han desarrollado un programa para el entrenamiento de científicos locales en evaluaciones rápidas y técnicas de monitoreo que pueden ser implementadas en conjunción con la valoración de la biodiversidad. Si se considera deseable que las comunidades locales se involucren en este proceso, los protocolos de monitoreo (Etapa 7) deben ser simples, baratos y fáciles de implementar sin necesidad de mucha habilidad o entrenamiento. Consultar Nordin y Mosepele (2003) para un ejemplo de un plan comunitario de monitoreo.

Evaluación rápida de la biodiversidad y aspectos sociales de los ecosistemas acuáticos del delta del río Orinoco y golfo de Paria, Venezuela

137

Etapa 6. Identificar los parámetros biofísicos a ser monitoreados

Los grupos taxonómicos o los parámetros utilizados en el monitoreo deben ser cuidadosamente elegidos para asegurar que cumplan los objetivos específicos de cada proyecto y sitio monitoreado. Mientras que algunos parámetros podrían ser utilizados en todos los sitios a ser monitoreados, la mayoría necesitarán ser específicos para cada sitio. Ciertas especies, grupos taxonómicos (por ejemplo aves) u otros factores tales como estructura del bosque, calidad del agua y contenido de nutrientes del suelo pueden ser utilizados como parámetros de monitoreo. Dichos parámetros deben ser seleccionados y posteriormente puestos a prueba en proyectos pilotos. Información relacionada con el tiempo, la temperatura, y tipo de suelo, etc. debe ser monitoreada en conjunción con los grupos para garantizar que los cambios registrados no se deben a estas condiciones.

Etapa 7. Establecer los protocolos de monitoreo para cada parámetro biofísico

Se han desarrollado metodologías estandarizadas para el estudio de la mayoría de los grupos taxonómicos así como para el estudio de la calidad del agua de ecosistemas tanto de agua dulce como marina; dichas metodologías pueden ser aplicadas en el área con ciertas modificaciones. Estos métodos deben ser utilizados en la medida de lo posible para facilitar las comparaciones entre los sitios. Los protocolos designados y utilizados deben ser específicos a los objetivos del proyecto así como a los parámetros biológicos seleccionados. Si las comunidades estarán a cargo de llevar a cabo el monitoreo los protocolos deberán ser simples y fáciles de implementar. Sin embargo, los mismos métodos estandarizados deberán ser utilizados, en la medida de lo posible, en cada lugar de la región para promover comparaciones entre los sitios. Hay numerosas referencias de monitoreo acuático que pueden ser consultadas como SBSTTA8 (2003), Barbour et al. (1999) y muchos libros de texto sobre ecología acuática marina.

Etapa 8. Recopilar y analizar continuamente los datos del monitoreo

Es esencial asegurar que, conforme se colecten los datos del monitoreo, éstos se utilicen apropiada y efectivamente. Por lo tanto la captura de datos y su análisis son tan importantes como su colección. Los biólogos locales dedicados al programa de monitoreo en el sitio de estudio supervisarán la compilación de datos en los formatos estándares de bases de datos, así como el análisis y el uso de dichos datos. La información debe hacerse ampliamente accesible a las personas interesadas y a los responsables de tomar las decisiones para el área. Dos ejemplos comunes de análisis de monitoreo acuático son el Índice de Integridad Biótica (*Index of Biotic Integrity*, Karr et al. 1986, Karr 1991) y el Índice Biótico Hilsenhoff (*Hilsenhoff Biotic Index*, HBI).

Componentes de la Biodiversidad en Ecosistemas Acuáticos Costeros

El golfo de Paria contiene una gran variedad de grupos taxonómicos entre su diversidad de flora y de fauna. Para considerar el monitoreo de la biodiversidad dentro de estos amplios parámetros se requiere de una comprensión general de los componentes representativos de tal diversidad. ¿Qué organismos pueden se utilizados para medir la diversidad en ecosistemas acuáticos del interior? Peces, invertebrados, plantas, aves, mamíferos, reptiles, anfibios y fitón juegan un papel importante en ecología acuática.

- **Plantas:** Proveen substrato, refugio y alimento para muchos otros organismos. Los árboles son importantes desde el punto de vista ecológico ya que proveen sombra y desechos orgánicos (hojas, frutos), elementos estructurales (troncos y ramas caídos) que acrecientan la diversidad de los vertebrados y promueven la estabilidad de las orillas de los ríos previniendo la erosión. De la misma manera las plantas acuáticas proveen estructura y alimento a organismos acuáticos y contribuyen a regular la calidad del agua. Los manglares crean y forman islas en sistemas costeros.

- **Invertebrados: moluscos:** Los caracoles son herbívoros forrajeadores móviles o depredadores; los bivalvos son animales filtradores adheridos a la superficie del fondo. Ambos grupos se han especializado profusamente en ciertos ecosistemas. Las larvas de muchos bivalvos son parásitos de peces. Debido a su modo de alimentación, los bivalvos pueden ayudar a mantener la calidad del agua aunque tienden a ser susceptibles a la contaminación.

- **Invertebrados: crustáceos:** Incluyen especies más grandes que habitan cerca del fondo como camarones, langostinos y cangrejos de los márgenes de lagos, arroyos, terrenos aluviales y estuarios. Así mismo incluyen plancton más grande como los organismos filtradores Cladocera o los filtradores y predadores Copepoda. Muchos isópodos y copépodos son importantes parásitos de peces.

- **Invertebrados: insectos:** Los insectos acuáticos forrajeadores y predadores (especialmente en las etapas de larva y adulto volador) dominan los niveles intermedios de la red alimenticia (entre los productores microscópicos, principalmente algas y peces) en ríos y arroyos. También son importantes en comunidades de tipo lacustre. Las larvas voladoras son dominantes en número en algunas situaciones (por ejemplo en arroyos árticos o en el fondo de lagos con bajos niveles de oxígeno) y son vectores de enfermedades humanas (por ejemplo malaria o ceguera de río).

- **Vertebrados: peces:** En términos de biomasa, ecología de la alimentación e importancia para los humanos, los peces son virtualmente los organismos dominantes en todos los habitats acuáticos. Algunos sistemas acuáticos, especialmente los trópicos, son extremadamente ricos en especies. Muchas especies están restringidas a un lago o a cuencas de ríos. Estas especies son la base de pesquerías en aguas de zonas tropicales y templadas.

- **Vertebrados: anfibios:** La mayoría de las especies de larvas requieren de agua para su desarrollo. Algunas ranas, salamandras y caecilians son enteramente acuáticas, generalmente en arroyos, ríos pequeños y pozos. Las larvas son generalmente forrajeadores y los adultos son predadores.

- **Vertebrados: reptiles:** Debido a su gran tamaño los cocodrilos pueden tener un papel importante en los sistemas acuáticos contribuyendo al enriquecimiento de nutrientes y a la estructuración del habitat. Los cocodrilos así como la mayoría de tortugas y serpientes son predadores o se alimentan de carroña. Muchas tortugas y serpientes se encuentran amenazadas o en peligro debido a la cacería o al comercio.

- **Vertebrados: aves:** Son los predadores más importantes. Los pantanales son sitios claves para la alimentación y descanso de especies migratorias. Las aves contribuyen a la dispersión pasiva de organismos acuáticos pequeños.

- **Vertebrados: mamíferos:** Son los predadores y forrajeadores más importantes. Las especies más grandes son considerablemente afectadas por modificaciones del habitat y la cacería.

SUGERENCIAS ESPECÍFICAS PARA UN PLAN DE MONITOREO BIOFÍSICO EN EL GOLFO DE PARIA, VENEZUELA

A. Objectivos del monitoreo en el golfo de Paria:

1. Determinar cambios en las variables naturales que sirvan como punto de referencia.
2. Determinar las especies con potencial comercial.
3. Evaluar el impacto del rastreo de camarones en la fauna acuática.
4. Evaluar el impacto de las operaciones petroleras.
5. Evaluar el tamaño de las poblaciones de las especies comerciales.
6. Evaluar la presencia y el tamaño de las poblaciones de especies exóticas.
7. Definir los indicadores para determinar el estado de salud de los sistemas acuáticos.
8. Distinguir entre los cambios naturales y antropogénicos.

B. Localidades importantes para el monitoreo de la biodiversidad:

Invertebrados (alta diversidad)
1. caño Pedernales
2. caño Mánamo
3. caño Manamito
4. raíces del manglar

Decápodos Crustáceos
1. caño Manamito (alta diversidad)
2. río Guanipa- caño Venado (alta diversidad)
3. playa rocosa de Pedernales (único)
4. boca de Bagre (para camarones comerciales)

Peces
Alta diversidad:
1. boca Pedernales-isla Cotorra (57 spp.)
2. caño Manamito (55 spp.)
3. boca de Bagre (50 spp.)
4. río Guanipa- caño Venado (48 spp.)
5. caño Pedernales (46 spp.)
6. caño Mánamo-Guinamorena (41 spp.)

Fauna única de peces:
1. playa rocosa de Pedernales
2. playa arenosa de isla Cotorra (Punta Bernal)
3. playa arenosa de Pedernales

Reptiles y Anfibios
1. áreas que están solamente parcial o temporalmente inundadas.
2. asentamientos humanos en donde se consume, se vende o se comercia con reptiles amenazados.

C. Posibles parámetros y especies a ser monitoreadas en el golfo de Paria, Venezuela:

Calidad del Agua
1. Temperatura
2. Tasa de flujo
3. Profundidad
4. pH
5. Oxígeno disuelto
6. Turbulencia
7. Conductividad eléctrica
8. Alcalinidad
9. Demanda bioquímica de oxígeno
10. Sólidos totales
11. Nitratos
12. Fosfatos totales
13. Materia coliforme fecal total
14. Productos y residuos petroleros

Peces
Especies amenazadas:
Batrachoides surinamensis (pez sapo)

Rayas de la familia Dasyatidae
Dasyatis guttata
Dasyatis geijskesi
Himantura schmardae
Gimnura spp.

Especies introducidas:
Omobranchus punctatus,
Butis koilomatodon

<u>Invertebrados</u>
Especies importantes o especies recientemente reportadas para Venezuela:
Litopenaeus schmitti (camarón comercial, en boca de Bagre)
Xiphopenaeus kroyeri (crustáceo costero abundante)
Macrobrachium amazonicum (crustáceo de agua dulce abundante)
Leptocheirus rhizophorae (reportado recientemente para Venezuela por AquaRAP)
Gammarus tigrinus (reportado recientemente para Venezuela por AquaRAP)
Gitanopsis petulans (reportado recientemente para Venezuela por AquaRAP)
Synidotea sp. (reportado recientemente para Venezuela por AquaRAP)

Especies introducidas:
Musculista senhousia (bivalvo molusco exótico, muy abundante)
Corbidula fluvialitis (bivalvo molusco exótico)
Macrobrachium rosenbergii (crustáceo, *camarón malayo,* boca de Bagre)

<u>Plantas</u>
Manglares:
Avicennia germinans (mangle negro)
Rhizophora racemosa, R. harrisonii, R. mangle (mangle rojo)
Laguncularia racemosa (mangle blanco)

<u>Reptiles y Anfibios</u>
Especies endémicas:
Hyalinobatrachium mondolfii (rana de cristal)
Anolis deltae (lagartija)
Threatened species (IUCN Lista Roja)
Podocnemis expansa (tortuga arrau)
Eretmochelys imbricata (tortuga carey)
Chelonia mydas (tortuga blanca)
Lepidochelys olivacea (tortuga guaraguá)
Crocodylus intermedius (caimán del Orinoco)
Crocodylus acutus (caimán de al Costa)

Caiman crocodylus (baba)
Iguana iguana (iguana)
Tupinambis tequixin (mato de agua)
Boa constrictor (tragavenado)
Eunectes murinus (anaconda)

BIBLIOGRAFÍA

Barbour, M.T., J. Gerritsen, B.D. Snyder, and J.B. Stribling. 1999. Rapid Bioassessment Protocols for Use in Streams and Wadeable Rivers: Periphyton, Benthic Macroinvertebrates and Fish, Second Edition. EPA 841-B-99-002. U.S. Environmental Protection Agency; Office of Water; Washington, D.C. < www.epa.gov/owow/monitoring/rbp.

Karr, R.J. 1991. Biological Integrity: a long neglected aspect of water resource management. Ecological Applications 1: 66-84.

Karr, R.J., K.D. Fausch, P.L. Angermeier, P.R. Yant, and I.J. Schlosser. 1986. Assessment of biological integrity in running waters: A method and its rationale. Illinois Natural History Survey Special Publication No. 5. Illinois Natural History Survey, IL.

Nordin, L. and B. Q. Mosepele. 2003. Suggestions for an aquatic monitoring program for the Okavango Delta. *En:* L.E. Alonso and L. Nordin (editors). A rapid biological assessment of the aquatic ecosystems of the Okavango Delta, Botswana: High Water Survey. RAP Bulletin of Biological Assessment 27. Conservation International, Washington, D.C.

SBSTTA8. 2003. Methods and regional guidelines for the rapid assessment of inland water biodiversity for all types of inland water ecosystems. Accepted March 2003 at the 8th Meeting of the Subsidiary Body on Scientific, Technical, and Technological Advice (SBSTTA) of the Convention on Biological Diversity (UNEP/CBD/SBSTTA/8/8/Add. 5).

Table of Contents

Rapid assessment of the biodiversity and social aspects of the
aquatic ecosystems of the Orinoco Delta and the Gulf of Paria, Venezuela

141

Preface

CONOCOPHILLIPS AND CONSERVATION INTERNATIONAL IN THE GULF OF PARIA

Many times there is an overlap of the value derived from natural resource development with competing economic, social and environmental values. As natural resource development expands into new areas across the globe, we can expect this overlap to occur with increasing frequency. To ensure that these multiple values are not compromised from inappropriate resource development, there is an urgent need for better mechanisms of dialogue and cooperation among key stakeholders.

It was in this spirit – promoting dialogue and cooperation to preserve a number of different values – that ConocoPhillips (COP) and Conservation International (CI) initiated their joint activities in the Corocoro gas and oil field in the Gulf of Paria during December 2003. The field had been discovered by COP in 1999 and declared commercial in October 2002. Prior to developing the field for production, COP wanted to make sure the project would be able to contribute to sustainable development of local communities and protect local ecosystems. As part of COP's effort to gather information on the area, COP contacted CI in July of 2002 to ascertain what potential biodiversity issues the company could face in Corocoro.

Conservation International was able to share with COP the results of a recent scientific study of marine life in the Caribbean (published in April 2003) undertaken by CI's Center for Applied Biodiversity Science (CABS). The CABS study showed that the Corocoro concession was located in one of the two most important regions for marine species in the Caribbean. Also, work completed by COP showed dependence of local communities on fishing activities as the region's principle economic activity. These two studies convinced both CI and COP that any petroleum development in the region would have to include in its management plans the protection of the local resource base, particularly fish and shrimp stocks.

Since those initial meetings, much has been accomplished. The following rapid aquatic survey (AquaRAP) conducted by CI, Fundación La Salle – Museo de Historia Natural La Salle and Estación de Investigaciones Marinas de Margarita, and Laboratorio de Crustáceos del Instituto de Zooología Tropical de la Universidad Central de Venezuela, and the Colección Ornitológica Phelps was completed in December 2003 and confirmed the biodiversity importance of the region being explored for oil and gas. Two Threats and Opportunities Workshops were facilitated by CI and attended by 25 representatives from COP, Ecology and Environment, and GEF-MARN (Global Environmental Facility-*Ministerio de Ambiente y Recursos Naturales*) in 2003. The workshops identified threats to biodiversity in the region, as well as opportunities for conservation. These activities formed the basis for an Initial Biodiversity Action Plan (IBAP) for COP in the Gulf of Paria, which is included in this report.

Key recommendations from the IBAP include support for better resource management with local communities, particularly with regards to better fishing practices, and improved regional planning efforts by communities, local and regional government, industry, multilaterals and NGOs. Next steps with COP and CI in implementing the IBAP will involve working with local stakeholders, including communities, and GEF-MARN to seek to engage other energy companies working in the region to achieve these goals.

Rapid assessment of the biodiversity and social aspects of the aquatic ecosystems of the Orinoco Delta and the Gulf of Paria, Venezuela

143

Both COP and CI hope that the results of the AquaRAP and workshop not only promote improved resource management and conservation efforts in the Corocoro concession, but in other areas in the Gulf of Paria and larger Orinoco Delta region. As such, this survey and IBAP should not be seen as an end product, but rather a starting point for generating knowledge, interest and support for promoting regional conservation and sustainable development through greater cooperation and dialogue with key stakeholders.

Fernando Rodriguez   ConocoPhillips-Venezuela
Franklin Rojas   Conservation International-Venezuela

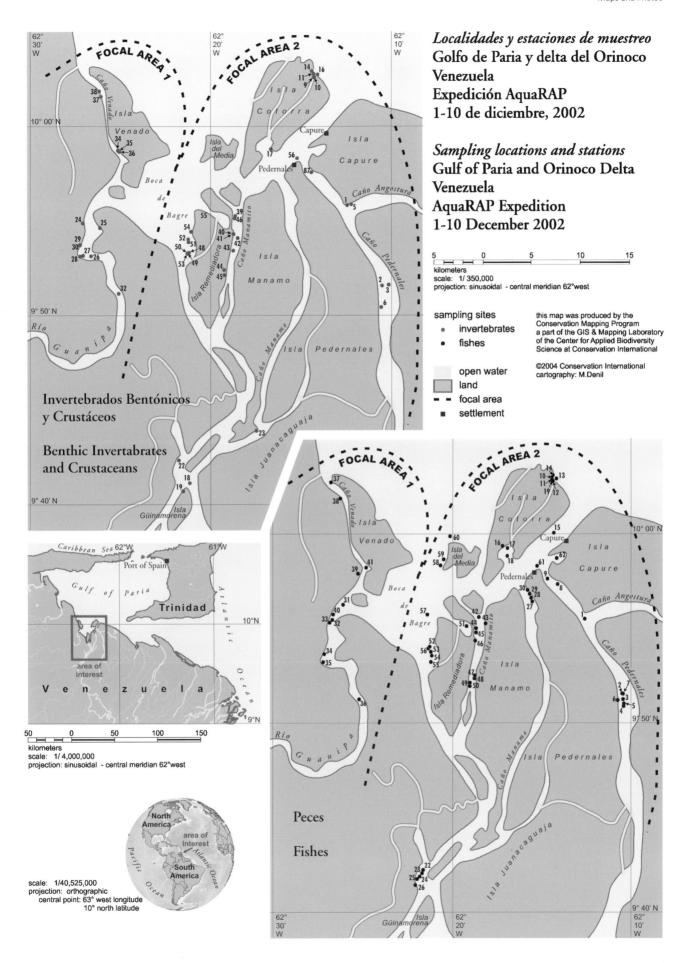

Localidades y estaciones de muestreo
Golfo de Paria y delta del Orinoco
Venezuela
Expedición AquaRAP
1-10 de diciembre, 2002

Sampling locations and stations
Gulf of Paria and Orinoco Delta
Venezuela
AquaRAP Expedition
1-10 December 2002

kilometers
scale: 1/ 350,000
projection: sinusoidal - central meridian 62°west

sampling sites
● invertebrates
● fishes

open water
land
focal area
■ settlement

this map was produced by the
Conservation Mapping Program
a part of the GIS & Mapping Laboratory
of the Center for Applied Biodiversity
Science at Conservation International

©2004 Conservation International
cartography: M.Denil

Invertebrados Bentónicos
y Crustáceos

Benthic Invertabrates
and Crustaceans

Peces

Fishes

kilometers
scale: 1/ 4,000,000
projection: sinusoidal - central meridian 62°west

scale: 1/40,525,000
projection: orthographic
central point: 63° west longitude
10° north latitude

Rapid assessment of the biodiversity and social aspects of the
aquatic ecosystems of the Orinoco Delta and the Gulf of Paria, Venezuela

145

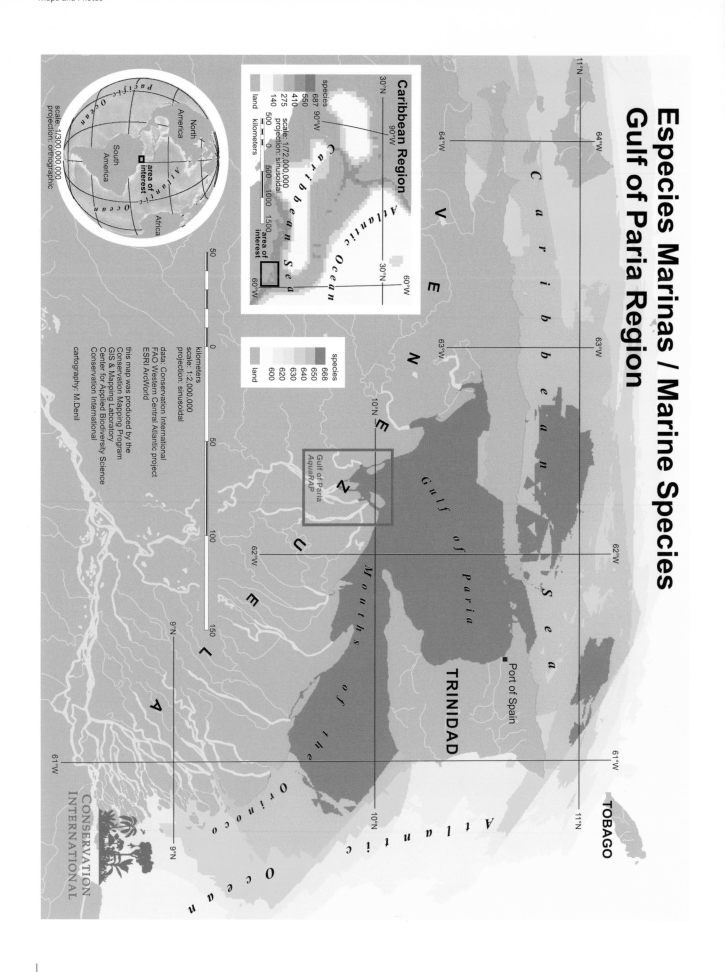

Especies Marinas / Marine Species
Gulf of Paria Region

Caribbean Region

scale: 1/72,000,000
projection: sinusoidal

species
687
550
410
275
140

land

kilometers
0   500   1000   1500

area of interest

species
668
650
640
630
620
600

land

kilometers
50   0   50   100   150

scale: 1:2,000,000
projection: sinusoidal

data: Conservation International
FAO Western Central Atlantic project
ESRI ArcWorld

this map was produced by the
Conservation Mapping Program
GIS & Mapping Laboratory
Center for Applied Biodiversity Science
Conservation International

cartography: M.Denil

scale: 1/300,000,000
projection: orthographic

North America
South America
Africa

Pacific Ocean
Atlantic Ocean

area of interest

Caribbean Sea

Atlantic Ocean

VENEZUELA

Gulf of Paria AquaRAP

Gulf of Paria

Mouths of the Orinoco

TRINIDAD

Port of Spain

TOBAGO

Atlantic Ocean

CONSERVATION INTERNATIONAL

L. Alonso

Detalle del ecosistema de manglar, delta del Orinoco.

Mangrove ecosystem, Orinoco Delta.

L. Alonso

Vista aérea de un caño y boca típica del delta del Orinoco.

Aerial view of a typical channel and river mouth in the Orinoco Delta.

O. Lasso-Alcalá

Playa rocosa de Pedernales durante la marea baja, caño Pedernales, delta del Orinoco.

Rocky beach at low tide, Pedernales channel, Orinoco Delta.

O. Lasso-Alcalá

Para la prospección de la fauna béntica (peces y crustáceos) se utilizó una red de arrastre camaronera.

Shrimp trawl net used for sampling benthic fauna (fishes and crustaceans).

Rapid assessment of the biodiversity and social aspects of the
aquatic ecosystems of the Orinoco Delta and the Gulf of Paria, Venezuela

147

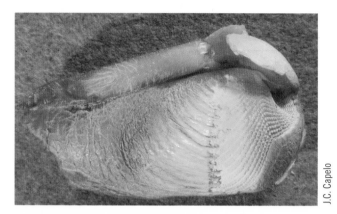

J.C. Capelo

Bivalvo taladrador

Bivalve mollusk (*Martesia striata*)

O. Lasso-Alcalá

La pesca es la principal actividad de subsistencia de los indígenas warao. Pesca de la curvinata (*Plagioscion squamosissimus*) en Güinamorena, delta del Orinoco.

Fishing for "curvinata" (*Plagioscion squamosissimus*) is the principal subsistence activity of the indigenous Warao people, Güinamorena, Orinoco Delta.

J.C. Capelo

Caracol (*Neritina reclivata*), vista dorsal, muy abundante en el delta del Orinoco y golfo de Paria.

Snail (*Neritina reclivata*), dorsal view, abundant in the Orinoco Delta and Gulf of Paria.

J.C. Capelo

Caracol (*Thais coronata trinitatensis*). Vista dorsal. Especie común en el delta del Orinoco y golfo de Paria.

Snail (*Thais coronata trinitatensis*), dorsal view, common in the Orinoco Delta and Gulf of Paria.

O. Lasso-Alcalá

Upogebia sp. Nuevo registro y probablemente nueva especie. Vive asociada a las rocas del caño Pedernales.

Upogebia sp., new record and likely a new species, found between rocks in the Pedernales channel.

O. Lasso-Alcalá

Camarón malayo o langostino azul (*Macrobrachium rosenbergii*). Especie exótica introducida en el delta del Orinoco y golfo de Paria.

"Malayo" shrimp or blue crayfish (*Macrobrachium rosenbergii*), an exotic species introduced into the Orinoco Delta and Gulf of Paria.

O. Lasso-Alcalá

Camarón pistola del caño Manamito (*Alpheus* sp. 1). Nuevo registro y nueva especie.

Pistol shrimp from Manamito channel (*Alpheus* sp. 1), new record and new species.

O. Lasso-Alcalá

Cangrejo o jaiba (*Callinectes bocourti*), especie comercial de gran importancia en la región del delta y golfo de Paria.

Crab (*Callinectes bocourti*), a commercial species of great importance in the region.

Rapid assessment of the biodiversity and social aspects of the
aquatic ecosystems of the Orinoco Delta and the Gulf of Paria, Venezuela

149

O. Lasso-Alcalá

Sardina (*Pterengraulis atherinoides*, Engraulidae) del caño Pedernales.

Sardine (*Pterengraulis atherinoides*, Engraulidae) from Pedernales channel.

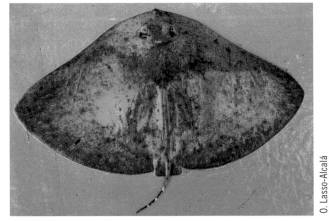

O. Lasso-Alcalá

Raya guayanesa (*Gymnura micrura*, Gymnuridae), especie marino-estuarina capturada en isla Cotorra frente a Pedernales.

Guayanese ray (*Gymnura micrura*, Gymnuridae), estuarine-marine species captured by Cotorra Island in front of the Pedernales Channel.

O. Lasso-Alcalá

Vista antero-dorsal del bagre guitarrilla (*Platystacus cotylephorus*, Aspredinidae).

Anterior-dorsal view of the "guitarrilla" catfish (*Platystacus cotylephorus*, Aspredinidae).

O. Lasso-Alcalá

Corrotucho rayado (*Colomeus psittacus*, Tetraodontidae), especie muy común en el delta del Orinoco.

Striped "Corrotucho" (*Colomeus psittacus*, Tetraodontidae), very common in the Orinoco Delta.

Participants and authors

AQUARAP

Juan Carlos Capelo (Benthic invertebrates)
Fundación La Salle de Ciencias Naturales (FLASA)
Estación de Investigaciones Marinas de Margarita (EDIMAR)
Apartado 144, Porlamar, Estado Nueva Esparta, Venezuela
Email: jcapelo@edimar.org

José Vicente García (Benthic invertebrates)
Universidad Central de Venezuela (UCV)
Instituto de Zoología Tropical (IZT)
Apartado 47058, Caracas 1041-A, Venezuela
Email: jvgarcia@strix.ciens.ucv.ve

Guido Pereira (Crustaceans)
Universidad Central de Venezuela (UCV)
Instituto de Zoología Tropical (IZT)
Apartado 47058, Caracas 1041-A, Venezuela
Email: gpereira@strix.ciens.ucv.ve

José Tomás González (Logistical support)
Ecology and Environment, S. A. (E & E)
Av. Francisco de Miranda, Centro Empresarial Parque del Este,
Piso 12, La Carlota, Caracas, Venezuela
Email: ecology@ven.net

Carlos Andrés Lasso A. (Fishes / AquaRAP Team Leader)
Fundación La Salle de Ciencias Naturales (FLASA)
Dirección Nacional de Investigación
Museo de Historia Natural - Sección Ictiología
Apartado 1930, Caracas 1010-A, Venezuela
Email: carlos.lasso@fundacionlasalle.org.ve

Oscar Miguel Lasso-Alcalá (Fishes)
Fundación La Salle de Ciencias Naturales (FLASA)
Museo de Historia Natural - Sección Ictiología
Apartado 1930, Caracas 1010-A, Venezuela
Email: oscar.lasso@fundacionlasalle.org.ve

Michael Smith (Fishes)
Conservation International (CI)
Center for Applied Biodiversity Science
1919 M Street, NW, Suite 600
Washington, DC 20036
Email: m.smith@conservation.org

Local participants
Motorists: **Jesús Silva** (Tigre), Melanio Liendro
Boatmen: **Esteban Vizcaíno** (Waracobo)

ADDITIONAL AUTHORS

Leeanne E. Alonso (Monitoring)
Conservation International (CI)
Center for Applied Biodiversity Science
1919 M Street, N. W., Suite 600
Washington, DC 20036
Email: l.alonso@conservation.org

Giuseppe Colonnello (Physical aspects and Vegetation)
Fundación La Salle de Ciencias Naturales (FLASA)
Museo de Historia Natural - Sección Ictiología
Apartado 1930, Caracas 1010-A, Venezuela
Email: giuseppe.colonnello@fundacionlasalle.org.ve

José A. Monente (Environmental impact)
Fundación La Salle de Ciencias Naturales (FLASA)
Dirección Nacional de Investigación
Apartado 1930, Caracas 1010-A, Venezuela
Email: jose.monente@fundacionlasalle.org.ve

Josefa Celsa Señaris (Reptiles and Amphibians)
Fundación La Salle de Ciencias Naturales (FLASA)
Museo de Historia Natural – Sección Herpetología
Apartado 1930, Caracas 1010-A, Venezuela
Email: josefa.senaris@fundacionlasalle.org.ve

Rapid assessment of the biodiversity and social aspects of the
aquatic ecosystems of the Orinoco Delta and the Gulf of Paria, Venezuela

151

Miguel Lentino (Birds)
Colección Ornitologica Phelps
Edificio Gran Sabana, Piso 3
Boulevard de Sabana Grande
Caracas 1050
Venezuela
Email: mlentino@reacciun.ve

Carlos Pombo (Fishes)
Fundación La Salle de Ciencias Naturales (FLASA)
Museo de Historia Natural – Sección Ictiología
Apartado 1930, Caracas 1010-A, Venezuela
Correo electrónico: carlshark@hotmail.com

THREATS AND OPPORTUNITIES WORKSHOP

ConocoPhillips - Venezuela

Fernando Rodríguez
ConocoPhillips - Venezuela
Calle La Guairita, Edif. Los Frailes
Chuao, Caracas 1060 A, Venezuela
Email: fernando.d.rodriguez@conocophillips.com

Irene Petkoff
ConocoPhillips - Venezuela
Calle La Guairita, Edif. Los Frailes
Chuao, Caracas 1060 A, Venezuela
Email: irene.petkoff@conocophillips.com

Francis Rivera
ConocoPhillips - Venezuela
Calle La Guairita, Edif. Los Frailes
Chuao, Caracas 1060 A, Venezuela
Email: francis.c.rivera@conocophillips.com

Manuel Prado
ConocoPhillips - Venezuela
Calle La Guairita, Edif. Los Frailes
Chuao, Caracas 1060 A, Venezuela
Email: manuel.a.prado@conocophillips.com

Elba Contreras
ConocoPhillips - Venezuela
Calle La Guairita, Edif. Los Frailes
Chuao, Caracas 1060 A, Venezuela
Email: elba.m.contreras@conocophillips.com

Conservation International - Venezuela

Franklin Rojas -Suárez
Conservation International - Venezuela
Ave. San Juan Bosco, Edif. San Juan, Piso 8, Oficina 8-A
Altamira, Caracas, Venezuela
Email: f.rojas@conservation.org

Ana Liz Flores
Conservation International - Venezuela
Ave. San Juan Bosco, Edif. San Juan, Piso 8, Oficina 8-A
Altamira, Caracas, Venezuela
Email: a.flores@conservation.org

Alejandra Ochoa
Conservation International - Venezuela
Ave. San Juan Bosco, Edif. San Juan, Piso 8, Oficina 8-A
Altamira, Caracas, Venezuela
Email: a.ochoa@conservation.org

Romina Acevedo
Conservation International - Venezuela
Ave. San Juan Bosco, Edif. San Juan, Piso 8, Oficina 8-A
Altamira, Caracas, Venezuela
Email: dolphinrag@yahoo.com

Greg Love
Conservation International
Center for Environmental Leadership in Business
1919 M Street, NW, Suite 600, Washington, DC 20036
Email: g.love@celb.org

Ecology and Environment, S. A. (E & E)

Arnoldo Gabaldón
Ecology and Environment, S. A. (E & E)
Av. Francisco de Miranda, Centro Empresarial Parque del Este,
Piso 12, La Carlota, Caracas, Venezuela

Aníbal Rosales
Ecology and Environment, S. A. (E & E)
Av. Francisco de Miranda, Centro Empresarial Parque del Este,
Piso 12, La Carlota, Caracas, Venezuela
Email: rosalesa@cantv.net

Agnieszka Rawa
Ecology and Environment, S. A. (E & E)
Av. Francisco de Miranda, Centro Empresarial Parque del Este,
Piso 12, La Carlota, Caracas, Venezuela
Email: arawa@ene.com

José Tomás González
Ecology and Environment, S. A. (E & E)
See AquaRAP list above

Vanesa Cartaya
Ecology and Environment, S. A. (E & E)
Av. Francisco de Miranda, Centro Empresarial Parque del Este,
Piso 12, La Carlota, Caracas, Venezuela
Email: vccies@telcel.net.ve

Fundación La Salle de Ciencias Naturales (FLASA)

Oscar Lasso
Fundación La Salle de Ciencias Naturales (FLASA)
See AquaRAP list above

Carlos Lasso
Fundación La Salle de Ciencias Naturales (FLASA)
See AquaRAP list above

Juan Carlos Capelo
Fundación La Salle de Ciencias Naturales (FLASA)
Estación de Investigaciones Marinas de Margarita
(EDIMAR)
See AquaRAP list above

Other Insitutions

José Alió
Universidad de Oriente (UDO)
Email: josealio@hotmail.com

Wiliam Feragotto
Benthos
Email: benthos@telcel.net.ve

José Vicente García
Universidad Central de Venezuela (UCV)
Instituto de Zoología Tropical (IZT)
See AquaRAP list above

Miguel Lentino
Coleción Ornitológica Phelps, COP
See AquaRAP list above

Phecda Márquez
GEF – MARN
Proyecto Reserva de Biosfera, Delta del Orinoco
Centro Simon Bolivar, Torre Sur, Piso 6
El Silencio, Caracas
Venezuela
Email: phecda@cantv.net

Guido Pereira
Universidad Central de Venezuela (UCV)
Instituto de Zoología Tropical (IZT)
See AquaRAP list above

Rapid assessment of the biodiversity and social aspects of the
aquatic ecosystems of the Orinoco Delta and the Gulf of Paria, Venezuela

153

Organizational profiles

CONSERVATION INTERNATIONAL –VENEZUELA (CI-VENEZUELA)

CI-Venezuela was established in 2000 to conserve biodiversity in the Tropical Andes Hotspot and to demonstrate that human societies are able to live in harmony with nature. CI's experience indicates that successful conservation occurs within the frame of sustainable development that includes local communities in alternative and creative activities, builds the local capacity for the conservation and appropriate use of natural resources, advances environmental education, and seeks to avoid the destructive use of the Earth, the contamination of water, and the loss of biodiversity. We work through strategic alliances with social and institutional partners to develop conservation activities, based on scientific and technical criteria that respect sociocultural diversity, develop local creativity, evaluate habitat damage, identify threats, and create alternative income sources.

Conservation International - Venezuela
Ave. San Juan Bosco
Edif. San Juan, Piso 8
Oficina 8-A
Altamira, Caracas
Venezuela
Tel. 011-58-212-266-7434
Fax. 011-58-212-266-7434

CONSERVATION INTERNATIONAL (CI)

CI is an international, nonprofit organization based in Washington, DC, USA, whose mission is to conserve biological diversity and the ecological processes that support life on earth. CI employs a strategy of "ecosystem conservation" that seeks to integrate biological conservation with economic development for local populations. CI's activities focus on developing scientific understanding, practicing ecosystem based management, stimulating conservation-based development, and assisting with policy design.

Conservation International
1919 M Street, NW, Suite 600
Washington, DC 20036 USA
(tel) 202 912-1000
(fax) 202 912-0773

CONOCOPHILLIPS

ConocoPhillips (CoP) is an energy company endorsed by more than 200 years of combined experience, with a rich history of discoveries and vanguard accomplishment becoming one of the leading companies of the world in their branch. ConocoPhillips has been present in Venezuela since 1995, when the agreement of strategic partnership for the execution of Petrozuata was signed with Petróleos de Venezuela, S.A. Since 1997 CoP has been a partner with 40% of participation in the Project Hamaca operated by Ameriven Oil. A contract of exploration at risk and shared gains with the Venezuelan state was assigned to ConocoPhillips in the Gulf of Paria West block during the first round of exploration in 1996. Recently, ConocoPhillips and its partners joined Inelectra in the Gulf of Paria East block, where ConocoPhillips was also designated as operator. ConocoPhillips (40%) participates along with ChevronTexaco (60%) in block 2 of the Deltana Platform for natural gas reserve development.

ConocoPhillips, Venezuela
Calle La Guairita, Edif. Los Frailes
Chuao
Caracas 1060 A
Venezuela

FUNDACIÓN LA SALLE DE CIENCIAS NATURALES

Fundación La Salle is a private Venezuelan institution
dedicated to technical education and to the study of the
environment and natural renewable resources, having done,
since its foundation in 1957, a great number of scientific
studies throughout the country that include: marine, coastal-
marine, terrestrial and fluvial environments. To carry out
these studies, La Salle relies on a team of more than 100
investigators, technical staff and investigation assistants distributed in 6 investigative centers: Guayana Hydrobiological
Station (Estación Hidrobiológica de Guayana), Agriculture
and Cattle Investigation Station (Estación de Investigaciones
Agropecuarias); Caribbean Institute of Anthropology and
Sociology (Instituto Caribe de Antropología y Sociología);
La Salle Natural History Museum (Museo de Historia
Natural La Salle); Andean Ecological Investigation Station (Estación Andina de Investigaciones Ecológicas) and
the Margarita Marine Investigation Station of (Estación de
Investigaciones Marinas de Margarita). These centers are
dedicated essentially to the ecology of aquatic and terrestrial
environments, biodiversity, agricultural and cattle sciences,
soils, sedimentology, limnology, marine biology, oceanography, anthropology and sociology.

Fundación La Salle de Ciencias Naturales
Edf. Fundación La Salle
Av. Boyacá, sector Maripérez
Caracas, Venezuela
Tel. +58 (0) 212 782 85 22 / 83 55 / 81 55
Fax.+58(0)2127937493
info@fundacionlasalle.org.ve

ECOLOGY AND ENVIRONMENT (E&E)

Ecology and Environment, Inc., (E & E) is a broad based
environmental and engineering consulting firm founded in
1970. E & E provides management, design, engineering,
testing, and IT services from 27 U.S. offices and subsidiaries
and affiliates around the world, employing 1,000 specialists in over 75 separate disciplines embracing the physical,
biological, social, and health sciences. E & E teams have
worked closely with clients to successfully complete over
25,000 projects. Services include support for environmental
planning and program management, environmental compli-
ance, environmental restoration, pollution prevention, and
occupational and environmental forensics support.

Ecology and Enviroment, SA
Av. Francisco de Miranda
Centro Empresarial Parque del Este
Piso 12, La Carlota
Caracas, Venezuela

INSTITUTO DE ZOOLOGÍA TROPICAL, UNIVERSIDAD CENTRAL DE VENEZUELA

The Institute of Tropical Zoology (IZT) is a research
institute of the Faculty of Sciences, Universidad Central de
Venezuela (UCV). Within the broad disciplines of Zoology
and Ecology, the IZT emphasizes education and research
in systematic zoology, parasitology, theoretical and applied
ecology, environmental studies and conservation. The IZT
is responsible for UCV's Museum of Biology, which houses
some of the most valuable zoological collections in the
world. Among the collections of note are the freshwater
fish collection, one of the largest in Latin America, and the
mammal collection, the most comprehensive in Venezuela.
The IZT also runs the Aquarium "Agustín Codazzi," which
disseminates knowledge to the public about Venezuelan
fishes and environmental conservation through its exhibits
and educational programs. The IZT publishes the scientific
journal, *Acta Biologica Venezuelica*, founded in 1951.

Instituto de Zoología Tropical
Universidad Central de Venezuela
Apto 47058
Caracas, 1041-A
VENEZUELA
Web. http://strix.ciens.ucv.ve/~instzool

Acknowledgements

Conservation International-Venezuela and the members of the 2002 AquaRAP expedition to the Gulf of Paria and the Orinoco Delta thank ConocoPhillips-Venezuela for the company's support in making the expedition and accompanying work a success. Without funding and logistical support provided by ConocoPhillips-Venezuela, these studies and report would not have been possible.

The AquaRAP team members wish to express their gratitude to the President and Executive Vice President of the La Salle Foundation for Natural Sciences, to the Museum of Natural History, to the Marine Research Station of Margarita, and to the Institute of Tropical Zoology at the Central University of Venezuela, for their collaboration and logistical support.

A special thanks goes to Ing. José Tomás González (Ecology & Environment) for his excellent logistical field support, especially during the week of December 1 – 10, when Venezuela was experiencing difficult times and rapid and quick decisions were required. The National Institute of Fisheries and Aquaculture provided the necessary permits to do field work and collect samples. During field work and the time spent in Pedernales, the scientific personnel relied on the support of Jesús Silva, Melanio Liendro and Esteban Vizcaíno. Moreover, the expedition wants to thank Sr. Martín Centeno (Hotel Mar y Mangle) and the Mayor of Pedernales for their hospitality, and Sr. Freddy Navaro (*chupa jobo*) for his collaboration on the trawling logistics. The company Yuri - Air punctually carried out all of the flights needed to make this expedition successful.

Professor Rafael Martinez-Escarbassiere confirmed and identified the freshwater and estuary mollusk species. Cecilia Ayala, Werner Wilbert, and Tirso prepared the summary of the report in Warao.

Miguel Lentino expresses his gratitude to José Tomás Gonzalez, David Ascanio, Irving Carreno, Mike Braun, and Robin Restall for their help with the field work. Part of the herpetofauna studies done in the Gulf of Paria were financed by British Petroleum. Josefa C. Señaris thanks the personnel of the La Salle Museum of Natural History for their assistance in the field in 1996 and 1997.

The personnel of Conservation International - Venezuela did everything possible so that the AquaRAP was carried out without delay, especially Ana Liz Flores. We thank María G. Von Buren, Alejandra Ochoa and Franklin Rojas for expediting all the processes necessary to carry out the expedition.

Likewise, the AquaRAP team want to thank all the participants of the "Threats and Opportunities for Biodiversity" workshops that were carried out in Caracas in 2002 for their comments and contributions to the report, especially Agnieszka Rawa.

Finally, the AquaRAP participants wish to thank Dr. Leeanne Alonso (CI-Washington) for her enthusiasm and confidence in the completion of the 2002 AquaRAP survey of the Gulf of Paria and Orinoco Delta.

Report at a glance

RAPID ASSESSMENT OF THE BIODIVERSITY AND SOCIAL ASPECTS OF THE AQUATIC ECOSYSTEMS OF THE ORINOCO DELTA AND THE GULF OF PARIA, VENEZUELA

Dates of Studies
AquaRAP Survey: 1-10 December, 2002
Socio-Economic Threats and Opportunities Workshop: 9-10 April, 2003

Description of Location
From a hygrological point of view, two large watersheds are recognized in the area of study, the watershed of the Gulf of Paria (GoP) and that of the Orinoco Delta, which forms part of the immense watershed of the Orinoco River. The watershed of the GoP is situated between the Paria Peninsula and the Orinoco Delta, in the northeastern region of Venezuela (9 00′N-10º43′N and 61º53′W-64º30′W). The Orinoco Delta has a total surface area of approximately 40,200 km², with the delta alone covering 18,810 km². The delta contains many channels that divide the area into islands.

Given the strong limitations on water drainage, there is an apparent similarity in the geomorphologic units that comprise the region, including marshy plains, troughs or depressions between marginal dikes, dams and border complexes, sediment-filled channels, marshes, and estuarine islands along the main drainage axis or channels.

Several indigenous (Warao) and Creole human settlements are found in the area and are mostly dependent on fishing as their primary source of sustenance and income. Many petroleum companies have been operating in the Gulf of Paria and more exploration is planned.

The AquaRAP survey focused on the shallow waters of two focal areas within the GoP and Orinoco Delta. Focal Area 1 (northern zone), included the region between the Guanipa River and the Venado channel in the GoP watershed; and Focal Area 2 (southern zone) covered the region between the mouth of the Bagre River and the mouth of the Pedernales channel in the Orinoco Delta watershed (see Map). Eight sampling sites were designated, one in Focal Area 1, and seven in Focal Area 2.

The Socio-Economic Threats and Opportunities Assessment focused on the entire GoP and portions of the Orinoco Delta adjacent to the gulf.

Reasons for the AquaRAP and Socio-Economic Assessments
The estuarine ecosystems of the GoP and Orinoco Delta represent a large potential reserve of natural resources of vital importance, as much for traditional inhabitants (the indigenous Warao) as for the more recently established populations (fishermen, Creole merchants, large scale cattle-raising, and petroleum companies). These ecosystems constitute a zone of contact between two extremely rich aquatic biota, the biota of the southern part of the Caribbean Sea and Atlantic Ocean, and the freshwater biota of the Orinoco River.

The objectives of the two studies were 1) to complement previous scientific studies of the region by documenting the diversity of fishes and invertebrates in shallow waters, 2) to identify

Rapid assessment of the biodiversity and social aspects of the
aquatic ecosystems of the Orinoco Delta and the Gulf of Paria, Venezuela

157

threats to the aquatic biodiversity of the region, and 3) to make appropriate recommendations regarding opportunities for conservation in the GoP and Orinoco Delta region.

Major Results of the AquaRAP Survey

The AquaRAP team found a high diversity of benthic invertebrates (96 species total), with 92 species recorded from seven sampling localities in Focal Area 2: Orinoco Delta. Among the invertebrates, decapod crustaceans (Crustacea: Decapoda, 30 species) and mollusks (17 species) were most diverse. In Focal Area 1 (GoP, two sampling localities), the team documented 34 species, of which decapod crustaceans were again the most diverse (17 species). Other groups of benthic invertebrates recorded included Amphipoda, Isopoda, Thoracica, Cirripedia, Tanaidacea, Misidacea, Annelida: Polychaeta (polychaete worms), Hemiptera (true bugs), Diptera (flies), and Odonata (damselflies and dragonflies).

A total of 106 species of fishes were documented, with 104 species found in Focal Area 2 and forty-eight (48) fish species recorded in Focal Area 1. The community composition of fishes at this time of the year (low water, dry season) was basically marine-estuarine. Only 19 species of freshwater fishes were found. The perciform fishes (croakers, jacks, mullets, groupers, cichlids, etc.) were most diverse (39 species), followed by the marine-estuarine catfishes (family Ariidae) with 18 species.

Number of Species recorded during the AquaRAP survey
Fishes: 106 species
Crustaceans: 58 species
    Decapods: 30 species
    Amphipod: 12 species
    Cumacea: 1 species
    Isopoda: 10 species
    Tanaidacea: 2 species
    Cirripedia: 3 species
Aquatic Insects: 10 species
    Odonata: 2 species
    Trichoptera: 1 species
    Coleoptera: 1 species
    Hemiptera: 4 species
    Lepidoptera: 1 species
    Diptera: 1 species
Mollusks: 17 species
    Bivalvia: 5 species
    Gastropoda: 12 species
Annelida: at least 2 species
Cnidaria: 5 species
Algae: 3 species

New records for the Orinoco Delta and Gulf of Paria
Fishes: 26 species in the Orinoco Delta; 15 species in the Gulf of Paria
Decapod crustaceans: 8 species
Other benthic invertebrates (microcrustraceans, mollusks, etc.): at least 15 species

New records for Venezuela
Fishes: 2 species
Decapod Crustaceans: 5 species
Other benthic invertebrates (microcrustraceans, mollusks, etc.): 5 species

Species new to science
Fishes: 2 species
Decapod crustaceans: 5 species
Other benthic invertebrates (microcrustraceans, mollusks, etc.): at least 2 species

Introduced Species (exotics)
Fishes: 3 species
Decapod crustaceans: 1 species
Bivalve mollusks: 2 species

Major Results of the Threats and Opportunities Workshop

The Socio-economic Threats and Opportunities Assessment, conducted with several regional stakeholders, identified several key threats to the biodiversity of the GoP and Orinoco Delta. These include:

1) Use of trawl nets (for shrimp and fishes),

2) Lack of regulations on commercial fish and shrimp collection,

3) Dredging of channels for boats and increased sedimentation,

4) Contamination from upstream activities,

5) Potential impacts from petroleum operations,

6) Deforestation within the mangroves,

7) Regulation in flow from the Mánamo channel,

8) Eutrophication of the Guanipa River Basin,

9) Unregulated discharge of waste waters from human settlements,

10) Presence of abandoned petroleum infrastructure,

11) Introduction of exotic/invasive species,

12) Illegal collection of fishes and other wildlife.

Opportunities identified for conservation in the region included:

1) Existence of a legal framework that promotes biodiversity conservation and sustainable use activities (Venezu-

elan Constitution, National Biodiversity Strategy and Action Plan),

2) Inter-institutional agreements with governmental agencies,

3) Presence of qualified scientific research centers,

4) Recent international interest in the GoP and adjacent Orinoco Delta,

5) The increased presence of petroleum companies,

6) Presence of indigenous communities,

7) Confluence of interests (private sector, NGOs, communities and multilaterals),

8) Creation of "no-take" zones to increase local fish and shrimp stocks,

9) Design of better strategies to control regional population growth rates,

10) New constitutional rights granted to indigenous groups.

Conservation Recommendations

Based on the results of the AquaRAP survey and the Threats and Opportunities workshop, the following conservation outcomes have been identified as necessary to ensure long-term conservation of marine biodiversity in the GoP. See the Executive Summary of the AquaRAP survey section of this report for more specific recommendations.

1) Information on biodiversity, ecosystems and the socio-economic activities in the GoP is generated, made publicly available, and data gaps filled with additional studies where necessary,

2) Common monitoring protocols are developed for the GoP's biodiversity to determine status of threatened, commercially important and exotic species,

3) Improved practices that conserve key commercially important and/or threatened species and promote sustainable development adopted by artisanal and industrial fisheries throughout the GoP,

4) Petroleum companies in the GoP make positive contributions to sustainable socio-economic development and

biodiversity conservation in the GoP by implementing best operational practices and supporting improved resource management,

5) Implementation of a regional plan that conserves biological resources while promoting activities that contributes to sustainable development of GoP communities,

6) Communities participate in processes to promote biodiversity conservation in the GoP.

Rapid assessment of the biodiversity and social aspects of the aquatic ecosystems of the Orinoco Delta and the Gulf of Paria, Venezuela

159

Executive summary of the AquaRAP survey

THE GULF OF PARIA AND ORINOCO DELTA

The Gulf of Paria (GoP), located in northeastern Venezuela, is considered to be part of the eastern Caribbean Sea, also known as the Atlantic Zone of Venezuela. To the north, west, and south, the GoP is surrounded by Venezuelan coastline, including the Peninsula of Paria, the Delta plains of the state of Monagas , and the northern part of the Orinoco Delta (see Map 1). The GoP and the adjacent Orinoco Delta are two of the most productive regions of the tropics, providing important habitats for the reproduction of many invertebrate and fish species (Smith et al., 2003).

The Orinoco Delta covers an area of 40,200 km², with the deltaic plain alone measuring more than 18,810 km² (PDVSA, 1993). The Delta includes numerous channels (*caños*), or arms, that divide the area into islands. Due to the strongly limited water drainage, there is a high degree of uniformity among the geo-morphological characteristics in the Delta region. Among the most prominent characteristics are marshy plains, cuvettes or depressions next to marginal dams, dams and border complexes, sediment-filled channels, marshes, and estuarine islands along the main drainage axis, or channels.

The Mánamo channel, main channel that divides the Orinoco River, originates 150 km from the coast, at the interior town of Barrancas. Since the Orinoco River was dammed, this particular channel only discharges 1% of the total volume of the Delta, while the Macareo and Boca Grande channels contribute 13% and 86%, respectively, of the total discharge (Ponte et al., 1999). Freshwater flows vary according to the season, with a rainy season from April to October contributing to a high water peak from July-August. The dry season extends from November to the end of March-beginning of April, with lowest water levels between February and May.

The region's tidal regime is semi-diurnal, with heights reaching between 1-2 m, and often extending up to 200 km inland from the coastline. Moreover, strong tidal currents allow marine water to penetrate from 60-80 km inland through the channels from the coastline (Cervigón, 1985). The type of water (white, clear, and black, *sensu* Sioli 1964), varies throughout the Delta depending on the time of the year (Ponte, 1977).

The climate of the lower Delta, including the area covered by the 2002 AquaRAP, shows high annual precipitations between 2,000 and 2,800 mm, and a short dry season from December to February (Huber, 1995). The mean temperature is approximately 25.5 °C. The middle and upper Delta are characterized by a climate with a pronounced dry season of up to four months (December through March) and precipitations between 1,500 and 2,000 mm per year. The average temperature can reach up to 25.8°C.

Biodiversity

The Orinoco Delta and GoP constitute one of the richest regions when it comes to aquatic and terrestrial biodiversity, both regionally and globally. There are more than 200 species of mollusks, about 50 species of crustaceans and numerous species of invertebrates, many of which are unknown to science (Pereira et al., this volume). There are at least 400 species of fishes, and most likely more (Lasso et al., this volume). These high levels of biodiversity result from the presence of fauna whose life cycles depend on changing environments.

The combination of fresh, marine and brackish waters gives this region its unique ecological characteristics, reflected in the variety of adaptations of the species and the exceptional community dynamics. These areas constitute natural breeding areas and refuges for a variety of species. The productivity of this area has attracted industrial and subsistence fishing activity, which forms an important part of the local and regional economy for indigenous and Creole communities. The benefits of the region's productivity are also exported to other parts of Venezuela and to the neighboring countries of Trinidad and Guyana.

Critical to the region's productivity are the extensive stands of mangroves, which play a key role in maintaining the marine, fresh and brackish water ecosystems of the GoP and larger Delta area. Many of the region's extensive mangrove areas are in near pristine condition, and the United Nations Development Program (UNDP) is currently working with the Venezuelan Ministry of Environment and Natural Resources (Ministerio del Ambiente y de los Recursos Naturales; MARN) in the implementation of an Orinoco Biosphere Reserve project, as well as the creation of a database for the Orinoco River Delta.

The study area is heavily influenced by the presence of brackish waters, and the riparian vegetation along the local channels is dominated by five species of mangrove: black mangrove (*Avicennia germinans*), red mangrove (*Rhizophora racemosa*, *Rhizophora harrisonii* and *Rhizophora mangle*) and white mangrove (*Laguncularia racemosa*). Eighteen vegetation units have been classified in the study area (Ecology and Environment, 2002).

The Orinoco Delta and GoP are rich in terrestrial vertebrates as well. There are about 50 species of amphibians, and probably over 100 reptile species (Señaris, this volume). Birds are also a diverse group, with more than 300 species recorded for the entire Orinoco Delta and GoP (Salcedo, *in press*). A total of 129 species of mammals have been recorded (Linares and Rivas, *in press*).

The Orinoco Delta and GoP are high biodiversity regions that are home to many species that are threatened in other parts of the continent. While there is not an elevated level of endemism for the vertebrate fauna, as is characteristic for many other deltas and lowland ecosystems, the high species richness is sufficient reason for the region to merit special conservation attention.

OVERVIEW OF THE AQUARAP SURVEY

Background
ConocoPhillips Venezuela and its partners are currently developing the Corocoro Oil Field in the southeastern part of the GoP, offshore from the town of Pedernales. Discov-

ered in 1998, ConocoPhillips anticipates 55,000 barrels of oil a day to be in production by 2005.

Integral to ConocoPhillips' strategy for developing the Corocoro Oil Fields is the company's intention to help promote sustainable development in communities near to production facilities, particularly indigenous Warao communities. These communities are dependent on local fish and shrimp stocks for their economic well-being, so improved resource management will be critical to ensure both sustainable socio-economic development and biodiversity conservation in this region of the GoP.

Biodiversity information collected by the Center for Applied Biodiversity Science (CABS) at Conservation International (CI) and shared with ConocoPhillips showed the Orinoco Delta and adjacent GoP to be particularly high in marine species richness and endemism (Smith et al., 2003, see Map 2). As ConocoPhillips is committed to ensuring its operations in the GoP have positive impacts on local communities and ecosystems, the company decided to enter into an agreement with CABS' Rapid Assessment Program (RAP) and CI's Center for Environmental Leadership in Business (CELB) to assess the biodiversity of areas near ConocoPhillips' area of influence, as well as potential threats to and opportunities for conservation in the GoP. These activities served as a basis for CI to develop an Initial Biodiversity Action Plan (IBAP) with ConocoPhillips and its regional partners.

The AquaRAP Program
The Rapid Assessment Program (RAP) of Conservation International (CI) was created in 1990 with the purpose of rapidly collecting biological information needed to catalyze biodiversity actions. Small RAP teams, consisting of local and international scientists specializing in marine, freshwater or terrestrial biology, survey the biodiversity of target areas over a 3-4 week period. The RAP teams provide recommendations for conservation based on their knowledge of the area's biodiversity, its level of endemism, the uniqueness of the ecosystems, and risk of extinction at a national or global scale. The scientists analyze the biological data together with social and environmental information to provide realistic and practical recommendations to institutions, natural resource managers and conservation decision-makers.

Within RAP, the Aquatic Rapid Assessment Program (AquaRAP) was created in collaboration with the Field Museum (Chicago, USA), as a multinational and multidisciplinary program intended to identify priorities for conservation and sustainable management opportunities for freshwater ecosystems in Latin America.

RAP results have provided the scientific justification for the establishment of national parks in Bolivia, Peru, and Brazil, and have served as baseline biological information in poorly explored tropical ecosystems. RAP surveys also identify threats and propose conservation recommendations for freshwater and estuarine environments. RAP results are made available immediately to all interested parties, particularly conservation decision makers.

Objectives of the AquaRAP Survey

From December 1-10, 2002, CI and the Fundación La Salle conducted a rapid aquatic biodiversity survey (AquaRAP) of portions of the GoP and Orinoco Delta to collect biodiversity information to guide development and conservation activities in the region. The AquaRAP survey was designed to complement six baseline studies already in progress, which covered the socio-economic and geo-chemical aspects of the local area, as well as studies of plants and migratory birds (Ecology and Environment 2002).

The AquaRAP survey focused on assessing the diversity of fishes, crustaceans, and benthic invertebrates in shallow waters of two focal areas within the GoP and Orinoco Delta. Focal Area 1 (northern zone) included the region between the Guanipa River and the Caño Venado in the GoP watershed. Focal Area 2 (southern zone) covered the region between the mouth of the Bagre River and the mouth of the Caño Pedernales in the Orinoco Delta watershed (see Map 1). Eight sampling sites were designated, one in Focal Area 1 (Guanipa River- Caño Venado), and seven in Focal Area 2: Caño Pedernales, Cotorra Island – the mouth of Pedernales, Caño Mánamo – Güinamorena, Caño Manamito, the mouth of Boca de Bagre, the rocky beach of Pedernales, and Capure Island.

The results of the AquaRAP survey will be used to better understand and make appropriate recommendations regarding opportunities for conservation in the GoP area, consistent with the extent of other studies being performed. Based on the species lists, priority species, and priority areas determined by the AquaRAP survey activities, CI and collaborating aquatic specialists will be in the position to develop a set of methods for long-term monitoring of key components of the aquatic biodiversity.

SUMMARY OF RESULTS OF THE AQUARAP SURVEY

Results in relation to conservation considerations

Habitat Heterogeneity and Uniqueness
The uniqueness of the GoP and Orinoco Delta's aquatic ecosystems was found to be high due to the great heterogeneity of water conditions, which leads to high biodiversity and unique combinations of species. Water conditions varied in relation to salinity and other physical and chemical parameters such as pH, transparency, etc.

In mangrove-dominated wetlands, the mangroves' roots provide an important habitat for invertebrates, especially sessile forms. The rocky beach north of Pedernales was found to be a unique area with an elevated invertebrate diversity, possibly related to the presence of the rocks, which were rare in the area. This area requires special attention. Also, this rocky beach was the only site where two interesting fish species

were documented, likely due to biogeographical, ecological and physiological characteristics. Two sandy beaches, one at Cotorra Island (Punta Bernal) and another near Pedernales, are also rare in the area. The sandy and muddy beaches and inter-tidal wells provide a specialized habitat for some fish species.

Present threat level
The section of the GoP and Orinoco Delta studied during the 2002 AquaRAP (between the Guanipa River and the mouth of the Pedernales) constitutes a relatively unaltered area in comparison with other areas of the lower and middle Orinoco. The habitat alterations found in the region result largely from shrimp and fish trawling activity. This activity is having the greatest negative impact on aquatic biota, especially benthic communities. Many types of upstream human activities may also impact the region. These include, for example, mining activities, deforestation, contamination, increased sedimentation, and activities related to industrial development. In many ways, the Delta basin acts like a receptor of the impacts from these activities, which in turn impact the region's ecosystems.

Opportunities for conservation
The relative lack of infrastructure for transportation and communication in the Orinoco Delta has left much of the area in a pristine, or near pristine, condition. This situation generates numerous opportunities for conservation, as competing demands for the region's resources either do not exist or are difficult to develop. For example, a Biosphere Reserve under UNESCO regulations could be created in Mariusa.

Other biological significance (ecological processes)
The larger Orinoco Delta basin is an essential habitat for numerous migratory aquatic species of fishes and crustaceans and provides critical breeding areas for freshwater and oceanic species. It also constitutes a feeding and refuge area for the larval and juvenile forms of these species. The tidal patterns and hydrological dynamics of the Orinoco Delta and GoP basins are key regulating factors for aquatic biota. Moreover, many bird species use this area as a resting zone during migration.

Endemism
As is common in coastal delta systems of large rivers, the endemism levels for fish species in the region is low. There may be some new crustacean species in the rocky beach at the mouth of the Pedernales, associated with the unique characteristics and relatively isolated nature of this area. More time is needed to process the benthic samples to determine the level of endemism within that group.

Productivity
The Orinoco Delta and GoP are very productive when compared to other South American aquatic ecosystems. Phytoplankton is abundant, diverse, and productive in this region.

Although measurements of phytoplankton in the region have been few and not continuous over time, especially considering that phytoplankton communities can vary greatly in time and space, we can make this statement from published studies of species inventories (Margalef, 1965), biomass measurements (Moiges and Bonilla, 1985; Bonilla et al. 1993; data from the La Salle Foundation's archives) and from analysis of satellite images (Müller-Karger and Varela, 1990).

Nutritive and physical conditions and water circulation are the most important factors affecting the region's phytoplankton. The phytoplankton in this region has its own composition, differing from those in the adjacent waters of the Caribbean Sea and Atlantic Ocean. It is abundant, frequently reaching maximum levels of 10 mg of chlorophyll per cubic meter of water. Its vertical distribution consistently indicates the presence of a superficial plankton in the first ten meters, with an average of 100 cel/ml. Phytoplankton is also very heterogeneous, found in large masses whose movement is not known in great detail.

Primary production is very high, as is characteristic of estuarine environments. The rivers' influence is clearly very important, and dominates the dynamics found in the entire estuarine and marine ecosystems of the GoP. Average production has been recorded at 1,300 carbon mg/m²/day, but maximum levels reaching 2,900 mg/m²/day have been recorded, although these levels have not been consistent over time and space, showing the limitations of the region's dynamics. Among these limits are water turbidity caused from suspended sediments that that filter light at a few meters from the surface, the turbulence during the rainy season, and, on some occasions, disturbance from wind.

Diversity

The diversity of fishes in the study area is moderately rich in comparison to the rest of the Orinoco Delta basin, but very diverse compared to other areas in Venezuela, South America, and estuarine environments in tropical regions. Benthic invertebrates (except for the crustaceans) are relatively poor in terms of species richness compared to the rest of Orinoco basin and adjacent coastal areas. Crustaceans, however, are very diverse in comparison to the larger basin and adjacent coastal areas. Most of the species display a wide tolerance to salinity; thus most species were found in the estuarine environment, followed by marine and freshwater environments.

Human significance

The Orinoco Delta and GoP are important areas for the local human inhabitants, which include the indigenous Warao who have been in the area for a long time and the more recent arrivals, the Creole communities. Also important, the area is rich in renewable and nonrenewable natural resources, particularly petroleum. The presence of human populations and a variety of abundant natural resources present both a current and potential future threat to the environment in the absence of better management. The channels of the Orinoco Delta and the resources associ-

ated with them form the foundation of Warao culture and its principal means of subsistence. Over 78% of the current Warao population continue to follow their traditional lifestyle in the middle-lower Delta, with fish being the main source of animal protein (Ponte, 1977). In recent years, the Creole populations have begun to profit from the exploitation of the region's fishery resources, accruing greater and greater benefits to segments of Venezuelan society other than Warao communities.

Warao communities are dependant on the natural resources found in the region, and few have been able to successfully adapt to nontraditional resource exploitation or other economic activities. For these reasons, it is essential to maintain healthy fish stocks through promotion of more sustainable management practices.

Pristine state

Mangrove forests, many of which are in almost pristine condition, cover large areas of the GoP and Orinoco Delta. The aquatic fauna, however, has experienced significant alteration from the impacts of shrimp trawling, particularly in the areas around Pedernales and the mouth of the Mánamo channel, among others. The aquatic communities of the Macareo channel, where trawling activity has taken place for over 20 years, have been most affected. However, the closure of the Mánamo channel by the upstream dam has caused the most severe ecological changes in the area.

Ability to generalize

The biological data and its applications for biodiversity conservation obtained during this AquaRAP survey can be extrapolated to other areas of the Orinoco Delta and smaller deltas in tropical America that have similar physical and ecological conditions. The methods used and the general approach to assessing the state of the ecosystems and species of the area can be used in other areas as well.

Knowledge level

The diversity of fishes and crustaceans of the GoP and lower Orinoco Delta is now relatively well known in comparison to the upper Orinoco Delta. However, benthic invertebrates, with the exception of some mollusks, remain relatively unknown.

Regional context

A recent study by Smith et al. (2003) mapped 1,172 fish and invertebrate species distributions in the Western Central Atlantic Ocean (WCA, including the Gulf of Mexico and Caribbean Sea). This study found that the continental shelf of northern South America (including the coast of Venezuela) is second only to the Florida Straits (southern Florida, eastern Bahamas, and northern Cuba) in marine species richness and endemism (see Map 2). At least 212 species or 21% of the fishes are associated with continental shelves, with completely different species composition in these two areas (Florida Straits and northern South America) due likely to historical biogeographic separation (Smith et al. 2003). The results from this AquaRAP study support these findings, although on a much smaller scale: the species distribution maps are based on cells with an area of about 3000 km² (0.5° on each side, see Map 2) while the area surveyed by the AquaRAP covered an area less than the size of one cell (Map 1). Nevertheless, the AquaRAP survey found a high diversity of marine-estuarine fishes and crustaceans and support the conclusion that this area is important for biodiversity conservation.

Smith et al. (2003) also point out that the northern coast of South America is the second most productive region within the WCA, with Venezuela contributing the second highest average annual landings (272-391 thousand t per year between 1996-2000). The Gulf of Paria is an important fishing area, both for commercial and local industry. Many species documented during the AquaRAP survey are of high commercial importance for the area and for the country such as the yellow shrimp, *Litopenaeus schmitti*, and several species of fishes including marine-estuarine catfishes (18 species documented), jacks (Carangidae), marine rays (Dasyatidae), drums and croakers (Sciaenidae).

Summary of AquaRAP Results by Taxonomic Group

Benthic Invertebrates

The composition and relative abundance of benthic invertebrates were evaluated. The main macrohabitats studied included the principal streams of the channels; secondary streams and runoff canals; sandy, muddy and rocky (*gigas*) beaches; mangrove roots; submerged trunks and branches; dead leaf bottoms; and abandoned oil platforms (see Map 1). Macroinvertebrate benthic communities are composed of the crustaceans Amphipoda, Cumacea, Isopoda, Tanaidacea and Cirripedia (crustaceans), Gastripoda and Bivalvia (mollusks), Polychaeta (polychaete worms), Cnidaria, and a variety of aquatic insects for a total of 62 recorded species. There were also three species of macro-algae recorded. Two exotic bivalve mollusks (*Musculista senhousia* and *Corbicula fluvialitis*) were encountered, with well-established populations in great abundance. The following species are reported for the first time for Venezuela: *Leptocheirus rhizophorae*, *Gammarus tigrinus*, *Gitanopsis petulans*, *Synidotea* sp. and *Musculista senhousa*.

The benthic fauna was fairly homogeneously distributed throughout the sampling sites. However, the mouth and channel of the Pedernales, Mánamo channel and Manamito channel had greater species richness and diversity; therefore these zones should have priority in conservation plans and projects for the region. Currently, the main threats to the benthic fauna in the GoP and Orinoco Delta are the changes in the annual fresh water discharge of the Mánamo channel, potential impacts from petroleum development, and the introduction of additional exotic species from ballast water discharge.

Decapod Crustaceans

Thirty species of decapod crustaceans were encountered, including 12 families and 22 genera distributed in the following habitats: mainstream and contiguous streams with soft muddy bottoms with leaf litter; mangroves, particularly the root zone and the associated soils; and, finally, a rocky beach near Pedernales (Map 1). The most abundant species were the yellow shrimp (*Litopenaeus schmitti*) and the tití shrimp (*Xiphopenaeus kroyeri*) in the coastal localities, and *Macrobrachium amazonicum* toward the freshwater zone. In the mangrove zone, various Grapsidae species (genera *Aratus*, *Armases* and *Sesarma*) and Ocypodidae species (*Uca*) were abundant. The Manamito channel and Guanipa River – Venado channel localities were the most diverse, and the Pedernales channel's rocky beach locality presented unique characteristics. Finally, the mouth of the Bagre is important because of the abundance of the commercial shrimp species, *L. schmitti*. On a preliminary basis, it can be said that the benthic invertebrate communities in this region share two generalized habitats: soft mud and leaf litter covered bottoms, and mangrove habitats, particularly in the root zone and its associated soil.

Fishes

One hundred and six (106) fish species were collected, over 100 species from seven sampling sites in Focal area 2 (Orinoco Delta) and 48 species from two sampling sites in Focal area 1 (GoP). The composition of the fish communities at this time of the year (low water/dry season) was basically marine-estuarine, with only 19 freshwater species encountered (18% of the total). The most diversified fish groups were the Perciforms with 39 species, followed by the marine-estuarine catfishes (Ariidae) with 18 species.

The whole GoP and Orinoco Delta region represents one of the most productive regions of the tropics and constitutes an essential area for the reproduction, feeding and growth of many fish species, most of them of commercial interest, such as marine rays, estuarine catfishes, jacks, snooks, drums and croakers, among others. Exploited fauna can be permanent residents of an estuary, or come from the oceanic side or from the freshwater habitats located in the middle and lower parts of the basins considered. Out of the 106 fish species collected, 26 are new records for the Orinoco Delta, increasing the area's ichthyological richness to 352 species. Likewise, at least 15 species are new for the GoP, establishing a global richness for that basin of nearly 200 species.

The AquaRAP survey recorded over one-third of the Orinoco Delta's fish diversity. More than 80% of the indigenous (Warao) and Creole population depends on fishing as a source of sustenance and income generation.

Results of Additional Studies

Reptiles and Amphibians

Forty-four (44) amphibian and 91 reptile species have been recorded in the Orinoco Delta and GoP, representing 22%

of the country's herpetofauna. While each macroenvironment in the region contains a unique composition and richness of species, greater diversity is found in non-inundated or seasonally inundated environments compared to permanently inundated environments. The herpetofauna of the GoP and Orinoco Delta is is composed of a group of taxa with different distribution patterns, with most species displaying an Amanzonia-guienese distribution, followed by those with wider distributions. Wetlands in the region contain important amphibian and reptile species, are especially interesting from a biogeographical point of view, and contain species in critical need of conservation. Therefore, special attention be given to wetlands and appropriate measures taken for their conservation.

Birds

Studies done during 2002 in the region between Capure Island and the Pedernales channel increased the number of known bird species in GoP and lower Orinoco Delta to 202, representing a 38% increment. These studies extended the known distribution of 11 species to the Orinoco Delta, and established this area as an important resting and feeding zone for the migration of some beach species (Charadriidae and Scolopacidae). Using visual census techniques and captures/recaptures with nets in two different mangrove locations, the study found that the bird communities inhabiting mangroves dominated by *Avicennia* spp. had lower bird species richness (29 species) than mangrove stands dominated by *Rhyzophora* spp. (46 species). Only 14 bird species are shared by both of these mangrove ecosystems, indicating a 48% similarity. These differences can attributed in part to differences in the mangrove forests' composition, (physical structure, stem diameter, distance between stems, light penetration, etc.), and to the dominant mangrove species *Avicennia* spp. or *Rhyzophora* spp.

CONSERVATION AND RESEARCH RECOMMENDATIONS FROM THE AQUARAP SURVEY

- While petroleum companies working in the region have environmental programs, monitoring criteria and protocols should be standardized among all companies and studies in order to investigate potential environmental impacts from extraction activities. Coordination among companies and standard protocols should also be developed in the areas of environmental safety, transport, construction, and waste management.

- Monitoring and regulation of shrimp trawling should continue. These efforts should include a gradual reduction of the national shrimp fishing fleet as well as that of Trinidad, which would require revising the current fishing agreements between the two nations. Fisheries must be continuously monitored and regulations must be continuously updated according to fishing studies to guarantee sustainable use and income generation.

- Declare special fishing prohibitions. The existence of logs, fallen branches, and other objects at the bottom of some channels and beaches impedes the use of trawling equipment, allowing these areas to act as "refuges" for many species. However, these refuge areas alone cannot guarantee sufficient protection of shrimp or fish resources. The establishment of protected areas with special fishing prohibitions is required. These areas could be either totally off limits to fishing activity or allow for activity only during certain times of the year, depending on the biology of the affected species.

- Important areas identified during the AquaRAP survey that should be monitored and/or protected include:

1. Areas with high diversity in all groups (invertebrates, decapod crustaceans, and fishes)
   a. Manamito channel

2. Important areas for fishes:
   a. Mouth of the Pedernales – Cotorra Island (57 spp.)
   b. Manamito channel (55 spp.)
   c. Mouth of the Bagre (50 spp.)
   d. Guanipa River – Venado channel (48 spp.)
   e. Pedernales channel (46 spp.)
   f. Mánamo channel - Guinamorena (41 spp.)
   g. Rocky beaches at Pedernales (unique species)
   h. Sandy beach at Cotorra Island (Punta Bernal; unique species)
   i. Sandy beach at Pedernales (unique species)

3. Important areas for benthic invertebrates
   a. Pedernales channel
   b. Mánamo channel
   c. Manamito channel
   d. Root systems of mangroves

4. Important areas for decapod crustaceans
   a. Manamito channel (high diversity)
   b. Guanipa River – Venado channel (high diversity)
   c. Rocky beach at Pedernales (unique species)
   d. Mouth of the Bagre (commercial shrimp species)

- Implement the use of alternative fishing methods with less impacts on aquatic biota, for example, gill nets, fish traps (baskets), etc. This process should be monitored by fishing biology experts and include environmental education and gradual transition to new fishing methods.

Rapid assessment of the biodiversity and social aspects of the
aquatic ecosystems of the Orinoco Delta and the Gulf of Paria, Venezuela

165

- Few of the aquatic species from the GoP and Orinoco Delta have been included in lists that highlight the need for special protection status of some kind, such as IUCN's Red List, Special Areas and Wildlife Protocol (SAWP) or the Convention on Intentional Traffic in Endangered Species (CITES). Their exclusion reflects the fact that few species in the region have been evaluated according to the criteria of such lists. Preliminary data from the 2002 AquaRAP indicate that some type of special protection should be applied to several species, such as the toad fish (*Batrachoides surinamensis*) and marine rays (*Dasyatidae* family), particularly *Dasyatis guttata*, *Dasyatis geijskesi*, *Himantura schmardae* and *Gimnura* spp. An immediate recommendation is to undertake a rapid evaluation of the status of the region's marine and estuarine species.

- A greater sampling effort is required in the freshwater environments of the interior of the deltaic islands. Although these environments are relatively poor in fauna, they are interesting from ecological and evolutionary perspectives.

- Two large areas of the GoP and Orinoco Delta have still not been evaluated, specifically the rivers and estuaries to the north of the GoP (San Juan River, Ajíes channel, etc.) and the Delta's southern channels, from Macareo to Río Grande River. Additional biodiversity surveys in these two regions are recommended.

REFERENCES

Bonilla, J., W. Senior, J.Bugden, O. Zafiriou and R. Jones. 1993. Seasonal distributions of nutrients and primary productivity on the eastern continental self of Venezuela as influenced by the Orinoco River. J. Geophys. Res. 98 (C2): 2245-2257.

Cervigón, F. 1985. La ictiofauna de las aguas estuarinas del delta del río Orinoco en la costa atlántica occidental, Caribe. *En:* Yañez-Arancibia, A. (ed.). Fish Community Ecology in Estuaries and Coastal Lagoons: Towards an Ecosystem Integration. UNAM Press, Mexico. Pp. 56-78.

Ecology & Environment (E & E). 2002. Estudio de impacto ambiental. Proyecto de desarrollo Corocoro. Fase I. Mapa de vegetación. Escala 1:50.000.

Ecology & Environment. 2002. Estudio del Impacto ambiental del Proyecto Corocoro en el Estado Delta Amacuro. Proyecto para CONOCO. Caracas.

Huber, O. 1995. Geographical and physical features. *En:* J. Steyermark, P. Berry and B. Holst (eds.). Flora of the Venezuelan Guayana. Vol. 1. Introduction. Timber Press, Oregon. Pp. 1-51.

Linares, O. and B. Rivas. En prensa. Mamíferos de la bioregion deltaíca de Venezuela. Memoria Fundación La Salle de Ciencias Naturales.

Margalef, R. 1965. Composición y distribución del fitoplancton en el ecosistema pelágico del NE de Venezuela. Mem. Soc. Cien. Nat. La Salle 25: 139-206.

Moiges, A. and J. Bonilla. 1985. La productividad primaria del fitoplancton e hidrografía del Golfo de Paria, Venezuela, durante la estación de lluvias. Bol. Inst. Oceanogr. Venezuela. Univ. Oriente. 27 (1-2): 105-116.

Müller-Karger, F. and R.Varela. 1990. Influjo del río Orinoco en el Mar Caribe: observaciones con el CZCS desde el espacio. Mem. Soc. Cienc. Nat. La Salle 49-50 (131-134): 361-390.

Ponte, V. 1997. Evaluación de las actividades pesqueras de la etnia Warao en el Delta del Río Orinoco, Venezuela. Acta Biol. Venez., 17 (1): 41-56.

Ponte, V., A. Machado-Allison and C. Lasso. 1999. La ictiofauna del Delta del Río Orinoco, Venezuela: una aproximación a su diversidad. Acta Biol. Venez. 19 (3): 25-46.

PDVSA (Petróleos de Venezuela). 1993. Imagen Atlas de Venezuela. Una visión espacial. Ed. Arte, Caracas.

Salcedo, M. En prensa. Inventario preliminar de las aves del Estado delta Amacuro, Venezuela: hábitat y distribución. Memoria Fundación La Salle de Ciencias Naturales.

Sioli, H. 1964. General features of the limnology of Amazonia. Verh. Internat. Verin. Limnol. 15: 1053-1058.

Smith, M.L., K.E. Carpenter and R.W. Waller. 2003. Introduction to the oceanography, geology, biogeography, and fisheries of the tropical and subtropical Western Central Atlantic. *In:* K.E. Carpenter (ed.). FAO Species Identification Guide for Fishery Purposes. The Living Marine Resources of the Western Central Atlantic. Volume 1. Introduction, Molluscs, Crustaceans, Hagfishes, Sharks, Batoid Fishes and Chimaeras. FAO, Roma. Pp. 1-23.

Threats and opportunities assessment

Ana Liz Flores, Alejandra Ochoa, and Greg Love

OVERVIEW AND OBJECTIVES

In order to determine the threats to and opportunities for biodiversity conservation in the Gulf of Paria (GoP), Conservation International undertook a two-step process. First, initial background information on the region was gathered to form the basis for a workshop to be held with key regional stakeholders. This initial assessment included:

- Interviews with representatives of: a) The Supreme Tribunal of Justice on the Law of Reordering Territory; b) The Ministry of the Environment and Natural Resources (MARN) to discuss the UNDP-MARN Orinoco Biosphere Reserve Project and the Orinoco Delta database, and; c) The State Government of the Delta Amacuro to discuss the Special Law for the Integrated Development of the Orinoco Delta;

- Reviews of bibliographic material from the MARN on the GoP as well as results of other workshops for the region;

- Meetings and consultations about the Environmental Impact Assessment for the Corocoro Project, Phase I from the Orinoco Delta, as well as the Specific Environmental Assessment done by Ecology and Environment, which helped coordinate the Threats and Opportunities Workshop.

Following the initial assessment of background information, in April of 2003 CI facilitated and participated in a two-day Threats and Opportunities Workshop for the GoP in order to determine what actions needed to be taken to achieve effective long-term conservation in the region. Specific objectives included:

- Presenting the results of CI's aquatic biodiversity survey (AquaRAP) for ConocoPhillips' concession and adjacent areas in the GoP;

- Identifying and prioritizing aquatic biodiversity in the GoP;

- Identifying principal stakeholders in the region;

- Identifying and prioritizing threats to and opportunities for conservation of aquatic biodiversity in the GoP;

- Proposing lines and programs of action for the protection of aquatic biodiversity through the socio-economic context in the GoP.

Twenty-five participants were invited to participate in the workshop, including representatives from ConocoPhillips Venezuela S.A, Conservation International Venezuela, Ecology &

Rapid assessment of the biodiversity and social aspects of the
aquatic ecosystems of the Orinoco Delta and the Gulf of Paria, Venezuela

167

Environment S.A, GEF-MARN, Universidad de Oriente, Fundación La Salle, and Universidad Central de Venezuela. Representatives were invited based on their expertise and experience in relevant scientific and social disciplines and experience in the GoP. In both the initial assessment and in the workshop, particular attention was devoted to the socio-economic dynamics in the region, and how sustainable development practices could contribute both to improved livelihoods and effective biodiversity conservation.

SUMMARY OF CURRENT AND POTENTIAL THREATS TO BIODIVERSITY

The results of the AquaRAP survey and Threats and Opportunities Workshop produced a list of current and potential threats to biodiversity in the GoP and adjacent regions. In order of priority, the threats included:

Use of Trawlers

At the present time, the main threat to biodiversity and sustainable economic development in the GoP and adjacent Orinoco Delta is -trawling for shrimp, locally known as "*chica.*" This activity has been conducted in both regions since 1993, and has led to drastic decreases in the abundance of fish and macroinvertebrate species. Fish species that were once abundant and dominant in the aquatic fauna, such as rays (Dasyatidae family) and toad fish (*Batrachoides surinamensis*), are currently registering very low abundance (Novoa, 2000; this volume). According to Novoa (2000) total biomass declined 63% from estimates taken before trawling activity was present in the region. For example, in 1981, during one hour of trawling there were, on average, 58.8 kg of biomass captured, while in 1998, only 21.7 kg was caught (Novoa, 2000). These changes occurred also in the qualitative composition of the biomass. In 1981, out of the total catches, 35% were marine catfishes (Ariidae family), 16% were rays (Dasyatidae family), 15% were croakers and drums (Sciaenidae) and 21% were shrimp. However, in 1998, 30% of the total biomass was represented by shrimp species, 26% by marine catfishes, and 6% by rays. All these data indicate the importance of the results obtained during the AquaRAP 2002 survey in order to compare statistics and evaluate trends over time.

Lack of enforced regulations in the extraction of commercial species

In Pedernales, there is a "center" where all artisanal and industrial trawl catches are received, whether the product is fish or shrimp. The owner of the "center", who owns the majority of boats, motors, and trawling nets used in the area, apparently monopolizes local trawling activity. This owner signs contracts with Creole and indigenous fishermen and maintains controls of the entire market.

According to interviews carried out with local inhabitants, there is currently no system of control or regulation in place for the crab catches brought in by fishermen from Trinidad, leading to the overexploitation of both red crab (*Ulcides cordatus*) and blue crab (*Cardisoma guanumi*). Likewise, there is currently no regulation or control over the illegal capture and sale of river dolphins (*Innia geoffrensis*) and eyeglass crocodiles (*Caiman crocodilus*) practiced by the Warao people, who sell them to buyers from Trinidad. The illegal extraction of wildlife is also impacting other vertebrate groups, particularly birds.

Dredging and Increased Sedimentation

Modification of the bottom of river channels not only occurs from trawling activity, but from dredging to improve navigation as well. These changes affect all benthic communities since they simplify and destroy habitat structure. This can lead to possible local extinctions of the most sensitive benthic organisms. All current activities in the GoP and adjacent areas leading to the removal or alteration of bottom habitats have negative impacts on the resident benthic flora and fauna.

Contamination from Upstream Activities

Upstream activities such as agricultural and urbanization of settled areas are causing an increase in the amount of chemical and physical wastes being discharged into the GoP and Orinoco Delta. Elevated levels of chemicals and particulate matter could alter the chemistry and physical composition of water filtered through the Delta region and negatively impact key ecosystems and species.

Potential Impacts from Petroleum Operations

Petroleum exploration and production have occurred in the Delta region for decades. However, activity has accelerated in the last few years as the government has entered into production sharing agreements with foreign companies. This has resulted in increased activity that will continue for the foreseeable future. While the presence of multinational petroleum companies could benefit the region in many ways through increased employment, tax revenues and technical expertise, there are also potential risks. Among them are increased levels of contamination (spills, low-level discharges), increased traffic and indirect impacts, such as increased in-migration and introduction of exotic species that often result from the presence of hydrocarbon development. Given these potential impacts and the heavy reliance of communities on fishing for their livelihoods, it is imperative that hydrocarbon development in the GoP adheres to world-class standards in the design and implementation of operations.

According to interviews with local inhabitants, oil spills occur frequently in the area. Nevertheless, to date the impact of these spills has been relatively limited (1 to 10 ha). One unusual phenomenon in the region that deserves further investigation is the existence of natural oil seeps in the Pedernales area. In the area where this phenomenon takes place, particularly at the rocky beach near Pedernales, a diverse community of crustaceans exists, which has adapted to these apparently natural conditions. These rocky environments also have been colonized by an exotic fish species (*Omobranchus punctatus*) that has adapted to live between rocks and in these natural oil seeps.

Mangrove Deforestation

Although many of the mangrove forests of the GoP are in pristine or near-pristine condition, steady population increases in local communities will continue to place pressure on these habitats for the foreseeable future. As these habitats are important for both aquatic and terrestrial species, their conservation is important not just for biodiversity, but for local communities, particularly indigenous ones, that rely on the many products from this ecosystem.

The mangrove forests of the GoP and adjacent Orinoco Delta represent a large potential forest reserve. Indigenous communities in the area have traditionally used mangroves for house construction materials and, more recently, for commercial purposes. Current commercial products from the mangroves include sticks, dormers, clamps, piles, landings and piers, and boat keels. Moreover, the region's mangrove forests are critical to the local fishing economy, as their roots system are an essential habitat for juvenile fishes and numerous adult crustaceous and mollusks, especially for sessile species.

The Ministry of Environment and Natural Resources (MARN) likley has data on rates of extraction of wood from mangroves, although this study was not able to confirm their existence. Rates reported from the Guarapiche Forest Reserve (GoP/San Juan River) during the 1980s may have been inaccurate (see Pannier and Fraíno, 1989). According to IUCN criteria, forestry-related activity in this region may be having one of the highest impacts of any mangrove system in the world, with between 10,000 to 500,000 ha. affected.

Regulation in Flow from the Mánamo Canal

Consequences of the dam built to regulate and control the water flow in the Mánamo channel have been apparent for a long time. Among the first negative impacts to draw attention were those that affected local inhabitants, mainly indigenous people, and agricultural lands. Subsequent changes include changes in the hydrological regime, leading to increased sedimentation in the channels, erosion, and island formation. Associated with this alteration of the hydrological regime are the biotic components, which have been affected due to changes in soil composition, water levels, and, consequently, the associated fauna. A re-evaluation of the water volume that is released from the Orinoco River to the Mánamo channel and to the remainder of the northern half of the Delta is imperative.

Regulation of the Mánamo channel cannot be considered as a "latent" threat in the strictest sense of the word, because this environmental alteration (aquatic and terrestrial) has been influencing the Delta's biota for almost 35 years. The

dam was constructed in 1966, in the town of Tucupita, to regulate the water flow, control floods, recuperate agricultural land, and increase the water volume of the Orinoco River's main channel to facilitate navigation. Social impacts were, in many cases, very negative, especially on indigenous communities (see Escalante, 1993, for a more complete discussion). It is not known if any recent study about the how the dam's closure affected aquatic fauna communities has been published, but due to the decomposition of water near the dam structure, high fish mortality rates occurred after the closure (Monente and Colonnello, 2004).

Although the Mánamo channel's estuarine ichthyofauna has been thoroughly studied by Cervigón (1982, 1985), no studies were carried out prior to the dam's construction. Therefore, the impacts of the dam cannot be adequately evaluated. Nevertheless, it is obvious that when the fresh water flow is limited to the present levels, saline water penetrates far upstream, causing a greater dispersion of marine or salt water adapted fish. This re-colonization started almost immediately after the dam's closure, because the closure occurred precisely at the moment at which the saline water started to move upstream (during the dry season). As such, instead of moving back toward the sea, the water was pushed by the river's overflow and continued to advance in a southerly direction, arriving at Manamito Island and its adjacent surroundings (Monente and Colonnello, 2004). As for benthic invertebrates, notably decapod crustaceans, an increase in species richness would be expected, as the new conditions allow for the colonization of new environments by marine crustaceans that have a greater diversification in the marine environments than in fresh water (Pereira, personal observation).

The effect of the dam's closure on aquatic fauna has been documented by Colonnello (1998), who indicates that the mangrove expansion rate, especially for red mangrove (*Rhizophora mangle*), has increased from 1 ha/year before regulation to 6-7 ha/year after closure, with changes in halophyte species' distributions along the channel borders as the most evident effects.

Eutrophication of the Guanipa River Basin

Eutrophication exists in the north Guanipa River basin (Guarapiche, Amana and Punceres Rivers), and has had obvious indirect impacts on the lower part of the basin between the mouth of the Guanipa River and the GoP. A project apparently exists to aid in the basin's recuperation, though it appears to not to have been implemented to date. Impacts of eutrophication of the GoP have also not been evaluated. Any evaluation should be required to analyze contaminants such as heavy metals and fecal coliforms, as well as their impacts on aquatic fauna and human populations.

Unregulated Discharge of Waste Waters from Settled Areas

Impacts from unregulated discharge of wastewaters from settlements are especially pronounced in densely populated areas, or where there is an elevated concentration of people

Rapid assessment of the biodiversity and social aspects of the aquatic ecosystems of the Orinoco Delta and the Gulf of Paria, Venezuela

169

without access to adequate sanitary conditions. This situation is evident in the town of Pedernales, where the consequences on inhabitants' health, especially on indigenous people living in extreme poverty, are often fatal. When the 2002 AquaRAP survey took place, Pedernales did not have a water treatment plant, although some projects were underway to implement a sewage treatment system. Contaminated waters are directly discharged from the piers along the channels, with likely impacts along Pedernales' rocky beach area, a very important location for biodiversity, as the AquaRAP found unique species in this area not present in any other part of the Delta and the GoP.

Presence of Abandoned Petroleum Infrastructure

The GoP has a history of petroleum exploration and production. The legacy of that history has resulted in several abandoned production facilities throughout the region. Many of these facilities were improperly decommissioned, with little or no clean up efforts to ensure contamination would not result after the end of their productive life. The result is several abandoned facilities discharging low level wastes, many in areas of importance for biodiversity and commercial fishing activity.

Although there are no definitive data on the impacts that abandoned oil facilities are having in the GoP and adjacent regions, bottom sampling from areas next to abandoned platforms in front of Pedernales during the 2002AquaRAP revealed a notable absence of benthic invertebrates, perhaps indicating very slow recovery rates from impacted areas. However, additional sampling is required in other areas to determine if such a statement is indeed valid.

Introduction of Exotic/Invasive Species

The 2002 AquaRAP identified the presence of three exotic species of fishes and possibly five species of exotic invertebrates in the GoP. It is still unknown what, if any, impact these species are having on commercial or other native species. However, with increased maritime traffic resulting from petroleum operations, there is an increased risk of additional species being introduced into the GoP. Some of these species could have negative impacts on ecosystems, and possibly commercially important species.

Socio-Economic Factors Driving and Exacerbating Threats

Compounding the intensity of these threats to biodiversity are the socio-economic indicators found in the GoP. During the April workshop, a number of socio-economic factors driving and exacerbating impacts on biodiversity were identified and discussed. In the opinion of the workshop participants, the following socio-economic factors have to be addressed if effective long-term biodiversity conservation is to be achieved in the GoP:

- Continued lack of enforcement of fishing laws and regulations.

- Institutional weakness among local and regional governments, as well as community groups, particularly among indigenous Warao communities. Moreover, the workshop group noted an absence of "social capital" in communities, impeding their ability to organize and work together in cooperative fashion to address common problems and challenges.

- Extreme poverty and unemployment, again particularly among Warao communities, which have some of the lowest socio-economic indicators in Venezuela.

- Accelerated population growth rates, both from high fertility rates and increased in-migration to the region.

- Concern about how the Law of Demarcation and Guarantees of Habitat and Lands of Indigenous Peoples and the Special Law the Integral Development of the Orinoco Delta were going to be implemented. Specifically, there is concern that at the present time, indigenous communities may lack the capacity needed to manage lands provided for under these laws.

Failure to address these underlying socio-economic drivers of threats to biodiversity could result in continued unsustainable resource management and possibly accelerated habitat and species loss. Workshop participants therefore concluded that any successful long-term biodiversity conservation efforts in the GoP will have to be done through promotion of sustainable development and improved resource management by local communities.

See the **Initial Biodiversity Action Plan for the GoP, Venezuela (IBAP)** section of this report for suggested actions to address the threats to the biodiversity of the GoP and Orinoco Delta.

REFERENCES

Cervigón, F. 1982. La ictiofauna estuarina del Caño Mánamo y áreas adyacentes. *En:* Novoa, D. (comp.). Los recursos pesqueros del río Orinoco y su explotación. Corporación Venezolana de Guayana. Caracas, Ed. Arte. Pp. 205-260.

Colonnello, G. 1998. El impacto ambiental causado por el represamiento del caño Mánamo: cambios en la vegetación riparina un caso de estudio. *In*: López, J.L., Y. Saavedra y M. Dubois (eds.). El Río Orinoco Aprovechamiento Sustentable. Instituto de Mecánica de Fluidos, Universidad Central de Venezuela. Caracas. Pp. 36-54.

Escalante, B. 1993. La intervención del Caño Mánamo vista por los deltanos. *In*: J. A. Monente y E. Vásquez (editores). 1993. Limnología y aportes a la etnoecología del delta del Orinoco. Caracas. Estudio financiado por Fundacite Guayana.

Monente, J.A. and G. Colonnello. 2004. Consecuencias ambientales de la intervención del delta del Orinoco. Boletín RAP de Evaluación Biológica #37. Conservation International. Washington, D.C.

Novoa, D. 2000. Evaluación del efecto causado por la pesca de arrastre sobre la fauna íctica en la desembocadura del Caño Mánamo Delta del Orinoco, Venezuela. Acta Ecológica del Museo Marino de Margarita. 2: 43-62.

Pannier, F. and R. Fraino de Pannier. 1989. Manglares de Venezuela. Cuadernos Lagoven. Caracas.

Rapid assessment of the biodiversity and social aspects of the aquatic ecosystems of the Orinoco Delta and the Gulf of Paria, Venezuela

171

Initial Biodiversity Action Plan for the Gulf of Paria, Venezuela (IBAP)

SUMMARY OF INITIAL BIODIVERSITY ACTION PLAN (IBAP)

This Initial Biodiversity Action Plan (IBAP) is based on the data collected during the December 2002 marine, fresh and brackish water biological survey by Conservation International's Rapid Assessment Program (RAP) and the April 2003 Threats and Opportunities Workshop for the Gulf of Paria (GoP). The objectives of this IBAP are 1) to identify regional conservation milestones needed to promote improved resource management and biodiversity conservation in the GoP, and 2) to catalyze conservation efforts in this region with a broad range of key stakeholders, including local and regional governments, communities, NGOs, international multilateral organizations and the private sector, particularly petroleum companies and fisheries.

The Regional Context

The GoP, located in northeastern Venezuela, is an area considered to be part of the eastern Caribbean Sea, or the Atlantic Zone of Venezuela. To the north, west, and south, the GoP is surrounded by Venezuelan coastline, including the Peninsula of Paria, the Delta plains of the state of Monagas, and the northern part of the Orinoco Delta. The GoP, which is the focus of this IBAP, and the adjacent Orinoco Delta are two of the most productive regions of the tropics, providing important habitats for the reproduction of a number of invertebrate and fish species (Smith et al., 2003).

Critical to the region's productivity is the presence of extensive stands of mangrove forests, which play a key role in maintaining the marine, fresh and brackish water ecosystems of the GoP. Many of the region's extensive mangrove areas are in near pristine condition, and the United Nations Development Program (UNDP) is currently working with the *Ministerio del Ambiente y de los Recursos Naturales* (MARN) in the implementation of an Orinoco Biosphere Reserve project, as well as the creation of a database for the Orinoco River Delta.

Despite the overall good condition of the mangroves and the UNDP-MARN project, the region still faces a number of threats, particularly with regards to marine, brackish and freshwater resources. Principal among these threats are: unsustainable fishing practices (trawlers, poor enforcement or absence of effective regulations); potential impacts from current and future petroleum operations; contamination (untreated sewage, wastes, , etc.) from local communities; and poorly planned alteration of local and regional waterways, including the damming of the Mánamo River and dredging of mangrove canals for navigational purposes.

Mangrove habitats face additional threats from deforestation and uncontrolled extraction of flora and fauna. Both aquatic and terrestrial impacts are to some degree caused and/or exacerbated by: the severe poverty in which most of the region's communities, particularly indigenous communities, live; their dependence on local resource extraction; and the general lack of awareness on how their activities are not sustainable in the long term. For example, in some communities, such as in the town of Pedernales, more than 80% of the community depends to some degree on the productivity of local fishing zones as a source of income generation. At the same time, fisherman in Pedernales are not aware that their current fishing practices are contributing to the depletion of the resources on which they rely.

Long-Term Conservation of the GoP

The December 2002 AquaRAP, which covered only a small portion located in the southern part of the GoP, encountered approximately a third of the total known fish diversity for the entire Orinoco Delta region. Many of the species found in the region, such as shrimp and fish, are of critical economic importance for local communities. Owing to this dependence on natural resource extraction, particularly of freshwater, brackish and marine resources, the principle long-term conservation objective for GoP should be effective resource management that ensures both sustainable socioeconomic development and protection of the ecosystems on which development will depend. Moreover, while the GoP was the primary focus of the AquaRAP survey and Threats and Opportunities Workshop, its proximity to and interconnected nature with the larger Orinoco Delta indicates that any effective long-term resource management plan must include both regions.

To achieve this objective, it will be important to develop and implement local and regional planning processes to determine how to manage GoP resources in the context of existing economic activities of the entire Orinoco Delta region. Local, regional and national governmental entities should ultimately be responsible for the convening of any planning process, as well as enforcement of those plans. However, key regional actors, especially those with resources and expertise (petroleum companies, UNDP, universities and international NGOs), can contribute to this process by providing the expertise and resources needed for long-term success.

Key Conservation Milestones and Proposed Outputs

An important initial step towards effective long-term biodiversity conservation in the GoP is the establishment of a conservation plan with proposed milestones and outputs in critical areas. Based on the results of the AquaRAP survey, the Threats and Opportunities Workshop and previous studies of the region (including fisheries and socioeconomic baselines and other pertinent Environmental Impact Assessment (EIA) data), CI and its regional partners have identified six possible conservation milestones and several proposed outputs for each:

1. **Information on biodiversity, ecosystems and the socioeconomic activities in the GoP is generated, made publicly available and data gaps filled with additional studies where necessary.**

   - The 2002 GoP AquaRAP survey and results of the Threats and Opportunities Workshop published and publicly disseminated in Venezuela and internationally to share valuable scientific data, integrate them into a regional biodiversity database,

and generate additional interest from organizations with resources to contribute to the management of natural resources in the GoP.

   - MARN's GoP's database updated and and made available for additional data to be added by from COP, E&E, CI, FLASA, UDO, INIA, UCV, INAPESCA and others.

   - Other relevant documents about past and current projects on the GoP's biodiversity disseminated.

   - A bilingual (Warao and Spanish) educational book about the GoP's biodiversity's importance produced for and distributed to local communities.

   - Additional AquaRAP or similar surveys completed for:
     - Area between Río Guanipa and the channel of Caño Ajíes and between Boca Grande and the south of the Delta (Macareo to the Río Grande);
     - Area of the 2002 CI AquaRAP in the rainy season (high water season);
     - Select coastal-marine zones;
     - Deep-water surveys conducted in key fishing zones to create baseline of species distribution and determine areas of importance for extraction and "no-take" zones;
     - Terrestrial RAPs in select areas, including mangrove areas in both the GoP and larger Orinoco Delta.

Alliances of regional partners could be considered to undertake the above surveys. As with the current RAP results, any future survey data should be integrated into a publicly accessible regional database and used to promote improved regional planning and resource management in the GoP.

2. **Common monitoring protocols are developed for the GoP's biodiversity to determine status of threatened, commercially important and exotic species.**

   - Partnerships between NGOs, government agencies, the private commercial sector and local research institutions established to develop common long-term monitoring protocols and implement monitoring programs. Particular emphasis should be placed on threatened, commercially important and exotic species and quality of water, air and sediments of areas where human populations, fishing zones, and petroleum operations overlap. Key "indicator" groups of invertebrates should be included as a means to monitor water quality.

- A regional system developed to collect, update and analyze data collected from monitoring efforts, assess the status of biodiversity in the GoP, and make recommendations on improved resource management. Biodiversity indicators for the system should be relevant for both local resource management and to enable international efforts to assess the status of biodiversity in the GoP.

- Capacity developed in local communities to implement monitoring protocols through education, raising awareness and training.

3. **Improved practices that conserve key commercially important and/or threatened species and promote sustainable development adopted by artisanal and industrial fisheries throughout the GoP.**

- Results of fisheries surveys, AquaRAP and deep-water surveys and other data sources identify status of threatened and/or harvested fish, invertebrate, and plant species in the GoP and actions taken to promote their protection. The 2002 AquaRAP survey indicates additional protective measures should be considered as soon as possible for the toad fish (*Batrachoides surinamensis*) and several rays (family Dasyatidae - in particular *Dasyatis guttata, Dasyatis geijskesi, Himantura schmardae* and *Gimnura micrura*).

- Local awareness raised on the relationship between availability of resources and the practices that are used to harvest/exploit them, with particular emphasis on helping local fishermen understand how current practices have contributed and will continue to contribute to reduced future catches.

- Based upon socio-economic and biodiversity baseline studies, sustainable development plans implemented with key communities in the GoP. Plans should include measures needed to increase productivity and sustainability of local and regional resource base, with particular attention given to the development of more sustainable fishing practices and promotion of non-fishing alternatives such as tourism. Consideration should be given to incentive-based conservation agreements that offset the opportunity cost of adopting new practices by providing economic stimuli for reducing poverty and improving social welfare through providing income-generating activities. Specific studies could include:
  - *Evaluation of Current and Possible Alternative Fishing Practices:* The use of destructive fishing practices, particularly trawlers, is clearly causing primary loss to fish and invertebrate

diversity and reducing the productivity of local fisheries in the region. These in turn impact both biodiversity and communities' long-term ability to generate income. An analysis of current and possible alternatives to trawling fleet practices should be considered, focusing on:
- Regulations on mesh size of the trawl nets;
- Introduction of new fishing technologies, especially with regards to trawlers;
- Closing of select channels, or a percentage of channels at any one time, to trawling, perhaps on a rotating basis;
- Options for reducing number of vessels operating in key areas of commercial and/or biodiversity importance;
- Promoting workshop results to the community.
- *Economic Feasibility Study of Adopting New Practices and Economic Activities:* A study on the economic feasibility of adopting alternative fishing practices should determine which practices are most likely to be adopted by local fishing communities and under what circumstances (access to credit, improved training, etc.). The opportunity cost of adopting more sustainable practices, including creation of "no-take" zones, and engaging in non-fishing economic activities, such as tourism, should be central components of the study. Of particular interest should be the idea of "no-take" zones in proximity to petroleum development activities to help reduce potential risks of fishermen getting too close to operation activities and tangling nets on infrastructure and/or collisions with vessels, but also potentially result in areas that help replenish fish stocks. Additional consideration should be given to the development of aquaculture production methods, such as sustainable shrimp farming, and experiences of other fisheries adopting alternative practices and the lessons learned. The end goal of any plan should be to increase long-term incomes of local communities that rely on fishing as a central economic activity.
- *Training and Technical Assistance:* Based on the feasibility study of alternative fishing practices, recommendations should be made for what training and technical assistance would be needed to get such practices adopted. Consideration should be given to provision of credit to purchase new equipment, resources for training and capacity building for community-based monitoring of local fish and shrimp stocks. In addition to improved practices, efforts should also be made to improve access to local, national and international markets,

including the possibility of promoting sustainable purchasing guidelines for buyers or certifying fish stocks as sustainable to create value-added products. Sustainable fishing practices for the entire GoP should be the ultimate goal of any program. However, pilot projects in key communities could be implemented first, scaling up projects to progressively larger scales as lessons are learned about what practices and alternatives have proven successful.

- INAPESCAS's proposal evaluated and its action plans for the region integrated into current and future efforts in the GoP.

4. **Petroleum companies in the GoP make positive contributions to sustainable socio-economic development and biodiversity conservation in the GoP by implementing best operational practices and supporting improved resource management.**

- Energy Biodiversity Initiative (EBI – see www.EBI.org) recommendations implemented in the GoP, incorporating all the companies with a presence in the region, and reporting progress back to EBI on application of guidelines.

- Interdisciplinary work group on biodiversity created with the purpose of developing better specific practices for conservation of biodiversity and their integration into petroleum development projects.

- Biodiversity considerations integrated into EIAs and environmental management systems to minimize footprint of operations on regional ecosystems. Suggested assessments of the potential impacts on biodiversity and commercially important species should include:
  - *Location of wells and accompanying facilities in relation to fishing areas, fish stocks, spawning areas and migratory flows of commercially important and/or threatened species and sensitive habitats:* A determination of important fishing areas and habitats should be made and siting of production facilities and transport routes planned to avoid these areas to the greatest extent possible. Information on where location of oil activities could have a positive impact on fish stocks from reduced fishing activity should be included in the analysis;
  - *Petroleum and chemical spills:* While rare, oil and chemical spills often have devastating, if short-term, impacts on local fisheries and other biodiversity. Given the extreme poverty of and reliance on fishing by local communities, an accidental oil or chemical spill

could severely impact the economy of a local community. To prevent spills from happening, double-hulled tankers should be used in the transport of petroleum and the highest international standards applied to pipelines and accompanying facilities.

To minimize the impact of spills, contingency plans should be developed in conjunction with local communities so there is agreement on how spills will be reported and what actions will be taken after a spill occurs, including potential compensatory measures for any lost income from impacted economic activities such as fishing. While dispersants should be considered for spills in the open sea, they should not be used to clean up spills within mangrove areas. Rather, mechanical removal or other non-dispersant options should be considered depending on the type of spill. Special plans for cleaning potentially affected wildlife, such as aquatic birds, should also be considered;
  - *Low-level hydrocarbons and other chemicals in the water column:* While spills are always a concern with hydrocarbon production facilities, greater impacts usually occur from long-term exposure to low-levels of chemical, mainly oil, pollution. Changes in composition of the water column could impact the composition and development of certain species. That in turn could have possible effects on the food chain and commercially and/or threatened species. Baseline studies of key species, including indicator groups of invertebrates, should be established and monitored throughout the life of projects to see if elevated levels of hydrocarbons and chemicals related to petroleum operations are impacting ecosystems. Any baseline studies and monitoring efforts should take into account the naturally elevated levels of many hydrocarbons due to the presence of natural oil seeps in the GoP;
  - *Produced waters:* Industry best practice recommends that produced waters should be re-injected, or treated prior to discharge to remove hydrocarbons, heavy metals, salts, etc. As with hydrocarbon and chemical levels, consideration should be given to assessing the impacts that produced waters could have on the composition of species of commercial and biodiversity importance and appropriate prevention and mitigation measures taken;
  - *Drilling muds and fluids:* Water-based muds should be used and recycled to the greatest extent possible and consideration given to injection into wells as a means of disposal,

Rapid assessment of the biodiversity and social aspects of the
aquatic ecosystems of the Orinoco Delta and the Gulf of Paria, Venezuela

175

avoiding direct discharge overboard. If over-board discharge is selected as a disposal option, special attention should be given to how those discharges will potentially impacts commercially important and/or threatened biodiversity, particularly benthic species;

— *Flaring:* Flaring of gases presents risks to local ecosystems through changes in air quality and residuals settling on adjacent water surfaces. Flaring should only be used for safety purposes, with gases being re-injected or other uses found for them. The possibility of providing local communities with a potential energy source should be assessed as a means to promote socio-economic development and decrease deforestation pressure on local mangroves for fuel wood;

— *Exotic species:* The 2002 AquaRAP identified the presence of three exotic species of fishes and possibly five species of invertebrates in the GoP. At the present time, it is unknown what, if any, impact these species are having on local biodiversity. However, given the importance of fishing to the regional economy, particular attention needs to be given protecting commercially important species from the possible negative impacts of exotic species (Patin, 1999).

The increased presence of support and transport vessels for petroleum operations in the GoP could potentially introduce exotic species with negative impacts on commercially important and/or threatened species. To safeguard against this, petroleum companies in the GoP should commit to exotic species prevention plans, with particular emphasis on the proper treatment of ballast water, often the means by which exotics are introduced into new areas. Special attention should also be considered for supporting an exotic species monitoring system to assess the presence of current species and their possible impacts and detect the introduction of new species into the GoP;

— *Ballast and double-hulled water issues:* In addition to treatment of ballast water to prevent introduction of exotic species, improperly treated ballast waters can also contribute to pollution of local water bodies. Assessments on the impacts of ballast water pollution on local habitats should be considered, and measures taken to properly treat these waters prior to discharge. All tankers and transport vessels entering into the region should be required to have double hulls;

— *Community Monitoring:* In order to assess and monitor potential impacts from petroleum operations, considerations should be given to developing community-based monitoring programs. These types of programs would be implemented over the long-term by building the local capacity to understand and monitor natural resource use and conservation. Community monitoring would provide companies and other stakeholders, such as researches, with data needed to detect changes in environmental indicators and allow communities to participate in company operations, making them part of the process. An additional benefit of this type of program would be the creation of additional local employment opportunities.

• Petroleum companies catalyze, support and participate in regional planning efforts with government, communities, universities, NGOs and other private sector actors to promote sustainable socio-economic development and conservation of resources.

• Opportunities to benefit biodiversity conservation (improved resource management, contributions to protected areas, etc.) identified and realized by petroleum companies operating in the GoP.

• Feasibility of creating a "biodiversity center" in the region, in which the local communities could receive training and other support in biodiversity conservation efforts, evaluated and appropriate action plan produced based on results.

5. **Implementation of a regional plan that conserves biological resources while promoting activities that contributes to sustainable development of GoP communities.**

• Existing laws and regulations regarding resource management in GoP, with particular emphasis on fisheries and effectiveness of enforcement, reviewed and gaps identified.

• Regional plan developed and implemented with key stakeholders in the GoP (government, communities, universities NGOs and other private sector actors) to improve zoning of GoP and strengthen capacity in conservation and resource management.

- Regional planning network established to share data and coordinate socio-economic and conservation activities in the GoP.

- Region's environmental liabilities identified and alliances formed to to solve them.

6. **Communities participate in processes to promote biodiversity conservation in the GoP.**

- AquaRAP 2002's results presented to communities in the GoP.

- Information from studies done on the area presented to local schools.

- Committees dedicated to develop and implement local plans for improved resources management and biodiversity conservation formed conservancy.

- Work plans for the region's development designed and implemented with local communities.

- Potential sustainable use of biodiversity projects evaluated and where feasible, implemented with local communities.

REFERENCES

Patin, S. 1999. Environmental Impact of the Offshore Oil and Gas Industry. EcoMonitor Publishing, East Northport, New York. P. 58.

Smith, M.L., K.E. Carpenter and R.W. Waller. 2003. Introduction to the oceanography, geology, biogeography, and fisheries of the tropical and subtropical Western Central Atlantic. *In:* K.E. Carpenter (ed.). FAO Species Identification Guide for Fishery Purposes. The Living Marine Resources of the Western Central Atlantic. Volume 1. Introduction, Molluscs, Crustaceans, Hagfishes, Sharks, Batoid Fishes and Chimaeras. FAO, Roma. Pp. 1-23.

Rapid assessment of the biodiversity and social aspects of the
aquatic ecosystems of the Orinoco Delta and the Gulf of Paria, Venezuela

177

Gazetteer

AQUARAP: GULF OF PARIA AND ORINOCO DELTA, DECEMBER 2002.

The two focal areas were delimited according to the east-west orientation of the deltaic fan and associated watershed. Focal Area 1 (the Guanipa River – Venado channel) covers the Gulf of Paria watershed; and Focal Area 2 (Mouth of the Bagre River Mouth – Mouth of the Pedernales River) covers the Orinoco River basin. The town of Pedernales was the operational base for all fieldwork. Two fishing boats with outboard motors were used to reach sampling sites within the two focal areas

Focal Area 1: Guanipa River – Venado Channel
Focal Area 1 was located between the Venado channel / Venado Island (10° 01'34" N - 62° 26'15" W) and the mouth of the Guanipa River (10° 01'34" N - 62° 26'15" W).

More than ten different vegetation zones were found in this area, the most predominate of which was the dense and high mangrove forest on Venado Island, composed of *Avicennia germinans*, *Rhizophora harrisoni*, *Rhizophora racemosa* and *Rhizophora mangle*.

Hydrographically speaking, the Guanipa River belongs to Gulf of Paria watershed. Benthic invertebrates, crustaceans, and fishes were sampled from seven habitat types of the Guanipa: 1) the main channel, 2) the muddy beaches along the margins of river mouth, 3) the inter-tidal pools of the river mouth, 4) submerged trunks, 5) mangrove root zones, 6) leaf litter bottoms and 7) tidal discharge channels. The Guanipa River is a typical delta channel with a muddy (occasionally sandy) bottom and many submerged logs (especially towards the mouth). It has a variable depth (1 to 5.9 ms), salinity between 0 ‰ (higher part) and 6 ‰ (towards the mouth), visibility (12 to 17 cm); pH between 5.3 and 6.9 (with the most acidic values up river); and a temperature between 25 and 26 °C. Inter-tidal pools were established by, and within the property of, the Warao indigenous community (left bank of the river). The pools are shallow (about 30 cm) and remain isolated of the main channel for several hours. The turbid water is between 27 and 30 °C and 4‰ salinity.

The Venado Channel is shaped by the continental shelf of the Gulf of Paria and Venado Island and is strongly influenced by marine waters. Its waters are: white, with a depth of 1.6 to 3.8 ms; an elevated salinity of 9 to 13‰ (more than the Guanipa River); visibility between 16 and 18 cm; pH between 7.4 and 8.1, and temperatures around 26 °C. Small pools form during low tide in the mangrove zones of the Venado Channel. They are 2 or 3 centimeters deep and have a salinity of around 9 ppm, temperature of 25 °C, and pH of 7.5. The two locations in this focal area were sampled on December 5th, 2002.

Focal Area 2: Mouth of the Bagre River – Mouth of the Pedernales River
Focal Area 2 covers the area from the opening of the Pedernales channel / Cotorra Island (10° 01'34" N - 62° 13'08" W) to the opening of the Mánamo channel at the Bagre River Mouth (09° 54' 03" N - 62° 21' 28" W) to waters above the Mánamo channel ending at Güina-morena (09° 42' 22" N - 62° 21' 59" W).

The focal area included the following sites: Pedernales channel (Site 1), Mouth of the Pedernales River - Cotorra Island (Site 2), Mánamo channel - Güinamorena (Site 3), Manamito channel (Site 5), Mouth of the Bagre River Site 6), Rocky Beach at Pedernales (Site 7) and Capure Island (Site 8). Focal Area 2 is both larger in area and biologically better known than Focal Area 1. The sites in Focal Area 2 were studied December 2-4 and 6-7, 2002.

In the five geographic environments identified in this section of the Orinoco Delta, we found 18 vegetation zones. The riparian vegetation of the channels was dominated by five mangrove species: black mangrove (*Avicennia germinans*), red mangrove (*Rhizophora racemosa, Rhizophora harrisonii* and *Rhizophora mangle*) and white mangrove (*Laguncularia racemosa*) up to the point of influence of brackish water.

Hydrographically speaking, this section of the AquaRAP survey took place in the Orinoco River Basin. Collection of aquatic organisms was taken in following habitats: 1) the principal channels, 2) sandy beaches, 3) inter-tidal channels of mangroves, 4) submerged trunks, 5) mangrove root zones, 6) river bottoms with leaf litter, and 7) discharge channels of domestic waste water. The Orinoco River's channel bottoms were usually muddy (occasionally sandy) with many submerged logs (especially towards the river mouth). Their depth was variable (0.5 to 7 ms), salinity between 0‰ (farther up stream) and 20‰ (towards the mouth), visibility of 13 to 35 cm, pH levels between 4.2 and 8.1 (with the most acidic values up river), and temperatures between 25 and 29 °C. The water was white or black, depending on the sampling site, and in some areas a mixture of the two.

Chapter 1

The deltaic plains of the Orinoco River and the Gulf of Paria: Physical aspects and vegetation

Giuseppe Colonnello

SUMMARY

Together, the deltaic plains of the Orinoco River and the Gulf of Paria are one of the largest wetlands of South America and one of the most well conserved ecosystems in the world. These areas, due to their isolation and specific environmental conditions, have been unaltered by industrial and scientific development until recent decades. The region is divided into four areas: 1) The north-eastern coastal marshy-plain; 2) The deltaic marshy-plain; 3) The Orinoco Delta; and 4) The deltaic plain located south of the Grande River. These areas share characteristics including essentially flat physical geography, hydromorphic soils with poor drainage, and relatively high rainfall. Additionally, a fifth area is recognized: the intertidal zone between the Gulf of Paria and the Orinoco River, which receives sediments from the Orinoco River as well as from the Amazon River through the coastal current of the Guianas.

The main geological formations found in the deltaic plains are dikes formed of coarse materials such as sand and trenches formed of clay, silt and organic materials. The plains of the Orinoco River and the Gulf of Paria mostly comprise extensive wetlands and are dominated by communities of aquatic plants that, in general, are woody in the uplands and herbaceous in the depressions. Precipitation, along with river flooding and the influence of tides, determines the extension, depth and duration of the floodplain. The physical and chemical properties of the water in the wetlands vary with the annual hydrologic cycle, creating the possibility of finding different types of water (clear, black and white) in the same environment. The deltaic plains, flowing water, marshes, estuaries, grasslands, and mangroves are among the most valuable ecosystems due to the ecological services they provide. These important ecosystems can be exposed to great structural damage and inhibited performance as a result of human interventions such as dams and canals.

INTRODUCTION

The deltaic plains of the Orinoco River and the Gulf of Paria occupy approximately 2,763,000 ha (MARNR 1979) and constitute, as a whole, one of South America's largest wetlands and one of the world's most well conserved ecosystems. Isolation and the land's inability to sustain agricultural development have impeded exploitation, leaving most of the biological diversity of the area's communities unaltered (Vásquez and Wilbert 1992, Warne et al. 2002). The wetlands of this region are the result of the confluence of various factors such as alluvial depressed flatlands, great fluvial inflows, especially from the Orinoco Basin, and a marine influence resulting from the constitution of the underlying materials and action caused by the tides. All these factors define the physical and chemical constitution of substrates and the ecosystems that develop over them.

The human population living in the Orinoco Delta and the Gulf of Paria consists of the earliest settlers of the region: the Warao, who came around 9,000-7,000 years B.C. (Wilbert 1996), and Creole groups who migrated into the area in the 18th century, mostly from

Margarita Island (Venezuela) in the Caribbean Sea (Salazar-Quijada 1990). In the delta area, the Creole groups founded towns and villages including Pedernales, Capure, Curiapo, La Horqueta and Tucupita. The Warao people settled mainly in the interior delta and in various parts of the deltaic plain including Guaraunos and Guanoco. The Creole groups cultivated coffee and rice, among others crops, whereas the Warao kept a subsistence economy based on fishing and the sustained exploitation of Moriche Palm (*Mauritia flexuosa*) called "*morichales*" and Temiche Palm (*Manikaria saccifera*) called "*temichales*" (Wilbert 1994-1996).

Despite the presence of Warao and Creole people in the area for centuries, the deltaic plain has historically remained relatively unoccupied and in 1992 still had a low population density of approximately seven inhabitants/km^2 (Rodríguez-Altamiranda 1999), with the population mainly concentrated in the Tucupita Area of Delta Amacuro State. The region was overlooked by industrial development and scientific investigation until a few decades ago. Although in the early 20th century there were some relatively important oil operations in the Pedernales and Tucupita areas (Galavís and Louder 1972), iron mining in Manoa, Imataca Mountain Range and asphalt extraction in the Guanoco Lake (Fundación Polar 1997), these activities waned after the discovery of more easily exploitable beds in neighbouring Bolívar State, and in Zulia State, in western Venezuela. Other small industries have operated with some irregularity including exploittation of timber trees of various species in the sawmills of Güiniquina; of mangroves (*Rhizophera mangle*) in the coastal areas; and of palmetto (*Euterpe oleraceae*) in the middle and low delta (Salazar-Quijada 1990). At the mouth of the San Juan River the potential exploitation of mangroves was stopped.

From a scientific point of view, the first studies on record were generated in 1967 by Van Adel and followed by Delascio (1975), Danielo (1976), MARNR (1979) and, more recently, by C.V.G. Tecmin (1991) and Colonnello (1995), amongst others. The earliest expeditions, carried out by the La Salle Natural Sciences Society in the 1950s, basically emphasized anthropological aspects. In recent years, further studies have been made due to the reopening of oil exploitation in the area (Geohidra Consultores 1998, Infrawing and Asociados 1998, Natura 1998, FUNINDES USB 1999).

The purpose of the current work is to present a broad vision of the state of available knowledge regarding the physical and biotic (vegetation) aspects of the deltaic plain.

General Physical Geography

Generally speaking, the Orinoco River and Gulf of Paria region comprise fluvial and marine floodplains made up of sediments transported principally by the Orinoco River, but also by the Guarapiche and Guanipa rivers, and small streams that drain the high llanos of the Mesa Formation. Sediments of fluvial origin are also found, partly from the Amazon River but also from the Orinoco itself, which are taken by marine currents and deposited along the Delta's

coasts. These sediments mixed with local organic material and were deposited over marine clays with high sulfate content dating from the Holocene Period (Van Andel 1967, MARNR 1982). Due to high sedimentation rate in the area, the sediments have formed thick layers that measure up to 70 m deep in the middle Delta and 20 m deep in the lower Delta (Infrawing and Asociados 1997).

Rodríguez-Altamiranda (1999) and PDVSA (1992) consider this region as a single unit that they call "Deltaic and Paria platforms" and "Deltaic system". In both cases, the area described goes from the coastline of the Paria Pennisula in the north, to the foothills of the Imataca Mountain Range in the south, with flatlands that generally do not surpass 2% in slope. The first of these authors also includes the Gulf of Paria and the intertidal areas at the mouths of the most important rivers coming from the Orinoco Delta.

According to MARNR (1979), PDVSA (1992), and Rodríguiez-Atamiranda (1999), five sectors are recognized in the deltaic plain (Fig. 1.1):

1) The north-eastern coastal marshy-plain, running from the Gulf of Paria coastline to the San Juan River, with an estimated area of 508,886 ha.

2) The deltaic marshy-plain in the Guanipa River estuary and the final stretches of the Tigre, Morichal Largo and Uracoa rivers, covering approximately 222,425 ha.

3) The Orinoco Delta, divided into Upper, Middle and Lower Delta, covering nearly 1,032,367 ha.

4) The deltaic plain located south of the Grande River, covering almost 1,000,000 ha.

5) The intertidal zone between the Gulf of Paria and the Orinoco Delta.

The north-eastern marshy-plain

The northern part of the deltaic plain consists of a basin drained by short streams with headwaters in the foothills of the La Paloma Mountain Range in the eastern Coastal Cordillera. This mountain range is formed by limestone and has tall, dense vegetation, making infiltration higher than runoff. Due to this fact, these streams have a low flow and very little sediment discharge and make only a marginal contribution to the development of this portion of the plain. The main rivers provide water to the tidal channels of Ajíes, Guariquén, Turuepano and La Laguna. The Guariquén channel is the greatest of them all, approximately 50 km in length and an average of 2 km wide. Its borders are surrounded mainly by marshes and littoral vegetation, represented by low wetland areas, and, to a lesser extent, by tidal trenches.

Another important waterway in this system is the San Juan River, with a hydrographic basin of approximately 75,000 ha that drains the La Paloma Mountain Range. The Guarapiche River, the main tributary of the San Juan,

Rapid assessment of the biodiversity and social aspects of the
aquatic ecosystems of the Orinoco Delta and the Gulf of Paria, Venezuela

181

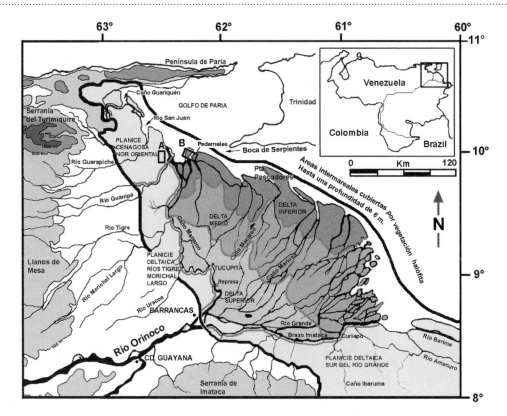

Figure 1.1. Sectors of the northeastern deltaic plan of the Orinoco River and Gulf of Paria. Surrounding physiography and hydrography.

drains the northern foothills of the eastern Coastal Cordillera. The San Juan River functions like a tidal channel due to a strong marine influence; the tides have a height of 2.5 m at the mouth and of 4.9 m at Caripito City, 110 km upriver (Ruiz 1996). This evident oscillation – produced by a complex resonance effect between the ingoing and outgoing tides – allows navigation of large ships through the channel. The tides of the Gulf of Paria increase their height along the Caribbean coastline and are magnified at the mouth of the river (Herrera et al. 1981).

In the San Juan River's "talweg" the sedimentation process is essentially estuarine (materials coming from the sea), and its lower and middle courses are formed by fossilized mangrove meanders that contribute to the retention and accumulation of sediments over the tidal plain. The most common forms are marshes and tidal trenches. Two forms have been identified in the marshes: the "slikke", exposed to daily flooding processes due to the tides, and the "shorre", only flooded by intense tides and exceptional river flooding. The tidal trenches are isolated depressions permanently flooded by intense tides and rains (Ruiz 1996).

The deltaic marshy-plain

To the south are the Guanipa, Tigre, Morichal Largo and Uracoa rivers. These rivers drain the high plateaux of the alluvial formations of the high flatlands (llanos altos) of the Mesa Formation in eastern Monagas State. When these

rivers exit the high plateaux, they gradually lose their valley physiography and form wide alluvial plains. These plains are gradually transformed into marshes as the fluvial inflows lose importance and are dominated by the action of the tides (MARNR 1979). The most important river is the Guanipa River that forms wide freshwater-flooded areas after its confluence with the Amana River, and forms extensive marshes near its mouth at the Mánamo Channel.

The Tigre River and its affluent Morichal Largo are slightly different due to the fact that alluvial flooding zones replace marshes in their final sections. The principal characteristic of these rivers is the extensive flooding of their banks and, specifically in the case of Morichal Largo and the Uracoa River, the formation of a band of palm trees (*morichales*) along the stream (MARNR 1979). These rivers discharge into the middle Mánamo Channel.

The Orinoco Delta

From a hydrological point of view, the Orinoco River Basin has an area of 1.1 million km², two-thirds of which are in Venezuela and the rest in Colombia. The headwaters of the Orinoco River are located in south-western Venezuela, on the Guiana Shield. The most important tributaries of the Orinoco are the Caroní, Caura, Ventuari and Parguaza rivers that drain the southern border of the Venezuelan Guiana Shield, while the Gauviare, Vichada, Tomo and Meta rivers in Colombia and the Cinaruco, Capanaparo, Arauca and

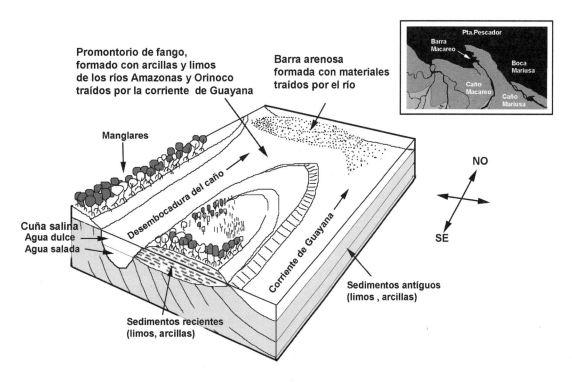

Figure 1.2. Diagram of a sector of the coast of the Orinoco Delta. Geomorphological and physical aspects.

Apure rivers in Venezuela drain the Andes Cordillera and the flatlands (llanos) of Colombia and Venezuela (Colonnello 1990). All of these affluent streams provide the Orinoco River with 36,000 m³s⁻¹ and 150 million tons of sediments per year that are distributed, throughout its delta, in a wide territory of nearly 40,000 km². The Orinoco Delta's physical geography is thoroughly discussed below.

The deltaic plain located south of the Grande River
South of the Grande River, a principal tributary of the Orinoco River, river passes through two types of physiography: the high plateau of the Imataca Mountain Range, of between 100 and 500 m altitude, and the alluvial plains along the Grande River. The hilly landscape turns into a flatland that becomes a wide wetland fed by waters overflowing from the Orinoco and Grande Rivers. From west to east, following the course of the Grande River and the delta's Imataca Arm (Brazo Imataca) as they move away from the foothills of the Imataca Mountain Range, the floodplain widens and the streams cover longer areas over flat terrains, going from small rivers of a few tens of meters in the summer, like the Acoimo River, to channels of hundreds of meters like Channel Ibaruma in front of Curiapo village (Colonnello 1995). These streams carry a low sediment charge because they run over very weathered and densely vegetated substrate. The greatest sediment provision comes from the Grande River.

The intertidal zone between the Gulf of Paria and the Orinoco Delta
The Gulf of Paria's bottom and the delta's coasts consist of sediments, silts, and clays brought by the Orinoco and Amazon rivers through the coastal current of the Guianas. The Orinoco River contributes an average of 125 million tons of sediment per year (Meade et al. 1983, Pérez Hernández and López 1998), half of which (0.75 x 10⁸ tons/year) is retained inside the deltaic plain. Another part is mixed with the Amazon River's inflow that reaches approximately 1 x 10⁸ tons/year (Warne et al. 2002). When these suspended sediments (clay and silt) are deposited, they contribute to molding unusual coastal forms, the mud promontories or "mudcapes" (Warne et al. 2002), elongated in a northwestern direction following the coastline, that are quickly colonized by mangroves. The "mudcapes" such as the one located in Punta Pescadores, composed of clay and silts and, to a lower degree, by sand, can be up to 30 km long and 10 km wide (Fig. 1.2). On the other hand, there are the sand banks, located mainly in the mouth of the Grande River, in the Araguao, Macareo and Mánamo channels, in the Orinoco Delta, and at the Maturín Bar in the mouth of the San Juan channel to the north of the deltaic plain. The sand banks or bars are formed by the deceleration of water flows at the mouths of the estuaries.

These deposits, some of them temporary, can be fossilized through colonization by halophytic (salt tolerant) macrophyte species such as *Crenea maritime* or by the mangroves-

Rapid assessment of the biodiversity and social aspects of the
aquatic ecosystems of the Orinoco Delta and the Gulf of Paria, Venezuela

183

Rhizophora spp. or *Avicennia germinans*. In the estuaries and in the final stretch of the rivers' flow there are two environments, one of fresh water towards the surface and another of sub-surface salty water. In the summertime this stratification moves upstream, due to the intrusion of a saline wedge, turning part of the river into an estuary.

Physical Geography of the Orinoco Delta

Of the total surface occupied by the deltaic plains, 65% corresponds to the Orinoco Delta (Fig. 1.1). The majority of studies of the deltaic plains have been concentrated on this segment due to its complexity as well as regional and global importance.

The Orinoco Delta can be divided, according to its geomorphology and sediment distribution, in three areas (MARNR 1979, Canales 1985, Warne et al. 2002):

1. The Upper Delta, between 7 and 2.5 m a.s.l. This portion consists of an accumulation of fluvial sediments that are differentiated as free accumulations (dikes or ridges, overflowing banks, deltaic banks and bank complexes) and transferred accumulations (overflowing trenches). It is characterized by islands formed by the extensive web of channels surrounded by high dikes with sandy and muddy (clay and silt) soils and depressions with muddy and organic soils. Flooding, caused by overflowing of rivers and precipitation, is restricted to the depressions and is seasonal and of short duration. The drainage regime varies from medium in higher parts to poor in the center of islands.

2. Mid-Delta, between 2.5 and 1 m a.s.l. This portion covers wide flat areas of the deltaic fan where the most typical formations are the marshy-plains, marshes and estuarine islands. The general slope is under 1% and the drainage regime is poor to very poor. Flooding of the terrain lasts between six and nine months and is influenced primarily by the overflow of rivers, rain and tides.

3. The Lower Delta, between 1 and −1 m a.s.l. This portion covers the coastal strip that is permanently flooded owing mainly to the damming of the river by the tides. In addition to the forms describe for the Mid-Delta, the Lower Delta contains the coastal strips running parallel to the coast. The influence of the tide is very strong, particularly during the dry season when the daily oscillation is noticeable even in Barrancas village, 250 km upstream from the coast. During this season, the whole delta functions as a large estuary. This situation is reversed during the rainy season when the magnitude of the discharge from rivers changes the regime to an entirely fluvial one.

Some authors (Warne et al. 2002) consider a second division in the north-south direction, according to the factors that dominate the physical and biotic processes:

1. South Sector, between the Río Grande and Araguao channel, dominated by rivers and tides. Here the web of tributaries (Grande, Merejina, Araguaimujo, Sacupana and Araguao rivers) is very dense and more than 80% of the Orinoco waters are discharged through them.

2. Sector north of Araguao channel, controlled by the rain and tides, covering flat terrain without functional tributaries and with few interconnections with the South Sector. The major streams in this zone are the Macareo channel, which discharges 11% of the Orinoco's waters, and the Mánamo channel, presently regulated, with barely 0.5% discharge.

In addition, White et al. (2002) consider the following geo-environments for a portion of the north-western delta:

• Coastal environments with marine influence from the Lower Delta, containing topographically high and low areas with bodies of dammed water, permanently flooded with organic substrates.

• Transitional environments under fluvial-marine influence (Lower Delta), topographically high and low, permanently flooded with organic substrates.

• A complex of islands and distribution canals under the marine influence of the Lower Delta (Mánamo Island) with muddy, sandy or organic substrates and a seasonal or temporary flooding regime.

• Floodable basins between principal distributaries of the Upper Delta, physiognomically high and low, seasonally floodable with muddy and organic substrates.

• System of distribution canals, topographically high dykes with sandy and muddy soils.

These classifications are useful in locating the main soil types, hydrological regimes and vegetation communities. Nevertheless, the lack of topographical measurements doesn't allow the definition of precise limits.

In a physio-geographic analysis at a greater scale, each deltaic plain area constitutes an island surrounded by channels or by the sea that can be as large as Turuepano Island in the northern sector or Manamito Island in the deltaic fan (Fig. 1.3). In general, these islands have a characteristic shape, with elevated borders and depressed central zones. This is noticeable in satellite and radar images in which tall and woody vegetation is observed on the dikes while in the trenches it is low and herbaceous (PDVSA 1992).

The difference in altitude between the dikes and the trenches in the Upper Delta is approximately 120 cm (Van der Voorde 1962). This difference decreases as the charge capacity of the river decreases (MARNR 1979), as, for example, in a gradient like the one that exists between the

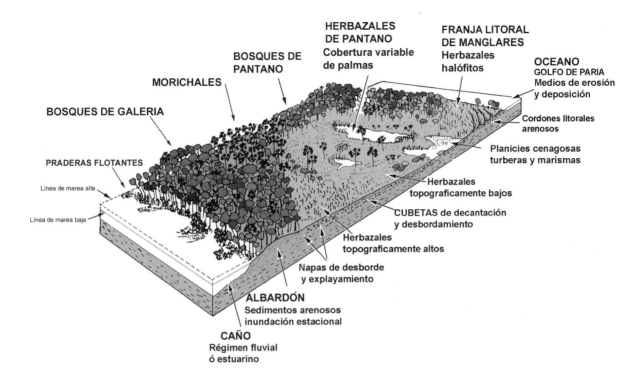

Figure 1.3. Typical profile of an island on the deltaic plain. Principle physical aspects, including dykes, depressions, soil types (taken from Isla Macareo in the Orinoco Delta according to van der Voorde 1962); dominant vegetation.

Upper and Lower deltas. The formation process is the result of differentiation of the texture of the sediments transported by water and deposited on the islands during the annual overflows, when the rivers have a greater velocity and transportation capacity. The heavier particles (sand) are deposited on the dikes, increasing their height, while the lighter limestone and clay particles are deposited farther away in the depressions (van der Voorde 1962).

Deltaic plain soils

Soils are primarily hydromorphic and, even when significant heterogeneity exists locally, they are dominated by a few groups. In general, soils are heavy, poorly drained and acidic with low fertility (COPLANARH 1979).

Soils of the north-western coastal marshy-plain and the deltaic marshy-plain are mainly deep Tropofibrists, Tropohemists, Sulfaquents and Sulfihemists.

In the Upper Delta soils are Fluvaquents, Sulfaquentes, Dystropepts, Tropaquents and Hydraquents, mostly of fine sand, limestone and clay. In the Middle and Lower Delta organic types are dominant: Tropofibrists, Tropohemists, Suffaquents, Sulfihemists and Hydraquents. Likewise, the sector to the south of the Grande River is dominated by deep Tropofibrists and Tropohemists.

In a great portion of these deltaic plains, and particularly where the fluvial influence is weak or non-existent, the predominant materials emerge from the subsoil. They are

marine clays that vary locally with regard to chemical and mineral characteristics. Basically, the differences are determined by the pyrite (FeS_2) content and by the predominance of certain clay types (chlorite and glauconite). This combination determines the capacity to generate potential sulfate-acid soils (Sulfaquents) or actual sulfate-acid soils (Sulfaquepts) that occur when the soils are exposed to air, resulting in a very low pH (3.5 or lower) (MARNR 1979).

A detailed soil analysis along a depth gradient from the dike to the decantation trench of Macareo Island in the Upper Delta shows that the dikes, generally not flooded, are made up of very fine muddy sands on the surface and fine sands with dotted layers further down (van der Voorde 1962). In the deepest part of soil profile, the depth of the water table is greater and soils are immature and clayey, with abundant organic matter that has undergone little decomposition on the surface as well deeper in the profile. This pattern is repeated throughout the area and determines the woody and herbaceous vegetation.

Van de Voorde (1962) describes, in a detailed manner, the deposition process of sandy and clayey materials when waters overflow and materials are deposited onto the islands. The removal of materials deposited in previous years and the re-deposit elsewhere creates a mosaic of various textural classes in different sectors. This phenomenon could explain the heterogeneous distribution of plant communities in places lacking other evident environmental gradients.

Rapid assessment of the biodiversity and social aspects of the
aquatic ecosystems of the Orinoco Delta and the Gulf of Paria, Venezuela

185

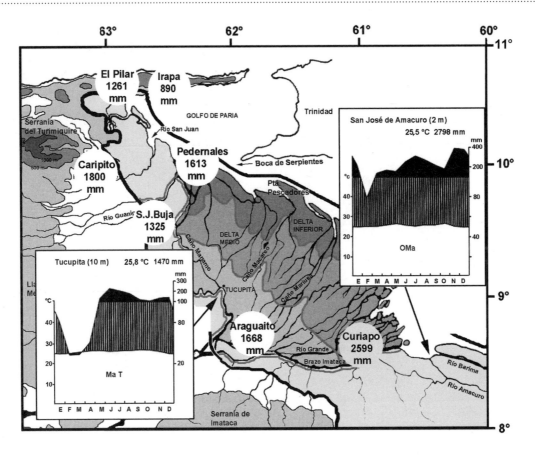

Figure 1.4. Precipitation for different locations of the deltaic plain and climatic diagrams for Tucupita (upper Delta), and Güiniquina (lower Delta) (adapted from MARNR 1979 and Huber 1995).

Soil acidity also varies, increasing from the dikes to the accumulation trenches. In the dikes, the pH was 5.2 and 5.3. Towards the center of the depressions, acidity increased to 4.0 and 4.2 (van der Voorde 1962). The little data known for the Middle and Lower Delta regions (Jarina and Pepeina locations) indicate similar values to those of the Upper Delta. The sediments in the depressions have a 5 to 6 pH value on the surface and less than 5 in deeper parts (Delta Centro Operating Company 1999).

Deltaic plains climate

In addition to the homogeneity of topography, the deltaic plain has a tropical climate characterized by little temperature variability through the year. The maximum precipitation period coincides with the Intertropical Convergence Zone throughout Venezuela, which magnifies the precipitation in the delta (MARNR 1979).

According to CVG-Tecmin (1991) and Huber (1995), the coastal strip from south of the San Juan River to the deltaic plains of the Barima and Amacuro rivers presents a macrothermic ombrophilous climate that is characterized by a short dry season, from December to February, but without a drought (Fig. 1.4). The precipitation ranges from 2,000 to

2,800 mm per year, particularly on the coastal line. Average temperature is around 25.5 °C. This area is strongly influenced by humid winds from the North Atlantic.

Nevertheless, the coast of the north-western marshy-plain presents lower precipitation values that increase from the coast, on Antica Island (1,500 mm), to the interior of Caripito harbor (1,800 mm) (MARNR 1979). Possibly, this gradient is due to the "rain shadow" phenomenon produced by the Paria Mountains in Sucre State to the north (Fig.1.4).

Meanwhile, the region that corresponds to the Middle and Upper Delta, all the way to the sector north of the Paria Peninsula, presents a macrothermic tropophilous climate (Fig. 1.4). Precipitation varies between 1,500 and 2,000 mm per year, with a noticeable dry season of up to four months, from December through March. There is a short period of drought in the soil. The average temperature can reach 25.8 °C. The winds significantly contribute to evaporative losses, especially during the dry season. Precipitation, although relatively abundant throughout the region, can fluctuate widely from one year to the next or from one location to another.

The winds that dominate the region are north-easterly with intensity varying between dry and rainy seasons. The deltaic plain has average wind speeds between 8.4 km h[-1]

Table 1.1. Seasonal variation in mean wind velocity, measured at 65 cm above the soil surface (values in km/h) (Geohidra Consultores, 1998).

	Jan.	Feb.	Mar.	Apr.	May.	Jun.	Jul.	Aug.	Sep.	Oct.	Nov.	Dec.
Tucupita	1.6	2.2	2.3	2.1	2.1	1.7	1.5	1.2	1.3	1.3	1.4	1.2
Pedernales	1.9	2	1.7	2.6	2.3	2.2	1.6	1.2	1.1	1.2	1.1	1.3

(2.3 m/s) in April, and 5.6 km h^{-1} in July. Average values measured 65 cm from the ground in Upper Delta (Tucupita) and Lower Delta (Pedernales) show a similar pattern (Table 1.1; Geohidra Consultores 1998).

In the deltaic plain south of the San Juan River (Fig. 1.1), precipitation is the key climatic factor since the rainy season precedes the pulses of flooding of the large rivers (particularly the Orinoco) by two months, contributing to the filling of the trenches and depressed areas throughout the region and starting the annual hydrological cycle (Colonnello 2001).

Table 1.2 shows the Upper Delta's hydrologic balance, as an example of the whole deltaic plain, based on temperature and precipitation reported for the 1968-1983 period. Evapo-transpiration is generally lower than precipitation, particularly during the June-August and November-December periods. Towards the deltaic plain's borders the values can reverse, such as in the case of San José de Buja where total evaporation (1,380 mm) is higher than precipitation (1,325

mm). Likewise, the Uracoa area presents a six- to seven-month period of drought (MARNR 1979).

Vegetation of the deltaic plains

The natural flora reflects the environmental conditions, especially climatic characteristics, soil type, and drainage regime. The deltaic plains, in accordance with climatic conditions, altitudinal level and latitude, are located in the tropical zone and are divided into two well-defined provinces, sub-humid and humid.

The most important environments of the deltaic plains, due to flooding and impermeable soil conditions, are the wetlands with communities predominated by species that are capable of surviving with roots, and even stems and foliage, submerged or in over-saturated soils. In the deltaic plains, Rodríguez-Altamiranda (1999) identifies a total of 17 natural wetlands including marine, estuarine, marsh and riparian wetlands occupying an estimated area of 419,500 ha.

The largest wetlands are:

Table 1.2. Hidrologic balance in the Upper Orinoco Delta (adapted from MARNR 1988).

Month	Temperature °C	Precip. (P)mm	Evaporation (E)mm	Evapotransp. (ETP)mm	Difference (P-PET)mm	Excess mm	Deficit mm
Apr.	26.2	63	63	44	19	19	0
May	26.3	122.4	122.4	85.15	37.25	37.25	0
Jun.	25.7	212.4	107.8	75.06	137.34	137.34	0
Jul.	26	186.3	113.4	78.9	107.4	107.4	0
Aug	26.4	153.9	126.7	88.16	65.74	65.74	0
Sep.	26.7	111.6	135.8	99.46	12.14	12.14	0
Oct.	26.6	93.6	134.4	93.49	0.11	0.11	0
Nov.	25.9	121.5	111.3	77.49	44.01	44.01	0
Dec.	25	122.4	103.6	72.15	50.25	50.25	0
Jan.	24.8	78.3	114.8	79.91	-1.61	0	-1.61
Feb.	25.5	40.5	68	47.48	-7.2	0	-7.2
Mar.	25.5	44.1	44.1	30.92	13.18	13.8	0
Total		1350	1245.3	872.2			

Rapid assessment of the biodiversity and social aspects of the
aquatic ecosystems of the Orinoco Delta and the Gulf of Paria, Venezuela

187

1) The flooded plains of the Barima and Amacuro rivers, covering 120,000 ha, the San Francisco del Guayo sectors in Mid-Delta, covering 80,000 ha and Mánamo channel, covering 52,000 ha. They include coastal and estuarine mangroves and intertidal areas covered by halophyte vegetation, coastal ponds (lagoons), streams, estuarine water bodies and swamp forests with palm tree communities.

2) The San Juan River and Guariquén, Ajíes and La Laguna channels, containing around 600 ha of coastal and estuarine mangroves, flooded grasslands in swamps and peat bogs influenced by the tides; coastal ponds and estuarine water bodies, and bays and small gulfs with intertidal areas covered by halophyte vegetation.

3) The Macareo, Tucupita and Araguao channels, covering 4,500, 2,200 and 1,200 ha respectively. These areas include, in addition to the wetlands already addressed, a great proportion of forest and wetlands.

4) The Morichal Largo (50 ha) and Tigre and Uracoa rivers that maintain palm communities (*morichales*) associated with their water course.

Communities of the north-western coastal marshy-plain and the deltaic marshy-plain can be grouped into herbaceous and woody formations, generally with poor drainage regimes and high water saturation (MARNR 1982, Huber and Alarcón 1988). The herbaceous layers are formed over alluvial soils and considerably dense peats, usually located on depressions or trenches. Dominating in some parts are swampy grasslands (marshes) that contain floating species of hydrophytes such as *Eichhornia crassipes* and *Salvinia auriculata,* and rooted hydrophytes like *Montrichardia arborescens* and *Heliconia psittacorum*. In other parts there are peat grasslands characterized by ferns such as *Bechnum serrulatum* and *Acrostichum aureum* and cyperaceous such as *Cyperus articulatus* and *Scleria* spp.

The woody formations are formed by forests and swamp palm tree communities (ombrophilous forests and swamp palm tree communities (*palmares*) according to Huber and Alarcón (1988)) and by mangrove communities. The forests and palm tree communities are located primarily between the San Juan, Guanipa and Tigre rivers and contain one to two strata no more than 20-25 m high. The dominant species are *Pterocarpus officinalis, Virola surinamensis* and *Symphonia globulifera*.

Mangroves (coastal mangroves according to Huber and Alarcón (1988)) are distributed along the final part of rivers and tidal channels, particularly the San Juan and Guanipa rivers and the Guariquén, Ajíes and Francés channels, as well as along the south coastline of the Paria peninsula. They constitute a medium height formation, 20-25 m with mangrove species such as *Rhizophora mangle, Avicennia nitida,*

Avicennia germinans and *Laguncularia racemosa* and, in the lower stratum, by the fern *Acrostichum aureum*.

As an example of these wetlands, Colonnello (*in press*) describes a series of herbaceous communities located near the mouth of the Guanipa River (Fig.1.5). These communities are established along a topographic or a water table-depth gradient, situated between a trench containing a pond and a slightly elevated old border dike. Towards the lower end of the gradient is a rainwater pond that, due to its depth (5 m), does not contain rooted species. Bank depth is, on average, 1 m with the banks presenting floating species including *Limnobium laevigatum* and *Lemna perpusilla*. The emergent species *Ludwigia octovalvis, Ludwigia affinis, Oxicarium cubensis* and *Cyperus* sp. grow on top of partially decomposed organic and plant matter that float attached to *Typha dominguensis*. Very dense grasslands of *T. dominguensis* develop around the pond's borders, and also include a few *L. octovalvis* individuals. Away from the borders, single species communities of *Lagenocarpus guianensis* reach up to 2.5 m in height. Immediately adjacent, a 1 to 1.5 m tall community is formed in waters 0.6 m deep on average, including emergent species such as *Paspalum* cf. *morichalensis, Eleocharis mutata* and *Fuirena robusta,* along with *Eleocharis geniculata* and *Cyperus odoratus*, and floating species *Nymphaea connardii* and *Nymphaea rudgeana*. Finally, towards the higher end of the gradient, a shrubby community precedes swamp forest and is formed by the emergent herbaceous plants *F. umbellate* and *Montrichardia arborescens*, the climber *Mikania congesta*, the shrub *Clusia* spp. (Clusiaceae) among other species. The species diversity of these communities is low compared to other grasslands in the region, due to the characteristics of the apparent oligotrophic regime (mainly pluvial generated water) with a low recharge rate and allochthonous nutrient inflow, and potential marine influence.

The vegetation of the delta

The delta's vegetation follows the general pattern shown in Figure 1.6. These profiles, based on a vegetation map (Delta Centro Operating Company 1996), show herbaceous communities and semi-deciduous forest relicts in the Upper Delta, forests dominated by palms in the Mid-Delta and evergreen forests and palm communities in the Lower Delta.

The Upper Delta is covered predominantly by a deciduous and evergreen forest mix, both of medium density and moderate height (20-25 m), of which a large portion has been converted into grasslands for cattle raising (CVG-Tecmin 1991, Huber 1995). This vegetation has been classified as evergreen tropophilous forest by Beard (1955) and as upper delta forest by Danielo (1976). Beard (1955) classified the seasonally flooded vegetation from the depressions as swamp with floating plants.

The Mid-Delta is mainly formed by seasonally flooded low to medium forests and palm communities (*morichales*). The depressions, seasonally or permanently flooded, often contain grasslands without trees (Huber 1995).

The Lower Delta is dominated by permanently flooded evergreen forest classified as lower delta swamp forest (Danielo 1976) and as marsh forest (Veillón 1977). Large areas are covered by grasslands of Cyperaceae and Gramineae that were classified as marshes with floating plants and marshes with giant herbaceous plants (Beard 1955). Finally, the coastal strip is composed of several mangrove species (Pannier 1979, Huber and Alarcón 1988, CVG-Tecmin 1991, Huber 1995).

Plant communities of the Delta

Table 1.3 shows the distribution of plant communities in a 14,900 km² area (1,490,000 ha from 8°58′ N to the ocean), an area representing nearly 67% of the alluvial territory. Approximately half of this area (from the coordinate 61°50′ E to the coastline) has a macrothermic tropophilous climate while the other half has a macrothermic ombrophilous climate. The communities predominated by forest occupy 51% and cover six different types (not shown in Table 1.3). Medium-height flooded forests of the Lower Delta occupy 31% and mangroves occupy 8%, primarily along the coastal strip.

Herbaceous vegetation covers 48% and includes a wide variety of vegetation types that include herbaceous communities with isolated trees such as swamp forests and palm communities (*palmares*). In the Lower Delta, the dominant

Table 1.3. Herbaceous and woody plant communities of the north-western section of the Orinoco Delta (CVG-Tecmín, 1991).

Formation	Community Type	Area (ha)	%
Woody	Swampy forest	444,429	31.5
	Coastal mangroves	111,130	7.9
	Assorted forests	168,956	12
Sub-total		724,515	
Herbaceous	Grasslands with trees and forest patches	97,774	6.9
	Grasslands with forest	67,493	5
	Grasslands with trees and forest	54,186	4
	Grasslands with trees and palms (morichales)	282,479	20
	Impacted forests	168,722	12
Sub-total		670,654	
	Bodies of water	9,522	0.6
Total		2,799,860	100

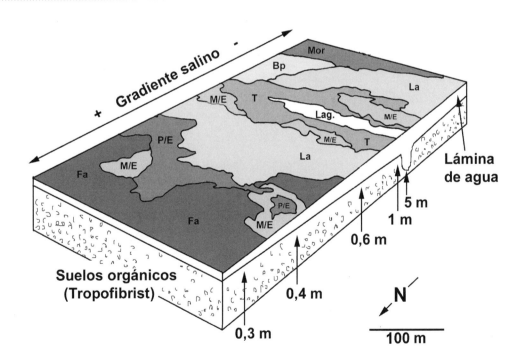

Figure 1.5. Distribution of plant communities along a depth gradient in the grasslands of the Guanipa River. M/E=community dominated by *Montrichardia arborescens* and *Eleocharis mutata*; P/E= dominated by *Paspalum* cf. *morichalensis* and *E. mutata*; La= dominated by *Lagenocarpus guianensis*; T= dominated by *Typha dominguensis*; Fa= shrubby community dominated by *Fuirena umbellata*; Mor: morichal (palm); Bp= swampy forest ; Lag=lagoon. The scale is valid for the first plane of the image.

Rapid assessment of the biodiversity and social aspects of the
aquatic ecosystems of the Orinoco Delta and the Gulf of Paria, Venezuela

189

communities are grasslands with dense and mid-developed swamp forests. The grasslands with isolated trees and small forests (*bosquetes*) and the grasslands with palm communities (*morichales*) occupy 20% of the area in the Mid-Delta. Finally, grasslands with tree associations in the Upper Delta have resulted from terrain drainage as a consequence of the closure of the Mánamo channel.

The areas of grasslands with forest relicts caused as a result of human intervention occupy an important part, 12%, of the Upper Delta and their distribution coincides with the distribution of human communities. Other great deltas

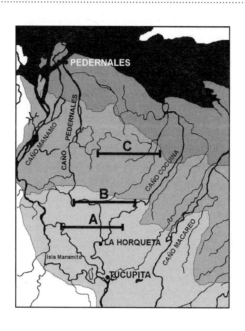

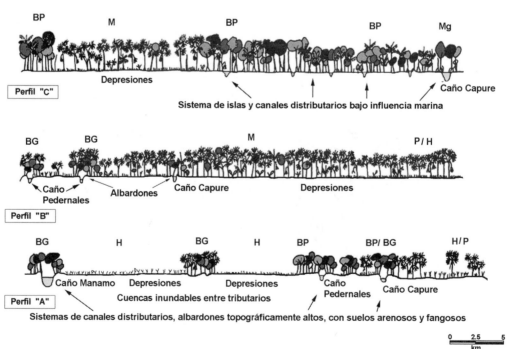

Figure 1.6. Vegetation profiles for the upper and middle Delta (Adapted from Colonnello 2001). BP= swampy forest; M= *morichal* (palm); Mg= mangrove; BG= gallery forest; H= grasslands, P= palm.

around the world, intensively inhabited and developed, have also lost their original vegetation and have been converted into savannas with woody community relicts (Moffat and Linden 1995). This distribution coincides with the general pattern presented in Figure 1.6.

Dominant species

In the Upper and Middle deltas, the flora comprises fresh water species, some of which, such as *Ceiba pentandra* (Bombacaceae), are intolerant to flooding and only flourish on the dikes. Dominant forest species include *Ocotea* sp. (Lauraceae), *Mora excelsa* (Caesalpinaceae), *Erythrina* sp. (Fabaceae), *Tabebuia capitata* (Bignoniaceae), *Spondias mombin* (Anacardiaceae), *Triplaris surinamensis* (Polygalaceae), *Gustavia augusta* (Lecythidaceae) and *Licania densiflora* (Chrysobalanaceae) (CVG-Tecmin 1991, Huber 1995).

In the Middle Delta the most common species are *Symphonia globulifera* (Clusiaceae), *Virola surinamensis* (Myristicaceae), *Carapa guianensis* (Meliaceae), *Pterocarpus officinalis* (Fabaceae), *Mora excelsa* (Caesalpinaceae) and *Pachira*

aquatica (Bombacaceae), as well as palms like *Mauritia flexuosa, Euterpe oleraceae, Manicaria saccifera* and *Bactris* sp. (Arecaceae) (CVG-Tecmin 1991, Huber 1995).

In the Lower Delta only a few species are broadly distributed including *Pterocarpus officinalis, Symphonia globulifera, Euterpe oleraceae, Tabebuia insignis* and *T. fluviatilis.*

Salinity-tolerant species are distributed throughout the estuarine environments of the coastal strip and into the land where there is a strong tidal influence. Mangrove communities cover approximately 460,000 ha along delta's coastline (Paninier and Fraino de Pannier 1989). One of these communities on Cotorra Island, in the mouth of the Mánamo channel is shown in Figure 1.7. These communities do not exceed 25 m in height and are composed of few species including *Rhizophora mangle, Rhizophora racemosa, Rhyzophora harrisonii, Avicennia germinans, Avicennia schaueriana* and *Laguncularia racemosa* (Huber 1995, Ecology and Environment 2002). These and other halophyte species are extending their distribution inland, following the increasing

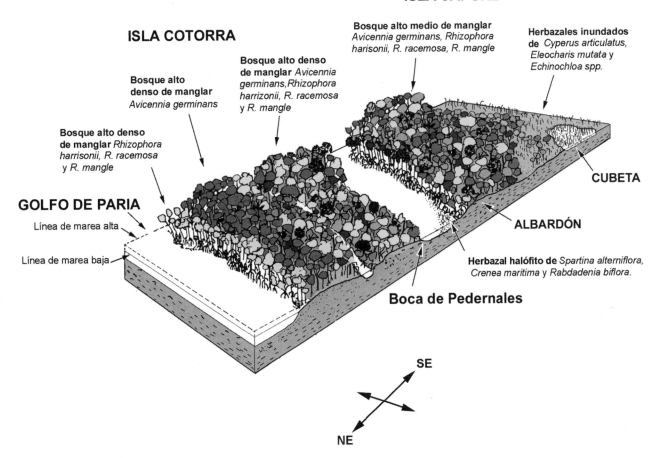

Figure 1.7. Diagram of the islands of Cotorra and Capure at the mouth of the Mánamo channel, showing halophyte vegetation (floristic composition from Colonnello 2001 and Ecology & Environment 2002).

salinization caused by the damming of the Mánamo channel (Colonnello and Medina 1998).

Floating communities along the rivers include species such as *Eichhornia crassipes, Echinochloa polystachya, Paspalum fasciculatum* and *Paspalum repens* (see Fig. 1.3). *Leersia hexandra* and *Sacciolepis striata* (Poaceae) and cyperaceous species such as *Oxicarium cubensis* and *Eleocharis* spp. are also common. These species (Appendix 3) are dominant in the vegetation of large rivers and in flooded tropical grasslands (Junk 1970, Neiff 1986).

Ecological function

Of the characteristics of the present ecosystems in the deltaic plains, water and the hydrologic cycle, in general, lead ecological processes. The origin and volume of water arriving into the wetlands can modify the properties of water bodies including nutrient availability, oxygen levels, soil salinity, sediment properties and pH (Mitsch and Gosselink 2000).

Figure 1.8 is a schematic representation of the diverse hydrodynamic processes that act upon the wetlands, and particularly the seasonal water bodies, of the deltaic plains. The components involved – precipitation, evapotranspiration, superficial and sub-superficial runoffs – are typical water balance components of any wetland, including marshes and coastal grasslands (Mitsch and Gosselink 2000). In a model

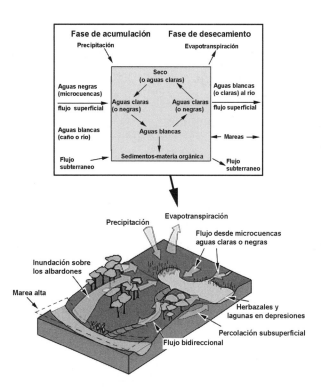

Figure 1.8. Schematic representation of the series of hydrodynamic processes occurring in wetlands, particularly temporary bodies of water and grasslands, of the deltaic plain.

of non-floodable and more well-drained sectors, percolation and underground inflows can be included, but these have no effects on permanently depressed areas. Particularly on the marshy-plains near the sea, tidal action is magnified during the dry seasons, blocking the superficial flow and creating saline gradients. The water balance, AV, could then be expressed by the formula:

AV = Pn ± S ± G – ET
Pn = Net precipitation
S = Ingoing (+) or outgoing (-) water flow, by superficial runoff
G= Ingoing water flow (+) by elevation of the level of the water table or outgoing water flow (-) by percolation.
ET = Evapotranspiration

Lewis Jr. et al. (2000) suggested that the typical hydrological cycle of the wetlands of the Orinoco floodplains can be described as follows (Fig. 1.8). Towards the end of the dry season, the water present in the grasslands reaches a minimum level or the grasslands completely dry out. When the local rains start, before river levels elevate, depressions are filled due to the low permeability of their substrates. In ponds and grasslands, surface waters have high local organic matter content to which organic matter carried by the surface runoff from fallen and dead leaves (leaf litter) and plant remains (Hamilton and Lewis Jr. 1987) is added. As a result, black, acidic, oligotrophic and anoxic waters often originate.

When the main rivers reach their maximum levels between July and August, sediment-charged waters enter the wetlands through small drainage streams or over the top of dikes or dams (Fig. 1.8). At that time, white, neutral or basic waters with high nutrient levels predominate in the wetlands, similar to those found in the Orinoco's waters (Lewis Jr. and Saunders 1990).

When water stops entering from the rivers, the desiccation and isolation phase begins. This phase becomes more pronounced at the end of the rainy season. As the dry season advances, the process of sedimentation of organic and mineral particles, in addition to the decrease of nitrates, leads to an increase in phytoplankton and decrease in dissolved oxygen (Hamilton and Lewis Jr. 1987), changing the waters back to clear or black waters. When the waters evaporate there is a sediment concentration increase and, eventually, sediments re-suspend, causing an increase in the water's turbidity. Due to this phenomenon the temperature increases and the dissolved oxygen levels reach their minimum, among other significant changes.

A clear example of such physical and chemical alterations of the water is the study of five lagoons on the Orinoco floodplain (Hamilton and Lewis Jr. 1990, Lewis Jr. et al. 2000). The concentrations of the principal ions, as well as pH, are shown in Table 1.4. In the table, two contrasting phases are demonstrated, one of isolation (the dry season in which evaporation and loss of water predominate) and one of accumulation (the rainy period in which external inflows

Table 1.4. Physical-chemical variables for Lake Tineo on the floodplain of the Orinoco Delta. PTS: Total suspended phosphorus (adapted from Hamilton and Lewis Jr. 1990).

Phase:	Isolated			Flooded		
	April-May			July-November		
Periods:	Apr.-84	Apr.-85	Apr.-88	Jul.-84	Jul.-86	Jul.-88
$Ca^{2}+$ (mg l^{-1})	2.45	2.52	1.52	3	2.77	2.75
$Mg^{2}+$(mg l^{-1})	0.81	0.92	0.5	0.73	0.83	0.8
Na+ (mg l^{-1})	3.47	3.56	1.76	1.18	1.09	1.35
K+ (mg l^{-1})	1.03	1.59	1.33	0.77	0.91	0.1
Cl- (mg l^{-1})	4.62	2.82	2.21	0.69	0.49	1.02
pH	6.7	7.2	5.7	6.6	6.3	6.6
Conductivity µS cm-^{1}	37.9	33	27.3	29.1	26.7	28.5
PTS (mg l^{-1})		36	49	17	19	

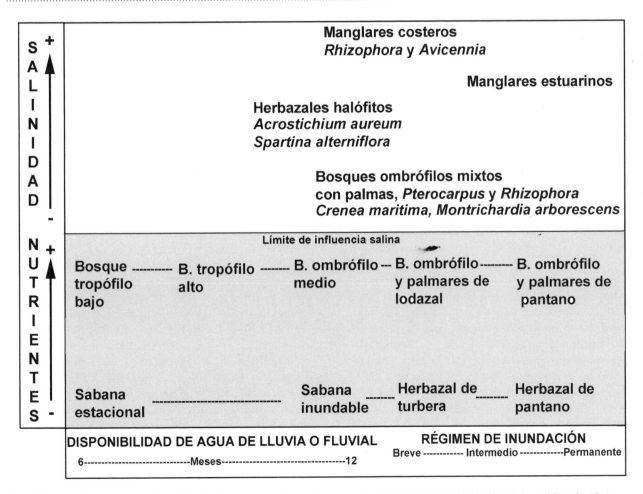

Figure 1.9. Schematic representation of the relationships between dominant vegetation communities of the deltaic plain and levels of inundation, salinity and nutrients (adapted from Medina 1995).

Rapid assessment of the biodiversity and social aspects of the
aquatic ecosystems of the Orinoco Delta and the Gulf of Paria, Venezuela

193

including precipitation and runoff predominate). Nutrient concentration varies substantially in these environments due to seasonality. In particular, total suspended solids are present in a greater order of magnitude during the isolation phase than during the flooding phase.

Due to the drastic hydrological changes described in the preceding section, the floristic composition ostensibly changes. In some of the Orinoco Delta grasslands, like the ones in which the water table noticeably oscillates, emergent halophyte species such as *Panicum grande* and *Ludwigia leptocarpa* can maintain their abundance and coverage; however, floating species like *Hydrocleys nymphoides* and *Nymphaea rudgeana*, or free-floating species like *Lemna* spp., *Spirodela* spp. or *Salvinia* spp., can suffer important coverage changes or even disappear. They eventually reappear with new rains when seeds, left in the sediment, germinate. However, filling of the trenches or depressions does not always produce similar communities, as has been reported for several localities in the Orinoco Delta (Colonnello 1995). For example, a case has been cited in the Laguna Ataguía sector where, during the 1994 flooding, this sector was dominated by *Leersia hexandra* but gave way to an almost absolute dominance of *Neptunia oleracea* during the 1995 flooding. This phenomenon is repeatedly reported in the wetlands under seasonal flooding cycles, like the ones in the Venezuelan low flatlands (bajos llanos) (Rial 2000) or the Metica River's lagoon system in the Colombian Orinoquía (Galvis et al. 1989).

In the deltaic plains near the coastline, in addition to flooding, salinity acquires great importance in the definition of species composition as well as in community productivity (Medina 1995). During high tide, wetlands are flooded with water with a higher salinity near the sea, impeding non-halophyte plant growth. During this period the depth of flooding is greater, consequently the wetlands reach the level of minimum potential for consumption of the soil's oxygen and favor the reduction of sulfates to H_2S. Conversely, during the low tide period, the freshwater flow from the river (or the rains) predominates with the well-known sediment and nutrient inflows. The low tide favors oxidation of the compounds produced during the soil's total anoxic period. In the non-halophyte communities of these coastal wetlands, when freshwater inflow is increased, photosynthesis and productivity increase and water use efficiency decreases. Meanwhile, nutrient availability decreases towards the coastline where tidal influence predominates, due to the fact that marine waters are poor in terms of mineral nutrients. Among the halophyte communities, however, mangroves have a higher productivity than grasslands.

Figure 1.9 represents a typical zonation of these estuarine environments, in which the freshwater communities, tropophilous to ombrophilous forests and grasslands, are easily separated from the halophyte communities such as coastal and estuarine mangroves. Some communities can contain a mixed composition of halophyte and non-halophyte species in transitional environments like the estuarine rivers margins

in which the salinity increases into the land (Colonnello and Medina 1998).

FINAL CONSIDERATIONS AND RECOMMENDATIONS FOR CONSERVATION

The deltaic plains cover an important territory that remains unaltered mainly due to the difficulty of agricultural and industrial exploitation of a floodable terrain. This region includes diverse aquatic communities and fresh and estuarine waters, and is the habitat for a great diversity of birds (Lentino and Colveé 1998), fishes (Ponte et al. 1999), mammals (Rivas 1998) and amphibians and reptiles (Señaris, Chapter 6 this volume). The deltaic plains include, totally or partially, 15 areas that have been granted protection under the Regime of Special Administration (ABRAE), including Mariusa and Turuepano national parks, which cover 265,000 and 72,600 ha respectively, bisophere reserves such as the Orinoco Delta covering 1,125,000 ha and forest reserves like Guarapiche covering 370,000 ha, among others (Rodríguez-Altamiranda 1999).

The wetlands of the deltaic plain are of great economic importance and perform multiple ecological functions (Elster et al. 1999). Large-scale changes can have severe consequences on biodiversity, local and regional climate, hydrology and sediment transport to the mouths of rivers and the adjacent marine environment (Junk 1995).

These environments have proved to be, in fact, very sensitive to human interventions such as the damming of the Mánamo Channel in the 1960s. This work affected one-third of the delta and has produced notable alterations in the ecological composition and functioning of its plant communities (Colonnello 1998), as well as many impacts on human populations (García Castro and Heinen 1999). An evaluation of the impacts is presented in this report (see Monente and Colonnello, Chapter 7 this volume).

Any development of these areas must consider the fragility of tropical environments. Large-scale interventions such as opening the forest canopy and removal of the top soil layers, for example, can cause acidification problems and drastic changes in vegetation cover and even desertification (MARNR 1979, Colonnello 2001). Recovery is easier from smaller effects, such as trails cut in the flooded wetlands by airboats during oil explorations that were recolonized by plants in just a few months. Similarly, exploitation of manaca and temiche palm trees can be sustainable when they are cut properly, since the plants grow in bushes (macollas). Mangroves are an exploitable resource with proper planning, taking advantage of this species' high productivity in coastal and estuarine areas.

The future management of the deltaic plains must be preceded by baseline and environmental impact studies, thus minimizing negative effects on these environments. Several recent studies have been conducted in relation to petroleum exploitation in the Middle and Lower Delta

(Geohidra Consultores 1998, Infrawig and Asociados 1998, FUNINDES USB 1999); the bringing to a standstill of the Tórtola Island canalisation project in the Delta's apex (IRNR (USB)-Ecology and Environment 1999); and studies within the Orinoco Delta Biosphere Reserve and Mariusa National Park areas, undertaken by the UNDP (United Nations Development Program) and the Venezuelan National Office of Biological Diversity of the Ministry of Environment and Natural Resources.

REFERENCES

Beard, J.S. 1955. The description of Tropical American vegetation types. Ecology 36: 89-100.

Canales, H. 1985. La cobertura vegetal y el potencial forestal del T.F.D.A. (Sector Norte del Río Orinoco). M.A.R.N.R. División del Ambiente. Sección de Vegetación. Caracas.Colonnello, G. 1990. Physiographic and ecological elements of the Orinoco River basin and its floodplain. Interciencia 15(6):479-485.

Colonnello, G. 1995. La vegetación acuática del delta del río Orinoco (Venezuela). Composición florística y aspectos ecológicos (I). Mem. Soc. Cienc. Nat. La Salle. 144:3-34.

Colonnello, G. 1998. El impacto ambiental causado por el represamiento del channel Mánamo: cambios en la vegetación riparina un caso de estudio. *In*: López, J.L., Y. Saavedra y M. Dubois (eds.). El Río Orinoco Aprovechamiento Sustentable. Instituto de Mecánica de Fluidos, Universidad Central de Venezuela. Caracas. Pp. 36-54.

Colonnello, G. 2001. The environmental impact of flow regulation in a tropical Delta. The case of the Mánamo distributary in the Orinoco River (Venezuela). Doctoral Thesis. Loughborough University.Colonnello, G. (*in press*). Los herbazales del delta del río Orinoco y su ambiente. I. El área intervenida Subprograma XVII, CYTED.

Colonnello, G. and E. Medina. 1998. Vegetation changes induced by dam construction in a tropical estuary: the case of the Mánamo River, Orinoco Delta (Venezuela). Plant Ecology 139 (2):145-154.

COPLANARH (Comisión del Plan Nacional de Aprovechamiento de los Recursos Hidráulicos). 1979. Inventario Nacional de Tierras. Delta del Orinoco y Golfo de Paria. Serie de informes científicos, Zona 2/1C/21. Maracay. CVG-Tecmín (Corporación Venezolana de Guayana-Técnica minera). 1991. Vegetación. Informe de avance NC-20-11 y 12. Clima, Geología, Geomorfología y Vegetación. CVG Técnica Minera C.A. Gerencia de Proyectos Especiales. Proyecto de inventario de los Recursos Naturales de la Región Guayana, Ciudad Bolívar.

Danielo, A. 1976. Vegetation et sols dans delta de l'Orénoque. Annals de Géographie. 471:555-578.

Delascio, F. 1975. Aspectos biológicos del Delta del Orinoco. Instituto Nacional de Parques, Dirección de Investigaciones Biológicas, División de Vegetación,

Caracas.Delta Centro Operating Company. 1996. Evaluación ambiental para el proyecto Delta Centro 3D-1996. Mapa de Vegetación.

Delta Centro Operating Company. 1999. Plan de supervisión ambiental. Proyecto de perforación exploratoria Bloque Delta Centro. Pozo Jarina. Technical Report, Caracas.Ecology and Environment. 2002. Estudio de Impacto Ambiental, Proyecto Corocoro, Fase I. Mapa de Vegetación. 1:50.000. Ecology and Environment. Caracas.Elster, C., J. Polania and O. Casas-Monroy. 1999. Restoration of the Magdalena River delta, Colombia. Vida Silvestre Neotropical. 7(1):23-30.

Fundación Polar. 1997. Diccionario de Historia de Venezuela. Fundación Polar. Caracas. 291 Pp.

FUNINDES USB. 1999. Caracterización del funcionamiento hidrológico fluvial del Delta del Orinoco. Desarrollo armónico de Oriente DAO. PDVSA, Caracas.

Galavís, J.A. and L.W. Louder. 1972. Estudios de Geología y Geofísica en el Territorio Federal Delta Amacuro y la plataforma continental del Orinoco. Posibilidades petrolíferas. Boletín de Geología. Publicación especial N° 6. Pp. 125-135.

Galvis, G., J. I. Mojica and F. Rodríguez. 1989. Estudio ecológico de una laguna de desborde del Rio Metica. FONDO FEN Colombia. Universidad Nacional de Colombia, Bogotá.

García-Castro, A.A. and H.D. Heinen. 1999. Planificando el desastre ecológico: Los indígenas Warao y el impacto del cierre del channel Mánamo (Delta del Orinoco, Venezuela). Antropológica. 91:31-56.

Geohidra Consultores. 1998. Estudio de Impacto ambiental, proyecto perforación exploratoria. Área Prioridad Este, Bloque Punta Pescador. AMOCO, Caracas.

Hamilton, S.K. and W.M. Lewis Jr. 1987. Causes of seasonality in the chemistry of a lake on the Orinoco River floodplain, Venezuela. Limnology and Oceanography, 32(6):1277-1290.

Hamilton, S.K. and W.M. Lewis Jr. 1990. Basin morphology in relation to chemical and ecological characteristics of lakes on the Orinoco River floodplain, Venezuela. Archiv für Hydrobiologie. 119(4):393-425.

Herrera, L.E., G.A. Febres, and R.A. Avila. 1981. Las mareas en aguas venezolanas y su amplificación en la región del Delta del Orinoco. Acta Científica Venezolana, 32: 299-306.

Huber, O. 1995. Venezuelan Guayana, vegetation map. 1: 2.000.000. CVG-Edelca- Missouri Botanical Garden.

Huber, O. and C. Alarcón. 1988. Mapa de la vegetación de Venezuela. 1:2.000,000. Caracas. MARNR, The Nature Conservancy. Infrawing and Asociados. 1997. Estudio de factibilidad de cinco locaciones. Delta Centro Operating Company. Caracas.

Infrawing and Asociados. 1998. Estudio de impacto ambiental, proyecto de perforación exploratoria. Bloque Delta Centro, fase 1. Delta Centro Operating Company, Caracas.

Rapid assessment of the biodiversity and social aspects of the
aquatic ecosystems of the Orinoco Delta and the Gulf of Paria, Venezuela

195

IRNR (USB) - Ecology and Environment. 1999. Estudio de factibilidad ambiental del proyecto cierre del Channel Tórtola. Informe Técnico, Caracas.

Junk, W. 1970. Investigations on the ecology and production-biology of the "floating meadows" (*Paspalo-Echinochloetum*) on the Middle Amazon. Amazoniana. II(4): 449-495.

Junk, W. 1995. Human impacts on neotropical wetlands: Historical evidence, actual status, and perspectives. Scientia Güaianae. 5:299-311.

Lentino, M. and J. Colvée. 1998. Estado Delta Amacuro-Venezuela: Lista de Aves. Sociedad Conservacionista Audubon de Venezuela, Caracas.Lewis Jr., M.W. and J.F. Saunders III. 1990. Chemistry and element transport by the Orinoco main stem and lower tributaries. *In*: Weibezahn, F. H., H. Alvarez and W. M. Lewis Jr. (eds.). El Río Orinoco como ecosistema / The Orinoco River as an ecosystem. Fondo Editorial Acta Científica Venezolana, Caracas. Pp. 211-239.

Lewis Jr, W.M, S.K. Hamilton, M.A. Lasi, M. Rodriguez and J. Saunders III. 2000. Ecological determinism on the Orinoco Floodplain. BioScience. 8:681-692.

MARNR (Ministerio del Ambiente y de los Recursos Naturales Renovables). 1979. Inventario nacional de tierras región oriental Delta del Orinoco-golfo de Paria. Dirección General Sectorial de Información e Investigación del Ambiente. Serie Informes Científicos-Zona 2/1C/21, Maracay.

MARNR (Ministerio del Ambiente y de los Recursos Naturales Renovables). 1982. Estudio preliminar de ordenación del Territorio Federal Delta Amacuro. Parte I, Inventario Analítico. Serie Informes Técnicos, Zona 12/IT/174. Caracas.

MARNR (Ministerio del Ambiente y de los Recursos Naturales Renovables). 1988. Estudio agroclimatológico del territorio Federal Delta Amacuro. Caracas.

Meade, R.H., C.F. Nordin, D. Pérez-Hernández, A. Mejia and J. M. Pérez Godoy. 1983. Sediment and water discharge in the Río Orinoco, Venezuela and Colombia. Proceedings of the second international symposium on river sedimentation. Water Resources and Electric Power Press, Beijing. Pp 1134-1144.

Medina, E. 1995. Evaluación ecológica y manejo ambiental de la región sur-este de Maturín, Edo. Monagas. Fundiate. Caracas.

Mitsch, W.J. and J.G. Gosselink. 2000. Wetlands. John Wiley & Sons, Inc. New York.

Moffat, D. and O. Lindén. 1995. Perception and reality: Assessing priorities for sustainable development in the Niger River Delta. Ambio, 24(7-8): 527-538.

Natura S.A. 1998. Expansión del campo petrolero Pedernales. Evaluación ambiental específica. British Petroleum, Caracas.

Neiff, J.J. 1986. Aquatic plants of the Paraná system. *In*: Davies, B.R. and K.F. Walker (eds.). The ecology of river systems. Dr. W. Junk Publishers, Dordrecht. Pp. 557-571.

Pannier, F. 1979. Mangroves impacted by human-induced disturbances: A case study of the Orinoco Delta Mangrove Ecosystem. Environmental Management. 3: 205-216.

Pannier, F. and R. Fraino de Pannier. 1989. Manglares de Venezuela. Cuadernos Lagoven. Caracas.

PDVSA (Petróleos de Venezuela S.A.). 1992. Imagen de Venezuela. Una visión espacial. Instituto de Ingeniería. Caracas.

Pérez Hernández, D. and J.L. López. 1998. Algunos aspectos relevantes de la hidrología del Río Orinoco. *In*: López, J.L., Y. Saavedra and M. Dubois (eds.). El Río Orinoco aprovechamiento sustentable. Instituto de Mecánica de Fluidos, Facultad de Ingeniería. Universidad Central de Venezuela. Caracas. Pp. 88-98.

Ponte, A., A. Machado-Allison and C. Lasso. 1999. La ictiofauna del Delta Río Orinoco, Venezuela: una aproximación a su diversidad. Acta Científica Venezolana. 19(3):35-46.

Rial, A. 2000. Aspectos cualitativos de la zonación y estratificación de comunidades de plantas acuáticas en un humedal de los Llanos de Venezuela. Memoria de la Fundación La Salle. 153:69-85.

Rivas, B.A. 1998. Notas sobre los mamíferos de la planicie Amacuro (Estado Delta Amacuro). Memoria de la Soc. de Cienc. Nat. La Salle. 149:43-59.

Rodríguez-Altamiranda, R. (Comp.). 1999. Conservación de humedales en Venezuela: Inventario, diagnóstico ambiental y estrategia. Comité Venezolano de la IUCN. Caracas.

Ruiz, J.C. 1996. Evolución geomorfológica del río San Juan e incidencide los procesos sedimentarios actiales sobre las operaciones navales del puerto de Caripito (Edo. Monagas y Edo. Sucre). Trabajo especial de grado. Facultad de Humanidades y Educación, Escuela de Geografía. Universidad Central de Venezuela.

Salazar-Quijada, A. 1990. Toponimia del Delta del Río Orinoco. Universidad Central de Venezuela, Caracas.

van Andel, T.H. 1967. The Orinoco Delta. Journal of Sedimentary Petrology. 37: 297-310.

van der Voorde, J. 1962. Soil conditions of the Isla Macareo, Orinoco Delta. Medelingen Stichting Bodemkartering. 12:6-24.

Vásquez, E. and W. Wilbert. 1992. The Orinoco: Physical, Biological and Cultural Diversity of a Major Tropical Alluvial River. *In*: Calow, P. and G. Petts. The Rivers Handbook, hydrological and ecological principles. Blackwell Scientific Publications. London. Pp. 48-471.

Veillón, J.P. 1977. Los bosques del Territorio Federal Delta Amacuro. Venezuela. Su masa forestal, su crecimiento y su aprovechamiento. ULA-FCF. Mérida.

Warne, A.G., R.H. Meade, W.A. White, E.H. Guevara, J. Gibeaut, R.C. Smyth, A. Aslan and T. Tremblay. 2002. Regional controls on geomorphology, hydrology, and ecosystem integrity in the Orinoco Delta, Venezuela. Geomorphology. 44(3-4):273-307.

White, W.A., A.G. Warne, E.H. Guevara, A. Aslan, A. Tremblay and J.A. Raney. 2002. Geo-environments of the northwest Orinoco Delta, Venezuela. Interciencia. 27 (10):521-528.

Wilbert, J. 1996. Mindfull of famine. Religious Climatology of the Warao Indians. Harvard University, Center for the Study of World Religions, Cambridge. Pp. 3-22.

Wilbert, W. 1994-1996. *Manicaria saccifera* and the Warao in the Orinoco Delta. Antropológica. 81:51-66.

Rapid assessment of the biodiversity and social aspects of the
aquatic ecosystems of the Orinoco Delta and the Gulf of Paria, Venezuela

197

Chapter 2

Benthic macroinvertebrate diversity of the Gulf of Paria and Orinoco Delta

Juan Carlos Capelo, José Vicente García and Guido Pereira

SUMMARY

As part of the AquaRAP expedition to the Gulf of Paria and the Orinoco Delta, the composition and relative abundance of benthic macroinvertebrate species were evaluated. The principal macrohabitats studied included: primary channels of streams; secondary and intertidal channels; sandy, muddy, and rocky beaches; mangrove roots; submerged tree trunks; submerged leaf litter; and abandoned oil platforms. The community of benthic macroinvertebrates documented was composed of Amphipoda, Cumacea, Isopoda, Tanaidacea and Cirripedia (crustaceans), Gastripoda and Bivalvia (mollusks), Polychaeta (polychaete worms), Cnidaria, and a variety of aquatic insects for a total of 62 species, as well as four species of macroalgas. Two species of exotic bivalve mollusks (Musculista senhousia and Corbicula fluvialitis) were discovered in large numbers among native populations. We found great homogeneity in the distribution of the benthic fauna. However, the Pedernales channel, the mouth of the Pedernales, Mánamo channel and Mánamito channel have the greatest species richness and diversity, and consequently should be a priority for conservation plans and projects in the area. The species Leptocheirus rhizophorae, Gammarus tigrinus, Gitanopsis petulans, Synidotea sp., Ampelisciphotis podophtalma and *Musculista senhousia* were reported for the first time in Venezuela. The principal threats to the benthic fauna in the Gulf of Paria and the Orinoco Delta are: a change in the annual discharge of freshwater from the Mánamo channel, the disturbance associated with trawling, and the discharge of ballast water from ships which increases the potential introduction of invasive species.

INTRODUCTION

The study of benthic communities is an important aspect of our knowledge of estuarine environments, serving as a trophic link. It permits us to know indirectly the productive potential of a given region. Generally, estuaries are critical to the early development of important commercial fish and crustacean species (Kennish 1986). In many cases, the biomass of the benthic organisms may be greater than the fisherman's capacity to harvest. Moreover, the study of these communities permits us to infer the degree of disturbance to these ecosystems.

The Gulf of Paria and Orinoco Delta are of great importance for the fishes of Venezuela, but have also recently been converted to a center of development and oil activities. However, the region has received very little attention in terms of the study of its biota. Even less attention has been given to the study of the benthic communities, in spite of their ecological importance.

Until now, about 300 species of aquatic invertebrates had been recorded from the region of the rivers: San Juan, La Brea channel, Guanaco channel, Cumaquita, El Rincón, Punta Piedras, Patao, Cariaquito, Salineta, Soro, Guanaquita, Pedernales and Punta Pescador. The majority of taxa are represented by 200 species of mollusks, followed by 22 species of crustaceans, 11 species of annelids, 6 species of coelenerates, 4 species of algae and ecinoderms, and one species of peanut worm.

The shrimp and crab faunas have been described in various studies (Rathbun 1930, Davant 1966, Rodríguez 1980). In the case of mollusks, the most important studies are: Guppy (1877,1895), Mansfield (1925), Altena (1965a, 1965b, 1966, 1968, 1971a, 1971b, 1975), Ginés (1972) and Princz (1977). Weisbord (1962, 1964a, 1964b) and Jung (1969) studied the distribution of micro-mollusks in the Miocene. Finally, Capelo and Buitrago (1998) site a significant number of recent species for the region. Small pericarida crustaceans (Crustacea: Peracarida) including Isopoda, Amphipoda, Tanaidacea, as well as aquatic insects, have not been studied until now in this zone. The objective of the present work was to inventory the species present in the benthic communities of the Gulf of Paria and the Orinoco Delta and to make a preliminary evaluation of the abundance and distribution of the most important components in order to establish criteria for the management and conservation of this area.

METHODS AND MATERIALS

Samples were taken from a fishing boat with outboard motor at the following locations:

Location 1. Pedernales channel
Location 2. Isla Cotorra Island- Mouth of the Pedernales channel
Location 3. Mánamo channel-Güinamorena
Location 4. Guanipa River- Venado channel
Location 5. Manamito channel
Location 6. Mouth of the Bagre
Location 7. Rocky beach at Pedernales
Location 8. Capure Island (black water drainage channel).

The sampling environments in each of the locations included both the inter-tidal zone (root systems of *Rihzophora* spp., sandy beaches and rocky beaches) and the littoral zone (channels, platforms and submerged tree trunks). In addition, the by-catch of the ichthyology team was examined and collected. In the case of species associated with mangrove roots, organisms were collected by scraping and sectioning of some of the roots. At rocky beaches, collections were made manually with the help of knives and hand nets during periods of low tide. Three samples were taken with a PVC corer with an area of 0.078 m², up to a depth of 30 cm, in different parts of each of the areas of study.

The samples were separated on site with the help of a sieve with a pore opening of 1mm. The bottoms of channels and platform zones were dredged or dragged according to the depth and type of bottom using a sleigh model "Elster" dredge, a "Hydrobios" dredge, and a triangular mesh with 60 cm of mouth opening. The duration of the drags varied between 5 and 10 minutes. The by-catch from fish trawl collections was examined and was found to be mainly comprised of crustaceans. In some cases, the trawl pulled up

submerged trunks, which were meticulously examined to find organisms associated with galleries or other parts of the debris.

In all cases, collected material was put on ice for four hours; later micro-crustaceans were preserved in 70% ethyl alcohol solution and the rest of the taxa were placed in 10% formalin solution. The identification of invertebrates was made with the aid of microscopes and stereoscopes, conventional keys, and several key references (Shoemaker 1933, Stephensen 1933, Barnard 1969, Gosner 1971, Bousfield 1973, Abbot 1974, Bácescu and Gutu 1975, Rios 1975, McKinney 1978, Sieg and Winn 1978, Karaman 1980, Ortiz and Lalana 1980, Ledoyer 1986, Karaman 1987, Kensley and Schotte 1989, Barnard and Karaman 1991, Kensley and Schotte 1994). For the algae, we used the publications of Joly (1967), Richardson (1975) and Lemus (1979, 1984).

Finally, the reference collections for the determined species were placed in the Museum of Biology at the Universidad Central de Venezuela (MBUCV) and the Oceanographic Museum "Hno. Benigno Román" (MOBR) of Fundación La Salle.

RESULTS

The community of benthic macroinvertebrates recorded was composed of Amphipoda, Cumacea, Isopoda, Tanaidacea and Cirripedia (crustaceans), Gastripoda and Bivalvia (mollusks), Polychaeta (polychaete worms), Cnidaria, and a variety of aquatic insects for a total of 62 species (Appendix 4). In addition, four species of macroalgae of the genera *Caloglossa*, *Catenella* and *Bostrychia* were recorded. The main macrohabitats where macroinvertebrates were found included principal, secondary, and intertidal channels; sandy, muddy, and rocky beaches; mangrove roots; submerged tree trunks; submerged leaf litter, and abandoned oil platforms. In general the system displays great homogeneity and similarity of habitat, in which the salinity varies from 0 up to 15% and the conductivity is between 0.05 and 19 mS/cm. In Appendix 5, the localities and sampling stations are described, including values of species richness.

The pericarida crustaceans (Crustacea: Peracarida) were found to be represented by Amphipoda from 12 genera distributed in seven families; seven genera in six families of Isopoda; one species of Cumacea of the Diastylidae family; one species of Tanaidacea (*Discapseudes surinamensis*) of the Parapseudidae family; and a undetermined species in the Tanaidae family. The Cirripedia were represented by two species of the Balanidae family and an undetermined species of the Chtamalidae family.

The aquatic insects were represented by Odonata (damselfly and dragonfly) species from two families, Trichoptera from the Hydropsichidae family, Coleoptera (beetles) from the Dytiscidae family, Hemiptera (true bugs) of two families, one species of Chironomidae (Diptera) and one unidentified Lepidoptera from the Noctuidae (moth) family. The mollusks were represented by five bivalve species and 12 gastropod species. The annelids were represented by undetermined species from two families: Nereidae and Capitelidae. Finally, two Cnidaria species of Anthozoa were found and three species of Scyphozoa. A complete list of taxa identified is listed in Appendix 4.

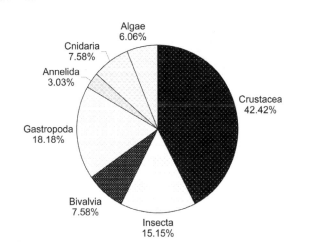

Figure 2.1 Percentages of macroinvertebrate genera and families encountered in the Gulf of Paria and Orinoco Delta.

In order of importance in terms of number of species, pericarida crustaceans represent 42% of the biota registered, followed by gastropod mollusks with 18%, then aquatic insects with 15%, and bivalve mollusks with 8% (Fig 2.1). The rest of the groups such as the annelids, Cnidaria and algae were less diverse. But in the case of the annelids, this may be due to the fact that they were not identified below the family level, which would increase the number of registered species.

As far as distribution and abundance, *Discapseudes surinamensis,* a species of pericarida crustacean, was most widely distributed, found in seven of the eight sampling locations. They are followed by, in order of importance: *Quadrivisio lutz* in six locations, and *Parhyale inyacka* and *Anopsilana jonesi* in 4 locations. The Cirripedia species most widely distributed was *Balanus venustus*, found in five locations. In the case of the mollusks, the species with the greatest distribution was *Thais trinitatensis*, found in six locations, followed by *Neritina reclivata* in five locations and *Musculista sehuosia* and *Pomacea* sp. in four locations. Annelids of the Nereidae family were distributed in seven of the eight locations; whereas the *Caloglossa* and *Catenella* algae were found in 4 locations.

In Figure 2.2 we show the relative abundance of the pericarida crustaceans collected with the triangle net dredge. *Discapseudes surinamensis* and *Grandidierella bonnieroides* were the most abundant species in the most locations. In location 4 (Guanipa River- Venado channel), we found *Sphaeroma*

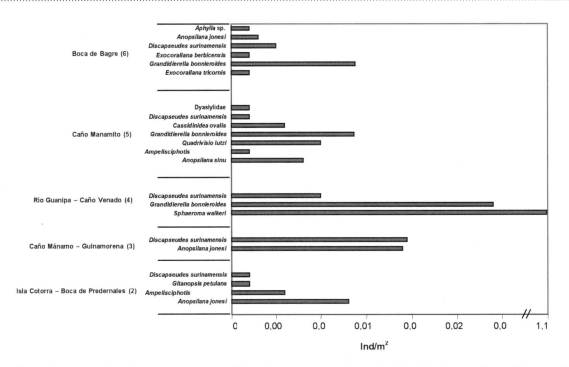

Figure 2.2. Relative abundance (density) of pericarid crustaceans obtained with a triangular net while sampling in the Gulf of Paria and Orinoco Delta, Venezuela.

walkeri species to be particularly abundant, likely because this species forms aggregations on submerged trunks, which were brought up in the dredges. In the case of the mollusks, the most abundant species were *Musculista senhousia, Neritina reclivata* and *Thais trinitatensis* (Fig 2.3).

DISCUSSION

The species *Leptocheirus rhizophorae, Gammarus tigrinus, Gitanopsis petulans, Synidotea* sp., *Ampelisciphotis podophthalma*, and *Musculista senhousia* were recorded for the first time in Venezuela. Although the mollusks in this region had been previously studied, it is important to note that the species with the greatest abundance (*M. senhousia*) had never before been reported in Venezuela.

Both *M. senhousia* and *Corbicula fluvialitis*, which had been reported previously in the San Juan River (Martinez, 1987), are species originally from Asia and most likely introduced through the ballast water of the large ships passing through the area of Pedernales. These species are considered plagues in other countries (Martinez 1987, Slack-Smith and Brearley 1987, Crooks 1996).

Until now, the region's fauna of pericarida crustaceans had not been studied. Thus, the present list is a first step towards regional knowledge of this group. In general, we found a high degree of benthic species richness and diversity in spite of the fact that it is an estuarine region. This is primarily due to the confluence of marine species like *Gitanopsis petulans,*

Ampelisciphotis podophthalma, Eriopisa incisa, Exocorallana tricornis, Ligia baudiniana, Metharpinia floridana,, Halobates sp., *Synidotea* sp., and the species of Cumacea of the Diastylidae family; estuarine species like *Grandidierella bonnieroides, Gammarus tigrinus, Cassidinidea ovalis, Anopsilana jonesi* and *A. sinu* and typical freshwater species like: *Corbicula fluvialitis, Pomacea* sp., *Anopsilana browni, Exocorallana berbicensis* and aquatic insect species.

The benthic communities of the gulf of Paria and Orinoco Delta region display associations to environments that are homogeneous and highly repetitive. This provides a great opportunity for the conservation of the area since the undisturbed zones may serve as biotic reservoirs or refugia for other regions with environmental disturbance.

Although there is great homogeneity in the distribution of the benthic fauna, the localities of Pedernales channel, Mouth of the Pedernales, Mánamo channel and Manamito channel hold the greatest richness (Fig 2.4) and diversity of species (Appendix 4); thus these zones should have priority in conservation plans and programs.

The principal threats for the diversity of benthic species of this region are: changes in the fresh water discharge cycle from the Mánamo channel, which would drastically change the salinity of the water and consequently would generate a displacement of the marine species; the introduction of exotic species from the ballast water of ships traveling in this region; and the disturbances associated with trawling.

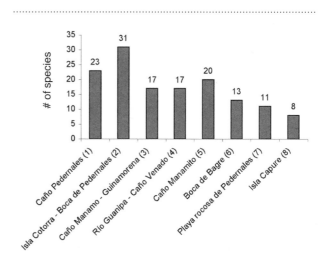

Figure 2.3 Relative abundance of mollusk species collected during the AquaRAP survey of the Gulf of Paria and Orinoco Delta, Venezuela.

Figure 2.4 Distribution of the species richness of benthic organisms in the localities sampled during the AquaRAP survey in the Gulf of Paria and Orinoco Delta, Venezuela.

Rapid assessment of the biodiversity and social aspects of the
aquatic ecosystems of the Orinoco Delta and the Gulf of Paria, Venezuela

201

CONCLUSIONS AND RECOMMENDATIONS

- The region of the Gulf of Paria and the Orinoco Delta is a nursery for many commercial species of fish and crustaceans, which feed primarily on benthic species. This fact makes it important to implement conservation programs that include these communities of insects, pericarida, crustaceans, mollusks, and worms.

- This zone displays a high diversity of benthic species for an estuarine system. This diversity is a product of the confluence of marine, estuarine, and freshwater species.

- The sampling environments, as well as the benthic communities, display a great degree of homogeneity, which also provides an opportunity for their conservation. Many of the pristine areas may serve as sources for the recolonization of disturbed sites.

- The main threats to the benthic fauna in the region of the Gulf of Paria and the Orinoco Delta are: a change in the annual discharge of fresh water from the Caño Mánamo, which would change salinity levels and lead to drastic change in the benthic communities; the disturbance caused by trawling, which devastates non-target species; and the release of ballast water by boats, which increases the potential of exotic species introductions.

ACKNOWLEDGEMENTS

We appreciate the valuable collaboration of Professor Rafael Martínez E. (UCV) for his assistance in the identification of the bivalve mollusks and freshwater gastropods. We equally appreciate the help of Professor Yusbelly Díaz (USB) in the identification of Amphipod and Tanaidacea species.

REFERENCES

Abbot, R. T. 1974. American Seashells. 2da Ed. Van Nostrand Reinhold Co. New York.

Altena, C. 1965 a. The marine mollusca of Suriname (Dutch Guiana), Holocene and Recent. Part I. General Introduction. Zool. Verh., 101: 3 - 49.

Altena, C. 1965 b. Mollusca from the Boring "Alliance-28" in Suriname (Dutch Guiana). Part II. Geol. & Nijnb., 48: 75- 86.

Altena, C. 1966. Vitrinellidae (Marine Mollusca Gastropoda) from Holocene deposits in Suriname. Zool. Meded., 41: 233-241.

Altena, C. 1968. The Holocene and Recent marine bivalve Mollusca of Suriname. Stud. Faun. Suriname, 10: 153-179.

Altena, C. 1971 a. On six species of marine Mollusca from Suriname, four of which are new. Zool. Meded., 45: 75-86.

Altena, C. 1971 b. The marine Mollusca of Suriname (Dutch Guiana). Part II. Bivalvia and Scaphopoda. Zool. Verh., 119: 1-100.

Altena, C. 1975. The marine Mollusca of Suriname (Dutch Guiana). Bull. Amer. Malacol. Union, 1: 45-46.

Barnard, J. L. 1969. The families and genera of marine gammaridean Amphipoda. U. S. Nat. Mus. Bull., 271: 1-535.

Barnard, J. L. y G. S. Karaman. 1991. The families and genera of marine gammaridean Amphipoda (except marine gammaroids). Part 1. Rec. Australian Mus., 13: 1-417.

Bácescu, M. y M. Gutu. 1975. A new genus (Discapseudes n.g.) and three new species of Apseudidae (Crustacea, Tanaidacea) from the Northeastern Coast of South America. Zool. Meded., 49: 95-113.

Bousfield, E. L. 1973. Shallow-water gammaridean amphipoda of New England. Comstock Publishing Associates. Cornell University Press. Ithaca - London.

Capelo, J. y J. Buitrago. 1998. Distribución geográfica de los moluscos marinos en el Oriente de Venezuela. Mem. Soc. Cien. Nat. La Salle, 150: 109-160.

Crooks J. A., 1996. The population ecology of an exotic mussel Musculista senhousia, in a Southern California Bay. Estuaries, 19: 42-50.

Davant, P. 1966. Clave para la identificación de los camarones marinos y de río con importancia económica en el Oriente de Venezuela. Cuadernos Oceanográficos Nº 1. Instituto Oceanográfico de Venezuela, Universidad de Oriente.

Ginés, H. 1972. Carta Pesquera de Venezuela. Fundación La Salle. Monografía Nº 16. Caracas.

Gosner, K. 1971. Guide to identifications of marine and estuarine invertebrates. John Wiley & Sons. New York.

Guppy, R. G. L. 1877. First sketch of a marine invertebrate fauna of Gulf of Paria and its neighbourhood. Part I. Molluska. Proc. Scient. Ass. Trinidad, 2: 134-157.

Guppy, R. G. L. 1895. The Molluska of the Gulf of Paria. Proc. Victoria Inst. Trinidad, 2: 116-152.

Joly, A. B. 1967. Géneros de algas marinas da Costa Atlántica Latino-Americana. Universidade de São Paulo. Brasil.

Jung, P. 1969. Miocene and pliocene mollusk from Trinidad. Bull. Amer. Paleont., 55: 293-657.

Karaman, G. S. 1980. Revision of the genus Gitanopsis Sars 1895, with description of new genera Afrogitanopsis and Rostrogitanopsis n. gen. (fam. Amphilochidae). Contributions to the knowledge of the Amphipoda. Poljoprivreda I Sumarstro, 26: 43-69.

Karaman, G. S. 1987. A new species of the genus Melita Leach (Fam. Melitidae) from Bermuda and Fiji Islands. Bull. Mus. Hist. Nat. Belgrado, 42: 19-35.

Kennish, M. J. 1986. Ecology of estuaries. Vol I. Physical and chemical aspects. CRC Press, Boca Ratón, Florida.

Kensley, B. y M. Schotte. 1989. Guide to marine isopod crustaceans of the Caribbean. Smithsonian Institution Press, Washington D.C.

Kensley, B. y M. Schotte. 1994. Marine isopods from the Lesser Antilles and Colombia (Crustacea, Peracarida). Proc. Biol. Soc. Was., 107: 482-510.

Ledoyer, M. 1986. Faune mobile des herbiers de phanéro-games marines (Halodule et Thalassia) de la Laguna de Terminos (Mexique, Campeche). II. Les gammariens (Crustacea). Anls. Inst. Cienc. Mar. Limnol. Univ. Nac. Autón. México, 13: 171-200.

Lemus, A. 1979. Las algas marinas del Golfo de Paria, Venezuela I, Chlorophyta y Phaeophyta. Bol. Inst. Oceanog. Univ. Oriente, 18: 17-36.

Lemus, A. 1984. Las algas marinas del Golfo de Paria, Venezuela II, Rhodophyta. Bol. Inst. Oceanog. Univ. Oriente, 23: 55-112.

McKinney, L. D. 1978. Amphilochidae (Crustacea: Amphipoda) from the western Gulf of Mexico and Caribbean Sea. Gulf. Res. Rep., 6: 137-143.

Mansfield, W. C. 1925. Miocene gastropods and scaphopods from Trinidad British West Indies. Proc. U. S. Nat. Mus., 66:1- 65.

Martínez, R. 1987. *Corbicula manilensis* molusco introducido en Venezuela. Acta Cient. Venez., 38: 384-385.

Princz, D. 1977. Notas sobre algunos micromoluscos de la plataforma de Guayana. Mem. Soc. Cienc. Nat. La Salle, 37: 283-292.

Ortíz, M. y R. Lalana. 1980. Un nuevo anfípodo del género *Leptocheirus* (Amphipoda, Gammaridea) de aguas cubanas. Rev. Invest. Mar., 1:58-73.

Rathbun, M. 1930. The cancroid crabs of America of the families Euryalidae, Portunidae, Atelecyclidae, Crancridae and Xanthiidae. Bull. U. S. Nat. Mus., 152: 230-609

Richardson, W. D. 1975. The marine algae of Trinidad, West Indies. Bull. Brit. Mus. Nat. Hist., 5: 1-143.

Rios, E. C. 1975. Brazilian marine mollusks. Iconography. Universidade do Rio Grande, Centro do Ciencias do Mar, Río Grande. Brasil.

Rodríguez, G. 1980. Crustáceos Decápodos de Venezuela. Instituto Venezolano de Investigaciones Científicas, Caracas.

Shoemaker, C.R. 1933. Amphipoda from Florida and the West Indies. Amer. Mus. Novitates., 598.

Sieg, J. y Winn, R. 1978. Key to suborders and families of Tanaidacea (Crustacea). Proc. Biol. Soc. Was., 91: 840-846.

Slack-Smith S. M. y A. Brearley. 1987. *Musculista senhousia* (Benson, 1842), a mussel recently introduced into the Swan estuary, Western Australia. (Mollusca, Mytilidae). Rec. West. Aust. Mus., 13: 225-230.

Stephensen, K. 1933. Amphipoda from the marine salines of Bonaire and Curaçao. (Zoologische Ergebnisse einer Reise nach Bonaire, Curaçao und Aruba im Jahre 1930). Zool. Jahrb. (Syst.), 64: 437 - 446.

Weisbord, E. N. 1962. Late cenozoic gastropods from Northern Venezuela. Bull. Amer. Paleontol., 42: 7-672.

Weisbord, E. N. 1964 a. Late cenozoic pelecypods from Northern Venezuela. Bull Amer. Paleontol., 45: 5- 564.

Weisbord, E. N. 1964 b. Late cenozoic scaphopods and serpulid polychaetes from Northern Venezuela. Bull. Amer. Paleontol., 47: 111- 200.

Chapter 3

Decapod Crustaceans of the Lower Delta of the Orinoco River: Biodiversity and community structure

Guido Pereira, José Vicente García and Juan C. Capelo

SUMMARY

The decapod crustaceans (shrimps, hermit crabs, and crabs) of the lower delta between the mouths of the Guanipa and Pedernales rivers, were studied using the AquaRAP methodology. Thirty species of decapod crustaceans were recorded from 12 families and 23 genera; including 5 species that are most likely new to science and 9 species new to the region. The principal habitats studied were: primary and contiguous channels with soft muddy bottoms with leaf litter; mangroves, particularly the roots and associated soil; and finally, a rocky beach near Pedernales. The most abundant species were *Litopenaeus schmitti* and *Xiphopenaeus kroyeri* in the coastal zone, and *Macrobrachium amazonicum* in the freshwater zone. In the mangrove zone, various species of Grapsidae species (genera *Aratus*, *Armases* and *Sesarma*) and Ocypodidae species (*Uca*) were abundant. The Manamito channel and Guanipa River-Venado channel were the most diverse, and the rocky beach of Pedernales displayed many unique characteristics. Finally, the mouth of the Bagre River was found to have high abundance of the commercial species *L. schmitti*. On a preliminary basis, we conclude that benthic communities share two general habitats: soft-muddy bottoms and leaf litter, and mangrove habitat, particularly the roots and the associated soil.

INTRODUCTION

The Orinoco Delta is an expanse of forests, mostly mangrove, fragmented by braiding fresh and brackish water channels. The Delta covers an area of 40,200 km² and the channels themselves occupy 18,810 km² (PDVSA 1993). The riparian vegetation of the channels is dominated by five species of mangrove: black mangrove (*Avicennia germinans*), red mangrove (*Rhizophora racemosa*, *R. harrisonii*, and *R. mangle*) and white mangrove (*Laguncularia racemosa*), that together create 18 vegetation zones (Ecology & Environment 2002). When altitude above sea level and the influence of the tides are considered, the Delta can be divided into three regions: high, medium and low (Canales 1985). The AquaRAP study was located in the lower zone (between 1 and -1 m above sea level). This zone is considered to be a giant nursery or area for reproduction, feeding, and growth of many freshwater, marine, and estuarine species, many of which are of commercial interest (Novoa 1982). Decapod crustaceans, in particular, include species of commercial importance like the shrimps, crabs, and lobsters, and for this reason are one of the most studied groups at a regional and world-wide level. Davant (1966) notes and describes some of the commercially important shrimp species (*Palaemonidae* and *Penaeidae*) for eastern Venezuela. In 1980, Rodriguez published a monograph on the decapod crustaceans of Venezuela, in which she mentions several species of shrimps and crabs for the Orinoco Delta. In 1982, Novoa published a book about the fishing industry of the Orinoco, in which he analyzes the fisheries and claims that penaeid shrimps are amongst the most important: *Litopenaeus schmitti*, *Xiphopenaeus kroyeri* (Penaeidae) and *Macrobrachium amazonicum* (Palemonidae). He also mentions that the species *Macrobrachium carcinus* (Palaemonidae) is consumed locally. In the last 15 years, as a result of the oil and gas drilling in the region, several inventories have been conducted. While there is not much information on this area, fortunately the first author (GP) participated in an environmental study (1992) in the area of Buja Channel that inventoried the decapod crustaceans. Later, an inventory was conducted of the crustaceans of the Peninsula of Paria (Lopez and Pereira 1994) and of the zones above and within the delta (Lopez and Pereira 1996). In 1997 the presence of the exotic species *Macrobrachium rosenbergii* was discovered; probably introduced by accident in the early 1990s (Pereira et al. 1996; 2000). Recently, Montoya (2003) published a paper on the species of decapod crustaceans associated with roots of the "bora" (*Eichhornia* spp.). Currently, the first author is developing a project (FONACIT N° 96001763) to study the present distribution of *M. rosenbergii* in the Orinoco Delta and Gulf of Paria, as well as an inventory of the freshwater decapod crustaceans. In light of the biological and geographic importance of this part of the country and its potential for oil field development, it is important to conduct studies like this AquaRAP survey to enable official organizations to make informed decisions pertaining to the conservation of the aquatic biodiversity.

MATERIALS AND METHODS

The study area of the lower delta includes two large river basins: the Gulf of Paria and the Orinoco Delta. The river basin of the Gulf of Paria is located in the northeastern region of Venezuela (9º 00′N - 10º 43′N and 61º 53′W - 64º 30′W) between the Peninsula of Paria and the Orinoco Delta. It has an approximate area of 21,000 km², which represents a little more than 2% of the entire country (Lasso and Meri 2003). The lower part of the Guanipa River basin was sampled in this study. Two focal areas were studied: focal area 1 (Northern zone) which includes the area between the mouth of the Guanipa river and the Venado channel (the Gulf of Paria) and focal area 2 (Southern zone) which is the area between the mouth of the Bagre and the mouth of the Pedernales channel (the basin of the Orinoco river) (Map 1).

The methodology for this study was chosen to accurately determine the abundance, diversity and the distribution patterns of benthic invertebrate species. To achieve these objectives, samples were taken from eight sites in the study area. Samples were taken with the help of fishing boats with outboard motors. The environments and habitats sampled include:

1. Inter-tidal zone (root zones of mangroves, and sandy and rocky beaches),

2. Subcoastal zone (channels and platforms),

3. Subcoastal zone (by-catch from the ichthyology teams' trawling samples).

The collecting techniques for macro-crustaceans (shrimps, crabs, hermit crabs and related fauna) were as follows: 1) manual capture, in collecting periods of 1 hour, 2) hand nets, seine nets, and trawling. Occasionally, when conditions allowed, nocturnal captures were performed. The trawl nets used were: the sleigh - "Elster" model, a dredge - "Hydrobios" model, and a triangular mesh with 60 cm mouth opening. The duration of the drags varied between 5 and 10 minutes. Invertebrate by-catch from fish samples was removed from the nets and collected. In some cases, the trawl pulled up submerged trunks, which were meticulously examined to find organisms associated with galleries or other parts of the debris.

In all the cases, the collected material was put on ice for four hours and soon after preserved in either 70% ethyl alcohol or a 10% formalin solution. The coordinates at the beginning and end of each drag were recorded. In the laboratory, the material was separated, identified to genera or species using relevant literature (Abele, 1992; Chace, 1972; Chace and Hobbs, 1969; Melo, 1996, 1999; Holthuis, 1952; Pereira, 1983; Rodriguez, 1980; Williams, 1984, 1993), and then catalogued and stored in the crustacean collection of the Museum of Biology at the Central University of Venezuela (MBUCV) and the La Salle Museum of Natural History (MHNLS).

The results of the number of species (richness) and individuals were used to determine the community structure and parameters of alpha diversity. The Margalef and Shannon indexes were used because they are common in the literature and generally accepted amongst ecologists (Ludwig and Reynolds 1988; Russell, 1996). In addition, we used an index of uniformity (H/H_{max}) to represent an important aspect of biological diversity (Pielou, 1969; Smith and Wilson, 1996). Finally, the different sampled communities were analyzed using hierarchical groupings that allows for the visualization and comparison of the similarity between the decapod crustacean communities by site. The physical and chemical parameters measured in each of the stations were: depth, type of bottom, pH, salinity and conductivity. For the group analyses the physical and chemical parameter values were averaged over the sampling sites.

RESULTS

Descriptions of the sampling sites and stations for decapod crustaceans, as well as the species richness, are given in Appendix 5. Table 3.1 provides a systematic listing of the species collected.

A total of 30 species of decapod crustaceans, distributed in 23 genera and 12 families, was tallied after seven days of intensive collection. Nevertheless, the species accumulation curve indicates that the saturation point was not reached and remained in the middle of the growth phase after 7 days of collecting (Figure 3.1). It is interesting to note that two species of shrimps very common in the Orinoco Delta (*Mac-

Rapid assessment of the biodiversity and social aspects of the
aquatic ecosystems of the Orinoco Delta and the Gulf of Paria, Venezuela

205

Table 3.1 Taxonomic list of species of decapod crustaceans.

Superclass Crustacea
Class Malacostraca
Order Decapada
Section Natantia
Family Alpheidae
Alpheus sp. 1
Alpheus sp. 2
Family Sergestidae
Acetes americanus
Acetes paraguayensis
Family Peneidae
Litopenaeus scmitti
Xiphppenaeus kroyeri
Family Palaemonidae
Macrobrachium amazonicum
Macrobrachium rosenbergii
Macrobrachium jeslkii
Nematopalaemon schmitti
Palaemonetes sp. 1
Section Anomura
Family Paguridae
Clibanarius vittatus
Family Thallasinidae
Upogebia sp. 1
Family Porcellanidae
Petrolisthes armatus
Section Brachyura
Family Ocypodidade
Ocypode quadrata
Ucides cordatus
Uca rapax
Uca vocator
Family Gecarcinidae
Cardisoma guanhumi
Family Grapsidae
Aratus pisonii
Armases sp. 1
Sesarma cf. *rectum*
Sesarma curacaoensis
Metasesarma rubripes
Pachygrapsus sp. 1
Family Portunidae
Callinectes bocourti
Family Xanthidae
Euryrhium limosum
Panopeus occidentales
Panopeus americanus
Leptodius floridanus

robrachium carcinus and *M. surinamicum*) were not found during this expedition. It is well known that these species migrate the length of the river in order to reproduce (Pereira 1983, Pereira and Pereira 1982); adults arrive at the mouth of the river to lay their eggs and go further up the river during other seasons. This migration may be the reason these shrimps were not collected duing this expedition.

The relative abundance of all the species is listed in Figure 3.2. The most abundant species were the shrimps: *L. schmitti*, *M. amazonicum* and *X. kroyeri* with 29%, 23% and 10% dominance respectively, followed by several species of crabs: *Callinectes bocourti* (5%), *Leptodius floridanus* (5%), *Pachygrapsus* sp.1 (5%) and *Uca rapax* (4%). The rest of the species were found in values that vary between 3 and less than 1%. It is important to mention that the abundance of the species *Ucides cordatus* and *Cardisoma guanhumi* was underestimated. These species are found in the upper reaches of the mangrove forest that are difficult to access. However, they were visually detected frequently. Many of these species had never before been reported in the region or were even new to science (Pereira *in prep*): *Alpheus*, two species new to the region or science; *Upogebia* one species new to the region or science; *Palaemonetes* one species new to the region or science; *Panopeus americanus*, new species to the region; *Armases* one species new to the region or science; *Sesarma* cf. *rectum*, new to the region or science; *Metasesarma rubripes*, new species for the Orinoco Delta; and *Petrolisthes armatus*, new species for the region.

COMMUNITY STRUCTURE

Site 1 – Pedernales Channel

Eleven species and 104 individuals were collected (Table 3.2); the relative composition of the community is shown in

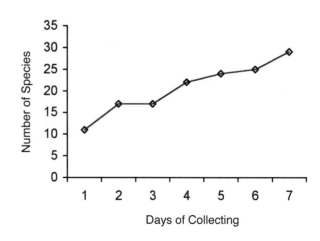

Figure 3.1. Species accumulation curve by days of collecting.

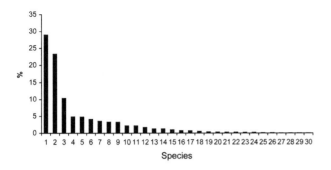

Figure 3.2. Relative abundance (%) of decapod crustacean species collected during the AquaRAP survey.

Species: 1. *Litopenaeus schmitti*, 2. *Macrobachium amazonicum*, 3. *Xiphopenaeus kroyeri*, 4. *Callinectes bocourti*, 5. *Leptodius floridanus*, 6. *Pachygrapsus* sp., 7. *Uca rapax*, 8. *Petrolisthes armatus*, 9. *Panopeus occidentales*, 10. *Alpheus* sp. 1, 11. *Armases* sp. 1, 12. *Aratus pissoni*, 13. *Acetes americanus*, 14. *Sesarma* cf. *rectum*, 15. *Alpheus* sp. 2, 16. *Palaemonetes* sp. 1, 17. *Nematopalaemon schmitti*, 18. *Upogebia* sp., 19. *Eurytium limosum*, 20. *Acetes paraguayensis*, 21. *Cardisoma guanhumi*, 22. *Paguridae* sp. 1 23. *Ocypode quadrata*, 24. *Sesarma curacaoensis*, 25. *Panopeus americanus*, 26. *Uca vocator*, 27. *Macrobachium jelskii*, 28. *Macrobrachium rosenbergii*, 29. *Metasesarma rubripes*, 30. *Ucides cordatus*.

Figure 3.3. The shrimp species: *M. amazonicum*, *L. schmitti* and *X. kroyeri* were the most abundant. Together they shared approximately 15% of the abundance, while other shrimp such as *Nematopalaemon schmitti* represented 13% of the individuals and *Alpheus* sp. 1 was 12%. The crabs *Leptodius floridanus* and *Callinectes bocourti* represented 4% and 2% respectively. All these species were found primarily in the main channel. Various species of crab were found in the root systems of mangroves, of which *Armases* sp. 1 had a relative importance of 12%.

In terms of community structure, Table 3.3 illustrates the Margalef and Shannon indices of diversity and other commonly employed community indicators (Ludwig and Reynolds 1988). The richness, expressed as the number of species, was 11; diversity (H' = 2.14); and uniformity (E = 0.896).

Site 2: Cotorra Island – Mouth of the Pedernales River
Eleven species and 243 individuals were collected. The most abundant species was the shrimp *Litopenaeus schmitti* (Table 3.2). The relative composition of the community is illustrated in Figure 3.4, where *L. schmitti* represented 60% of the individuals captured, followed by *M. amazonicum*, *X. kroyeri* and *C. bocourti* at 9% each. The rest of the species were collect in much smaller proportions. This community appears to be a little more heterogeneous (Table 3.3) with richness at 11, diversity index of H' = 1.44, and uniformity at E = 0.601. These values are influenced by the disproportionate representation of *L. schmitti*.

Table 3.2. Number of individuals of each species by locality.

Species	\multicolumn{7}{c}{Locality}
	1	2	3	4	5	6	7
Acetes americanus	0	10	10	0	5	0	0
Acetes paraguayensis	0	0	0	0	6	0	0
Alpheus sp. 1	12	0	0	9	22	0	0
Alpheus sp. 2	0	0	0	0	0	0	20
Aratus pissoni	11	12	2	2	5	0	2
Callinectes bocourti	2	22	6	5	17	41	3
Cardisoma guanhumi	0	0	0	5	0	0	0
Eurytium limosum	0	2	0	5	0	0	0
Leptodius floridanus	4	0	0	91	0	0	0
Litopenaeus schmitti	17	146	70	153	109	906	3
Macrobachium amazonicum	15	21	285	25	47	69	0
Macrobachium Jelskii	0	0	0	1	0	0	0
Macrobrachium rosenbergii	0	0	0	0	0	1	0
Metasesarma rubripes	1	0	0	0	0	0	0
Nematopalaemon schmitti	13	0	0	1	0	0	0
Pachygrapsus sp. 1	0	0	0	0	0	0	81
Ocypode quadrata	0	0	0	0	4	0	0
Clnabarius vittatus	0	5	0	0	0	0	0
Palaemonetes sp. 1	0	1	0	14	0	0	0
Panopeus americanus	0	0	0	0	1	0	1
Panopeus occidentalis	0	0	0	0	0	0	64
Petrolisthes arrmatus	0	0	0	0	0	0	65
Armases sp. 1	12	0	20	7	4	0	0
Sesarma rectum	1	0	3	15	6	0	0
Sesarma curacaoensis	0	0	0	1	3	0	0
Uca rapax	0	2	12	33	14	0	10
Uca vocator	0	2	0	0	0	0	0
Ucides cordatus	0	0	0	1	0	0	0
Upogebia sp.	0	0	0	0	0	0	11
Xiphopenaeus kroyeri	16	20	19	108	42	0	0

Locality: 1. Caño Pedernales. **2.** Isla Cotorra - Boca Pedernales. **3.** Caño Mánamo-Güinamorena. **4.** Río Guanipa – Caño Venado. **5.** Caño Manamito. **6.** Boca de Bagre. **7.** Playa Rocosa en Pedernales.

Site 3: Mánamo Channel - Guinamorena
Nine species and 427 individuals were collected. The most abundant species was the shrimp *M. amazonicum*, followed by *L. schmitti* (Table 3.2). The relative composition of this community was uneven (Figure 3.5), with *M. amazonicum* representing 68% of captures and *L. schmitti* 16%, the rest of the species had values of 4% or less. Species richness was 9, a diversity index of H' = 1.15, and uniformity of E = 0.526, these results reflect a disproportionate abundance of *M. amazonicum* (Table 3.3).

Rapid assessment of the biodiversity and social aspects of the
aquatic ecosystems of the Orinoco Delta and the Gulf of Paria, Venezuela

207

Site 4: Guanipa River – Venado Channel

Seventeen species and 476 individuals were collected (Table 3.2). Most abundant were the shrimps *L. schmitti* and *X. kroyeri*. This site seemed to have a high number of the crab species *L. floridanus*. The representation of this species is not uniform, as seen in Figure 3.6. The rest of the species found were relatively uncommon with relative percentages of less than 2%. With respect to the community structure (Table 3.3), richness is the greatest of all the sites with 17 species, a diversity index of H' = 1.9, and uniformity of E = 0.679.

Site 5: Manamito Channel

Fourteen species and 285 individuals were collected (Table 3.2). The most abundant were *L. schmitti*, *M. amazonicum* and *X. kroyeri*. The relative frequency graph (Figure 3.7) shows that *L. schmitti* represents 39%, followed by *M.*

amazonicum with 16% and *X. kroyeri* with 15%, and an unidentified species of *Alpheus* sp. 1 with 8%; and the crabs *C. bocourti* and *U. rapax* with 6% and 5% respectively. The rest of the species had values between 2 and 1%. The Shannon index was H' = 1.95 (Table 3.2), and the uniformity E = 0.74, which reflects the most heterogeneous and uniformly represented community.

Site 6: Mouth of the Bagre River

At this site only four species were collected (Table 3.2), one of which was a female *M. rosenbergii*, an exotic species introduced in the Delta in 1990 (Pereira et al. 2001). Eighty-nine percent of the individuals collected were the shrimp *L. schmitti* (Figure 3.8), and most of these were captured from the fish trawl nets, and furthest from the mouth of the Bagre

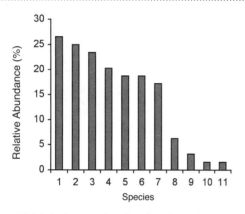

Figure 3.3. Relative frequency of species collected in the Pedernales Channel.

Species: 1. *Litopenaeus schmitti*, **2.** *Xiphopenaeus kroyeri*, **3.** *Macro- bachium amazonicum*, **4.** *Nematopalaemon schmitti*, **5.** *Alpheus* sp. 1, **6.** *Armases* sp. 1, **7.** *Aratus pissonii*, **8.** *Leptodius floridanus*, **9.** *Callinectes bocourti*, **10.** *Metasesarma rubripes*, **11.** *Sesarma* cf. *rectum*.

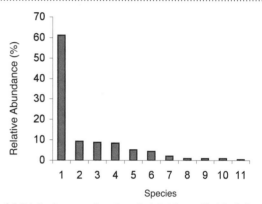

Figure 3.4. Relative frequency of species collected at the mouth of the Pedernales-Isla Cotorra.

Species: 1. *Litopenaeus schmitti*, **2.** *Callinectes bocourti*, **3.** *Macrobachium amazonicum*, **4.** *Xiphopenaeus kroyeri*, **5.** *Aratus pissoni*, **6.** *Acetes americanus*, **7.** *Clinabarius vittatus*, **8.** *Eurytium limosum*, **9.** *Uca rapax*, **10.** *Uca vocator*, **11.** *Palaemonetes* sp. 1.

Table 3.3. Number of species and diversity and evenness estimators for each sampling locality.

Community Indicators	Localities						
	1	2	3	4	5	6	7
Species richness	11	11	9	17	14	4	10
Margalef	2.15	1.82	1.32	2.59	2.29	0.43	1.61
Shannon (H')	2.14	1.44	1.15	1.92	1.95	0.42	1.67
Evenness (E)	0.89	0.60	0.52	0.67	0.73	0.30	0.72

Species: 1. Caño Pedernales. **2.** Isla Cotorra -boca Pedernales. **3.** Caño Mánamo-Güinamorena. **4.** Río Guanipa – caño Venado. **5.** Caño Manamito. **6.** Boca de Bagre **7.** Playa rocosa en Pedernales.

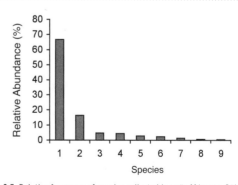

Figure 3.5. Relative frequency of species collected in caño Mánamo-Güinamorena.

Species: 1. *Macrobachium amazonicum*, **2.** *Litopenaeus schmitti*, **3.** *Armases* sp. 1, **4.** *Xiphopenaeus kroyeri*, **5.** *Uca rapax*, **6.** *Acetes americanus*, **7.** *Callinectes bocourti*, **8.** *Sesarma* cf. *rectum*, **9.** *Aratus pissoni*.

River. There obviously must have been a great aggregation of *L. schmitti* in this area, which explains the large quantity of *L. schmitti* collected and the other trawling fishermen in the area. Also at this location, the greatest number of *C. bocourti* was collected, which is a natural predator of *L. schmitti*. The Shannon and Margalef indices of diversity values were 0.4222 and 0.433, respectively (Table 3.3). The uniformity value of 0.304 reflects the simple composition of this community. The site was a good example of typical artisan fishermen trawling for white shrimp.

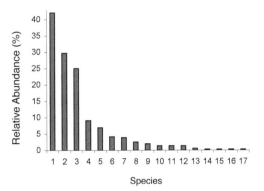

Figure 3.6. Relative frequency of species collected in Río Guanipa – Venado Channel.

Species: 1. *Litopenaeus schmitti*, **2.** *Xiphopenaeus kroyeri*, **3.** *Leptodius floridanus*, **4.** *Uca rapax*, **5.** *Macrobachium amazonicum*, **6.** *Sesarma* cf. *rectum*, **7.** *Palaemonetes* sp. 1, **8.** *Alpheus* sp. 1, **9.** *Armases* sp. 1, **10.** *Callinectes bocourti*, **11.** *Cardisoma guanhumi*, **12.** *Eurytium limosum*, **13.** *Aratus pissoni*, **14.** *Macrobachium jelskii*, **15.** *Nematopalaemon schmitti*, **16.** *Sesarma curacaoensis*, **17.** *Ucides cordatus*.

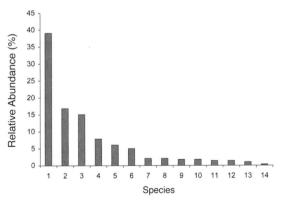

Figure 3.7. Relative frequency of species collected in the Manamito Channel.

Species: 1. *Litopenaeus schmitti*, **2.** *Macrobachium amazonicum*, **3.** *Xiphopenaeus kroyeri*, **4.** *Alpheus*, sp. 1, **5.** *Callinectes bocourt*, **6.** *Uca rapax*, **7.** *Acetes paraguayensis*, **8.** *Sesarma rectum*, **9.** *Acetes americanus*, **10.** *Aratus pissoni*, **11.** *Ocypode quadrata*, **12.** *Armases* sp. 1, **13.** *Sesarma curacaoensis*, **14.** *Panopeus americanus*.

Site 7: Rocky Beach at Pedernales

This location is unique to the region because there are no other rocky beaches for kilometers in any direction. The community of decapods consists of ten species and is dominated by several species of crabs, and a porcelain crab (Table 3.2). Three species: *Pachygrapsus* sp.1, *Petrolisthes armatus* and *Panopeus occidentalis* made up 81% (Figure 3.9) of the collected individuals, and were extremely abundant amongst stones at the site. The *Alpheus* sp. 2 was relatively common (8%) and lived in tubular burrows up to about 30 cm in length. We always found this species (in male and female pairs ovipositing) and often in association with the fish *Omobranchus punctatus*, Bleniidae (Lasso-Alcala *pers. com.*). Also, the *Upogebia* species, with its more compact and winding cylindrical shell was frequency collected. It is worth mentioning that many of these shells showed traces of petroleum, which leaks naturally in this environment and apparently causes no damage to the resident species.

The community indices show relatively high values (Table 3.3) in spite of such a small area: ten species recorded; H' = 1.6; Margalef index of 1.673; and uniformity value of E = 0.726.

DISCUSSION

The community descriptors provide information on the number of species present (richness) and the nature of the presence of each species. The diversity index can be interpreted as the probability of two individuals, collected at random, being the same species; whereas the uniformity value is a measurement of the relative proportions in which all the species of the community are represented (Pielou, 1969). Figure 3.10 shows all the values of richness, diversity, and uniformity. It shows that the Guanipa River – Venado channel site has the greatest values followed closely by Manamito Channel; although the Manamito Channel has a slightly greater uniformity. In contrast, the mouth of the Bagre River has the lowest values. Uniformity, despite showing a similar general pattern to the rest of the indices, indicates that the highest values in diversity and uniformity are found in the Pedernales rocky beach and Pedernales Channel sites. Finally, the grouping analysis uses the values of presence and frequency to establish the similarity between the sites and to group them in a hierarchic scheme (Figure 3.11). The most similar sites are: Pedernales River Mouth - Cotorra Island and Bagre River Mouth, followed by Manamito Channel, Guanipa River – Venado Channel, Pedernales Channel and Mánamo – Güinamorena Channel, all of which are separate but very close in level of similarity (between 99 and 80) and thus could be considered as a single "cluster". The level of the Pedernales rocky beach site was significantly different from the other sites. This makes sense considering that the characteristics and specific composition of this location were highly unusual.

Rapid assessment of the biodiversity and social aspects of the
aquatic ecosystems of the Orinoco Delta and the Gulf of Paria, Venezuela

209

Crustaceans are predominantly marine; only a fraction are freshwater and still fewer are terrestrial. On this expedition we had the opportunity to sample both freshwater and estuarine environments. Many of the sampled species begin their life cycle as larvae in largely marine areas and later as adults inhabiting the estuaries, rivers and mangrove forests. This explains the greater diversity and richness of these communities compared to inventories of previous AquaRAP surveys in South America; e.g. Mato Grosso, Brazil with 10 reported species (Magalhaes, 2000) and Caura, Venezuela also with 10 species reported (Magalhaes and Pereira, 2003).

CONCLUSIONS AND RECOMMENDATIONS FOR CONSERVATION

1. Based on the results presented here, and taking into account the minimal disturbance from population or industrial centers, the Manamito Channel and Guanipa River – Venado Channel are the most important sites for targeting activities to conserve the habitat and biodiversity of decapod crustaceans.

2. The Pedernales rocky beach site represents a habitat with unique characteristics (both environmental and biological) and maintains a genetic reserve that is important to conserve. Unfortunately, due to the close proximity of the town of Pedernales, which is quickly developing, this site is seriously threatened.

3. The Pedernales rocky beach site should be under constant observation and creative conservation methods sought. For example, we should investigate the surrounding area with the hope of finding similar habitat that is further from the population center, that may permit conservation measures such as relocation.

4. The area occupied by the decapod crustaceans at the Pedernales rocky beach site should be better defined and mapped; and investigations of the population and reproductive biology of the present species conducted.

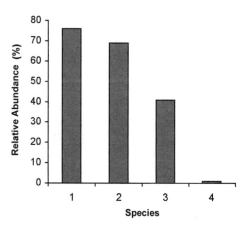

Figure 3.8. Relative frequency of species collected at the mouth of the Bagre.

Species: 1. *Litopenaeus schmitti*, **2.** *Macrobachium amazonicum*, **3.** *Callinectes bocourti*, **4.** *Macrobrachium rosenbergii*.

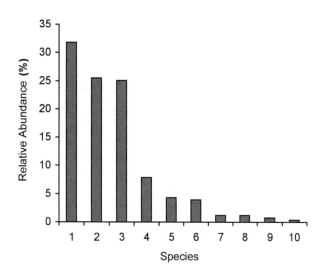

Figure 3.9. Relative frequency of species collected at the rocky beach at Pedernales.

Species: 1. *Pachygrapsus* sp. 1, **2.** *Petrolisthes armatus*, **3.** *Panopeus occidentalis*, **4.** *Alpheus* sp. 2, **5.** *Upogebia* sp., **6.** *Uca rapax*, **7.** *Callinectes bocourti*, **8.** *Litopenaeus schmitti*, **9.** *Aratus pissoni*, **10.** *Panopeus americanus*.

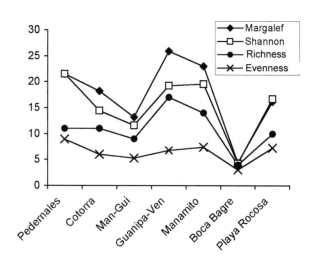

Figure 3.10. Comparison of species richness, diversity indices (Margalef and Shannon) and evenness index (E) between localities. Diversity indices x 10 for comparable scale.

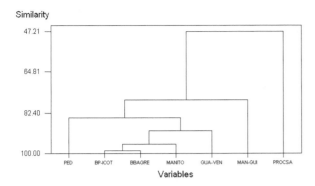

Figure 3.11. Cluster analysis showing similarities between all the localities sampled.

5.   The Bagre River Mouth site, in spite of having the lowest diversity, is very important to the economy of the region. This habitat is the home to a large population of *L. schmitti*, which is the main fishing resource for the region (Novoa 2000). Even though our study area was limited, the data suggests that all of this habitat can be successfully occupied by *L. schmitti*. Because of this, it is important to monitor the site and prevent any possible alterations of its bed or channel, such as dredging or oil operations.

REFERENCES

Abele, l. G. 1992. A review of the grapsid crab genus *Sesarma* (Crustacea:Decapoda:Grapsidae) in America, with the description of a new genus. Smithsonian Contribution to Zoology, 527: iii+60 pp.

Canales, H. 1985. La cobertura vegetal y el potencial forestal del T.F.D.A. (Sector norte del río Orinoco). M.A.R.N.R. División del Ambiente. Sección de Vegetación. Informe Técnico. Caracas.

Chace, F. A., Jr.. 1972. The shrimps of the Smithsonian-Bredin Caribbean expeditions with a summary of the West Indies shallow water species (Crustacea: Decapoda: Natantia). Smithsonian Contributions to Zoology 98: x + 179 p.

Chace, F. A. Jr., and H. Hobbs, Jr. 1969. The fresh water and terrestrial Decapod crustaceans of the West Indies with special reference to Dominica.- United States National Museum Bulletin 292: 1-258.

Davant, P.1966. Clave para la identificación de los camarones marinos y de río con importancia económica en el Oriente de Venezuela. Cuadernos Oceanográficos Universidad de Oriente. 1: 1-57.

Ecology & Environment (E & E). 2002. Estudio de impacto ambiental. Proyecto de Desarrollo Corocoro. Fase 1. Mapa de Vegetación. Escala 1: 50.000.

Holthuis, L. B. 1952. A general revision of the family Palaemonidae (Crustacea, Decapoda, Natantia) of the Americas. II The subfamily Palaemonidae. Allan Hancock Foundation Occasional Paper 12:1-396.

Lande, R. 1996. Statistics and partitioning of species diversity, and similarity among multiple communities. Oikos 76: 5-13.

Lasso, C. A. y J. Meri. 2003. Estudio de las comunidades de peces en herbazales y bosques inundables del bajo río Guanipa, cuenca del golfo de Paria, Venezuela. Mem. Fund. La Salle Cienc. Nat. 155: 75-90.

López, B. y G. Pereira. 1994. Contribución al conocimiento de los crustáceos y moluscos de la península de Paria/ Parte I: Crustacea: Decapoda. Mem. Soc. Cienc. Nat. La Salle 141: 51-75.

López, B. y G. Pereira. 1996. Inventario de los crustáceos decápodos de las zonas alta y media del delta del río Orinoco, Venezuela. Acta Biol.Venez. 16 (3): 45-64.

Ludwig, J. A. y J. F. Reynolds. 1988. Statistical Ecology. New York, Wiley & Sons.

Magalhaes, C. 2000. Caracterizac o da comunidad de crustáceos decápodos do Pantanal, Mato Grosso do Sul, Brasil. *En:* Chernoff, B., Alonso, L.E., Montambault, J. R. and Lourival, R. (eds), A Biological Assessment of the Aquatic Ecosystems of the Pantanal, Mato Grosso do Sul, Brasil. RAP Bulletin of Biological Assessment 18. Conservation International, Washington, D.C. pp. 56-62.

Magalhaes, C., y G. Pereira. 2003. Inventario de los crustáceos decápodos de la cuenca del río Caura, Venezuela. En: Chernoff, B., A. Machado-Allison, K. Riseng, and J. R. Montambault (eds.). Una evaluación rápida de los ecosistemas acuáticos de la cuenca del río Caura, Estado Bolivar, Venezuela. Boletín RAP de Evaluación Biológica 28. Conservation International, Washington, D.C.

Melo, G. Schmidt de. 1996. Manual de identificação dos Brachyura (caranguejos e siris) do litoral brasileiro. FAPESP, 604 pp.

Melo, G. Schmidt de. 1999. Manual de identificação dos Crustacea Decapada do litoral brasileiro: Anomura, Thalassinidea, Palinuridae, Astacidae. FAPESP, 551 pp.

Montoya, J. V. 2003. Freshwater shrimps of the genus *Macrobrachium* associated with roots of *Eichhornia crassipes* (water hyacinth) in the Orinoco Delta (Venezuela). Caribbean Journal of Science. 39: 155-159.

Novoa, D. (Comp.). 1982. Los recursos pesqueros del Río Orinoco y su explotación. Corporación Venezolana de Guayana. Ed. Arte. Caracas.

Novoa, D. 2000. La pesca en el golfo de Paria y delta del Orinoco costero. Conoco Venezuela. Ed. Arte. Caracas.

Pereira, G. 1983. Los camarones del género *Macrobrachium* de Venezuela. Taxonomía y distribución. Trabajo de

Rapid assessment of the biodiversity and social aspects of the
aquatic ecosystems of the Orinoco Delta and the Gulf of Paria, Venezuela

211

Ascenso no publicado, Escuela de Biología, Facultad de Ciencias, Universidad Central de Venezuela, Caracas.

Pereira G. y M. E. de Pereira. 1982. El camarón gigante de nuestros ríos. *Natura* 72: 22-24.

Pereira, G., J. Monente, H. Egáñez. 1996. Primer reporte de una población silvestre, reproductiva de *Macrobrachium rosenbergii* (De Man) (Crustacea, Decapoda,Palaemonidae) en Venezuela. Acta Biológica Venezuelíca, 16: 93-95.

Pereira, G., J. Monente, H. Egáñez, y J. V. García. 2001. Introducción de *Macrobrachium rosenbergii* (De Man) (Crustacea, Decapoda, Palaemonidae) en Venezuela. *En*: Ojasti, J., González-Jiménez, E., Szeplaki, E., y García-Román, L. (eds.). Informe sobre las especies exóticas en Venezuela. MARNR. Oficina Nacional de Diversidad Biológica. Pp. 200-203.

PDVSA (Petróleos de Venezuela). 1993. Imagen Atlas de Venezuela. Una visión espacial. Ed. Arte. Caracas.

Rodriguez, G. 1980. Crustáceos decápodos de Venezuela. Instituto Venezolano de Investigaciones Científicas, Centro de Ecología. Caracas.

Smith, B. y B. Wilson. 1996. A consumer's guide to evenness indices. Oikos 76: 70-82.

Williams, A. B. 1984. Shrimps, Lobsters and Crabs of the Atlantic coast of eastern United States, Maine to Florida. Smithsonian Institution Press. Washington D.C., 550 pp.

Williams, A. B. 1993. Mud shrimps, Upogebiidae, from the Western Atlantic (Crustacea: Decapoda: Thalassinidea). Smithsonian Contribution to Zoology 544: 1-77.

Chapter 4

Ichthyofauna of the estuarine waters of the Orinoco Delta (Pedernales, Mánamo and Manamito Channels) and the Gulf of Paria (Guanipa River): Diversity, distribution, threats and conservation criteria

Carlos A. Lasso, Oscar M. Lasso-Alcalá, Carlos Pombo and Michael Smith

SUMMARY

From December 1-10, 2003, an AquaRAP survey was conducted to assess the aquatic ecosystems and fish diversity of the Gulf of Paria and the Orinoco Delta (Venezuela). There were two focal areas considered: Focal Area 1 (north zone), including the sector between the mouth of the Guanipa River and the Venado channel (Gulf of Paria watershed) and Focal Area 2 (south zone), between the mouth of the Bagre and Pedernales channels (Orinoco Delta basin).

A total of 106 fish species were documented. In Focal Area 2 (Orinoco Delta) more than 100 fish species were collected from seven sampling locations. In Focal Area 1 (Gulf of Paria) 48 species were documented from two sampling locations. The composition of the fish communities at this time of the year (low water/dry season) was basically marine-estuarine, with only 19 freshwater species encountered (18% of the total). The most diverse fish groups were the Perciforms with 39 species, followed by the marine-estuarine catfishes (Ariidae) with 18 species.

Of the 106 fish species collected during the AquaRAP survey, 26 are new records for the Orinoco Delta, increasing the number of fish species in the delta to 352 species. Likewise, there were at least 15 new records for the Gulf of Paria, increasing the fish species richness to close to 200 species. *Butis koilamotodon* (Eleotridae) and *Gobiosoma bosc* (Gobiidae) represent the first records for the Mid-western Atlantic and the northern coast of South America, respectively, and are both new records for Venezuela. These two species, as well as *Omobranchus punctatus* (Bleniidae), can be considered as exotic species recently introduced to Venezuela.

The toad fish (*Batrachoides surinamensis*), the marine rays (Dasyatidae family), particularly *Dasyatis guttata, Dasyatis geijskesi, Himantura schmardae* and *Gimnura* spp., and the valentone catfishes (*Brachyplatystoma* spp.), are the region's most threatened species since they are all affected by trawling used in the shrimp fishing industry.

Together, the Gulf of Paria and the Orinoco Delta represent one of the most productive regions of the tropics and are essential areas for the reproduction, feeding, and growth of many fish species, most of which are of economical interest. The fish fauna targeted for fisheries may be permanent residents of the estuarine environment or may come through the estuaries from the marine or freshwater environments. The AquaRAP fish team documented over one third of the Orinoco Delta's fish diversity in the survey area. More than 80% of the indigenous (Warao) and Creole population depend on fisheries for subsistence and livelihood.

Although the area still contains great extensions of mangroves in fairly pristine conditions, there are many threats to biodiversity, of which the shrimp trawling fishery is most important. Other threats, in priority order, include: 1) lack of control of commercial fish and crab extraction, 2) dredging channel bottoms for navigation, 3) perturbations from oil spills and local domestic pollution, 4) illegal extraction (smuggling) of wild fauna, 5) mangrove deforestation, 6) closure of the Mánamo channel, 7) degradation due to human activities in the middle and low sections of the Orinoco Basin, and 8) introduction of exotic species.

From the information obtained during the AquaRAP survey, the team makes the following conservation recommendations for the conservation of the region's ichthyofauna:

Rapid assessment of the biodiversity and social aspects of the aquatic ecosystems of the Orinoco Delta and the Gulf of Paria, Venezuela

213

1) Strictly regulate and monitor the shrimp trawling fishery,

2) Review and revise the local fishery regulations and international agreements for fisheries using trawls,

3) Promote the implementation of alternative fishery methods in lieu of trawling,

4) Declare special fishing prohibitions and establish trawling fishery seasons,

5) Protect threatened fish species (i.e. *Batrachoides surinamensis*, rays in the Dasyatidae family),

6) Evaluate the distribution of introduced species and their impacts on the ecosystem and on native species,

7) In order to obtain greater knowledge of the region's fish biodiversity to guide fisheries and sustainable use, conduct additional AquaRAP or other biodiversity studies, particularly to the north of the Gulf of Paria and to the south of the Orinoco Delta.

INTRODUCTION

The estuarine ecosystems of the Gulf of Paria and the Orinoco Delta represent a potential natural resource reserve of vital importance, for the traditional inhabitants (Warao) as well as for the more recently established inhabitants (fishermen, Creole merchants and oil companies). These ecosystems constitute a contact zone between two very rich aquatic biotas, the southern Caribbean Sea marine biota and the Orinoco River's freshwater biota.

According to Carpenter (2003), the northern South American continental platform, including the Gulf of Paria, is one of the two most important areas for marine biodiversity in the Atlantic Ocean's West-central Region. FAO's distribution data analysis, using geographical information systems (GIS), show that the Gulf of Paria is an area of high endemism within the Caribbean basin (Smith et al. 2003). This area is also one of the richest in the Caribbean in terms of marine mollusks, crustaceans, and fishes.

In terms of biodiversity, the Orinoco River is known as one of the richest freshwater ecosystems in the world. The Orinoco basin has between 850 and 1,000 known fish species (Lasso et al. *in press*; Taphorn et al. 1997), which represents almost 10% of the world's freshwater ichthyofauna. A total of 183 fish species have been reported for the Gulf of Paria (Lasso et al. *in prep*).

The Orinoco Delta contains a great extent of forest, primarily mangrove, although other forest formations including morichales (moriche palm tree communities) and savannas, can also be found in practically unaltered conditions. These terrestrial ecosystems are divided into

islands and hundreds of channels and arms. The Orinoco Delta is the home of the Warao people, which traditionally and ancestrally have used this region for their subsistence. Channels are used as communication ways, construction areas for the traditional huts along their banks, and even as sewers for residues from different origins. The region is important for the reproduction, feeding, and growth of many freshwater, marine and estuarine fish species, most of them of economic interest.

Despite the fact that they are extremely important environments for fisheries, the Gulf of Paria and Orinoco Delta have become a development center for oil activity in the western Venezuelan region. The marine-coastal biota of both regions has not been well studied. With the exception of some baseline studies carried out by consultants and technical reports obtained from exploratory fisheries, little information has been published on these resources.

The freshwater biodiversity of the region has received only preliminary study. For example, the first expeditions exclusively organized to survey and collect fishes were took place in the late 1970s and resulted in the documentation of nearly 250 fish species, according to an unpublished report by Lundberg et. al.(1979). Nevertheless, in the 1950s, the La Salle Natural Sciences Society, had made pioneer expeditions to the region. Fernández-Yépez (1967) published the first known species list for the Orinoco Delta. Later, as a result of exploratory fisheries done in the area by the Corporación Venezolana de Guayana (CVG) over 10 years, there were various articles published about the commercial species (see Novoa 1982). Ponte and Lasso (1994) report 97 species for the Winikina channel and, more recently, Ponte et al. (1999) present an inventory based on bibliography and collections made between 1978-1998, that resulted in the registration of 326 fish species for the Orinoco Delta. Of these, 68% are freshwater species, 20% exclusively estuarine species and 12% marine species that occasionally enter the first two environments. The most recent studies of the diversity and ecology of the region's freshwater ichthyofauna are by Lasso et al. (*in press*) for the Delta Centro Block (Cocuina and Pedernales channels) and by Lasso and Meri (2001) for the wetlands and flooded forests of the lower Guanipa River. Only 55 of the 183 fish species recorded for the Gulf of Paria are estuarine species, which demonstrates that there is still much unknown (Lasso *in prep*).

Knowledge of the Gulf of Paria's marine biodiversity is based on the general distribution data for species, rather than on specific locality records. The first records for the region come from exploratory prospecting by La Salle Foundation of Natural Sciences (FLASA) in the Orinoco Delta, including the Gulf of Paria and the Guyanas (Ginés and Cervigón 1967). These investigations were later detailed in the "Venezuela's Fishery Chart" (Ginés et al. 1972), which provide the results from the exploratory fisheries of the marine platforms and estuaries from the mouth of the San Juan River in the Gulf of Paria basin, to the Essequibo River that flows through the mouths of the Mánamo, Pedernales,

Ichthyofauna of the estuarine waters of the Orinoco Delta
(Pedernales, Mánamo and Manamito Channels) and the Gulf of Paria
(Guanipa River): Diversity, distribution, threats and conservation criteria

Macareo, Mariusa and Río Grande channels. Fishery studies conducted by CVG in the Orinoco Delta, resulted in the most important works of the region's biodiversity, ecology and biology (Cervigón 1982, 1985; Novoa and Cervigón 1986; Novoa et al. 1982) and of the region's fisheries (Novoa 1982; Ramos et al. 1982).

Much of taxonomic information on the marine and estuarine species of the Gulf of Paria and Orinoco Delta are found in Cervigón (1991, 1993, 1994 and 1996) and Cervigón and Alcalá (1999). For the identification of marine and estuarine species of commercial interest (fishes and invertebrates), it is essential to consult Cervigón et al. (1992). Two recent works must be consulted to obtain a more realistic perception of the region's fishery resources problems and distribution. These are Novoa (2000a), concerning the fisheries resources of the Gulf of Paria and the coastal Orinoco Delta, Novoa (2000b), concerning shrimp trawling fishery's effect on the ichthyofauna of the Mánamo channel. Carpenter (2003) presents a map series that illustrate the distributions of fishes and some marine invertebrates in the Atlantic Ocean's West-central Region.

This objectives of this report are the following: 1) Publish the results of the of AquaRAP 2002 ichthyological diversity survey of the Gulf of Paria and Orinoco Delta, 2) Compare species distributions and richness between sampling localities, 3) Recognize different habitats and partitioning among fish species, depending of their degree of tolerance to salinity, 4) Determine the threats to the region's ichthyofauna; and 5) Establish the criteria and recommendations for conservation of the ichthyofauna and aquatic environments.

This chapter reports on the general ichthyological diversity found during the AquaRAP survey. Chapter 5 specifically addresses ecological aspects of the benthic ichthyofauna and Chapter 8 provides a comparison between the results of the AquaRAP survey and data previously collected in the area, particularly in regard to the shrimp trawling fishery's effect on fish communities.

MATERIALS AND METHODS

Area
From a hydrographic point of view, we recognize two great basins in the study area, the Gulf of Paria (Focal area 1) and the Orinoco Delta itself (Focal area 2), which is part of the immense Orinoco basin.

The Gulf of Paria is located between the Paria peninsula and the Orinoco Delta, in north-eastern Venezuela (9°00′N – 10°43′N and 61°53′W – 64°30′W). With an approximate area of 21,000 km², it is covers a little more than 2% of the country (Mago 1970). The Guanipa River (47 km long) is the only river pertaining to the Gulf of Paria basin that was sampled during the AquaRAP 2002 survey.

The Orinoco Delta covers nearly 40,200 km², 18,810 of which are occupied by the deltaic fan itself (PDVSA 1993). Freshwater flow has a noticeable seasonality, with a rainy

season from April to October, and a water peak in July-August. The dry season extends from November to late March or early April, with minimum water levels between February and May. The semi-diurnal tidal regime and its amplitude vary between one and two meters (1-2 m), and their effects are felt as far as 200 km from the coast. In addition, the strong tidal currents allow the influence of marine waters to reach up to 60-80 km from the coast (Cervigón 1985). Throughout the Orinoco Delta, depending on the time of year, waters alternate between white, clear and black (sensu Sioli 1964), as documented by Ponte (1977).

Canales (1985) proposed a classification for the Orinoco Delta based on height above sea level and tidal influence. He divides the Delta into three regions: high (upper delta), middle (middle delta) and low (lower delta). The AquaRAP 2002 was concentrated mainly on the lower delta. This area is between -1 and +1 m a.s.l. and is permanently flooded in the lower areas due to annual river overflows and influence of the tides.

More detailed characteristics of the AquaRAP 2002 study area can be found in Chapter 1 (Colonnello this volume).

AquaRAP 2002 Study Area
As mentioned above, the AquaRAP 2002 survey was conducted in the Gulf of Paria and the lower Orinoco Delta. The extent of the AquaRAP survey was focused within the "ecological limits" of this estuarine-marine zone(as defined by Cervigón 1985), from the parts of the lower Orinoco Delta into which saline, marine waters extend out to the sandy or muddy bars that are formed at a short distance from the coast, in front of the mouth of the channels.

Eight localities were established to survey fish diversity, along with benthic invertebrates and crustaceans. These eight localities were:

1) Pedernales channel

2) Cotorra Island – mouth of the Pedernales

3) Mánamo channel – Güinamorena

4) Guanipa River – Venado channel

5) Manamito channel

6) Mouth of the Bagre

7) Rocky beach at Pedernales

8) Capure Island

Seven (7) localities were located within the Orinoco Delta and one locality, the Guanipa River-Vendado channel locality (#4 above), was located in the Gulf of Paria.

Sampling stations

Sixty-two (62) sampling stations were established throughout the eight studied localities. Eleven (11) stations corresponded to Focal area 1 (Gulf of Paria) and the other 51 to Focal area 2 (Orinoco Delta). Appendix 2 lists the study georeferenced localities and sampling stations. The locations of the fish group sampling stations are represented in Map 1.

Field work

General Limnology
While a detailed limnological study was not conducted, several physical and chemical parameters of the water were recorded, due to their importance for the aquatic biota. These were:

- Water depth

- Bottom type (muddy, sandy, with or without leaf litter, sticks, and rocks present)

- Transparence (using Sechii Disk)

- Salinity (using Vista Model A366ATC Refractometer)

- pH (using pHep 1 Hanna portable pH meter)

The most important characteristic measured was salinity, due to its influence on species distribution. The time of each measurement and sample was always recorded due to fluctuations in tides and salinity.

Fisheries
The fish samples were collected primarily with a trawl net in each locality. The captures made by artisanal fishermen using gill nets were also included in the data study, as well as some commercial fish catches that arrived at Pedernales.

Trinidadian shrimp-catcher type trawl net, previously described by Novoa (2000a), was used by the AquaRAP team. The captures were partly processed in the field. Five persons weighed and counted the individual fish. The larger fishes were identified and release back into the water.

On the sandy beaches of Cotorra Island, five day and five night casts were done with a beach net or "chinchorro" of 17 x 1 m (5 mm interknot). In internal lagoons, drainage canals and ponds, hand nets were used (variable ring diameter, 1 to 5 mm interknots). Some local Warao also helped collect fishes manually or with traditional fishing systems.

The medium size and small fishes were fixed in a 10% formaldehyde solution and separated according to the locality and fishing method. In most cases, a photographic record of the species was made. A reference collection was deposited in the La Salle Natural History Museum's Ichthyological Section (MHNLS), in Caracas, Venezuela.

Laboratory work

Publications by Cervigón (1982, 1985, 1991, 1993, 1994, 1996), Cervigón and Alcalá (1999) and Cervigón et al. (1992) were used for fish identification.

When appropriate, the relative abundance of a fish species was estimated from the captures per effort unit (CPEU). In a similar manner, density and relative biomass were calculated. Community dominance was calculated following Goulding et al. (1988). Species diversity was estimated using the Shannon index (H′), richness (R1) using the Margalef index and equity (J) according to Pielou (1969 as cited in Magurran 1988):

$$H' = - \sum p_i \log p_i$$
$$R1 = (S-1) / \ln N$$
$$J = H' / \log S$$

where: $p_i = n_i / N$
n_i: number of individuals of the species I
N: total number of individuals in the sample
S: number of species

Similarity between localities and habitats in fish species richness was calculated through Simpson's similarity coefficient (RN2 = 100(s) / N2); where s: number of shared species between both localities or habitats, and N2: number of species in the locality or habitat with lower richness.

RESULTS AND DISCUSSION

Physical and biotical characterization of the localities
Table 4.1 summarizes the general physical and biological characteristics of the eight study localities.

Sampling effectiveness
The methods used to collect fishes during the AquaRAP 2002 are described in the methods section of this chapter. Each of these methods was used differently according to the habitat type. The purpose was always to obtain the maximum species representation for every habitat observed in the minimum possible time, and to sample the widest possible area. The dominant use of the trawl net may imply that other methods were not used. However, the following should be considered:

1. The majority of the fish species in the Orinoco Delta and Gulf of Paria are benthic species, therefore the fishing method must be able to effectively sample or "sweep" the sea, rivers and bottoms of channels. This the trawl net was applied in all localities.

2. Previous studies in the region from 1980 to 2002 (see, for example, Novoa 1982; Novoa 2000a, b; Novoa and Cervigón 1986; Novoa et al. 1982) always used the shrimp trawl net. The use of the same fishing method as that used by those authors, allows us to compare both the diversity and richness values, as well as species abun-

Ichthyofauna of the estuarine waters of the Orinoco Delta
(Pedernales, Mánamo and Manamito Channels) and the Gulf of Paria
(Guanipa River): Diversity, distribution, threats and conservation criteria

dance. This has the advantage that it allows us to detect changes in community composition and structure, an indispensable tool when making recommendations for conservation.

3. The trawl method's effectiveness has been demonstrated by Novoa (2000 b). According to this author, 60 out of the 73 (more than 80%) fish and macro-invertebrates species recorded for the mouth of the Mánamo channel

were captured using trawl nets, while only five species were captured with gill nets and eight more in the commercial catches. The use of gill nets was not necessary during the AquaRAP survey due to the fact that juvenile individuals of the species normally captured by this system were collected with the trawl net, making it possible to count the species. Additionally, we examined the commercial captures made by the artisanal fishermen using gill nets.

Table 4.1. Physical and biological characterization of the sampling locations during the AquaRAP expedition in the Gulf of Paria and Orinoco Delta, Venezuela. Physio-chemical parameter values are expressed as an interval (in parenthesis) and as an average. Capure Island (location 8) is not included, as physio-chemical parameters were not taken in the lagoon and the contaminated water discharge canals for domestic use.

Locations and habitats	Parameters							
	Depth (m)	Salinity (%o)	Transparency (cm)	pH	Temperature °C	Bottom type	Water type	Submerged organic material
1) Pedernales Channel								
Principal canal	(1 – 3.7) 2.35	(0 - 16) 8	20	(6.2 – 7.8) 7	(26 - 28) 27	Muddy-sandy	White	Trunks
2) Cotorra Island - Mouth of the Pedernales:								
Channel and sand bars	(1.3 – 2.3) 1.8	(5 - 11) 8.9	18	(7.1 – 8.1) 7.6	(27 - 29) 28	Muddy-sandy	White	Leaf litter and trunks
Sandy beach	1.5	15	26	7.4	27.7	Sandy	White	-
Internal lagoon	0.5	20	Total	7	25	Muddy	Clear	Leaf litter
3) Mánamo Channel								
Principal canal	(1 – 1.4) 1.2	(6 - 11) 8.5	17	(6.9 – 7.1) 7	28	Muddy	White	Leaf litter
Guinamorena:								
Principal canal	(1.4 – 3.3) 2.35	0	35	(4.2 – 5.5) 4.9	(27 - 28) 27.5	Muddy	White/ Clear	Leaf litter
4) Guanipa River:								
Principal canal Muddy beaches	(1 – 5.9) 3.45	(0 - 6) 3	(12 - 17) 14.5	(5.3 – 6.9) 6.1	(25 - 26) 25.5	Muddy-sandy	White	Trunks
Pozas intermareales	0.3	4	10	-	(27 - 30) 28.5	Muddy	Clear	-
Venado Channel :								
Principal canal	(1.6 – 3.8) 2.25	(9 - 13) 11	(16 - 18) 17	(7.4 – 8.1) 7.75	26	Muddy	White	Leaf litter
Intertidal pools	0.03	9	-	7.5	25	Muddy	White	-
5) Manamito Channel:								
Principle canal	(1.1 – 2.9) 1.95	(0 - 5) 2.5	29		(26 - 27) 26.5	Muddy	White	Leaf litter
6) Mouth of the Bagre:								
Principal canal	(1 – 5.7) 3.35	(0 - 4) 2	27	(6.4 – 7.4) 6.9	(27 - 28) 27.5	Muddy-sandy	White	Leaf litter
7) Rocky beach of Pedernales:	(0 – 0.30) 0.15	8	-	7.4	28	Muddy-sandy	White	

Rapid assessment of the biodiversity and social aspects of the
aquatic ecosystems of the Orinoco Delta and the Gulf of Paria, Venezuela

217

4. We used the trawling fishing method, not only along the channel bottoms and bars, but on the sandy and muddy beaches as well, at different depths. This allowed us to capture diverse coastal and pelagic species at different levels in the water column.

5. It also must be emphasized that the fishing effort (effective trawl fishing hours) carried out during the AquaRAP for one week (more than 8 hours), was equivalent or superior to that done by Novoa (2000 b) as the base of information for one month's work.

6. Finally, it is important to indicate that the use of trawl and gill nets was complemented by other fish collecting methods (hand nets, beach nets), particularly intended for certain species and habitats.

Figure 4.1 shows the cumulative species curve during sampling. The curve's tendency is toward stabilization at the end of the sampling period (day 8). Nevertheless, it should be noted that the increase of the curve in the last two days is due to the addition of new species coming from two localities (loc. 7 = day 7, rocky beach at Pedernales and loc. 8 = day 8, Capure Island), in which the particular characteristics of these habitats were different from those of localities 1 through 6 and resulted in the presence of additional fish species.

Species richness and distribution

A total of 106 fish species were identified, from 13 orders and 40 families. The species list and their distribution are given in Appendix 6. The order with the greatest number of species was Perciforms (39 species), followed by Siluriforms (18 sp.) and Clupeiforms (16 sp.). The rest of the orders

have ten or fewer species (Figure 4.2). The more diverse families were Sciaenidae (16 sp.) and Engraulidae (13 sp.). The rest of the families had only one to six species (Figure 4.3).

Twenty six fish species out of the 106 collected during the AquaRAP are new records for the Orinoco Delta according with the most recent list (Ponte at al. 1999). This increases the ichthyological richness of the Orinoco Delta's to 352 species. Likewise, at least 15 species are new records for the Gulf of Paria according with the list by Lasso at al. (*in prep*), which results in a total number of fish species of close to 200 species.

The AquaRAP survey provides new data for the lower portions of the Guanipa River and Venado channel, neither of which had been previously surveyed. Compared to the list of species present in 23 channels and/or regions of the Orinoco Delta, including Manamito, Mánamo and Pedernales channels (Ponte et al. 1999), the AquaRAP survey recorded

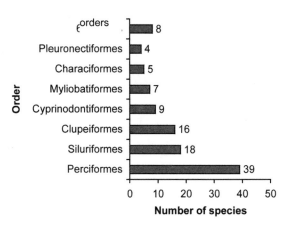

Figure 4.2. Number of fish species per order collected during the AquaRAP survey.

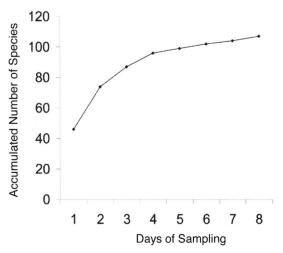

Figure 4.1. Species accumulation curve for fishes collected during the AquaRAP survey.

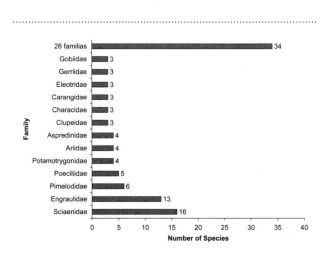

Figure 4.3. Number of species by family collected during the AquaRAP survey.

Ichthyofauna of the estuarine waters of the Orinoco Delta
(Pedernales, Mánamo and Manamito Channels) and the Gulf of Paria
(Guanipa River): Diversity, distribution, threats and conservation criteria

several new records for these channels. In particular, we add 40 new fish records to the 97 species known from the Pedernales channel, an addition of more than 40%. In Manamito channel, the AquaRAP survey added 51 new fish records to the 19 species listed in previous works, an increment of more than 250%. In the Mánamo channel, we added 26 species, increasing the number to 132 species (an increment of almost 25%).

Table 4.2 lists the number of reported species for the channels and rivers of the Orinoco Delta and the Gulf of Paria. While these numbers provide an idea of the species richness of each of these sites, the sampling intensity is disproportionate among them. For example, only two species have been recorded from the Buja channel (Orinoco Delta) while 168 species have been documented in the San Juan (Gulf of Paria). This is due to the lack of fish surveys in many of the channels and rivers. The five systems with the best knowledge are the San Juan channel (168 spp.), Pedernales channel (137 spp.), Mánamo channel (132 spp.), Macareo channel (115 spp.) and Winikina channel (99 spp.; Figure 4.4).

Additionally, two species, *Butis koilamotodon* (Eleotridae) and *Gobiosoma bosc* (Gobiidae), represent the first records for the West-central Atlantic and the South American northern coast, respectively. They also constitute two new records for the Venezuelan ichthyofauna. These two species, together with *Omobranchus punctatus* (Bleniidae), can be considered exotic species that were introduced by humans to Venezuela.

The AquaRAP results confirm the high diversity patterns indicated by Smith et al. (2003), for the Western Central Atlantic (WCA) region and, particularly, for the northern continental platform of South America.

Focal areas results

Locality 1 - Pedernales channel

There were 46 species: Myliobatiforms (4 spp.), Elopiforms (1 sp.), Clupeiforms (6 spp.), Characiforms (2 spp.), Siluri-forms (12 spp.), Cyprinodontiforms (2 spp.), Perciforms (14 spp.), Pleuronectiforms (3 spp.), Tetraodontiforms (1 sp.) and Batrachoidiforms (1 sp.). The ichthyofauna was dominated by marine groups, among which were mainly Perciforms and Siluriforms. Some freshwater species were present in the channel's upper section: *Raphiodon vulpinus, Piaractus brachypomus, Aphanotorulus watwata, Brachyplatystoma* sp., *Pimelodus altissimus* and *Pimelodus* cf. *blochi*. The following species were only collected in this locality: *Dasyatis guttata, Elops saurus, Raphiodon vulpinus, Pimelodus altissimus* and *Gobiosoma bosc*.

Locality 2 – Cotorra Island – mouth of the Pedernales channel

In this locality there were four environments or habitat types sampled: 1-2) deltaic channels and bars (mouth of the Pedernales– mouth of the Cotorra channel), 3) sandy beach (Cotorra Island) and 4) inner lagoon (Cotorra Island). Nine trawling extractions were done in the mainstream of the channel and in the sand bar zone. Ten 10 casts with a beach net (five diurnal and five nocturnal) were made at the sandy beach.

1-2) *Channels and sand bars:* 36 species were identified.

3) *Sandy beach:* sampled during the day (10:00) and during the night (20:30). 24 species were identified, with noticeable differences in the composition and abundance of the ichthyofauna during both periods. During the day, 24 species were collected (H'=2.42) and at night only 12 species (H'=1.67) (Tables 4.3 and 4.4). *Lycengraulis grossidens* was the most abundant species during the day and *Mugil incilis* during the night. The second most abundant species, during the day as well as at night, was *Anableps anableps* (Table 4.3). We recorded a density and biomass of 1 fish/m² and 40 g/m² during the day and 0.01 fish/m² and 39 g/m² during the night (Table 4.5). The two species that made up the greatest absolute biomass were not abundant but were

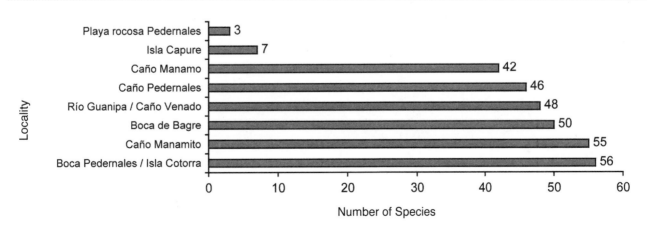

Figure 4.4. Number of species by locality collected during the AquaRAP survey.

Rapid assessment of the biodiversity and social aspects of the
aquatic ecosystems of the Orinoco Delta and the Gulf of Paria, Venezuela

219

of great size: *Epinephelus itajara* (day) and *Batrachoides surinamensis* (night). On average, the relative biomass was similar during both periods (39 and 40 g/m², night and day, respectively). At this locality we collected the only species of Hemirramphidae (*Hyporhamphus roberti*) present in the study area. Lasso et al. (*in press*), found 23 fish species at two beaches in the exclusively fresh water of the Pedernales channel, none of which were the same as those collected at this locality during the AquaRAP survey. Fish density from that study was similar to that

obtained during the day (1 fish/m²) in the AquaRAP survey but the biomass was higher (93 to 144 g/m²).

4) *Inner lagoon*: four small size species were identified (*Poecilia* spp., *Rivulus ocellatus* and *Mugil* sp. - juveniles).

A total of 57 species were identified from the four habitat types: Myliobatiforms (5 spp.), Clupeiforms (8 spp.), Siluriforms (8 spp.), Cyprinodontiforms (6 spp.), Beloniforms (1 sp.), Perciforms (23 spp.), Pleuronectiforms (3 spp.), Tetraodontiforms (2 spp.) and Batrachoidiforms (1 sp.).

Table 4.2. Number of species of fishes reported in different channels and rivers of the Orinoco Delta and Gulf of Paria, including species that exclusively live in freshwater. The systems are listed from west to east.

Channels, rivers, and systems	Watershed	Number of Species	Reference
Caño Buja	Orinoco	2	Ponte et al. (1999)
Caño Manamito	Orinoco	79	Ponte et al. (1999) This study
Caño Mánamo	Orinoco	132	Ponte et al. (1999) This study
Caño Pedernales	Orinoco	137	Ponte et al. (1999) This study
Caño Cocuina	Orinoco	45	Ponte et al. (1999) Lasso et al. (1999)
Caño Macareo	Orinoco	115	Ponte et al. (1999)
Río Grande	Orinoco	79	Ponte et al. (1999)
Caño Winikina	Orinoco	99	Ponte et al. (1999)
Caño Aragüao	Orinoco	47	Ponte et al. (1999)
Caño Aragüabisi	Orinoco	32	Ponte et al. (1999)
Caño Aragüaito	Orinoco	40	Ponte et al. (1999)
Caño Paloma	Orinoco	12	Ponte et al. (1999)
Caño Guayo	Orinoco	8	Ponte et al. (1999)
Caño Merejina	Orinoco	11	Ponte et al. (1999)
Boca Grande (río Orinoco)	Orinoco	29	Ponte et al. (1999)
Caño Sacoroco	Orinoco	64	Ponte et al. (1999)
Caño Acoima	Orinoco	75	Ponte et al. (1999)
Caño Piacoa	Orinoco	12	Ponte et al. (1999)
Caño Ibaruma	Orinoco	72	Ponte et al. (1999)
Brazo Imataca (río Orinoco)	Orinoco	31	Ponte et al. (1999)
Caño Amacuro	Orinoco	4	Ponte et al. (1999)
Caño Arature	Orinoco	22	Ponte et al. (199v)
Ríos Vertiente Sur	Gulf of Paria	19	Lasso et al. (2003b)
Península de Paria			
Caños Ajíes y Guariquén	Gulf of Paria	31	Lasso et al. (2003b)
Río San Juan	Gulf of Paria	168	Lasso et al. (2003b)
Río Guanipa	Gulf of Paria	59	Lasso and Meri (2001) Lasso et al. (2003b)

Ichthyofauna of the estuarine waters of the Orinoco Delta
(Pedernales, Mánamo and Manamito Channels) and the Gulf of Paria
(Guanipa River): Diversity, distribution, threats and conservation criteria

Perciforms and sea catfishes dominated. The species unique to this locality were: *Gymnura micrura, Potamotrygon* sp. 4, *Aspredinichthys filamentosus, Rivulus ocellatus, Hyporhamphus roberti, Caranx* sp.*, Chaetodipterus faber, Pomadasys croco* and *Polydactylus virginicus.*

Locality 3 - Mánamo channel - Güinamorena

The indigenous village of Güinamorena and the Güinamorena channel at its confluence with the Mánamo channel represent the AquaRAP sampling area located furthest

Table 4.3. Relative abundance of species,%, and absolute biomass (g), at Locality 2: Cotorra Island beach – mouth of the Pedernales.

Species	Daytime %	(g)	Night %	(g)
Rhinosardinia sp. (juvenile)	0.3	(1)		
Anchoviella lepidontostole			8.9	(6)
Lycengraulis grossidens	27	(68)		
Cathorops spixii	0.3	(2)	5.3	(76)
Arius herzbergii	5.3	(22)	3.6	(79)
Hypostomus watwata	0.3	(489)		
Anableps anableps	12	(174)	23	(472)
Anableps microlepis	2.6	(35)		
Hyporhamphus roberti			1.8	(2)
Caranx hippos	7.6	(37)	1.8	(19)
Oligoplites saurus	1.5	(12)		
Chaetodipterus faber	1.1	(17)		
Eugerres sp. (juvenil)	0.8	(1)	3.6	(19)
Diapterus rhombeus	2.6	(22)		
Genyatremus luteus	11	(97)		
Pomadasys crocro	0.3	(57)		
Mugil incilis			43	(886)
Polydactylus virginicus	0.3	(4)		
Cynoscion sp. (juvenil)	0.3	(1)		
Micropogonias furnieri	7.2	(171)		
Plagioscion squamosissimus			3.6	(1)
Stellifer naso	7.2	(92)	1.8	(3)
Epinephelus itajara	0.3	(807)		
Citharichthys spilopterus	4.2	(16)		
Achirus achirus	2.6	(271)	1.8	(21)
Colomesus psittacus	3.4	(86)		
Sphoeroides testudineus	0.8	(12)		
Batrachoides surinamensis	0.3	(121)	1.8	(1006)
Number of Species	**24**		**12**	
Total	**100**	**(2615)**	**100**	**(2554)**

within the continental region of delta, and therefore the most influenced by fresh water.

Freshwater fish species indicative of this environment were: *Pristobrycon calmoni, *Triportheus angulatus, *Auchenipterus ambyacus, Loricaria* sp., *Brachyplatystoma vaillantii, Hypophthalmus marginatus, *Pimelodina flavipinnis, Pimelodus blochii, *Sternarchorhamphus muelleri, Plagioscion squamosissimus, Plagioscion auratus* and *Pachypops fourcroi.* The species indicated by * were collected uniquely in this environment.

The inland portion of the Mánamo channel is more saline (6 to 11 ‰) and the composition of the ichthyofauna changes to a typical marine-estuarine fauna composed of about 15 species where sea catfishes and Sciaenidae predominate.

Altogether, 41 species were identified for this locality: Myliobatiforms (2 spp.), Clupeiforms (10 spp.), Characiforms (2 spp.), Gymnotiforms (1 sp.), Siluriforms (12 spp.), Perciforms (8 spp.), Pleuronectiforms (3 spp.), Tetraodontiforms (2 spp.) and Batrachoidiforms (1 sp.). Species unique to this locality were: *Anchoviella* sp. and *Anchoviella manamensis.*

Locality 4 – Guanipa River – Venado channel

The Guanipa River belongs, from the hydrological point of view, to the Gulf of Paria basin (the rest of the sampled localities and stations correspond to the Orinoco Delta basin). In this river the following habitat types were recognized: 1) mainstream of the Guanipa River, 2) marginal muddy beaches at the mouth of the Guanipa River, and 3) intertidal wells at the mouth of the Guanipa River.

The Venado channel is delimited by continental margin of the Gulf of Paria and Venado Island, and thus has a greater marine influence. Here, we did three sweeps with the trawl net and had the opportunity to record the catches of local artisanal fishermen.

Table 4.4. Values for the Shannon diversity index (H'), maximum diversity (H' max), evenness (J), Margalef richness index (R1), number of species (S), community dominance index (IDC), and dominant species at Locality 2: Cotorro Island beach – mouth of the Pedernales.

Indices	Day	Night
H'	2.42	1.67
H' max	2.99	2.16
J	0.77	0.71
R1	4.12	2.73
S	24	12
IDC	39	66
Dominant Species	1) *Lycengraulis grossidens*	1) *Mugil incilis*
	2) *Anableps anableps*	2) *Anableps anableps*

Rapid assessment of the biodiversity and social aspects of the
aquatic ecosystems of the Orinoco Delta and the Gulf of Paria, Venezuela

221

In the main stream of the Guanipa River, 25 fish species were collected. Only one species, *Gobionellus brussonnetii*, was collected from the muddy beaches. In the intertidal wells, we collected five species including *Guavina guavina* (guavina), which lives in holes made by the blue crab (*Cardisoma guanhumi*). From the Venado channel (including the intertidal zone and the artisanal fishermen's catches), we identified 24 species.

Altogether, 48 fish species were identified for this locality: Myliobatiforms (3 spp.), Elopiforms (1 sp.), Clupeiforms (3 spp.), Characiforms (2 spp.), Siluriforms (10 spp.), Cyprinodontiforms (7 spp.), Perciforms (19 spp.), Pleuronectiforms (1 spp.), Tetraodontiforms (1 sp.) and Batrachoidiforms (1 sp.). Marine-estuarine Perciforms predominated, although towards the mouth there was an abundance of freshwater rays.

The species unique to this locality were: *Megalops atlanticus, Anchoa lamprotaenia, Poecilia* sp. (mancha), *Guavina guavina, Gobioides brussonnetti, Gobionellus oceanicus* and *Stellifer magoi*.

Locality 5 – Manamito channel
Nine trawl casts were made between the mouth and the upper parts of the Manamito channel. A sample was also taken from a small inland lagoon of about 15 cm deep and 6 ‰ salinity (see Appendix 8).

In the inland lagoon *Poecilia* cf. *picta* was collected and *Anableps* spp. were observed. In the main stream of the Manamito channel (including the lagoon), 55 species were identified: Myliobatiforms (2 spp.), Clupeiforms (8 spp.); Characiforms (1 sp.); Siluriforms (12 spp.); Cyprinodontiforms (6 spp.); Perciforms (20 spp.); Pleuronectiforms (3 spp.); Tetraodontiforms (2 spp.) and Batrachoidiforms (1 sp.). The ichthyofauna was basically estuarine-marine, dominated by Perciforms and with some freshwater elements in the zones where salinity is near 0 ‰: *Brachyplatystoma* sp., *Aphanotorulus watwata, Pimelodus* cf. *blochi, Curimata* sp. and *Plagioscion squamosissimus. Diapterus* sp. (juveniles) was collected only in this locality.

Locality 6 – Mouth of the Bagre channel
Nine trawling casts were held between the mouth and the upper portions of the Bagre channel, as well as out along the sand bars.

Table 4.5. Density and relative fish biomass by unit area in Locality 2: Cotorra Island beach – mouth of the Pedernales.

	Density (species / m²)	Biomass (g / m²)
Day	1	40
Night	0.01	39

A total of 50 fish species were identified: Myliobatiforms (2 spp.), Clupeiforms (10 spp.); Siluriforms (13 spp.); Cyprinodontiforms (2 spp.); Perciforms (19 spp.); Pleuronectiforms (3 spp.) and Tetraodontiforms (1 sp.). The ichthyofauna was basically estuarine-marine, with catfishes and Perciforms predominating. A few freshwater elements were recorded in freshwater zones: *Hypophthalmus marginatus, Brachyplatystoma vaillantii* and *Aphanotorulus watwata*. The species exclusively found in this locality were: *Anchoa hepsetus, Anchovia surinamensis* and *Eleotris* sp.

Locality 7 – Rocky beach at Pedernales
The presence of rocks (gigas), flint rocks, construction ruins, buildings, and shipwrecks, as well as natural oil outcrops, make this locality a unique habitat type for many fish species. Collections were made in the intertidal zone, along the border of the beach, and beneath the rocks.

Three fish species were identified: Anguilliformes (1 sp.) and Perciformes (2 spp.). The presence of the blenid *Omobranchus punctactus* (Pisces, Blennidae) is noteworthy because it is a species originally from the Indian Ocean that has been introduced into the Atlantic Ocean. In Venezuela, it has only been previously recorded from Güiria in 1961 (Cervigón, 1966) and had not been documented again until this AquaRAP survey. The fact that this species was found living between the rocks in the oil natural outcrops at Pedernales is also interesting from a physiological and ecological perspective. The other species recorded only in this environment was *Myrophis* cf. *punctatus*.

Locality 8 – Capure Island
Several points were sampled at between the pier and the airport on Capure Island, mainly in contaminated drainage canals from human settlements (houses, commercial establishments, pigpens). Despite the contamination, seven fish species were found, three of them in the genus *Poecilia*.

An apparently non-contaminated natural lagoon was also sampled, and three more fish species identified, one of them uniquely collected in this environment (*Cichlasoma taenia* - Perciforms - Cichlidae).

Out of the seven identified species, *Poecilia reticulata, Rivulus* sp., *Polycentrus schomburgki* and *Cichlasoma taenia* were found only at this locality.

Appendix 8 summarizes the characteristics and specific richness for each of the ichthyological sampling stations.

Comparison between localities, habitat and salinity influence on species distributions
The localities with the greatest fish species richness were, in decreasing order: mouth of the Pedernales - Cotorra Island (57 spp.), Manamito channel (55 spp.), mouth of the Bagre (50 spp.), Guanipa River – Venado channel (48 spp.), Pedernales channel (46 spp.), Mánamo channel – Güinamorena (41 spp.). The localities with the lowest species richness were the rocky beach at Pedernales and the lentic environment

Ichthyofauna of the estuarine waters of the Orinoco Delta
(Pedernales, Mánamo and Manamito Channels) and the Gulf of Paria
(Guanipa River): Diversity, distribution, threats and conservation criteria

on Capure Island, with three and seven species each (Figure 4.4).

When we submit the species by locality distribution matrix (Appendix 6) to a similitude analysis, we observe a great similarity between six of the eight localities. The locali-

Table 4.6. Number of species of fishes shared between the sampling localities of the AquaRAP survey.

	1 Caño Pedrenales	2 Boca de Pedernales Isla Cotorra	3 Caño Mánamo	4 Río Guanipa Caño Venado	5 Caño Manamito	6 Boca de Bagre	7 Playa rocosa de Pedernales	8 Isla Capure
1		29	24	29	33	34	0	0
2			20	31	39	35	0	4
3				23	27	22	0	0
4					35	28	0	2
5						45	0	3
6							0	0
7								1

Table 4.7. Values of the Simpson similarity index (%) between the sampling localities of the AquaRAP survey. Values greater than 66% indicate the same faunistic group.

	1 Caño Pedernales	2 Boca de Pedernales Isla Cotorra	3 Caño Mánamo	4 Río Guanipa Caño Venado	5 Caño Manamito	6 Boca de Bagre	7 Playa rocosa de Pedernales	8 Isla Capure
1		63	57	63	71.7	73.9	0	0
2			47.6	67.4	84.8	76.1	0	57.1
3				54.8	64.3	52.4	0	0
4					71.4	57.1	0	28.6
5						90	0	42.9
6							0	0
7								33.3

Table 4.8. Number of fish species shared between the different habitat types sampled during the AquaRAP survey. S: total number of species per habitat type.

	1 River Basin	2 Sand-mud Beaches	3 Intertidal Pools and Channels	4 Internal Freshwater Lakes	5 Drainage Canals from Human Settlements	6 Rocky Beach
1	-	22	4	0	0	0
2	-	-	1	1	1	0
3	-	-	-	2	2	0
4	-	-	-	-	5	1
5	-	-	-	-	-	0
S	82	29	13	8	5	3

Rapid assessment of the biodiversity and social aspects of the
aquatic ecosystems of the Orinoco Delta and the Gulf of Paria, Venezuela

223

ties shared a high number of species (Table 4.6), except for the rocky beach at Pedernales (no species in common with the rest), and Capure island, (1 species shared). Out of the 28 possible combinations, six cases were significantly similar, with over 66.6% similarity, indicating the same faunal group or that the fauna from each locality did not differ from the others (Sánchez and López 1988). Similar faunas were found between Pedernales channel and the Manamito channel-mouth of the Bagre; mouth of the Pedernales – Cotorra Island and the Guanipa River and the Manamito channel-mouth of the Bagre; Guanipa River and the Manamito channel; and finally the Manamito channel and the mouth of the Bagre. Similarity was also fairly high between other localities (Table 4.7). The geographical vicinity, similar environment/habitat type, and continuous species interchange are, partly, the reason for such high similarity in fish fauna between the sampling localities. The difference between the rocky beach at Pedernales and the rest of the localities is due to the particular ecological characteristics of this locality and its unique fish fauna.

An analysis grouping the localities by habitat reveals a 100% similarity between freshwater inner lagoons and the drainage canals of Capure Island, a predictable result given the faunal interchange between both environments during the rainy season when they interconnect. We also found a high similarity between between the bottom environments of the rivers and channels and their contiguous sandy-muddy beaches (RN=75.9%). The contact between both habitats and the little difference in depth (there is a smooth topological gradient) probably does not permit the existence of a specialized benthic fauna. In other regions of the Orinoco Basin where there is a pronounced difference in depth between the bottom of the river and the marginal beaches (topological borders), there is a segregation or evident difference between the fish communities, with some fish species adapted to the beaches and some species exclusively found on the bottom of the mainstream (Lasso et al. 1999). Table 4.8 and 4.9 indicate the number of species shared and the similarity between different habitat types.

The species list, distributed by habitat, as well as a classification according to their ability to tolerate salinity (Cervigón 1985), are given in Appendix 7.

Almost all of the fish species recorded live at the bottom of the mainstream of the channels and at the bottom of sandy-muddy beaches (benthic species). Few of the species collected were open-water species (pelagic) or adapted to live in the intertidal zone and small inner water bodies. The habitats with the greater species richness were, in decreasing order: bottom of the mainstream of rivers and channels (82 spp.), sandy-muddy beaches (29 spp.), intertidal wells and channels (13 spp.), freshwater inner lagoons (8 spp.), domestic drainage canals (5 spp.) and rocky beach (3 spp.; Table 4.7, Appendix 7).

The ichthyofauna of this part of the Orinoco Delta and the Gulf of Paria during this period of the year (December), consists mainly of marine-estuarine species, which represented about 18% of the fish community sampled. Since the AquaRAP survey focused only on the lower delta, which is strongly influenced by marine waters, the fish species recorded are adapted to this environment. The majority of the fish species recorded (61 spp., 57%) were species adapted to waters with a salinity of 5 to 20‰ (saline) or 30 to 36‰ (marine). Only 18 fish species (17%) were found in fresh waters (0‰ salinity). Eight species (7.5%) were able to tolerate a wide range of salinity and were thus recorded in fresh, saline and marine waters. Only one exclusively marine species was reported. Previous studies over the entire Orinoco Delta have reported 71 fish species that are adapted to salty or estuarine waters and 31 species that are exclusively marine (Ponte et al.1999).

Threats

At the present time, the main threat to the ichthyofauna is trawling for shrimp, locally known as "chica." This activity has been conducted in the region since 1993, and has led to drastic decreases in the abundance of fish and macroinvertebrate species. Fish species that were once abundant and dominant in the aquatic fauna, such as rays (Dasyatidae family) and toad fish (Batrachoides surinamensis), are currently registering very low abundance (Novoa, 2000;

Table 4.9. Values of the Simpson similarity index (%) between the different habitat types sampled during the AquaRAP survey.

	1 River Basin	2 Sand-mud Beaches	3 Intertidal Pools and Channels	4 Internal Freshwater Lakes	5 Drainage Canals from Human Settlements	6 Rocky Beach
1	-	72,9	30,8	0	0	0
2	-	-	7,7	12,5	20	0
3	-	-	-	25	40	0
4	-	-	-	-	100	33,3
5	-	-	-	-	-	0

Ichthyofauna of the estuarine waters of the Orinoco Delta
(Pedernales, Mánamo and Manamito Channels) and the Gulf of Paria
(Guanipa River): Diversity, distribution, threats and conservation criteria

this volume). According to Novoa (2000) total biomass declined 63% from estimates taken before trawling activity was present in the region. For example, in 1981, during one hour of trawling there were, on average, 58.8 kg of biomass captured, while in 1998, only 21.7 kg was caught (Novoa, 2000). These changes occurred also in the qualitative composition of the biomass. In 1981, out of the total catches, 35% were marine catfishes (Ariidae family), 16% were rays (Dasyatidae family), 15% were croakers and drums (Sciaenidae) and 21% were shrimp. However, in 1998, 30% of the total biomass was represented by shrimp species, 26% by marine catfishes, and 6% by rays. All these data indicate the importance of the results obtained during the AquaRAP 2002 survey in order to compare statistics and evaluate trends over time.

Chapter 5 contains a more detailed discussion about this threat in relation to the benthic ichthyofauna.

GENERAL CONSERVATION CONCLUSIONS

- The diversity of the ichthyfauna is moderate compared to the rest of the Orinoco basin, but rich compared to other estuarine environments of Venezuela, South America, and the tropics in general.

- These aquatic systems are unique on a regional and global scale, and share many species among the sampling localities in the area.

- Most of the fish species are able to tolerate medium-high levels of salinity, therefore most species recorded were estuarine species, followed by marine and freshwater components.

- The tide regimes and hydrological dynamics of the entire Orinoco Delta and wider Gulf of Paria are the factors that regulate fish diversity and distribution.

- The estuarine area surveyed by this AquaRAP can now be considered as a relatively well-known region. Nevertheless, very little is known about the freshwater ecosystems, the estuarine region south of Pedernales (region between Pedernales and the Grande River), and the estuarine region between the mouth of the Guanipa's the Ajíes channel in the Gulf of Paria. More aquatic surveys like AquaRAP are recommended.

CONSERVATION RECOMMENDATIONS

- Continue the monitoring and regulating the shrimp trawling fishery throughout the year 2004. Monitoring and regulation of shrimp trawling should continue. These efforts should include a gradual reduction of the national shrimp fishing fleet as well as that of Trini-

dad, which would require revising the current fishing agreements between the two nations. Fisheries must be continuously monitored and regulations must be continuously updated according to fishing studies to guarantee sustainable use and income generation.

- Declare special fishing prohibitions. The existence of logs, fallen branches, and other objects at the bottom of some channels and beaches impedes the use of trawling equipment, allowing these areas to act as "refuges" for many species. However, these refuge areas alone cannot guarantee sufficient protection of shrimp or fish resources. The establishment of protected areas with special fishing prohibitions is required. These areas could be either totally off limits to fishing activity or allow for activity only during certain times of the year, depending on the biology of the affected species.

- Implement the use of alternative fishing methods with less impacts on aquatic biota, for example, gill nets, fish traps (baskets), etc. This process should be monitored by fishing biology experts and include environmental education and gradual transition to new fishing methods.

- Few of the aquatic species from the GoP and Orinoco Delta have been included in lists that highlight the need for special protection status of some kind, such as IUCN's Red List, Special Areas and Wildlife Protocol (SAWP) or the Convention on Intentional Traffic in Endangered Species (CITES). Their exclusion reflects the fact that few species in the region have been evaluated according to the criteria of such lists. Preliminary data from the 2002 AquaRAP indicate that some type of special protection should be applied to several species, such as the toad fish (*Batrachoides surinamensis*) and marine rays (Dasyatidae family), particularly *Dasyatis guttata*, *Dasyatis geijskesi*, *Himantura schmardae* and *Gimnura* spp. An immediate recommendation is to undertake a rapid evaluation of the status of the region's marine and estuarine species.

- A greater sampling effort is required in the freshwater environments of the interior of the deltaic islands. Although these environments are relatively poor in fauna as has been shown by Lasso and Meri (2001) and Lasso et al. (in press), they are interesting from ecological and evolutionary perspectives.

BIBLIOGRAPHY

Canales, H. 1985. La cobertura vegetal y el potencial forestal del T.F.D.A. (Sector norte del Río Orinoco). M.A.R.N.R. División del Ambiente. Sección de vegetación.

Rapid assessment of the biodiversity and social aspects of the
aquatic ecosystems of the Orinoco Delta and the Gulf of Paria, Venezuela

225

Carpenter, K.E. (eds.). 2003. FAO Species Identification Guide for Fishery Purposes. The Living Marine Resources of the Western Central Atlantic. FAO, Roma.

Cervigón, F. 1982. La ictiofauna estuarina del Caño Mánamo y áreas adyacentes. *In:* Novoa, D. (comp.). Los recursos pesqueros del río Orinoco y su explotación. Corporación Venezolana de Guayana. Caracas, Ed. Arte. Pp. 205-260.

Cervigón, F. 1985. La ictiofauna de las aguas estuarinas del delta del río Orinoco en la costa atlántica occidental, Caribe. *In:* Yañez-Arancibia, A. (ed.). Fish Community Ecology in Estuaries and Coastal Lagoons: Towards an Ecosystem Integration. UNAM Press, Mexico. Pp. 56-78.

Cervigón, F. 1991. Los peces marinos de Venezuela. Vol. 1. Segunda edición, Fundación Científica Los Roques. Caracas.

Cervigón, F. 1993. Los peces marinos de Venezuela. Vol. 2. Segunda edición, Fundación Científica Los Roques. Caracas.

Cervigón, F.1994. Los peces marinos de Venezuela. Vol. 3. Segunda edición, Caracas.

Cervigón, F.1996. Los peces marinos de Venezuela. Vol. 4. Segunda edición, Caracas.

Cervigón, F. y A. Alcalá. 1999. Los peces marinos de Venezuela. Vol. 5. Fundación Museo del Mar. Caracas.

Cervigón, F., R. Cipriani, W. Fischer, L. Garibaldi, M. Hendrickx, A. J. Lemus, R. Márquez, J. M. Poutiers, G. Robaina and B. Rodriguez. 1992. Guía de campo de las especies comerciales marinas de aguas salobres de la costa septentrional de Sur América. Fichas FAO de identificación de especies para los fines de pesca. FAO, Roma.

Fernández-Yépez, A. 1967. Análisis ictiológico del Complejo Hidrográfico (10) "Delta del Orinoco". Cuenca El Pilar. Primera entrega. Ministerio Agricultura y Cría, Estación de Investigaciones Piscícolas, Caracas.

Ginés, H. and F. Cervigón. 1967. Exploración pesquera en las costas de Guayana y Surinam. Mem. Soc. Cienc. Nat. La Salle, 28 (79): 1-96.

Ginés, Hno., C. Angell, M. Méndez, G. Rodríguez, G. Febres, R. Gómez, J. Rubio, G. Pastor and J. Otaola. 1972. Carta pesquera de Venezuela. 1.- Áreas del nororiente y Guayana. Fundación La Salle de Ciencias Naturales. Monografía 16. Caracas.

Goulding, M., M. Leal Carvalho and E. Ferreira. 1988. Rich Life in Poor Water: Amazonian Diversity and Foodchain Ecology as Seen Trough Fish Communities. SPB Academic Publishing, The Hague.

Lasso, C., A. Rial, and O. Lasso-Alcalá. 1999. Composición y variabilidad espacio-temporal de las comunidades de peces en ambientes inundables de los Llanos de Venezuela. Acta Biol.. Venez., 19 (2): 1-28.

Lasso, C. and J. Meri. 2001. Estructura comunitaria de la ictiofauna en herbazales y bosques inundables del bajo río Guanipa, cuenca del Golfo de Paria, Venezuela. Mem. Fund. La Salle Cienc. Nat. 155: 73-90.

Lasso, C., D. Lew, D. Taphorn, O. Lasso-Alcalá, F. Provenzano, C. DoNacimiento and A. Machado-Allison (en prensa). Biodiversidad ictiológica continental de Venezuela. Parte I. Lista actualizada de especies y distribución por cuencas. Mem. Fund. La Salle Cienc. Nat.

Lasso, C., F. Provenzano, O. Lasso-Alcalá and A. Marcano (en preparación). Composición y aspectos zoogeográficos de la ictiofauna dulceacuícola y estuarina del Golfo de Paria, Venezuela.

Lasso, C., J. Meri and O. Lasso-Alcalá (en prensa). Composición, aspectos ecológicos y uso del recurso íctico en el Bloque Delta Centro, Delta del Orinoco, Venezuela. Mem. Fund. La Salle Cienc. Nat.

Lundberg, J., J. Baskin and F. Mago. 1979. A preliminary report on the first cooperative U.S.-Venezuelan ichthyological expedition to the Orinoco River. Mimeografiado.

Mago, F. 1970. Lista de los peces de Venezuela, incluyendo un estudio preliminar sobre la ictiogeografía del país de Agricultura y Cría, Oficina Nacional de Pesca, Artegrafía, Caracas.

Magurran, A. 1988. Diversidad Ecológica y su Medición. Ed. Vechá, Barcelona.

Novoa, D. (Comp.). 1982. Los recursos pesqueros del Río Orinoco y su explotación. Corporación Venezolana de Guayana. Ed. Arte, Caracas.

Novoa, D. 2000 a. La pesca en el Golfo de Paria y Delta del Orinoco costero. CONOCO Venezuela. Ed. Arte. Caracas.

Novoa, D. 2000 b. Evaluación del efecto causado por el efecto de la pesca de arrastre costera sobre la fauna íctica en la desembocadura del Caño Mánamo (Delta del Orinoco, Venezuela). Acta Ecol. Mus. Mar. Margarita 2: 43-62.

Novoa, D., F. Cervigón and F. Ramos. 1982. Catálogo de los recursos pesqueros del Delta del Orinoco. *In:* D. Novoa (comp.). Los recursos pesqueros del Río Orinoco y su explotación. Corporación Venezolana de Guayana. Ed. Arte, Caracas. Pp. 263-323.

Novoa, D. and F. Cervigón. 1986. Resultados de los muestreos de fondo en el área estuarina del Delta del Orinoco. *In*: IOC/FAO Workshop on recruitment in tropical coastal demersal communities. IOC Workshop report 44. Abril 1986. Ciudad del Carmen, México.

PDVSA (Petróleos de Venezuela). 1993. Imagen Atlas de Venezuela. Una visión espacial. Ed. Arte, Caracas.

Pielou, E. C. 1969. An Introduction to Mathemathical Ecology. Wiley. New York.

Ponte, V. 1997. Evaluación de las actividades pesqueras de la etnia Warao en el Delta del Río Orinoco, Venezuela. Acta Biol. Venez. 17 (1): 41-56.

Ponte, V. and C. Lasso. 1994. Ictiofauna del Caño Winikina, Delta del Orinoco. Aspectos de la ecología de las especies y comunidades asociadas a diferentes hábitat. *In*: Sociedad Venezolana de Ecología (Ed.) Segundo Congreso Venezolano de Ecología. 1994, Guanare, Venezuela.

Ichthyofauna of the estuarine waters of the Orinoco Delta
(Pedernales, Mánamo and Manamito Channels) and the Gulf of Paria
(Guanipa River): Diversity, distribution, threats and conservation criteria

Ponte, V., A. Machado-Allison and C. Lasso. 1999. La ictiofauna del Delta del Río Orinoco, Venezuela: una aproximación a su diversidad. Acta Biol. Venez. 19 (3): 25-46.

Ramos, F., D. Novoa and I. Itriago. 1982. Resultados de los programas de pesca exploratoria realizados en el Delta del Orinoco. *In:* D. Novoa (comp.). Los recursos pesqueros del Río Orinoco y su explotación. Corporación Venezolana de Guayana. Ed. Arte, Caracas. Pp. 162-192.

Sánchez, O. and G. López. 1988. A theoretical análisis of some indices of similarity as applied to biogeography. Folia Entomol. Mexicana 75: 119-145.

Sioli, H. 1964. General features of the limnology of Amazonia. Verh. Internat. Verin. Limnol. 15: 1053-1058.

Smith, M.L., K.E. Carpenter and R.W. Waller. 2003. Introduction to the oceanography, geology, biogeography, and fisheries of the tropical and subtropical Western Central Atlantic. *In:* K.E. Carpenter (ed.). FAO Species Identification Guide for Fishery Purposes. The Living Marine Resources of the Western Central Atlantic. Volume 1. Introduction, Molluscs, Crustaceans, Hagfishes, Sharks, Batoid Fishes and Chimaeras. FAO, Roma. Pp. 1-23.

Taphorn, D., R. Royero, A. Machado-Allison and F. Mago. 1997. Lista actualizada de los peces de agua dulce de Venezuela. *In:* E. La Marca (ed.). Vertebrados actuales y fósiles de Venezuela. Serie Catálogo Zoológico de Venezuela. Vol. 1. Museo de Ciencia y Tecnología de Mérida. Pp. 55-100.

Rapid assessment of the biodiversity and social aspects of the
aquatic ecosystems of the Orinoco Delta and the Gulf of Paria, Venezuela

227

Chapter 5

Composition, abundance and biomass of benthic ichthyofauna in the Gulf of Paria and Orinoco Delta

*Carlos A. Lasso, Oscar M. Lasso-Alcalá, Carlos Pombo
and Michael Smith*

SUMMARY

We studied the composition, abundance, biomass and density of the benthic ichthyofauna associated with the channels and rivers of the Orinoco Delta and Gulf of Paria in eastern Venezuela.
In addition, we carried out a preliminary evaluation on the impact of shrimp trawling on fishes
in the region. Sampling, employing a shrimp trawling net, was done in six locations: Pedernales
channel, the mouth of the Pedernales-Cotorra Island, Mánamo channel, Manamito channel,
the mouth of the Bagre and Guanipa River-Venado channel. Eighty-one (81) species were identified, belonging to 56 genera, 27 families and 10 orders. Among the orders, the Perciformes
were the group with the largest number of species (27 spp.), followed by Siluriformes (18 spp.)
and Clupeiformes (16 spp.). The remaining orders were represented by one to seven species.
The two families with the greatest specific richness were Sciaenidae (15 spp.) and Engraulidae (13 spp.). The values of ecological indices (diversity and evenness) were within the range
characteristic of tropical estuaries. The *curvinatas* (Sciaenidae) and *bagres* (Ariidae) were the
most abundant groups. The orders Myliobatiformes, Siluriformes and Perciformes contained
the majority of the biomass. The density and biomass of fishes were on average 364 ind/ha.
and 10.9 kg/ha., respectively. Considering the frequency, abundance and biomass together as
a whole, the most important species were, in descending order, *Cathorops spixii, Stellifer naso,
Stellifer stellifer* and *Achirus achirus*. At least six species demonstrated declining capture rates as
a consequence of the impacts from trawling. Finally, the threats to the benthic ichthyofauna are
discussed and conservation measures proposed.

INTRODUCTION

Various authors have studied the benthic ichthyofauna of the Orinoco Delta using shrimp
trawling nets as the means of collecting samples (Novoa 1982; Ramos et al.1982; Cervigón
1982, 1985; Novoa and Cervigón 1982, 1986; Novoa et al. 1986; Cervigón and Novoa 1988;
Novoa 2000a, b). This has allowed for a good understanding not only of biodiversity in the
area, but also of different biological, ecological and fishery-related aspects of the ichthyofauna.

The use in the present study of fishing methods utilized by previous authors has allowed for
a comparison of values in species richness, abundance and biomass and in fish catches over
time, allowing us to reach certain conclusions given that the sampling methodology is standardized. The principal advantage in replicating the previously used methods is the possibility of
detecting temporal and spatial changes in the structure of fish communities, as well as providing evidence of declines in the capture of certain species as a means of becoming aware of their
possible disappearance or local extinction. Thus, the fundamental objectives of this study are:
1) to record the species composition of benthic fishes, 2) to quantify the abundance, density
and biomass based on fishing catches and 3) to evaluate the effect of shrimp trawling on fish
communities in the Orinoco Delta, using previously obtained information as a basis.

MATERIAL AND METHODS

Sampling was done in six locations: 1) Pedernales channel; 2) the mouth of Pedernales-Cotorra Island; 3) Mánamo channel; 4) Manamito channel; 5) the mouth of the Bagre (all of these belong to the watershed of the Orinoco River); and finally, 6) the Guanipa River-Venado channel, belonging to the GoP watershed.

When trawling, we used a shrimp net from Trinidad, previously described by Novoa (2000a). In the case of this study, the net was 11 m in length and 7.7 m at the widest part (mouth), closing towards the end. The mesh size varied from between 2 cm in the widest parts to 1.5 cm at the end. A pair of wooden poles reinforced with iron, 1 m in length and 72 cm in height, held the net together.

Each fishing operation (trawling or casting) lasted 10 minutes at a constant velocity (on average 3.3 km/hr). With each trawl, the initial and final coordinates were noted, along with date, time, sea conditions, depth, transparency, salinity, temperature, pH and bottom type. In total, 54 trawls or casts were made (effectively nine hours of trawling). The captures were processed, in part, in the field. Five people weighed and counted all possible individuals, especially those of greatest size. These were identified by species and returned to the water to avoid unnecessary sacrifice. Captured individuals were counted and the relative abundance (%) of species was calculated from the capture per unit of effort (CPUE) in each of the locations studied. At the same time, the absolute weight and relative biomass (%) were estimated. Biomass and density were expressed in terms of kg/ha and ind/ha, respectively. Ecological diversity was calculated by means of the Shannon Index (H'), and evenness (J) was calculated as the inverse of H'. These indices were also used to determine weighted diversity and evenness (Magurran 1988). To calculate the community dominance index, we followed Goulding et al. (1988). The mathematical expression of these formulas is shown in Chapter 4.

The relative importance of species within the community was measured using a relative importance value index (IVI) designed as follows: IVI = FR + AR + BR; where FR is relative frequency of the appearance of the species, AR is relative abundance and BR is relative biomass. Given that the equation is the summary of percentage values, the IVI will vary between 1 – 300%. Similarity of the benthic ichthyofauna was evaluated by means of a similarity analysis (cluster), using the Euclides distance method (UPGMA), MVSP program version 3.1. To explore the relationship between environmental variables and community structure, we employed the coefficient of the Pearson product-moment correlation (Sokal and Rohlf 1984).

RESULTS AND DISCUSSION

Composition of species

We identified 81 species of fishes corresponding to 56 genera, 27 families and 10 orders (Table 5.1). Among the orders, Perciformes was the predominant group (27 spp.), followed by Siluriformes (18 spp.) and Clupeiformes (16 spp.). The rest of the orders were represented by one to seven species (Table 5.2). The two families with the greatest specific richness were Sciaenidae (15 spp.) and Engraulidae (13 spp.). The observed species richness was greater than reported by Novoa and Cervigón (1986) and Novoa (2000b) who recorded more than 60 species. This study attributes this difference not to a loss or diminution in species richness in the Delta from the effects of shrimp trawling, but rather from having collected samples in different seasons and that the present taxonomic study was more detailed given the objectives of the AquaRAP, during which all fish species were identified, even if they were not of commercial interest.

The species accumulation curve derived from our sampling tends to stabilize at the beginning of the seventh trawl (Figure 5.1). At this point, the addition of species from additional trawling was reduced to a minimum. In some

Table 5.1. List of benthic fish species of the channels and rivers of the Orinoco Delta and Gulf of Paria.

MYLIOBATIFORMES
Dasyatidae
Dasyatis guttata
Himantura schmardae
Gymnuridae
Gymnura micrura
Potamotrygonidae
Potamotrygon orbignyi
Potamotrygon sp. (delta)
Potamotrygon sp. 3 (dorada)
Potamotrygon sp. 4
ELOPIFORMES
Elopidae
Elops saurus
CLUPEIFORMES
Clupeidae
Odontognathus mucronatus
Pellona flavipinnis
Rhinosardinia sp. (juvenil)

Table 5.1., *continued*

Rapid assessment of the biodiversity and social aspects of the
aquatic ecosystems of the Orinoco Delta and the Gulf of Paria, Venezuela

229

Table 5.1., *continued*

Engraulidae

Anchoa hepsetus

Anchoa lamprotaenia

Anchoa spinifer

Anchovia surinamensis

Anchovia clupeoides

Anchoviella brevirostris

Anchoviella guianensis

Anchoviella lepidontostole

Anchoviella manamensis

Anchoviella sp. (juvenil)

Lycengraulis batessi

Lycengraulis grossidens

Pterengraulis atherinoides

CHARACIFORMES

Characidae

Piaractus brachypomus

Pristobrycon calmoni

Triportheus angulatus

Curimatidae

Curimata cyprinoides

Cynodontidae

Rhaphiodon vulpinus

GYMNOTIFORMES

Apteronotidae

Sternarchorhamphus muelleri

SILURIFORMES

Ariidae

Cathorops spixii

Arius rugispinnis

Arius herzbergii

Bagre bagre

Aspredinidae

Aspredo aspredo

Aspredinichthys filamentosus

Aspredinichthys tibicen

Platystacus cotylephorus

Auchenipteridae

Auchenipterus ambyacus

Pseudoauchenipterus nodosus

Loricariidae

Hypostomus watwata

Loricaria (gr) *cataphracta*

Pimelodidae

Brachyplatystoma vaillantii

Brachyplatystoma filamentosum

Hypophthalmus marginatus

Pimelodina flavipinnis

Pimelodus altissimus

Pimelodus blochii

PERCIFORMES

Carangidae

Caranx hippos

Caranx sp. (juvenil)

Oligoplites saurus

Centropomidae

Centropomus pectinatus

Eleotridae

Butis koilomatodon

Gerriidae

Eugerres sp. 1 (juvenil)

Diapterus rhombeus

Diapterus sp. (juvenil)

Gobiidae

Gobiosoma bosc

Haemulidae

Genyatremus luteus

Mugilidae

Mugil incilis

Mugil sp. (juvenil)

Sciaenidae

Bairdiella ronchus

Cynoscion aocupa

Cynoscion leiarchus

Table 5.1., *continued*

Table 5.1., *continued*

Cynoscion sp. (juvenil)
Larimus breviceps
Macrodon ancylodon
Micropogonias furnieri
Pachypops fourcroi
Plagioscion auratus
Plagioscion squamosissimus
Stellifer stellifer
Stellifer rastrifer
Stellifer microps
Stellifer naso
Stellifer magoi

PLEURONECTIFORMES

Paralichthyidae

   Citharichthys spilopterus

Soleidae

   Achirus achirus

   Apionichthys dumerili

TETRAODONTIFORMES

Tetraodontidae

   Colomesus psittacus

   Sphoeroides testudineus

BATRACHOIDIFORMES

Batrachoididae

   Batrachoides surinamensis

Table 5.2. Number of families, genera, and species of benthic fishes by order.

Order	# Families	# Genera	# Species	(%)
Myliobatiformes	3	4	7	8.64
Elopiformes	1	1	1	1.23
Clupeiformes	2	8	16	19.75
Characiformes	3	5	5	6.17
Gymnotiformes	1	1	1	1.23
Siluriformes	5	14	18	22.22
Perciformes	8	17	27	33.33
Pleuronectiformes	2	3	3	3.70
Tetraodontiformes	1	2	2	2.47
Batrachoidiformes	1	1	1	1.23

munities, two groups can be recognized: one composed of locations situated more to the east (Mánamo and Pedernales channels) and the other corresponding to the locations to the west (Guanipa River-Venado Island, the mouth of the Bagre and Manamito). A third group, between the aforementioned groups, corresponds to a location more to the north, or outside waters (mouth of the Pedernales-Cotorra Island). The similarity flowchart is shown in Figure 5.2.

Ecological Diversity, abundance, species richness and community dominance

Diversity in ecological terms (H′), calculated for each trawling in six locations, varied between 0.69 and 2.64 (x=1.578; DE=0.438), although on one occasion diversity was zero, as only one species was collected during a trawl. The evenness values demonstrated a similar pattern, with a minimum value of .29 to a maximum value of 1 (x=0.664; DE=0.438) (Figure 5.3). Richness varied from one to 24 species per trawl (x=12 and DE=4.728) (Figure 5.4). These values are within the common range for tropical estuaries (Yáñez-Arancibia et al. 1985). The community dominance index (IDC) of the individual trawls varied between 30 to 100% (maximum dominance) (x=64.8 y DE=17.6) (Figure 5. 4). Despite the tendency for certain species to be prevalent in samples, especially *curvinatas* (Sciaenidae) and *bagres* (Ariidae), it cannot be said that there is a marked dominance since in only one case did a single species (*Stellifer stellifer* in the mouth of the Bagre) exceed 40% of relative abundance, a value considered as an indicator of true community dominance (Goulding et al. 1988). A negative correlation was observed between IDC and species richness (S): r = - 0.51; p<0.05 (Figure 5.4).

The Perciformes were the most dominant order in five of the six locations studied. Siluriformes was the dominant order in one site (the mouth of Pedernales-Cotorra Island) and the second most dominant order in other locations. The other orders demonstrated very low dominance values, with

cases (Guanipa River-Venado channel and the mouth of the Bagre) the curve completely stabilized. However, for Cotorra Island and the mouth of the Pedernales, the curve continues to ascend, indicating the need for additional studies in these locations. In spite of these differences, the trawling method proved very effective and permitted us to collect and record over 80% of the benthic fish community during this survey (Novoa 2000b, see Chapter 4).

The richness of the ichthyofauna varied between 30 species (Guanipa River-Venado channel) and 45 species (Pedernales channel; Table 5.3). Pedernales channel, Manamito channel and the mouth of the Bagre demonstrated similar richness (45, 44 and 43 species, respectively). Conversely, locations with lower richness included Mánamo channel, the mouth of Pedernales- Cotorra Island and the Guanipa River-Venado channel (37, 34 and 30 species, respectively). According to the composition of the benthic fish com-

Rapid assessment of the biodiversity and social aspects of the
aquatic ecosystems of the Orinoco Delta and the Gulf of Paria, Venezuela

231

Table 5.3. Number of individuals and relative abundance (%) of each species in the localities sampled: 1) caño Pedernales; 2) boca de Pedernales - isla Cotorra; 3) caño Mánamo; 4) río Guanipa - caño Venado; 5) caño Manamito; 6) boca de Bagre.

Taxa	Localities											
	1		2		3		4		5		6	
Dasyatis guttata	1	(0.08)										
Himantura schmardae			1	(0.18)								
Gymnura micrura			2	(0.35)								
Potamotrygon orbignyi	3	(0.24)	3	(0.53)			47	(3.33)	5	(0.29)	16	(0.71)
Potamotrygon sp. (delta)	5	(0.41)	3	(0.53)	4	(0.46)	37	(2.62)	23	(1.32)	54	(2.39)
Potamotrygon sp. 3 (dorada)	1	(0.08)	1	(0.18)								
Potamotrygon sp. 4			2	(0.35)								
Elops saurus	1	(0.08)										
Odontognathus mucronatus	1	(0.08)	4	(0.71)	7	(0.80)			6	(0.34)	7	(0.31)
Pellona flavipinnis	6	(0.49)	2	(0.35)	88	(10.05)			11	(0.63)	39	(1.73)
Rhinosardinia sp. (juvenil)			1	(0.18)							1	(0.04)
Anchoa hepsetus											1	(0.04)
Anchoa lamprotaenia							1	(0.07)				
Anchoa spinifer			2	(0.35)	4	(0.46)						
Anchovia surinamensis											119	(5.28)
Anchovia clupeoides			2	(0.35)					2	(0.11)	1	(0.04)
Anchoviella brevirostris	1	(0.08)			2	(0.23)					5	(0.22)
Anchoviella guianensis					1	(0.11)			1	(0.06)	49	(2.17)
Anchoviella lepidontostole	4	(0.33)			69	(7.88)	2	(0.14)	11	(0.63)		
Anchoviella manamensis					1	(0.11)						
Anchoviella sp. (juvenil)					2	(0.23)			1	(0.06)		
Lycengraulis batessi	1	(0.08)			26	(2.97)			1	(0.06)	8	(0.35)
Lycengraulis grossidens					1	(0.11)						
Pterengraulis atherinoides	7	(0.57)	3	(0.53)			2	(0.14)	1	(0.06)	1	(0.04)
Piaractus brachypomus	1	(0.08)										
Pristobrycon calmoni					37	(4.22)						
Triportheus angulatus					3	(0.34)						
Curimata cyprinoides							4	(0.28)	2	(0.11)		
Rhaphiodon vulpinus	4	(0.33)										
Sternarchorhamphus muelleri					1	(0.11)						
Cathorops spixii	145	(11.79)	107	(18.97)	29	(3.31)	81	(5.74)	37	(2.12)	154	(6.83)
Arius rugispinnis	147	(11.25)	7	(1.24)			24	(1.70)	11	(0.63)	2	(0.09)
Arius herzbergii	3	(0.24)					1	(0.07)	14	(0.80)	7	(0.31)
Bagre bagre	2	(0.16)			3	(0.34)						
Aspredo aspredo	15	(1.22)			6	(0.68)	38	2.69	320	(18.32)	7	(0.31)
Aspredinichthys filamentosus			3	(0.53)								
Aspredinichthys tibicen	3	(0.24)			4	(0.46)	1	(0.07)	17	(0.97)	1	(0.04)
Platystacus cotylephorus					2	(0.23)	27	(1.91)	12	(0.69)	2	(0.09)
Auchenipterus ambyacus					1	(0.11)						
Pseudoauchenipterus nodosus	69	(5.61)	147	(26.06)	156	(17.81)	17	(1.20)	11	(0.63)	17	(0.75)
Hypostomus watwata	8	(0.65)							1	(0.06)	2	(0.09)
Loricaria (gr) *cataphracta*					10	(1.14)					1	(0.04)
Brachyplatystoma vaillantii	18	(1.46)			11	(1.26)	3	(0.21)	4	(0.23)	1	(0.04)
Brachyplatystoma filamentosum									2	(0.11)		

Table 5.3., *continued*

Table 5.3., *continued*

Taxa	Localities											
	1		2		3		4		5		6	
Hypophthalmus marginatus			1	(0.18)	41	(4.68)	11	(0.78)	1	(0.06)	42	(1.86)
Pimelodina flavipinnis	2	(0.16)			28	(3.20)						
Pimelodus altissimus	1	(0.08)										
Pimelodus blochii	3	(0.24)			2	(0.23)	11	(0.78)	5	(0.29)	1	(0.04)
Caranx hippos											6	(0.27)
Caranx sp. (juvenil)									2	(0.11)		
Oligoplites saurus											1	(0.04)
Centropomus pectinatus	29	(2.36)	87	(15.43)			2	(0.14)	15	(0.86)	7	(0.31)
Butis koilomatodon	1	(0.08)					1	(0.07)				
Eugerres sp. 1 (juvenil)	2	(0.16)										
Diapterus rhombeus									9	(0.52)		
Diapterus sp. (juvenil)									1	(0.06)		
Gobiosoma bosc	1	(0.08)										
Genyatremus luteus							2	(0.14)	6	(0.34)	32	(1.42)
Mugil incilis			3	(0.53)					1	(0.06)	1	(0.04)
Mugil sp. (juvenil)			1	(0.18)								
Bairdiella ronchus	21	(1.71)	2	(0.35)			22	(1.56)	14	(0.80)	2	(0.09)
Cynoscion aocupa	9	(0.73)	6	(1.06)	1	(0.11)	6	(0.43)	17	(0.97)	35	(1.55)
Cynoscion leiarchus									2	(0.11)	13	(0.58)
Cynoscion sp. (juvenil)							1	(0.07)				
Larimus breviceps	1	(0.08)										
Macrodon ancylodon	5	(0.41)	1	(0.18)							2	(0.09)
Micropogonias furnieri			15	(2.66)					1	(0.06)	2	(0.09)
Pachypops fourcroi	1	(0.08)			48	(5.48)						
Plagioscion auratus					10	(1.14)			3	(0.17)		
Plagioscion squamosissimus	6	(0.49)	1	(0.18)	83	(9.47)	8	(0.57)	37	(2.12)	47	(2.08)
Stellifer stellifer	349	(28.37)	20	(3.55)	116	(13.24)	460	(32.60)	496	(28.39)	958	(42.48)
Stellifer rastrifer	39	(3.17)	6	(1.06)	4	(0.46)	33	(2.34)	109	(6.24)	9	(0.40)
Stellifer microps	2	(0.16)					457	(32.39)	115	(6.58)	206	(9.14)
Stellifer naso	261	(21.22)	47	(8.33)	47	(5.37)	80	(5.67)	332	(19.00)	357	(15.83)
Stellifer magoi							3	(0.21)				
Citharichthys spilopterus	2	(0.16)	3	(0.53)					2	(0.11)	1	(0.04)
Achirus achirus	39	(3.17)	65	(11.52)	23	(2.63)	35	(2.48)	53	(3.03)	35	(1.55)
Apionichthys dumerili	2	(0.16)	2	(0.35)					11	(0.63)	1	(0.04)
Colomesus psittacus	4	(0.33)	5	(0.89)	2	(0.23)	4	(0.28)	14	(0.80)	2	(0.09)
Sphoeroides testudineus	2	(0.16)	2	(0.35)	1	(0.11)			8	(0.46)		
Batrachoides surinamensis	2	(0.16)	7	(1.34)	2	(0.23)						

Rapid assessment of the biodiversity and social aspects of the
aquatic ecosystems of the Orinoco Delta and the Gulf of Paria, Venezuela

233

the exception of Clupeiformes in the Mánamo channel and the mouth of the Bagre (Figure 5.5). At a more specific level, two species of the family Sciaenidae were the most abundant in the majority of cases (Table 5.3). *Stellifer stellifer* and *S. naso* were the two dominant species in the Pedernales and

Manamito channels and the mouth of the Bagre. In the Guanipa River-Venado channel, the most abundant species was *S. stellifer*, followed by *Stellifer microps*. In the Mánamo channel, *S. stellifer* was again dominant, with a species of *bagre* (*Pseudoaucheniapterus nodosus*) second in dominance. This last species, together with another *bagre* from the Ariidae family (*Cathorops spixii*), were the most important species for the mouth of Pedernales-Cotorra Island.

Biomass and density

Taking into account the total capture for each location, the three orders with the greatest biomass were Myliobatiformes, Siluriformes and Perciformes. The order Myliobatiformes (rays), despite their low abundance– save for the particular case of freshwater rays (family Potamotrygonidae) in the Guanipa River where they were very abundant – constituted the greatest biomass in the mouth of Pedernales-Cotorra Island, Guanipa River-Venado channel and the mouth of the Bagre. Fishes from the order Siluriformes, marine *bagres*, fundamentally from the family Ariidae, represented the majority of the biomass in the Pedernales, Mánamo and Manamito channels. The third order providing a significant portion of the biomass was the Perciformes (Figure 5.6).

Fish density, expressed as the number of individuals per hectare, is shown in Figure 5.7. In the trawls, this study registered between 3 fish/trawl to 1,324 fish/trawl, with high variations among the 54 trawls. The minimum value was 7.30 ind/ha and the maximum 1816 ind/ha (x=364 ind/ha). This is equivalent to less than one fish per square meter. When these values are expressed in terms of absolute biomass, values go from less than one kg/trawl to 23 kg/trawl, which is equivalent to values around 56 kg/ha (x=10.9 kg/ha) (Figure 5.8). All of these density and biomass values fall within the typical range for tropical estuaries (Yáñez-Arancibia et al.1985). However, not all species contribute equally to total biomass. Figure 5.9 illustrates the variation in diversity of individual weight (H′p), expressed as a function of the contribution of each particular species. The application

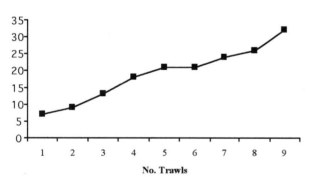

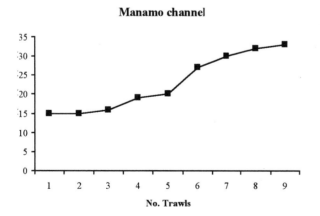

Figure 5.1. Species accumulation curve in relation to the number of trawls.

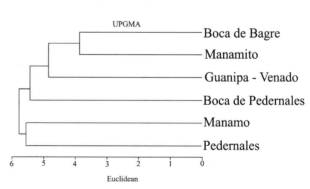

Figure 5.2. Cluster analysis between sites according to the composition of the benthic icthiofauna. Based on the method of Euclidian distance (UPGMA).

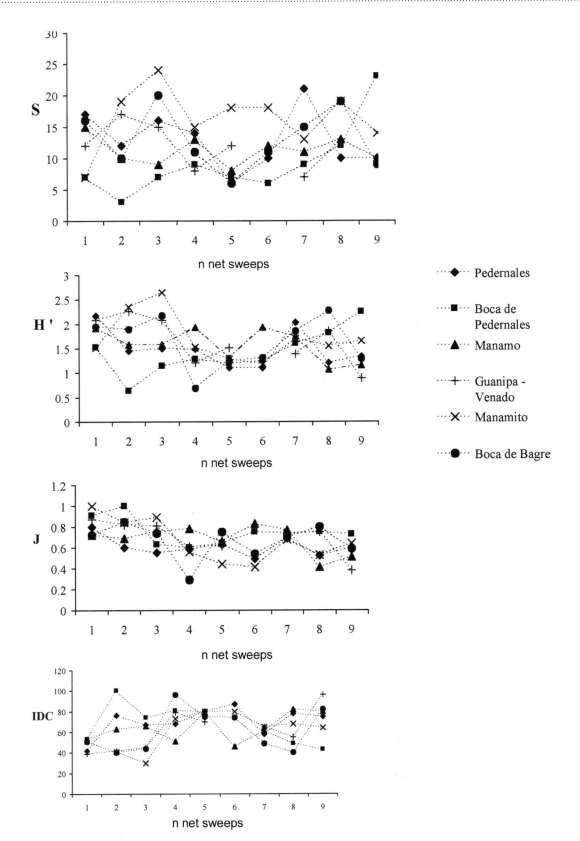

Figure 5.3. Variation in community parameters: Shannon (H') diversity index, uniformity (J), species richness (S) and indices of community dominance (ICD) in the channels and rivers sampled.

Rapid assessment of the biodiversity and social aspects of the
aquatic ecosystems of the Orinoco Delta and the Gulf of Paria, Venezuela

235

of the gross weight diversity index has been used globally in environmental studies of estuaries (see Yáñez-Arancibia 1985). The pattern was similar to that shown for diversity (H´ species), varying between almost zero (where the entire weight is contributed by only one species) to 2.39 (x=1.622; DE=0.47). This was clearly observed in the evenness graphic, where values varied between 0.41 to cases of maximum evenness (Jp=1). Despite the fact that a few species contribute the

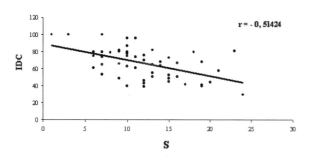

Figure 5.4. Relationship between the indices of community dominance (ICD) and species richness (S).

majority of the biomass, upon considering all the trawls and locations studied, the weight contribution was divided more or less equally among all the species (x=0.66; DE=0.24) (Figure 5.10).

The species that contributed the majority of the biomass were not the most abundant (Table 5.4). The following is a list, in descending order, of the two species that contributed the most weight in each of the locations studied: Pedernales channel (*Cathorops spixii, Arius rugispinnis*); mouth of Pedernales–Cotorra Island (*Potamotrygon orbignyi, Batrachoides surinamensis*); Mánamo channel (*Potamotrygon* sp. "delta", *Pseudoauchenipterus nodosus*); Guanipa River–Venado channel (*Potamotrygon orbignyi, Potamotrygon* sp. "delta"); Manamito channel (*Aspredo aspredo, Colomesus psittacus*); and finally, the mouth of the Bagre (*Potamotrygon* sp. "delta", *Achirus achirus*).

One very useful method of evaluating the importance of species in aquatic ecosystems consisted of integrating the abundance, biomass and relative frequencies of each into one importance value (IVI). By doing thus, the ranking shown in Figure 5.11 was obtained for the 14 most important species (IVI > 25%). *Cathorops spixii* and *Stellifer naso* were the two most important species, with values close to and/or exceeding 100%. The next most important species were *Stellifer*

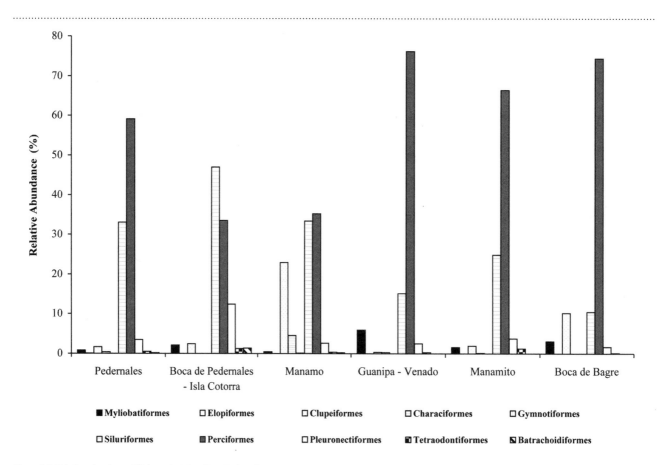

Figure 5.5. Relative abundance (%) for each order of benthic icthiofauna at sites sampled in the Gulf of Paria and the Orinoco River Delta.

stellifer and *Achirus achirus*, with values close to 80%. Finally, there is a group of four species with an IVI of around 60 %.

Relationship between community parameters and physio-chemical variables

In order to evaluate the possible relationship between community structure and environmental variables, correlations were made between species richness (s), ecological diversity (H′), density, and fish biomass in relation to salinity and depth, two regulating factors of fish communities in estuarine environments. The only significantly negative (p< 0.05) correlations were observed between depth and species richness (r = - 0.48) and depth and ecological diversity (r = - 0.54). This indicated that the greatest richness and diversity values should be expected in more shallow areas, especially in areas of up to three meters in depth (Figures 5.12 and 5.13).

Effect of shrimp trawling on the fish community

In order to evaluate the impact of shrimp trawling, this study compared data obtained in 2002 with data reported for the same zone in 1981 and 1990 by Novoa (1982, 2000b). In Table 5.5 the captures of the 10 most abundant species are shown, taking as a reference the most important or abundant species according to the data collected by Novoa (2000b). The data regarding captures of the aforementioned author were standardized by kg/h to facilitate comparison. In both years, the predominant species were *Cathorops spixii* and *Achirus achirus*, although the first species experienced

a declined in its capture between the two studies (from 4 to 2.9 kg/h). Five species demonstrated significant capture declines: *Dasyatis guttata*, *Hexanematicthys couma*, *Macrodon ancylodon*, *Stellifer microps*, *Colomesus psittacus* and *Sphoeroides testudineus*. Only two species, *Arius rugispinnis* and *Achirus achirus*, experienced an increase in rate of capture. *Trichiurus lepturus* was not collected in December 2002.

As previously indicated, the calculated differences in species richness between 1981, 1998 and 2002 are not definitive enough to speak of the disappearance or local extinction of any particular species, but it can be said that there is a

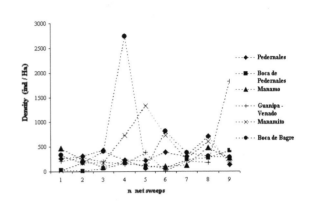

Figure 5.7. Density of benthic fishes expressed as number of individuals per hectare.

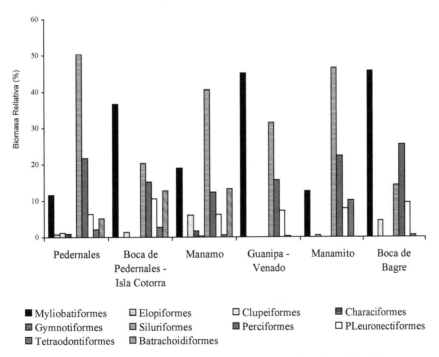

Figure 5.6. Relative biomass (%) of each order of benthic icthiofauna at sites sampled in the Gulf of Paria and the Orinoco River Delta.

Rapid assessment of the biodiversity and social aspects of the
aquatic ecosystems of the Orinoco Delta and the Gulf of Paria, Venezuela

237

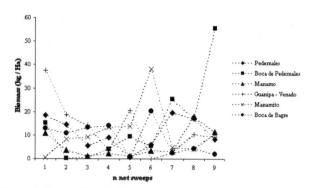

Figure 5.8. Biomass of benthic fishes expressed as kg/Ha.

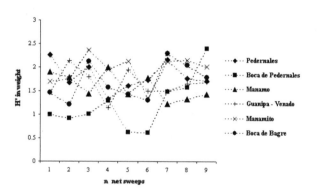

Figure 5.9. Variation in the diversity of weight (H' weight) contributed by all the fishes in each site sampled.

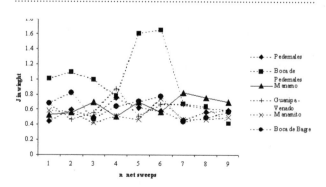

Figure 5.10. Variation in the evenness of weight (J' weight) contributed by all the fishes in each site sampled.

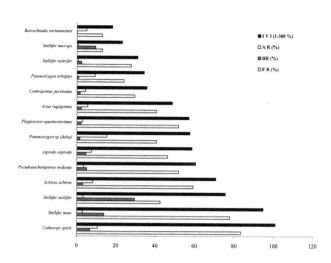

Figure 5.11. Index of Importance Value (IVI), calculated for the 14 most important fish speces captured in the Gulf of Paria and Orinoco Delta during the AquaRAP survey. BR: Relative Biomass (%), AR: Relative Abundance (%), FR: Relative Frequency (%).

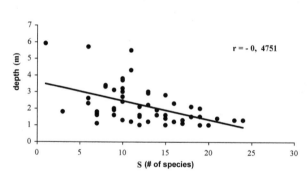

Figure 5.12.

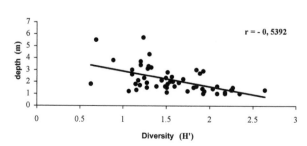

Figure 5.13. Relationship between the depth and diversity (H') of species of the sites sampled during the AquaRAP expedition of the Gulf of Paria and Orinoco Delta, Venezuela.

Table 5.4. Weight (g) and relative biomass (%) of each species in the localities sampled: 1) Caño Pedernales; 2) Boca de Pedernales - Isla Cotorra; 3) Caño Mánamo; 4) Río Guanipa - Caño Venado; 5) Caño Manamito; 6) Boca de Bagre.

Taxa	Localities											
	1		2		3		4		5		6	
Dasyatis guttata	1600	(3.904)										
Himantura schmardae			4000	(7.280)								
Gymnura micrura			5100	(9.279)								
Potamotrygon orbignyi	960	(2.342)	8000	(14.556)			11607	(24.094)	850	(2.002)	1226	(3.648)
Potamotrygon sp. (delta)	1591	(3.882)	1863	(3.390)	4359	(19.043)	10134	(21.036)	4933	(11.617)	14146	(42.090)
Potamotrygon sp. 3 (dorada)	605	(1.476)	200	(0.364)								
Potamotrygon sp. 4			970	(1.765)								
Elops saurus	326	(0.795)										
Odontognathus mucronatus	2	(0.005)	4	(0.007)	12	(0.052)			14	(0.033)	11	(0.033)
Pellona flavipinnis	93	(0.227)	15	(0.027)	874	(3.818)			70	(0.165)	256	(0.762)
Rhinosardinia sp. (juvenil)			1	(0.002)							5	(0.015)
Anchoa hepsetus											5	(0.015)
Anchoa lamprotaenia							2	(0.004)				
Anchoa spinifer			67	(0.122)	78	(0.341)						
Anchovia surinamensis											779	(2.318)
Anchovia clupeoides			24	(0.044)					15	(0.035)	28	(0.083)
Anchoviella brevirostris	1	(0.002)			3	(0.013)					8	(0.024)
Anchoviella guianensis	8	(0.020)			2	(0.009)			1	(0.002)	116	(0.345)
Anchoviella lepidontostole					119	(0.520)	5	(0.010)	22	(0.052)		
Anchoviella manamensis					1	(0.004)						
Anchoviella sp. (juvenil)					1	(0.004)			1	(0.002)		
Lycengraulis batessi	17	(0.041)			278	(1.215)			11	(0.026)	287	(0.854)
Lycengraulis grossidens	404	(0.986)			3	(0.013)						
Pterengraulis atherinoides			69	(0.126)			27	(0.056)	39	(0.092)	13	(0.039)
Piaractus brachypomus	64	(0.156)										
Pristobrycon calmoni					331	(1.446)						
Triportheus angulatus					58	(0.253)						
Curimata cyprinoides							25	(0.052)	12	(0.028)		
Rhaphiodon vulpinus	297	(0.725)										
Sternarchorhamphus muelleri					78	(0.241)						
Cathorops spixii	7737	(18.877)	6943	(12.632)	2375	(10.376)	5066	(10.516)	1904	(4.484)	1919	(5.710)
Arius rugispinnis	5752	(14.034)	1050	(1.910)			5097	(10.580)	1627	(3.831)	47	(0.140)
Arius herzbergii	256	(0.625)					292	(0.606)	826	(1.945)	355	(1.056)
Bagre bagre	5	(0.012)			147	(0.642)						
Aspredo aspredo	1010	(2.464)			90	(0.393)	2577	(5.349)	14661	(34.526)	254	(0.756)
Aspredinichthys filamentosus			107	(0.195)								
Aspredinichthys tibicen	43	(0.105)			15	(0.066)	4	(0.008)	163	(0.384)	10	(0.030)
Platystacus cotylephorus					19	(0.083)	179	(0.372)	373	(0.878)	21	(0.062)
Auchenipterus ambyacus					19	(0.083)						
Pseudoauchenipterus nodosus	1510	(3.684)	2398	(4.363)	3533	(15.435)	369	(0.766)	351	(0.827)	370	(1.101)
Hypostomus watwata	3210	(7.832)							146	(0.344)	606	(1.803)
Loricaria (gr) *cataphracta*					266	(1.162)					21	(0.062)
Brachyplatystoma vaillantii	1062	(2.591)			1118	(4.884)	298	(0.619)	775	(1.825)	43	(0.128)

Rapid assessment of the biodiversity and social aspects of the
aquatic ecosystems of the Orinoco Delta and the Gulf of Paria, Venezuela

239

Table 5.4., *continued*

Taxa	Localities											
	1		**2**		**3**		**4**		**5**		**6**	
Brachyplatystoma filamentosum									52	(0.122)		
Hypophthalmus marginatus			157	(0.286)	1235	(5.395)	108	(0.224)	9	(0.021)	1135	(3.377)
Pimelodina flavipinnis	27	(0.066)			458	(2.001)						
Pimelodus altissimus												
Pimelodus blochii	13	(0.032)			15	(0.066)	1200	(2.491)	179	(0.422)	13	(0.039)
Caranx hippos									4	(0.009)	26	(0.077)
Caranx sp. (juvenil)									1	(0.002)		
Oligoplites saurus											4	(0.012)
Centropomus pectinatus	2792	(6.812)	6112	(11.120)			83	(0.172)	1326	(3.123)	380	(1.131)
Butis koilomatodon	4	(0.010)					5	(0.010)				
Eugerres sp. 1 (juvenil)	1	(0.002)										
Diapterus rhombeus									52	(0.122)		
Diapterus sp. (juvenil)									1	(0.002)		
Gobiosoma bosc	2	(0.005)										
Genyatremus luteus							4	(0.008)	38	(0.089)	54	(0.161)
Mugil incilis			148	(0.269)					324	(0.763)	47	(0.140)
Mugil sp. (juvenil)			1	(0.002)								
Bairdiella ronchus	1175	(2.867)	300	(0.546)			2759	(5.727)	550	(1.295)	56	(0.167)
Cynoscion aocupa	287	(0.700)	596	(1.084)	2	(0.009)	677	(1.405)	348	(0.820)	309	(0.919)
Cynoscion leiarchus									51	(0.120)	665	(1.979)
Cynoscion sp. (juvenil)							1	(0.002)				
Larimus breviceps	50	(0.122)										
Macrodon ancylodon	25	(0.061)	29	(0.053)							6	(0.018)
Micropogonias furnieri			111	(0.202)					7	(0.016)	38	(0.113)
Pachypops fourcroi	11	(0.027)			418	(1.826)						
Plagioscion auratus					59	(0.258)			43	(0.101)		
Plagioscion squamosissimus	181	(0.442)	50	(0.091)	1022	(4.465)	1148	(2.383)	3022	(7.117)	1970	(5.862)
Stellifer stellifer	1706	(4.162)	172	(0.313)	855	(3.735)	1300	(2.699)	1230	(2.897)	2769	(8.239)
Stellifer rastrifer	461	(1.125)	103	(0.187)	53	(0.232)	395	(0.820)	921	(2.196)	125	(0.372)
Stellifer microps	11	(0.027)					489	(1.015)	255	(0.601)	682	(2.029)
Stellifer naso	2174	(5.304)	729	(1.326)	424	(1.852)	717	(1.488)	1738	(4.093)	1436	(4.273)
Stellifer magoi							9	(0.019)				
Citharichthys spilopterus	17	(0.041)	11	(0.020)					5	(0.012)	4	(0.012)
Achirus achirus	2545	(6.209)	5820	(10.589)	1414	(6.177)	3478	(7.220)	3703	(8.720)	3161	(9.405)
Apionichthys dumerili	6	(0.015)	10	(0.018)					56	(0.132)	9	(0.027)
Colomesus psittacus	139	(0.339)	267	(0.486)	96	(0.419)	119	(0.247)	1313	(9.092)	194	(0.577)
Sphoeroides testudineus	700	(1.708)	704	(1.281)	29	(0.127)			443	(1.043)		
Batrachoides surinamensis	2106	(5.138)	7031	(12.792)	3050	(13.325)						

Table 5.5. Comparative capture of the 10 most abundant species in the Mánamo channel and adjacent areas in 1998 and 2002. Data for 1998 were standardized by Novoa (2000a); 2002 data are from this study.

Species	1998 kg / h	2002 kg / h
Dasyatis guttata	0.9	0.2
Cathorops spixii	4	2.9
Arius rugispinnis	0.7	1.5
Hexanematichthys couma (= *Arius herzbergi*)	0.7	0.2
Macrodon ancylodon	0.3	0 (aprox.)
Stellifer microps	0.7	0.06
Trichiurus lepturus	0.4	0
Achirus achirus	1.7	2.2
Colomesus psittacus	1	0.2
Sphoeroides testudineus	0.5	0.2

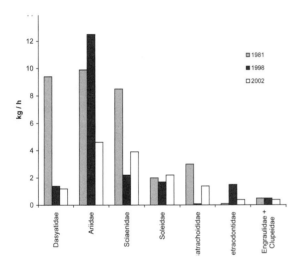

Figure 5.14. Change in the abundance of principal fish species at the Mánamo Channel river mouth and adjacent areas between 1981, 1989 and 2002. Source: 1981 (Novoa 1982), 1998 Novoa (2000a), 2002 (this volume).

very serious decline in the abundance of some species. Table 5.6 presents a summary of results of trawled fish for some fish groups between 1981, 1998 and 2002. In the 1981 study, an average of 33.4 kg/h was captured during an hour of trawling, and in 1998 an average of 20 kg/h was captured. Average capture decreased to 14.1 kg/h in 2002. Upon considering this collective group as an indicator species, a persistent decrease in the rate of capture for many of the species is observed. In four of the seven groups considered (Dasyatidae, Ariidae, Tetraodontidae and Clupeidae-Engraulidae), the tendency has been towards a progressive diminution that is especially serious with Ariidae and Tetraodontidae. These species decreased from 12.5 to 4.6 kg/h and 15 to 0.4 kg/h,

respectively. In the case of Sciaenidae and toad fish (Batrachoididae), there is a slight increase in 2002 with respect to 1998, but in neither of these cases did captures reach half of what was captured in 1981. Only the *lenguados* (Soleidae) maintained stable levels (Table 5.6). Figures 5.14 and 5.15 clearly show the changes in the abundance of these groups as indicator species as well as the decrease in total biomass.

Threats from trawling

The negative effects of trawling are well known. Among the most pronounced effects are the alteration of channel bottoms as well as marine environments, with the subsequent decrease in available habitat (reduction in environmental heterogeneity), and reduction in biodiversity. Trawling has produced a progressive elimination of predator species as well as uniformity of marine bottom habitats through altering the original geomorphologic structure. Bottom habitats are favorable to shrimp and smaller fish species (not juveniles of larger species), important components of the food chain. The decrease in the abundance of these species gradually passes on to more important groups of the benthic community in these estuaries (Novoa 2000b). The accompanying fauna captured during shrimp trawling (*broza* or "dead discard") includes juveniles of a number of commercial species (more than 20 spp.) that are captured as adults in oceanic environments by industrial trawling fleets (Novoa 2000b). Table 5.7 lists species whose juvenile phases are impacted by trawling. At least 64 species are seriously threatened by trawling. Of these, 46 can spend part of their development – juvenile and/or adult state – in sand bars and mouths of channels and rivers (estuary or saline environments), such as Potamotrygons and Clupeiformes, among others. At least 25 species complete their adult life cycle in oceanic environments (exclusively marine environments), including the majority of Perciformes, especially *Sciaenidae*. Moreover, many species that live in estuaries spend both parts of their life cycle in freshwater environments (8 spp.); however some species are more common that others in freshwater environments during their adult stage (i.e.: *Pellona flavipinnis*, *Brachyplatystom* spp, *Plagioscion auratus*, etc.).

This type of extractive fishing not only impacts marine-estuary species, but freshwater species as well. The most alarming case is represented by catfishes of the genus *Brachyplatystoma*. Two of the species in this genus (*B. vaillanti* and *B. filamentosum*) are captured in their juvenile state by trawling in the Delta. These two species, which are the largest of the freshwater catfishes, are of great importance to artisan fishermen in the Middle and Upper Orinoco, with captures in these areas beginning to decline. If the effects of overfishing of adult fishes in this area are included with the impacts on juveniles, a dire prediction of the future of both species can be formulated. It is important to note that the adults of these species reproduce in the upper river region. Currents then take their eggs and larvae, which develop gradually along the waterways, until reaching juvenile size in the Delta.

Rapid assessment of the biodiversity and social aspects of the
aquatic ecosystems of the Orinoco Delta and the Gulf of Paria, Venezuela

241

Table 5.6. Comparison of the percent composition and abundance (kg/h) of the principal families of fishes captured in 1981, 1998, and 2002 in the Manámo channel and adjacent areas. Sources: 1981 (Novoa 1982), 1998 (Novoa 2000 a), and 2002 (this study).

Families	1981		1998		2002	
	%	kg / h	%	kg / h	%	kg / h
Dasyatidae (rays)	28.14	9.4	7.04	1.4	8.51	1.2
Ariidae (marine catfishes)	29.64	9.9	62.85	12.5	32.62	4.6
Sciaenidae (drums, croakers)	25.45	8.5	11.06	2.2	27.66	3.9
Soleidae (flatfishes, soles)	5.99	2	8.55	1.7	15.60	2.2
Batrachoididae (toad fishes)	8.98	3	0.45	0.09	9.93	1.4
Tetraodontidae (puffers)	0.30	0.1	7.54	1.5	2.84	0.4
Engraulidae + Clupeidae (herrings, anchovies)	1.50	0.5	2.51	0.5	2.84	0.4
TOTAL	100.00	33.4	100.00	19.89	100.00	14.1

Table 5.7. List of commercial fish species for which juveniles were collected in AquaRAP samples in December 2002. The habitats for adults (A) and juveniles (J) are listed according to Cervigón (1985).

TAXA	HABITAT		
	Upstream (freshwater)	Mouth of rivers/channels and sandbars	Ocean (delta)
MYLIOBATIFORMES			
Potamotrygonidae			
Potamotrygon orbignyi	J - A	J - A	
Potamotrygon sp. (delta)		J - A	
Potamotrygon sp. 3 (dorada)		J - A	
Potamotrygon sp. 4		J - A	
CLUPEIFORMES			
Clupeidae			
Odontognathus mucronatus		J - A	
Pellona flavipinnis	A	J - A	
Rhinosardinia sp. (juvenil)		J - A	
Engraulidae			
Anchoa hepsetus		J - A	
Anchoa lamprotaenia		J - A	A
Anchoa spinifer	J - A	J - A	A
Anchovia surinamensis	A	J - A	
Anchovia clupeoides	A	J - A	
Anchoviella brevirostris	J - A	J - A	A
Anchoviella guianensis	A	J - A	
Anchoviella lepidontostole		J - A	A
Anchoviella manamensis	A	J - A	
Anchoviella sp. (juvenil)		J - A	
Lycengraulis batessi	A	J - A	
Lycengraulis grossidens	J - A	J - A	A
Pterengraulis atherinoides		J - A	

Table 5.7., *continued*

TAXA	HABITAT		
	Upstream (freshwater)	Mouth of rivers/channels and sandbars	Ocean (delta)
Piaractus brachypomus	J - A	J	
Cynodontidae			
Rhaphiodon vulpinus	J - A	J	
SILURIFORMES			
Ariidae			
Cathorops spixii		J - A	A
Arius rugispinnis		J - A	
Arius herzbergii		J - A	A
Bagre bagre		J - A	A
Loricariidae			
Hypostomus watwata	J - A	J - A	
Pimelodidae			
Brachyplatystoma vaillantii	A	J	
Brachyplatystoma filamentosum	A	J	
Hypophthalmus marginatus	A	J	
Pimelodina flavipinnis	A	J	
Pimelodus altissimus	A	J	
Pimelodus blochii	J - A	J - A	
PERCIFORMES			
Carangidae			
Caranx hippos		J	A
Caranx sp. (juvenil)		J	
Oligoplites saurus		J	A
Centropomidae			
Centropomus pectinatus		J - A	A
Ephippidae			
Chaetodipterus faber		J	A
Gerriidae			
Eugerres sp. 1 (juvenil)		J	A
Diapterus rhombeus		J	A
Diapterus sp. (juvenil)		J	A
Haemulidae			
Genyatremus luteus		J - A	
Pomadasys crocro		J	A
Mugilidae			
Mugil incilis		J - A	
Mugil sp. (juvenil)		J - A	
Sciaenidae			
Bairdiella ronchus		J - A	
Cynoscion acoupa		J - A	A
Cynoscion leiarchus		J - A	A
Cynoscion sp. (juvenil)		J - A	A

Table 5.7., *continued*

TAXA	HABITAT		
	Upstream (freshwater)	Mouth of rivers/channels and sandbars	Ocean (delta)
Larimus breviceps		J - A	A
Macrodon ancylodon		J - A	A
Micropogonias furnieri	J	J - A	A
Pachypops fourcroi		J - A	
Plagioscion auratus	A	J - A	
Plagioscion squamosissimus	A	J - A	
Stellifer stellifer		J - A	
Stellifer rastrifer		J - A	
Stellifer microps		J - A	
Stellifer naso		J - A	
Stellifer magoi		J - A	
Stellifer sp. (juvenil)		J	A
Serranidae			
Epinephelus itajara		J	A
PLEURONECTIFORMES			
Soleidae			
Achirus achirus		J - A	
BATRACHOIDIFORMES			
Batrachoididae			
Batrachoides surinamensis		J - A	

Fortunately, trawling activity has recently been regulated by the National Institute of Fishery and Agriculture (Resolution No. 004) on June 12, 2002 (see the Bolivarian Republic of Venezuela Gazette, Wednesday, June 26, 2002). The most important articles include: 1) to establish a fishing ban from October 1 to November 30, 2002 (Article 1); and 2) to reduce to 22 vessels the part of the fishing fleet that undertakes trawling, which will employ work crews during the fishing season in the areas of Pedernales, Cotorra Island, Las Isletas and in and around the mouth of Mánamo channel.

Finally, the recommendations for the conservation of the benthic ichthyofauna can be summarized into three fundamental aspects: 1) Monitoring of trawling activity and continued regulation; 2) Declaration of temporary bans on fishing in certain key areas; and finally, 3) Implementation of alternative fishing methods to trawling that have less impact on aquatic biota. A more detailed discussion of these aspects is included in Chapter 4.

REFERENCES

Cervigón, F. 1982. La ictiofauna estuarina del ChannelManamo y áreas adyacentes. *In:* Novoa, D. (comp.). Los recursos pesqueros del río Orinoco y su explotación. Corporación Venezolana de Guayana. Caracas, Ed. Arte. Pp. 205-260.

Cervigón, F. 1985. La ictiofauna de las aguas estuarinas del delta del río Orinoco en la costa atlántica occidental, Caribe. *In:* Yañez-Arancibia, A. (ed.). Fish Community Ecology in Estuaries and Coastal Lagoons: Towards an Ecosystem Integration. UNAM Press, Mexico. Pp. 56-78.

Goulding, M., M. Leal Carvalho and E. Ferreira. 1988. Rich Life in Poor Water: Amazonian Diversity and Foodchain Ecology as Seen Trough Fish Communities. SPB Academic Publishing, The Hague.

Magurran, A. 1988. Diversidad Ecológica y su Medición. Ed. Vechá, Barcelona.

Novoa, D. (Comp.). 1982. Los recursos pesqueros del Río Orinoco y su explotación. Corporación Venezolana de Guayana. Ed. Arte, Caracas.

Novoa, D. 2000a. La pesca en el Golfo de Paria y Delta
del Orinoco costero. CONOCO Venezuela. Ed. Arte.
Caracas.

Novoa, D. 2000b. Evaluación del efecto causado por el
efecto de la pesca de arrastre costera sobre la fauna íctica
en la desembocadura del ChannelManamo (Delta del
Orinoco, Venezuela). Acta Ecol. Mus. Mar. Margarita, 2:
43-62.

Novoa, D., F. Cervigón and F. Ramos. 1982. Catálogo de
los recursos pesqueros del Delta del Orinoco. *In:* Novoa,
D. (comp.). Los recursos pesqueros del Río Orinoco y su
explotación. Corporación Venezolana de Guayana. Ed.
Arte, Caracas. Pp. 263-323.

Novoa, D. and F. Cervigón. 1986. Resultados de los muestreos de fondo en el área estuarina del Delta del Orinoco.
In: IOC/FAO Workshop on recruitment in tropical
coastal demersal communities. IOC Workshop report
44. Abril 1986. Ciudad del Carmen, México.

Ramos, F., D. Novoa and I. Itriago. 1982. Resultados de los
programas de pesca exploratoria realizados en el Delta del
Orinoco. *In:* Novoa, D. (comp.). Los recursos pesqueros
del Río Orinoco y su explotación. Corporación Venezolana de Guayana. Ed. Arte, Caracas. Pp. 162-192.

Sokal, R.R. and F.J. Rohlf. 1984. Introducción a la bioestadística. Editorial Reverté, Barcelona.

Yánez-Arancibia, A. (ed.). 1985. Ecología de comunidades
de peces en estuarios y lagunas costeras. Hacia una integración de ecosistemas. Universidad Nacional Autónoma
de México. México.

Yánez-Arancibia, A., A.L. Lara-Dominguez and H. Álvarez-
Guillén.1985. Fish community ecology and dynamics in
estuarine inlets. *In:* Yánez-Arancibia, A. (ed.). Ecología
de comunidades de peces en estuarios y lagunas costeras. Hacia una integración de ecosistemas. Universidad
Nacional Autónoma de México. México. Pp. 127-168.

Rapid assessment of the biodiversity and social aspects of the
aquatic ecosystems of the Orinoco Delta and the Gulf of Paria, Venezuela

245

Chapter 6

Herpetofauna of the Gulf of Paria and Orinoco Delta, Venezuela

J. Celsa Señaris

SUMMARY

Based on a prior review of literature and museum collections, as well as field work, the following is a taxonomic, ecological and biogeographic analysis of the amphibian and reptile fauna of the Gulf of Paria (GoP) and Orinoco Delta, located in northeastern Venezuela. Forty-four (44) species of amphibians and 91 reptiles are recognized, representing 22% of the country's total herpetofauna. Each macroenvironment presents a particular composition and species richness, but the majority of the diversity is located in non-inundated and/or seasonally inundated environments compared to permanently inundated areas. The herpetofauna of the GoP and the Orinoco Delta are formed by an aggregate of taxa with different distribution patterns. Species with Amazonia-Guyanese patterns predominate, followed by species with wide distributions. Given the important amphibian and reptile diversity of this area, its interest from a biogeographic point of view, as well as the presence of species in critical need of conservation, it is recommended that special attention be given to conserving these habitats through appropriate measures.

INTRODUCTION

Amphibians and reptiles represent one of the most significant components of many tropical ecosystems, especially wetlands and forests, where they can reach elevated population densities and/or biomass that exceed those of other vertebrate groups (Vitt et al. 1990). In this sense, they represent important predators and regulators of arthropod fauna and at the same time constitute the basic prey of many species of birds, mammals and fishes. In addition to this central position in the food change and its efficiency in the flow of nutrients, amphibians and reptiles are functionally important as biological indicators of environmental quality, given their great habitat specificity and limited dispersal capacities.

Until the last decade in Venezuela, the herpetofauna in the Orinoco Delta and flood plains adjacent to the GoP was practically unknown. However, with the beginning of petroleum operations in the region, and their consequent baseline studies and environmental evaluations, an important increase in the knowledge of region's biota has been generated. In spite of this increase, a great deal of this information is found in technical reports of restricted use, and only recently have they begun to publish the first studies from exploration activities that offer information on amphibian and reptile diversity in this zone of Venezuela. Señaris and Ayarzagüena (*in press*) and Molina et al. (*in press*) present a general compilation of the knowledge on amphibians and reptiles in the Orinoco Delta; however, similar information on the GoP has still not been compiled.

With regards to the latter issue, one of the objectives of this study is to offer a summary of the existing information on the herpetofauna of the Orinoco Delta, and, at the same time, to increase the geographic coverage by placing special emphasis on the floodplains and adjacent areas of the GoP and the neighboring states of Monagas and Sucre in northeastern Venezuela.

MATERIAL AND METHODS

Area of study

The area of study is located in the Delta state of Amacuro and the floodplains – permanent and seasonal – of the San Juan and Guanipa Rivers of the GoP in the states of Monagas and Sucre in northeastern Venezuela (Figure 6.1). The general physical characteristics, as well as the existing vegetation in the area of study, are described in Colonnello (Chapter 1, this volume).

This study includes data from two unpublished ecological evaluations carried out by an author on the Guarapiche Forest Reserve in the GoP, state of Monagas. The first of these explorations corresponds to the location 1 labeled "Sector Guanipa," 24.2 km W of the town of Capure (9°57′7.8′′N - 62°13′478′′W; 0 m s.n.m.) at the southeastern limit of the Guarapiche Forest Reserve. The second (location 2) corresponds to Cachipo or Abatuco (9°56′13′′N-63°01′02′′W; 10-15 m s.n.m.) on the outskirts of the town of the same name, in the northwestern part of the Forest Reserve in the GoP.

In general, location 1 - "Sector Guanipa" - (Figure 6.2) is characterized by permanent inundation, where herbaceous and woody plant communities have developed, with five units or habitat types recognized by their physical and biotic characteristics (Colonnello 1997a, Lasso y Meri 2003):

- **Lagoon:** Body of open water with a depth of approximately 3 m, transparency of 25 cm, temperatures between 27 °C - 29 °C, pH 6.2 and total anoxia at the bottom. Eight species of plants have been identified, the most abundant of which are *Tipha dominguensis* and *Limnobium laevigatum*.

- **Grasslands:** Inundated grassy areas with a depth of between 30-50 cm, almost complete transparency , pH 6.2 and water temperature of 30°C. The predominate vegetative species are water radish (*Montrichardia arborescens*), casupo (*Heliconia psittacorum*), cortadera (*Cyperus giganteus*) and the ferns *Acrostichium aureum* and *Blechnum serrulatum.*

- **Wooded grasslands:** In the wooded grassy areas, in addition to the vegetative species mentioned in the above environment, the following species are also present in this area: moriche palm (*Mauritia flexuosa*), *Pterocarpus officinalis*, *Mikania congesta*, and *Eritrina glauca*. The depth oscillated between around 1.5 m, with a water temperature of 27 °C and a transparency of 20 cm.

- *Morichal:* This environment is dominated by the moriche palm, as well as the *manaca* palm (*Euterpe oleracea*), *Macrolobium* sp., *Cecropia* sp. and the water radish, in a herbaceous vegetation matrix. The maximum depth is 0.5 m.

Figure 6.2. General views of the lagoon (above) and inundated grasslands (below) in the Sector Guanipa, Gulf of Paria, state of Monagas, Venezuela.

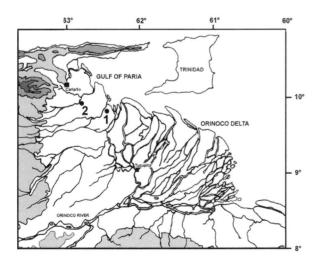

Figure 6.1. General map of the Gulf of Paria and the Orinoco Delta. 1: Sector Guanipa, state of Monagas, and 2: Sector Cachipo, state of Monagas.

Rapid assessment of the biodiversity and social aspects of the
aquatic ecosystems of the Orinoco Delta and the Gulf of Paria, Venezuela

247

• **Swamp forest:** This environment has an average depth of 1 m, with complete transparency, and water temperature between 25 - 26 ºC, the same as the *morichal*. The predominate species, in addition to the moriche palm, are *Virola surinamensis*, the *Eritrina glauca*, *Pterocarpus officinalis* and *Symphonia globulifera*.

In location 2, "Cachipo", samples were taken in forests, gallery forests along the principle course of the Cachipo, Punceres and Guarapiche rivers, and in the La Piedritas *morichal* along the Cachipo-Los Pinos route. In general and in agreement with Colonnello (1997b), there are three types of forest found in this area, whose location is determined by the length of the flooding season. As such, the following are recognized:

• **Short-term inundated forests:** This forest is characterized by flooding from local rains on relatively elevated lands, high forests (25 m in height, with some areas reaching up to 35 m), semi-deciduous, with *Brownea macrophila* and *Trichilia verrucosa* as the predominant species.

• **Seasonally inundated forests:** This formation is characterized by a prolonged inundation for several months, the product of rains and overflow of local rivers. They are high, deciduous forests, whose predominant species is *Tabebuia rosae*.

• **Permanently inundated forests:** Located in depressed locations, these are ombrophilic forests and swampy palm forests in which the predominant species are *Symphonia globulifera*, *Eritrina* sp., and the palms *Mauritia flexuosa* and *Euterpe oleracea*.

For this study, an extensive bibliographic review was made, which included scientific publications and technical reports, as well as a review of the main national herpetological collections (MHNLS: Museo de Historia Natural La Salle, Caracas; EBRG: Estación Biológica Rancho Grande, Maracay y MBUCV: Museo de Biología de la Universidad Central de Venezuela). In addition, data are included from two collection expeditions in the Guarapiche Forest Reserve in the state of Monagas (see area of study), whose field methodology was previously detailed.

Among the principle references used for the completion of this study include: general treaties on the anurans of Venezuela by Rivero (1961), La Marca (1992) and Barrio (1999); general reviews of reptiles by Roze (1966, 1996), Lancini (1986), Lancini and Kornacker (1989), reviews of turtles by Pritchard and Trebbau (1984) and studies of crocodiles by Medem (1983). References of special interest for consideration particularly on the herpetofauna of the area of study and/or its locations include the works of Beebe (1944a,b, 1945, 1946), Gónzalez-Sponga and Gans (1971), Williams (1974), Gorzula and Arocha-Piñango (1977), Bisbal (1992),

Rivas (1997), Gorzula and Señaris (1999), Rivas and La Marca (2001), Señaris (2001), Señaris and Ayarzagüena (2001, *in press*), Señaris and Barrio (2002), Rivas and Molina (2003) and Molina et al. (*in press*).

Field expeditions were carried out from November 29 - December 16, 1996 at location 1 ,"Sector Guanipa", and between April 29 - May 12, 1997 at location 2,"Cachipo," dates that both correspond to the dry season. In each of these locations daily diurnal and nocturnal samples were taken along established transects or through general searches (Jaeger 1994). These sample areas sought to include the principle environments or microenvironments found in each location that could potentially be surveyed in a short period of time (Scott 1994). During sampling, estimates were made of species abundance by counting observed and/or captured specimens as well as by transect "audits" in the case of amphibians in active reproduction (Zimmerman 1994).

For each specimen collected, a field number was assigned, and pertinent taxonomic and ecological observations were recorded. Afterwards, the specimens were placed first in 10% formol, and then preserved in 70% ethyl alcohol. Sepcimens were deposited in the Herpetological Collection of the Museo de Historia Natural La Salle (MHNLS).

RESULTS

Taxonomic composition and species richness
Forty-four (44) species of amphibians and 91 species of reptiles are recognized for the Orinoco Delta and GoP (Appendix 9). These species represent approximately 16% and 28%, respectively, of the total species registered for Venezuela.

In the class of Amphibia, the order Anura (toads and frogs) is represented by 43 species, while the order Gymnophiona has only one representative, the caecilian *Potomotyphlus kaupii*. Not found in the study area are any species of the order Caudata, which in Venezuela are restricted to the Andean region and part of the coastal mountain range. In the order Anura, the families Hylidae, with 20 species, and Leptodactylidae, with 10 species, contribute the largest number of species, followed by the families Bufonidae (4 spp.), Dendrobatidae (3 spp.), Centrolenidae (2 spp.) and, finally, the families Microhylidae, Pipidae, Pseudidae and Ranidae, with one species in each family (Figure 6.3). The most diverse genera are *Hyla*, tree frogs with nine species, and the terrestrial leptodactylids (genus *Leptodactylus*, 7 spp.) while the others are represented by four or fewer species.

The class Reptilia (reptiles) is represented by the order Crocodylia, with two species in the familty Alligatoridae and as many in the family Crocodylidae; order Testudines, with three marine turtle species, one terrestrial and eight freshwater; and order Squamata, with three representatives of the suborder Amphisbaenia (two-headed snakes of the genus *Amphisbaena*), 22 species of the suborder Sauria (lizards and geckos), and 50 species of the suborder Serpentes (snakes).

To provide more detailed information, in the suborder Sauria, the families Teiidae and Gekkonidae are the most diverse in the number of species, each with six, followed by the families Polychrotidae and Tropiduridae (three species each one), Gymnophthalmidae (two species), and finally, the families Iguanidae and Scincidae, with one representative each (Figure 6.4).

Within the suborder Serpentes, the species richness of the family Colubridae stands out with 35 species belonging to 24 genera, followed by the family Boidae, with five species,

and the poisonous snakes in the family Viperidae, with four species. The coral snakes of the family Elapidae and the blind snakes of the family Typhlopidae are represented by two species each, while the families Aniliidae and Leptotyphlopidae have one species each (Figure 6.5).

A detailed analysis of the species richness and composition of amphibians and reptiles in the study area shows certain differences that are worth noting. For the Orinoco Delta, there are 39 registered amphibian species, while in the GoP only the presence of 25 has been confirmed (Appendix 9).

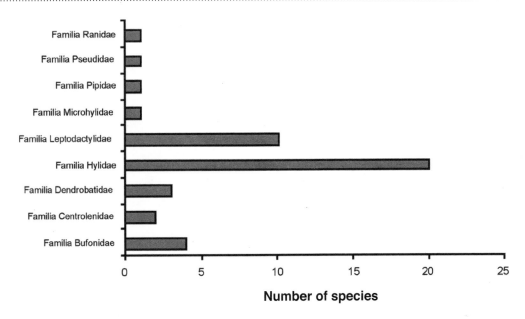

Figure 6.3. Number of anuran species per family reported from the Gulf of Paria and the Orinoco Delta, Venezuela.

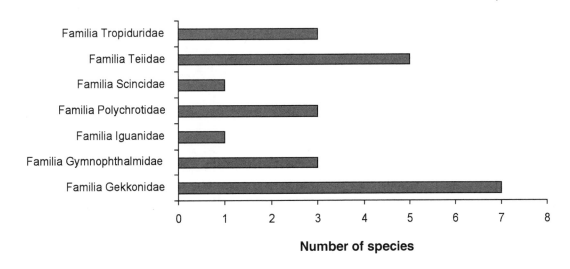

Figure 6.4. Number of reptile species per family of the suborder Sauria reported from the Gulf of Paria and Orinoco Delta, Venezuela.

Rapid assessment of the biodiversity and social aspects of the
aquatic ecosystems of the Orinoco Delta and the Gulf of Paria, Venezuela

249

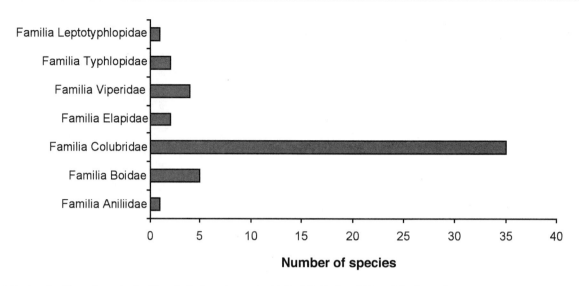

Figure 6.5. Number of reptile species per family of the suborder Serpentes registered in the Gulf of Paria and Orinoco Delta, Venezuela.

Among the taxa of amphibians recorded only in the Orinoco Delta, three species of the family Dendrobatidae are found, two bufonids, one centronelid, six hylids and three leptodactylids. Three leptodactylids and two hylids wre recorded exclusively in the GoP. A total of 76 species of Reptilia have been registered for the GoP (of these only 26 have been recorded for Caripito, state of Monagas), while 69 species are present in the deltaic fan.

Ecological and community aspects

Each environment and/or unit of vegetation of the Orinoco Delta presents a particular species richness and composition. In general, the gallery forests (located along the banks of rivers and channels) have the greatest amphibian richness, and are the habitat with the second highest for reptiles. The greatest reptile richness is registered in the swamp forests; however, these forests are relatively poor in amphibians. The grassy zones and *morichales* occupy intermediate positions in amphibian and reptile richness, as do the floating meadows (for amphibians). Bodies of water, rivers, channels, and lagoons appear to be the least diverse habitats, as they only contain species with exclusively aquatic habitats (e.g. small alligators (*babas*), caimans, the majority of turtles; Figure 6.6).

A similar pattern was found for the GoP as that previously described for the Orinoco Delta, where the majority of the species richness appears in more elevated environments, non-inundated or seasonally inundated, in comparison with permanently inundated habitats.

In greater detail, seven species of amphibians and 13 of reptiles were recorded in "Sector Guanipa," a completely inundated area in the southeastern part of the GoP (Figure 6.1, location 1), with a particular species partitioning in each one of the explored environments. In Table 6.1 and Figures 6.7 and 6.8 the spatial distribution of the amphibians and reptiles in this location is detailed, with the greatest species

richness observed in the grassland-forest ecozone (8 spp.), followed by the swamp forest and the wooded grasslands, with seven species each, grasslands of *Scleria* sp. with six species, and finally the grasslands of *Eleocharis* sp. and *Typha* sp. with four and three taxa, respectively. The majority of species, for amphibians as well as for reptiles, were observed exclusively in one or two environments in particular, and only three species (the frogs *Hyla geographica*, *Leptodactylus pallidirostris* and the alligator *Caiman crocodylus*) occupied four or more of the environments explored (Table 6.1). However, relative abundance of these species was different in each habitat type.

In location 1 ("Sector Guanipa") the frogs *Hyla geographica* (with densities between 0.075-0.013 ind/m²), *Hyla microcephala*, *Leptodactylus pallidirostris* and *Pseudis paradoxa* (with densities of 0.027 ind/m² in the grasslands of *Eleocharis*) were the most abundant species, followed by *Scinax rostratum* and *Sphaenorhynchus lacteus*. For its part, the caiman (*Caiman crocodylus*) had a density of 0.017 ind/m² in lagoon habitats and 0.027 ind/m² in *Eleocharis* grasslands, and was numerically the most predominant reptile in the area of study. Second in importance in relation to the number of observations and/or captures were the lizards *Mabuya mabouya* and *Kentropix calcarata*.

Hyla geographica, *H. microcephala* and *Pseudis paradoxa* were the only anurans found actively reproducing (evidenced by songs, tadpoles, and juveniles). In the lagoon, a large number of tadpole schools of *H. geographica* (with 428-445 tadpoles of each school) were observed, as well as juveniles of this species. For reptiles, nests were observed of *Caiman crocodylus* in the ecotone between the grasslands and the inundated forest, made at the base of moriche palms with adjacent vegetative material. In these same areas, juvenile caimans (*babas*) were observed (approximately 20-25 cm in total length).

For location 2, "Cachipo" (Figure 6.1, location 2) 13 species of amphibians and 22 of reptiles were registered (Table 6.2). Contrary to location 1, the herpetofauna of the areas explored in location 2 was more homogeneous, with no particular distribution patterns standing out, save in the larger environments, like bodies of water and disturbed areas. As detailed in Table 6.2, the habitat with the highest richness of amphibians and reptiles was the forest, followed the gallery forests, disturbed areas, and, finally, bodies of water.

DISCUSSION

The species of amphibians and reptiles recorded for the GoP and Orinoco Delta present different patterns of geographic distribution. Few taxa are exclusive or endemic to this zone of the country; up to present time, only two species have been registered exclusively in the region: the crystal frog (*Hyalinobatrachium mondolfii*) of the floodplains of the Guarapiche River and the Orinoco Delta (Señaris and Ayarzagüena 2001) and the lizard *Anolis deltae* of the lower

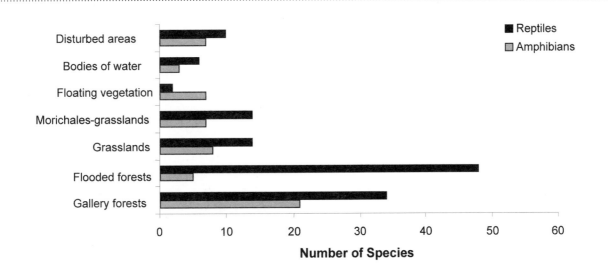

Figure 6.6. Number of amphibian and reptile species registered in different macroenvironments in the Orinoco Delta, Venezuela.

Figure 6.7. Schematic drawing of inundated forest and morichal (moriche palm forest) showing the microhabitats where amphibians and reptiles were observed in the Sector Guanipa, Gulf of Paria, Venezuela.

Rapid assessment of the biodiversity and social aspects of the
aquatic ecosystems of the Orinoco Delta and the Gulf of Paria, Venezuela

251

delta (Williams 1974). Other species, principally the reptiles, possess a slightly larger distribution that includes the area of study and adjacent zones, among which it is worth noting *Amphisbaena gracilis,* associated with the floodplains of the middle and lower Orinoco River to the middle of the delta (Señaris 2001), and *Thamnodynastes* sp. of the inundated coastal plains from the GoP to Guyana and Trinidad (Boos

2001). For its part, *Mastigodryas amarali* is restricted to the northeastern part of the country (the states of Sucre and Nueva Esparta), extending up to the northern portion of the GoP, while the toad *Leptodactylus labyrinthicus* has a disjunct distribution between the state of Sucre in Venezuela and Brazil (Péfaur and Sierra 1995).

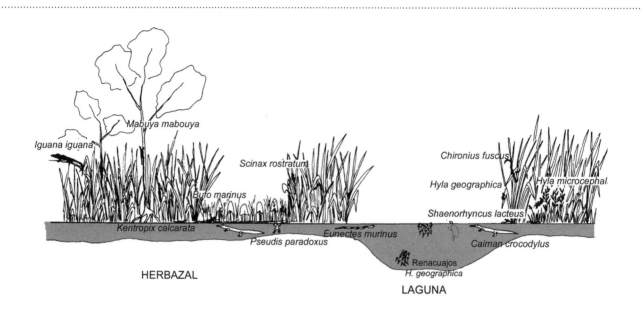

Figure 6.8. Schematic drawling of the lagoon and inundated grasslands showing the microhabitats where amphibians and reptiles were observed in the Sector Guanipa, Gulf of Paria, Venezuela.

Table 6.1. Distribution of the amphibians and reptiles found in the location "Sector Guanipa", state of Monagas, in the different vegetation units (29 November - 16 December, 1996).

Species	Lagoon	Grassland of *Typha*	Grassland of *Scleria*	Grassland of *Eleocharis*	Wooded grassland	Ecotone	Swampy forest
Amphibia							
Bufo marinus			X				
Hyla geographica		X	X			X	X
Hyla microcephala				X			
Scinax rostratus		X	X				
Sphaenorhynchus lacteus		X			X		
Leptodactylus pallidirostris				X	X	X	X
Pseudis paradoxa				X			
Reptilia							
Caiman crocodylus	X	X	X	X	X	X	X
Geochelone denticulata							X
Rhinoclemys punctularia						X	
Podocnemis unifilis	X						
Gonatodes humeralis							X
Iguana iguana					X		
Anolis chysolepis							X
Kentropix calcarata					X	X	
Mabuya mabouya					X	X	
Eunectes murinus	X						
Chironius fuscus			X		X		
Thamnodynastes sp			X		X		
Bothrops atrox					X		X

Table 6.2. Amphibians and reptiles found in the location "Cachipo", state of Monagas, in the different habitats explored (29 April -12 May, 1997).

Species	Forest	Gallery Forest	Disturbed Areas	Bodies of Water
Amphibia				
Bufo marinus	X	X	X	
Hyla boans		X		
Hyla crepitans	X			
Hyla geographica		X		
Osteocephalus cabrerai	X	X		
Phrynohyas venulosa	X		X	
Scinax rostratus	X			
Scinax ruber	X			
Leptodactylus bolivianus		X	X	
Leptodactylus fuscus			X	
Leptodactylus knudseni	X			
Leptodactylus pallidirostris	X	X	X	
Elachistocleis ovalis			X	
Reptilia				
Caiman crocodylus				X
Paleosuchus palpebrosus				X
Kinosternon scorpioides				X
Geochelone denticulata	X			
Gonatodes humeralis	X	X		
Thecadactylus rapicauda	X			
Iguana iguana		X		
Anolis nitens chrysolepis	X	X	X	
Mabuya mabouya	X			
Ameiva ameiva			X	
Tupinambis teguixin	X			
Tropidurus plica	X			
Uranoscodon superciliosus	X			
Boa constrictor		X		
Chironius fuscus	X			
Leptodeira annulata	X			
Liophis reginae	X			
Ninia atrata	X			
Oxybelis aeneus	X			
Oxyrhopus petola	X			
Pseudoboa neuwiedii	X			
Bothrops atrox	X	X	X	
TOTAL	24	11	9	3

Of the 44 amphibian species registered in the GoP and the Orinoco Delta, the predominant species have an Amazonia-Guayanese distribution pattern and represent 34.1% of the amphibian fauna, followed by 10 species of wide distribution (22.7%). Seven species of amphibians (15.9%) principally inhabit the savannas (llanos), while four taxa are shared with the Amazon and the other three found only in the Guayana region. If the species with an Amazonia-Guayanese and/or Guayanese distributions are added together, they represent 50% of the registered taxa, which present their northern most distribution in the area of study.

At least 34.1% of the recorded reptile species have an ample distribution in the country, with the exceptions of the species mentioned above with limited distributions and three species of marine turtles. Twenty-six species (28.6%) are distributed throughout the Amazon and Guayana regions, followed in numeric importance by the plains-coastal taxa (7.7%), Guayanese taxa (6.6%), and those restricted to the Orinoco River watershed (5.5%). Completing the list are four species with a coastal distribution (northern coast of the country), three that inhabit the Amazon-Guayana-Llanos region, and finally, two species that are only registered in the Amazonian region. Taken together, the taxa contributions with an Amazonic and/or Guayanese distribution make up 38% of the reptile fauna, a higher percentage than the other distribution patterns, but close to the contribution of those species with wide distributions.

Rapid assessment of the biodiversity and social aspects of the
aquatic ecosystems of the Orinoco Delta and the Gulf of Paria, Venezuela

253

Medem (1983) explictely pointed out the absence of records of *Crocodylus acutus* between the Paria peninsula and the Orinoco Delta; however, their presence in Puerto Yagüaraparo and the San Juan River before the 1960s indicates that it is very probable that their past distribution limits reached up to the Orinoco.

From a biogeographic point of view, the area of the GoP and Orinoco Delta has been treated in some cases as a particular region, or, contrarily, as an extension of the Guayana region. Rivero (1961, 1964), based on limited records, labeled the Orinoco Delta and the floodplains of the state of Monagas as the "Delta Region." His criteria were followed by Barrio (1999), who extended the region from the mountain chain of Lema (state of Bolívar) to southeast of the state of Sucre. Roze (1966), based on reptile distribution patterns, placed the region within the southern Subregion of the "Monaga Formation", a cradle that includes a large part of the state of Monagas to the extreme southeast of the state of Sucre, including the more elevated lands of the Orinoco Delta to Guyana. This same author defined the "Delta Formation" as the inundated lands of the Orinoco Delta, but pointed out the scarcity of records upon which this was based.

Gorzula y Señaris (1999) included the Orinoco Delta and the coastal floodplains of the states of Monagas and Sucre in the Venezuelan Guayana Region, based on distributions of amphibians and reptiles. Señaris and Ayarzagüena (*in press*) and Molina et al. (*in press*) reaffirm this biogeographical placement of the Orinoco Delta, although they point out that this zone could be considered at the same time as a "mixed" zone and/or as a connection between biota of adjacent regions.

The results obtained in this study demonstrate that the herpetofauna of the floodplains of the GoP and Orinoco Delta consists of a set of taxa with different geographic distribution patterns, where the numerically dominant species are those with an Amazonia-Guayanese distribution, followed by species of wide distribution. In addition, the low number of endemic species stands out, principally because the region has not been considered as a particular geographic unit, but rather as an extension of the Guayana region, with a significant contribution from Amazonian species.

It is also important to observe that many of the taxa considered as Amazonia-Guayanese show an arc-shaped distribution, and could well be absent from the intermediate and higher elevations of the Guayana region; extending to the north through Guyana to the south of the state of Sucre, passing through the Orinoco Delta and the inundated lands of Monagas. Among the species that show this type of distribution (extending to the Paria peninsula) are the amphibians *Hyla boans, H. geographica, H. multifasciata, Sphaenorhynchus lacteus, Osteocephalus cabrerai, Leptodactylus knudseni,* and *Pipa pipa,* and the reptiles *Leposoma percarinatum, Tropidurus umbra, Uranoscodon superciliosa, Chironius scurrulus, Erythrolamprus aesculapii, Liophis cobella, Philodryas viridissimus, Pseudoboa coronata, Pseutes poecilonotus, Siphlophis*

compressus and *Rhinoclemmys punctularia.* It is possible that an association exists between these patterns of distribution, the vegetation types and/or the macroenvironments. As an example of this, Avila-Pires (1995) indicated that a set of open vegetation lizards show this arc-shaped distribution pattern that includes the Guayanas along the margins of the Amazonian Region.

Despite the important increase in the knowledge of the herpetofauna in the noreastern wetlands of Venezuela, the inventories are still incomplete, and any biogeographic analyses should be considered preliminary. Nonetheless, the confirmed existence of close to 22% of the herpetofauna of Venezuela in the Orinoco Delta and associated floodplains – an area of approximately 45.300 km^2 – shows this to be an area with a high concentration of species. Taking into account just the amphibians encountered by this study, the relationship between the number of species and the area considered is 971.30 especies/10^6 km^2, a figure that exceed the calculations offered by Duellman (1999) for different natural regions of South America, except for the highlands of the Guayana Region.

In the Orinoco Delta and GoP, a number of particularly important species for conservation are found, either permanently or seasonally. These species are included in various IUCN categories (1994) and on the national level (Venezuelan) Red List (Rodríguez y Rojas-Suárez 1999). Among these species are *Podocnemis expansa, Eretmochelys imbricata, Chelonia mydas, Lepidochelys olivacea, Crocodylus intermedius, Crocodylus acutus, Caiman crocodylus, Iguana iguana, Tupinambis tequixin, Boa constrictor,* and *Eunectes murinus.*

The Creole and indigenous populations of the Orinoco Delta include in their subsistence activities the use of some species of reptiles, even though this practice has not been sufficiently documented and apparently is for items of secondary nutritional importance. Heinen et al. (1995) comments on the seasonal expeditions of the Warao to capture *Iguana iguana,* and during the dry seson, the search for terrestrial turtles, or *morrocoyes (Geochelone denticulata).* These same authors point out that some Warao groups in close contact with Creoles or missionary centers hunt caiman (*babas*) or crocodiles, which are later sold. Reaffirming this observation, Gorzula y Señaris (1999) mention that in 1988 in the town of Tucupita, capital of the state of Delta Amacuro, alligator (*baba*) "empanadas" were being sold, and, additionally, fillets of this species were being sold as those of catfish (*Brachyplatystoma vaillanti*). Personally, the author of this study has, in many towns in the Orinoco Delta, witnessed the consumption and/or sales of the turtles *Rhinoclemmys punctualaria, Geochelone denticulata* and *Podocnemis unifilis,* and of the caiman *Caiman crocodylus* and of the lizards *Tupinambis teguixin* and *Iguana iguana,* a practice that in some cases is normal and represents an important nutritional activity or source of income for the indigenous Warao.

Taking into account the important amphibian and reptile diversity, their interest from a biogeographic point of view, as well as the presence of species in special situations of conservation and/or use, it is important to do exhaustive studies in the Orinoco Delta and the adjacent floodplains in the states of Monagas and Sucre in order to know and properly characterize these wetlands, as well as to propose concrete measures for their conservation.

CONCLUSIONS AND CONSERVATION RECOMMENDATIONS

The northeastern zone of Venezuela, including the Orinoco Delta and GoP, have been not been explored extensively in terms of its herpetofauna, despite the fact that it appears to be an important area in terms of amphibian and reptile diversity, with records of 22% of the herpetofauna reported for the country. At the same time, this zone is inhabited by several reptile species of economic and nutritional importance, as well as by taxa of conservation importance, such as three species of marine turtles, one freshwater turtle species, one terrestrial turtle species and three crocodiles. In particular, the following actions are recommended:

- Intensify the sampling of herpetofauna in the different locations in the Orinoco Delta and GoP, especially in the middle delta zones, the Orinoco Delta Biosphere Reserve, the slopes of the Imataca mountain range to the southeast of the Grande River, and Turuepano National Park.

- Evaluate the reptile populations of special conservation importance and produce concrete plans for their conservation.

- Evaluate how Creole and indigenous popuations are using amphibian and reptile species.

REFERENCES

Avila-Pires, T. C. S. 1995. Lizards of Brazilian Amazonia (Reptilia: Squamata). Zool. Verh. 299: 1-706.

Barrio, C. 1999. Sistemática y biogeografía de los anfibios (Amphibia) de Venezuela. Acta Biol. Venez. 18(2): 1-93.

Beebe, W. 1944a. Field notes on the lizards of Kartabo, British Guiana and Caripito, Venezuela. Part I. Gekkonidae. Zoologica. 29(14): 145-160.

Beebe, W. 1944b. Field notes on the lizards of Kartabo, British Guiana and Caripito, Venezuela. Part 2. Iguanidae. Zoologica. 29(14): 195-216.

Beebe, W. 1945. Field notes on the lizards of Kartabo, British Guiana and Caripito, Venezuela. Part 3. Teiidae, Amphisbaenidae and Scincidae. Zoologica. 30(2): 7-31.

Beebe, W. 1946. Field notes on the snakes of Kartabo, British Guiana and Caripito, Venezuela. Zoologica. 31(1): 11-52.

Bisbal, F. 1992. Estudio de la fauna silvestre y acuática del pantano oriental, Estado Monagas y Sucre, Venezuela. Informe Técnico Convenio MARNR-Lagoven, Caracas, Venezuela.

Boos, H. E. 2001. The snakes of Trinidad and Tobago. Texas A&M University Press, College Station.

Colonnello, G. 1997a. Vegetación. In: Caracterización de la vegetación y la fauna asociada a los humedales de la Reserva Forestal de Guarapiche, Estado Monagas. Evaluación Sector Guanipa (29 noviembre – 16 diciembre 1996). Informe Técnico preparado por Fundación La Salle para British Petroleum, Caracas, Venezuela. Pp. 4-28.

Colonnello, G. 1997b. Vegetación. In: Caracterización de la vegetación y la fauna asociada a los humedales de la Reserva Forestal de Guarapiche, Estado Monagas. Evaluación Sector Cachipo (Abatuco) (29 abril – 12 mayo 1997). Informe Técnico preparado por Fundación La Salle para British Petroleum, Caracas, Venezuela. Pp. 3-33.

Duellman, W. E. 1999. Distribution patterns of amphibians in South America. In: W. E. Duellman (ed.). Patterns of distribution of amphibians. A global perspective. The Johns Hopkins University Press. Maryland. Pp. 255-328.

Gónzalez-Sponga, M. and C. Gans. 1971. *Amphisbaena gracilis* Strauch rediscovered (Amphisbaenia: Reptilia). Copeia. 1971(4): 589-595.

Gorzula, S. and L. Arocha-Piñango. 1977. Amphibians and rReptiles collected in the Orinoco Delta. British J. Herpetology. 5: 687.

Gorzula, S. and J. C. Señaris. 1999 ("1998"). Contribution to the herpetofauna of the Venezuelan Guayana. Part I. A Data Base. Scientia Guaianae. 8: xviii+270+32 pp.

Heinen, H. D., J. San José, H. Caballero and R. Montes. 1995. Subsistence activities of the warao indians and anthropogenic changes in the Orinoco Delta vegetation. In: H. D. Heinen, J. San José y H. Cabellero (eds). Naturaleza y Ecología Humana en el Neotropico. Scientia Guaianae 5. Pp. 312-334.

Jaeger, R. G. 1994. Transect sampling. In: Heyer, W.R., Donnelly, M. A., McDiarmid, R. W., Hayerk L. C. y Foster M. S. (eds). Measuring and monitoring Biological Diversity. Standard Methods for Amphibians. Smithsonian Institution Press, Washington. Pp. 103-107.

La Marca, E. 1992. Catálogo taxonómico, biogeográfico y bibliográfico de las ranas de Venezuela. Cuadernos de Geografía, Universidad de Los Andes. 9: 1-197.

Lancini, A. R. 1986. Serpientes de Venezuela. Editorial Armitano, Caracas. 262 pp.

Lancini V., A. R. and Kornacker, P. M. 1989. Die Schlangen von Venezuela. Verlag Armitano Edit. C.A. Caracas.

Lasso, C. and V. Ponte. 1997. Ictiofauna. In: Caracterización de la vegetación y la fauna asociada a los humedales de la Reserva Forestal de Guarapiche, Estado Monagas. Evaluación Sector Cachipo (Abatuco) (29 abril – 12 mayo 1997). Informe Técnico preparado por Fundación

Rapid assessment of the biodiversity and social aspects of the
aquatic ecosystems of the Orinoco Delta and the Gulf of Paria, Venezuela

255

La Salle para British Petroleum, Caracas, Venezuela. Pp. 34-62.

Lasso, C. and J. Meri. 2003 ("2001"). Estructura comunitaria de la ictiofauna en herbazales y bosques inundables del bajo río Guanipa, cuenca del Golfo de Paria, Venezuela. Mem. Fund. La Salle Cien. Nat. 155 : 75-90.

Medem, F. 1983. Los crocodylia de Sur America. Vol. II. Universidad Nacional de Colombia y Fondo Colombiano de Investigaciones Científicas y Proyectos Especiales (Colciencias). Bogotá, Colombia.

Molina, C., J. C. Señaris and G. Rivas. (in press). Los reptiles del Delta del Orinoco: Diversidad, ecología y biogeografía. Mem. Fund. La Salle Cien. Nat.

Pefaur, J. and N. M. Sierra. 1995. Status of *Leptodactylus labyrinthicus* (Calf frog, Rana Ternero) in Venezuela. Herp. Review. 26 (3): 124-127.

Pritchard, P.C.H. and Trebbau, P. 1984. The turtles of Venezuela. Contributions to Herpetology, 2. Society for the Study of Amphibians and Reptiles.

Rivas, G. 1997. Herpetofauna del Estado Sucre, Venezuela: lista preliminar de reptiles. Mem. Soc. Cien. Nat. La Salle 147: 67-80.

Rivas, G. and E. La Marca. 2001. Geographic distribution. *Pseudoboa coronata*. Herp. Review. 32(2) : 124.

Rivas, G. and C. Molina. 2003. New records of Reptiles from the Orinoco Delta, Delta Amacuro State, Venezuela. Herp. Review. 34(2): 171-173.

Rivero, J. 1961. Salientia of Venezuela. Bull. Mus. Comp. Zool., Harvard. 126(1): 1-207.

Rivero, J. 1964. The Distribution of Venezuelan frogs VI. The Llanos and delta region. Carib. J. Sci. 4: 491-495.

Rodriguez, J. P. and F. Rojas-Suarez. 1999. Libro Rojo de la Fauna Venezolana. Segunda Edición. PROVITA, Caracas.

Roze, J. 1966. La taxonomía y zoogeografía de los Ofidios en Venezuela. Universidad Central de Venezuela, Ediciones de la Biblioteca, Caracas.

Roze, J. 1996. Coral snakes of the Americas: biology, identification, and venoms. Krieger Publishing Company, Florida.

Scott, N. J. 1994. Complete Species Inventories. *In:* Heyer, W.R., Donnelly, M. A., McDiarmid, R. W., Hayerk L. C. y Foster M. S. (eds.). Measuring and Monitoring Biological Diversity. Standard Methods for Amphibians. Smithsonian Institution Press, Washington. Pp. 78-84.

Señaris, J. C. 2001. Aportes al conocimiento taxonómico y ecológico de *Amphisbaena gracilis* Strauch 1881 (Squamata: Amphisbaenidae) en Venezuela. Mem. Fund. La Salle de Cien. Nat. 152: 115-120.

Señaris, J. C. and J. Ayarzagüena. 2001. Una nueva especie de rana de cristal del género *Hyalinobatrachium* (Anura: Centrolenidae) del Delta del río Orinoco, Venezuela. Rev. Biol. Trop. 49(3): 1007-1017.

Señaris, J. C. and J. Ayarzagüena. (in press). Contribución al conocimiento de la anurofauna del Delta del Orinoco, Venezuela: Diversidad, Ecología y Biogeografía. Mem. Fund. La Salle de Cien. Nat.

Señaris, J. C. and C. Barrio. 2002. Geographic Distribution. *Hyla calcarata*. Herpet. Review. 33(1): 61

UICN. 1994. Categorías de Las Listas Rojas de la UICN. Documento final. UICN, Gland.

Vitt, L. J., J. P. Caldwell, H. M. Wilbur and D. C. Smith. 1990. Amphibians as harbingers of decay. Bioscience. 40: 418.

Williams, E. E. 1974. South American *Anolis*: three new species related to *Anolis nigrolineatus* and *A. dissimilis*. Breviora. 422: 1-15.

Zimmerman, B. L. 1994. Audio strip transects. *In:* Heyer, W.R., Donnelly, M. A., McDiarmid, R. W., Hayerk L. C. y Foster M. S. (eds). Measuring and monitoring Biological Diversity. Standard Methods for Amphibians. Smithsonian Institution Press, Washington. Pp. 92-97.

Chapter 7

Environmental consequences of intervention in the Orinoco Delta

José A. Monente and Giuseppe Colonnello

SUMMARY

The wetlands that comprise nearly the entire coastal marine region of eastern Venezuela have been subject to relatively little human intervention, leaving the zone in an almost pristine condition. Although there were many alterations in the Delta throughout the twentieth century, few caused significantly important impacts. The principal intervention that has most affected the area has been the imposed control on the flow of one of the principal tributaries, the Mánamo channel. The purpose of this control was to increase agricultural production, which affects close to a third of the Delta. The almost permanent dredging to which some sections of the Grande River are subject to in order to facilitate passage of large vessels to the city of Guayana has also generated important impacts in the rest of the region.

The consequences of the construction of the dam that controls the volume of water in the channel have manifested themselves gradually, although the first negative impacts to draw attention were those that affected populations, particularly indigenous ones, and their agricultural lands. Moreover, there have been changes in the hydraulic regime that have led to siltation and filling in of channels, erosion, and formation of islands. Associated with changes in the hydraulic regime are the biotic components, which have been affected by changes in the composition of soils and waters.

These are not the only interventions that have occurred in the Delta, since at the present time there are many activities being planned or implemented, some large scale, such as the development of petroleum, timber and tourism, which have met with various degrees of success.

It is proposed that a general management plan be urgently developed to guarantee, at a minimum, the conservation of the region's ecosystems in their current conditions. To achieve this, it is necessary to re-evaluate the volume of water that is allowed to pass from the Orinoco River to the Mánamo channel, and from there, to the rest of the middle northern part of the Delta. It is also to necessary to evaluate the continual dredging of the main channel.

The participation of Creole and Warao communities that inhabit the Delta, as well as researchers and development promoters, is fundamental if conservation projects are to be successful and to guarantee the future existence of this valuable ecosystem for future generations.

INTRODUCTION

Throughout history human beings have felt a special attraction towards aquatic environments. In fact, many great ancient civilizations were born and developed around this type of ecosystem, and all of them modified these ecosystems in attempts to benefit from their comparative advantages, such as improved communication and production. Human communities that have flourished near wetlands and fluvial areas have intervened in these environments in order to convert them into more "productive" systems (principally for agricultural), and areas for habitation, though they may have initially appeared unhealthy and unproductive. Unfortunately, what they managed to do was ruin not only the surrounding environment, but the very

Rapid assessment of the biodiversity and social aspects of the
aquatic ecosystems of the Orinoco Delta and the Gulf of Paria, Venezuela

257

civilization itself, as it progressively deteriorated with the surrounding environment, leaving only vestiges of its former grandeur. In a publication at the beginning of the nineteenth century, Glynn (1838) cites "I have managed to obtain two harvests where only one was possible before, and likewise I have had the pleasure of seeing how a bountiful harvest of wheat replaced sawgrass and cattails. In these way, the steam engine permits the conversion of wetlands and swamps that exhaled malaria, sickness and death, into fertile fields of corn and green meadows." One still hears the opinion that prevailed in the past about these environments: they should be improved. The tendency to "sanitize them" was a common practice throughout history that persists in the minds of many planners to the present day.

This is a lamentable mistake since these ecosystems are home to a good part of the planet's biodiversity (Sparks 1995). Some countries have rediscovered their importance and are trying to correct the errors of the past. To do this, they are returning to the wetlands those functions that some ancient cultures understood and respected thousands of years ago. Living in these ecosystems, these ancient peoples were able to develop a rich and varied culture, but one respectful of the environment that has allowed for its almost pristine state to persist to the present day. One these cultures is that of the Warao, located in the Orinoco Delta for almost 10,000 years, whose methods of understanding and managing the environment are a living example of what some ecologists are only recently discovering.

Three positions are observed with regards to these ecosystems. Each one responds to different ideological conception of nature, development and, above all, resource use. These are:

1. The position of the planners and development experts, where the very short-term vision and economic benefits justify whatever type of intervention, relegating to secondary importance more long-term considerations such as the environmental and social impacts of such interventions.

2. The position of the extreme conservationists, who proclaim that some ecosystems should not be touched under any circumstances.

3. The position of those who aspire to maintain an equilibrium between development and conservation by offering concrete solutions to specific and vital problems of the present population without compromising the possibilities of future generations.

The first and second positions, though frequent, are not very practical. The first is not practical owing to its pernicious short, medium and long-term results. The second is unviable as well, since intervention in numerous wetlands has been expanding for several years. In other cases, although the negative effects may be evident, to return to the original

state is generally not possible for both social and environmental reasons. The third position is a mixture of utopia, romanticism and proper valuation of ecosystems. This last alternative, though the most complex, is the only one that can be successful in the long run. This position demands objectivity given the present reality, concerted research efforts, and, above all, the humility to accept that serious errors have been committed. At the same time, it is necessary to recognize that many indigenous cultures have learned to manage natural resources better than many "modern" methods, and as a result, their participation in the solution is essential if efforts are to be successful.

The interventions in the Orinoco Delta during the last 40 years have had both positive and negative impacts. Without discounting the former, the latter are more abundant, and it is imperative to undertake a critical review and make the decisions necessary for appropriate actions (Monente 1997).

Wetlands are, without any doubt, the principle ecosystems of the deltaic planes in far eastern Venezuela (Colonnello, this volume), with an environmental value that is still not fully understood. They have an additional special importance given the dependence on natural resources of numerous human communities (indigenous and Creole) that inhabit the region. Social and environmental pressures exerted on human populations, particularly the Warao, by industrial and agricultural development that has taken place in these wetlands for the last fifty years, have been very strong. In fact, large zones are confronting serious problems, such as acidification and salinization of soils and water. In spite of these pressures, the deltaic planes, the Orinoco Delta and its wetlands are generally still in large measure unaltered.

The new interventions could well be the catalyst for the beginning of a massive deterioration, or the departure point for a rational resource management of that will guarantee the ecosystem's survival. This is imperative in terms of conservation, not only to save biodiversity and the traditional values of flora and fauna, but also to act as a key element in the promotion of sustainable development. (Maltby et al. 1992).

Actions designed to put into practice the long-term management of the Delta should be based on conservation principles and novel legislation. The task is complicated, especially given the scarce experience in conservation of these ecosystems and the need to preserve the ancestral Warao culture. The objective of this work is to describe the changes observed in the watershed of the Mánamo channel as a consequence of the damming of this waterway.

INTERVENTIONS

During the first half of the twentieth century the interventions in the Delta were slight, but continuous. Most of the activities were agricultural, with the majority being subsistence and incipient cattle ranching. To a lesser degree there were some simple industrial activities, such as forestry and, in some specific locations, petroleum activity. Although some activities increased over the years, these interventions could be qualified as low intensity, with few impacts in relatively small areas. It is during the second half of the last century, and especially in the 1970's, when interventions intensified, and the areas affected are relatively important. The intervention with the largest impact has been the closure of the Mánamo channel, a public work that was done to increase areas for agriculture (CVG 1967). The work has a second objective as well, to increase the volume of water that flowed through the main canal of the Orinoco River to facilitate navigation of larger vessels to Ciudad Guayana – an industrial pole in formation.

CLOSURE OF THE MÁNAMO CHANNEL

In the 1950s, a large development project was designed that, although it included the majority of the zones located to the south of the Orinoco and the vast areas in the far eastern part of Venezuela, had as its physical center a new urban nucleus called Ciudad Guayana. After many failed attempts to find nearby agricultural land, the Delta was designated as an agricultural production focal area to provide a secure food supply to the nascent industrial project, as it was located nearby and had many natural resources and excellent fluvial communication routes. A complicating factor was the annual floods from the Orinoco River, which, if they could be controlled, would enable this region to be incorporated into the national development process of "orienting and promoting the cultivation of these lands that must be the breadbasket of Guayana and a source of provisions for the entire southeastern part of the country" (CVG 1968, cited in Escalante 1993).

The project proposed to control the water flows of the Mánamo and Macareo channels (Fig. 7.1), and divide the Delta territory into sections. The first part included the Mánamo channel, being the eastern limit of the Macareo channel. The second included the deltaic wedge situated between the Macareo channel and the Río Grande. The third section corresponded to the zone that would not be affected, the part of the Orinoco Delta that delimits the Araguao channel and the principle channel of the Orinoco River (CVG 1968).

Guara Island, situated on the left margin of the Mánamo in front of Tucupita, was converted into an agricultural experiment zone, whose results would be exported to other islands and recovered areas. Moreover, terrestrial communications of the Delta were established and improved with the rest of the country, as well as some basic services.

The project was to be implemented in phases, with the first being the interruption of the Mánamo channel, initiated at the beginning of 1966. On April 14 of that same year the channel was closed and by July the rest of work completed. After this, no water passed from one side to the other of the dyke, which led to the decomposition of the waters and causing serious health problems to the population located to

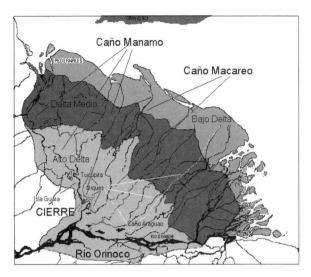

Figure 7.1. Orinoco Delta: principle canals. Constructed dykes = black lines; Projected dykes = white lines.

the north of the closure. Work continued along the marginal dykes to protect the overflow zones of the Macareo and other channels to the principle populations of the northern section of the Delta.

A year and a half later, the present structure was inaugurated, which allowed water to pass towards the north. Although the volume was small compared to before, it did correct some of the initial problems. In parallel, test plots were done on Guara Island on the suitability of some crops. The second phase of the plan consisted of controlling the Macareo channel, but was never implemented.

CONSEQUENCES

The reactions to the decision to construct 174 km of embankments to protect 900,000 ha of land from inundations (of them, 300,000 were specifically used for agriculture and cattle raising), were immediate from local populations.

At the same time that these works were being implemented, the mechanisms that maintained the dynamic equilibrium of the Delta's ecosystem were altered. The balance had been broken which maintained water quality, transport of sediment and the very life of the middle northern part of the Delta. Some impacts were immediate, while others took longer to appear. Among the first evident, direct impacts that had affected a wide area were those on local populations. The most immediate impact was the decomposition of the waters of the Mánamo between Tucupita and the immediate area of the new structure, which brough diseases and death to the numerous communities on the banks of the Mánamo and in the city itself, where a majority of the region's population was concentrated. In an almost parallel fashion, the northern section of the channel experienced salinization, and with that another less publicized consequence, but no less serious: migrations of indigenous communities looking for freshwater sources to areas unknown to them, or to Tucupita to live as beggars. Moreover, fish and other animal populations experienced large die-offs, while new species of plants and animals were colonizing recently salinized areas, especially mangroves and species associated with them. In the first two years after the closure (1966 and 1967), the effect of salinization was even more serious, since it coincided with the moment when a saline wedge was located in its southern-most position, as was expected at the end of the dry season. Before the flow of the area was controlled, this saline wedge would usually move back towards the sea, pushed out by seasonal river flooding; however, with the closure, the saline wedge now continued advancing towards the south, arriving at the area surrounding Tucupita.

It is difficult to summarize the effects of this project on the Mánamo channel and the middle Delta. What is clear is that between improvements and damage, the latter has been much greater than the former. The purpose of closing the Mánamo channel was to improve and increase agricultural production, but while this initially was the results, the opposite is what eventually happened. Statistics produced by competent authorities show a decrease in agricultural production in the intervened zone and in the Delta in general (Table 7.1). In the last few years, one observes an increase in products such as plantain, corn and yucca, the last for use in the production of beer, although this recuperation has not occurred in drier zones.

The contamination of the lagoons and channels with the resulting death and decrease of aquatic fauna and the contamination of the waters, are some of the more serious impacts. On the other hand, the forced migrations of indigenous and Creole groups, the decrease and loss of commerce and the disappearance of some communities began almost immediately. The total ecological damage has still not been evaluated, and even today with each new investigation, new impacts are being discovered. The opening of the control mechanism that permitted water to again pass through has remedied some of the initial problems. Others, such as the siltation of channels and the invasion of the saline wedge

Table 7.1 Surface area dedicated to agriculture in hectares.

Year	1961[1]	1971[1]	1984–1985[1]	1992[2]	1997[3]
Rice	3183	878	702	403	377
Corn	6732	3736	2432	302	1667
Yuca	360	265	444	120	1495
Ocumo	214	86	252		325

Sources: [1]: OCEI, 1986; [2]: Ministry of Agriculture and Breeding, 1992; [3]: National Institute of Statistics, 2002.

mentioned above persist and are being aggravated with time, threatening to destabilize the Delta's ecosystem. These are the most serious and evident consequences throughout the northern part of the Delta. Another consequence that is not as easy to observe as the others, as its manifestation has been more in the long run, has to do with the transport of sediments. The disappearance of the flooding of the Orinoco has produced a destabilizing effect on the more recent sediments in both the riverbeds and their banks. The ebb and flow of the tides without the sediment concentrations provided by the river has an undermining effect on the channels, as well as on the banks that protect the islands, generating more streams between internal lagoons and the main channel and increasing their salinity.

The present system of the Mánamo channel and the smaller channels has not only been disconnected from freshwater sources and sediments, but has become dependent on the edge effects of the tides of the Delta. The estuarine process of water entering and leaving through tidal forces has a large impact on deposition and erosion of sediments. As a consequence, any dredging on the channels, altering of waterways, construction of docks, deposit of dredging or waste materials, and, in general, any fluvial intervention in the zone can magnify even more the tremendous impact caused by the closing of the Mánamo (Monente 1997).

The deepening and widening of sections of the channel in some zones, or the inverse process in others, and the appearance or growth of islands, are the two most evident effects after the closure. There are examples of these effects in the sedimentation of the Pedernales channel, in the closure of some channels, and possibly in the widening and deepening of others.

EVOLUTION OF THE HYDRAULIC REGIME

The consequences of the construction of the dam, which manifested themselves in the aforementioned ways, are a reflection of the dramatic changes observed in the hydraulic regime of the Mánamo channel, whose seasonal flooding pattern has been suppressed. Prior to regulation, the average discharge percentage of the Mánamo and the Macareo were 10% and 6 %, respectively, of the total discharge for the Orinoco Delta (TAMS 1956). For their part, the company Wallingford Hydraulic Research Station, in charge of the dam's hydraulic model, used the following values: Mánamo 11.4% and Macareo 7.9% (Wallingford 1969).

However, at the present time the Mánamo discharges through its floodgates only 0.5 %, approximately 200 m^3 s^{-1}, while the Macareo channel has increased its volume to 11 %. Owing to the natural restrictions of the Macareo canal (Table 7.2) (Funindes-USB 1999), the other tributaries of the Orinoco Delta's water volume (particularly the Río Grande) increased from 84% to 88 % in order to accommodate the excess flow.

Figure 7.2 shows the Mánamo and Macareo channels at the site where the Mánamo separates from the Macareo arm. Before the construction of the dam, the water volume of the Mánamo, presently greatly reduced by sedimentation, was approximately 1,000 meters wider than the Macareo channel (250 m). The increase in the volume of the Macareo is possible thanks to the high banks that make up the canal, and to the increase in the water's velocity. However, in years of exceptional precipitation, the Macareo overflows its dykes, flooding adjacent lands and affecting cultivated and settled areas. The regulation of the Mánamo brought as a result the transformation of a fluvial system to an estuarine system, governed by daily tides. Table 7.3 shows the approximate hydraulic balance for the Mánamo channel. Presently, most of the water entering into the Mánamo channel and into the sub-watershed comes from the floodgates that control the dam. Other sources of water include the tributaries of the western bank of the Mánamo channel, the Morichal Largo, Tigre and Uracoa Rivers (which provide approximately 100 m^{3}s^{-1})(Buroz y Guevara 1976, Funindes-USB 1999) and from annual precipitation. The total balance is slightly positive, 7.0×10^7 m^3 year^{-1}.

The principle changes in the hydrology of the main waterways of the Mánamo's watershed before and after damming are shown in Figure 7.3. The arrows indicate the direction of the water's flow. Before regulation, (Fig. 7.3.a), the Mánamo

discharged on average 3.600 m^{3}s^{-1} in its watershed. During the dry season, the discharge was considered insignificant in comparison to the effect of the tides. This includes the Pedernales channel and the Cocuina, as well as the principal waterway of the Mánamo. Those two waterways are important, as they provided high quality water for human consumption and for crop irrigation in the upper Delta and around the banks of the middle Delta. Furthermore, they preserved the freshwater areas around the banks of the channel and the water table of the interior of the islands (black arrows in Fig. 7.3 a).

As a result of the regulation (Fig. 7.3 b), close to 95% of the discharge from the Mánamo channel flows towards the Macareo channel and the other tributaries whose discharges have increased an average of 35,000 m^{3}s^{-1}. Approximately 31,680 m^{3}s^{-1} flows through the Río Grande (Funindes-USB 1999).

The discharges shown in Figure 7.3 b (gray arrows) originate principally from the tides, and to a lesser degree from local precipitation, and flows in both directions, with waters

Table 7.2. Discharge from the Grande, Mánamo, and Macareo rivers (according to Funindes-USB 1999).

	% of discharge	
	Pre-Regulation	**Post Regulation**
Grande River	84	88
Mánamo River	10	0.5
Macareo River	6	11

Figure 7.2 The Mánamo and Macareo channels (caños), where the Mánamo separates from the Macareo arm.

Table 7.3. Estimated hydrological balance for the Mánamo channel (caño) after regulation. Based on precipitation and evapotranspiration data presented by Colonnello (2001).

	Entrance of wather	Rate of water entry/ resident volume	Exit of water	Rate of water exit/ resident volume
	10^9 m^3 year^{-1}	10^9 m^3 year^{-1}	10^9 m^3 year^{-1}	10^9 m^3 year^{-1}
Principal canal	6.3	3.3/1	6.3	3.3/1
External tributaries	3.2	1.9/1	3.2	1.9/1
Precipitation	0.2	0.1/1		
Evapotranspiration			0.1	0.1/1
Resident volume	1.6		1.6	
Total	11.3		11.2	

from above and below. The principle connections between the Mánamo channel and its watershed, the Tucupita, Cocuina and Capure channels, were blocked by the elimination of the seasonal water flows. The influence of tides was previously restricted to a strip some 20 km along the coast, but now has extended inland along the channels. Previously, the proportion of freshwater and saline water depended on the seasonal discharges, while it now currently depends on the tides and to a lesser degree, local precipitation. This proportion shows an increase from the center of watershed, 1: 11 in the town of La Horqueta, to 1: 17 in Pedernales on the coast of the Gulf of Paria (Delta Centro Operating Company 1998). Dead vegetation and sediments largely obstruct the same connection between the Cocuina channel and Pedernales at the town of La Horqueta.

The tidal regime is presently the dominant influence throughout the year. The only positive freshwater influence is the runoff from the interior of the islands towards the channels when annual precipitation exceeds losses from evaporation, which has been estimated to be 0.07×10^9 $m^3 s^{-1}$. A positive runoff ocurrs when precipitation exceeds 1,500 to1,800 mm a year .

IMPACTS

In the sections above, some observed impacts have been described, principally those that affected human populations that lived in the vicinity of the channel. Below, other impacts are presented, related as much to the changes in the geomorphology of the channels or to the formation of islands as to those experienced by biotic communities.

Changes in geomorphology

As an example of large impacts, and to propose as a priority study, some maps are presented that show the changes observed in the evolution of the Mánamo channel in the last fifty years.

The observed changes at the mouth of the Mánamo channel are shown, where the formation of isalnds is now proceeding at an accelerated rate, easily observed over very short periods of time. All of this section is characterized by extensive surfaces that are exposed during low tide, owing to the substantial decrease in the amount of freshwater that resulted from the construction of the dyke. This has created an adequate habitat for the colonization of mangroves, whose community adquires predominance and becomes the

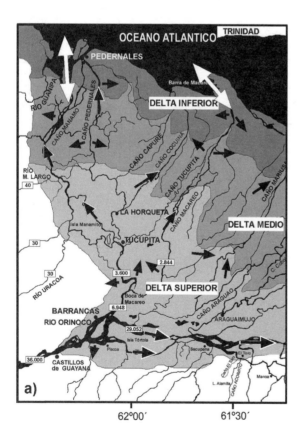
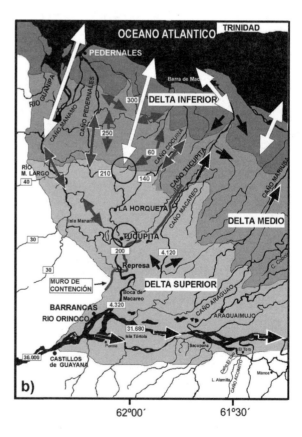

Figure 7.3. Principle hydraulic changes produced by damming: a) pre-regulation, b) post-regulation. Note the discontinuation of the flow into the Cocuina, Tucupita, and Capure channels (caños).

principle factor in populating new emerging areas, even with higher tides, through forming new islands and consolidating existing ones.

Figure 7.4 shows the evolution of the zone over fifty years. Although the process of forming new emerging areas seems to be predominant, other parts of the coast are in retreat, with pre-existing islands being eroded and large numbers of mangrove trees collapsing or being seriously affected.

Biotic impacts

The largest biotic impacts of the regulation occurred along the shores and banks of the principal waterways of the sub-watershed of the Mánamo channel: Tucupita, Cocuina, Pedernales, Capure and the Mánamo itself, and in the interior of the islands formed by these waterways. As a consequence, aquatic plant communities, including trees and palms that can be considered aquatic, were affected. Species diversity was reduced through the substitution of plants adapted to flooded condition with a few species adapted to the new environmental conditions (dry, acidic, and saline) present. The sequential processes initiated as a consequence of the new hydrological patterns led to the evolution of new communities and soils.

The reduction of the water flow, erosion and sedimentation permitted for the appearance of islands in the upper Delta (see Figure 1.1 in Colonnello, this volume), that were colonized with aquatic plants along the banks, while the more elevated sections became covered with scrub brush and forests more than 15 m in height.

In the upper Delta, the change of the banks and the prevalent currents caused the disappearance of certain species like *Echinochloa polystachya* and *Eichhornia azurea* and the

colonization of others, such as *Montrichardia arborescens* (Colonnello 1996).

As happened at the mouth of the channel, the extension of the estuarine regime in the middle and lower Delta to the region's headwaters led to increased salinity of soils on the banks, permitting colonization of mangroves along the channel (Colonnello and Medina 1998).

Moreover, soils were affected by the drainage works carried out in the upper Delta to drain off excess precipitation, principally on the islands at the apex of the Delta (Guara, Cocuina and Manamito). In effect, Guara Island was totally drained (23,000 ha) through an extensive network of canals. Forty-four percent (44 %) of Cocuina Island was drained (8,600 ha) and only 8% of Manamito (1,700 ha). The relatively small area drained on Manamito is possibly because the negative impacts of this practice were already understood before those canals were constructed (CVG 1970).

As a result of indiscriminate drainage of soils, acidic solutions appeared because of the sulfur content of underlying marine clays. (Dost 1971), which caused the formation of acid sulfate soils. The acidification of many of these soils reached pH levels of 2.5 (COPLANARH 1979).

With the impoverishment of the land, the rich natural pasture species like *Paspalum fasciculatum* and *Hymenachne* spp. were substituted with less palpatable species, such as *Cyperus giganteus*, *Eleocharis mutata* and *Eleocharis diffusus* (CVG 1970).

In Table 7.4 is a summary of the effects of the regulation of the Mánamo channel in the different zones of the Delta.

Other interventions

The changes experienced and impacts observed in the upper northern half of the Delta from the construction of the dyke to control the flow of the Mánamo channel have been highlighted.

To the south of the dyke, there have also been important impacts. As as part of the general works, some lesser channels were closed, such as the Macareito and the Coporito. These closures affected settlements along these areas, some of which were prospering as centers of commerce and areas to exchange products. After close to 40 years, the long-term effects that have been produced in the arm of the Macareo, a stretch some 30 km long between the closure and the main canal of the Orinoco River, (see Fig. 7.1), have been serious. The damming effect of the dyke has generated deposition of sediment to such a degree that sand bars and islands have formed at surprisingly quick rates, causing serious navigational problems during the dry season. This has necessitated the removal of sediments through dredging the area where the Río Grande and the Macareo arm meet, causing the second large intervention in the Orinoco Delta.

The navigation canal, some 200 miles in length, is subject to continual dredging. This canal connects Ciudad Guayana to the Atlantic Ocean, and is used by vessels of all sizes for navigation. Said dredging is generating resuspension and uncontrolled disposal of sediments. Waves generated by

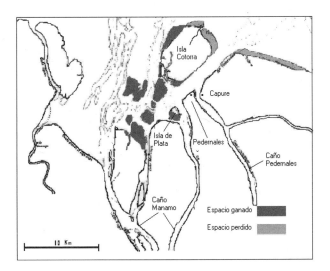

Figure 7.4 Changes in the extreme northern part of the Mánamo canal (caño) during the last fifty years.

Table 7.4. Differential effects of the regulation of the Mánamo channel in the upper, middle, and lower sections of the Orinoco Delta.

Upper Delta	Middle Delta	Lower Delta
Soils: Change in physical and chemical properties. **Vegetation:** Changes in composition, cover and diversity. **Agricultural productivity:** Diversification and increase in failed agricultural practices. **Population:** Warao migration and changes in subsistence patterns.	**Vegetation:** Change in the distribution of mangroves, grasslands and swampy forests; alteration in the composition of species. **Water quality:** Chemical changes (pH, conductivity, salinity, transported solids), and physical changes (periodocity, velocity, transparency). **Geomorphological changes:** Erosion and sedimentation, changes in riverbeds and channels. **Population:** Deterioration of the means of subsistence for indigenous populations.	**Vegetation:** Change in the distribution of mangroves, grasslands and swampy forests; alteration in the composition of species. **Geomorphological changes:** Appearance of new islands. **Population:** Changes in subsistence patterns.

larger vessels that pass through the canal, as well as by faster, smaller boats that pass closer to the shores, are leading to accelerated erosion of the canal and island banks. These sediments are redistributed and contribute to the formation of islands and sand bars in the mouths of numerous channels, seriously impacting navigation. Although it may be a less publicized impact, it is an important intervention, not only for its intensity, but also for its permanence over time. At the beginning of the arm of the Macareo, known locally as the Boca Grande, and at the mouth of the Macareo, are clear examples of the aforementioned intervention.

The formation of the Delta through suspended solids from the Orinoco River leads to the third large intervention. While this third intervention is less evident, it is still highly dangerous – contamination of water and soils. Sánchez (1990) points out that in areas close to cities and industrial iron and steel installations, water sources have elevated levels of suspended solids, particularly of heavy metals such as Cr, Cu and Ni. Moreover, these metals are forming part of the suspenided solids or are being absorbed by organic material that is transported by the Orinoco River. Marcucci and Romero (1975) reached a similar conclusion when they found in fine sediments the highest concentrations of Al, K, Fe, Zn, Rb and Ni. As a consequence, the Delta is receiving contaminants at a faster rate that it can effectively process. The natural evolution of this type of ecosystem in formation is towards consolidation. Over centuries, river channels become better defined, lands dry up and temporary seasonal lagoons form, which disappear after the rainy season and with only exceptional flooding change their physiognomy. This is to say that over time, the physiognomy of the entire Delta should become similar to what is currently observed in the upper Delta. This level of development respresents thousands of years, during which various ecosystem components (biotic and abiotic) have harmoniously evolved. The previously mentioned interventions from uncontrolled and/ or poorly planned human activities are accelerating many of these processes beyond natural rates, making it difficult for the ecosystem to adapt to the new physical conditions. The results are ecosystem degradation.

A concrete example

The consequences for flora and fauna from interventions in the Delta have not been well studied. Moreover, it is difficult to understand and compare what is known about the interventions, as there is little information on what the Delta was like before these impacts took place. Therefore, this chapter ends with reference to a concrete example: fishing for shrimp in the Delta, especially in the area around Pedernales. The salinization of the Mánamo channel has resulted in the presence of more species that tolerate salt and saline waters than species that do not. This species substitution has already been documented for bank-dwelling vegetation communities (Colonnello and Medina 1998). This substitution is the natural ecosystem response, to which there are probably many different opinions regarding its benefits. The shrimp *Litopenaeus schmitti* has been one of the favored economic

Febrero de 1965

Mayo de 1985

Figure 7.5. Observed changes in the connection of the arm of the Macareo with the Orinoco River.

species that has adapted very well to areas with similar characteristics of the aforementioned areas. Its abundance has led to intense extractive activity in some of these areas, especially around Pedernales.

The problem lies with the methods, such as trawling, used to capture shrimp, as these methods have also led to the capture, and often death, of other juvenile species, particularly fishes. Studies done in the region (Novoa 2000) point out the significant decline in the captures and size of some species, which is attributed to the intense fishing activity found in the zone. As a consequence, the National Venezuelan Institute of Fishing is prohibiting the use of trawling with the hope that this fish resource will recover over time. This measure seems correct, and the authors of this report believe it will help in the solution to the problem. Although the effectiveness of this will only be seen in the coming years, it represents an advance adopted by an administrative entity as the result of research. Completing that thought – is it certain that this type of fishing method (trawling) is the only factor responsible for the decrease in captures, when, as has been observed, there have been over 40 years of impacts, some quite strong, from human activities, and when there has not been an integrated multi-disciplinary study of the Mánamo channel? Without a doubt there have been some important environmental changes that have occurred in this channel. Wastes from industrial activites and from the reduction of freshwater inflows have made the water permanently saline year-round in the extreme north. Water quality has changed as well, with tidal foreces allowing for little water rejuvenation and domestic, agrochemical and industrial wastes arriving from the neighboring states of Monagas, Anzoátegui and even Delta Amacuro itself. Fishing pressures have also increased in the area.

This reflection is particularly opportune, since there are more and more proposals that want to "develop" or "conserve" the region. Yet most of these proposals forget that the Orinoco Delta is a very complex and still largely unknown ecosystem. In order for the proposed conservation measures, including the recovery of altered areas, to be effective, they need to be based to the greatest degree possible on all the available information. Only then, will they be successful in the long run.

CONCLUSIONS AND RECOMMENDATIONS FOR CONSERVATION

For the last few years, the usefulness of opening this navigation channel has been posed through a special system of locks (Sardi 1998). However, to date there are few examples of interventions to remedy damage done in tropical wetlands achieving positive, balanced outcomes. Supporting this statement are the Minutes of the Third International Conference on Wetlands (IUCN 1992), where some of the experiences in the Americas, Asia and Africa are evaluated.

The reasons for these failures are many. The absence of sufficient knowledge on how these ecosystems work and on

traditional management mechanisms by indigenous groups, as well as the differing visions of different stakeholders interested in the process of "modernizing" traditional communities and "improving" the ecosystems where they live as quickly as possible, are all contributing factors. Furthermore, recovery plans are often confusedly mixed with resource use plans. Frequently, one is confused for the other. Recovery is much more than simple preservation or conservation, as has been posed by traditional conservationism. In recovery, it is essential to physically repair the resource itself. To do this, it is necessary to not only stop the abuses of the ecosystem, but to replace the original components that are now missing (Berger 1991). In the case of the Orinoco Delta, the position that the solution to this dilemma is permitting water flows as close to original levels as possible, is gaining force. Although the authors of this chapter are well aware that the ecosystem will not return to its original state, (as removing a dike after some years is not exactly the opposite of building it), this measure would enable for the improvement of the ecosystem to a state closer to the original. However, it is not realistic to assume that the removal of the dyke will bring a quick and easy return to the condition of the ecosystem prior to its construction, or that new forms of life are going to return and establish themselves as a consequence of its removal (Stanley and Doyle 2003).

On the other hand, development plans that look to achieve and optimize renewable natural resource use will only be successful if modern technology is applied in an environmentally compatible way and with traditional forms of wetlands management. Failure would be guaranteed if traditional societies were forced to change by outside forces using modern methodologies, even if these methodologies may have been successful in other environments. The inhabitants of the Orinoco Delta know their surrounding environment and its potential very well, as they have lived there for dozens of centuries. These societies do not need to be taught how to survive in this environment. What they need is more control exercised over interventions that try to control water quality and natural water flows, as these directly affect the availability of resources in areas where they live (Chabwela 1992). The incorporation of environmentally compatible modern technology, adapted in cooperative manner with these communities, is the best possible design.

REFERENCES

Berger, J. J. 1991. La naturaleza herida. Iniciativas para recuperar la tierra. Grupo Editor Latinoamericano S. R. L. Buenos Aires.

Buroz, C. E. y Guevara, B. J. 1976. Prevención de crecidas en el delta del río Orinoco y sus efectos ambientales: El Proyecto Caño Mánamo, Venezuela. *In*: ONU-CEPAL (editores). Agua, desarrollo y medio ambiente en América Latina. pp 277-302.

Rapid assessment of the biodiversity and social aspects of the
aquatic ecosystems of the Orinoco Delta and the Gulf of Paria, Venezuela

265

Chabwela, H. W. 1992. The exploitation of wetland resources by traditional communities in the Kafue Flats and Bangweulu Basin. *In:* E. Maltby, P.J. Dugan y J. C. Lefeuvre (eds.). Conservation and development: The sustainable Use of Wetland Resources. Proceeding of the third International Conference. Rennes, France. IUCN.

COPLANARH (Comisión del plan nacional de aprovechamiento de los recursos hidráulicos) 1979. Inventario Nacional de Tierras. Delta del Orinoco y Golfo de Paria. Serie de informes científicos, Zona 2/1C/21. Maracay.

Colonnello, G. 1996. Aquatic vegetation of the Orinoco River Delta (Venezuela). An Overview. Hidrobiología. 340: 109-113.

Colonnello, G. 2001. The environmental impact of flow regulation in a tropical Delta. The case of the Mánamo distributary in the Orinoco River (Venezuela). Unpublished Ph. D. thesis. Loughborough University.

Colonnello, G. y Medina, E. 1998. Vegetation changes induced by dam construction in a tropical estuary: the case of the Mánamo river, Orinoco Delta (Venezuela). Plant Ecology. 139 (2): 145-154.

CVG (Corporación Venezolana de Guayana). 1967. Memoria Anual. Ciudad Guayana.

CVG (Corporación Venezolana de Guayana). 1968. Memoria Anual. Ciudad Guayana.

CVG (Corporación Venezolana de Guayana). 1970. Diagnóstico ganadero en la zona de influencia del delta del Orinoco. Editorial Etapa, Caracas.

Delta Centro Operating Company. 1998. Estudio de impacto ambiental. Proyecto de perforación exploratoria Bloque Delta Centro, Fase 1. Technical Report, Caracas.

Dost, H. 1971. Orinoco Delta. Cat-clay investigations, Main results of 1970-1971. C.V.G.-I.R.I. Tucupita.

Escalante, B. 1993. La intervención del Caño Mánamo vista por los deltanos. *In:* J. A. Monente y E. Vásquez (editores). 1993. Limnología y aportes a la etnoecología del delta del Orinoco. Caracas. Estudio financiado por Fundacite Guayana.

Funindes-USB 1999. Caracterización del funcionamiento hidrológico fluvial del delta del Orinoco. Desarrollo armónico de Oriente DAO. PDVSA, Caracas.

Glynn, H. 1838. Draining land by steam power. Trans. Soc. of Arts. 2: 3-24.

Instituto Nacional de Estadística. 2002. Censo Agrícola, Año 1997, Delta Amacuro, Caracas.

IUCN. 1992. Conservation and development: The sustainable Use of Wetland Resources. *In:* E. Maltby, P.J. Dugan y J. C. Lefeuvre (editores). Proceeding of the third International Conference. Rennes, France.

Maltby E. 1992. Peatlands-dilemmas of use and conservation. *In:* E. Maltby, P.J. Dugan y J. C. Lefeuvre (editores). IUCN, 1992 Conservation and development: The sustainable Use of Wetland Resources. Proceeding of the third International Conference. Rennes, France.

Marcucci, E. y Romero H. 1975. Distribución de elementos en sedimentos de fondo del río Orinoco; influencia de la granulometría y del transporte. Informe DPI-DI-PO-75/2.

Ministerio de Agricultura y Cría. 1992. Memoria y Cuenta Anual a la Presidencia de la República. Caracas.

Monente, J. A. 1997. Limnología y Calidad de Agua, delta del Orinoco. Proyecto warao. Convenio FLASA – CVP. Preparado para la Corporación Venezolana de Petróleo.

Novoa, D. 2000. Evaluación del efecto causado por la pesca de arrastre sobre la fauna íctica en la desembocadura del Caño Mánamo Delta del Orinoco, Venezuela. Acta Ecológica del Museo Marino de Margarita. 2: 43-62.

Sánchez, J. C. 1990. La calidad de las aguas del río Orinoco. *In*: Weibezahn F. H., Alvarez H., Lewis W.H. Jr. (editores). El Orinoco como ecosistema. Caracas.

Sardi, V. 1998. Conveniencia de abrir nuevamente la navegación por el Caño Mánamo. *In:* José Luis López, Iván Saavedra y Mario Dubois (editores). El río Orinoco: Aprovechamiento sustentable. Instituto de Mecánica de Fluidos. Facultad de Ingeniería. UCV. Caracas.

Sparks, R. E. 1995. Need for Ecosystems Management of large river and their Floodplains. BioScience. 45 (3): 168-182.

Stanley, E. H. y , M. W. Doyle. 2003. Trading off: the ecological effects of dam removal. Ecol. Environ. 1 (1): 15-22.

TAMS (Tippets-Abbott-McCarthy-Stratton Engineers & Architects). 1956. Informe sobre el canal navegable propuesto de Puerto Ordaz al mar en el río Orinoco. Informe al gobierno de Venezuela.

Wallingford. 1969. Orinoco Delta, Venezuela. Second report of hydraulic model investigation on some effects of closing the Caño Mánamo and Caño Macareo distributaries. Hydraulic Research Station, Wallingford.

Chapter 8

Ornithofauna of Capure and Pedernales, Orinoco Delta, Venezuela

Miguel Lentino

SUMMARY

Two hundred and two (202) bird species were registered during this study for the Pedernales-Capure region, epresenting a 38% increase in known species for the zone. This study extended the known distribution of 11 species to the Orinoco Delta, and incorporated the area as an important resting and feeding zone for the Scolopacidaes and as an important migration route for other aquatic bird species.

Data were obtained using visual censuses and mist nets in two different mangrove communities. A total of 29 species of birds were found that inhabit mangroves where *Avicennia* spp. dominates, compared to 46 species documented in mangroves dominated by *Rhyzophora* spp. When bird species composition between the two mangrove areas are compared, an overlap of only 14 species, or 48%, was found. This difference can be attributed in part to the variation in the different structures of the two mangrove forests, and to the dominant mangrove species, *Avicennia* or *Rhyzophora*. Semi-mature *Avicennia* mangrove forest has shorter trees with smaller stem diameter, and thus allows for greater light penetration than mangrove stands composed largely of *Rhyzophora*.

INTRODUCTION

The Orinoco Delta region is a complex area with regards to its diverse vegetation communities, and as such as contains complex bird communities that use the different vegetation types for feeding, resting and/or reproduction zones. Three hundred and sixty five bird species have been recorded for this region, 85 (26.6%) of which are aquatic birds (Lentino and Colveé, 1998).

The wetlands of the Orinoco Delta are not particularly rich in endemism, as are many other regions of the country. The only endemic species is the Black-dotted Piculet (*Picumnus nigropunctatus*), which, together with nine subspecies, constitutes the only regional endemic. *Picumnus nigropunctatus,* as well as the other subspecies, are restricted to mangrove areas, swamp forests and grasslands that form the estuaries of the Orinoco Delta and the San Juan River.

Known bird data from the Pedernales channel and Capure Island region come from an expedition held in 1966 by Phelps Ornithological Collection, where 123 species were identified (Lentino and Bruni, 1994). Later observations done by Dan Porter in 1999 (*pers com*) increased the number by 21 species and, recently, in a visit held during May 2002, 13 more species were added (Ecology & Environment, 2002). These lists have contributed to a better understanding of bird species richness in the region, although no conclusions can be reached on relative abundance, biological cycles or habitat use on a seasonal basis, as these parameters were not considered in the aforementioned studies. A recent effort has been made to fill these data gaps through projects in adjacent areas (Lentino 1997, 1998).

One of the most important objectives of this study was to obtain a clear idea of the importance of migratory birds in the Orinoco Delta. Before this study was conducted, only 31 migratory bird species were registered for the area, a relatively small number when compared

Rapid assessment of the biodiversity and social aspects of the
aquatic ecosystems of the Orinoco Delta and the Gulf of Paria, Venezuela

267

to the 121 registered migratory species for areas such as Trinidad (French, 1966) or Peninsula of Paria National Park, with 41 species (Sharpe, 1997). Despite the fact that there is currently a relatively good database on bird species in the region, ConocoPhillips-Venezuela considered it important to contribute to the current information on the region's birds and establish an updated and reliable information baseline for conservation and management of the area of influence of the Corocoro Development Project.

MATERIAL AND METHODS

Study area
Despite the fact that the Corocoro Develpment Project well locations will most likely be far from the coastline, the project's total area of influence encompasses nearly 50,600 ha. As such, it will be close enough to the coast to potentially affect terrestrial communities (Ecology & Environment, 2002). Cotorra Island was chosen as a pilot sampling area due to its proximity to ConocoPhillips-Venezuela's production area and because Punta Bernal, a sector within the island, is the biologically most important area in the region, according to the project's Environmental Impact Assessment (EIA, Ecology & Environment, 2002). This study focused principally on Cotorra Island, located 2 km to the NE from the villages of Capure and Pedernales. Cotorra Island is approximately 100 ha., and is divided by an inner canal and an extension to the northeast, called Punta Bernal. This island is basically comprised of mangrove forests and a halophyte vegetation strip in the Punta Bernal sector. It also has one of the few sandy beaches in the entire Orinoco Delta. Punta Bernal's coordinates are 10° 02′47.70 ′′N and 62°14′20.31′′W. On Cotorra Island, as well as on parts of the islands of Pedernales and Capure, the following habitats important for bird populations were identified: coastal habitats (open sea), beach, marsh-mud pits, herbaceous plant communities (grasslands), ponds, coconut groves, secondary habitats, and mangroves (*Avicennia germinans* and *Rhyzophora mangle*).

Nylon mist nets (12 x 2.7 m and 1 ¼′′ and 1 ½′′ diameter) were used to capture birds. Table 8.1 shows a summary of the capture effort in each habitat considered in this study.

The total number of hours spent collecting in each of the habitats varied, as a different number of mist nets was used in each location and access to some sampling points was determined by the tidal cycles. For example, Punta Bernal's sandy beach captures were only carried out when the tide was high and shore birds began to concentrate in area. When the tide went out, birds were absent from the beaches of Punta Bernal.

Weight, indicators of fat accumulation, molt patterns, reproductive state, wing length, and other characteristics of biological or taxonomic interest were registered for each bird caught. This information was later entered into a regional database for bird species. The North American migratory species that were captured were banded with leg rings from the Fish & Wildlife Service and immediately released after all the pertinent data were recorded. Resident species were not banded, and only biometric data were taken. Visual observations were made with Swarovski 10 x 50 WB binoculars. Sound recordings were made with a professional Sony 500 DEV recorder and a Senheiser microphone.

Visits to define work locations and to begin sampling activities were conducted in September 2002. Two sampling locations were chosen in Punta Bernal. The first was a mangrove gradient of *Conocarpus* sp., *Avicennia germinans* and *Rhyzophora mangle*, with a sandy beachfront and halophyte vegetation associated with a young mangrove block of approximately 8-10 m. in height and and 7-8 years old, referred to as the *"Avicennia"* in the mangrove analysis. Ten mist nets were set inside this mangrove area, and three in the halophyte vegetation.

Another sampling point was the sandy beach and marsh area present in Punta Bernal, where many shore birds concentrated. In this location two mist nets were installed. The other sampling area was Cotorra Island, in a mature mangrove stand approximately 40-50 m in height and comprised largely of *Rhyzophora mangle,* with some very old *Avicennia germinans* individuals. This mangrove is approximately 35-45 years old, given a growth rate of about one meter per year. This area will be referred to later as the *"Rhizophora"* mangrove. Seven mist nets were placed in this mangrove.

Field activities were conducted between September 13-21, October 12-18, and November 16-23, 2002, for a total of 21 field working days. Each day before dawn, nets at Punta Bernal were opened to capture birds in both the mangrove and the beach sites; captured birds were later identified and banded. The beach was also scanned to visually identify marine and shore birds, as were the mangroves to identify terrestrial and aquatic birds.

A census was also taken on Cotorra Island's southern marsh, at the mouth of the middle channel, where an abandoned oil platform is located. Censuses were also conducted on Capure and Pedernales Islands in coconut groves, herbaceous grasslands, ponds, and secondary or transitional envi-

Table 8.1. Bird capture effort on of the islands of Cotorra and Capure in the period September – November 2002.

Habitat	Net Length (m)	Hours Open	Hours/ net	No. of captures	No. birds/ hour net
Avicennia	360	71	710	101	0.1
Rhizophora	168	27	125	19	0.2
Halophyte vegetation	84	71	167	32	0.2
Beach	72	35	70	157	2.2
Grassland	108	10	90	40	0.6
Total	**792**	**214**	**1162**	**349**	**0.3**

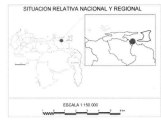

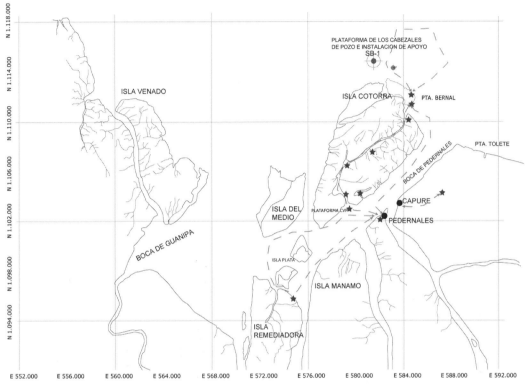

Figure 8.1. Map of the region of Cotorra Island, Capure and Pedernales in the state of Delta Amacuro, Venezuela. The stars indicate bird sampling points and the dotted line indicates transects surveyed between September-November 2002.

ronments with clear human influence. Short, regular visits to Remediadora Island were done to record roosting sites for parrots (Fig. 8.1). At dusk, surveys were made to locate roosting sites of the Short-tailed Swift (*Chaetura brachyura*) and other aquatic birds such as the Scarlet Ibis (*Eudocimus ruber*). All these activities were carried out during the three-month sampling period.

RESULTS

Richness

One of the most important results obtained by this study was the establishment of a reliable baseline of bird richness for the area. Sampling efforts increased the number of recorded species in the zone from an initial number of 125 species to 202 species, a 38% increase. However, it is necessary to note that in order to obtain good results in

these types of habitats, a great deal of work has to be done. Mangrove habitats usually have relatively low population densities, as was reflected in the low capture rate for birds (Table 8.1).

The species accumulation curve for this study starts to reach its maximum level by the end of the study period (Fig. 8.2), indicating that common and characteristic species for the studied habitats have been already detected and that any new additions that would expand the current list would be rare or migratory species.

Given this result, the next question to answer relates to the relative importance of the bird richness of the area of influence Corocoro Project. A comparative analysis of the number of recorded species during this study for the Capure region with those that are known for other regions demonstrates that 53.6% of known bird species from the Orinoco Delta and 55.3% of known bird species from Trinidad (excluding bird species from cloud forests) are represented in

Rapid assessment of the biodiversity and social aspects of the
aquatic ecosystems of the Orinoco Delta and the Gulf of Paria, Venezuela

269

the area of this study. This demonstrates that the bird fauna of the study area is one of the most well-known for the entire Orinoco Delta, with 23% of known species found in Punta Pedernales and 52% in Araguaimujo (Figure 8.3).

Another important contribution of this study is the increase in known species diversity for the Orinoco Delta. This study adds 11 species to the bird species list for the Delta, and 33 to the Capure-Pedernales-Cotorra Island region, an important contribution to increasing the understanding of the regional bird migratory routes, dispersion and distribution patterns, and their links to other biogeographical regions of Venezuela and South America (Appendices 10 and 11). Many of the new species recorded the Delta or Capure regions are actually relatively common birds with an ample distribution throughout the whole country. Moreover, even with these new additions, the current knowledge of bird species in the Orinoco Delta is still likely far from complete (Lentino, 1999).

Only six out of the ten species that present some degree of endemism in the Orinoco Delta are found in the Capure and Cotorra Island area. In general, these endemic populations are amply distributed throughout the Orinoco Delta, and most of them are present in at least two habitat types. Only two out of these six species are restricted to mangroves (Lentino, 1999). These endemic species are abundant and easy to observe, despite the fact that they are considered to have restricted distributions, inhabiting an area smaller than 50,000 km^2 (Statterfield et al., 1998).

Richness by habitat

In the study area, the most complex habitats were the secondary (altered) habitats, which have greater floristic diversity and are formed by a heterogeneous mix of tree species, original forest relics, cultivated plants and grasslands. Due to this vegetative diversity, these habitats are able to sustain the highest bird species diversity, followed by mangrove communities. Habitats that are more homogeneous in their floristic composition and, therefore, less diverse in food availability, tend to be less rich in bird species (Figure 8.4). When the entire bird species composition for both habitats is compared using a similarity analysis, little correspondence between them is evident. Results presented in Table 8.2 show that the most similar habitats are the beaches, marshes and muddy pits with a 47% similarity, while for the rest of habitats, values were less than 20%.

Natural habitats in the region are essentially aquatic, with aquatic bird species predominating, while the clearly human influenced habitats, such as coconut groves and secondary environments, have largely been colonized by terrestrial bird species, demonstrated by a correlation (R^2=0.15) between the number of aquatic and terrestrial species (Figure 8.5). In relatively dry zones, such as the coconut groves, there were at least 25 times more terrestrial than aquatic bird species. This difference is less pronounced in mangroves, where the ratio was 2:1. In the grasslands studied, the ratio was 1:1.

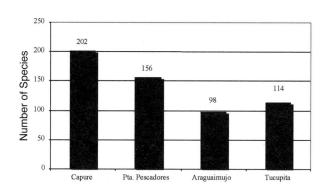

Figure 8.3. Comparison of the number of bird species for several locations in the Orinoco Delta.

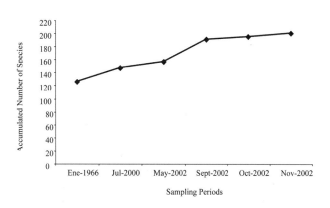

Figure 8.2. Species accumulation curve for birds for the Region of Capura – Cotorra Island.

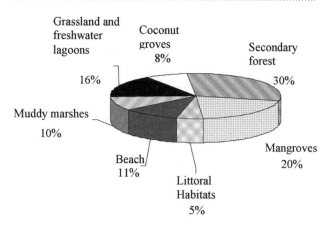

Figure 8.4. Composition of bird species by habitat, for each one of the habitats considered for the zone of Capure and Cotorra Island.

The trophic structure of bird communities is quite simple, with only three trophic levels. Birds that inhabit beaches and mangroves feed largely on invertebrates and, in some cases, vertebrates. In the grasslands, bird communities are more complex, with the grain- eating species appearing as well as those that feed on small vertebrates. In the forests, greater trophic level richness exists, with frugivorous and omnivorous species occupying an important place within the community. Aquatic birds in these habitats feed mainly on invertebrates and fishes (Table 8.3).

Migratory species constitute an important element inside tropical bird communities, but in general, these species have not been studied nor are well understood. The presence of migratory species was another aspect considered by this study, allowing for the compilation of information on the different terrestrial and aquatic migratory species and increasing the number of known species in the region by 100% (from 18 to 36 species; Fig. 8.6). This study identified 36 migratory species (listed in Appendix 10).

Mangroves

Mangroves are natural environments that sustain greater bird species diversity. In the Orinoco Delta, 96 species have been recorded that use mangroves as feeding, resting and/or roosting areas; in Trinidad, 94 species have been recorded (French, 1966). In this study area, 61 species were registered,

representing 63.5% of the total known species for the Delta region.

Two mangrove communities, differing in age as well as in floristic composition, were compared on Cotorra Island. One community was dominated by *Avicennia germinans*, and the other by *Rhyzophora mangle*. When visual censuses and net capture results were compared, 29 bird species were registered in the semi-adult *Avicennia* mangrove; the mature *Rhyzophora* mangrove registered 46 species. This result was not unexpected, because younger mangrove habitats are supposedly less structured than mature stands, and therefore should have fewer species. The interesting fact is that when bird species composition is compared between these two mangroves systems, only 14 species are found in both. This indicates that the younger mangroves host 13 species that are not present in the older mangroves, while the older mangroves host 32 species that are not present in the younger mangroves. When we compare two mature *Avicennia* mangrove areas in the Cocuima Channel area, the same variation is found (Table 8.4).

If only terrestrial bird species that inhabit mangroves are considered, (excluding aquatic birds, aerial hunters such as swallows and swifts, and some raptors), the number of bird species for each habitat is largely the same and the similarity between the communities is greater. Nevertheless, important

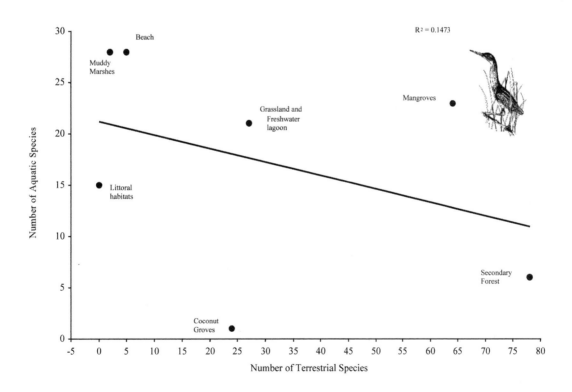

Figure 8.5. Relationship between the number of terrestrial bird species with respect to the number of aquatic bird species for each habitat identified in the region of Capure and Cotorra Island.

Table 8.2. Values for the Jaccard similarity index comparing habitats for all the bird species registered on the islands of Cotorra and Capure.

	Littoral Habitats	Beach	Muddy marshes	Grasslands and freshwater lagoons	Coconut groves	Secondary Forest	Mangroves
Littoral habitats	-	0.15	0.00	0.00	0.00	0.00	0.06
Beach		-	0.47	0.07	0.05	0.04	0.14
Muddy marshes			-	0.13	0.04	0.16	0.14
Grasslands and freshwater lagoons				-	0.07	0.16	0.14
Coconut groves					-	0.20	0.15
Secondary Forest						-	**0.20**
No. of species	**15**	**33**	**30**	**48**	**25**	**91**	**61**

Table 8.3. Bird species richness for birds by trophic guild for species registered on the islands of Cotorra and Capure between September-November 2002.

Trophic guild	Habitat						
	Littoral habitats	Beach	Muddy Marsh	Grasslands and freshwater lagoons	Coconut groves	Secondary Forest	Mangroves
Piscivores	15	6	-	1	-	1	6
Vertebrates	-	1	-		-	-	1
Vertebrates + Invertebrates	-	3	7	13	4	6	8
Carrion feeders	-	2	2	3	2	3	2
Invertebrates	-	20	21	20	10	51	40
Omnivores	-	-	-	5	4	12	1
Folivores				1	-		-
Frugivores	-	-	-	5	2	9	1*
Nectarivores	-	-	-		1	9	1
Total	**15**	**32**	**30**	**48**	**25**	**91**	**61**

Type of diet: Carrion feeders: Vertebrate and invertebrate carrion. Folivores: Leaves and leaf buds. Frugivores: Fruits and/or seeds. Insectivores: Arthropods and mollusks. Nectivores: Nectar and insects. Omnivores: Invertebrates and fruits and/or seeds. Piscivores: Fishes. Vertebrates + Invertebrates: Vertebrates, arthropods and mollusks.
* Only one species registered and it does not feed in the mangroves

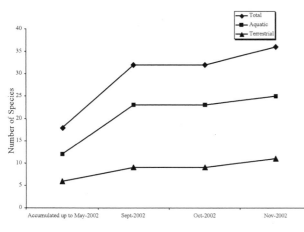

Figure 8.6. Increase in the number of migratory bird species for the region of Capure and Cotorra Island.

Table 8.4. Values of the Jaccard Similary Index among different mangroves for all bird species registered for Cotorra and Cocuina Islands.

Habitat	Cotorra Island		Cocuina Island
	Rhyzophora	Avicennia semi-mature	Mature mangrove Avicennia
Mangroves of Cotorra Isl.	0.75	0.48	0.47
Rhyzophora	-	0.23	0.53
Semi-mature *Avicennia*	-	-	0.22
Adult *Avicennia*		-	-
No. of species registered	**46**	**29**	**67**

differences between the young *Avicennia* mangrove and adult *Avicennia* or *Rhyzophora* exist (Table 8.5).

These differences are due in part to the existence of a clear difference in the mangrove forests' structure, whether it is dominated by *Avicennia* or by *Rhyzophora*. Light penetration for the two habitats varies. In the semi-adult *Avicennia* forest, the light that reaches the ground is greater because the forest's overall height is lower. Besides the forest's physical structure and the plants' spatial distribution, the *Avicennia* forest consists of trees of a smaller diameter and in greater proximity to one another than those of the *Rhyzophora* forest (Table 8.6).

Eight migratory species were recorded in the interior of *Avicennia* and *Rhyzophora* forests including *Setophaga ruticilla, Seiurus noveboracensis, Coccyzus americanus, Vireo olivaceus*. In the aquatic species group, the following species were recorded: *Actitis macularia, Calidris mauri*, and *Calidris pusilla*. Swainson's Flycatcher (*Myiarchus swainson*) was also registered. This is a South American migratory species that was captured in November while returning to its breeding areas.

Terrestrial migratory species captured in the mangroves did not show evidence of fat accumulation, which indicates that they had arrived in the area some time ago and had already established their winter territories. *Seiurus noveboracensis* was the most captured and recaptured species. Recaptures increased toward the end of the sampling period, because this is a territorial species during the winter season (Table 8.7).

There are two North American migratory species that use mangroves as resting areas: the Peregrine Falcon (*Falco peregrinus*) and the Osprey (*Pandion haliaetus*). The Peregrine Falcon is not very abundant, but can be seen frequently in the area. The other is a common species, with a maximum of seven individual registered during November in a 2 km section within Cotorra Island's inner channel. Recent studies on migratory routes using satellite positioning have shown that the Orinoco Delta is one of the main wintering zones for Ospreys in Venezuela (Henny, 2003).

The diets of mangrove bird species are essentially based on invertebrates. The only frugivorous species registered for this habitat is the Orange-winged Parrot (*Amazona amazonica*), which uses mangroves only to sleep and feeds in nearby swampy forests. Omnivorous species like the Yellow Oriole (*Icterus nigrogularis*) use the zone between *Avicennia* mangrove forests and the beach. Other insectivorous species such as Black-crested Antshrike (*Sakesphorus canadensis*), the Straight-billed Woodcreeper (*Xiphorynchus picus*) and Yellow-throated Spinetail (*Certhiaxis cinnamomea*) appear to be among the colonizers in juvenile mangrove communities. The Yellow-throated Spinetail is a common species in Venezuela's grasslands and freshwater bodies, but during this study it is was only registered in mangroves, where it was also found in Suriname (Haverscmidt and Mees, 1994). These results indicate that insectivorous bird species that have territories in relatively consolidated mangrove areas, such as *Rizophora*, do extend into recently *Avicennia* colonized areas. Bird communities located in *Rhizophora*, following the insect activity patterns, tend to be located in the forest canopy at dawn, moving down to the understory during midday.

Beaches and marshes

Beaches and marshes are the habitats that experienced the greatest landscape changes in the area during the time of this study. Current and tidal dynamics severely impacted these environments. Beaches on every island are continuously being formed and destroyed. Marshes are quickly colonized by black mangroves and, with the rising tides, most of the

Table 8.5. Values for the Jaccard Similarity Index among different mangroves for all terrestrial bird species registered on Cotorra Island and Cocuina Island.

Habitats	Cotorra Island		Cocuina Island
	Rhyzophora	*Avicennia* semi-mature	Adult *Avicennia*
Mangroves of Cotorra Isl.	0.64	0.61	0.59
Rhyzophora	-	0.24	0.67
Semi-mature *Avicennia*		-	0.29
Adult *Avicennia*		-	-
No. of species registered	21	20	29

Table 8.6. Mangrove density in two parcels studied on Cotorra Island in November 2002.

Parcel	Total no. of Plants	Plants with diameter ≤ 5 cm		Plants with diameter ≥ 5 cm		Average distance between plants (cm)
		No. of Plants	Average Diameter	No. of Plants	Average Diameter	
Avicennia	37	7	3.2	30	17.5	63.8
Rhizophora	63	23	3.5	40	29.1	105.0

Rapid assessment of the biodiversity and social aspects of the
aquatic ecosystems of the Orinoco Delta and the Gulf of Paria, Venezuela

273

Table 8.7. Capture of terrestrial migratory species in the mangroves of Cotorra Island.

Common Name	Scientific Name	Sep.-02		Oct.-02		Nov.-02	
		Total[1]	Recapt[2].	Total	Recapt.	Total	Recapt.
Peregrine falcon	*Falco peregrinus*					1	
Yellow-billed Cuckoo	*Coccyzus americanus*					1	
Northern Waterthrush	*Seiurus noveboracensis*	5	1	24	3	22	9
American Redstart	*Setophaga ruticilla*	2		3		2	
Red-eyed Vireo	*Vireo olivaceus*	2		1			

[1] Total: Total number of individuals observed or captured to band.
[2] Recapt.: Recapture in each period by banded individuals.

sites are flooded. Before such flooding occurs, shore birds are in constant search for places to feed and rest. Nevertheless, these habitats sustain the greatest diversity in aquatic species, with 32 and 30 species, respectively. They also present the greatest migratory species diversity, with 20 and 17 species, respectively, representing 62.5% and 56.6% of the total.

The majority of curlews and shore birds are North American migratory species. The timing of their migration to South America is not consistent and is subject to fluctuations, with some species registering high numbers during one month, but low numbers in the next month. The results of this study lead to the conclusion that migratory species in the region show one of the following three migration patterns:

1) **Species with an elevated abundance at the start of the boreal migration season.** Some shore bird species were abundant in mid-September (first month of this study), which indicates that these species started to migrate in late August, reaching their highest numbers in the Delta in September, only to decrease in the following months. Such is the case for the Semipalmated Plover (*Charadrius semipalmatus*), Greater Yellowlegs (*Tringa melanoleuca*) and Western Sandpiper (*Calidris mauri*). Other numbers of individuals of other species increased towards the end of the season, among them: Lesser Yellowlegs (*Tringa flavipes*), Willet (*Catoptrophorus semipalmatus*) and Semipalmated Sandpiper (*Calidris pusilla*). This indicates that these species are migrating in waves toward their winter habitats in Suriname or Brazil, and that Cotorra Island's beaches and marshes are providing food supplies to enable these birds species to continue their journey to the south of the continent. This is supported by the evident weight gain of shore birds between the months of September and November.

2) **Species with an elevated abundance at the middle of the boreal migrating season.** Other species registered

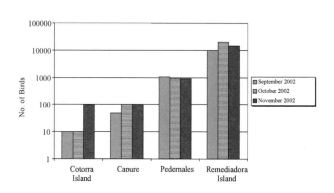

Figure 8.7. Census for the orange-winged Parrot (*Amazona amazonica*) in the area of Capure, in which the importance of the Remediadora Island as a roosting area is evident.

high numbers at the middle of the migration season, indicating later migration from North America than the species listed above, including: White-rumped Sandpiper (*Calidris fuscicollis*) and Common Dowitcher (*Limnodromus griseus*).

3) **Species with an elevated abundance at the end of the boreal migrating season.** Finally, other species show a clear and notable delay in their migratory behavior. These species include the Red Knot (*Calidris canutus*), which starts to arrive in November. This species is known only in few locations in western Venezuela, so its record in the Delta during this study helps to further the understanding of this species' migration routes, given that it also has been registered, in large numbers, in Suriname (Morrison and Ross, 1989).

These preliminary results demonstrate that this area is even more important to shore birds than is mentioned by Morrison and Ross (1989), who recorded very few shore

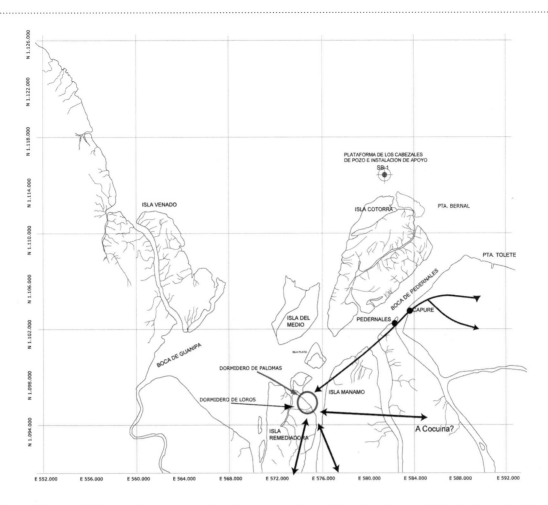

Figure 8.8. Figure 8.8 Important flight routes of the Orange-winged Parrot *(Amazona amazonica)* over Cotorra Island, Capure and Pedernales. The circle indicates the roosting site on Remediadora Island.

birds in the area. Furthermore, it is important to highlight the record of the Hudsonian Godwit (*Limosa haemastica*). This shore bird is largely unknown for Venezuela, having been reported in only three locations in the country. During this study, this species was spotted on a daily basis, with six being identified in one day in October.

Another interesting aspect was the behavior and habitat use of the bird species. For example, the Spotted Sandpiper (*Actitis macularia*) was observed very few times in mangrove habitats during the day and was absent from beaches and marshes, but at dusk, this species becomes very active and conspicuous, with very large groups congregating around marshes to feed as the tides went out. Western Sandpiper (*C. mauri*) and *Calidris semipalmatus* were frequently observed feeding in marshes during the day, but later at night, when the tides began to come in again, they concentrated by the hundreds in the mangroves.

As in the mangroves, species that inhabit beaches and marshes base their diet essentially on invertebrates and fishes (Table 8.3).

Coastal and pelagic habitats

Fifteen marine bird species were registered for this habitat, compared to 41 species that have been registered for Trinidad. This difference is due to the fact that most of the species recorded for Trinidad are pelagic birds that rarely come close to continental coasts.

All these marine birds feed on fishes (Table 8.3) and, in general, are abundant. Locally, this study registered only two species as rare in the area: Neotropic Cormorant (*Phalacrocorax olivaceus*), a very common species for the rest of the country, but with a short migratory path between molting and breeding areas; and Parasitic Jaeger (*Stercorarius parasiticus*), a wandering pelagic species that follows sea gulls and terns. While not registered on Cotorra Island by this study, another pelagic species surely present in the area judging from records for the mouth of the San Juan River and Curiapo is the Leach's Storm-petral (*Oceanodroma leucorhoa*).

Other habitats

This study included additional information from other habitats, including grasslands and human impacted areas such

Rapid assessment of the biodiversity and social aspects of the
aquatic ecosystems of the Orinoco Delta and the Gulf of Paria, Venezuela

275

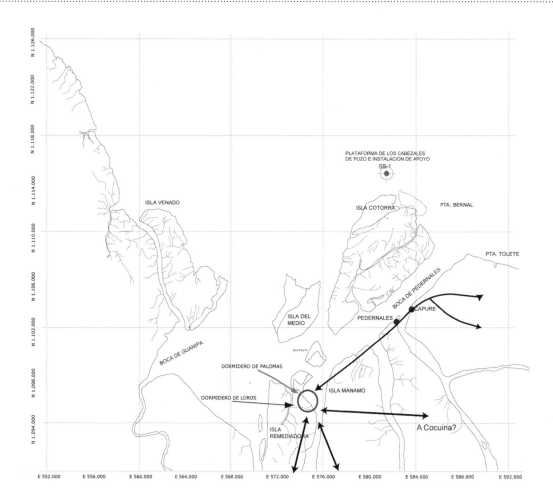

Figure 8.9. Map showing the displacement routes of the Scarlet Ibis (*Eudocimus ruber*), and the areas of highest concentration in the lower part of the study area.

as coconut groves and secondary habitats. As demonstrated in the similarity analysis of the secondary habitats, there is a low correlation with coastal environments (Table 8.2). Furthermore, these secondary habitats are more diverse than the majority of coastal habitats, due to the great complexity of their vegetation.

Use of artificial structures by bird species

When the tides rise and marshes are flooded, many shore birds and other aquatic birds, such as pelicans and sea gulls, gather on the abandoned oil platform located in the study area to rest, trim their feathers, and wait for the tide to go down before they return to the marshes to feed. The greatest number of migratory Common Dowitcher (*Limnodromus griseus*) was registered on this platform, with more than 90 birds registered. Pelicans and other marine birds regularly use the abandoned and sealed wells' structures located on the open sea. It is well known that petroleum platforms can serve as resting places for birds along their migratory routes (Rogers, 2002), and the results of this study confirm this

point. In addition, terrestrial birds such as swallows, falcons and others also use these structures. For example, the Short-tailed Swift (*Chaetura brachyura*) establishes its colonies inside anchorage tubes, near the platforms.

CONCLUSIONS AND RECOMMENDATIONS FOR CONSERVATION

The area studied is important for the conservation of various colonial species like the Orange-winged Parrot (*Amazona amazonica*) and the Scarlet Ibis (*Eudocimus ruber*) (Figures 8.7, 8.8., and 8.9). The Orange-winged Parrot is a very common species and it is frequently seen flying in flocks over Pedernales and Capure, both at dawn and dusk, although roosting areas were registered only on Cotorra and Remediadora Islands. Estimated numbers of birds during the three sampling months are presented in Table 8.8. The roosting areas on Remediadora Island are especially important for birds that use the island to rest overnight after coming from many different locations. This roosting area is shared with hundreds of Pale-vented Pigeon (*Columba cayennensis*) and dozens of Crested Oropendola (*Psarocolius decumanus*).

The Scarlet Ibis is another important species in the area. The study consistently registered between 100-150 young individuals and very few adults along Cotorra Island's middle channel. The adults were always located on the southern island's marshy-plain, but at dusk, the young birds would abandon the channel and join the adults in the roosting area located at the mouth of the middle channel. This roosting area hosts approximately 500 birds, a number that was observed throughout the three months of the study. This study also registered a second larger roosting area on Medio Island, hosting up to 20,000 individuals. The Scarlet Ibis is an indicator species for the region because of its large numbers and almost exclusive presence in Venezuela (Lantino and Brunni, 1994).

The Muscovy Duck (*Cairina moschata*) is the most important game species in the region. This bird can reach up to 5-6 kg in weight, making it attractive to hunters. Observed ducks were shy and distrustful, indicating negative past interaction with residents of local villages. In fact, during the 25 days of the study, only seven captured individuals were registered. The Orinoco Delta might be one of the only areas in the country in which populations of this bird species are in a good state, but they are also unfortunately suffering from hunting pressures.

This study was the first to be comprehensively carried out in the Orinoco Delta during North America's migratory bird season. As a result, the study obtained encouraging results about the Delta's importance to migratory birds, as well as information about habitat use during this time.

This study's results show that the area between the islands of Venado, Cotorra, Pedernales and Capure is more important for migratory species than had originally been believed, acting as a stop-over point for hundreds of shore birds and other aquatic species in their migratory flight to the south of the continent.

In order to detect changes in bird populations, the establishment of a regular monitoring program is recommended throughout the construction period of ConocoPhillips Venezuela's drilling platform.

Finally, incorporating local people into bird conservation efforts is important. We recommend considering implementation of an on-going project in which young people from Pedernales and Capure catch and band birds with identification rings. Prizes for the most birds banded could be used as an incentive.

REFERENCES

Ecology & Environment. 2002. Estudio del Impacto ambiental del Proyecto Corocoro en el Estado Delta Amacuro. Proyecto para CONOCO. Caracas.

French, R.P. 1966. The utilization of mangroves by birds in Trinidad. Ibis 108:423-424.

Haverschmidt, F. and G.F. Mees 1994. Birds of Surinam. Vaco. Paramaribo.

Henny, C. 2003. Highway to the tropics: Tracking raptors via satellite. Web site: www.raptor.cvm.umn.edu.

Lentino R., M. and A. R. Bruni. 1994. Humedales costeros de Venezuela: Situación ambiental. Soc. Conserv. Audubon de Vzla. Caracas.

Lentino R., M. and J. Colvée. 1998. Lista de las Aves del Estado Delta Amacuro. Soc. Conserv. Audubon de Vzla. Caracas.

Lentino R., M. 1997. Estudio de las aves en la región comprendida entre el Caño La Brea y La Barra de Maturín, Edo. Sucre, durante Abril-Mayo 1997. Informe preparado para Ecology & Environment y Lagoven. Caracas.

Lentino R., M. 1998. Informe de las Aves de la región de Punta Pescadores (Bloque de Amoco), Delta Amacuro. Informe preparado para Geohidra y Amoco. Caracas.

Lentino R., M. 1999. Informe sobre el aprovechamiento sustentable de las aves en el estado Delta Amacuro. Informe preparado para Ecology & Environment y Proyecto GEF. Caracas.

Lentino R., M. 2002. Informe sobre las aves en el área de influencia del Proyecto Corocoro. *In:* Estudio del Impacto ambiental del Proyecto Corocoro en el Estado Delta Amacuro. Informe preparado para Ecology & Environment. Proyecto para CONOCO. Caracas.

Morrison, R. I. G. and R. K. Ross. 1989. Atlas of Nearctic shorebirds on the coast of South America, Vol. 1: 1-128; Vol. 2: 129-325. Canadian Wildlife Service, Ottawa, Canada.

Rogers, R. M. 2002. Birds on Wing. A Study of Interactions Between Migrating Birds and Oil and Gas Structures off the Louisiana coast. Minerals Management Service.

Sharpe, C. 1997. Lista de las Aves del Parque Nacional Paria, Estado Sucre. Soc. Conserv. Audubon de Vzla. Caracas.

Statterfield, A., M.J. Cosby, A.J. Long and D.C. Wege. 1998. Endemic bird areas of the world. Priorities for biodiversity conservation. Birdlife Conservation series no. 7. Cambridge.

Rapid assessment of the biodiversity and social aspects of the aquatic ecosystems of the Orinoco Delta and the Gulf of Paria, Venezuela

277

Chapter 9

Suggestions for developing a standard monitoring plan for shallow-water aquatic biodiversity in the Gulf of Paria, Venezuela

Leeanne E. Alonso

STEPS TO IMPLEMENTING A LONG-TERM BIO-PHYSICAL MONITORING PROGRAM

Step 1. Identify and articulate specific objectives of monitoring

The specific objectives of the bio-physical monitoring program must be clearly defined and answered before monitoring can begin. There may be more than one objective that may be carried out in different sites. Will this monitoring plan focus on the effects of petroleum operations and thus be targeted in locations that may be affected? Or will the monitoring serve as a baseline for the region against which future affects and changes can be noted?

Step 2. Identify potential monitoring sites

Utilize remote sensing information (satellite images, aerial photography) and maps to identify potential monitoring sites within the region, based on the objectives identified in Step 1.

Step 3. Assess available biological and physical data for site

In most areas, some scientific studies have been conducted. This information must be assembled before any new studies are initiated. Data will be assembled from all available sources, including from scientific experts and institutions. The data should be compiled in a central, standard database format. A solid baseline of data on the selected monitoring parameters (see Step 6) must be established before a monitoring program is implemented.

Step 4. Biodiversity Assessment

If sufficient biological data are not already available about the area, further biodiversity surveys may be needed to develop a strong baseline of information about the species diversity, abundance, and distributions in the region, as well as current land cover/water quality parameters.

Step 5. Identify and Build Local Capacity for biological assessment and monitoring

Long-term biological monitoring will require local scientific capacity to carry out the monitoring plan over many years. If this capacity does not exist in the region, a sound investment in building the capacity of host-country scientists and local partners to carry out the monitoring program will be needed. CI's RAP has developed a program for training local scientists in rapid assessment and monitoring techniques that can be implemented in conjunction with biodiversity assessment. If involvement from the local communities is desired, the monitoring protocols (Step 7) must be simple, cheap, and easy to implement without much skill or training. See Nordin and Mosepele (2003) for an example of a community monitoring plan.

Step 6. Identify Bio-physical parameters to monitor

The taxonomic groups or parameters that are used for monitoring must be chosen carefully in order to ensure that they address the specific objectives of each monitoring project and site. While a few parameters may be used across all the monitoring sites, most will need to be site specific. Certain species, taxonomic groups (e.g. birds) or other parameters such as forest structure, water quality, and soil nutrient content can be used as monitoring parameters. These parameters should be selected and then tested in pilot projects. Related information about the weather, temperature, soil type, etc. should be monitored in conjunction with the groups to ensure that the changes recorded are not due to these conditions.

Step 7. Establish Monitoring Protocols for each bio-physical parameter

Standardized methodologies have been developed for most taxonomic groups and water quality for both freshwater and marine ecosystems and can be applied in the area with some modification. These methods should be used whenever possible in order to facilitate comparisons between sites. The protocols designed and utilized need to be specific to the monitoring objectives of the project and to the biological parameters chosen. The protocols must be simple and easy to implement if communities will be doing the monitoring. However, the same, standardized methods should be used at each site within the region whenever possible in order to promote comparisons across sites. There are many references to aquatic monitoring that can be consulted, such as SBSTTA8 (2003), Barbour et al. (1999) and many aquatic ecology textbooks.

Step 8. Compile and continuously analyze the monitoring data

As monitoring data are collected, it is essential to ensure that they are used appropriately and effectively. Therefore, data entry and data analysis are as important as data collection. The local biologists dedicated to the monitoring program at the site will oversee data compilation in the standard database format and analysis and use of the data. The data should be made widely available to all interested stakeholders and decision makers for the area. Examples of two common data analyses for aquatic monitoring are the Index of Biotic Integrity (Karr et al. 1986, Karr 1991) and the Hilsenhoff Biotic Index (HBI).

Components of Biodiversity in Coastal Water Ecosystems

The Gulf of Paria contains an extensive assortment of taxonomic groups amongst its floral and faunal diversity. To consider biodiversity monitoring within these wide parameters requires a general understanding of the representative constituents of that diversity. What organisms can be used as the measuring stick for diversity in inland water ecosystems? Fish, invertebrates, plants, birds, mammals, reptiles, amphibians, and periphyton all play important roles in water ecology.

- **Plants:** Provide substrate, shelter, and food for many other organisms. Trees are ecologically important in providing shade and organic debris (leaves, fruit), structural elements (fallen trunks and branches) that enhance vertebrate diversity, and in promoting the stability of river banks, thus preventing erosion. Aquatic plants similarly provide structure and food to aquatic organisms and help regulate water quality. Mangroves create and structure islands in coastal systems.

- **Invertebrates: molluscs:** Snails are mobile grazers or predators; bivalves are attached bottom-living filter-feeders. Both groups have speciated profusely in certain systems. The larvae of many bivalves are parasitic on fishes. Because of the feeding mode, bivalves can help maintain water quality but tend to be susceptible to pollution.

- **Invertebrates: crustaceans:** Include larger bottom-living species such as shrimps, crayfish and crabs of lake margins, streams, alluvial forests and estuaries. Also larger plankton: filter-feeding Cladocera and filter-feeding or predatory Copepoda. Many isopods and copepods are important fish parasites.

- **Invertebrates: insects:** In rivers and streams, grazing and predatory aquatic insects (especially larval stages of flying adults) dominate intermediate levels in food webs (between the microscopic producers, mainly algae, and fishes). Also important in lake communities. Fly larvae are numerically dominant in some situations (eg. in Arctic streams or low-oxygen lake beds), and are vectors of human diseases (eg. malaria, river blindness).

- **Vertebrates: fishes:** Fishes are the dominant organisms in terms of biomass, feeding ecology and significance to humans, in virtually all aquatic habitats. Certain water systems, particularly in the tropics, are extremely rich in species. Many species are restricted to single lakes or river basins. They are the basis of important fisheries in waters in tropical and temperate zones.

- **Vertebrates: amphibians:** Larvae of most species need water for development. Some frogs, salamanders and caecilians are entirely aquatic; generally in streams, small rivers and pools. Larvae are typically herbivorous grazers, adults are predatory.

- **Vertebrates: reptiles:** Because of their large size, crocodiles can play an important role in aquatic systems, by nutrient enrichment and shaping habitat structure. They, as well as most turtles and snakes are all predators or scavengers. Many turtles and snakes are threatened or endangered due to hunting or trade.

- **Vertebrates: birds:** Top predators. Wetlands are often key feeding and staging areas for migratory species. Likely to assist passive dispersal of small aquatic organisms.

- **Vertebrates: mammals:** Top predators, and grazers. Large species widely impacted by habitat modification and hunting.

Specific Suggestions for a Bio-physical Monitoring Program in the Gulf of Paria, Venezuela

A. **Objectives of monitoring in the Gulf of Paria:**
    1. Determine changes in natural variables to serve as a baseline
    2. Determine potential commercial species.
    3. Evaluate the impact of shrimp trawling on aquatic fauna.
    4. Evaluate the impact of petroleum operations.
    5. Evaluate population sizes of commercial species.
    6. Evaluate the presence and populations sizes of exotic species.
    7. Define indicators for determining the health of the aquatic systems.
    8. Distinguish between natural and anthropogenic changes.

B. **Important locations to monitor for biodiversity:**
    <u>Invertebrates (high diversity)</u>
    1. Caño Pedernales
    2. Caño Mánamo
    3. Caño Manamito
    4. Raices del manglar (sitios?)

    <u>Decapod Crustaceans</u>
    1. Caño Manamito (high diversity)
    2. Río Guanipa- Caño Venado (high diversity)
    3. Playa rocosa de Pedernales (unique)
    4. Boca de Bagre (for commercial shrimp)

    <u>Fishes</u>
    High diversity:
    1. Boca Pedernales-Isla Cotorra (57 spp.)
    2. Caño Manamito (55 spp.)
    3. Boca de Bagre (50 spp.)
    4. Río Guanipa- Caño Venado (48 spp.)
    5. Caño Pedernales (46 spp.)
    6. Caño Mánamo-Guinamorena (41 spp.)

    <u>Unique fish fauna:</u>
    1. Playa rocosa de Pedernales
    2. Playa arenosa de Isla Cotorra (Punta Bernal)
    3. Playa arenosa de Pedernales

    <u>Reptiles and Amphibians:</u>
    1. areas that are only partially or temporarily inundated
    2. human settlements where they eat, sell and trade threatened reptiles

C. **Possible parameters and species for monitoring in the Gulf of Paria, Venezuela:**
    <u>Water Quality</u>
    1. Temperature
    2. Flow rate
    3. Depth
    4. pH
    5. Dissolved oxygen
    6. Turbidity
    7. Electric conductivity
    8. Alkalinity
    9. Biochemical Oxygen Demand
    10. Total Solids
    11. Nitrates
    12. Total Phosphates
    13. Total Fecal Coliform
    14. Petroleum products and by-products

    <u>Fishes</u>
    Threatened species:
    Batrachoides surinamensis (toad fish)
    Stingrays (rayas) of the family Dasyatidae:
    Dasyatis guttata
    Dasyatis geijskesi
    Himantura schmardae
    Gimnura spp.
    Introduced species:
    Omobranchus punctatus,
    Butis koilomatodon

    <u>Invertebrates</u>
    Important species or species newly recorded for Venezuela:
    Litopenaeus schmitti (commercial shrimp-esp. in Boca de Bagre)
    Xiphopenaeus kroyeri (abundant crustacean-coastal)
    Macrobrachium amazonicum (abundant crustacean-freshwater)
    Leptocheirus rhizophorae (reported for first time for Venezuela by AquaRAP)
    Gammarus tigrinus (reported for first time for Venezuela by AquaRAP)
    Gitanopsis petulans (reported for first time for Venezuela by AquaRAP)
    Synidotea sp. (reported for first time for Venezuela by AquaRAP)

    Introduced species:
    Musculista senhousia (very abundant, exotic bivalve mollusk)
    Corbidula fluvialitis (exotic bivalve mollusk)
    Macrobrachium rosenbergii (crustacean, *camarón malayo*, Boca de Bagre)

Plants

Mangroves:

Avicennia germinans (black mangrove)

Rhizophora racemosa, R. harrisonii, R. mangle (red mangrove)

Laguncularia racemosa (white mangrove)

Reptiles and Amphibians

Endemic species:

Hyalinobatrachium mondolfii (rana de crystal)

Anolis deltae (una lagartija)

Threatened species (IUCN Red List)

Podocnemis expansa (tortuga arrau)

Eretmochelys imbricata (tortuga carey)

Chelonia mydas (tortuga blanca)

Lepidochelys olivacea (tortuga guaraguá)

Crocodylus intermedius (caiman del Orinoco)

Crocodylus acutus (caiman de al Costa)

Caiman crocodylus (baba)

Iguana iguana (iguana)

Tupinambis tequixin (mato de agua)

Boa constrictor (tragavenado)

Eunectes murinus (anaconda)

REFERENCES

Barbour, M.T., J. Gerritsen, B.D. Snyder, and J.B. Stribling. 1999. Rapid Bioassessment Protocols for Use in Streams and Wadeable Rivers: Periphyton, Benthic Macroinvertebrates and Fish, Second Edition. EPA 841-B-99-002. U.S. Environmental Protection Agency; Office of Water; Washington, D.C. < www.epa.gov/owow/monitoring/rbp.

Karr, R.J. 1991. Biological Integrity: a long neglected aspect of water resource management. Ecological Applications 1: 66-84.

Karr, R.J., K.D. Fausch, P.L. Angermeier, P.R. Yant, and I.J. Schlosser. 1986. Assessment of biological integrity in running waters: A method and its rationale. Illinois Natural History Survey Special Publication No. 5. Illinois Natural History Survey, IL.

Nordin, L. and B. Q. Mosepele. 2003. Suggestions for an aquatic monitoring program for the Okavango Delta. *In:* L.E. Alonso and L. Nordin (editors). A rapid biological assessment of the aquatic ecosystems of the Okavango Delta, Botswana: High Water Survey. RAP Bulletin of Biological Assessment 27. Conservation International, Washington, D.C.

SBSTTA8. 2003. Methods and regional guidelines for the rapid assessment of inland water biodiversity for all types of inland water ecosystems. Accepted March 2003 at the 8th Meeting of the Subsidiary Body on Scientific, Technical, and Technological Advice (SBSTTA) of the Convention on Biological Diversity (UNEP/CBD/SBSTTA/8/8/Add. 5).

Apéndices
Appendices

Apéndice/Appendix 1

Localidades georeferenciadas y estaciones de muestreo del grupo de Bentos y Crustáceos de la expedición AquaRAP al golfo de Paria y delta del Orinoco, Venezuela, diciembre 2002.

Georeferenced localities and sampling stations for Benthic invertebrates and Crustaceans during the AquaRAP expedition to the Gulf of Paria and Orinoco Delta, Venezuela, December 2002.

José Vicente García, Carlos A. Lasso, Juan Carlos Capelo y Guido Pereira

Numero de Georeferencia/ Georeference Locality Number	Localidad/ Locality	Estaciones de Muestreo/ Sampling station	Fecha/Date	Métodos de muestreo/ Sampling methods	UTM
B & C -1	Caño Pedernales	1	Dec. 02-2002	bottom net, corer, manual sampling	20586897E; 1097801N
B & C -2	Caño Pedernales	2	Dec. 02-2002	bottom net, corer, manual sampling	20590435E; 1089963N
B & C -3	Caño Pedernales	3	Dec. 02-2002	bottom net, corer	20591090E; 1090041N
B & C -4	Caño Pedernales	4	Dec. 02-2002	manual sampling	20591090E; 1090041N
B & C -5	Caño Pedernales	5	Dec. 02-2002	bottom net, corer	20587310E; 1097887N
B & C -6	Caño Pedernales	6	Dec. 02-2002	bottom net, corer	20590355E; 1087882N
B & C -7	Caño Pedernales	7	Dec. 02-2002	bottom net	20583217E; 1100999N
B & C -8	Caño Pedernales	8	Dec. 02-2002	corer	20583217E; 1100999N
B & C -9	Boca de Pedernales-Isla Cotorra	9	Dec. 03-2002	bottom net	20583458E; 1110260N
B & C -10	Boca de Pedernales-Isla Cotorra	10	Dec. 03-2002	bottom net	20583489E; 1110239N
B & C -11	Boca de Pedernales-Isla Cotorra	11	Dec. 03-2002	hand net	20583426E; 1110591N
B & C -12	Boca de Pedernales-Isla Cotorra	12	Dec. 03-2002	corer	20583426E; 1110591N
B & C -13	Boca de Pedernales-Isla Cotorra	13	Dec. 03-2002	manual sampling	20583426E; 1110591N
B & C -14	Boca de Pedernales-Isla Cotorra	14	Dec. 03-2002	bottom net	20583270E; 1110856N
B & C -15	Boca de Pedernales-Isla Cotorra	15	Dec. 03-2002	manual sampling, hand net	20583270E; 1110856N
B & C -16	Boca de Pedernales-Isla Cotorra	16	Dec. 03-2002	corer	20583851E; 1110540N
B & C -17	Boca de Pedernales-Isla Cotorra	17	Dec. 03-2002	bottom net	20579171E; 1103247N
B & C -18	Caño Mánamo-Güinamorena	18	Dec. 04-2002	bottom net	20571043E; 1070673N
B & C -19	Caño Mánamo-Güinamorena	19	Dec. 04-2002	bottom net	20570373E; 1069891N
B & C -20	Caño Mánamo-Güinamorena	20	Dec. 04-2002	hand net	20570373E; 1069891N
B & C -21	Caño Mánamo-Güinamorena	21	Dec. 04-2002	manual sampling, hand net	20570373E; 1069891N
B & C -22	Caño Mánamo-Güinamorena	22	Dec. 04-2002	bottom net	20569940E; 1072878N
B & C -23	Caño Mánamo-Güinamorena	23	Dec. 04-2002	bottom net	20577726E; 1075805N
B & C -24	Río Guanipa - Caño Venado	24	Dec. 05-2002	bottom net	20556212E; 1099005N
B & C -25	Río Guanipa - Caño Venado	25	Dec. 05-2002	bottom net	20561873E; 1095555N
B & C -26	Río Guanipa - Caño Venado	26	Dec. 05-2002	corer	20560974E; 1092784N

Numero de Georeferencia/ Georeference Locality Number	Localidad/ Locality	Estaciones de Muestreo/ Sampling station	Fecha/Date	Métodos de muestreo/ Sampling methods	UTM
B & C -27	Río Guanipa - Caño Venado	27	Dec. 05-2002	corer	20559886E; 1092771N
B & C -28	Río Guanipa - Caño Venado	28	Dec. 05-2002	manual sampling, hand net	20559886E; 1092771N
B & C -29	Río Guanipa - Caño Venado	29	Dec. 05-2002	bottom net	20559872E; 1093915N
B & C -30	Río Guanipa - Caño Venado	30	Dec. 05-2002	Elster net	20559840E; 1093852N
B & C -31	Río Guanipa - Caño Venado	31	Dec. 05-2002	Elster net	20560184E; 1092835N
B & C -32	Río Guanipa - Caño Venado	32	Dec. 05-2002	corer	20563764E; 1089142N
B & C -33	Río Guanipa - Caño Venado	33	Dec. 05-2002	bottom net	20563830E; 1102976N
B & C -34	Río Guanipa - Caño Venado	34	Dec. 05-2002	manual sampling	20563830E; 1102976N
B & C -35	Río Guanipa - Caño Venado	35	Dec. 05-2002	corer	20563681E; 1103105N
B & C -36	Río Guanipa - Caño Venado	36	Dec. 05-2002	manual sampling	20563681E; 1103105N
B & C -37	Río Guanipa - Caño Venado	37	Dec. 05-2002	bottom net	20561596E; 1100900N
B & C -38	Río Guanipa - Caño Venado	38	Dec. 05-2002	bottom net	20561762E; 1108878N
B & C -39	Caño Manamito	39	Dec. 06-2002	bottom net	20575587E; 1096743N
B & C -40	Caño Manamito	40	Dec. 06-2002	bottom net	20575416E; 1094960N
B & C -41	Caño Manamito	41	Dec. 06-2002	corer	20575416E; 1094960N
B & C -42	Caño Manamito	42	Dec. 06-2002	manual sampling, hand net	20575829E; 1094585N
B & C -43	Caño Manamito	43	Dec. 06-2002	manual sampling, hand net	20575393E; 1093351N
B & C -44	Caño Manamito	44	Dec. 06-2002	bottom net	20574473E; 1091445N
B & C -45	Caño Manamito	45	Dec. 06-2002	bottom net	20574517E; 1090951N
B & C -46	Caño Manamito	46	Dec. 06-2002	manual sampling, hand net	20575542E; 1096488N
B & C -47	Caño Manamito	47	Dec. 06-2002		
B & C -48	Boca Bagre	48	Dec. 07-2002	corer	20570935E; 1093145N
B & C -49	Boca Bagre	49	Dec. 07-2002	bottom net	20570790E; 1093057N
B & C -50	Boca Bagre	50	Dec. 07-2002	bottom net	20570766E; 1093074N
B & C -51	Boca Bagre	51	Dec. 07-2002	bottom net	20570872E; 1094178N
B & C -52	Boca Bagre	52	Dec. 07-2002	bottom net	20570847E; 1094450N
B & C -53	Boca Bagre	53	Dec. 07-2002	manual sampling, hand net	20570805E; 1093085N
B & C -54	Boca Bagre	54	Dec. 07-2002	corer	20571133E; 1095192N
B & C -55	Boca Bagre	55	Dec. 07-2002	manual sampling, hand net	20571133E; 1095192N
B & C -56	Playa rocosa Pedernales	56	Dec. 07-2002	manual sampling	20581790E; 1102389N
B & C -57	Isla Capure	57	Dec. 07-2002	manual sampling	

Apéndice/Appendix 2

Localidades georeferenciadas y estaciones de muestreo del grupo de peces de la Expedición AquaRAP al golfo de Paria y delta del Orinoco, Venezuela, diciembre 2002.

Georeferenced localities and sampling stations for Fishes during the AquaRAP survey of the Gulf of Paria and Orinoco Delta, Venezuela, December 2002.

*Carlos A. Lasso, Oscar M. Lasso-Alcalá,
Carlos Pombo y Michael Smith*

Numero de Georeferencia/ Georeference Locality Number	Localidad/ Locality	Estación De muestreo/ Sampling station	Fecha/ Date	Método de muestreo/ Sampling method	Número De arrastres/ Number of nets	Hora/ Time	Latitud/ Latitude	Longitud/ Longitude	UTM
F-1	Caño Pedernales	1	Dec. 02-2002	trawl net	1	09:05	09° 55'51''	62° 12'54''	1097240N - 586695E
F-2	Caño Pedernales	2	Dec. 02-2002	trawl net	2	10:50	09° 59'55''	62° 10'47''	1089972N - 590508E
F-3	Caño Pedernales	3	Dec. 02-2002	trawl net	3	12:20	09° 51'25''	62° 10'42''	1089410N - 590596E
F-4	Caño Pedernales	4	Dec. 02-2002	trawl net	4	13:00	09° 50'87''	62° 10'47''	1088723N - 590650E
F-5	Caño Pedernales	5	Dec. 02-2002	trawl net	5	14:00	09° 51'21''	62° 10'38''	1088996N - 590677E
F-6	Caño Pedernales	6	Dec. 02-2002	trawl net	6	14:30	09° 51'00''	62° 10'39''	1089308N - 590066E
F-7	Caño Pedernales	7	Dec. 02-2002	trawl net	7	15:00	09° 51'54''	62° 10'44''	1089938N - 590582E
F-8	Caño Pedernales	8	Dec. 02-2002	trawl net	8	16:30	09° 57'33''	62° 14'60''	1100623N - 583911E
F-9	Caño Pedernales	9	Dec. 02-2002	trawl net	9	17:20	09° 58'27''	62° 15'44''	1101141N - 582867E
F-10	Boca Pedernales - Isla Cotorra	10	Dec. 03-2002	trawl net	10	13:05	10° 02'45''	62° 14'39''	1110954N - 583283E
F-11	Boca Pedernales - Isla Cotorra	11	Dec. 03-2002	trawl net	11	13:40	10° 02'84''	62° 14'38''	1110755N - 583311E
F-12	Boca Pedernales - Isla Cotorra	12	Dec. 03-2002	trawl net	12	14:00	10° 02'77''	62° 14'34''	1110618N - 583391E
F-13	Boca Pedernales - Isla Cotorra	13	Dec. 03-2002	trawl net	13	14:22	10° 02'91''	62° 14'12''	1110897N - 583755E
F-14	Boca Pedernales - Isla Cotorra	14	Dec. 03-2002	trawl net	14	14:45	10° 03'14''	62° 14'09''	1111234N - 583420E
F-15	Boca Pedernales - Isla Cotorra	15	Dec. 03-2002	trawl net	15	15:17	10° 02'75''	62° 14'26''	1105601N - 583517E
F-16	Boca Pedernales - Isla Cotorra	16	Dec. 03-2002	trawl net	16	15:55	09° 59'36''	62° 17'20''	1104328N - 578183E
F-17	Boca Pedernales - Isla Cotorra	17	Dec. 03-2002	trawl net	17	16:39	09° 59'25''	62° 17'10''	1104105N - 577816E
F-18	Boca Pedernales - Isla Cotorra	18	Dec. 03-2002	trawl net	18	17:10	09° 59'10''	62° 16'13''	1103338N - 578675E
F-19	Boca Pedernales - Isla Cotorra	19	Dec. 03-2002	beach seine	not	09:45	10° 02'79''	62° 14'33''	1110654N - 583395E
F-20	Boca Pedernales - Isla Cotorra	20	Dec. 06-2002	beach seine	not	20:40	10° 02'79''	62° 14'33''	1110654N - 583395E
F-21	Boca Pedernales - Isla Cotorra	21	Dec. 03-2002	hand net	not	12:30	10° 02'79''	62° 14'33''	1110654N - 583395E

Numero de Georeferencia/ Georeference Locality Number	Localidad/ Locality	Estación De muestreo/ Sampling station	Fecha/ Date	Método de muestreo/ Sampling method	Número De arrastres/ Number of nets	Hora/ Time	Latitud/ Latitude	Longitud/ Longitude	UTM
F-22	Caño Mánamo - Güinamorena	22	Dec. 04-2002	trawl net	19	11:20	09° 42'22''	62° 21'62''	1072714N - 570152E
F-23	Caño Mánamo - Güinamorena	23	Dec. 04-2002	trawl net	20	11:40	09° 42'04''	62° 21'70''	1072397N - 570022E
F-24	Caño Mánamo - Güinamorena	24	Dec. 04-2002	trawl net	21	12:05	09° 41'86''	62° 21'82''	1072059N - 569784E
F-25	Caño Mánamo - Güinamorena	25	Dec. 04-2002	trawl net	22	12:25	09° 41'79''	62° 21'97''	1071839N - 569518E
F-26	Caño Mánamo - Güinamorena	26	Dec. 04-2002	trawl net	23	15:00	09° 41'42''	62° 22'06''	1071237N - 569348E
F-27	Caño Mánamo - Güinamorena	27	Dec. 04-2002	trawl net	24	15:16	09° 56'11''	62° 15'88''	1098911N - 581302E
F-28	Caño Mánamo - Güinamorena	28	Dec. 04-2002	trawl net	25	15:36	09° 56'61''	62° 15'56''	1099264N - 581173E
F-29	Caño Mánamo - Güinamorena	29	Dec. 04-2002	trawl net	26	15:52	09° 56'80''	62° 15'64''	1099628N - 581024E
F-30	Caño Mánamo - Güinamorena	30	Dec. 04-2002	trawl net	27	16:11	09° 57'02''	62° 15'75''	1100027N - 580819E
F-31	Río Guanipa	31	Dec. 05-2002	trawl net	28	08:30	09° 56'25''	62° 26'09''	1098568N - 561954E
F-32	Río Guanipa	32	Dec. 05-2002	trawl net	29	09:25	09° 55'45''	62° 26'29''	1097091N - 560851E
F-33	Río Guanipa	33	Dec. 05-2002	trawl net	30	09:55	09° 53'31''	62° 25'84''	1096825N - 560574E
F-34	Río Guanipa	34	Dec. 05-2002	trawl net	31	10:32	09° 53'65''	62° 27'15''	1093758N - 560023E
F-35	Río Guanipa	35	Dec. 05-2002	trawl net	32	11:00	09° 53'39''	62° 27'13''	1092979N - 559912E
F-36	Río Guanipa	36	Dec. 05-2002	trawl net	33	12:30	09° 51'25''	62° 25'20''	1089338N - 563601E
F-37	Río Guanipa	37	Dec. 05-2002	trawl net	34	15:32	10° 02'72''	62° 26'77''	1110488N - 560685E
F-38	Río Guanipa	38	Dec. 05-2002	trawl net	35	16:00	10° 01'39''	62° 26'25''	1108937N - 561652E
F-39	Río Guanipa	39	Dec. 05-2002	trawl net	36	16:57	09° 57'11''	62° 25'03''	1101613N - 563465E
F-40	Río Guanipa	40	Dec. 05-2002	hand net	not	10:00	09° 55'73''	62° 26'65''	1097609N - 560933E
F-41	Río Guanipa	41	Dec. 05-2002	hand net	not	14:30	09° 58'22''	62° 24'80''	1102194N - 564301E
F-42	Caño Manamito	42	Dec. 06-2002	trawl net	37	08:44	09° 55'61''	62° 18'54''	1097398N - 575756E
F-43	Caño Manamito	43	Dec. 06-2002	trawl net	38	09:02	09° 55'26''	62° 18'61''	1096757N - 577603E

Evaluación rápida de la biodiversidad y aspectos sociales de los ecosistemas acuáticos del delta del río Orinoco y golfo de Paria, Venezuela

287

Numero de Georeferencia/ Georeference Locality Number	Localidad/ Locality	Estación De muestreo/ Sampling station	Fecha/ Date	Método de muestreo/ Sampling method	Número De arrastres/ Number of nets	Hora/ Time	Latitud/ Latitude	Longitud/ Longitude	UTM
F-44	Caño Manamito	44	Dec. 06-2002	trawl net	39	09:29	09° 55'02''	62° 18'67''	1096308N - 575506E
F-45	Caño Manamito	45	Dec. 06-2002	trawl net	40	09:52	09° 54'78''	62° 18'68''	1095871N - 575499E
F-46	Caño Manamito	46	Dec. 06-2002	trawl net	41	10:34	09° 54'35''	62° 18'72''	1095072N - 575418E
F-47	Caño Manamito	47	Dec. 06-2002	trawl net	42	11:16	09° 52'32''	62° 18'10''	1091557N - 575950E
F-48	Caño Manamito	48	Dec. 06-2002	trawl net	43	13:22	09° 52'14''	62° 18'78''	1091600N - 575326E
F-49	Caño Manamito	49	Dec. 06-2002	trawl net	44	13:50	09° 52'02''	62° 19'00''	1090782N - 574912E
F-50	Caño Manamito	50	Dec. 06-2002	trawl net	45	14:22	09° 51'00''	62° 19'00''	1090729N - 574904E
F-51	Caño Manamito	51	Dec. 06-2002	hand net	not	15:00	09° 55'11''	62° 18'65''	1096493N - 574549E
F-52	Boca de Bagre	52	Dec. 07-2002	trawl net	46	09:00	09° 54'03''	62° 21'28''	1094475N - 570751E
F-53	Boca de Bagre	53	Dec. 07-2002	trawl net	47	09:27	09° 53'76''	62° 21'21''	1093988N - 570884E
F-54	Boca de Bagre	54	Dec. 07-2002	trawl net	48	09:59	09° 53'50''	62° 21'15''	1093594N - 570971E
F-55	Boca de Bagre	55	Dec. 07-2002	trawl net	49	10:33	09° 53'22''	62° 21'20''	1092987N - 570886E
F-56	Boca de Bagre	56	Dec. 07-2002	trawl net	50	11:04	09° 53'43''	62° 24'36''	1094307N - 570601E
F-57	Boca de Bagre	57	Dec. 07-2002	trawl net	51	11:30	09° 55'72''	62° 21'40''	1097618N - 570529E
F-58	Boca de Bagre	58	Dec. 07-2002	trawl net	52	12:44	09° 58'32''	62° 20'67''	1102401N - 571834E
F-59	Boca de Bagre	59	Dec. 07-2002	trawl net	53	13:05	09° 58'65''	62° 20'50''	1103017N - 572165E
F-60	Boca de Bagre	60	Dec. 07-2002	trawl net	54	13:44	09° 59'36''	62° 20'14''	1105253N - 572804E
F-61	Playa rocosa de Pedernales	61	Dec. 08-2002	hand net	not	14:00			1102389N - 581790E
F-62	Isla Capure	62	Dec. 07-2002	hand net	not	14:30	09° 58'71''	62° 14'12''	1103137N - 583805E

Apéndice/Appendix 3

Listado de especies de plantas acuáticas colectada
en el Delta del Orinoco.

List of aquatic plant species collected in the
Orinoco Delta.

Giuseppe Colonnello

Familia/Family	Género y especie/ Genus and species	Tipo/ Life form
Acanthaceae	*Justicia laevilinguis* (Nees) Lindau	Em
Alismataceae	*Echinodorus bolivianus* E.b. (Rusby) Holm-Nielsen ssp. *intermedius*	Hel
Alismataceae	*Echinodorus grandiflorus* (Cham. & Schl.) Mich.	Hel
	Echinodorus tenellus (Mart.) Buchenau	Hel
	Sagittaria guayanensis H.B.K.	Em
	Sagittaria latifolia Willd.	Em
	Sagittaria planitiana Agostini	Em
	Alternanthera philoxeroides (Mart.) Griseb	Hel
	Alternanthera sessilis (L) R. Br.	Em
	Crinum erubescens Ait.	Sum-Em
	Hydrocotile umbellata L.	Flo-Em
	Hymenocallis tubiflora Salisb.	Em
Araceae	*Montrichardia arborescens* (L.) Schott	Em
	Pistia stratiotes L.	Flo-libre
	Urosphata sagittifolia (Rudge) Schott	Hel-Em
Asteraceae	*Ambrosia cumanensis* H.B.K.	Em
	Eclipta prostrata (L.) L.	Em
	Mikania congesta DC.	Hel
	Tessaria integrifolia R. & P.	Hel
	Trichospira verticillata (I.) Blake	Hel
Azollaceae	*Azolla filiculoides* Lam.	Flo-libre
Begoniaceae	*Begonia patula* Haw.	Em
Blechnaceae	*Blechnum serrulatum* L.C. Rich.	Em
Brassicaceae	*Rorippa nasturtium-aquaticum* (L.) Hayek	Em
Cannaceae	*Canna glauca* L.	Hel
Cabombaceae	*Cabomba aquatica* Aubl.	Flo
Caesalpiniaceae	*Mimosa pigra* L.	Em
	Machaerium lunatum (L.f.) Duke	Em
	Aeschynomene sensitiva Sw.	Hel
	Aeschynomene evenia C.Wright	Hel
	Sesbania exasperata H.B.K.	Em

Leyenda / Legend:
Hel: Helofita/Aquatic
Em: Emergente/Emergent
Flo: Flotante/Floating
Sum: Sumergida/Submerged
Flo-libre: Flotante libre/Free-floating
(Colonnello 1995, Colonnello
2001).

Familia/Family	Género y especie/ Genus and species	Tipo/ Life form
	Neptunia oleracea Lour.	Flo
Ceratophyllaceae	*Ceratophyllum submersus* L.	Sum-Flo-libre
Campanulaceae	*Hippobroma longifolia* (L.) R. Br.	Em
Commelinaceae	*Commelina* sp.	Hel
Convolvulaceae	*Aniseia martinicensis* (Jacq.) Choisy	Hel
	Ipomoea sobrevoluta Choisy	Hel
	Ipomoea sp.	Hel
	Cayaponia metensis Cuatr.	Hel
Cyperaceae	*Cyperus articulatus* L.	Em
	Cyperus distans L.f.	Em
	Cyperus imbricatus Retz.	Em
	Cyperus luzulae (L.) Retz.	Em
	Cyperus odoratus L.	Em
	Cyperus sphacellatus Rottb.	Em
	Cyperus surinamensis Rottb.	Em
	Cyperus giganteus	Hel
	Eleocharis elegans (H&B.) Roem.&Schult.	Em
	Eleocharis filiculmis Kunth	Em
	Eleocharis geniculata (L.) Roem. & Schult.	Em
	Eleocharis interstincta (Vahl) R. & S.	Em
	Fimbristilis complanata (Retz.) Link.	Em
	Fimbristilis miliacea (L.) Vahl	Em
	Eleocharis mutata (L.) Roem. & Schult.	Em
	Fuirena incompleta Nees	Em
	Fuirena umbellata Rott.	Em
	Lagenocarpus guianensis Nees	Em
	Oxicarium cubense (Poepp & Kunth) K. Lye	Em
	Rynchospora holoschoenoides (L.C. Richard) Herter	Em
	Scleria macrophylla Presl. & Presl.	Em
	Scleria microcarpa Nees ex Kunth	Em
	Scleria pterota Presl.	Em
Eriocaulaceae	*Tonina fluviatilis* Aubl.	Sum-Flo-em
Euphorbiaceae	*Alchornea castaaeifolia* (Willd.) Juss.	Hel
	Caperonia palustri (L.) St. Hill.	Em
	Phyllanthus fluitans (Mull.) Arg.	Flo-libre
Gentianaceae	*Chelonanthus alatus* (Aubl.) Pulle	Em
Hydrocharitaceae	*Limnobium laevigatum* (H.&B. ex Willd.) Heine	Nota 1
Hydrophyllaceae	*Hydrolea elatior* Shott.	Em
	Hydrolea spinosa L.	Hel
Lamiaceae	*Hyptis pulegioides* Pohl. ex Benth.	Hel
Lemnaceae	*Lemna perpusilla* Torrex	Flo-flo-libre
	Lemna minor L.	Flo-libre

Familia/Family	Género y especie/ Genus and species	Tipo/ Life form
	Wolfiela lingulata (Hegelm.) Hegelm.	Flo-libre
	Spirodela intermedia W. Koch	Flo-libre
Lentibulariaceae	*Utricularia foliosa* L.	Sum
	Utricularia gibba L.	Sum
	Utricularia hydrocarpa Vahl	Sum
	Utricularia inflata Walter	Sum
	Utricularia sp1	Sum
Limnocharitaceae	*Hydrocleis nymphoides* (Willd.) Buch.	Flo
	Hydrocleis parviflora Seub.	Flo
Lythraceae	*Cuphea melvilla* Lindl.	Hel
	Rotala ramosior (L.) Koehne	Hel
	Crenea maritima Aubl.	Em
Malvaceae	*Hibiscus striatus* Cav. ssp *lambertianus* (H.B.K.) O. Blancha	Em
	Hibiscus bifurcatus Cav.	Em
	Hibiscus sororius L.	Em
	Urena lobata L.	Em
Marantaceae	*Thalia geniculata* L.	Em
Marsileaceae	*Marsilea polycarpa* Hook.& Grev.	Flo
Melastomataceae	*Nepsera aquatica* (Aubl.) Naud.	Hel
	Miconia sp.	Hel
Menyanthaceae	*Nymphoides indica* L. Kuntze	Flo
Musaceae	*Heliconia hirsuta* L.f.	Hel
	Heliconia psittacorum L.f.	Hel
Nympheaceae	*Nymphaea connardii* Wiersema	Sub-Flo
	Nymphaea rudgeana G.F.W. Mey.	Sub-Flo
Onograceae	*Ludwigia decurrens* Walt.	Em
	Ludwigia helminthorrhiza (Mart.) Hara	Flo
	Ludwigia hyssopifolia (G. Don) Exell	Em
	Ludwigia leptocarpa (Nutt.) Hara	Em
	Ludwigia octovalvis (Jacq.) Raven	Em
	Ludwigia sedoides (H.&B) Hara	Em
	Ludwigia torulosa (Arnott) Hara	Em
Orchidaceae	*Habenaria longicauda* Hook. ssp. *longicauda*	Hel
Papilonaceae	*Teramnus labialis* Spreng.	Hel
	Vigna jurvana (Harms) Verdecourt	Hel
	Vigna longifolia (Benth) Verdecourt	Hel
Parkeriaceae	*Ceratopteris pteridoides* (Hook.) Hieron.	Sum-emer
Piperaceae	*Peperomia pellucida* (L.) Kunth	Hel
Poaceae	*Acroceras zizanioides* (Kunth) Dandy	Em
	Coix lacrima-jobi L.	Em
	Cynodon dactylon (L.) Pers.	Em
	Echinochloa colonum (L.) Link	Em

Evaluación rápida de la biodiversidad y aspectos sociales de los ecosistemas acuáticos del delta del río Orinoco y golfo de Paria, Venezuela

291

Familia/Family	Género y especie/ Genus and species	Tipo/ Life form
	Echinochloa polystachya (H.B.K.) Hitchc.	Em
	Eragrostis japonica (Thunb.)Trin.	Em
	Eragrostis hypnoides (Lam.) Britton Sterns & Pogg.	Em
	Gynerium sagittatum (Aubl.) Beauv.	Em
	Hymenachne amplexicaulis (Rudge) Nees.	Nota 2
	Isachne polygonoides (Lam.) Doell & Mart.	Em
	Leersia hexandra Swartz.	Nota 2
	Leptochloa scabra Nees.	Em
	Luziola subintegra Swallen	Flo-libre
	Oryza latifolia Desv.	Em
	Oryza rufipogon Griff.	Em
	Panicum elephantipes Nees. in Trin.	Nota 2
	Panicum dichotomiflorus Michx.	Em
	Panicum grande Hitch. & Chase	Em
	Panicum laxum Sw.	Em
	Panicum maximum Jacq.	Em
	Panicum mertensii Roth	Em
	Panicum parvifolium Lam.	Em
	Panicum pilosum Swartz	Em
	Panicum scabridum Doell. in Mart.	Em
	Paspalum conjugatum Bergius	Em
	Paspalum fasciculatum Willd.	Em
	Paspalum repens Berg.	Flo
	Paspalum wrightii Hitch. & Chase.	Em
	Urochloa arrecta (L.) Stapf.	Em
	Urochloa mutica (Forsskal) Nguyen.	Em
	Sacciolepis striata (L.) Nash.	Flo
	Spartina alterniflora Loisel	Em
	Sopobolus virginicus (L.) Kunth.	Em
Polipodiaceae	*Acrostichum aureum* L.	Hel
	Acrostichum danaeifolium langsd. & Fischer	Hel
	Pityrogramma calomelanos (L.) Link	Hel
	Thelypteris interrupta (Willd.) Iwatsuki	Hel
Polygonaceae	*Polygonum acuminatum* H.B.K.	Em
Pontederiaceae	*Eichhornia azurea* (Sw.) Kunth.	Flo
	Eichhornia crassipes (Mart.) Solms	Flo-libre
	Eichhornia heterosperma Alexander	Flo
	Heteranthera reniformis Ruiz & Pav.	Sum-em
	Pontederia rotundifolia L.f.	Em
Rubiaceae	*Diodia multiflora* D.C.	Hel
	Diodia hyssopifolia (Roem.& Schult.) Cham. & Schlecht.	Hel
	Mitracarpus hirtus (L.) DC.	Hel
	Oldenlandia lancifolia (Schum.) DC.	Hel

Familia/Family	Género y especie/ Genus and species	Tipo/ Life form
Salvinaceae	*Salvinia auriculata* Aubl.	Flo-libre
	Salvinia sprucei Kuhn.	Flo-libre
Scrophulariaceae	*Agalinis hispidula* (Mart.) D´Arcy	Hel
	Bacopa aquatica Aubl.	Em
	Bacopa saltzmannii (Benth.) Ewall.	Em
	Capraria biflora. L.	Hel
	Lindernia dubia (L.) Pennell	Hel
Thelypteriaceae	*Thelypteris gongyloides* (Schkuhr) Small.	Hel
	Thelypteris serrata (Cav.) Alston	Hel
Sphenocleaceae	*Sphenoclea zeylanica* Gaertn.	Em
Typhaceae	*Typha dominguensis* Pers.	Em
Verbenaceae	*Lippia betulifolia* H.B.K.	Hel
	Phyla nodiflora (L.) Green	Hel
Xyridaceae	*Xyris caroliniana* Walter	Hel
Zingiberaceae	*Costus arabicus* L.	Hel

Nota 1: Especies que pueden adoptar diferentes hábitos (eco-fases) de acuerdo con el nivel de inundación (Flotantes-Emergentes).
Species that can adopt different life-forms according to the level of inundation (Floating-Emergents).

Nota 2: Especies que pueden mostrar hojas flotantes y tallos extendidos cuando hay mayor inundación y ser emergentes cuando la inundación es somera.
Species that can have floating leaves and longer stems in higher water levels or be emergent in lower water levels.

Apéndice/Appendix 4

Lista de Macroinvertebrados Bentónicos colectados durante la Expedición AquaRAP al golfo de Paria y delta del Orinoco, Venezuela, diciembre 2002.

List of Benthic Macroinvertebrates collected during the AquaRAP survey of the Gulf of Paria and Orinoco Delta, Venezuela, December 2002.

Juan Carlos Capelo, José Vicente García y Guido Pereira

Leyenda/Legend:

Loc 1, Caño Pedernales; Loc 2, Isla Cotorra - Boca de Pedernales; Loc 3, Caño Mánamo - Güinamorena; Loc 4, Río Guanipa - Caño Venado; Loc 5, Caño Manamito; Loc 6, Boca de Bagre; Loc 7, Playa Rocosa de Pedernales; Loc 8, Isla Capure.

Superorden= Superorder; Orden=Order, Clase=Class, Familia=Family.

ARTHROPODA	Loc 1	Loc 2	Loc 3	Loc 4	Loc 5	Loc 6	Loc 7	Loc 8
SUBPHYLUM CRUSTACEA								
SUPERORDEN PERACARIDA								
ORDEN AMPHIPODA (Saltadores, anfípodos)								
SUBORDEN GAMMARIDEA								
Familia Aoridae								
Leptocheirus rizophorae		X		X				
Familia Amphilochidae								
Gitanopsis petulans		X		X				
Familia Corophiidae								
Apocorophium acutum		X						
Ampelisciphotis podophtalma		X			X			
Grandidierella bonnieroides				X	X	X		
Familia Gammaridae								
Gammarus tigrinus	X		X					
Quadrivisio lutzi	X	X	X	X	X	X		
Familia Metilidae								
Eriopisa incisa	X				X			
Melita stocki	X	X						
Familia Talitridae								
Americorchestia sp.		X			X		X	
Parhyale inyacka		X	X	X			X	
Familia Poxocephalidae								
Metharpinia floridana		X						
ORDEN CUMACEA (Cumáceos)								
Familia Diastylidae								
sp. 1					X			

ARTHROPODA	Loc 1	Loc 2	Loc 3	Loc 4	Loc 5	Loc 6	Loc 7	Loc 8
ORDEDN ISOPODA (Pulgas de playa)								
SUBORDEN FLABELLIFERA								
Familia Cirolanidae								
Anopsilana browni				X				
Anopsilana jonesi	X		X	X		X		
Anopsilana sinu				X	X			
Familia Corallanidae								
Exocorallana berbicensis	X					X		
Exocorallana tricornis						X		
Familia Sphaeromatidae								
Cassidinidea ovalis				X	X		X	
Sphaeroma walkeri	X	X		X				
SUBORDEN ONISCIDEA								
Familia Ligydae								
Ligia baudiniana							X	X
Familia Philosciidae								
Littorophiloscia riedli		X						
SUBORDEN VALVIFERA								
Familia Idoteidae								
Synidotea sp.	X							
ORDEN TANAIDACEA (Tanaidáceos)								
Familia Parapseudidae								
Discapseudes surinamensis	X	X	X	X	X	X	X	
Familia Tanaidae								
sp. 1							X	
INFRACLASE CIRRIPEDIA								
SUPERORDEN THORACICA (Balanos)								
Familia Balanidae								
Balanus venustus		X	X	X	X	X		
Balanus amphitrite		X						
Familia Chtamalidae								
Chtamalus sp.	X							
SUBPHYLUM INSECTA								
ORDEN ODONATA (Caballitos del Diablo, Libélulas)								
Familia Gomphidae								
Aphylla sp.			X			X		
Familia Libellulidae								
Orthemis sp.								X
ORDEN TRICHOPTERA (Tricópteros, mosquitos de río)								
Familia Hydropsychidae								

Evaluación rápida de la biodiversidad y aspectos sociales de
los ecosistemas acuáticos del delta del río Orinoco y golfo de Paria, Venezuela

295

ARTHROPODA	Loc 1	Loc 2	Loc 3	Loc 4	Loc 5	Loc 6	Loc 7	Loc 8
Leptonema sp.			X					
ORDEN COLEOPTERA (Coleópteros, Coquitos de río)								
Familia Dytiscidae								
Megadytes sp.								X
ORDEN HEMIPTERA (Chinches de agua)								
Familia Gerridae								
Halobates sp.					X	X		
Limnogonus sp.						X		
Familia Belostomatidae (Cucarachas de agua)								
Belostoma sp.								X
Lethocerus sp.								X
ORDEN LEPIDOPTERA (Mariposas nocturnas)								
Familia Noctuidae								
sp. 1								X
ORDEN DIPTERA (Mosquitos)								
Familia Chironomidae								
sp. 1						X		
PHYLUM MOLLUSCA								
CLASE BIVALVIA (Almejas)								
Familia Corbiculidae								
Corbicula fluvialitis (= *manilensis*)			X					
Familia Mytilidae								
Musculista senhousia	X	X			X			
Familia Pholalidae								
Martesia striata					X			
Familia Ostreidae								
Crassostrea virginica	X	X						
Familia Teredinidae								
Bankia sp.				X				
CLASE GASTROPODA (Caracoles)								
Familia Ampullaridae								
Pomacea (Efusa) spp.		X	X		X			X
Familia Auridae								
sp. 1								X
Familia Littorinidae								
Littorina angulifera		X						
Littorina flava							X	
Littorina nebulosa							X	
Familia Melampidae								
Melampus coffaeus		X						

ARTHROPODA	Loc 1	Loc 2	Loc 3	Loc 4	Loc 5	Loc 6	Loc 7	Loc 8
Familia Melongenidae								
Melongena melongena	X	X		X	X			
Familia Muricidae								
Thais trinitatensis	X	X	X	X	X		X	
Familia Nassariidae								
Nassarius vibex		X						
Familia Neritidae								
Neritina reclivata	X		X	X	X		X	
Neritina virginea	X							
Familia Vitrinellidae								
Vitrinella sp.		X						
PHYLUM ANNELIDA								
CLASE POLYCHAETA (Gusanos)								
Familia Nereidae	X	X	X	X	X	X	X	
Familia Capitelidae	X	X						
PHYLUM CNIDARIA								
CLASE ANTHOZOA (Anémonas)								
ORDEN ACTINARIA		X	X					
sp. 1								
sp. 2	X		X					
CLASE SCYPHOZOA (Medusas)								
ORDEN RHIZOSTOMEAE								
Familia Stomolophidae								
Stomolophus meleagris	X	X						
Otros Rhizoztomeae								
sp. 1		X						
sp. 2		X						
ALGAE								
CLASE CHLOROPHYCEAE (Algas verdes)								
sp. 1	X							
CLASE RHODOPHYCEAE (Algas rojas)								
Familia Delesseriaceae								
Caloglossa leprieurii	X		X		X	X		
Familia Rhabdoniaceae								
Catenella impudica	X	X	X		X			
Familia Rhodomelaceae								
Bostrychia sp.		X						
Riqueza total (Total Richness)	**23**	**31**	**17**	**17**	**20**	**13**	**11**	**8**
Equitabilidad (Evenness)	**0,88**	**0,83**	**0,91**	**0,64**	**0,8**	**0,79**	**0,83**	**0,82**
Diversidad de Shannon'(H') **(Shannon Diversity Index, H')**	**1,57**	**1,45**	**1,76**	**0,89**	**1,43**	**1,09**	**0,92**	**0,9**

Evaluación rápida de la biodiversidad y aspectos sociales de
los ecosistemas acuáticos del delta del río Orinoco y golfo de Paria, Venezuela

297

Apéndice 5

Descripción de las localidades y estaciones de muestreo georeferenciadas de la expedición AquaRAP al golfo de Paria y delta del Orinoco, Venezuela, diciembre 2002. Grupo de bentos y crustáceos.

José Vicente García, Juan Carlos Capelo y Guido Pereira

Localidad 1

CAÑO PEDENALES

Número georeferencia / Número estación: B&C-1/1
Código campo: RAP-GP-B-02-01-AR-01
Coordenadas: 20586897E - 1097801N
Fecha: 02/Dic/2002
Descripción general
Cauce principal del Caño Pedernales en la confluencia con el Caño Angosto. Aguas salobres (7 ‰) y someras de 3,5m de profundidad (en la hora de colección), de color marrón oscuro, fondo fangoso con raíces de *Eichornia* sp.

Riqueza de especies:
- Decapoda = 3, Tanaidacea = 1, Polychaeta = 2
- Total especies = 6

CAÑO PEDERNALES

Número georeferencia / Número estación: B&C-2/2
Código campo: RAP-GP-B-02-01-AR-02
Coordenadas: 20590435E - 1089963N
Fecha: 02/Dic/2002
Descripción general
Cauce principal del Caño Pedernales. Aguas poco salobres (1.5 ‰) y someras de 2,5m de profundidad (en la hora de colección), de color marrón oscuro verdoso, fondo fangoso.

Riqueza de especies:
- Amphipoda = 2, Decapoda = 1, Gastropoda = 1, Polychaeta = 2
- Total especies = 6

CAÑO PEDERNALES

Número georeferencia / Número estación: B&C-3/3
Código campo: RAP-GP-B-02-01-AR-03
Coordenadas: 20591090E - 1090041N
Fecha: 02/Dic/2002
Descripción general
Cauce principal del Caño Pedernales. Agua dulce (0.5 ‰) y someras con 5m de profundidad (en la hora de colección), aguas negras, fondo fangoso.

Riqueza de especies:
- Amphipoda = 2, Isopoda = 2, Tanaidacea = 1, Gastropoda = 1, Eulamellibranchia = 1
- Total especies = 7

CAÑO PEDERNALES

Número georeferencia / Número estación: B&C-4/4
Código campo: RAP-GP-B-02-02-MAN-02
Coordenadas: 20591090E - 1090041N
Fecha: 02/Dic/2002
Descripción general
Raíces de mangle en el cauce principal del Caño Pedernales. Agua dulce (0.5 ‰) y someras con 5m de profundidad (en la hora de colección), aguas negras, fondo fangoso.

Riqueza de especies:
- Decapoda = 4, Tanaidacea = 1, Thoracica = 2, Gastropoda = 3, Polychaeta = 1, Coelenterata = 1
- Total especies =12

CAÑO PEDERNALES

Número georeferencia / Número estación: B&C-5/5
Código campo: RAP-GP-B-02-01-AR-04
Coordenadas: 20587310E - 1097887N
Fecha: 02/Dic/2002
Descripción general
Cauce principal del Caño Pedernales. Agua dulce (0.5 ‰) y someras con 5m de profundidad (en la hora de colección), aguas negras, fondo fangoso.

Riqueza de especies:
- Amphipoda = 2, Isopoda = 2, Tanaidacea = 1, Gastropoda = 1, Eulamellibranchia = 1
- Total especies = 7

CAÑO PEDERNALES

Número georeferencia / Número estación: B&C-6/6
Código campo: RAP-GP-B-02-01-AR-05
Coordenadas: 20590355E - 1087882N
Fecha: 02/Dic/2002
Descripción general
Cauce principal del Caño Pedernales. Agua dulce (0.5 ‰) y someras con 5m de profundidad (en la hora de colección), aguas negras, fondo fangoso.

Riqueza de especies:
- Amphipoda = 2, Isopoda = 2, Tanaidacea = 1
- Total especies = 5

CAÑO PEDERNALES

Número georeferencia / Número estación: B&C-7/7
Código campo: RAP-GP-B-02-01-AR-06
Coordenadas: 20583217E - 1100999N
Fecha: 02/Dic/2002
Descripción general
Cauce principal del Caño Pedernales. Agua dulce (0.5 ‰) y someras con 5m de profundidad (en la hora de colección), aguas negras, fondo fangoso.

Riqueza de especies:
- Amphipoda = 2, Isopoda = 2, Tanaidacea = 1
- Total especies = 5

CAÑO PEDERNALES

Número georeferencia / Número estación: B&C-8/8
Código campo: RAP-GP-B-02-05-DRA-03
Coordenadas: 20583217E - 1100999N
Fecha: 02/Dic/2002
Descripción general
Cauce principal del Caño Pedernales. Agua salobre (3 ‰) y someras con 7m de profundidad (en la hora de colección), aguas negras, fondo fangoso.

Riqueza de especies:
- Amphipoda = 1, Tanaidacea = 1
- Total especies = 2

Localidad 2

BOCA CAÑO PEDERNALES - ISLA COTORRA

Número georeferencia / Número estación: B&C-9/9
Código campo: RAP-GP-B-03-06-(BPC)-AR-07
Coordenadas: 20583458E - 1110260N
Fecha: 03/Dic/2002
Descripción general
Área frente a la Playa de Punta Bernal e Isla Cotorra (boca norte del caño); aguas blancas y salobres (14‰), fondo areno-fangoso, profundidad 3,5m.

Riqueza de especies:
- Amphipoda = 2, Decapoda = 1, Coenogastropoda = 2, Polychaeta = 1, Coelenterata = 2
- Total especies = 8

BOCA CAÑO PEDERNALES - ISLA COTORRA

Número georeferencia / Número estación: B&C-10/10
Código campo: RAP-GP-B-03-06-(BPC)-AR-08
Coordenadas: 20583489E; 1110239N
Fecha: 03/Dic/2002
Descripción general
Área frente al caño interno de Isla Cotorra (boca norte del caño); aguas blancas y salobres (14‰), fondo areno-fangoso, profundidad 3,5m.

Riqueza de especies:
- Decapoda = 1, Coenogastropoda = 1, Phillibranchia = 2, Polychaeta = 2
- Total especies = 6

BOCA CAÑO PEDERNALES - ISLA COTORRA

Número georeferencia / Número estación: B&C-11/11
Código campo: RAP-GP-B-03-06-(BPC)-MAN-01
Coordenadas: 20583426E - 1110591N
Fecha: 03/Dic/2002
Descripción general
Laguna interna en Punta Bernal. Aguas someras de aproximadamente 20 cm de profundidad y fondo arenoso, con 15‰ de salinidad. Agua transparente con abundantes raíces de mangle y pneumatóforos en el fondo.

Riqueza de especies:
- Amphipoda = 2, Decapoda = 8, Mysidacea = 1, Tanaidacea = 1, Thoracica = 3
- Hemiptera = 2, Coenogastropoda = 4, Phillibranchia = 1, Pulmonata = 1, Polychaeta = 2
- Total especies = 25

Evaluación rápida de la biodiversidad y aspectos sociales de los ecosistemas acuáticos del delta del río Orinoco y golfo de Paria, Venezuela

299

BOCA CAÑO PEDERNALES - ISLA COTORRA

Número georeferencia / Número estación: B&C-14/14
Código campo: RAP-GP-B-03-07-(BPC)-AR-09
Coordenadas: 20583270E; 1110856N
Fecha: 03/Dic/2002
Descripción general
Área frente Isla Cotorra (boca norte del caño); aguas blancas y salobres (14‰), fondo areno-fangoso, profundidad 3,5m.

Riqueza de especies:
- Decapoda = 1, Coelenterata = 1
- Total especies = 2

BOCA CAÑO PEDERNALES - ISLA COTORRA

Número georeferencia / Número estación: B&C-15/15
Código campo: RAP-GP-B-03-08-(BPC)-COL-02
Coordenadas: 20583270E; 1110856N
Fecha: 03/Dic/2002
Descripción general
Zona frente a Isla Cotorra. Raices de mangle expuestas. Aguas blancas y salobres (14‰), fondo areno-fangoso, profundidad 3,5m.

Riqueza de especies:
- Decapoda = 3, Coenogastropoda = 2
- Chlorophyceae = 1, Rodophyceae = 1
- Total especies = 7

BOCA CAÑO PEDERNALES - ISLA COTORRA

Número georeferencia / Número estación: B&C-16/16
Código campo: RAP-GP-B-03-09-(BPC)-DRA-01
Coordenadas: 20583851E; 1110540N
Fecha: 03/Dic/2002
Descripción general
Zona entre Isla Cotorra y Boca Pedernales. Aguas blancas y salobres (14‰), fondo areno-fangoso, profundidad 2,5m.

Riqueza de especies:
- Polychaeta = 2
- Total especies = 2

BOCA CAÑO PEDERNALES - ISLA COTORRA

Número georeferencia / Número estación: B&C-17/17
Código campo: RAP-GP-B-03-10-(BPC)-AR-10
Coordenadas: 20579171E; 1103247N
Fecha: 03/Dic/2002
Descripción general
Zona lateral a una Plataforma en la boca sur del Caño del Medio frente a Pedernales. Agua salobre (9‰), fondo fangoso, profundidad 1.6m.

Riqueza de especies:
- Tanaidacea = 1, Polychaeta = 3
- Total especies = 4

Localidad 3

CAÑO MÁNAMO - GÜINAMORENA

Número georeferencia / Número estación: B&C-19/19
Código campo: RAP-GP-B-04-11-GUI-AR-12
Coordenadas: 20570373E - 1069891N
Fecha: 04/Dic/2002
Descripción general
Cauce principal del Caño Mánamo, frente a Güinamorena I. Aguas claras, sin salinidad (0‰). Máxima profundidad del canal 12m; fondo fangoso con hojarasca y raices de *Eichornia* sp.

Riqueza de especies:
- Amphipoda = 2, Decapoda = 3, Isopoda = 2, Odonata = 1, Trichoptera = 1, Thoracica = 1
- Archaeogastropoda = 1, Polychaeta = 2
- Total especies = 13

CAÑO MÁNAMO - GÜINAMORENA

Número georeferencia / Número estación: B&C-20/20
Código campo: RAP-GP-B-04-11-GUI-MAN-01
Coordenadas: 20570373E; 1069891N
Fecha: 04/Dic/2002
Descripción general
Cauce principal del Caño Mánamo, frente a Güinamorena I. Aguas claras, sin salinidad (0‰). Muestreo en raíces de *Eichornia* sp. flotando en el cauce principal del Caño Mánamo.

Riqueza de especies:
- Decapoda = 1
- Total especies = 1

CAÑO MÁNAMO - GÜINAMORENA

Número georeferencia / Número estación: B&C-21/21
Código campo: RAP-GP-B-04-11-GUI-COL-01
Coordenadas: 20570373E; 1069891N
Fecha: 04/Dic/2002
Descripción general
Cauce principal del Caño Mánamo, frente a Güinamorena I. Aguas claras, sin salinidad (0‰). Muestreo en raíces de mangle.

Riqueza de especies:
- Decapoda = 5, Thoracica = 1, Archaeogastropoda = 1, Gastropoda = 1
- Total especies = 8

CAÑO MÁNAMO - GÜINAMORENA

Número georeferencia / Número estación: B&C-22/22
Código campo: RAP-GP-B-04-11-GUI-AR-15
Coordenadas: 20569940E; 1072878N
Fecha: 04/Dic/2002
Descripción general
Cauce principal del Caño Mánamo, cerca de Güinamorena I. Aguas claras, sin salinidad (0‰), fondo fangoso.

Riqueza de especies:
- Decapoda = 1, Tanaidacea = 1, Eulamellibranchia = 1, Polychaeta = 4
- Total especies = 7

CAÑO MÁNAMO - GÜINAMORENA

Número georeferencia / Número estación: B&C-23/23
Código campo: RAP-GP-B-04-11-GUI-AR-16
Coordenadas: 20577726E; 1075805N
Fecha: 04/Dic/2002
Descripción general
Cauce principal del Caño Mánamo a 30 Km de Pedernales. Aguas claras sin salinidad (0‰), fondo fangoso, profundidad 2,6m.

Riqueza de especies:
- Decapoda = 1, Tanaidacea = 1, Eulamellibranchia = 1, Polychaeta = 4
- Total especies = 7

Localidad 4

RÍO GUANIPA - CAÑO VENADO

Número georeferencia / Número estación: B&C-24/24
Código campo: RAP-GP-B-05-12-BGUA-AR-19
Coordenadas: 20556212E -1099005N
Fecha: 05/Dic/2002
Descripción general
Boca del Río Guanipa, entre la boca y la Isla Venado, aguas turbias casi negras, salobres (8 ppm), profundidad 3m; fondo fangoso-limoso.

Riqueza de especies:
- Decapoda = 1, Tanaidacea = 1, Thoracica = 1
- Total especies = 3

RÍO GUANIPA - CAÑO VENADO

Número georeferencia / Número estación: B&C-25/25
Código campo: RAP-GP-B-05-12-BGUA-AR-20
Coordenadas: 20561873E - 1095555N
Fecha: 05/Dic/2002
Descripción general
Boca del Río Guanipa, entre la boca y la Isla Venado, aguas turbias casi negras, salobres (8 ppm), profundidad 3m; fondo fangoso-limoso.

Riqueza de especies:
- Decapoda = 2, Archaeogastropoda = 1, Polychaeta = 2
- Total especies = 5

RÍO GUANIPA - CAÑO VENADO

Número georeferencia / Número estación: B&C-27/27
Código campo: RAP-GP-B-05-12-BGUA-NUC-02
Coordenadas: 20559886E - 1092771N
Fecha: 05/Dic/2002
Descripción general
Cauce principal del Río Guanipa. Aguas turbias tendiendo a negras y salobres (3‰). Profundidad 5m, fondo fangoso-limoso.

Riqueza de especies:
- Tanaidacea = 1, Archaeogastropoda = 1, Polychaeta = 1
- Total especies = 3

RÍO GUANIPA - CAÑO VENADO

Número georeferencia / Número estación: B&C-28/28
Código campo: RAP-GP-B-05-12-BGUA-MAN-01
Coordenadas: 20559886E - 1092771N
Fecha: 05/Dic/2002
Descripción general
Caño lateral al Río Guanipa. Aguas turbias tendiendo a negras y salobres (3‰), fondo fangoso.

Riqueza de especies:
- Decapoda = 4, Thoracica = 1
- Total especies = 5

RÍO GUANIPA - CAÑO VENADO

Número georeferencia / Número estación: B&C-30/30
Código campo: RAP-GP-B-05-12-BGUA-AR-22
Coordenadas: 20559840E; 1093852N
Fecha: 05/Dic/2002
Descripción general
Cauce principal del Río Guanipa. Aguas turbias negras y salobres (2‰). Fondo fangoso-limoso.

Riqueza de especies:
- Tanaidacea = 1, Thoracica = 1, Polychaeta = 3
- Total especies = 4

RÍO GUANIPA - CAÑO VENADO

Número georeferencia / Número estación: B&C-31/31
Código campo: RAP-GP-B-05-12-BGUA-AR-23
Coordenadas: 20560184E; 1092835N
Fecha: 05/Dic/2002
Descripción general
Cauce principal del Río Guanipa. Aguas turbias negras y salobres (2‰). Fondo fangoso-limoso.

Riqueza de especies:
- Tanaidacea = 1, Thoracica = 1, Polychaeta = 3
- Total especies = 4

RÍO GUANIPA - CAÑO VENADO

Número georeferencia / Número estación: B&C-32/32
Código campo: RAP-GP-B-05-12-BGUA-NUC-2
Coordenadas: 20563764E -1089142N
Fecha: 05/Dic/2002
Descripción general
Cauce principal del Río Guanipa. Aguas negras transparentes, sin salinidad (0‰). Fondo fangoso-limoso.

Riqueza de especies:
- Isopoda = 1, Polychaeta = 2
- Total especies = 3

RÍO GUANIPA - CAÑO VENADO

Número georeferencia / Número estación: B&C-33/33
Código campo: RAP-GP-B-05-12-BGUA-AR-24
Coordenadas: 20563830E; 1102976N
Fecha: 05/Dic/2002
Descripción general
Cauce principal del Río Guanipa. Aguas negras transparentes, sin salinidad (0‰). Fondo fangoso-limoso.

Riqueza de especies:
- Tanaidacea = 1, Polychaeta = 2
- Total especies = 3

RÍO GUANIPA - CAÑO VENADO

Número georeferencia / Número estación: B&C-34/34
Código campo: RAP-GP-B-05-12-BGUA-MAN-02
Coordenadas: 20563830E; 1102976N
Fecha: 05/Dic/2002
Descripción general
Caño lateral al Caño Venado, colecta manual en Raíces de mangle y agua de escorrentía. Aguas negras y salobres (6‰), fondo fangoso.

Riqueza de especies:
- Amphipoda = 2, Decapoda = 4, Coenogastropoda = 1
- Total especies = 7

RÍO GUANIPA - CAÑO VENADO

Número georeferencia / Número estación: B&C-35/35
Código campo: RAP-GP-B-05-12-BGUA-NUC-03
Coordenadas: 20563681E; 1103105N
Fecha: 05/Dic/2002
Descripción general
Cauce principal del Caño Venado. Aguas salobres (14‰), turbias y claras, fondo fangoso, profundidad 3,5m.

Riqueza de especies:
- Amphipoda = 2, Tanaidacea = 2, Polychaeta = 2
- Total especies = 6

RÍO GUANIPA - CAÑO VENADO

Número georeferencia / Número estación: B&C-36/36
Código campo: RAP-GP-B-05-12-BGUA-MAN-03
Coordenadas: 20563681E; 1103105N
Fecha: 05/Dic/2002
Descripción general
Caño lateral al Caño Venado, colecta manual en Raíces de mangle y agua de escorrentía. Aguas negras y salobres (6‰), fondo fangoso.

Riqueza de especies:
- Decapoda = 8, Eulamellibranchia = 1
- Total especies = 9

RÍO GUANIPA - CAÑO VENADO

Número georeferencia / Número estación: B&C-37/37
Código campo: RAP-GP-B-05-12-BGUA-AR-25
Coordenadas: 20561596E; 1100900N
Fecha: 05/Dic/2002
Descripción general
Cauce principal del Caño Venado. Aguas salobres (14‰), turbias y claras, fondo fangoso, profundidad 3,5m.

Riqueza de especies:
- Amphipoda = 1, Tanaidacea = 1, Polychaeta = 1
- Total especies = 3

RÍO GUANIPA - CAÑO VENADO

Número georeferencia / Número estación: B&C-38/38
Código campo: RAP-GP-B-05-12-BGUA-AR-26
Coordenadas: 20561762E; 1108878N
Fecha: 05/Dic/2002
Descripción general
Cauce principal del Caño Venado. Aguas salobres (14‰), turbias y claras, fondo fangoso, profundidad 3,5m.

Riqueza de especies:
- Amphipoda = 1, Tanaidacea = 1, Polychaeta = 1
- Total especies = 3

Localidad 5

CAÑO MANAMITO

Número georeferencia / Número estación: B&C-39/39
Código campo: RAP-GP-B-06-13-MTO-AR-27a, b
Coordenadas: 20575587E; 1096743N
Fecha: 06/Dic/2002
Descripción general
Cauce principal del Caño Manamito. Aguas claras, turbias y salobres (6‰), profundidad 1m. Fondo fangoso con hojarasca y raíces de *Eichornia* sp.

Riqueza de especies:
- Decapoda = 3, Tanaidacea = 1, Polychaeta = 2
- Total especies = 6

CAÑO MANAMITO

Número georeferencia / Número estación: B&C-40/40
Código campo: RAP-GP-B-06-13-MTO-AR-28
Coordenadas: 20575416E; 1094960N
Fecha: 06/Dic/2002
Descripción general
Cauce principal del Caño Manamito. Aguas claras, turbias y salobres (6‰), profundidad 1m. Fondo fangoso con hojarasca y raíces de *Eichornia* sp.

Riqueza de especies:
- Amphipoda = 1, Decapoda = 1, Hirudinea = 1
- Total especies = 3

CAÑO MANAMITO

Número georeferencia / Número estación: B&C-41/41
Código campo: RAP-GP-B-06-13-MTO-NUC-01
Coordenadas: 20575416E -1094960N
Fecha: 06/Dic/2002
Descripción general
Cauce principal del Caño Manamito. Aguas claras, turbias y salobres (6‰), profundidad 1m. Fondo fangoso con hojarasca y raíces de *Eichornia* sp.

Riqueza de especies:
- Amphipoda = 1, Tanaidacea = 1, Polychaeta = 1
- Total especies = 3

CAÑO MANAMITO

Número georeferencia / Número estación: B&C-42/42
Código campo: RAP-GP-B-06-13-MTO-MAN-01
Coordenadas: 20575829E - 1094585N
Fecha: 06/Dic/2002
Descripción general
Caño lateral al Manamito, Coleta manual entre raices de mangle y agua de escorrentía. Aguas claras, turbias y salobres (6‰). Fondo fangoso con hojarasca.

Riqueza de especies:
- Decapoda = 4, Thoracica = 1, Coenogastropoda = 1, Coelenterata = 1, Rodophyceae = 1
- Total especies = 8

CAÑO MANAMITO

Número georeferencia / Número estación: B&C-43/43
Código campo: RAP-GP-B-06-13-MTO-MAN-02
Coordenadas: 20575393E; 1093351N
Fecha: 06/Dic/2002
Descripción general
Caño lateral al Manamito, Coleta manual entre raices de mangle y agua de escorrentía. Aguas claras, turbias y salobres (6‰). Fondo fangoso con hojarasca.

Riqueza de especies:
- Decapoda = 2
- Total especies = 2

CAÑO MANAMITO

Número georeferencia / Número estación: B&C-44/44
Código campo: RAP-GP-B-06-13-MTO-AR-30
Coordenadas: 20574473E; 1091445N
Fecha: 06/Dic/2002
Descripción general
Cauce principal del Caño Manamito. Aguas claras, turbias y salobres (6‰), profundidad 1m. Fondo fangoso con hojarasca y raíces de *Eichornia* sp.

Riqueza de especies:
- Amphipoda = 2, Decapoda = 2, Isopoda = 1, Polychaeta = 1
- Total especies = 6

Evaluación rápida de la biodiversidad y aspectos sociales de los ecosistemas acuáticos del delta del río Orinoco y golfo de Paria, Venezuela

303

CAÑO MANAMITO

Número georeferencia / Número estación: B&C-45/45
Código campo: RAP-GP-B-06-13-MTO-AR-31
Coordenadas: 20574517E - 1090951N
Fecha: 06/Dic/2002
Descripción general
Cauce principal del Caño Manamito. Aguas claras, turbias y salobres (6‰), profundidad 1m. Fondo fangoso con hojarasca y raíces de *Eichornia* sp.

Riqueza de especies:
- ´ Amphipoda = 2, Decapoda = 2, Isopoda = 1, Polychaeta = 1
- Total especies = 6

CAÑO MANAMITO

Número georeferencia / Número estación: B&C-46/46
Código campo: RAP-GP-B-06-13-MTO-MAN-03
Coordenadas: 20575542E; 1096488NFecha: 06/Dic/2002
Descripción general
Laguna interna lateral al cauce principal del Caño manamito. Aguas transparentes a trubias hasta 20cm de profundidad. Fondo fangoso con mucha hojarasca.

Riqueza de especies:
- Decapoda = 5, Hemiptera = 1, Coenogastropoda = 1, Coelenterata = 1
- Total especies =8

Localidad 6

BOCA DE BAGRE

Número georeferencia / Número estación: B&C-48/48
Código campo: RAP-GP-B-07-14-BB-NUC-1
Coordenadas: 20570935E; 1093145N
Fecha: 07/Dic/2002
Descripción general
Boca de bagre, cauce principal. Aguas turbias y claras y dulces (1‰). Fondo fangoso con hojarasca.

Riqueza de especies:
- Tanaidacea = 1
- Total especies = 1

BOCA DE BAGRE

Número georeferencia / Número estación: B&C-49/49
Código campo: RAP-GP-B-07-14-BB-AR-32
Coordenadas: 20570790E - 1093057N
Fecha: 07/Dic/2002
Descripción general
Boca de bagre, cauce principal. A 10' de Isla misteriosa. Aguas turbias y claras y dulces (1‰). Fondo fangoso con hojarasca.

Riqueza de especies:
- Decapoda = 1
- Total especies = 1

BOCA DE BAGRE

Número georeferencia / Número estación: B&C-50/50
Código campo: RAP-GP-B-07-14-BB-AR-33
Coordenadas: 20570766E - 1093074N
Fecha: 07/Dic/2002
Descripción general
Boca de bagre, cauce principal. A 10' de Isla misteriosa. Aguas turbias y claras y dulces (1‰). Fondo fangoso con hojarasca.

Riqueza de especies:
- Amphipoda = 2, Decapoda = 2, Tanaidacea = 1, Diptera = 1, Polychaeta = 1
- Total especies = 7

BOCA DE BAGRE

Número georeferencia / Número estación: B&C-51/51
Código campo: RAP-GP-B-07-14-BB-AR-34
Coordenadas: 20570872E; 1094178N
Fecha: 07/Dic/2002
Descripción general
Boca de bagre, cauce principal. A 10' de Isla misteriosa. Aguas turbias y claras y dulces (1‰). Fondo fangoso con hojarasca.

Riqueza de especies:
- Amphipoda = 2, Tanaidacea = 1, Odonata = 1, Eulamellibranchia = 1
- Total especies = 5

BOCA DE BAGRE

Número georeferencia / Número estación: B&C-52/52
Código campo: RAP-GP-B-07-14-BB-AR-35
Coordenadas: 20570847E; 1094450N
Fecha: 07/Dic/2002
Descripción general
Boca de bagre, cauce principal. A 10' de Isla misteriosa. Aguas turbias y claras y dulces (1‰). Fondo fangoso con hojarasca.

Riqueza de especies:
- Amphipoda = 2, Tanaidacea = 1, Odonata = 1, Eulamellibranchia = 1
- Total especies = 5

BOCA DE BAGRE

Número georeferencia / Número estación: B&C-53/53
Código campo: RAP-GP-B-07-14-BB-COL-01
Coordenadas: 20570805E; 1093085N
Fecha: 07/Dic/2002
Descripción general
Colecta manual en caño lateral a Boca de Bagre. Aguas turbias y claras y dulces (1‰). Fondo fangoso con hojarasca.

Riqueza de especies:
- Decapoda = 3, Thoracica = 1, Hemiptera = 2, Chlorophyceae = 1, Rodophyceae = 1
- Total especies = 8

BOCA DE BAGRE

Número georeferencia / Número estación: B&C-54/54
Código campo: RAP-GP-B-07-15-BB-NUC-01
Coordenadas: 20571133E - 1095192N
Fecha: 07/Dic/2002
Descripción general
Caño lateral a Boca de Bagre. Caño ancho (15m) con mangle (*Rhizophora* sp.), rabanillo (*Mothricardia arborescens*) y muchas palmas. Aguas turbias, claras y dulces (2‰). Fondo fangoso-limoso con mucha materia orgánica.

Riqueza de especies:
- Tanaidacea = 1, Polychaeta = 2
- Total especies = 3

BOCA DE BAGRE

Número georeferencia / Número estación: B&C-55/55
Código campo: RAP-GP-B-07-15-BB-MAN-02
Coordenadas: 20571133E; 1095192N
Fecha: 07/Dic/2002
Descripción general
Caño lateral a Boca de Bagre. Caño ancho (15m) con mangle (*Rhizophora* sp), rabanillo (*Mothricardia arborescens*) y muchas palmas. Aguas turbias, claras y dulces (2‰). Fondo fangoso-limoso con mucha materia orgánica. Colecta manual.

Riqueza de especies:
- Amphipoda = 2, Decapoda = 2, Hemiptera = 1, Polychaeta = 1
- Total especies = 6

Localidad 7

PLAYA ROCOSA DE PEDERNALES

Número georeferencia / Número estación: B&C-56/56
Código campo: RAP-GP-B-07-16-PED-MAN-03
Coordenadas: 20581790E; 1102389N
Fecha: 07/Dic/2002
Descripción general
Playa con gigas en el muelle de Pedernales que quedan descubiertas en marea baja.

Riqueza de especies:
- Amphipoda = 1, Decapoda = 4, Coenogastropoda = 3, Polychaeta = 2
- Coelenterata = 1, Chlorophyceae = 1
- Total especies =

Localidad 8

ISLA CAPURE

Número georeferencia / Número estación: B&C-57/57
Código campo: RAP-GP-B-08- CAP-COL-01
Coordenadas: 02583805 E -1103137 N
Fecha: 07/Dic/2002
Descripción general
Canal de desagüe del Pueblo de Capure.

Riqueza de especies:
- Diptera = 1, Hemiptera = 1, Gastropoda = 2
- Total especies = 4

Appendix 5

Description of georeferenced localities and sampling stations during the AquaRAP survey of the Gulf of Paria and Orinoco Delta, Venezuela, December 2002. Benthic invertebrates and crustaceans.

José Vicente García, Juan Carlos Capelo and Guido Pereira

Location 1

PEDERNALES CHANNEL (CAÑO PEDERNALES)

Geo-reference number/Station number: B&C-1/1
Field code: RAP-GP-B-02-01-AR-01
Coordinates: 20586897E - 1097801N
Date: 02/Dec/2002
General description
Principal channel of the Pedernales channel in confluence with the Caño Angosto. Saline waters (7‰) with depths up to 3.5m (at the time of collection), dark brown color, muddy bottom with roots of *Eichornia* sp.

Species richness:
- Decapoda = 3, Tanaidacea = 1, Polychaeta = 2
- Total species = 6

PEDERNALES CHANNEL

Geo-reference number/Station number: B&C-2/2
Field code: RAP-GP-B-02-01-AR-02
Coordinates: 20590435E - 1089963N
Date: 02/Dec/2002
General description
Principal channel of the Pedernales channel. Slightly saline waters (1.5 ‰) and reaching a depth of 2.5m (at the time of collection), dark brown-green color, muddy bottom.

Species richness:
- Amphipoda = 2, Decapoda = 1, Gastropoda = 1, Polychaeta = 2
- Total species = 6

PEDERNALES CHANNEL

Geo-reference number/Station number: B&C-3/3
Field code: RAP-GP-B-02-01-AR-03
Coordinates: 20591090E - 1090041N
Date: 02/Dec/2002
General description
Principal channel of the Pedernales channel. Freshwater (0.5 ‰) reaching a depth of 5m (at the time of collection), black waters, muddy bottom.

Species richness:
- Amphipoda = 2, Isopoda = 2, Tanaidacea = 1, Gastropoda = 1 , Eulamellibranchia = 1
- Total species = 7

PEDERNALES CHANNEL

Geo-reference number/Station number: B&C-4/4
Field code: RAP-GP-B-02-02-MAN-02
Coordinates: 20591090E - 1090041N
Date: 02/Dec/2002
General description
Magrove roots in the principal channel of the Pedernales channel. Freshwater (0.5 ‰) reaching a depth of 5m (at the time of collection), black waters, muddy bottom.

Species richness:
- Decapoda = 4, Tanaidacea = 1, Thoracica = 2, Gastropoda = 3, Polychaeta = 1, Coelenterata = 1
- Total species =12

PEDERNALES CHANNEL

Geo-reference number/Station number: B&C-5/5
Field code: RAP-GP-B-02-01-AR-04
Coordinates: 20587310E - 1097887N
Dates: 02/Dec/2002
General description
Principal channel of the Pedernales channel. Fresh water (0.5 ‰) reaching a depth 5m (at the time of collection), black waters, muddy bottom.

Species richness:
- Amphipoda = 2, Isopoda = 2, Tanaidacea = 1, Gastropoda = 1 , Eulamellibranchia = 1
- Total species = 7

PEDERNALES CHANNEL

Geo-reference number/Station number: B&C-6/6
Field code: RAP-GP-B-02-01-AR-05
Coordinates: 20590355E - 1087882N
Date: 02/Dec/2002
General description
Principal channel of the Pedernales channel. Fresh water (0.5 ‰) reaching a depth of 5m (at the time of collection), black waters, muddy bottom.

Species richness:
- Amphipoda = 2, Isopoda = 2, Tanaidacea = 1
- Total species = 5

PEDERNALES CHANNEL

Geo-reference number/Station number: B&C-7/7
Field code: RAP-GP-B-02-01-AR-06
Coordinates: 20583217E - 1100999N
Date: 02/Dec/2002
General description
Principal canal of the Pedernales channel. Fresh water (0.5 ‰) reaching a depth of 5m (at the time of collection), black waters, muddy bottom.

Species richness:
- Amphipoda = 2, Isopoda = 2, Tanaidacea = 1
- Total Species = 5

PEDERNALES CHANNEL

Geo-reference number/Station number: B&C-8/8
Field code: RAP-GP-B-02-05-DRA-03
Coordinates: 20583217E - 1100999N
Date: 02/Dec/2002
General description
Principal channel of the Pedernales channel. Saline water (3 ‰) reaching a depth of 7m (at the time of collection), black waters, muddy bottom.

Species richness:
- Amphipoda = 1, Tanaidacea = 1
- Total species = 2

Location 2

MOUTH OF THE PEDERNALES CHANNEL – COTORRA ISLAND

Geo-reference number/Station number: B&C-9/9
Field code: RAP-GP-B-03-06-(BPC)-AR-07
Coordinates: 20583458E - 1110260N
Date: 03/Dec/2002
General description
Area in front of the Punta Bernal beach and Cotorra Island (northern mouth of the channel); clear, saline (14‰) waters, sandy-muddy bottom, depth 3.5m.

Species richness:
- Amphipoda = 2, Decapoda = 1, Coenogastropoda = 2, Polychaeta = 1
- Coelenterata = 2
- Total species = 8

MOUTH OF THE PEDERNALES CHANNEL – COTORRA ISLAND

Geo-reference number/Station number: B&C-10/10
Field code: RAP-GP-B-03-06-(BPC)-AR-08
Coordinates: 20583489E; 1110239N
Date: 03/Dec/2002
General description
Area in front of the Punta Bernal beach and Cotorra Island (northern mouth of the channel); clear, saline (14‰) waters, sandy-muddy bottom, depth 3.5m.

Species richness:
- Decapoda = 1, Coenogastropoda = 1, Phillibranchia = 2, Polychaeta = 2
- Total species = 6

MOUTH OF THE PEDERNALES CHANNEL – COTORRA ISLAND

Geo-reference number/Station number: B&C-11/11
Field code: RAP-GP-B-03-06-(BPC)-MAN-01
Coordinates: 20583426E - 1110591N
Date: 03/Dec/2002
General description: Internal lagoon in Punta Bernal. Waters reaching a depth of approximately 20 cm in depth and sandy bottom, with 15‰ salinity. Transparent water with abundant mangrove roots and pneumatophores on the bottom.

Species richness:
- Amphipoda = 2, Decapoda = 8, Mysidacea = 1, Tanaidacea = 1, Thoracica = 3
- Hemiptera = 2, Coenogastropoda = 4, Phillibranchia = 1, Pulmonata = 1, Polychaeta = 2;
- Total species = 25

MOUTH OF THE PEDERNALES CHANNEL – COTORRA ISLAND

Geo-reference number/Station number: B&C-14/14
Field code: RAP-GP-B-03-07-(BPC)-AR-09
Coordinates: 20583270E; 1110856N
Date: 03/Dec/2002
General description
Area in front of Cotorra Island (northern mouth of the channel); clear and saline (14‰) waters, sandy-muddy bottom, depth 3.5m.

Species richness:
- Decapoda = 1, Coelenterata = 1
- Total species = 2

MOUTH OF THE PEDERNALES CHANNEL – COTORRA ISLAND

Geo-reference number/Station number: B&C-15/15
Field code: RAP-GP-B-03-08-(BPC)-COL-02
Coordinates: 20583270E; 1110856N
Date: 03/Dec/2002
General description: Zone in the front of Cotorra Island. Exposed mangrove roots. Clear, saline (14%) waters, sandy-muddy bottom, depth 3.5m.

Species richness:
- Decapoda = 3, Coenogastropoda = 2
- Chlorophyceae = 1, Rodophyceae = 1
- Total species = 7

MOUTH OF THE PEDERNALES CHANNEL – COTORRA ISLAND

Geo-reference number/Station number: B&C-16/16
Field code: RAP-GP-B-03-09-(BPC)-DRA-01
Coordinates: 20583851E; 1110540N
Date: 03/Dec/2002
General description: Zone between Cotorra Island and Boca Pedernales. Clear, saline (14‰) waters, sandy-muddy bottom, depth 2.5m

Species richness:
- Polychaeta = 2
- Total species = 2

MOUTH OF THE PEDERNALES CHANNEL – COTORRA ISLAND

Geo-reference number/Station number: B&C-17/17
Field code: RAP-GP-B-03-10-(BPC)-AR-10
Coordinates: 20579171E; 1103247N
Date: 03/Dec/2002
General description
Lateral zone of a platform in the southern mouth of the Medio channel in front of Pedernales. Saline water (9‰), muddy bottom, depth 1.6m

Species richness:
- Tanaidacea = 1, Polychaeta = 3
- Total species = 4

Location 3

MÁNAMO CHANNEL - GÜINAMORENA

Geo-reference number/Station number: B&C-19/19
Field code: RAP-GP-B-04-11-GUI-AR-12
Coordinates: 20570373E - 1069891N
Date: 04/Dec/2002
General description
Principal channel of Mánamo Channel, in front of Güina-morena I. Clear waters with no salinity (0‰). Maximum canal depth of 12m; muddy bottom with leaf litter and roots of *Eichornia* sp.

Species richness:
- Amphipoda = 2, Decapoda = 3, Isopoda = 2, Odonata = 1, Trichoptera = 1, Thoracica = 1
- Archaeogastropoda = 1, Polychaeta = 2
- Total species = 13

MÁNAMO CHANNEL - GÜINAMORENA

Geo-reference number/Station number: B&C-20/20
Field code: RAP-GP-B-04-11-GUI-MAN-01
Coordinates: 20570373E; 1069891N
Date: 04/Dec/2002
General description
Principal channel of the Mánamo Channel, in front of Güinamorena I. Clear waters, with no salinity (0‰). Sample of *Eichornia* sp. roots floating in the principal canal of the Mánamo channel.

Species richness:
- Decapoda = 1;
- Total species = 1

MÁNAMO CHANNEL - GÜINAMORENA

Geo-reference number/Station number: B&C-21/21
Field code: RAP-GP-B-04-11-GUI-COL-01
Coordinates: 20570373E; 1069891N
Date: 04/Dec/2002
General description
Principal canal of the Mánamo channel, in front of Güina-morena I. Clear waters, without salinity (0‰). Sample of mangrove roots.

Species richness:
- Decapoda = 5, Thoracica = 1, Archaeogastropoda = 1, Gastropoda = 1
- Total species = 8

MÁNAMO CHANNEL - GÜINAMORENA

Geo-reference number/Station number: B&C-22/22
Country code: RAP-GP-B-04-11-GUI-AR-15
Coordinates: 20569940E; 1072878N
Date: 04/Dec/2002
General description
Principal canal of the Mánamo channel, near Güinamorena
I. Clear waters, without salinity (0‰), muddy bottom.

Species richness:
- Decapoda = 1, Tanaidacea = 1, Eulamellibranchia = 1, Polychaeta = 4
- Total species = 7

MÁNAMO CHANNEL - GÜINAMORENA

Geo-reference number/Station number: B&C-23/23
Country code: RAP-GP-B-04-11-GUI-AR-16
Coordinates: 20577726E; 1075805N
Date: 04/Dec/2002
General description
Principal canal of the Mánamo channel to 30 Km of Peder-
nales. Clear waters without salinity (0‰), muddy bottom,
depth 2.6m.

Species richness:
- Decapoda = 1, Tanaidacea = 1, Eulamellibranchia = 1, Polychaeta = 4
- Total species = 7

Location 4

GUANIPA RIVER- VENADO CHANNEL

Geo-reference number/Station number: B&C-24/24
Country code: RAP-GP-B-05-12-BGUA-AR-19
Coordinates: 20556212E -1099005N
Date: 05/Dec/2002
General description
Mouth of the Guanipa River, between the mouth and
Venado Island, cloudy waters, almost black, saline (8 ppm),
depth 3m; muddy-clay bottom.

Species richness:
- Decapoda = 1, Tanaidacea = 1, Thoracica = 1
- Total species = 3

GUANIPA RIVER- VENADO CHANNEL

Geo-reference number/Station number:: B&C-25/25
Field code: RAP-GP-B-05-12-BGUA-AR-20
Coordinates: 20561873E - 1095555N
Date: 05/Dec/2002
General description
Mouth of the Guanipa River, between the mouth and
Venado Island, cloudy waters, almost black, saline (8 ppm),
depth 3m; muddy-clay bottom.

Species richness:
- Decapoda = 2, Archaeogastropoda = 1, Polychaeta = 2
- Total especies = 5

GUANIPA RIVER- VENADO CHANNEL

Geo-reference number/Station number: B&C-27/27
Field code: RAP-GP-B-05-12-BGUA-NUC-02
Coordinates: 20559886E - 1092771N
Date: 05/Dec/2002
General description
Principal canal of the Guanipa River. Cloudy waters tend-
ing toward black and saline (3‰). Depth 5m, muddy-clay
bottom.

Species richness:
- Tanaidacea = 1, Archaeogastropoda = 1, Polychaeta = 1
- Total species = 3

GUANIPA RIVER- VENADO CHANNEL

Geo-reference number/Station number: B&C-28/28
Field code: RAP-GP-B-05-12-BGUA-MAN-01
Coordinates: 20559886E - 1092771N
Date: 05/Dec/2002
General description
A lateral *caño* (channel) to the Guanipa River. Cloudy waters
tending towards black and saline (3‰), muddy bottom.

Species richness:
- Decapoda = 4, Thoracica = 1
- Total species = 5

GUANIPA RIVER- VENADO CHANNEL

Geo-reference number/Station number: B&C-30/30
Field code: RAP-GP-B-05-12-BGUA-AR-22
Coordinates: 20559840E; 1093852N
Date: 05/Dec/2002
General description
Principal canal of the Guanipa River. Cloudy black saline
(2‰) waters. Muddy-clay bottom.

Species richness:
- Tanaidacea = 1, Thoracica = 1, Polychaeta = 3
- Total species = 4

GUANIPA RIVER- VENADO CHANNEL

Geo-reference number/Station number: B&C-31/31
Field code: RAP-GP-B-05-12-BGUA-AR-23
Coordinates: 20560184E; 1092835N
Date: 05/Dec/2002
General description
Principal canal of the Guanipa River. Cloudy black saline (2‰) waters. Muddy-clay bottom.

Species richness:
- Tanaidacea = 1, Thoracica = 1, Polychaeta = 3
- Total species = 4

GUANIPA RIVER- VENADO CHANNEL

Geo-reference number/Station number: B&C-32/32
Field code: RAP-GP-B-05-12-BGUA-NUC-2
Coordinates: 20563764E -1089142N
Date: 05/Dec/2002
General description
Principal canal of the Guanipa River. Transparent black waters, with no salinity (0‰). Muddy-clay bottom.

Species richness:
- Isopoda = 1, Polychaeta = 2;
- Total species = 3

GUANIPA RIVER- VENADO CHANNEL

Geo-reference number/Station number: B&C-33/33
Field code: RAP-GP-B-05-12-BGUA-AR-24
Coordinates: 20563830E; 1102976N
Date: 05/Dec/2002
General description
Principal canal of the Guanipa River. Transparent black waters, with no salinity (0‰). Muddy-clay bottom.

Species richness:
- Tanaidacea = 1, Polychaeta = 2
- Total species = 3

GUANIPA RIVER- VENADO CHANNEL

Geo-reference number/Station number: B&C-34/34
Field code: RAP-GP-B-05-12-BGUA-MAN-02
Coordinates: 20563830E; 1102976N
Date: 05/Dec/2002
General description
Lateral canal (*caño*) to the Venado channel, manual collection in mangrove roots and river water rapids. Black, saline (6‰) waters, muddy bottom.

Species richness:
- Amphipoda = 2, Decapoda = 4, Coenogastropoda = 1
- Total species = 7

GUANIPA RIVER- VENADO CHANNEL

Geo-reference number/Station number: B&C-35/35
Field code: RAP-GP-B-05-12-BGUA-NUC-03
Coordinates: 20563681E; 1103105N
Date: 05/Dec/2002
General description
Principal canal of the Venado channel. Saline waters (14‰), cloudy and clear, muddy bottom, depth 3.5m.

Species richness:
- Amphipoda = 2, Tanaidacea = 2, Polychaeta = 2
- Total species = 6

GUANIPA RIVER- VENADO CHANNEL

Geo-reference number/Station number: B&C-36/36
Field code: RAP-GP-B-05-12-BGUA-MAN-03
Coordinates: 20563681E; 1103105N
Date: 05/Dec/2002
General description
Lateral canal (*caño*) to the Venado channel, manual collection on mangrove roots and river water. Black, saline (6‰) waters, muddy bottom.

Species richness:
- Decapoda = 8, Eulamellibranchia = 1
- Total species = 9

GUANIPA RIVER- VENADO CHANNEL

Geo-reference number/Station number: B&C-37/37
Field code: RAP-GP-B-05-12-BGUA-AR-25
Coordinates: 20561596E; 1100900N
Date: 05/Dec/2002
General description
Principal canal of the Venado channel. Saline (14‰) waters, cloudy and clear, muddy bottom, depth 3.5m.

Species richness:
- Amphipoda = 1, Tanaidacea = 1, Polychaeta = 1
- Total species = 3

GUANIPA RIVER- VENADO CHANNEL

Geo-reference number/Station number: B&C-38/38
Field code: RAP-GP-B-05-12-BGUA-AR-26
Coordinates: 20561762E; 1108878N
Date: 05/Dec/2002
General description
Principal canal of the Venado channel. Saline (14‰) waters, cloudy and clear, muddy bottom, depth 3.5m.

Species richness:
- Amphipoda = 1, Tanaidacea = 1, Polychaeta = 1
- Total species = 3

Location 5

MANAMITO CHANNEL

Geo-reference number/Station number: B&C-39/39
Field code: RAP-GP-B-06-13-MTO-AR-27a, b
Coordinates: 20575587E; 1096743N
Date: 06/Dec/2002
General description
Principal canal of the Manamito channel. Clear, cloudy and saline (6‰) waters, depth 1m.Muddy bottom with leaf litter and roots of *Eichornia* sp.

Species richness:
- Decapoda = 3, Tanaidacea = 1, Polychaeta = 2
- Total species = 6

MANAMITO CHANNEL

Geo-reference number/Station number: B&C-40/40
Field code: RAP-GP-B-06-13-MTO-AR-28
Coordinates: 20575416E; 1094960N
Date: 06/Dec/2002
General description
Principal canal of the Manamito channel. Clear, cloudy and saline (6‰) waters, depth 1m. Muddy bottom with leaf litter and roots of *Eichornia* sp.

Species richness:
- Amphipoda = 1, Decapoda = 1, Hirudinea = 1
- Total species = 3

MANAMITO CHANNEL

Geo-reference number/Station number: B&C-41/41
Field code: RAP-GP-B-06-13-MTO-NUC-01
Coordinates: 20575416E -1094960N
Date: 06/Dec/2002
General description
Principal canal of the Manamito channel. Clear, cloudy and saline (6‰) waters, depth 1m. Muddy bottom with leaf litter and roots of *Eichornia* sp.

Species richness:
- Amphipoda = 1, Tanaidacea = 1, Polychaeta = 1
- Total species = 3

MANAMITO CHANNEL

Geo-reference number/Station number: B&C-42/42
Field code: RAP-GP-B-06-13-MTO-MAN-01
Coordinates: 20575829E - 1094585N
Date: 06/Dec/2002
General description
Lateral canal (*caño*) to the Manamito channel. Manual collection between mangrove roots and river water rapids. Clear, muddy and saline (6‰) waters. Muddy bottom with leaf litter.

Species richness:
- Decapoda = 4, Thoracica = 1, Coenogastropoda = 1
- Coelenterata = 1, Rodophyceae = 1
- Total species = 8

MANAMITO CHANNEL

Geo-reference number/Station number: B&C-43/43
Field code: RAP-GP-B-06-13-MTO-MAN-02
Coordinates: 20575393E; 1093351N
Date: 06/Dec/2002
General description
Lateral canal (*caño*) to the Manamito channel. Manual collection between roots and river water rapids. Clear, cloudy and saline (6‰) waters. Muddy bottom with leaf litter.

Species richness:
- Decapoda = 2
- Total species = 2

MANAMITO CHANNEL

Geo-reference number/Station number: B&C-44/44
Field code: RAP-GP-B-06-13-MTO-AR-30
Coordinates: 20574473E; 1091445N
Date: 06/Dec/2002
General description
Principal canal of the Manamito channel. Clear, cloudy and saline (6‰) waters, depth 1m. Muddy bottom with leaf litter and roots of *Eichornia* sp.

Species richness:
- Amphipoda = 2, Decapoda = 2, Isopoda = 1, Polychaeta = 1
- Total species = 6

MANAMITO CHANNEL

Geo-reference number/Station number: B&C-45/45
Country code: RAP-GP-B-06-13-MTO-AR-31
Coordinates: 20574517E - 1090951N
Date: 06/Dec/2002
General description
Principal canal of the Manamito channel. Clear, cloudy and saline (6‰) waters, depth 1m. Muddy bottom with leaf litter and roots of *Eichornia* sp.

Species richness:
- Amphipoda = 2, Decapoda = 2, Isopoda = 1, Polychaeta = 1
- Total species = 6

MANAMITO CHANNEL

Geo-reference number/Station number: B&C-46/46
Field code: RAP-GP-B-06-13-MTO-MAN-03
Coordinates: 20575542E; 1096488N
Date: 06/Dec/2002
General description
Internal lagoon lateral to the principal canal of the Manamito channel. Transparent to cloudy waters up to 20cm in depth. Muddy bottom with a great deal of leaf litter.

Species richness:
- Decapoda = 5, Hemiptera = 1, Coenogastropoda = 1, Coelenterata = 1;
- Total species =8

Location 6

MOUTH OF THE BAGRE

Geo-reference number/Station number: B&C-48/48
Field code: RAP-GP-B-07-14-BB-NUC-1
Coordinates: 20570935E; 1093145N
Date: 07/Dec/2002
General description
Mouth of the Bagre, principal canal. Cloudy, clear and fresh (1‰) waters. Muddy bottom with leaf litter.

Species richness:
- Tanaidacea = 1
- Total species = 1

MOUTH OF THE BAGRE

Geo-reference number/Station number: B&C-49/49
Field code: RAP-GP-B-07-14-BB-AR-32
Coordinates: 20570790E - 1093057N
Date: 07/Dec/2002
General description
Boca de Bagre, principal canal. At 10' from Misteriosa Island. Cloudy, clear and fresh (1‰) waters. Muddy bottom with leaf litter.

Species richness:
- Decapoda = 1
- Total species = 1

MOUTH OF THE BAGRE

Geo-reference number/Station number: B&C-50/50
Field code: RAP-GP-B-07-14-BB-AR-33
Coordinates: 20570766E - 1093074N
Date: 07/Dec/2002
General description
Boca de Bagre, principal canal. At 10' from Misteriosa Island. Cloudy, clear and fresh (1‰) waters. Muddy bottom with leaf litter.

Species richness:
- Amphipoda = 2, Decapoda = 2, Tanaidacea = 1, Diptera = 1, Polychaeta = 1
- Total species = 7

MOUTH OF THE BAGRE

Geo-reference number/Station number: B&C-51/51
Field code: RAP-GP-B-07-14-BB-AR-34
Coordinates: 20570872E; 1094178N
Date: 07/Dec/2002
General description
Boca de Bagre, principal canal. At 10' from Misteriosa Island. Cloudy, clear and fresh (1‰) waters. Muddy bottoms with leaf litter.

Species richness:
- Amphipoda = 2, Tanaidacea = 1, Odonata = 1, Eulamellibranchia = 1
- Total species = 5

MOUTH OF THE BAGRE

Geo-reference number/Station number: B&C-52/52
Field code: RAP-GP-B-07-14-BB-AR-35
Coordinates: 20570847E; 1094450N
Date: 07/Dec/2002
General description
Boca de Bagre, principal canal. At 10' from Misteriosa Island. Cloudy, clear and fresh (1‰) waters. Muddy bottom with leaf litter.

Species richness:
- Amphipoda = 2, Tanaidacea = 1, Odonata = 1, Eulamellibranchia = 1
- Total species = 5

MOUTH OF THE BAGRE

Geo-reference number/Station number: B&C-53/53
Field code: RAP-GP-B-07-14-BB-COL-01
Coordinates: 20570805E; 1093085N
Date: 07/Dec/2002
General description
Manual collection in the canal lateral to the mouth of the Bagre. Cloudy, clear and fresh (1‰) waters. Muddy bottom with leaf litter.

Species richness:
- Decapoda = 3, Thoracica = 1, Hemiptera = 2, Chlorophyceae = 1, Rodophyceae = 1
- Total species = 8

MOUTH OF THE BAGRE

Geo-reference number/Station number: B&C-54/54
Field code: RAP-GP-B-07-15-BB-NUC-01
Coordinates: 20571133E - 1095192N
Date: 07/Dec/2002
General description
Canal (*caño*) lateral to the Boca de Bagre. Wide channel (15m) with mangrove (*Rhizophora* sp), *Mothricardia arborescens*, and many palms. Cloudy, clear and fresh (2‰) waters. Muddy-clay bottom with a great deal of organic matter.

Species richness:
- Tanaidacea = 1, Polychaeta = 2
- Total species = 3

MOUTH OF THE BAGRE

Geo-reference number/Station number: B&C-55/55
Field code: RAP-GP-B-07-15-BB-MAN-02
Coordinates: 20571133E; 1095192N
Date: 07/Dec/2002
General description
Canal lateral to the mouth of the Bagre. Wide channel (15m) with mangrove (*Rhizophora* sp), *Mothricardia arborescens*, and many palms. Cloudy, clear and fresh (2‰) waters. Muddy-clay bottom with a great deal of organic matter. Manual collection.

Species richness:
- Amphipoda = 2, Decapoda = 2, Hemiptera = 1, Polychaeta = 1
- Total species = 6

Location 7

ROCKY BEACH OF PEDERNALES

Geo-reference number/Station number: B&C-56/56
Field code: RAP-GP-B-07-16-PED-MAN-03
Coordinates: 20581790E; 1102389N
Dates: 07/Dec/2002
General description
Beach with rocks (*gigas*) in the wharf of Pedernales, exposed at low tide.

Species richness:
- Amphipoda = 1, Decapoda = 4, Coenogastropoda = 3, Polychaeta = 2
- Coelenterata = 1, Chlorophyceae = 1
- Total species = 12

Location 8

CAPURE ISLAND

Geo-reference number/Station number: B&C-57/57
Field code: RAP-GP-B-08- CAP-COL-01
Coordinates: 02583805 E -1103137 N
Date: 07/Dec/2002
General description
Drainage canal from the town of Capure.

Species richness:
- Diptera = 1, Hemiptera = 1, Gastropoda = 2
- Total species = 4

Apéndice/Appendix 6

Distribución de las Especies de Peces en las Localidades de la Expedición AquaRAP al golfo de Paria y delta del río Orinoco, Venezuela, diciembre 2002.

Distribution of fish species among localities during the AquaRAP survey of the Gulf of Paria and Orinoco Delta, Venezuela, December 2002.

Carlos A. Lasso, Oscar M. Lasso-Alcalá, Carlos Pombo y Michael Smith

Localidades/Localities:
1) caño Pedernales, 2) boca de Pedernales - Isla Cotorra, 3) caño Manamo - Güinamorena, 4) río Guanipa - caño Venado (golfo de Paria), 5) caño Manamito, 6) boca de Bagre, 7) playa rocosa de Pedernales y 8) Isla Capure.

Las especies con asterisco (*) representan nuevos registros para el delta del Orinoco - golfo de Paria.

TAXA	Nombre común/ Common name	Localidades/Localities							
		1	2	3	4	5	6	7	8
MYLIOBATIFORMES									
Dasyatidae									
Dasyatis guttata*	raya blanca	+	-	-	-	-	-	-	-
Himantura schmardae	chupare	-	+	-	+	-	-	-	-
Gymnuridae									
Gymnura micrura	raya guayanesa	-	+	-	-	-	-	-	-
Potamotrygonidae									
Potamotrygon orbignyi	raya dulceacuícola	+	-	+	+	+	+	-	-
Potamotrygon sp. (delta)*	raya tigríta	+	+	+	+	+	+		
Potamotrygon sp. 3 (dorada)*	raya dulceacuícola	+	+	-	-	-	-	-	-
Potamotrygon sp. 4	raya dulceacuícola	-	+	-	-	-	-	-	-
ELOPIFORMES									
Elopidae									
Elops saurus	malacho	+	-	-	-	-	-	-	-
Megalopidae									
Megalops atlanticus	sábalo	-	-	-	+	-	-	-	-
ANGUILLIFORMES									
Ophichthyidae									
Myrophis cf. *punctatus**	congrio, anguila	-	-	-	-	-	-	+	-
CLUPEIFORMES									
Clupeidae									
Odontognathus mucronatus	arenquillo machete	+	+	+	-	+	+	-	-
Pellona flavipinnis	sardina	+	+	+	-	+	+	-	-
Rhinosardinia sp. (juvenil)	camiguana	-	+	-	-	+	+	-	-

TAXA	Nombre común/ Common name	Localidades/Localities							
		1	2	3	4	5	6	7	8
Engraulidae									
Anchoa hepsetus*	camiguana	-	-	-	-	-	+	-	-
Anchoa lamprotaenia*	camiguana	-	-	-	+	-	-	-	-
Anchoa spinifer	anchoa	-	+	+	-	-	-	-	-
Anchovia surinamensis	anchoa	-	-	-	-	-	+	-	-
Anchovia clupeoides	sardina bocona	-	+	-	-	+	+	-	-
Anchoviella brevirostris	camiguana	+	-	+	-	-	+	-	-
Anchoviella guianensis	camiguana	-	-	+	-	+	+	-	-
Anchoviella lepidontostole	camiguana	+	+	+	+	+	-	-	-
Anchoviella manamensis	camiguana	-	-	+	-	-	-	-	-
Anchoviella sp. (juvenil)*	camiguana	-	-	+	-	-	-	-	-
Lycengraulis batessi	sardina	+	-	+	-	+	+	-	-
Lycengraulis grossidens	sardina	-	+	+	-	-	-	-	-
Pterengraulis atherinoides	sardina	+	+	-	+	+	+	-	-
CHARACIFORMES									
Characidae									
Piaractus brachypomus	morocoto	+	-	-	+	-	-	-	-
Pristobrycon calmoni	caribe	-	-	+	-	-	-	-	-
Triportheus angulatus	arenca	-	-	+	-	-	-	-	-
Curimatidae									
Curimata cyprinoides	bocachico	-	-	-	+	+	-	-	-
Cynodontidae									
Rhaphiodon vulpinus	payarín	+	-	-	-	-	-	-	-
GYMNOTIFORMES									
Apteronotidae									
Sternarchorhamphus muelleri	Cuchillo, machete	-	-	+	-	-	-	-	-
SILURIFORMES									
Ariidae									
Cathorops spixii	bagre marino	+	+	+	+	+	+	-	-
Arius rugispinnis	bagre marino	+	+	-	+	+	+	-	-
Arius herzbergii	bagre guatero	+	+	-	+	+	+	-	-
Bagre bagre	bagre doncella	+	-	+	-	-	+	-	-
Aspredinidae									
Aspredo aspredo	chicharrita	+	-	+	+	+	+	-	-
Aspredinichthys filamentosus	Riqui-riqui	-	+	-	-	-	-	-	-
Aspredinichthys tibicen	Riqui-riqui	+	+	+	+	+	+	-	-
Platystacus cotylephorus	Riqui-riqui	-	-	+	+	+	+	-	-
Auchenipteridae									
Auchenipterus ambyacus	bagre	-	-	+	-	-	-	-	-
Pseudoauchenipterus nodosus	bagre patriota	+	+	+	+	+	+	-	-

TAXA	Nombre común/ Common name	Localidades/Localities							
		1	2	3	4	5	6	7	8
Loricaridae									
Hypostomus watwata	güaragüara	+	+	-	-	+	+	-	-
Loricaria (gr) *cataphracta*	paleta	-	-	+	-	-	+	-	-
Pimelodidae									
Brachyplatystoma vaillantii	valentón	+	-	+	+	+	+	-	-
Brachyplatystoma filamentosum	blanco pobre	-	-	-	-	+	-	-	-
Hypophthalmus marginatus	bagre paisano	-	+	+	+	+	+	-	-
Pimelodina flavipinnis	bagre	+	-	+	+	-	-	-	-
Pimelodus altissimus	bagre cogotúo	+	-	-	-	-	-	-	-
Pimelodus blochii	bagre cogotúo	+	-	+	+	+	+	-	-
CYPRINODONTIFORMES									
Anablepidae									
*Anableps anableps**	Cipotero escamoso	+	+	-	+	+	+	-	-
Anableps microlepis	cipotero	+	+	-	+	+	+	-	-
Poeciliidae									
Poecilia cf. *picta*	guppy, sardinita	-	+	-	+	+	-	-	+
Poecilia sp. (mancha)*	guppy, sardinita	-	-	-	+	-	-	-	-
Poecilia reticulata	guppy, sardinita	-	-	-	-	-	-	-	+
*Poecilia vivípara**	guppy, sardinita	-	+	-	+	+	-	-	+
Tomeurus gracilis	guppy, sardinita	-	-	-	+	+	-	-	-
Rivulidae									
Rivulus cf. *deltaphilus*	sardinita	-	-	-	-	+	-	-	+
*Rivulus ocellatus**	sardinita	-	+	-	+	-	-	-	-
BELONIFORMES									
Hemiramphidae									
*Hyporhamphus roberti**	marao, aguja	-	+	-	-	-	-	-	-
PERCIFORMES									
Bleniidae									
*Omobranchus punctatus**	blennio hocicudo	-	-	-	-	-	-	+	-
Carangidae									
Caranx hippos	jurel	-	+	-	-	+	+	-	-
Caranx sp. (juvenil)	jurel	-	+	-	-	-	-	-	-
*Oligoplites saurus**	zapatero	-	+	-	-	+	+	-	-
Centropomidae									
*Centropomus pectinatus**	robalo	+	+	+	+	+	+	-	-
Cichlidae									
Cichlasoma taenia	vieja	-	-	-	-	-	-	-	+
Eleotridae									
*Butis koilomatodon**	durmiente	+	-	-	+	-	-	-	-

Evaluación rápida de la biodiversidad y aspectos sociales de los ecosistemas acuáticos del delta del río Orinoco y golfo de Paria, Venezuela

317

TAXA	Nombre común/ Common name	Localidades/Localities							
		1	2	3	4	5	6	7	8
Eleotris sp. (juvenil)	guabina	-	-	-	-	-	+	-	-
*Guavina guavina**	guabina de mar	-	-	-	+	-	-	-	-
Ephippidae									
Chaetodipterus faber	pagüara	-	+	-	-	-	-	-	-
Gerriidae									
Eugerres sp. 1 (juvenil)	mojarra	+	+	-	-	+	+	-	-
*Diapterus rhombeus**	mojarra	-	+	-	-	+	+	-	-
Diapterus sp. (juvenil)*	mojarrita	-	-	-	-	+	-	-	-
Gobiidae									
Gobioides brussonnetti	lamprea	-	-	-	+	-	-	-	-
*Gobionellus oceanicus**	gobido aleta larga	-	-	-	+	-	-	-	-
*Gobiosoma bosc**	gobido desnudo	+	-	-	-	-	-	-	-
Haemulidae									
Genyatremus luteus	torroto	-	+	-	+	+	+	-	-
*Pomadasys crocro**	corocoro	-	+	-	-	-	-	-	-
Mugilidae									
Mugil incilis	lisa	-	+	-	+	+	+	-	-
Mugil sp. (juvenil)	lisa	-	+	-	-	-	-	+	+
Nandidae									
Polycentrus schomburgki	falso pez hoja	-	-	-	-	-	-	-	+
Polynemidae									
Polydactylus virginicus		-	+	-	-	-	-	-	-
Sciaenidae									
Bairdiella ronchus	corvineta ruyo	+	+	-	+	+	+	-	-
Cynoscion acoupa	curvina	+	+	+	+	+	+	-	-
Cynoscion leiarchus	curvina	-	-	-	-	+	+	-	-
Cynoscion sp. (juvenil)	curvina	-	+	-	+	-	-	-	-
Larimus breviceps	curvina	+	-	-	-	+	+	-	-
Macrodon ancylodon	pescadilla real	+	+	-	+	+	+	-	-
Micropogonias furnieri	corvinón rayado	-	+	-	-	+	+	-	-
Pachypops fourcroi	curvinata	+	-	+	-	-	-	-	-
Plagioscion auratus	curvinata negra	-	-	+	+	+	-	-	-
Plagioscion squamosissimus	curvinata	+	+	+	+	+	+	-	-
*Stellifer stellifer**	burrito	+	+	+	+	+	+	-	-
Stellifer rastrifer	burrito bocón	+	+	+	+	+	+	-	-
Stellifer microps	burrito	+	+	-	+	+	+	-	-
*Stellifer naso**	burrito	+	+	+	+	+	+	-	-
*Stellifer magoi**	burrito	-	-	-	+	-	-	-	-
Stellifer sp. (juvenil)	burrito	-	-	+	-	-	-	-	-

TAXA	Nombre común/ Common name	Localidades/Localities							
		1	2	3	4	5	6	7	8
Serranidae									
Epinephelus itajara	mero güasa	-	+	-	+	-	-	-	-
PLEURONECTIFORMES									
Cynoglossidae									
Symphurus tessellatus*	lengua de vaca	-	-	+	-	-	-	-	-
Paralichthyidae									
Citharichthys spilopterus	arrevés, lenguado	+	+	+	-	+	+	-	-
Soleidae									
Achirus achirus	arrevés, lenguado	+	+	+	+	+	+	-	-
Apionichthys dumerili	arrevés, lenguado	+	+	-	-	+	+	-	-
TETRAODONTIFORMES									
Tetraodontidae									
Colomesus psittacus	corrotucho	+	+	+	+	+	+	-	-
Sphoeroides testudineus	corrotucho	-	+	+	-	+	-	-	-
BATRACHOIDIFORMES									
Batrachoididae									
Batrachoides surinamensis	sapo guayanés	+	+	+	+	+	-	-	-

Evaluación rápida de la biodiversidad y aspectos sociales de
los ecosistemas acuáticos del delta del río Orinoco y golfo de Paria, Venezuela

319

Apéndice/Appendix 7

Lista, Distribución por Hábitat y Clasificación según el grado de Eurihalinidad de las especies de Peces colectadas durante la Expedición AquaRAP al golfo de Paria y delta del río Orinoco, Venezuela.

Distribution of Fish Species by Habitat and level of Salinity during the AquaRAP survey of the Gulf of Paria and Orinoco Delta, Venezuela.

Carlos A. Lasso, Oscar M. Lasso-Alcalá, Carlos Pombo y Michael Smith

Grado de eurihalinidad (G.E.) según criterio de Cervigón (1985): D: agua dulce (0 ‰), S: agua salobre (5 - 10 ‰), M: agua marina (30 - 36 ‰).

Salinity level (G.E.) according to criteria of Cervigón (1985): D: freshwater (0 ‰), S: brackish water (5 - 10 %), M: marine/salt water (30 - 36 ‰).

TAXA	G. E.	HÁBITATS					
		Fondo del cauce	Playas areno-fangosas	Pozas y caños intermareales	Playa rocosa	Lagunas internas dulceacuícolas	Canales de desagüe domésticos
MYLIOBATIFORMES							
Dasyatidae							
Dasyatis guttata	S M	+	-	-	-	-	-
Himantura schmardae	S M	+	-	-	-	-	-
Gymnuridae							
Gymnura micrura	S M	+	-	-	-	-	-
Potamotrygonidae							
Potamotrygon orbignyi	D S	+	-	-	-	-	-
Potamotrygon sp. (delta)	D S	+					
Potamotrygon sp. 3 (dorada)	D S	+	-	-	-	-	-
Potamotrygon sp. 4	D S	+					-
ELOPIFORMES							
Elopidae							
Elops saurus	D S	+	-	-	-	-	-
Megalopidae							
Megalops atlanticus	D S M	+	-	-	-	-	-
ANGUILLIFORMES							
Ophichthyidae							
Myrophis cf. *punctatus*	M	-	-	-	+	-	-
CLUPEIFORMES							
Clupeidae							

TAXA	G. E.	HÁBITATS					
		Fondo del cauce	Playas areno-fangosas	Pozas y caños intermareales	Playa rocosa	Lagunas internas dulceacuícolas	Canales de desagüe domésticos
Odontognathus mucronatus	S M	+	-	-	-	-	-
Pellona flavipinnis	S M	+	-	-	-	-	-
Rhinosardinia sp. (juvenil)	D S	+	+	-	-	-	-
Engraulidae							
Anchoa hepsetus	S M	+	-	-	-	-	-
Anchoa lamprotaenia	S M	+	-	-	-	-	-
Anchoa spinifer	S M	+	-	-	-	-	-
Anchovia surinamensis	S M	+	-	-	-	-	-
Anchovia clupeoides	S M	+	-	-	-	-	-
Anchoviella brevirostris	S M	+	-	-	-	-	-
Anchoviella guianensis	S M	+	-	-	-	-	-
Anchoviella lepidontostole	S M	+	+	-	-	-	-
Anchoviella manamensis	S	+	-	-	-	-	-
Anchoviella sp. (juvenil)	S M	+	-	-	-	-	-
Lycengraulis batessi	S M	+	-	-	-	-	-
Lycengraulis grossidens	S M	+	+	-	-	-	-
Pterengraulis atherinoides	S M	+	-	-	-	-	-
CHARACIFORMES							
Characidae							
Piaractus brachypomus	D	+	-	-	-	-	-
Pristobrycon calmoni	D	+	-	-	-	-	-
Triportheus angulatus	D	+	-	-	-	-	-
Curimatidae							
Curimata cyprinoides	D	+	-	+	-	-	-
Cynodontidae							
Rhaphiodon vulpinus	D	+	-	-	-	-	-
GYMNOTIFORMES							
Apteronotidae							
Sternarchorhamphus muelleri	D	+	-	-	-	-	-
SILURIFORMES							
Ariidae							
Cathorops spixii	S M	+	+	-	-	-	-
Arius rugispinnis	S M	+	-	-	-	-	-
Arius herzbergii	S M	+	+	-	-	-	-
Bagre bagre	S M	+	-	-	-	-	-
Aspredinidae							
Aspredo aspredo	D S M	+	-	-	-	-	-
Aspredinichthys filamentosus	D S M	+	-	-	-	-	-

Evaluación rápida de la biodiversidad y aspectos sociales de los ecosistemas acuáticos del delta del río Orinoco y golfo de Paria, Venezuela

321

TAXA	G. E.	HÁBITATS					
		Fondo del cauce	Playas areno-fangosas	Pozas y caños intermareales	Playa rocosa	Lagunas internas dulceacuícolas	Canales de desagüe domésticos
Aspredinichthys tibicen	D S M	+	-	-	-	-	-
Platystacus cotylephorus	D S	+	-	-	-	-	-
Auchenipteridae							
Auchenipterus ambyacus	D	+	-	-	-	-	-
Pseudoauchenipterus nodosus	D S	+	-	-	-	-	-
Loricaridae							
Hypostomus watwata	D S	+	+	-	-	-	-
Loricaria (gr) *cataphracta*	D	+	-	-	-	-	-
Pimelodidae							
Brachyplatystoma vaillantii	D S	+	-	-	-	-	-
Brachyplatystoma filamentosum	D S	+	-	-	-	-	-
Hypophthalmus marginatus	D	+	-	-	-	-	-
Pimelodina flavipinnis	D	+	-	-	-	-	-
Pimelodus altissimus	D	+	-	-	-	-	-
Pimelodus blochii	D	+	-	-	-	-	-
CYPRINODONTIFORMES							
Anablepidae							
Anableps anableps	S M	-	+	-	-	-	-
Anableps microlepis	S M	-	+	-	-	-	-
Poeciliidae							
Poecilia cf. *picta*	D S	-	-	-	-	+	+
Poecilia sp. (mancha)	D S	-	-	-	-	-	-
Poecilia reticulata	D S	-	-	-	-	+	+
Poecilia vivípara	D S	-	-	+	-	+	+
Tomeurus gracilis	D S	-	-	+	-	+	+
Rivulidae							
Rivulus cf. *deltaphilus*	D	-	-	-	-	+	+
Rivulus ocellatus	D	-	-	+	-	-	-
BELONIFORMES							
Hemiramphidae							
Hyporhamphus roberti	S M	-	+	-	-	-	-
PERCIFORMES							
Bleniidae							
Omobranchus punctatus	S	-	-	-	+	-	-
Carangidae							
Caranx hippos	S M	+	+	-	-	-	-
Caranx sp. (juvenil)	S M	-	-	-	-	-	-
Oligoplites saurus	S M	+	+	-	-	-	-

TAXA	G. E.	HÁBITATS					
		Fondo del cauce	Playas areno-fangosas	Pozas y caños intermareales	Playa rocosa	Lagunas internas dulceacuícolas	Canales de desagüe domésticos
Centropomidae							
Centropomus pectinatus	S M	+		+	-	-	-
Cichlidae							
Cichlasoma taenia	D	-	-	-	-	+	-
Eleotridae							
Butis koilomatodon	S M	+	-	-	-	-	-
Eleotris sp. (juvenil)	D S	-	-	+	-	-	-
Guavina guavina	S M	-	-	+	-	-	-
Ephippidae							
Chaetodipterus faber	S M	-	+	-	-	-	-
Gerriidae							
Eugerres sp. 1 (juvenil)	S M	+	+	-	-	-	-
Diapterus rhombeus	S M	+	+	-	-	-	-
Diapterus sp. (juvenil)	S M	+	-	-	-	-	-
Gobiidae							
Gobioides brussonnetti	S M	-	-	+	-	-	-
Gobionellus oceanicus	S M	-	-	+	-	-	-
Gobiosoma bosc	S M	+	-	-	-	-	-
Haemulidae							
Genyatremus luteus	S M	+	+	-	-	-	-
Pomadasys crocro	M S D	-	+	-	-	-	-
Mugilidae							
Mugil incilis	S M	+	+	-	-	-	-
Mugil sp. (juvenil)	S M	-	+	-	+	+	-
Nandidae							
Polycentrus schomburgki	D	-	-	-	-	+	-
Polynemidae							
Polydactylus virginicus	M S	-	+	-	-	-	-
Sciaenidae							
Bairdiella ronchus	S M	+	-	-	-	-	-
Cynoscion acoupa	S M	+					
Cynoscion leiarchus	S M	+	-	-	-	-	-
Cynoscion sp. (juvenil)	S M	+	+	-	.	-	-
Larimus breviceps	S M	+	-	-	-	-	-
Macrodon ancylodon	S M	+	-	-	-	-	-
Micropogonias furnieri	D S M	+	+	-	-	-	-
Pachypops fourcroi	D	+	-	-	-	-	-
Plagioscion auratus	D	+	-	-	-	-	-

Evaluación rápida de la biodiversidad y aspectos sociales de los ecosistemas acuáticos del delta del río Orinoco y golfo de Paria, Venezuela

323

TAXA	G. E.	HÁBITATS					
		Fondo del cauce	Playas areno-fangosas	Pozas y caños intermareales	Playa rocosa	Lagunas internas dulceacuícolas	Canales de desagüe domésticos
Plagioscion squamosissimus	D	+	+	-	-	-	-
Stellifer stellifer	S M	+	-	+	-	-	-
Stellifer rastrifer	S M	+	-	-	-	-	-
Stellifer microps	S M	+	-	-	-	-	-
Stellifer naso	S M	+	+	-	-	-	-
Stellifer magoi	S M	+	-	-	-	-	-
Stellifer sp. (juvenil)	S M	+	-	-	-	-	-
Serranidae							
Epinephelus itajara	S M	+	+	-	-	-	-
PLEURONECTIFORMES							
Cynoglossidae							
Symphurus tessellatus	SM	-	-	+	-	-	-
Paralichthyidae							
Citharichthys spilopterus	S M	+	+	-	-	-	-
Soleidae							
Achirus achirus	S M	+	+	+	-	-	-
Apionichthys dumerili	D S	+	-	-	-	-	-
TETRAODONTIFORMES							
Tetraodontidae							
Colomesus psittacus	D S M	+	+	-	-	-	-
Sphoeroides testudineus	S M	+	+	-	-	-	-
BATRACHOIDIFORMES							
Batrachoididae							
Batrachoides surinamensis	S M	+	+	-	-	-	-

Apéndice 8

Descripción de las localidades y estaciones de muestreo georeferenciadas de la Expedición AquaRAP al golfo de Paria y delta del Orinoco, Venezuela, diciembre 2002. Grupo de peces.

Carlos A. Lasso, Oscar M. Lasso-Alcalá, Carlos Pombo y Michael Smith

Escala de riqueza específica por estación (arrastre): 1–26 especies 1–6: muy baja, 7–12: baja, 13–18 moderada, 19–24 alta, >25 muy alta.

Localidad 1

CAÑO PEDERNALES

Número georeferencia / Número estación: F-1/1
Coordenadas: 09° 55´51´´ N - 62° 12´54´´ W
Fecha: 02/Dic/2002
Descripción general
Cauce principal del Caño Pedernales, más o menos a un metro de profundidad, aguas blancas y ligeramente salobres (5 ppm) y justo en su confluencia con el Caño Angosto.

Riqueza de especies: moderada
Myliobatiformes = 1
Clupeiformes = 4
Siluriformes = 4
Perciformes = 5
Pleuronectiformes = 1
Tetraodontiformes = 2
Total especies = 17

CAÑO PEDERNALES

Número georeferencia / Número estación: F-2/2
Coordenadas: 09° 51´55´´ N - 62° 10´47´´ W
Fecha: 02/Dic/2002
Descripción general
Cauce principal del Caño Pedernales, 2 m profundidad, arriba de su confluencia con el Caño Angosto; aguas negras y dulces.

Riqueza de especies: baja
Clupeiformes = 2
Characiformes = 2
Siluriformes = 4
Perciformes = 4
Total especies = 12

CAÑO PEDERNALES

Número georeferencia / Número estación: F-3/3
Coordenadas: 09° 51´25´´N - 62° 10´42´´W
Fecha: 02/Dic/2002
Descripción general
Cauce principal del Caño Pedernales, a 2,3 m de profundidad, aguas negras y dulces.

Riqueza de especies: moderada
Elopiformes = 1
Clupeiformes = 2
Siluriformes = 5
Perciformes = 6
Pleuronectiformes = 1
Tetraodontiformes = 1
Total especies = 16

CAÑO PEDERNALES

Número georeferencia / Número estación: F-4/4
Coordenadas: 09° 50´88´´N - 62° 10´40´´W
Fecha: 02/Dic/2002
Descripción general
Cauce principal del Caño Pedernales, aguas arriba; a 1,6 m profundidad, aguas todavía negras y dulces.

Riqueza de especies: moderada
Clupeiformes = 1
Siluriformes = 6
Perciformes = 6
Pleuronectiformes = 1
Total especies = 14

CAÑO PEDERNALES

Número georeferencia / Número estación: F-5/5
Coordenadas: 09° 51´21´´N - 62° 10´38´´W
Fecha: 02/Dic/2002
Descripción general
Caño Pedernales, aguas arriba; 2,6 m profundidad; aguas negras y dulces, mucho fango.

Riqueza de especies: muy baja
Siluriformes = 3
Perciformes = 3
Total especies = 6

CAÑO PEDERNALES

Número georeferencia / Número estación: F-6/6
Coordenadas: 09° 51′ 20′′N - 62° 10′39′′W
Fecha: 02/Dic/2002
Descripción general
Cauce principal del Pedernales, casi a 3 m de profundidad; aguas negars y 1 ppm de salinidad, abundante hojarasca y fango.

Riqueza de especies: baja
Siluriformes = 3
Perciformes = 5
Pleuronectiformes = 1
Tetraodontiformes = 1
Total especies = 10

CAÑO PEDERNALES

Número georeferencia / Número estación: F-7/7
Coordenadas: 09° 51′54′′N - 62° 10′34′′W
Fecha: 02/Dic/2002
Descripción general
Cauce principal del Pedernales, aguas entre negras y blancas, a 1,4 m de profundidad; dulces (2 ppm).

Riqueza de especies: alta
Myliobatiformes = 3
Clupeiformes = 2
Characiformes = 1
Siluriformes = 7
Perciformes = 6
Pleuronectiformes = 2
Total especies = 21

CAÑO PEDERNALES

Número georeferencia / Número estación: F-8/8
Coordenadas: 09° 57′ 34′′N - 62° 14′63′′ W
Fecha: 02/Dic/2002
Descripción general
Caño Pedernales, en el cauce principal a unos 4 m de profundidad; aguas blancas y salobres (11 ppm).

Riqueza de especies: baja
Siluriformes = 5
Perciformes = 3
Pleuronectiformes = 1
Batraochoidiformes = 1
Total especies = 10

CAÑO PEDERNALES

Número georeferencia / Número estación: F-9/9
Coordenadas: 09° 58′27′′N - 62° 15′44′′W
Fecha: 02/Dic/2002
Descripción general
Cauce principal del Caño Pedernales, a unos 3 m profundidad, aguas todavía blancas y más salobres (16 ppm).

Riqueza de especies: baja
Clupeiformes = 1
Siluriformes = 3
Perciformes = 4
Pleuronectiformes = 1
Batraochoidiformes = 1
Total especies = 10

Localidad 2

BOCA CAÑO PEDERNALES - ISLA COTORRA

Número georeferencia / Número estación: F-10/10
Coordenadas: 10° 02′45′′N - 62° 14′39′′ W
Fecha: 03/Dic/2002
Descripción general
Área fango-arenosa frente a la Playa de Punta Bernal e Isla Cotorra (boca norte del caño); aguas blancas y salobres (11 ppm), con mucha hojarasca.

Riqueza de especies: baja
Siluriformes = 3
Perciformes = 1
Pleuronectiformes = 1
Tetraodontiformes = 1
Batraochoidiformes = 1
Total especies = 7

BOCA CAÑO PEDERNALES - ISLA COTORRA

Número georeferencia / Número estación: F-11/11
Coordenadas: 10° 02′ 34′′N - 62° 14′38′′ W
Fecha: 03/Dic/2002
Descripción general
Área fangosa a continuación de la playa de Punta Bernal, mar afuera; aguas blancas y salobres (11 ppm).

Riqueza de especies: muy baja
Siluriformes = 1
Perciformes = 3
Total especies = 3

BOCA CAÑO PEDERNALES - ISLA COTORRA

Número georeferencia / Número estación: F-12/12
Coordenadas: 10° 02´ 77´´N - 62° 14´34´´W
Fecha: 03/Dic/2002
Descripción general
Área frente a la Boca de Pedernales, a 2 m de profundidad; aguas blancas y salobres (9 ppm); fondo fango-arenoso con mucha hojarasca y restos de palos y troncos.

Riqueza de especies: baja
Clupeiformes = 1
Siluriformes = 3
Perciformes = 2
Pleuronectiformes = 1
Total especies = 7

BOCA CAÑO PEDERNALES - ISLA COTORRA

Número georeferencia / Número estación: F-13/13
Coordenadas: 10° 02´91´´ N - 62° 14´12´´ W
Fecha: 03/Dic/ 2002
Descripción general
Área frente a la Boca de Pedernales, a unos 2 m de profundidad; aguas blancas y salobres (9 ppm); fondo fangoso.

Riqueza de especies: baja
Clupeiformes = 3
Siluriformes = 2
Perciformes = 3
Tetraodontiformes = 1
Total especies = 9

BOCA CAÑO PEDERNALES - ISLA COTORRA

Número georeferencia / Número estación: F-14/14
Coordenadas: 10° 03´14´´ N - 62° 14´09´´W
Fecha: 03/Dic/2002
Descripción general
Frente a Isla Cotorra, a 1,7 m de profundidad; aguas blancas, salobres (9 ppm) y fondo fangoso.

Riqueza de especies: baja
Myliobatiformes = 1
Clupeiformes = 1
Siluriformes = 2
Perciformes = 2
Pleuronectiformes = 1
Total especies = 7

BOCA CAÑO PEDERNALES - ISLA COTORRA

Número georeferencia / Número estación: F-15/15
Coordenadas: 10° 02´75´´N - 62° 14´26´´W
Fecha: 03/Dic/2002
Descripción general
Zona arenosa frente a Isla Cotorra; aguas blancas y salobres (10 ppm), a unos 2 m profundidad.

Riqueza de especies: muy baja
Myliobatiformes = 1
Siluriformes = 2
Perciformes = 2
Pleuronectiformes = 1
Total especies = 6

BOCA CAÑO PEDERNALES - ISLA COTORRA

Número georeferencia / Número estación: F-16/16
Coordenadas: 09° 59´36´´ N - 62° 17´20´´W
Fecha:03/Dic/2002
Descripción general
Boca del Caño Cotorra, al lado de las plataformas abandonadas, frente a Pedernales; aguas blancas y salobres (9 ppm); fondo fangoso, 1,6 m profundidad.

Riqueza de especies: baja
Myliobatiformes = 1
Siluriformes = 2
Perciformes = 3
Pleuronectiformes = 1
Batraochoidiformes = 1
Total especies = 8

BOCA CAÑO PEDERNALES - ISLA COTORRA

Número georeferencia / Número estación: F-17/17
Coordenadas: 09° 59´25´´N - 62° 17´10´´ W
Fecha: 03/Dic/2002
Descripción general
Boca Caño Cotorra, frente a plataformas abandonadas; fondo fangoso, aguas blancas y un poco salobre (5 ppm); 1,5 m profundidad.

Riqueza de especies: baja
Clupeiformes = 2
Siluriformes = 2
Perciformes = 3
Pleuronectiformes = 2
Tetraodontiformes = 2
Batraochoidiformes = 1
Total especies = 12

BOCA CAÑO PEDERNALES - ISLA COTORRA

Número georeferencia / Número estación: F-18/18
Coordenadas: 09° 59´10´´N - 62° 16´ 13´´W
Fecha: 03/Dic/2002
Descripción general
Boca Caño Cotorra, al lado de plataformas abandonadas; fondo fangoso, aguas blancas y salobres (7 ppm); 1,3 m profundidad.

Riqueza de especies: alta
Myliobatiformes = 5
Clupeiformes = 3
Siluriformes = 4
Perciformes = 7
Pleuronectiformes = 1
Tetraodontiformes = 1
Batraochoidiformes = 1
Total especies = 22

BOCA CAÑO PEDERNALES - ISLA COTORRA

Número georeferencia / Número estación: F-19/19
Coordenadas: 10° 02´79´´ N - 62° 14´33´´ W
Fecha: 03/Dic/2002
Descripción general
Playa areno-fangosa en Isla Cotorra (Punta Bernal); agua blanca, salada (15 ppm); poco profunda (hasta 1,5 m); muestreada durante el día.

Riqueza de especies: muy alta
Clupeiformes = 3
Siluriformes = 1
Cyprinodontiformes = 2
Perciformes = 14
Pleuronectiformes = 3
Tetraodontiformes = 2
Batraochoidiformes = 1
Total especies = 26

BOCA CAÑO PEDERNALES - ISLA COTORRA

Número georeferencia / Número estación: F-20/20
Coordenadas: 10° 02´79´´ N - 62° 14´33´´ W
Fecha: 06/Dic/2002
Descripción general
Playa areno-fangosa en Isla Cotorra (Punta Bernal); agua blanca, más salada (15 ppm); menos profunda que en el día (hasta 1,5 m); muestreada durante la noche.

Riqueza de especies: baja
Clupeiformes = 1
Siluriformes = 2
Cyprinodontiformes = 1
Beloniformes = 1
Perciformes = 5
Pleuronectiformes = 1
Total especies =11

BOCA CAÑO PEDERNALES - ISLA COTORRA

Número georeferencia / Número estación: F-21/21
Coordenadas: 10° 02´79´´ N - 62° 14´33´´ W
Fecha: 03/Dic/2002
Descripción general
Pequeña laguna interna en Punta Bernal de aguas claras y saladas (20 ppm); fondo arenoso con muchas ramas y brotes de manglar, sombreada.

Riqueza de especies: muy baja
Cyprinodontiformes = 3
Perciformes = 1
Total especies = 4

Localidad 3

CAÑO MÁNAMO - GÜINAMORENA

Número georeferencia / Número estación: F-22/22
Coordenadas: 09° 42´22´´ N - 62° 21´62´´ W
Fecha: 04/Dic/2002
Descripción general
Cauce principal del Caño Mánamo, frente al poblado de Güinamorena; aguas claras, totalmente dulces, 1,4 m profundidad; fondo fangoso con mucha hojarasca.

Riqueza de especies: moderada
Myliobatiformes = 1
Clupeiformes = 3
Characiformes = 1
Siluriformes = 5
Perciformes = 4
Tetraodontiformes = 1
Total especies = 15

CAÑO MÁNAMO - GÜINAMORENA

Número georeferencia / Número estación: F- 23/23
Coordenadas: 09° 12´04´´ N - 62° 21´70´´ W
Fecha: 04/Dic/2002
Descripción general
Cauce principal del Caño Mánamo, aguas arriba del poblado de Güinamorena; aguas claras a negras, totalmente dulces, 1,4 m profundidad; fondo fangoso con mucha hojarasca.

Riquezade especies: baja
Clupeiformes = 3
Characiformes = 1
Siluriformes = 5
Perciformes = 1
Total especies = 10

CAÑO MÁNAMO - GÜINAMORENA

Número georeferencia / Número estación: F-24/24
Coordenadas: 09° 41´86´´ N - 62° 21´82´´ W
Fecha: 04/Dic/2002
Descripción general
Cauce principal del Caño Mánamo, Güinamorena; aguas más negras que claras, totalmente dulces, 1,5 m profundidad; fondo fangoso con mucha hojarasca.

Riqueza de especies: baja
Clupeiformes = 4
Characiformes = 1
Siluriformes = 4
Perciformes = 1
Total especies = 10

CAÑO MÁNAMO - GÜINAMORENA

Número georeferencia / Número estación: F-25/25
Coordenadas: 09° 41´79´´ N - 62° 21´97´´ W
Fecha: 04/Dic/2002
Descripción general
Cauce principal del Caño Mánamo, Güinamorena; aguas negras, totalmente dulces, 3 m profundidad; fondo fangoso con mucha hojarasca y restos de bora (*Eichornia* spp.).

Riqueza de especies: moderada
Clupeiformes = 2
Characiformes = 2
Gymnotiformes = 1
Siluriformes = 4
Perciformes = 4
Total especies = 13

CAÑO MÁNAMO - GÜINAMORENA

Número georeferencia / Número estación: F-26/26
Coordenadas: 09° 41´42´´ N - 62° 22´06´´ W
Fecha: 04/Dic/2002
Descripción general
Cauce principal del Caño Mánamo, Güinamorena; aguas negras, totalmente dulces, 3,3 m profundidad; fondo fangoso.

Riqueza de especies: baja
Myliobatiformes = 1
Clupeiformes = 2
Characiformes = 2
Siluriformes = 2
Perciformes = 1
Total especies = 8

CAÑO MÁNAMO - GÜINAMORENA

Número georeferencia / Número estación: F-27/27
Coordenadas: 09° 56´11´´ N - 62° 15´88´´ W
Fecha: 04/Dic/2002
Descripción general
Cauce principal del caño Mánamo, frente a la boca del Caño Cotorra; aguas blancas, salobres (6 ppm); fondo fangoso; 1 m profundidad.

Riqueza de especies: moderada
Myliobatiformes = 1
Clupeiformes = 2
Characiformes = 2
Siluriformes = 4
Perciformes = 3
Pleuronectiformes = 1
Tetraodontiformes = 1
Total especies = 14

CAÑO MÁNAMO - GÜINAMORENA

Número georeferencia / Número estación: F-28/28
Coordenadas: 09° 56´61´´ N - 62° 15´56´´ W
Fecha: 04/Dic/2002
Descripción general
Cauce principal del caño Mánamo, aguas arriba de Pedernales; aguas blancas, salobres (7 ppm); fondo fangoso; 1,2 m profundidad.

Riqueza de especies: baja
Clupeiformes = 4
Siluriformes = 3
Perciformes = 2
Pleuronectiformes = 1
Total especies = 10

CAÑO MÁNAMO - GÜINAMORENA

Número georeferencia / Número estación: F-29/29
Coordenadas: 09° 56´80´´ n - 62° 15´64´´ W
Fecha: 04/Dic/2002
Descripción general
Cauce principal del caño Mánamo, aguas arriba de Pedernales; aguas blancas, saladas (11 ppm); fondo fangoso; 1,2 m profundidad.

Riqueza de especies: moderada
Clupeiformes = 3
Siluriformes = 3
Perciformes = 4
Pleuronectiformes = 1
Tetraodontiformes = 1
Batraochoidiformes = 1
Total especies = 13

CAÑO MÁNAMO - GÜINAMORENA

Número georeferencia / Número estación: F-30/30
Coordenadas: 09° 57′02″ N - 62° 15′ 75″ W
Fecha: 04/Dic/2002
Descripción general
Cauce principal del caño Mánamo, llegando a Pedernales; aguas blancas, saladas (11 ppm); fondo fangoso; 1,3 m profundidad.

Riqueza de especies: baja
Myliobatiformes = 1
Clupeiformes = 3
Siluriformes = 3
Perciformes = 2
Pleuronectiformes = 1
Total especies = 10

Localidad 4

RÍO GUANIPA - CAÑO VENADO

Número georeferencia / Número estación: F-31/31
Coordenadas: 09° 56′25″N - 62° 26′09″ W
Fecha: 05/Dic/2002
Descripción general
Río Guanipa, entre la boca del mismo río e Isla Venado; aguas claras a negras, salobres (6 ppm), a unos 2 m profundidad; fondo fangoso.

Riqueza de especies: baja
Myliobatiformes = 2
Siluriformes = 5
Perciformes = 4
Pleuronectiformes = 1
Total especies = 12

RÍO GUANIPA - CAÑO VENADO

Número georeferencia / Número estación: F-32/32
Coordenadas: 09° 55′45″ N - 62° 26′69″ W
Fecha: 05/Dic/2002
Descripción general
Río Guanipa, entre la boca del mismo río e Isla Venado; aguas claras a negras, salobres (5 ppm), a 1,3 m profundidad; fondo fangoso, con hojarasca.

Riqueza de especies: moderada
Myliobatiformes = 2
Clupeiformes = 2
Siluriformes = 5
Perciformes = 6
Pleuronectiformes = 1
Tetraodontiformes = 1
Total especies = 17

RÍO GUANIPA - CAÑO VENADO

Número georeferencia / Número estación: F-33/33
Coordenadas: 09° 53′31″ N - 62° 28′84″ W
Fecha: 05/Dic/2002
Descripción general
Río Guanipa, aguas arriba de la boca; aguas negras, totalmente dulces, a un metro de profundidad; fondo fangoso, con hojarasca.

Riqueza de especies: moderada
Myliobatiformes = 2
Clupeiformes = 2
Characiformes = 1
Siluriformes = 5
Perciformes = 5
Pleuronectiformes = 1
Total especies = 16

RÍO GUANIPA - CAÑO VENADO

Número georeferencia / Número estación: F-34/34
Coordenadas: 09° 53′65″ N - 62° 27′15″ W
Fecha: 05/Dic/2002
Descripción general
Río Guanipa, aguas arriba de la boca, playa fangosa margen derecha del manglar; aguas negras y totalmente dulces; a unos 3 m profundidad.

Riqueza de especies: baja
Myliobatiformes = 2
Clupeiformes = 1
Siluriformes = 4
Perciformes = 2
Total especies = 9

RÍO GUANIPA - CAÑO VENADO

Número georeferencia / Número estación: F-35/35
Coordenadas: 09° 53′39″ N - 62° 27′13″ W
Fecha: 05/Dic/2002
Descripción general
Río Guanipa, aguas arriba de la boca, playa fangosa margen derecha del cauce, pegada al manglar, apenas a un metro de profundidad; aguas negras, ligeramente salobres (3 ppm).

Riqueza de especies: moderada
Myliobatiformes = 2
Characiformes = 1
Siluriformes = 5
Perciformes = 4
Pleuronectiformes = 1
Total especies = 13

RÍO GUANIPA - CAÑO VENADO

Número georeferencia / Número estación: F-36/36
Coordenadas: 09° 51´25´´ N - 62° 25´20´´ W
Fecha: 05/Dic/2002
Descripción general
Río Guanipa, aguas arriba, aguas negras, completamente
dulces; fondo fangoso, 6 m de profundidad.

Riqueza de especies: muy baja
Siluriformes = 1
Perciformes = 1
Total especies = 2

RÍO GUANIPA - CAÑO VENADO

Número georeferencia / Número estación: F-37/37
Coordenadas: 10° 02´72´´ - 62° 26´ 77´´ W
Fecha: 05/Dic/2002
Descripción general
Boca del Caño Venado, frente a la boca del Río Guanipa;
fondo fangoso, a 1,6 m profundidad; aguas blancas y salo-
bres (10 ppm).

Riqueza de especies: baja
Siluriformes = 2
Perciformes = 5
Total especies = 7

RÍO GUANIPA - CAÑO VENADO

Número georeferencia / Número estación: F-38/38
Coordenadas: 10° 01´39´´ N - 62° 26´25´´ W
Fecha: 05/Dic/2002
Descripción general
Boca del Caño Venado; fondo fangoso, con mucha hojar-
asca, 3 m profundidad; aguas blancas y más saladas (13
ppm).

Riqueza de especies: moderada
Siluriformes = 6
Perciformes = 5
Pleuronectiformes = 1
Tetraodontiformes = 1
Total especies = 13

RÍO GUANIPA - CAÑO VENADO

Número georeferencia / Número estación: F-39/39
Coordenadas: 09° 57´11´´ N - 62° 25´03´´ W
Fecha: 05/Dic/2002
Descripción general
Caño Venado, confluencia con el Río Guanipa; fondo
fangoso, 4 m profundidad; aguas blancas y salobres (9 ppm).

Riqueza de especies: baja
Siluriformes = 3
Perciformes = 6
Pleuronectiformes = 1
Total especies = 10

RÍO GUANIPA - CAÑO VENADO

Número georeferencia / Número estación: F-40/40
Coordenadas: 09° 55´73´´ N - 62° 26´05´´ W
Fecha: 05/Dic/2002
Descripción general
Boca del Río Guanipa, comunidad indígena de Guanipa;
poza intermareal de unos 30 cm de profundidad, debajo
de los palafitos indígenas; fondo fangoso, aguas turbias y
salobres (4 ppm).

Riqueza de especies: baja
Characiformes = 1
Cyprinodontiformes = 1
Perciformes = 5
Total especies = 7

RÍO GUANIPA - CAÑO VENADO

Número georeferencia / Número estación: F-41/41
Coordenadas: 09° 58´22´´ N - 62° 24´80´´ W
Fecha: 05/Dic/2002
Descripción general
Caño Venado, pequeño cauce somero de desagüe del man-
glar sobre el suelo anegado; aguas turbias y salobres (9 ppm).

Riqueza de especies: muy baja
Cyprinodontiformes = 2
Total especies = 2

Localidad 5

CAÑO MANAMITO

Número georeferencia / Número estación: F-42/42
Coordenadas: 09° 55´61 ´´ N - 62° 18´54´´ W
Fecha: 06/Dic/2002
Descripción general
Caño Manamito, cauce principal, más o menos 1 m profun-
didad; aguas blancas, ligeramente salobres (5 ppm); fondo
fangoso.

Riqueza de especies: baja
Clupeiformes = 2
Siluriformes = 3
Perciformes = 2
Total especies = 7

CAÑO MANAMITO

Número georeferencia / Número estación: F-43/43
Coordenadas: 09° 55´ 26 ´´ N - 62° 18´61 ´´ W
Fecha: 06/Dic/2002
Descripción general
Caño Manamito, cauce principal, más o menos 1 m profundidad; aguas blancas, ligeramente salobres (5 ppm), fondo fangoso, con mucha hojarasca.

Riqueza de especies: alta
Myliobatiformes = 1
Clupeiformes = 3
Siluriformes = 5
Perciformes = 8
Pleuronectiformes = 1
Tetraodontiformes = 1
Total especies = 19

CAÑO MANAMITO

Número georeferencia / Número estación: F-44/44
Coordenadas: 09° 55´02 ´´ N - 62° 18´ 67 ´´ W
Fecha: 06/Dic/2002
Descripción general
Caño Manamito, cauce principal, a 1,3 m profundidad; aguas blancas, ligeramente salobres (4 ppm), fondo fangoso, con mucha hojarasca.

Riqueza de especies: muy alta
Myliobatiformes = 2
Clupeiformes = 3
Siluriformes = 7
Perciformes = 8
Pleuronectiformes = 3
Tetraodontiformes = 2
Total especies = 25

CAÑO MANAMITO

Número georeferencia / Número estación: F-45/45
Coordenadas: 09° 54´ 78 ´´ N - 62° 18´ 68 ´´ W
Fecha: 06/Dic/2002
Descripción general
Caño Manamito, cauce principal, a 3 m profundidad; aguas blancas, ligeramente salobres (4 ppm), fondo fangoso.

Riqueza de especies: moderada
Characiformes = 1
Siluriformes = 5
Perciformes = 6
Pleuronectiformes = 2
Tetraodontiformes = 1
Total especies = 15

CAÑO MANAMITO

Número georeferencia / Número estación: F-46/46
Coordenadas: 09° 54´ 35´´ N - 62° 18´ 72´´ W
Fecha: 06/Dic/2002
Descripción general
Caño Manamito, cauce principal, a 1,5 m profundidad; aguas blancas, ligeramente salobres (5 ppm), fondo fangoso.

Riqueza de especies: moderada
Myliobatiformes = 2
Clupeiformes = 2
Siluriformes = 5
Perciformes = 7
Pleuronectiformes = 1
Tetraodontiformes = 1
Total especies = 18

CAÑO MANAMITO

Número georeferencia / Número estación: F-47/47
Coordenadas: 09° 52´ 32´´ N - 62° 18´ 10 ´´ W
Fecha: 06/Dic/2002
Descripción general
Caño Manamito, cauce principal, a 2 m profundidad; aguas blancas, poco salobres (3 ppm), fondo fangoso con abundante hojarasca.

Riqueza de especies: moderada
Myliobatiformes = 2
Siluriformes = 6
Perciformes = 5
Pleuronectiformes = 3
Tetraodontiformes = 1
Total especies = 17

CAÑO MANAMITO

Número georeferencia / Número estación: F-48/48
Coordenadas: 09° 52´14´´ N - 62° 18´ 78 ´´ W
Fecha: 06/Dic/2002
Descripción general
Caño Manamito, cauce principal, a 2,2 m profundidad; aguas blancas, totalmente dulces; fondo fangoso con abundante hojarasca.

Riqueza de especies: moderada
Clupeiformes = 1
Siluriformes = 8
Perciformes = 3
Pleuronectiformes = 1
Tetraodontiformes = 1
Total especies = 14

CAÑO MANAMITO

Número georeferencia / Número estación: F-49/49
Coordenadas: 09° 52′ 02′′ N - 62° 17′ 02′′ W
Fecha: 06/Dic/2002
Descripción general
Caño Manamito, cauce principal, a 2 m profundidad; aguas blancas, totalmente dulce; fondo fangoso.

Riqueza de especies: alta
Myliobatiformes = 1
Clupeiformes = 2
Characiformes = 1
Siluriformes = 6
Perciformes = 7
Pleuronectiformes = 1
Tetraodontiformes = 1
Total especies = 19

CAÑO MANAMITO

Número georeferencia / Número estación: F-50/50
Coordenadas: 09° 51′ 00′′ N - 62° 19′ 00′′ W
Fecha: 06/Dic/2002
Descripción general
Caño Manamito, cauce principal, a 1,9 m profundidad; aguas blancas, totalmente dulce; fondo fangoso.

Riqueza de especies: moderada
Myliobatiformes = 1
Clupeiformes = 1
Siluriformes = 6
Perciformes = 4
Pleuronectiformes = 1
Tetraodontiformes = 1
Total especies = 14

Localidad 6

BOCA DE BAGRE

Número georeferencia / Número estación: F- 51/51
Coordenadas: 09° 54′ 03′′ N - 62° 21′ 28′′ W
Fecha: 07/Dic/2002
Descripción general
Boca de Bagre, aguas blancas, casi dulces (1 ppm); fondo fangoso; 1, 2 m profundidad.

Riqueza de especies: moderada
Myliobatiformes = 2
Clupeiformes = 4
Siluriformes = 5
Perciformes = 4
Pleuronectiformes = 3
Total especies = 18

BOCA DE BAGRE

Número georeferencia / Número estación: F- 52/52
Coordenadas: 09° 53′ 76′′ N - 62° 21′ 21′′ W
Fecha: 07/Dic/2002
Descripción general
Boca de Bagre, aguas blancas, casi dulces (1 ppm); fondo fangoso; 2,7 m profundidad.

Riqueza de especies: baja
Myliobatiformes = 3
Clupeiformes = 4
Siluriformes = 3
Perciformes = 1
Pleuronectiformes = 1
Total especies = 12

BOCA DE BAGRE

Número georeferencia / Número estación: F- 53/53
Coordenadas: 09° 53′ 50′′ N - 62° 21′ 15′′ W
Fecha: 07/Dic/2002
Descripción general
Boca de Bagre, aguas blancas, totalmente dulces; fondo fangoso; 1 m profundidad.

Riqueza de especies: alta
Myliobatiformes = 2
Clupeiformes = 4
Siluriformes = 5
Perciformes = 7
Pleuronectiformes = 1
Tetraodontiformes = 1
Total especies = 20

BOCA DE BAGRE

Número georeferencia / Número estación: F- 54/54
Coordenadas: 09° 53′ 22′′ N - 62° 21′ 20′′ W
Fecha: 07/Dic/2002
Descripción general
Boca de Bagre, aguas blancas, casi totalmente dulces (1 ppm); fondo fangoso; 5,5 m profundidad.

Riqueza de especies: baja
Myliobatiformes = 1
Clupeiformes = 2
Siluriformes = 3
Perciformes = 5
Total especies = 11

BOCA DE BAGRE

Número georeferencia / Número estación: F- 55/55
Coordenadas: 09° 53′ 43″ N - 62° 24′ 36″ W
Fecha: 07/Dic/2002
Descripción general
Boca de Bagre, aguas blancas, casi totalmente dulces (1 ppm); fondo fangoso; 5,5 m profundidad

Riqueza de especies: muy baja
Siluriformes = 4
Perciformes = 2
Total especies = 6

BOCA DE BAGRE

Número georeferencia / Número estación: F- 56/56
Coordenadas: 09° 55′ 72″ N - 62° 21′ 40″ W
Fecha: 07/Dic/2002
Descripción general
Boca de Bagre, al margen de unas islas de manglar en formación; aguas blancas, casi totalmente dulces (1 ppm); fondo fangoso; 4,3 m profundidad

Riqueza de especies: baja
Myliobatiformes = 1
Clupeiformes = 3
Siluriformes = 3
Perciformes = 4
Pleuronectiformes = 1
Total especies = 12

BOCA DE BAGRE

Número georeferencia / Número estación: F- 57/57
Coordenadas: 09° 58′ 32″ N - 62° 20′ 67″ W
Fecha: 07/Dic/2002
Descripción general
Boca de Bagre, mar afuera; aguas blancas, ligeramente salobres (3 ppm); fondo fangoso; 1,6 m profundidad.

Riqueza de especies: moderada
Clupeiformes = 5
Siluriformes = 3
Perciformes = 8
Total especies = 16

BOCA DE BAGRE

Número georeferencia / Número estación: F- 58/58
Coordenadas: 09° 58′ 65″ N - 62° 20′ 50″ W
Fecha: 07/Dic/2002
Descripción general
Boca de Bagre, mar afuera; aguas blancas, ligeramente salobres (3 ppm); fondo fangoso; 1,5 m profundidad.

Riqueza de especies: alta
Clupeiformes = 5
Siluriformes = 4
Perciformes = 8
Pleuronectiformes = 1
Tetraodontiformes = 1
Total especies = 19

BOCA DE BAGRE

Número georeferencia / Número estación: F- 59/59
Coordenadas: 09° 59′ 36″ N - 62° 20′ 14″ W
Fecha: 07/Dic/2002
Descripción general
Boca de Bagre, mar afuera; aguas blancas, salobres (4 ppm); fondo fango-arenoso; 3,1 m profundidad.

Riqueza de especies: baja
Clupeiformes = 1
Siluriformes = 2
Perciformes = 5
Pleuronectiformes = 1
Total especies = 9

Localidad 7

PLAYA DE ROCAS (GIJAS) DE PEDERNALES

Número georeferencia / Número estación: F- 60/60
Coordenadas: 581790 E - 1102389 N
Fecha: 07/Dic/2002
Descripción general
Playa punta norte de Pedernales que aparece durante la marea baja; suelo con rocas (gijas) y restos de naufragios, casas, etc; abundante petróleo (afloramientos naturales); agua salada (8 ppm).

Riqueza de especies: muy baja
Anguilliformes = 1
Perciformes = 2
Total especies = 3

Localidad 8

ISLA CAPURE

Número georeferencia / Número estación: F- 61/61
Coordenadas: 09° 58′ 71″ N - 62° 14′ 12″ W
Fecha: 07/Dic/2002
Descripción general
Isla Capure, canales de desagüe de aguas domésticas de las casas, entre el aeropuerto y el puerto, dulces y muy eutrofizadas; con abundante vegetación acuática.

Riqueza de especies: baja
Cyprinodontiformes = 4
Perciformes = 3
Total especies = 7

Evaluación rápida de la biodiversidad y aspectos sociales de
los ecosistemas acuáticos del delta del río Orinoco y golfo de Paria, Venezuela

335

Appendix 8

Description of Georeferenced Localities and Sampling stations for the AquaRAP survey of the Gulf of Paria and Orinoco Delta, Venezuela, December 2002. Fishes.

Carlos A. Lasso, Oscar M. Lasso-Alcalá, Carlos Pombo and Michael Smith

Specific richness scale by station (trawl): 1 – 26 species 1 – 6: very low, 7 – 12: low, 13 – 18 moderate, 19 – 24 high, >25 very high.

Location 1

PEDERNALES CHANNEL

Georeference number/Station number: F-1/1
Coordinate: 09° 55′51″ N - 62° 12′54″ W
Date: 02/Dec/2002
General description
Principal canal of Pedernales channel, more or less one meter in depth, white waters and slightly saline (5 ppm) and just saline at its confluence with the Angosto channel.

Species richness: moderate
Myliobatiformes = 1
Clupeiformes = 4
Siluriformes = 4
Perciformes = 5
Pleuronectiformes = 1
Tetraodontiformes = 2
Total species = 17

PEDERNALES CHANNEL

Georeference number/Station number: F-2/2
Coordinates: 09° 51′55″ N - 62° 10′47″ W
Date: 02/Dec/2002
General description
Principal canal of Pedernales channel, 2 m in depth, above its confluence with the Angosto channel; black and fresh water.

Species richness: low
Clupeiformes = 2
Characiformes = 2
Siluriformes = 4
Perciformes = 4
Total species = 12

PEDERNALES CHANNEL

Georeference number/Station number: F-3/3
Coordinates: 09° 51′25″N - 62° 10′42″W
Fe: 02/Dec/2002
General description
Principal canal of Pedernales channel, up to 23 m in depth, black and fresh water.

Species richness: moderate
Elopiformes = 1
Clupeiformes = 2
Siluriformes = 5
Perciformes = 6
Pleuronectiformes = 1
Tetraodontiformes = 1
Total species = 16

PEDERNALES CHANNEL

Georeference number / Station number:F-4/4
Coordinates: 09° 50′88″N - 62° 10′40″W
Date: 02/Dec/2002
General description
Principal canal of Pedernales channel, high water; up to 1.6 m in depth, with black and fresh waters persisting despite high water.

Species richness: moderate
Clupeiformes = 1
Siluriformes = 6
Perciformes = 6
Pleuronectiformes = 1
Total species = 14

PEDERNALES CHANNEL

Georeference number / Station number: F-5/5
Coordinates: 09° 51´21´´N - 62° 10´38´´W
Date: 02/Dec/2002
General description
Principal canal of Pedernales channel, high water; up to 2.6 m in depth, black and fresh waters, a great deal of mud.

Species richness: very low
Siluriformes = 3
Perciformes = 3
Total species = 6

PEDERNALES CHANNEL

Georeference number / Station number: F-6/6
Coordinates: 09° 51´ 20´´N - 62° 10´39´´W
Date: 02/Dec/2002
General description
Principal canal of Pedernales, up to almost 3 m in depth; black waters and 1 ppm salinity, abundant leaf litter and mud.

Species richness: low
Siluriformes = 3
Perciformes = 5
Pleuronectiformes = 1
Tetraodontiformes = 1
Total species = 10

PEDERNALES CHANNEL

Georeference number / Station number: F-7/7
Coordinates: 09° 51´54´´N - 62° 10´34´´W
Date: 02/Dec/2002
General description
Principal channel of Pedernales, waters between black and white, to 1.4 m in depth; fresh water (2 ppm).

Species richness: high
Myliobatiformes = 3
Clupeiformes = 2
Characiformes = 1
Siluriformes = 7
Perciformes = 6
Pleuronectiformes = 2
Total species = 21

PEDERNALES CHANNEL

Georeference number / Station number: F-8/8
Coordinates: 09° 57´ 34´´N - 62° 14´63´´ W
Date: 02/Dec/2002
General description
Pedernales channel, in the principal canal up to some 4 m in depth; white waters and saline (11 ppm).

Species richness: low
Siluriformes = 5
Perciformes = 3
Pleuronectiformes = 1
Batraochoidiformes = 1
Total species = 10

PEDERNALES CHANNEL

Georeference number / Station number: F-9/9
Coordinates: 09° 58´27´´N - 62° 15´44´´W
Date: 02/Dec/2002
General description
Principal canal of the Pedernales channel, up to some 3 m in depth, waters still white and more saline (16 ppm).

Species richness: low
Clupeiformes = 1
Siluriformes = 3
Perciformes = 4
Pleuronectiformes = 1
Batraochoidiformes = 1
Total species = 10

Location 2

MOUTH OF THE PEDERNALES CHANNEL - COTORRA ISLAND

Georeference number / Station number: F-10/10
Coordinates: 10° 02´45´´N - 62° 14´39´´ W
Date: 03/Dec/2002
General description
Muddy-sandy area in front of the beach at Punta Bernal and Cotorra Island (mouth north of the channel); white and saline waters (11 ppm), with a great deal of leaf litter.

Species richness: low
Siluriformes = 3
Perciformes = 1
Pleuronectiformes = 1
Tetraodontiformes = 1
Batraochoidiformes = 1
Total species = 7

MOUTH OF PEDERNALES CHANNEL - COTORRA ISLAND

Georeference number / Station number: F-11/11
Coordinates: 10° 02′ 34″ N - 62° 14′38″ W
Date: 03/Dec/2002
General description
Muddy area continuing along the beach of Punta Bernal, outskirts of the marine waters; white and saline waters (11 ppm).

Species richness: very low
Siluriformes = 1
Perciformes = 3
Total species = 3

MOUTH OF PEDERNALES CHANNEL - COTORRA ISLAND

Georeference number / Station number: F-12/12
Coordinates: 10° 02′ 77″ N - 62° 14′34″ W
Date: 03/Dec/2002
General description
Area in the front of the mouth of Pedernales, to 2 m in depth; white and saline waters (9 ppm); muddy-sandy bottom, with much leaf litter and the remains of sticks and trunks.

Species richness: low
Clupeiformes = 1
Siluriformes = 3
Perciformes = 2
Pleuronectiformes = 1
Total species = 7

MOUTH OF PEDERNALES CHANNEL - COTORRA ISLAND

Georeference number / Station number: F-13/13
Coordinates: 10° 02′91″ N - 62° 14′12″ W
Date: 03/Dec/ 2002
General description
Area in front of the mouth of Pedernales, to some 2 m in depth; white and saline waters (9 ppm); muddy bottom.

Species richness: low
Clupeiformes = 3
Siluriformes = 2
Perciformes = 3
Tetraodontiformes = 1
Total species = 9

MOUTH OF PEDERNALES CHANNEL - COTORRA ISLAND

Georeference number / Station number: F-14/14
Coordinates: 10° 03′14″ N - 62° 14′09″W
Date: 03/Dec/2002
General description
Front of Cotorra Island, to 1.7 m in depth; white, saline waters (9 ppm) and muddy bottom.

Species richness: low
Myliobatiformes = 1
Clupeiformes = 1
Siluriformes = 2
Perciformes = 2
Pleuronectiformes = 1
Total species = 7

MOUTH OF PEDERNALES CHANNEL - COTORRA ISLAND

Georeference number / Station number: F-15/15
Coordinates: 10° 02′75″ N - 62° 14′26″ W
Date: 03/Dec/2002
General description
Sandy zone in front of Cotorra Island; white, saline waters (10 ppm) and up to 2 m in depth.

Species richness: very low
Myliobatiformes = 1
Siluriformes = 2
Perciformes = 2
Pleuronectiformes = 1
Total species = 6

MOUTH OF PEDERNALES CHANNEL - COTORRA ISLAND

Georeference number / Station number: F-16/16
Coordinates: 09° 59′36″ N - 62° 17′20″W
Date:03/Dec/2002
General description
Mouth of the Cotorra channel, along the abandoned platforms, in front of Pedernales; white, saline waters (9 ppm) and muddy bottom, 1.6 m in depth.

Species richness: low
Myliobatiformes = 1
Siluriformes = 2
Perciformes = 3
Pleuronectiformes = 1
Batraochoidiformes = 1
Total species = 8

MOUTH CHANNEL PEDERNALES - ISLAND COTORRA

Georeference number / Station number:F-17/17
Coordinates: 09° 59´25´´N - 62º 17´10´´ W
Date: 03/Dec/2002
General description
Mouth of the Cotorra channel, in front of the abandoned platforms; muddy bottom, white waters, and slightly saline (5 ppm); 1.5 m in depth.

Species richness: low
Clupeiformes = 2
Siluriformes = 2
Perciformes = 3
Pleuronectiformes = 2
Tetraodontiformes = 2
Batraochoidiformes = 1
Total species = 12

MOUTH OF PEDERNALES CHANNEL - COTORRA ISLAND

Georeference number / Station number: F-18/18
Coordinates: 09° 59´10´´N - 62º 16´ 13´´W
Date: 03/Dec/2002
General description
Mouth of the Cotorra channel, along the abandoned platforms; muddy bottom, white, saline waters (7 ppm);1.3 m in depth.

Species richness: high
Myliobatiformes = 5
Clupeiformes = 3
Siluriformes = 4
Perciformes = 7
Pleuronectiformes = 1
Tetraodontiformes = 1
Batraochoidiformes = 1
Total species = 22

MOUTH OF THE PEDERNALES CHANNEL - COTORRA ISLAND

Georeference number / Station number: F-19/19
Coordinates: 10° 02´79´´ N - 62º 14´33´´ W
Date: 03/Dec/2002
General description
Sandy-muddy beach on Cotorra Island (Punta Bernal); white, saline water (15 ppm); shallow (up to 1.5 m); sampled during the day.

Species richness: very high
Clupeiformes = 3
Siluriformes = 1
Cyprinodontiformes = 2
Perciformes = 14
Pleuronectiformes = 3
Tetraodontiformes = 2
Batraochoidiformes = 1
Total species = 26

MOUTH OF THE PEDERNALES CHANNEL - COTORRA ISLAND

Georeference number / Station number: F-20/20
Coordinates: 10° 02´79´´ N - 62º 14´33´´ W
Date: 06/Dec/2002
General description
Sandy-muddy beach on Cotorra Island (Punta Bernal); white, more saline water (15 ppm); more shallow than during the day (up to 1.5 m); sampled at night.

Species richness: low
Clupeiformes = 1
Siluriformes = 2
Cyprinodontiformes = 1
Beloniformes = 1
Perciformes = 5
Pleuronectiformes = 1
Total species =11

MOUTH CHANNEL PEDERNALES - ISLAND COTORRA

Georeference number / Station number: F-21/21
Coordinates: 10° 02´79´´ N - 62º 14´33´´ W
Date: 03/Dec/2002
General description
Small internal lagoon on Punta Bernal with clear and saline waters (20 ppm); sandy bottom with many branches and mangrove shoots, shaded.

Species richness: very low
Cyprinodontiformes = 3
Perciformes = 1
Total species = 4

Location 3

MÁNAMO CHANNEL - GÜINAMORENA

Georeference number / Station number: F-22/22
Coordinates: 09° 42´22´´ N - 62° 21´62´´ W
Date: 04/Dec/2002
General description
Principal canal of the Mánamo channel, in front of the town of Güinamorena; clear, completely fresh waters, 1.4 m in depth; muddy bottom with much leaf litter.

Species richness: moderate
Myliobatiformes = 1
Clupeiformes = 3
Characiformes = 1
Siluriformes = 5
Perciformes = 4
Tetraodontiformes = 1
Total species = 15

MÁNAMO CHANNEL - GÜINAMORENA

Georeference number / Station number: F- 23/23
Coordinates: 09° 12´04´´ N - 62° 21´70´´ W
Date: 04/Dec/2002
General description
Principal canal of the Mánamo channel, waters above the town of Güinamorena; clear to black waters, completely fresh, 1.4 m in depth; muddy bottom with much leaf litter.

Species richness: low
Clupeiformes = 3
Characiformes = 1
Siluriformes = 5
Perciformes = 1
Total species = 10

MÁNAMO CHANNEL - GÜINAMORENA

Georeference number / Station number: F-24/24
Coordinates: 09° 41´86´´ N - 62° 21´82´´ W
Date: 04/Dec/2002
General description
Principal canal of the Mánamo channel, Güinamorena; waters more black than clear, completely fresh, 1.5 m in depth; muddy bottom with much leaf litter.

Species richness: low
Clupeiformes = 4
Characiformes = 1
Siluriformes = 4
Perciformes = 1
Total species = 10

MÁNAMO CHANNEL - GÜINAMORENA

Georeference number / Station number: F-25/25
Coordinates: 09° 41´79´´ N - 62° 21´97´´ W
Date: 04/Dec/2002
General description
Principal canal of the Mánamo channel, Güinamorena; black waters, completely fresh, 3 m in depth; muddy bottom with much leaf litter and the remains of *Eichornia* spp.

Species richness: moderate
Clupeiformes = 2
Characiformes = 2
Gymnotiformes = 1
Siluriformes = 4
Perciformes = 4
Total species = 13

MÁNAMO CHANNEL - GÜINAMORENA

Georeference number / Station number: F-26/26
Coordinates: 09° 41´42´´ N - 62° 22´06´´ W
Date: 04/Dec/2002
General description
Principal canal of the Mánamo channel, Güinamorena; black waters, completely fresh, 3.3 m in depth; muddy bottom.

Species richness: low
Myliobatiformes = 1
Clupeiformes = 2
Characiformes = 2
Siluriformes = 2
Perciformes = 1
Total species = 8

CHANNEL MÁNAMO - GÜINAMORENA

Georeference number / Station number: F-27/27
Coordinates: 09° 56´ 11´´ N - 62° 15´88´´ W
Date: 04/Dec/2002
General description
Principal canal of the Mánamo channel, in front of the mouth of the Cotorra channel; white, saline waters (6 ppm); muddy bottom; 1 m in depth.

Species richness: moderate
Myliobatiformes = 1
Clupeiformes = 2
Characiformes = 2
Siluriformes = 4
Perciformes = 3
Pleuronectiformes = 1
Tetraodontiformes = 1
Total species = 14

CHANNEL MÁNAMO - GÜINAMORENA

Georeference number / Station number: F-28/28
Coordinates: 09° 56´61´´ N - 62° 15´56´´ W
Date: 04/Dec/2002
General description
Principal canal of the Mánamo channel, waters upstream of Pedernales; white, saline waters, (7 ppm); muddy bottom; 1.2 m in depth.

Species richness: low
Clupeiformes = 4
Siluriformes = 3
Perciformes = 2
Pleuronectiformes = 1
Total species = 10

MÁNAMO CHANNEL - GÜINAMORENA

Georeference number / Station number:F-29/29
Coordinates: 09° 56´80´´ n - 62° 15´64´´ W
Date: 04/Dec/2002
General description
Principal canal of the channel Mánamo, waters upstream of Pedernales; white, saline (11 ppm); waters, muddy bottom; 1.2 m in depth.

Species richness: moderate
Clupeiformes = 3
Siluriformes = 3
Perciformes = 4
Pleuronectiformes = 1
Tetraodontiformes = 1
Batraochoidiformes = 1
Total species = 13

CHANNEL MÁNAMO - GÜINAMORENA

Georeference number / Station number: F-30/30
Coordinates: 09° 57´02´´ N - 62° 15´ 75´´ W
Date: 04/Dec/2002
General description
Principal canal of the channel Mánamo, arriving at Pedernales; white, saline (11 ppm) waters; muddy bottom; 1.3 m in depth.

Species richness: low
Myliobatiformes = 1
Clupeiformes = 3
Siluriformes = 3
Perciformes = 2
Pleuronectiformes = 1
Total species = 10

Location 4

GUANIPA RIVER - VENADO CHANNEL

Georeference number / Station number: F-31/31
Coordinates: 09° 56´25´´N - 62° 26´09´´ W
Date: 05/Dec/2002
General description
Guanipa River, between the mouth of the same river and Venado Island; clear to black waters, saline (6 ppm), to some 2 m in depth; muddy bottom.

Species richness: low
Myliobatiformes = 2
Siluriformes = 5
Perciformes = 4
Pleuronectiformes = 1
Total species = 12

GUANIPA RIVER - VENADO CHANNEL

Georeference number / Station number: F-32/32
Coordinates: 09° 55´45´´ N - 62° 26´69´´ W
Date: 05/Dec/2002
General description
Guanipa River, between the mouth of the same river and Venado Island; clear to black waters, saline (5 ppm), to 1.3 m in depth; muddy bottom, with leaf litter.

Species richness: moderate
Myliobatiformes = 2
Clupeiformes = 2
Siluriformes = 5
Perciformes = 6
Pleuronectiformes = 1
Tetraodontiformes = 1
Total species = 17

GUANIPA RIVER - VENADO CHANNEL

Georeference number / Station number: F-33/33
Coordinates: 09° 53´31´´ N - 62° 28´ 84´´ W
Date: 05/Dec/2002
General description
Guanipa River, waters above the mouth; black waters, completely fresh, to one meter in depth; muddy bottom, with leaf litter.

Species richness: moderate
Myliobatiformes = 2
Clupeiformes = 2
Characiformes = 1
Siluriformes = 5
Perciformes = 5
Pleuronectiformes = 1
Total species = 16

GUANIPA RIVER - VENADO CHANNEL

Georeference number / Station number: F-34/34
Coordinates: 09° 53´65´´ N - 62° 27´15´´ W
Date: 05/Dec/2002
General description
Guanipa River, upstream of the mouth, muddy beach to the right margin of the mangroves; black, completely fresh waters; to some 3 m in depth.

Species richness: low
Myliobatiformes = 2
Clupeiformes = 1
Siluriformes = 4
Perciformes = 2
Total species = 9

GUANIPA RIVER - VENADO CHANNEL

Georeference number / Station number: F-35/35
Coordinates: 09° 53´39´´ N - 62° 27´13´´ W
Date: 05/Dec/2002
General description
Guanipa River, waters above the mouth, muddy beach to the right margin of the canal, attached to the mangroves, barely one meter in depth; black, slightly saline waters (3 ppm).

Species richness: moderate
Myliobatiformes = 2
Characiformes = 1
Siluriformes = 5
Perciformes = 4
Pleuronectiformes = 1
Total species = 13

GUANIPA RIVER - VENADO CHANNEL

Georeference number / Station number: F-36/36
Coordinates: 09° 51´25´´ N - 62° 25´20´´ W
Date: 05/Dec/2002
General description
Guanipa River, waters above, black, completely fresh waters; muddy bottom, 6 m in depth.

Species richness: very low
Siluriformes = 1
Perciformes = 1
Total species = 2

GUANIPA RIVER - VENADO CHANNEL

Georeference number / Station number: F-37/37
Coordinates: 10° 02´72´´ - 62° 26´ 77´´ W
Date: 05/Dec/2002
General description
Mouth of the Venado channel, in front of the mouth of the Guanipa River; muddy bottom, to 1.6 m in depth; white waters and saline (10 ppm).

Species richness: low
Siluriformes = 2
Perciformes = 5
Total species = 7

GUANIPA RIVER - VENADO CHANNEL

Georeference number / Station number: F-38/38
Coordinates: 10° 01´39´´ N - 62° 26´25´´ W
Date: 05/Dec/2002
General description
Mouth of the Venado channel; muddy bottom, with much leaf litter, 3 m in depth; white waters and more saline (13 ppm).

Species richness: moderate
Siluriformes = 6
Perciformes = 5
Pleuronectiformes = 1
Tetraodontiformes = 1
Total species = 13

GUANIPA RIVER - VENADO CHANNEL

Georeference number / Station number: F-39/39
Coordinates: 09° 57´11´´ N - 62° 25´03´´ W
Date: 05/Dec/2002
General description
Venado channel, confluence with the Guanipa River; muddy bottom, 4 m in depth; white waters and saline (9 ppm).

Species richness: low
Siluriformes = 3
Perciformes = 6
Pleuronectiformes = 1
Total species = 10

GUANIPA RIVER - VENADO CHANNEL

Georeference number / Station number: F-40/40
Coordinates: 09° 55´73´´ N - 62° 26´05´´ W
Date: 05/Dec/2002
General description
Mouth of the Guanipa River, indigenous community of Guanipa; intertidal well 30 cm deep, under the indigenous community platform; muddy bottom, cloudy, saline waters (4 ppm).

Species richness: low
Characiformes = 1
Cyprinodontiformes = 1
Perciformes = 5
Total species = 7

GUANIPA RIVER - VENADO CHANNEL

Georeference number / Station number: F-41/41
Coordinates: 09° 58´22´´ N - 62° 24´80´´ W
Date: 05/Dec/2002
General description
Venado channel, small superficial canal of drainage from mangroves over flooded ground; cloudy, saline waters (9 ppm).

Species richness: very low
Cyprinodontiformes = 2
Total species = 2

Location 5

MANAMITO CHANNEL

Georeference number / Station number: F-42/42
Coordinates: 09° 55´61 ´´ N - 62° 18´54´´ W
Date: 06/Dec/2002
General description
Manamito channel, principal canal, more of less 1 m in depth; white waters, slightly saline (5 ppm); muddy bottom.

Species richness: low
Clupeiformes = 2
Siluriformes = 3
Perciformes = 2
Total species = 7

MANAMITO CHANNEL

Georeference number / Station number: F-43/43
Coordinates: 09° 55´ 26 ´´ N - 62° 18´61 ´´ W
Date: 06/Dec/2002
General description
Manamito channel, principal canal, more or less 1 m in depth; white waters, slightly saline (5 ppm), muddy bottom, with much leaf litter.

Species richness: high
Myliobatiformes = 1
Clupeiformes = 3
Siluriformes = 5
Perciformes = 8
Pleuronectiformes = 1
Tetraodontiformes = 1
Total species = 19

MANAMITO CHANNEL

Georeference number / Station number: F-44/44
Coordinates: 09° 55´02 ´´ N - 62° 18´ 67 ´´ W
Date: 06/Dec/2002
General description
Manamito channel, principal canal, to1.3 m in depth; white waters, slightly saline (4 ppm), muddy bottom, with much leaf litter.

Species richness: very high
Myliobatiformes = 2
Clupeiformes = 3
Siluriformes = 7
Perciformes = 8
Pleuronectiformes = 3
Tetraodontiformes = 2
Total species = 25

MANAMITO CHANNEL

Georeference number / Station number: F-45/45
Coordinates: 09° 54´ 78 ´´ N - 62° 18´ 68 ´´ W
Date: 06/Dec/2002
General description
Manamito channel, principal canal, to 3 m in depth; white waters, slightly saline (4 ppm), muddy bottom.

Species richness: moderate
Characiformes = 1
Siluriformes = 5
Perciformes = 6
Pleuronectiformes = 2
Tetraodontiformes = 1
Total species = 15

MANAMITO CHANNEL

Georeference number / Station number: F-46/46
Coordinates: 09° 54´ 35´´ N - 62° 18´ 72´´ W
Date: 06/Dec/2002
General description
Manamito channel, principal canal, to 1.5 m in depth; white waters, slightly saline (5 ppm), muddy bottom.

Species richness: moderate
Myliobatiformes = 2
Clupeiformes = 2
Siluriformes = 5
Perciformes = 7
Pleuronectiformes = 1
Tetraodontiformes = 1
Total species = 18

MANAMITO CHANNEL

Georeference number / Station number: F-47/47
Coordinates: 09° 52´ 32´´ N - 62° 18´ 10 ´´ W
Date: 06/Dec/2002
General description
Manamito channel, principal canal, to 2 m in depth; white waters, very slightly saline (3 ppm), muddy bottom abundant leaf litter.

Species richness: moderate
Myliobatiformes = 2
Siluriformes = 6
Perciformes = 5
Pleuronectiformes = 3
Tetraodontiformes = 1
Total species = 17

MANAMITO CHANNEL

Georeference number / Station number: F-48/48
Coordinates: 09° 52´14´´ N - 62° 18´ 78 ´´ W
Date: 06/Dec/2002
General description
Manamito channel, principal canal, to 2.2 m in depth; white waters, completely fresh; muddy bottom abundant leaf litter.

Species richness: moderate
Clupeiformes = 1
Siluriformes = 8
Perciformes = 3
Pleuronectiformes = 1
Tetraodontiformes = 1
Total species = 14

MANAMITO CHANNEL

Georeference number / Station number: F-49/49
Coordinates: 09° 52´ 02´´ N - 62° 17´ 02´´ W
Date: 06/Dec/2002
General description
Manamito channel, principal canal, to 2 m in depth; white waters, completely fresh; muddy bottom.

Species richness: high
Myliobatiformes = 1
Clupeiformes = 2
Characiformes = 1
Siluriformes = 6
Perciformes = 7
Pleuronectiformes = 1
Tetraodontiformes = 1
Total species = 19

MANAMITO CHANNEL

Georeference number / Station number: F-50/50
Coordinates: 09° 51´ 00´´ N - 62° 19´ 00´´ W
Date: 06/Dec/2002
General description
Manamito channel, principal canal, to 1.9 m in depth; white waters, completely fresh; muddy bottom.

Species richness: moderate
Myliobatiformes = 1
Clupeiformes = 1
Siluriformes = 6
Perciformes = 4
Pleuronectiformes = 1
Tetraodontiformes = 1
Total species = 14

Location 6

MOUTH OF BAGRE

Georeference number / Station number: F- 51/51
Coordinates: 09° 54´ 03´´ N - 62° 21´ 28´´ W
Date: 07/Dec/2002
General description
Mouth of Bagre, white waters, almost fresh (1 ppm); muddy bottom; 1.2 m in depth.

Species richness: moderate
Myliobatiformes = 2
Clupeiformes = 4
Siluriformes = 5
Perciformes = 4
Pleuronectiformes = 3
Total species = 18

MOUTH OF BAGRE

Georeference number / Station number: F- 52/52
Coordinates: 09º 53´ 76´´ N - 62º 21´ 21´´ W
Date: 07/Dec/2002
General description
Mouth of Bagre, white waters, almost fresh (1 ppm); muddy bottom; 2.7 m in depth.

Species richness: low
Myliobatiformes = 3
Clupeiformes = 4
Siluriformes = 3
Perciformes = 1
Pleuronectiformes = 1
Total species = 12

MOUTH OF BAGRE

Georeference number / Station number: F- 53/53
Coordinates: 09º 53´ 50´´ N - 62º 21´ 15´´ W
Date: 07/Dec/2002
General description
Mouth of Bagre, white waters, completely fresh; muddy bottom; 1 m in depth.

Species richness: high
Myliobatiformes = 2
Clupeiformes = 4
Siluriformes = 5
Perciformes = 7
Pleuronectiformes = 1
Tetraodontiformes = 1
Total species = 20

MOUTH OF BAGRE

Georeference number / Station number: F- 54/54
Coordinates: 09º 53´ 22´´ N - 62º ´21´ 20´´ W
Date: 07/Dec/2002
General description
Mouth of Bagre, white waters, almost totally fresh (1 ppm); muddy bottom; 5.5 m in depth.

Species richness: low
Myliobatiformes = 1
Clupeiformes = 2
Siluriformes = 3
Perciformes = 5
Total species = 11

MOUTH OF BAGRE

Georeference number / Station number: F- 55/55
Coordinates: 09º 53´ 43´´ N - 62º 24´ 36´´ W
Date: 07/Dec/2002
General description
Mouth of Bagre, white waters, almost completely fresh (1 ppm); muddy bottom; 5.5 m in depth.

Species richness: very low
Siluriformes = 4
Perciformes = 2
Total species = 6

MOUTH OF BAGRE

Georeference number / Station number: F- 56/56
Coordinates: 09º 55´ 72´´ N - 62º 21´ 40´´ W
Date: 07/Dec/2002
General description
Mouth of Bagre, at the margin of some mangrove islands in formation; white waters, almost completely fresh (1 ppm); muddy bottom; 4.3 m in depth.

Species richness: low
Myliobatiformes = 1
Clupeiformes = 3
Siluriformes = 3
Perciformes = 4
Pleuronectiformes = 1
Total species = 12

MOUTH OF BAGRE

Georeference number / Station number: F- 57/57
Coordinates: 09º 58´ 32´´ N - 62º 20´ 67´´ W
Date: 07/Dec/2002
General description
Mouth of Bagre, marine waters; white waters, slightly saline (3 ppm); muddy bottom; 1.6 m in depth.

Species richness: moderate
Clupeiformes = 5
Siluriformes = 3
Perciformes = 8
Total species = 16

MOUTH OF BAGRE

Georeference number / Station number: F- 58/58
Coordinates: 09° 58´ 65´´ N - 62° 20´ 50´´ W
Date: 07/Dec/2002
General description
Mouth of Bagre, open sea; white waters, slightly saline (3 ppm); muddy bottom; 1.5 m in depth.

Species richness: high
Clupeiformes = 5
Siluriformes = 4
Perciformes = 8
Pleuronectiformes = 1
Tetraodontiformes = 1
Total species = 19

MOUTH OF BAGRE

Georeference number / Station number: F- 59/59
Coordinates: 09° 59´ 36´´ N - 62° 20´ 14´´ W
Date: 07/Dec/2002
General description
Mouth of Bagre, open sea; white waters, saline (4 ppm); muddy-sandy beach; 3.1 m in depth.

Species richness: low
Clupeiformes = 1
Siluriformes = 2
Perciformes = 5
Pleuronectiformes = 1
Total species = 9

Location 7

ROCKY BEACH (GIGAS) OF PEDERNALES

Georeference number / Station number: F- 60/60
Coordinates: 581790 E - 1102389 N
Date: 07/Dec/2002
General description
Beach on the north point of Pedernales that appears during low tide; soil with rocks (*gigas*) and the remains of ships, houses, etc; abundant petroleum (natural oil seeps); saline water (8 ppm).

Species richness: very low
Anguilliformes = 1
Perciformes = 2
Total species = 3

Location 8

CAPURE ISLAND

Georeference number / Station number: F- 61/61
Coordinates: 09° 58´ 71´´ N - 62° 14´ 12´´ W
Date: 07/Dec/2002
General description
Capure Island, runoff canals for domestic waster water, between the airport and port, freshwater and very eutrophied; with abundant aquatic vegetation.

Species richness: low
Cyprinodontiformes = 4
Perciformes = 3
Total species = 7

Apéndice/Appendix 9

Lista de especies de anfibios y reptiles registrados en el golfo de Paria y delta del Orinoco, Venezuela.

List of species of amphibians and reptiles recorded in the Gulf of Paria and Orinoco Delta, Venezuela.

J. Celsa Señaris

X*= en el golfo de Paria, registro solo para Caripito; X?= registro dudoso
X*= in the Gulf of Paria, recorded only at Caripito, X?= questionable record

TAXA	DELTA DEL ORINOCO	GOLFO DE PARIA
CLASE AMPHIBIA		
Orden Anura		
Familia Bufonidae		
Bufo granulosus Spix 1824	X	X
Bufo guttatus Schneider 1799	X	
Bufo complejo *margaritifera* (Laurenti 1768)	X	
Bufo marinus (Linnaeus 1758)	X	X
Familia Centrolenidae		
Hyalinobatrachium iaspidiensis (Ayarzagüena 1992)	X	
Hyalinobatrachium mondolfii Señaris & Ayarzagüena 2001	X	X
Familia Dendrobatidae		
Dendrobates leucomelas Fitzinger 1864	X	
Epipedobates pictus (Tschudi 1838)	X	
Epipedobates trivittatus (Spix 1824)	X	
Familia Hylidae		
Hyla boans (Linnaeus 1758)	X	X
Hyla calcarata Troschel 1848	X	
Hyla crepitans Wied-Neuwied 1824	X	X
Hyla geographica Spix 1824	X	X
Hyla granosa Boulenger 1882	X	
Hyla lanciformis (Cope 1870)		X
Hyla microcephala Cope 1886	X	X
Hyla minuscula Rivero 1971	X	
Hyla multifasciata Günther 1859	X	
Hyla punctata (Scheneider 1799)	X	
Osteocephalus cabrerai (Cochran & Goin 1970)	X	X
Osteocephalus taurinus Steindachner 1862	X	
Phyllomedusa trinitatis Mertens 1926		X
Phrynohyas resinifictrix (Goeldi 1907)	X	

TAXA	DELTA DEL ORINOCO	GOLFO DE PARIA
Phrynohyas venulosa (Laurenti 1768)	X	X
Scinax cf. *nebulosus* (Spix 1824)	X	
Scinax rostratum (Peters 1863)	X	X
Scinax ruber (Laurenti 1768)	X	X
Scinax trilineatum (Hoogmoed & Gorzula 1979)	X	
Sphaenorhynchus lacteus Daudin 1802	X	X
Familia Leptodactylidae		
Adenomera hylaedactyla (Cope 1868)	X	X
Leptodactylus bolivianus Boulenger 1898	X	X
Leptodactylus fuscus (Schneider 1799)	X	X
Leptodactylus knudseni Heyer 1972		X
Leptodactylus labyrinthicus (Spix 1824)		X
Leptodactylus macrosternum Miranda-Ribeiro 1926	X	
Leptodactylus mystaceus (Spix 1824)	X	
Leptodactylus pallidirostris Lutz 1930	X	X
Physalaemus pustulosus (Cope 1864)		X
Pseudopaludicola llanera Lynch 1989	X	
Familia Microhylidae		
Elachistocleis ovalis (Schneider 1799)	X	X
Familia Pipidae		
Pipa pipa (Linnaeus 1758)	X	X
Familia Pseudidae		
Pseudis paradoxa (Linnaeus 1758)	X	X
Familia Ranidae		
Rana palmipes Spix 1824	X	X
Orden Gymnophiona		
Familia Typhlonectidae		
Potomotyphlus kaupii (Berthold 1859)	X	
CLASE REPTILIA		
Orden Crocodilia		
Familia Alligatoridae		
Caiman crocodylus (Linnaeus, 1758)	X	X
Paleosuchus palpebrosus (Cuvier, 1807)	X	X
Familia Crocodylidae		
Crocodylus acutus (Cuvier 1807)		X
Crocodylus intermedius Graves 1819	X	X?
Orden Testudines		
Familia Chelidae		
Chelus fimbriatus (Schneider, 1783)	X	X
Mesoclemmys gibba (Schweigger, 1812)	X	X*
Platemys platycephala (Schneider, 1792)	X	X*
Familia Emydidae		
Rhinoclemys punctularia (Daudin, 1802)	X	X

TAXA	DELTA DEL ORINOCO	GOLFO DE PARIA
Familia Kinosternidae		
Kinosternon scorpioides (Linnaeus, 1766)	X	X
Familia Pelomedusidae		
Podocnemis expansa (Schweigger, 1812)	X	
Podocnemis unifilis Troschel, 1848	X	X
Podocnemis vogli Müller, 1935	X	
Familia Testudinidae		
Geochelone denticulata (Linnaeus, 1766)	X	X
Familia Cheloniidae		
Chelonia mydas (Linnaeus 1758)	X	
Eretmochelys imbricata (Linnaeus 1766)		X
Lepidochelys olivacea (Eschscholtz 1829)	X	X
Orden Squamata		
Suborden Amphisbaenidae		
Familia Amphisbaenidae		
Amphisbaena alba Linnaeus, 1758	X	X
Amphisbaena fuliginosa Linnaeus, 1758	X	
Amphisbaena gracilis Strauch, 1881	X	
Suborden Sauria		
Familia Gekkonidae		
Coleodactylus septrentionalis Vanzolini 1980	X	
Gonatodes annularis Boulenger, 1887	X	
Gonatodes humeralis (Guichenot, 1855)	X	X
Hemidactylus palaichthus Kluge, 1969	X	X
Sphaerodactylus molei Boettger, 1894	X	X
Thecadactylus rapicauda (Houtthuyn, 1782)	X	X
Familia Gymnophthalmidae		
Gymnophthalmus speciosus (Hallowell, 1861)	X	
Leposoma percarinatum Müller, 1923	X	X*
Familia Iguanidae		
Iguana iguana (Linnaeus, 1758)	X	X
Familia Polychrotidae		
Anolis deltae Williams, 1974	X	
Anolis nitens chrysolepis Duméril & Bibron, 1837	X	X
Polychrus marmoratus (Linnaeus, 1758)	X	
Familia Scincidae		
Mabuya mabouya (Lacépède 1788)	X	X
Familia Teiidae		
Ameiva ameiva (Linnaeus, 1758)	X	X
Cnemidophorus lemniscatus (Linnaeus, 1758)	X	X
Kentropyx calcarata Spix, 1825	X	X
Kentropyx striata (Daudin 1802)	X	X
Tupinambis teguixin (Linnaeus, 1758)	X	X
Tretioscincus bifaciautus Sheve 1947		X

Evaluación rápida de la biodiversidad y aspectos sociales de
los ecosistemas acuáticos del delta del río Orinoco y golfo de Paria, Venezuela

349

TAXA	DELTA DEL ORINOCO	GOLFO DE PARIA
Familia Tropiduridae		
Tropidurus plica (Linnaeus, 1758)	X	X
Tropidurus umbra (Linnaeus, 1758)	X	
Uranoscodon superciliosus (Linnaeus, 1758)	X	X
Suborden Serpentes		
Familia Aniliidae		
Anilius scytale (Linnaeus, 1758)	X	
Familia Boidae		
Boa constrictor Linnaeus, 1758	X	X
Corallus caninus		X*
Corallus hortulanus (Linnaeus, 1758)	X	X
Epicrates maurus Gray, 1849	X	X*
Eunectes murinus (Linnaeus, 1758)	X	X
Familia Colubridae		
Atractus trilineatus Wagler, 1828	X	X*
Chironius carinatus (Linnaeus, 1758)	X	X
Chironius fuscus (Linnaeus, 1758)	X	X
Chironius scurrulus (Wagler 1824)		X
Clelia clelia (Daudin, 1803)		X*
Drymarchon corais (Boie 1827)		X
Erythrolamprus aesculapii (Linnaeus, 1758)	X	X
Helicops angulatus (Linnaeus, 1758)	X	X
Helicops hogei Lancini 1964	X	
Hydrops triangularis (Wagler, 1824)	X	X*
Leptophis ahaetula coreodorsus Linnaeus, 1758	X	X
Leptodeira annulata (Linnaeus, 1758)	X	X
Liophis breviceps Cope, 1860	X	
Liophis cobellus (Linnaeus, 1758)	X	X
Liophis lineatus (Linnaeus, 1758)	X	X*
Liophis melanotus (Shaw, 1802)	X	X
Liophis reginae (Linnaeus, 1758)	X	X
Liophis typhlus (Linnaeus 1758)		X*
Mastigodryas amarali (Syuart 1938)		X*
Mastigodryas boddaerti (Sentzen 1796)		X*
Ninia atrata (Hallowell 1845)		X
Oxybelis aeneus (Wagler, 1824)	X	X
Oxybelis fulgidus (Daudin, 1803)	X	X*
Oxyrhopus petola (Linnaeus, 1758)	X	X
Philodryas viridissimus (Linnaeus 1758)		X*
Phimophis guianensis (Troscel 1848)		X*
Pseudoboa coronata Schneider, 1801	X	X*
Pseudoboa neuwiedii Duméril, Bibron & Duméril, 1854	X	X

TAXA	DELTA DEL ORINOCO	GOLFO DE PARIA
Pseustes poecilonotus (Günther 1858)		X*
Pseustes sulphureus (Wagler 1824)		X*
Spilotes pullatus (Linnaeus, 1758)	X	X
Sibon nebulata (Linnaeus 1758)		X*
Siphlophis compressus (Daudin, 1803)	X	X*
Thamnodynastes sp.	X	X
Xenodon severus (Linnaeus 1758)		X*
Familia Elapidae		
Micrurus dissoleucus (Cope, 1859)	X	X*
Micrurus lemniscatus (Linnaeus 1758)		X*
Familia Viperidae		
Bothrops atrox (Linnaeus, 1758)	X	X
Bothrops venezuelensis Sander-Montilla 1952		X
Crotalus durissus Linnaeus, 1758		X*
Lachesis muta (Linnaeus, 1758)	X	X
Familia Typhlopidae		
Typhlops brongersmianus Vanzolini, 1972	X	X
Typhlops reticulatus (Linnaeus 1766)		X*
Familia Leptotyphlopidae		
Leptotyphlops albifrons (Wagler 1824)		X*
Numero de especies confirmados/Number of confirmed species	**108**	**101**

Evaluación rápida de la biodiversidad y aspectos sociales de
los ecosistemas acuáticos del delta del río Orinoco y golfo de Paria, Venezuela

351

Apéndice/Appendix 10

Lista de la especies de aves acuáticas y migratorias presentes en el área de las islas Capure y Cotorra.

List of Aquatic and Migratory Bird Species present in the area around Capure and Cotorra Islands.

Miguel Lentino

MN: Migratoria de Norteamérica, **MS:** Migratoria de Suramérica,
MN: North-American migrant, **MS:** South-American migrant, **Acuática** = Aquatic.

Nombre científico/Scientific name	Nombre común/Common name	Estatus/Status
PELECANIDAE		
Pelecanus occidentalis	pelicano	Acuática
PHALACROCORACIDAE		
Phalacrocorax olivaceus	cotúa olivácea	Acuática
ANHINGIDAE		
Anhinga anhinga	cotúa agujita	Acuática
FREGATIDAE		
Fregata magnificens	tijereta de mar	Acuática
ARDEIDAE		
Ardea cocoi	garza morena	Acuática
Bubulcus ibis	garcita reznera	Acuática
Casmerodius albus	garza blanca real	Acuática
Egretta caerulea	garcita azul	Acuática
Egretta thula	garcita blanca	Acuática
Egretta tricolor	garza pechiblanca	Acuática
Butorides striatus	chicuaco cuello gris	Acuática
Nycticorax nycticorax	guaco	Acuática
Nycticorax violaceus	chicuaco enmascarado	Acuática
Botaurus pinnatus	mirasol	Acuática
Tigrisoma lineatum	pájaro vaco	Acuática
CICONIIDAE		
Mycteria americana	gabán huesito	Acuática
THRESKIORNITHIDAE		
Eudocimus ruber	corocoro colorado	Acuática
Ajaia ajaja	garza paleta	Acuática
PHOENICOPTERIDAE		
Phoenicopterus ruber	flamenco	Acuática
ANHIMIDAE		
Anhima cornuta	aruco	Acuática

Nombre científico/Scientific name	Nombre común/Common name	Estatus/Status
ANATIDAE		
Cairina moschata	pato real	Acuática
ACCIPITRIDAE		
Busarellus nigricollis	gavilán colorado	Acuática
Buteogallus aequinoctialis	gavilán de manglares	Acuática
Circus buffoni	aguilucho de ciénaga	Acuática
PANDIONIDAE		
Pandion haliaetus (MN)	aguila pescadora	Acuática
FALCONIDAE		
Falco peregrinus (MN)	halcón peregrino	
RALLIDAE		
Aramides axillaris	cotara montañera	Acuática
Aramides cajanea	cotara caracolera	Acuática
Laterallus viridis	cotarita corona rufa	Acuática
Porphyrula martinica	gallito azul	Acuática
JACANIDAE		
Jacana jacana	gallito de laguna	Acuática
CHARADRIIDAE		
Pluvialis dominica (MN)	playero dorado	Acuática
Pluvialis squatarola (MN)	playero cabezón	Acuática
Charadrius collaris	turillo	Acuática
Charadrius semipalmatus (MN)	playero acollarado	Acuática
Charadrius wilsonia	playero picogrueso	Acuática
Vanellus chilensis	alcaraván	Acuática
SCOLOPACIDAE		
Arenaria interpres (MN)	playero turco	Acuática
Tringa flavipes (MN)	tigui-tigue chico	Acuática
Tringa melanoleuca (MN)	tigüi-tigüe grande	Acuática
Tringa solitaria (MN)	playero solitario	Acuática
Actitis macularia (MN)	playero coleado	Acuática
Catoptrophorus semipalmatus (MN)	playero aliblanco	Acuática
Calidris alba (MN)	playero arenero	Acuática
Calidris canutus (MN)	playero pecho rufo	Acuática
Calidris fuscicollis (MN)	playero de rabadilla blanca	Acuática
Calidris minutilla (MN)	playerito menudo	Acuática
Calidris mauri (MN)	playerito occidental	Acuática
Calidris pusilla (MN)	playerito semipalmeado	Acuática
Limosa haemastica (MN)	becasa de mar	Acuática
Numenius phaeopus (MN)	chorlo real	Acuática
Limnodromus griseus (MN)	becasina migratoria	Acuática
Calidris himantopus (MN)	playero patilargo	Acuática
LARIDAE		
Stercorarius parasiticus (MN)	salteador parasito	Acuática

Evaluación rápida de la biodiversidad y aspectos sociales de
los ecosistemas acuáticos del delta del río Orinoco y golfo de Paria, Venezuela

353

Nombre científico/Scientific name	Nombre común/Common name	Estatus/Status
Phaetusa simplex	guanaguanare fluvial	Acuática
Larus atricilla	guanaguanare	Acuática
Sterna nilotica (MN)	gaviota pico gordo	Acuática
Sterna anaethetus (MN)	gaviota llorona	Acuática
Sterna antillarum (MN)	gaviota filico	Acuática
Sterna hirundo (MN)	tirra medio cuchillo	Acuática
Sterna sandvicensis	gaviota patinegra	Acuática
Sterna maxima (MN)	tirra canalera	Acuática
Sterna eurygnatha	gaviota tirra	Acuática
RYNCHOPIDAE		
Rynchops niger	pico de tijera	Acuática
CUCULIDAE		
Coccyzus americanus (MN)	cuclillo pico amarillo	
ALCEDINIDAE		
Chloroceryle amazona	martín pescador matraquero	Acuática
Chloroceryle aenea	martín pescador pigmeo	Acuática
TYRANNIDAE		
Fluvicola pica	viudita acuática	Acuática
Myiarchus swainsoni (MS)	atrapamoscas de swainson	
Tyrannus savanna (MS)	atrapamoscas tijereta	
HIRUNDINIDAE		
Progne tapera (MS)	golondrina de río	
Hirundo rustica (MN)	golondrina de horquilla	
VIREONIDAE		
Vireo olivaceus (MN)	julián chiví ojirrojo	
PARULIDAE		
Dendroica fusca (MN)	reinita gargantianaranjada	
Dendroica (petechia) aestiva (MN)	canario de mangle	
Seiurus noveboracensis (MN)	reinita de charcos	
Setophaga ruticilla (MN)	candelita migratoria	

Programa de Evaluación Rápida

Apéndice/Appendix 11

Lista de las especies de aves acuáticas residentes presentes en el área de las islas Capure y Cotorra

List of resident aquatic bird species present in the area around Capure and Cotorra Islands

Miguel Lentino

E: Especies endemica para el delta del Orinoco;
E: Species endemic to the Orinoco Delta.

Nombre científico/Scientific name	Nombre común/Common name
CATHARTIDAE	
Coragyps atratus	zamuro
Cathartes aura	oripopo
Cathartes burrovianus	oripopo cabeza amarilla menor
ACCIPITRIDAE	
Elanoides forficatus	gavilán tijereta
Ictinia plumbea	gavilán plomizo
Buteo magnirostris	gavilán habado
Buteogallus anthracinus	gavilán cangrejero
Buteogallus urubitinga	aguila negra
FALCONIDAE	
Falco rufigularis	halcón golondrina
Herpetotheres cachinnans	halcón macagua
Milvago chimachima	caricare sabanero
CRACIDAE	
Penelope purpurascens	pava culirroja
COLUMBIDAE	
Columba cayennensis	paloma colorada
Columba livia	paloma común
Leptotila rufaxilla	paloma turca
Leptotila verreuxi	paloma pipa
Scardafella squammata	palomita maraquita
Columbigallina talpacoti	tortolita rojiza
PSITTACIDAE	
Ara nobilis	guacamaya enana
Ara ararauna	guacamaya azul y amarilla
Aratinga leucophtalmus	perico ojo blanco
Amazona ochrocephala	loro real
Amazona amazonica	loro guaro
CUCULIDAE	

Nombre científico/ Scientific name	Nombre común/ Common name
Coccyzus minor	cuclillo de manglar
Crotophaga ani	garrapatero común
Crotophaga major	garrapatero hervidor
Piaya cayana	piscúa
Piaya minuta	piscuita enana
Tapera naevia	saucé
STRIGIDAE	
Otus choliba crucigerus	curucucú común
Glaucidium brasilianum	pavita ferruginea
Chordeiles acutipennis	aguaitacamino chiquito
Caprimulgus cayennensis	aguaitacamino rastrojero
Lurocalis semitorquatus	agaitacamino semiacollarado
Nyctidromus albicollis	aguaitacamino común
APODIDAE	
Chaetura brachyura	vencejo coliblanco
Tachornis squamata	vencejo coliblanco
TROCHILIDAE	
Glaucis hirsuta	colibrí pecho canela
Phaethornis longuemareus	ermitañito pequeño
Anthracothorax viridigula	mango gargantiverde
Chlorestes notatus	colibrí verdecito
Amazilia chionopectus	diamante colidorado
Amazilia leucogaster	diamante ventriblanco
Amazilia fimbriata	diamante gargantiverde
Polytmus guainumbi	colibrí gargantidorado
BUCCONIDAE	
Hypnelus ruficollis	bobito
GALBULIDAE	
Galbula ruficauda	tucuso barranquero
Pteroglossus aracari	tilingo cuellinegro acollarado
Ramphastos tucanus	piapoco pico rojo
PICIDAE	
Picumnus nigropunctatus E	telegrafista punteado
Celeus elegans deltanus E	carpintero castaño
Celeus flavus semicinnamomeus E	carpintero amarillo
Chrysoptilus puntigula	carpintero pechipunteado
Dryocopus lineatus	carpintero real barbirrayado
Campephilus melanoleucos	carpintero real pico amarillo
Xiphorhinchus picus deltanus E	trepador subesube
Dendrocinchla fuliginosa deltana E	trepador marrón
Lepidocolaptes souleyetii	trepadorcito listado
FURNARIIDAE	
Synallaxis albescens	güitío gargantiblanco
Certhiaxis cinnamomea	güitío de agua

Nombre científico/Scientific name	Nombre común/Common name
Cercomacra nigricans	hormiguerito negro
Sclateria naevia	hormiguero trepador
Sakesphorus canadensis	hormiguero copetón
PIPRIDAE	
Pipra aureola	saltarín cabecianaranjado
TYRANNIDAE	
Attila cinnamomeus	attila acanelado
Camptostoma obsoletum	atrapamoscas lampiño
Phylloscartes flaveolus	atrapamoscas amarillo
Cnemotriccus fuscatus	atrapamoscas fusco
Lophotriccus galeatus	atrapamoscas pigmeo de casquete
Contopus cinereus	atrapamoscas cenizo
Elaenia flavogaster	bobito copetón vientre amarillo
Empidonomus varius	atrapamoscas veteado
Myiarchus ferox	atrapamoscas garrochero chico
Myiarchus t. tuberculifer	atrapamoscas cresta negra
Myiarchus tyrannulus	atrapamoscas garrochero colirufo
Myiodynastes maculatus	gran atrapamoscas listado
Myiopagis gaimardii	bobito de selva
Myiozetetes cayanensis	atrapamoscas pecho amarillo
Pachyramphus polychopterus	cabezón aliblanco
Pachyramphus rufus	cabezón cinéreo
Phylohydor lictor	pecho amarillo orillero
Pitangus sulphuratus	cristofué
Sublegatus arenarum	atrapamoscas de matorral
Todirostrum cinereum	titirijí lomicenizo
Todirostrum maculatum amacurense E	titirijí manchado
Tolmomyias flaviventris	pico chato amarillento
Tyrannus dominicensis	pitirre gris
Tyrannus melancholicus	pitirre chicharrero
HIRUNDINIDAE	
Tachycineta albiventer	golondrina de agua
Progne chalybea	golondrina urbana
Notiochelidon cyanoleuca	golondrina azul y blanco
Thryothorus leucotis	cucarachero flanquileonado
Troglodytes aedon	cucarachero común
MIMIDAE	
Mimus gilvus	paraulata llanera
TURDIDAE	
Turdus leucomelas	paraulata montañera
Turdus fumigatus	paraulata acanelada
Turdus nudigenis	paraulata ojo de candil
VIREONIDAE	

Evaluación rápida de la biodiversidad y aspectos sociales de
los ecosistemas acuáticos del delta del río Orinoco y golfo de Paria, Venezuela

357

Nombre científico/Scientific name	Nombre común/Common name
Cyclarhis gujanensis	sirirí
Hylophilus aurantiifrons	verderón luisucho
ICTERIDAE	
Psarocolius decumanus	conoto negro
Molothrus bonariensiis	tordo mirlo
Cacicus cela	arrendajo común
Gymnomystax mexicanus	tordo maicero
Icterus nigrogularis	gonzalito
Icterus chrysocephalus	moriche
Lampropsar tanagrinus	tordo frente aterciopelada
Leistes militaris	tordo pechirrojo
Agelaius icterocephalus	turpial de agua
Scaphidura oryzivora	tordo pirata
PARULIDAE	
Geothlypis aequinoctialis	reinita equinoccial
Conirostrum bicolor	mielerito manglero
Coereba flaveola	reinita común
THRAUPIDAE	
Tangara mexicana	tangara turquesa
Euphonia violacea	curruñata capa negra
Thraupis episcopus	azulejo de jardín
Thraupis palmarum	azulejo de palmera
Tachyphonus rufus	chocolatero
Ramphocelus carbo	sangre de toro apagado
Schistochlamys melanopis	frutero cara negra
Saltator coerulescens	lechosero ajicero
EMBERIZIDAE	
Sporophila americana	espiguero blanco y negro
Sporophila intermedia	espiguero pico de plata
Sporophila insularis	espiguero acollarado
Sporophila minuta	espiguero canelillo
Volatinia jacarina	semillero chirrí
Total de especies / Total number of species	**125**